EnergieSynergie

# EnergieSynergie

- nachhaltig planen, bauen und sanieren
- Kosten sparen und Ressourcen schonen

von
Dr.-Ing. Volker Drusche

5. Auflage

**Bibliografische Information der Deutschen Nationalbibliothek**
Die Deutsche Nationalbibliothek verzeichnet diese Publikation in der Deutschen Nationalbibliografie; detaillierte bibliografische Daten sind im Internet über
http://dnb.d-nb.de abrufbar.

Reguvis Fachmedien GmbH
Amsterdamer Str. 192
50735 Köln

**www.reguvis.de**

Beratung und Bestellung:
Tel.: +49 (0) 221 97668-306
Fax: +49 (0) 221 97668-237
E-Mail: bau-immobilien@reguvis.de

ISBN (Print): 978-3-8462-1412-1
ISBN (E-Book): 978-3-8462-1471-8



Herstellung: Günter Fabritius
Satz: MainTypo, Reutlingen
Druck und buchbinderische Verarbeitung: Digital Print Group O. Schimek GmbH, Nürnberg
Printed in Germany

# Inhaltsverzeichnis

**Dr.-Ing. Arch. Volker K. Drusche**

studierte Elektrotechnik und Architektur an der Universität Kassel. 1997 und 2002 war er als Architekt in verschiedenen Planungsbüros tätig. Seit 2002 ist er mit seinem Büro projektRAUM Weimar als Bau-Sachverständiger, Gebäude-Energieplaner und Referent für energieeffizientes Bauen und Sanieren tätig. 2013 promovierte er am Institut für Bauwirtschaft der Bauhaus-Universität Weimar. Mit weiteren Partnern gründete er 2014 in Weimar das Energie-Effizienz-Institut.

Allen, die mich bei der Entstehung dieser Veröffentlichung unterstützt haben, möchte ich an dieser Stelle meinen herzlichen Dank ausdrücken!

**Mentoren, Freunde und Unterstützer**

Prof. Dr. Ing. Gerhard Hausladen, Prof. Dr. Ernst-Rudolf Schramek, Dr. Dieter Hohm, Dipl.-Ing. Martin Schmittdiel, Winfried Schöffel M.A., Dipl.-Ing. Martin Rhiel, Heide Rausch, Dipl.-Ing. Werner Eicke-Hennig, Dipl.-Ing. Arch. Anne Lippmann, Dipl.-Ing. Arch. Hermann Dannecker

Weiterhin möchte ich den Architekten, Ingenieuren und Wissenschaftlern danken, auf deren Wirken, Forschungen und Informationen sich dieses Werk zu einem großen Teil stützt.

Elsa Marlen Drusche und Dorothea Elisabeth Müller gewidmet

# Vorworte zur fünften Auflage

Dieses Buch zeigt auf, warum Gebäude-Energiethemen so wichtig sind. Es stellt den Leserinnen und Lesern dar, wie weit der Klimawandel schon fortgeschritten ist und warum wir sofort handeln müssen. Es widerlegt die Argumente jener, die immer wieder Ausreden suchen, um nicht handeln zu müssen. Es räumt mit den Märchen auf, die sich um die Sanierung der Gebäude ranken. Zum Beispiel „atmende Wände“. Auch das Argument, dass durch das energetische Sanieren oder die Sanierung von Gebäuden die Architektur leidet, wird widerlegt. Es zeigt auch auf, dass es für alle am Geschehen Beteiligten wichtig ist, Primärenergien einzusparen. Nur wer jetzt in die Energieeffizienz investiert, wird in Zukunft konkurrenzfähig sein. Es ist aber auch ein Nachschlagwerk für Laien und Fachleute, dies sich mit dem Thema Effizienz und Verwaltung von Gebäuden, Technik und Energieträgern befassen. Dabei wurden auch die Begriffe klar und deutlich erläutert.

Das Buch von Herrn Dr.-Ing. Arch. Drusche zeigt auf, dass Energieberatung sehr komplex ist und dringend ein eigenes Berufsbild benötigt wird, damit die Menschen den Sinn der Energieeinsparung erkennen und auch danach handeln. Es zeigt auch auf, dass Energieeffizienz nicht erst beim Gebäude beginnt, sondern bereits bei der Städteplanung und bei der Gestaltung von Quartieren.

Wir müssen sektorenübergreifend denken und planen. Nur so werden wir den Klimawandel stoppen und die Energiewende schaffen. Dabei ist „Energie Synergie“ eine große Hilfe. Ein hervorragendes Nachschlagwerk für Laien und Experten, aber auch für Politiker (Gesetzgeber) und Führungskräfte. Es belegt, dass durch die Anstrengungen zum Energieeinsparen jeder Einzelne, aber auch die gesamte Umwelt und somit unsere Kinder und Enkel profitieren. Wir können, wenn wir heute handeln, unseren Nachkommen eine noch einigermaßen lebenswerte Zukunft sichern.

Eine zentrale Botschaft dieses Buches: Es gibt für jeden viele Möglichkeiten, etwas zu tun! Lassen Sie sich durch das Buch inspirieren und fangen Sie an, den Klimawandel zu stoppen, aber auch Ihre eigene Lebensqualität, Ihr Wohnbefinden zu steigern und Ihre Gesundheit zu erhalten. Das Buch bietet ihnen dazu viele Lösungen!

Hermann J. Dannecker
Dipl.-Ing. (FH)
Architekt
Vorstand Deutsches Energieberaternetzwerk

**Es handelt sich um eine überarbeitete und ergänzte Auflage.**

Neben allgemeinen Aktualisierungen und Anpassungen an den technischen Fortschritt betreffen die wesentlichen Änderungen gegenüber der vorherigen Auflage:

Überarbeitung und Ergänzung der Kapitel: Bauleitplanung, Mobilität, Gebäude-Energiegesetzgebung, Beispiele, integrierte Lebenszyklus-Nachhaltigkeitsaspekte und eingefügte Exkurse.

Dem Thema „Gebäude-Nachhaltigkeit" ist nun ein eigenes Kapitel zugeordnet.

Weiterhin wurden einige erläuternde Grafiken und Bilder hinzugefügt.

# 1 Situation

**Übersicht**

# Einführung

Das „Ökosystem" setzt sich aus vielen Arten und Individuen zusammen. Kein Teil der Flora und Fauna kann in diesem System für sich allein bestehen.

Menschen formen ihren Lebensraum mehr und mehr nach ihren Bedürfnissen. Das war problemlos, solange nicht mehr verbraucht wurde als nachwachsen konnte. Grundlegende Veränderungen der Lebensweise haben die Belastungen der Umwelt im fossilen Zeitalter extrem erhöht.

Die Warnungen des Club of Rome und die Explosion des Rohölpreises zu Beginn der 1970er Jahre weckten das Bewusstsein dafür, dass die Ressourcen der Erde endlich sind und dieses Ende gar nicht so fern ist. Seit Jahrzehnten leben wir über unsere Verhältnisse; dies gilt besonders für die Industrienationen. Der „Earth Overshotday", der symbolische Tag, an dem wir die uns pro Jahr zur Verfügung stehenden Ressourcen verbraucht haben, findet jedes Jahr früher statt. Dieses Jahr bereits im Mai. Der paralysiert wirkende Handlungsstau bei den Gegenmaßnahmen stellt die Dekadenz und Arroganz in den Schatten, mit denen das griechische und das römische Weltreich untergingen.

Seit 1950 hat sich der Weltenergiebedarf nahezu verfünffacht [1]. Die Menschheit „verbraucht" derzeit pro Jahr so viel fossile Energie wie die Natur in 500.000 Jahren in Form von Kohle, Erdöl und Erdgas angesammelt hat.

Spätestens seit das Intergovernmental Panel on Climate Change (IPPC) 2014 den 5. Sachstandsbericht vorlegte, gilt in Fachkreisen unbestritten, dass der Klimawandel anthropogen ausgelöst wird, empirisch eindeutig nachweisbar und ohne historisches Vorbild ist. Dauerhafte Emissionsminderungen sind notwendig, um die gravierendsten Folgen abwenden oder zumindest entscheidend mildern zu können.

Bezogen auf die Gesamtbilanz der Erde macht der von Menschen durch Verbrennung fossiler Energieträger hervorgerufene $CO_2$-Ausstoß zwar nur einen geringen Teil aus. Insgesamt ergibt sich allerdings ein Überschuss von $3 \cdot 10^9$ Tonnen pro Jahr, was zusammen mit anderen klimawirksamen Treibhausgasen zum deutlichen Anstieg der Konzentration in der Erdatmosphäre führt. Die heutige weltweite $CO_2$-Produktion übersteigt die Aufnahmefähigkeit von Pflanzen und Ozeanen um etwa das Zehnfache [1]. Privathaushalte sind inkl. des von ihnen verursachten Individualverkehrs für etwa die Hälfte des Energiebedarfs und der $CO_2$-Emissionen in Mitteleuropa verantwortlich. Unsere derzeitigen Treibhausgas-Emissionen sind noch weit in die Jahrhundertmitte klimawirksam.

Im Pariser UN-Klimaabkommen wurde 2015 ein langfristiger Emissionsminderungspfad mit konkreten Schritten formuliert, um den globalen Ausstoß von Treibhausgasen schnellstmöglich „in Balance" zu bringen. Dies ist gleichbedeutend mit einem umfassenden Ausstieg aus der Verbrennung fossiler Energieträger. Das völkerrechtlich bindende Abkommen verpflichtet die Unterzeichnerstaaten zum Handeln.

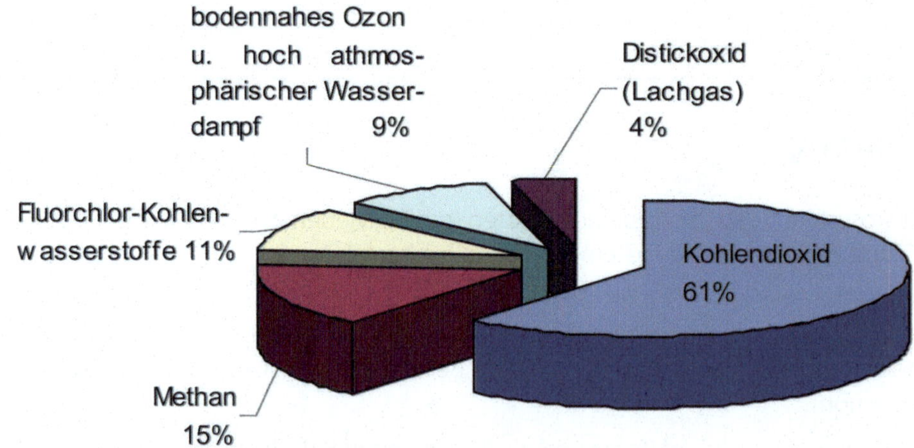


*Bild 1-1: Verursacher von Treibhauseffekt und Klimaveränderung*

*Quelle: Verfasser, verschiedene Datenquellen*

**Einige Daten zur Verdeutlichung des dynamischen Klimawandels:** [5], [6], [7]

- Die weltweit durch Katastrophen angefallenen versicherten Schäden schätzt Swiss Re auf 112 Milliarden US-Dollar – davon sind 105 Milliarden Naturkatastrophen zuzuschreiben. Die Katastrophenschäden haben damit den Durchschnitt der letzten zehn Jahre erneut übertroffen. Im Spitzenjahr 2017 betrugen sie gar über 160 Milliarden. Seit Jahrzehnten legen die Naturkatastrophen-Schadensummen im Durchschnitt pro Jahr um 5 bis 6 Prozent zu. Treiber dazu seien die Auswirkungen des Klimawandels und die Anhäufung von Wohlstand in katastrophengefährdeten Gebieten.
- Anstieg der mittleren Globaltemperatur seit 1880 bis 2021 um 1,3 °C,
- die sieben wärmsten Jahre seit Beginn der Wetteraufzeichnungen 1881 lagen zwischen 2003 und 2021.
- Bei Fortschreibung des Verbrauchs fossiler Energieträger ergeben sich folgende Prognosen: [6], [7], [8]
- Die fossilen Energieträger gehen in etwa 120 Jahren zur Neige.
- bis 2100: Erhöhung der $CO_2$-Konzentration in der Atmosphäre von 380 ppm (ca. Stand 1900) auf 540–970 ppm,
- bis 2100: Zunahme der Niederschlagsmenge in Nordeuropa um 10 bis 40 % und Abnahme der Niederschlagsmenge in Südeuropa um ca. 20 %,
- bis 2100 weitere Erwärmung der mittleren Temperatur in Europa um 1,7 bis 4,4 °C,
- bis 2100: Die Meeresspiegel werden zunächst um bis zu 88 cm ansteigen und bei Abschmelzen des Grönlandeises um weitere 7 m; zahlreiche Inseln und küstennahe Landstriche werden versinken. Etwa 1,4 Mrd. Menschen werden von Landverlust und Migration betroffen sein.

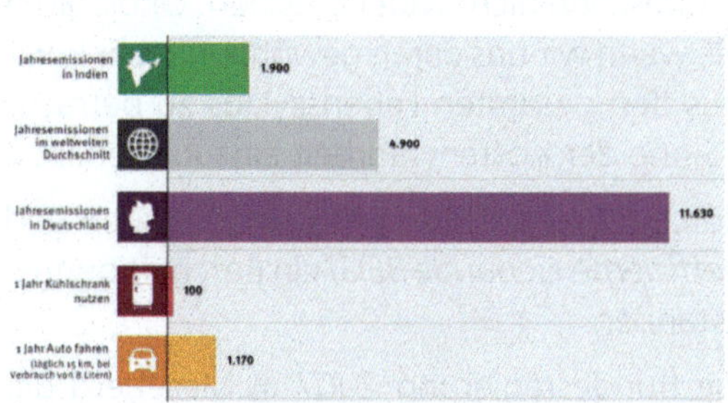


*Bild 1-2: $CO_2$-Fußabdruck im Vergleich*

*Quelle: Umweltbundesamt 2022*

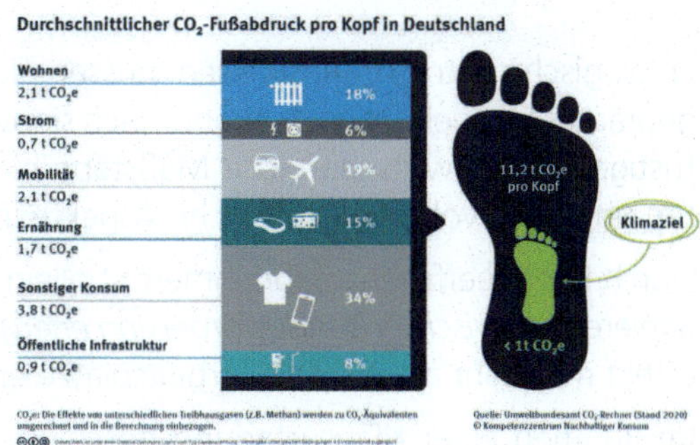


*Bild 1-3: Durchschnittlicher $CO_2$ Fußabdruck pro Kopf in D.*

*Quelle: Kompetenzzentrum Nachhaltiger Konsum, UBA*

Die aktuelle Politik ist auf die Fortsetzung des energie- und materialintensiven Wirtschaftswachstums ausgerichtet. Soziale und kulturelle Leistungen werden aus steuerlichen Erträgen einer Erwerbswirtschaft finanziert, die auf stetiges Wachstum mit einhergehendem

Umweltressourcenverbrauch angewiesen ist. Das ökonomische System sollte eigentlich dem Gemeinwohl und der damit untrennbar verbundenen Umwelt dienen, also auch entsprechend in der Gesetzgebung verankert sein. Das Grundgesetz bietet dafür sogar Grundlagen. Z.B. Art. 20 a, in dem Klimaschutz dem Staatsziel Umweltschutz dient, und Artikel 14: „Eigentum verpflichtet. Sein Gebrauch soll zugleich dem Wohle der Allgemeinheit dienen." Dies bedingt einerseits die Gemeinwohlpflicht und andererseits die Sicherung des Eigentumsschutzes. Die Gesetze sind jedoch weitestgehend auf den Schutz des Privateigentums ausgelegt und einklagbar. Die Gemeinwohlverpflichtung ist kaum justiziabel.

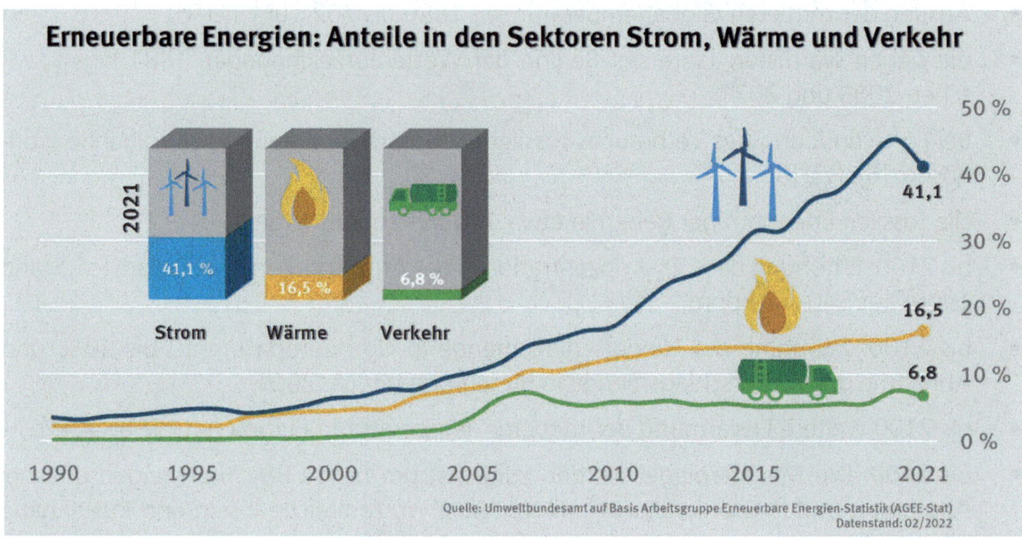


*Bild 1-4: Erneuerbare Energien, Anteile der Sektoren*

*Quelle: Umweltbundesamt, AG Erneuerbare Energien, 2022*

Ökologische Betrachtungsweisen müssen ökonomischen nicht widersprechen. Ökologisch geprägtes Handeln ist auch ökonomisch sinnvoll, wenn wir uns daran gewöhnen, über kurzfristige betriebswirtschaftliche Maßstäbe hinaus den gesamten Lebenszyklus zu betrachten und auch volkswirtschaftliche Aspekte im Sinne der Kostenwahrheit einzubeziehen.

Durch Energieeffizienzmaßnahmen ist allein durch die KfW-Förderprogramme Bauen und Sanieren *(inzwischen Bundesförderung energieeffiziente Gebäude BEG)* ein Beschäftigungseffekt mit mehr als 250.000 Arbeitsplätze entstanden.

Im Rahmen einer Klausurtagung beschloss die Bundesregierung 2007 in Meseberg die Eckpunkte des integrierten Energie- und Klimaprogramms. Mit dem Programm sollen die europäischen Richtlinien bezüglich Klimaschutz, Ausbau der erneuerbaren Energien und Energieeffizienz in ein nationales Recht umgesetzt werden. Zu dem 29 Punkte umfassenden Programm wurden Ist-Stand, Ziel und Maßnahmen formuliert. Teilweise beinhalten diese Beschlüsse weitreichende Konsequenzen für die energetischen Anforderungen an Gebäude. Mit einigen Vorhaben wurde inzwischen begonnen; andere wurden in Novellen verschiedener Gesetze verschoben.

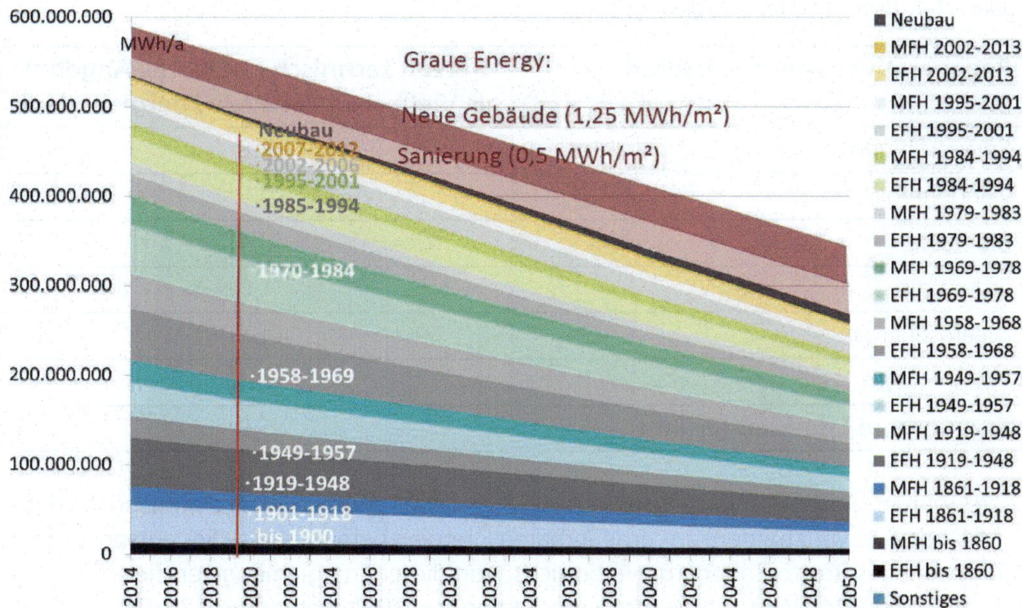


*Bild 1-5: Heizenergiebedarf Zielszenario der BRD-Effizienzstrategie bei einer Sanierungsquote von 1,6 % (mit Berücksichtigung grauer Energien für Neubauten und Sanierungen)*
*Quelle: DGS/Schulze Darup, 2018*

Mit der 2011 beschlossenen Energiewende wollte die Bundesregierung die Treibhausgasemissionen bis 2050 um mind. 80 % gegenüber Stand 1990 verringern. Die aktuellen Energie- und Emissionsdaten zeigen, dass die für 2020 anvisierten Zwischenziele der Dekarbonisierung weit verfehlt wurden und auch die Ziele für 2030 kaum erreicht werden.

Aus dem Bericht der Sachverständigenkommission 2017 geht hervor, dass die größten Einzelbeiträge auf Wärmeeffizienz, Strom aus Erneuerbaren und Stromeffizienz entfallen. Die Energieeffizienz soll zur Emissionsminderung einen doppelt so hohen Beitrag leisten wie die erneuerbaren Energien. Im Bereich der Energieeffizienz sieht die Kommission „noch erheblichen Konkretisierungsbedarf [...]. Zwar gibt es seit Jahren zahlreiche Maßnahmen zur Steigerung der Energieeffizienz [...]. Erkennbar ist aber, dass die bisherige Ausgestaltung nicht die Wirkung erwarten lässt, die für den Erfolg der Energiewende mit ihren ambitionierten Zielen erforderlich sind."

Die Sachverständigenkommission räumt den Effizienzmaßnahmen im Gebäudebereich oberste Priorität ein. Die zweite Priorität erhält der Verkehrssektor, in dem die nach 1999 zunächst erkennbaren Minderungstendenzen inzwischen praktisch zum Stillstand gekommen sind. Die Expertenkommission empfiehlt darüber hinaus zeitnah eine Intensivierung der Entwicklung alternativer Kraftstoffe auf regenerativer Basis.

*Tabelle 1-1: Regeneratives Energieangebot [2]*

| Regeneratives Energieangebot | Derzeit technisch nutzbares Angebot als Vielfaches des Welt-Energiebedarfs |
|---|---|
| Solarstrahlung | 3,8 |
| Windenergie | 0,5 |
| Biomasse | 0,4 |
| Erdwärme | 1,0 |
| Meeresenergie | 0,05 |
| Wasserkraft | 0,15 |
| **Erneuerbare Energien gesamt** | **5,9** |

2019 wurden in Deutschland insgesamt 452 Terrawattstunden (1 TWh entspricht dabei 1 Milliarde Kilowattstunden) aus erneuerbaren Energien bereitgestellt, dies entspricht etwa 17 Prozent des Brutto-Endenergieverbrauchs. Von dieser Energiemenge entfielen etwa 54 Prozent (oder 244 TWh) auf die Stromproduktion, ca. 39 Prozent (oder 176 TWh) auf den Wärmesektor und etwa 7 Prozent auf biogene Kraftstoffe im Verkehrsbereich (32 TWh). [9]

Es wäre technisch und wirtschaftlich möglich, durch Effizienzmaßnahmen den Energiebedarf in Deutschland und anderen industrialisierten Ländern um 25 bis 50 % zu senken. Das kurzfristig wirtschaftlich erschließbare Potenzial durch Effizienzmaßnahmen liegt somit deutlich über dem kurzfristig erschließbaren Potenzial des Ausbaus erneuerbarer Energien. Beide Handlungsstränge sind in Bezug auf den Klimaschutz und die Versorgungssicherheit als extrem bedeutend anzusehen. Bei Ausschöpfung eines Effizienzpotenzials von 50 % und gleichzeitiger Verdopplung der Energiebereitstellung durch erneuerbare Energien könnten nahezu 2/3 der konventionellen Kraftwerke abgeschaltet werden.

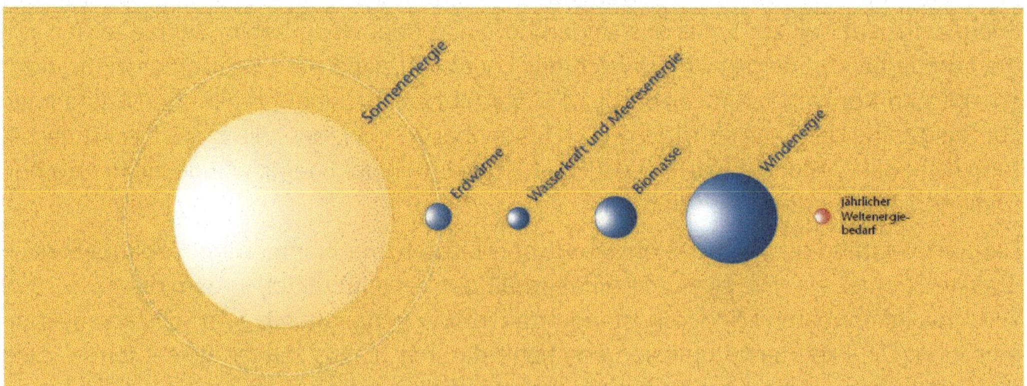


*Bild 1-6: Erneuerbare Energien und Weltenergiebedarf*

Quelle: Forschungsverband Sonnenenergie

Die Umweltauswirkungen von Gebäuden gehen über den Energieverbrauch für Heizung, Kühlung und Beleuchtung deutlich hinaus. In der EU entfallen auf den Gebäudesektor [6]

- 42 % des Endenergieverbrauchs (während der Nutzungsphase),
- 35 % der Treibhausgasemissionen (während der Nutzungsphase),
- 50 % aller geförderten Werkstoffe (Bau und Nutzung),
- 30 % des Wasserverbrauchs (Bau und Nutzung) und
- 30 % der insgesamt erzeugten Abfälle (Bau, Abriss und Renovierung).

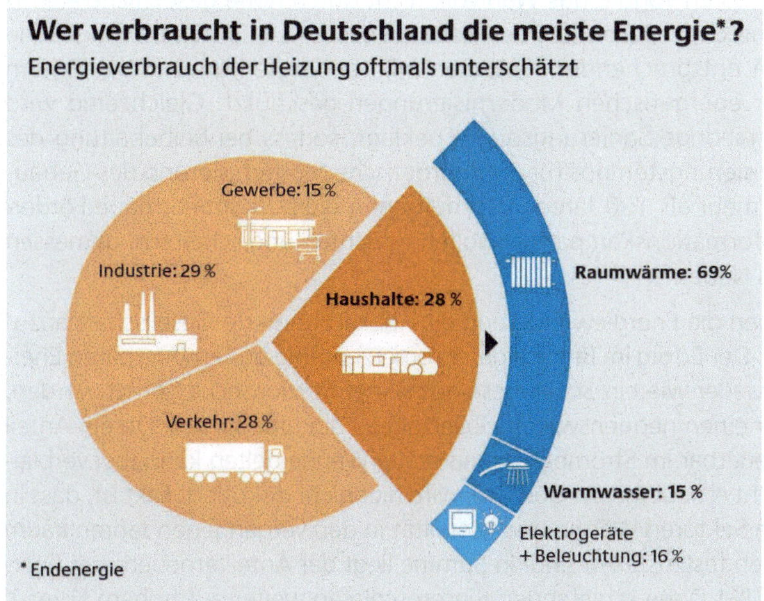


*Bild 1-7: Endenergieverbrauch nach Sektoren*

*Quelle: dena, 2015*

Verschiedene Stellräder wirken auf den gebotenen Klimaschutz, Energiewende, Suffizienz und insbesondere die im Zentrum dieser Veröffentlichung stehende Gebäudeenergieeffizienz:

- Forschung und Entwicklung
- Allgemeine Information – Qualität, Verständlichkeit, Verbreitung
- Energiepreise
- Versorgungssicherheit
- Hypothekenzinsniveau
- Inflation
- Effizienzmaßnahmenkosten
- Gesetzliche Anforderungen und Ordnungsrecht mit Vollzug/Neubauvorhaben bzw. Anforderungen an den Gebäudebestand

- Fachberatungen – Qualität und Unabhängigkeit
- Steuerrecht – Abschreibungsmöglichkeiten
- Förderprogramme – Förderhöhe
- Industrie- und Forschungssubventionen

## Exkurs

### Konstruktive Kritik an den politischen Klimaschutzrandbedingungen

Seit Jahrzehnten ist es en vogue, das Wahlvolk nicht durch hohe gesetzliche Anforderungen zu verschrecken. Besonders der Gebäudebestand ist durch umfangreiche Ausnahmen in den entsprechenden Gesetzen inkl. bedingtem und unbedingtem Bestandsschutz vor energetischen Modernisierungen geschützt. Gleichzeitig wird von der Politik die niedrige Sanierungsquote beklagt, sodass bei Beibehaltung des bisherigen Modernisierungstempos für die energetische Modernisierung des Gebäudebestandes noch mehr als 100 Jahre ins Land gehen würden. Immer neue Förderprogramme und Informationskampagnen sollen es richten und scheitern, gemessen an den Zielen, aufs Neue.

Unterm Strich bleiben die Energiewende und eine dekarbonisierte Gesellschaft anzustrebende Visionen. Der Erfolg im Bereich der Stromerzeugung aus erneuerbaren Energien muss immer wieder wie ein Scheinriese aus seiner Sektionsecke geholt werden, um wenigstens hier einen nennenswerten Teilerfolg zu dokumentieren. Ob ein Anteil von bald 50 % erneuerbar im Strombereich als echte Wende gelten kann (bei verbliebenen 50 % aus nicht erneuerbaren Quellen), wird hier nicht diskutiert. Fakt ist, dass in den bedeutenderen Sektoren Wärme und Mobilität in den vergangenen Jahren kaum positive Bewegungen festzustellen sind. In Summe liegt der Anteil erneuerbarer Energien noch unter 20 %! Diese schlafenden Riesen schlafen weiter auf hohem Niveau. Im Bereich der Suffizienz und der Mobilität sind gar Rückschritte zu verzeichnen.

Wichtige Stellräder werden unzureichend gedreht:

- Steuerrechtliche Lenkungsmöglichkeiten durch gezielte Treibhausgas- und Energiesteuern werden nur unzureichend genutzt. Die staatlich beeinflussten Energiepreisbestandteile ($CO_2$-Preise, Umlagen, Abgaben und Steuern) müssen so aufeinander abgestimmt werden, dass sie im Sinne einer klimaschonenden Energiewende wirken.
- Eine direkte und leicht verständliche Art der Einsparmotivation wäre, Energiepreismengenrabatte und Vergünstigungen für Abnehmergruppen, z. B. die Industrie, zu verbieten bzw. mit hohen Differenzabgaben zu belasten.
- Dem Einstieg aus dem Atomausstieg muss der konsequente Ausstieg aus der Kohleverstromung folgen.
- Die deutsche Klimaschutzgesetzgebung hinkt den Anforderungen der EU-Gebäuderichtlinie EPBD weit hinterher. Die bundesgesetzliche Interpretation des geforderten „Nahenull-Energiegebäudes“ ist beispielsweise weit von den technisch-wirtschaftlichen Möglichkeiten im Neubaubereich entfernt. Mit Einführung des geplanten Neubaustandards „Null-Emissions-Gebäude“ und Einführung von Renovierungs-

pflichten für „Worst Performing Buildings" in der kommenden EPBD-Novelle droht der Abstand zwischen gesetzgeberischem Soll und Ist noch größer zu werden.

- Das Ordnungsrecht mit dem Vollzug vorhandener Regeln ist sehr lückenhaft ausgeprägt. Beispielsweise werden kaum 5 % der betroffenen Klimaanlagen über 12 kW Nennkälteleistung tatsächlich einer fachgerechten Anlageninspektion mit Prüfung und Dokumentation von Effizienzpotenzialen unterzogen.
- Der Subventionsbericht der Bundesregierung verzeichnet 16,2 Mrd. Euro, denen ein Klima- oder Umweltnutzen attestiert wurde. Gleichzeitig beziffert das Bundesumweltamt allein in 2018 die umweltschädlichen Subventionen auf 65,4 Mrd. Euro. Tatsächlich ist die Summe noch höher, da einige umweltschädliche Subventionen nicht quantifiziert werden konnten und die Studie vor allem die Bundesebene betrachtet. Rund 90 Prozent der analysierten Subventionen sind klimaschädlich und wirken häufig gleichzeitig negativ auf Luftqualität, Gesundheit und Rohstoffverbrauch aus. Diese Mittel wären zum Ausbau regenerativer Energiequellen, Effizienzsanierungen und nachhaltiger Technologien sinnvoller eingesetzt – auch was die Schaffung zukunftsfähiger Arbeitsplätze angeht. Beispiel: Mit dem Geld, mit dem die deutsche Atomindustrie gefördert wurde, hätte man alle deutschen Altbauten energetisch sanieren können. Das hätte nicht nur mehr Arbeitsplätze geschaffen als in der gesamten Atomindustrie vorhanden waren, sondern auch weit mehr Energie eingespart, als von den Atomkraftwerken produziert wurde.
- Über eine angemessene $CO_2$-Emissionsbudgetierung mit zugehöriger $CO_2$-Zertifikatsverpreisung und kontinuierlicher Verknappung von Verschmutzungsrechten wäre es möglich, den Ausstoß von Energieversorgern und der Industrie zu reduzieren und gleichzeitig Innovationen zu fördern. Stattdessen werden ausgerechnet energieintensive Branchen ausgenommen. Landwirtschaft und Flugverkehr sind ohnehin nicht betroffen.

---

Politische Maßnahmen zur Reduktion von Energieverbrauch und $CO_2$-Emissionen können vielfältige Effekte auf Wirtschaft und Haushalte entfalten. Eine von der ETH Zürich in der Schweiz im nationalen Forschungsprogramm „Steuerung des Energieverbrauchs" durchgeführte Studie liefert vergleichende Folgeabschätzungen der energiepolitischen Strategien Lenkung und Förderung hinsichtlich Effizienz und sozialer Ausgewogenheit. Die Studie kommt zu dem Schluss, dass Lenkung (Ordnungsrecht, Besteuerung und gezielte Subventionen) gesamtwirtschaftlich erheblich effizienter und um bis zu fünfmal kostengünstiger ist als Förderung. Haushalte nehmen dies jedoch anders wahr, da die Energiepreise durch Lenkungsmaßnahmen stärker steigen und die Rückverteilung der Einnahmen an die Haushalte und Unternehmen jedoch meist ausgeblendet wird.

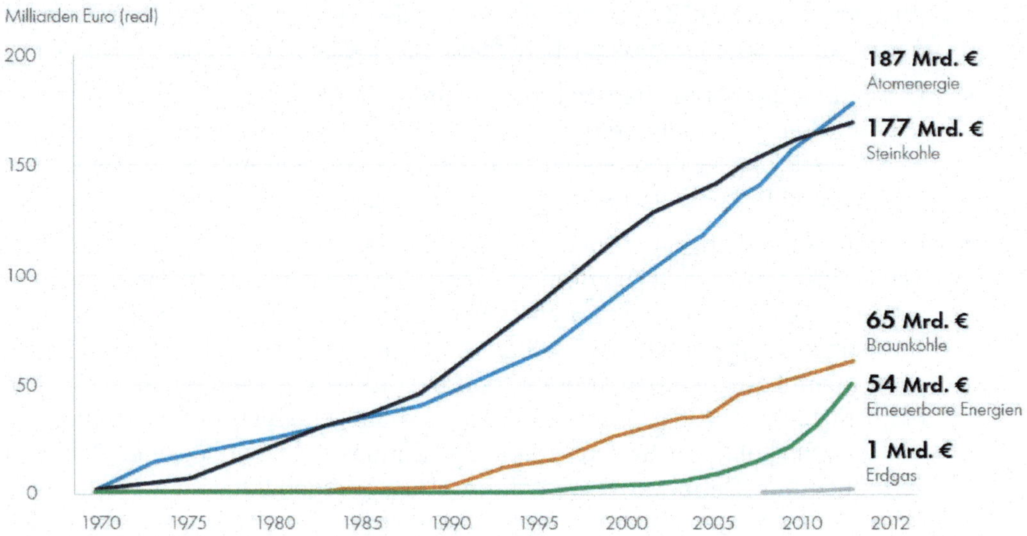


*Bild 1-8: Kumulierte staatliche Subventionen im Bereich der Stromerzeugung*
*Quelle: Forum ökologisch-soziale Marktwirtschaft*

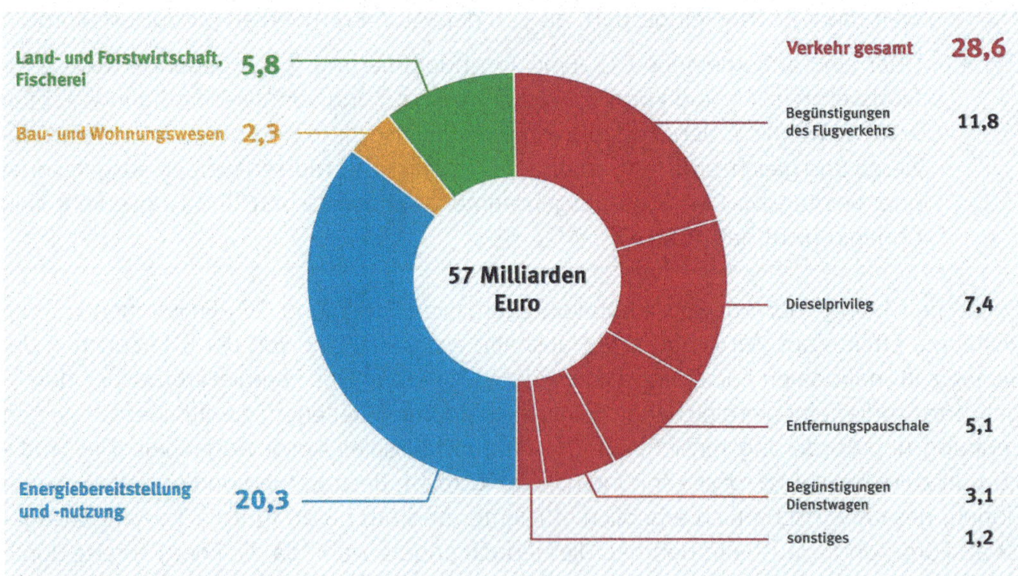


*Bild 1-9: Aufteilung des Subventionsvolumens nach Sektoren in Deutschland*
*Quelle: Umweltbundesamt, 2017*

Mittel- und langfristig ist eine Neuordnung von Ordnungsrecht, Steuer- und Abgabensystemen geboten, die die ökologisch-volkswirtschaftlichen Folgeschäden durch die Nutzung fossiler Brennstoffe besser abbildet. Für die weitere Umsetzung gilt es, eine echte Energiewende sektorübergreifend (inkl. Verkehr, Wärme, Industrie) anzustoßen. Ein angemessener

Preis für $CO_2$-Emissionen könnte klimapolitische Lenkungswirkung entfalten. Investitionen in Effizienz und erneuerbare Energien würden noch schneller wirtschaftlich. Auch andere Treibhausgase dürfen nicht völlig aus dem Fokus geraten, da sie teilweise noch wesentlich stärkere negative Klimawirkungen besitzen.

## 1.1 Lokale Agenda 21

Die UNO-Konferenz in Rio de Janeiro von 1992 versuchte, den großen Problemen, die die Zukunft aller Menschen dieser Erde betreffen, Rechnung zu tragen: Armut großer Teile der Weltbevölkerung, Zerstörung der ökologischen Basis, Migration und Gewalt. Ökologie wurde als Leitbild der Nord-Süd-Beziehungen definiert.

Der Begriff der Nachhaltigen Entwicklung hat sich als Übersetzung des englischen Sustainable Development etabliert. Nachhaltigkeit wurde ursprünglich in der Forstwirtschaft entwickelt und bedeutet, dass nicht mehr Holz geschlagen werden darf als nachwachsen kann. Im übertragenen Sinne heißt dies, dass sich die Menschen zur Deckung ihres Bedarfs in der Verwendung natürlicher Ressourcen so beschränken, dass sie zukünftigen Generationen keine Lebensgrundlagen entziehen.

Das in der UNO-Konferenz in Rio de Janeiro 1992 von mehr als 170 Staaten verabschiedete Aktionsprogramm, die Agenda 21, schreibt in Kapitel 28 vor, dass die Kommunen unter Zusammenarbeit der Verwaltung mit den Bürgern jeweils einen kommunalen Aktionsplan für eine umwelt- und sozialverträgliche Struktur für die nächsten Jahrzehnte entwickeln sollen.

Bei der Erarbeitung einer Lokalen Agenda 21 geht es darum, vorhandene Ansätze, Erfahrungen und Erfolge mit dem Konzept nachhaltiger Entwicklung (Sustainable Development) zusammenzubringen und weiterzuentwickeln. Das Innovative hierbei besteht in der ganzheitlichen Darstellung und Verbesserung der umweltpolitischen, sozialpolitischen und ökonomischen Bedingungen.

Die Umsetzung soll in interaktiver Zusammenarbeit zwischen Kommunalverwaltungen, Bürgern und Wirtschaft erfolgen. Den lokalen Behörden wird bei der Durchsetzung einer nachhaltigen Entwicklung eine Schlüsselrolle zugewiesen. Wörtlich heißt es: „Da viele der in der Agenda 21 angesprochenen Probleme und Lösungen auf Aktivitäten der örtlichen Ebenen zurückzuführen sind, ist die Beteiligung und Mitwirkung der Kommunen ein entscheidender Faktor bei der Verwirklichung der in der Agenda enthaltenen Ziele."

Als Politik- und Verwaltungsebene, die den Bürgern am nächsten ist, spielen die Kommunalverwaltungen eine entscheidende Rolle bei der Information und Mobilisierung der Öffentlichkeit und ihrer Sensibilisierung für eine nachhaltige umweltverträgliche Entwicklung. Der Grundgedanke kann umschrieben werden mit dem Motto: Global denken, lokal handeln!

- Bestandsaufnahmen dienen dazu, ein möglichst umfassendes Bild vom Zustand der Umwelt in einer Kommune zu erhalten. Neben den „harten" Fakten wie Schadstoffbelastung, Zahl der Arbeitslosen u. a. können auch subjektive Beurteilungen wie z. B. Aufenthaltsqualität von Freiflächen von großer Bedeutung sein. Die Bestandsaufnahmen sollen veröffentlicht werden und allen Bürgern frei zugänglich sein.

- Um die Vision einer Kommunalentwicklung klar zu definieren, ist die Entwicklung von Leitbildern für ein zielgerichtetes Handeln wünschenswert. Ein übergeordnetes Leitbild zur Orientierung stellt das Schlussdokument der Konferenz von Rio 1992 dar.
- Mit Soll-Ist-Vergleichen können Prioritäten für die dringendsten Aufgaben ermittelt und in direkter und möglichst unbürokratischer Zusammenarbeit kann ein Maßnahmenplan mit Bürgern und Wirtschaft erstellt werden. An diesem Prozess sind alle relevanten gesellschaftlichen Gruppen zu beteiligen.

Wie auch immer die Verantwortung für die Umsetzung und Kontinuität organisiert werden soll, es ist eine entsprechende fachpersonelle Absicherung zur Gewährleistung von Kontinuität und Qualität erforderlich.

Die Kommunen sowie die kommunalen Verbände sollen national und international in einen intensiven Erfahrungsaustausch treten.

Wesentliche Handlungsfelder im Rahmen der Agenda 21 sind:

- Organisation der städtischen Umweltverwaltung
- die Rolle der Wirtschaft in der Umwelt
- Energie und Klimaschutz
- Natur und Landschaft
- Flächeninanspruchnahme und Zuordnung von Nutzungen
- Bodenschutz und Altlasten
- Bauen und Wohnen
- Arbeitsmarkt
- Verkehr
- Abfallwirtschaft
- Wasserver- und Abwasserentsorgung
- Luftreinhaltung
- Lärmschutz
- kommunale Umweltverträglichkeitsprüfung
- kommunale Informationssysteme
- Bürgerbeteiligung und Öffentlichkeitsarbeit
- Umwelterziehung und -bildung
- Finanzhaushalt

Auf weiterführende Informationen zur lokalen Agenda 21 wird im Internetportal unter www.agenda21-wer-macht-was.de verwiesen.

# 1.2 Siebzehn populäre Vorurteile der Gebäude-Energieeffizienz unter der Lupe

### 1 Energieeffizienzsanierungen sind nicht wirtschaftlich

Bei Kosten-Vergleichen werden häufig nur die Investitionskosten und nicht die Betriebskosten berücksichtigt. Diese Nebenkosten können je nach Nutzung und Energiekostendynamik bereits nach einer Dekade die Gebäude-Erstellungskosten übersteigen.

Ein energieoptimiertes Gebäude erwirtschaftet gegenüber einem herkömmlichen Gebäude einen baren Geldvorteil. Dieser übersteigt häufig – über die gesamte Nutzungsdauer gerechnet – den Ertrag einer langfristigen Anlage auf dem Kapitalmarkt.

Der Wärmeenergiebedarf älterer und energetisch unsanierter Gebäude lässt sich durch Dämmung, Wärmeschutzfenster und eine effiziente Gebäudetechnik oft um mehr als drei Viertel senken. Steht ohnehin eine Modernisierung oder ein Umbau an, ist die Adaption mit Energieeffizienzmaßnahmen mittel- und langfristig günstiger, als konventionell – ohne Effizienzmaßnahmen – zu sanieren und weiterhin hohe Energiekosten zu zahlen.

Seit über 15 Jahren begleitet die Deutsche Energieagentur dena in Sanierungsstudien mehr als 400 energetische Modernisierungsvorhaben. Das Ergebnis: Energetische Sanierungen lohnen sich auch wirtschaftlich, sofern sie im normalen Sanierungszyklus eines Gebäudes durchgeführt werden. Wenn zum Beispiel die Fassade neu geputzt werden muss, ist es auch sinnvoll, gleichzeitig eine energetische Optimierung vorzunehmen. Allerdings ist es nicht in allen Fällen gegeben, dass Sanierungsvollkosten – also inkl. Sowieso-Instandsetzungskostenanteilen – amortisierbar sind. Ähnlich würde es sich beim Kauf eines verbrauchsarmen Autos verhalten, dessen Anschaffungskosten sich kaum energetisch amortisieren werden – jedoch oft die effizienzbedingten Mehrkosten gegenüber einem verbrauchsintensiveren Modell mit sonst gleicher Ausführung. Im Ergebnis sind bauliche Effizienzmaßnahmen wirtschaftlich besonders gut darstellbar, wenn sowieso Instandsetzungsarbeiten an den jeweiligen Bauteilen vorgenommen werden sollen. Ähnlich verhält es sich in Bezug auf nachhaltige Standards im Neubaufall.

Bei der Beurteilung der ökonomischen Vorteile wäre auch der Aspekt der Objektwertsteigerung durch energetisch hochwertigere Standards und die Verbesserungen im Nutzungskomfort zu berücksichtigen.

Das Forschungsinstitut für Wärmeschutz München (FIW) hat zur Amortisation von Wärmedämmmaßnahmen 2015 eine Studie mit nachstehenden Ergebnissen nach Bauteilen differenziert erstellt:

- Oberste Geschossdecken und Steildächer: Bei Ausgangs-U-Werten von 0,9 W/(m²K) liegt die Amortisationszeit einer Dämmmaßnahme in der Regel zwischen 6 und 16 Jahren (Mittelwert: 10 Jahre).
- Flachdach: Bei einem Ausgangs-U-Wert von 0,9 W/(m²K) liegt die Amortisationszeit zwischen 5 und 13 Jahren.
- Fassadendämmung: Für eine Außenwanddämmung mit einem Wärmedämmverbundsystem ergibt sich ein großer Schwankungsbereich der Amortisationszeit. Je schlechter

der energetische Ursprungszustand der Wand ist, desto schneller amortisiert sich eine Fassadendämmung. Bei Außenwänden, die vor der ersten Wärmeschutzverordnung (WSchV) 1977 errichtet worden sind, ergibt sich eine Amortisationszeit zwischen 4 und 10 Jahren. Bei nachträglicher Dämmung von Außenwänden, die in der Zeit ab Gültigkeit der WSchV 1977 errichtet wurden, ist mit längeren Amortisationszeiten, jedoch noch innerhalb der Maßnahmenlebensdauer zu rechnen.

- Kellerdämmung: Geht man beim unteren Gebäudeabschluss von einem energetischen Zustand aus, der vor der Einführung der ersten Wärmeschutzverordnung typisch war, beträgt die mittlere Amortisationszeit bei einer Kellerdeckendämmung von unten mit Bekleidung 8 Jahre. Ohne Bekleidung reduziert sich die Amortisationszeit auf etwas unter 6 Jahre.

## *Beispielexkurs*

**Vereinfachte Renditeberechnung für eine Außenwandwärmedämmung**

Eine 12 cm starke Wärmedämmung (mit Lambda 0,035) auf einer beidseitig geputzten 24er Vollziegelwand ergibt eine U-Wertverbesserung um ca. 1,0 W/m²K.

Innerhalb einer gerundeten Heizperiode von 5.000 Stunden p. a. ergeben sich: 1,0 W/m²K × 5.000 h = 5 kWh/m². Bei einer durchschnittlichen Temperaturdifferenz zwischen Innen und Außen in der Heizperiode von 15 Kelvin ergibt sich jährlich eine Einsparung von 75 kWh je Dämmquadratmeter und bei einer angenommenen Bauteillebensdauer von 50 Jahren: 3.750 kWh/m².

Die Einsparungssumme beträgt bei einem Energiegrundpreis von 0,12 €/kWh und einer Energiepreissteigerung von 5 % innerhalb von 50 Jahren mit dem Barwertvervielfältiger f [50a; 5 %] = 18,25: 18,25 × 3.750 kWh × 0,12 €/kWh = 8.213 €/m² Außenwandfläche

Abzüglich der Investition in Höhe von angenommenen 150 €/m² entspricht das einem Kapitalwert von über 8.000 € je Quadratmeter Fassadendämmung. Bei höheren Energiepreisen, Einbeziehung von Fördermitteln und Abzug von Sowieso-Instandsetzungskostenanteilen ist die Rendite noch höher.

Als Schlüssel zur maximierten Wirtschaftlichkeit sind drei Punkte entscheidend:

1. Zeitpunkt: Effizienzsanierung durchführen, wenn ohnehin Instandhaltungs- oder Reparaturarbeiten anstehen; im Neubaufall entsprechend sofort hohe Effizienzstandards wählen.
2. Know-how: Ein qualifizierter, erfahrener Sachverständiger sollte für Analyse, Planung und Bauüberwachung hinzugezogen werden.
3. Konzeptionelle Herangehensweise mit Berechnungen: Welches Sanierungskonzept langfristig wirtschaftlich und ökologisch tragfähig ist, hängt vom Gebäude, von der Infrastruktur, der Nutzung und weiteren Randbedingungen ab. Hier sollten mehrere Effizienz-Sanierungsvarianten vergleichend ausgewertet werden. Ggf. ist die Berücksichtigung von Sowiesokosten und spezifischen Fördermitteln in die Wirtschaftlichkeitsbetrachtung mit verschiedenen Szenarien einzubeziehen.

### 2 Energetisch sanierte Mietobjekte sind entweder für den Vermieter unwirtschaftlich oder für Mieter kaum bezahlbar

Eine Studie der deutschen Energie Agentur dena hat ergeben, dass sich die energetische Sanierung von Mietobjekten wie z. B. Mehrfamilienhäusern für beide Seiten bezahlt machen kann. Demnach kann der Energiebedarf bei Gebäuden, die ohnehin saniert werden müssen, ohne Mehrbelastungen für Mieter um bis zu 75 % gesenkt werden. Durch die gesetzlich mögliche Umlage eines prozentualen Sanierungskostenanteils steigt zwar die Kaltmiete; die sinkenden Energiekosten können dies jedoch meist ausgleichen. Aus Mietersicht kommt noch der höhere Behaglichkeitskomfort hinzu.

Aus Eigentümersicht sind die Kosten für die laufende Instandhaltung, z. B. der Austausch eines alten Heizkessels gegen eine neue Wärmeerzeugertechnik sowie Instandhaltungskosten, nicht auf die Miete umlegbar. Nur Effizienzinvestitionen zur Verminderung des Energie- und Wasserbedarfs sind auf die Modernisierungskosten umlegbar. Dieser Zusatzinvest kann häufig sehr geringgehalten werden.

In einer Studie des Institutes Wohnen und Umwelt wurde nachgewiesen, dass energetisch hochwertige Sanierungen (bei statischem Energiepreisstand 2009) durch einen mittleren Aufschlag von 0,49 €/m² Wohnfläche wirtschaftlich werden. Die Ergebnisse der Studie beweisen: Wenn nach einer Sanierung drastisch die Miete steigt, ist dies nicht auf die energetischen Maßnahmen zurückzuführen, sondern viel häufiger auf Kostenanteile für „Schönheitssanierungen". Die Mieterhöhungspraxis zeigt, dass Mietaufschläge auch ohne energetische Sanierungsanteile früher oder später durchgesetzt werden, wenn die Marktlage das zulässt.

Einige Gründe sprechen dafür, in Energieeffizienz von Renditeobjekten zu investieren:

- Budgetsumme aus steuerlicher Abschreibung, Modernisierungsumlage und $CO_2$-Steuerersparnis, ggf. können zuzüglich spezifische Fördermittel generiert werden.
- In Verbindung mit ergänzenden Maßnahmen kann es zu einer Verbesserung des Ausstattungsstandards kommen. Dies generiert im Regelfall weiteres Mietpreissteigerungspotenzial.
- Geringere Bewirtschaftungskosten und höhere Sicherheit gegenüber Energiepreissteigerungen,
- Imagegewinn/Marketingvorteile, Zukunftsfähigkeit bei steigenden Energiepreisen (auch bezogen auf günstigere Energieausweisdaten),
- Leerstandsverringerung durch Verbesserung von Behaglichkeit und Komfort in Konkurrenz zu sonst gleichwertigem Wohnraum,
- weniger Mietkürzungen durch geringeres Schimmelpilzvorkommen durch Beseitigung von Wärmebrücken,
- stabilerer Cash-Flow durch überdurchschnittliches Kaltmietpreissteigerungspotenzial und höhere Mietzahlungsbereitschaft.

### 3 Wände müssen atmen können

Diese uralte Mär – vor vielen Jahrzehnten durch Herrn Pettenkofer in die Welt geraten – basiert auf Luftqualitätsuntersuchungen in Schulhäusern. Dabei hatte er den Luftaustausch durch die Schornsteinlöcher übersehen und leider falsch geschlussfolgert, dass ein Luftaustausch durch Außenwände stattfände. Bereits 1928 wurden die immer noch viel zitierten Pettenkoferergebnisse von Erwin Raisch widerlegt, indem in umfangreichen Versuchen nachgewiesen wurde, dass durch verputzte Wände kein relevanter Luftaustausch erfolgen kann.

Der zunächst einleuchtend (bio-)logische Klang kann selbst heutzutage Fachleute verwirren. Mit dem Begriff „atmende Wand" ist oft die Vorstellung verknüpft, dass durch Wände nennenswerte Mengen an Luft transportiert werden. Dabei sind die Wände nur zu einem sehr geringen Anteil von weniger als 2 % via Dampfdiffusion beteiligt. Zum Beispiel diffundieren durch eine 38 cm dicke Vollziegelwand bei -10 °C Außentemperatur nur 6 Gramm pro m² täglich und bei den für die Heizperiode typischen 6–8 °C nur noch 2 Gramm pro m² und Tag. Bei Berücksichtigung von inneren Anstrichen noch rund 50 % weniger; bei 150 m² Wandfläche eines Einfamilienhauses also maximal 150–300 Gramm pro Tag, während im Inneren täglich typischerweise deutlich über 5.000 g Wasser freigesetzt werden. Eine nennenswerte Entfeuchtungsleistung durch die Wandflächen ist also ebenfalls nicht gegeben. Schadstoffdiffusion findet überhaupt nicht statt! Falls doch, liegt schnell ein Bauschaden vor: 1 mm Fuge à lfd. Meter erhöht den U-Wert um ca. 0,5 W/m²K und den Feuchtetransport von 0,5 g/m²d auf 800 g/m²d; das heißt um das 1600-Fache! Derartige Feuchte kann im Bauteil kondensieren und zu Bauteilzersetzung oder Frostsprengung führen.

Unter Gebäudeluftdichte wird die Verhinderung von Luftströmung durch Bauteile der Gebäudehülle verstanden, d. h. das Eindringen von Luft durch das Bauteil. Luftfeuchtigkeit wird außer von der Raumluft durch sorptive Eigenschaften von Wänden, Möbeln und Teppichen lediglich bis zu einer Tiefe von max. 20 mm aufgenommen. In einem Raum mit verputzten Wänden von 15 m² Grundfläche und 2,50 m Höhe können während der Erhöhung der Raumluftfeuchte pro Stunde etwa 600–800 Gramm Wasserdampf über Sorption eingelagert werden. Diese Feuchtigkeit können gedämmte Wände genauso gut puffern wie ungedämmte. In Versuchen mit einem sprunghaften Anstieg der Luftfeuchtigkeit von 40 % auf 80 % wurde 2/3 der Feuchte von den Oberflächen absorbiert. Diese Fähigkeit ist als temporäre Pufferung zu verstehen. Sinkt beim Lüften die relative Luftfeuchtigkeit der Raumluft wieder, geben die Oberflächen ihre Feuchtigkeit zeitverzögert an die Innenluft ab. Beim nächsten Lüftungsvorgang gelangt sie dann nach draußen. Auf diesem Weg wird die von Außenwänden absorbierte Feuchtigkeit hinausgelüftet. Regelmäßiges Lüften ist also mit und ohne Wärmedämmung unerlässlich.

Gutes Raumklima hängt vorrangig ab von:

1. Oberflächentemperaturen der den Raum umfassenden Wände, die sich nur gering von der Innenlufttemperatur unterscheiden sollten (haptische Wärme und gefühlte Wärme),
2. angenehme Luftfeuchtigkeit im Bereich zwischen 40 und 60 %,
3. gute Luftdichte, „Luftzugarmut",
4. Luftqualität (Abtransport von Gerüchen und Schadstoffen, Zufuhr von Sauerstoff).

Die Punkte 1–3 lassen sich durch eine optimierte Dämmung und Abdichtung der Gebäudehülle in Kombination mit offenporigen Putzoberflächen verbessern. Punkt 4 erfordert einen hinreichenden Fenster-Stoßlüftungsrhythmus oder die Montage mechanischer Lüftungsanlagen.

Der Vollständigkeit halber wird darauf hingewiesen, dass gängige Dämmstoffe wie z. B. Mineralwolle, Zellulose und Steinwolle nahezu genauso luftdurchlässig sind wie Luft selbst und die in diesem Zusammenhang verpönten Polystyrol-Dämmungen eine Diffusionsoffenheit auf dem Niveau von Hartholz aufweisen. Hartholz wird hingegen keine raumklimaschädliche „Nichtatmungsfähigkeit" unterstellt.

### 4 Wärmedämmung führt zu Schimmelpilzbildung

Innenraumschimmel ist kein neues Problem, sondern vielmehr ein Problem, welches Menschen seit einigen Jahrhunderten plagt. Schimmelpilze gedeihen bei relativem Luftfeuchtegehalt > 80 % an der Materialoberfläche und tun dies auch, wenn diese Feuchte in Kombination mit kalten Oberflächen nur wenige Tage besteht. Besonderen Nährboden benötigen sie dafür nicht. Bei entsprechender Nährstoffgrundlage wachsen sie allerdings umso prächtiger.

Die Bildung von Schimmel ist oft multikausal. Eine häufige Ursache sind ungünstige Raum-Lüftungsbedingungen, also nicht angepasstes Lüftungsverhalten wie z. B. Fensterkipplüftung in der Heizperiode bzw. fehlende Lüftungsanlagen.

Selbst ungedämmte Altbauten mit starken Undichtigkeiten, unter denen die Nutzer durch Zugerscheinungen leiden und die einen hohen Heizenergieverbrauch verursachen, werden an windarmen Tagen völlig unzureichend belüftet und entfeuchtet. Gerade bei diesen Baustandards tritt häufig Schimmel auf. Hohe Schimmelpilzgefahr droht bei Einbau moderner, dichter Fenster in weitgehend ungedämmte Gebäudehüllen. Die Kondensatbildung tritt dann nicht mehr zuerst an den alten Fensterscheiben auf. Kritische Luftfeuchte wird nicht unmittelbar erkannt und erforderliche Lüftung unterbleibt eventuell. Eine Anerkannte Regel der Technik trägt dem Rechnung und besagt, dass die Wände, in denen eine Fenstermontage vorgesehen ist, jeweils einen besseren Wärmedämmstandard aufweisen müssen als die Fenster selbst.

Ein fachgerecht gedämmtes, wärmebrückenarmes Gebäude hat höhere Temperaturen an der Innenseite der Außenwände. Dadurch wird das Schimmelpilzrisiko erheblich gemindert. Der wirkliche Sachverhalt ist also genau umgekehrt: Je besser die Dämmung, desto geringer das Schimmelrisiko!

Das Aachener Institut für Bauschadensforschung stellte in einer Studie fest, dass gut gedämmte Gebäude mit reduzierten Wärmebrücken weniger zu Schimmel neigen als schlecht gedämmte Gebäude.

Wird auf eine gute Dämmung verzichtet, müssen zur Schimmelvermeidung Ersatzmaßnahmen ergriffen werden. Das kann ein erhöhter Fenster-Stoßlüftungsrhythmus sein oder die Montage mechanischer Lüftungsanlagen. Energieeffiziente Fensterlüftung bedeutet in der Heizperiode, dass durch weit geöffnete und – wenn möglich – mehrere gegenüberliegende Fenster in möglichst kurzer Zeit die verbrauchte feuchte Raumluft gegen frische Außenluft ausgetauscht wird, während die Heizflächen abgeregelt sind. Raumlüftungsanlagen können nutzerunabhängig dafür sorgen, dass verbrauchte Luft und Feuchtigkeit abtransportiert werden und frische Luft einströmt. Verfügen sie über eine so genannte „Wärmerückgewinnung", sparen sie außerdem Heizenergie.

### 4a Innendämmung führt zu Schimmelbildung

Für das Wachstum von Schimmelpilzen muss es nicht zur Tauwasserbildung kommen. Es genügt eine relative Luftfeuchte von 80 % an Bauteiloberflächen über eine Dauer von wenigen Tagen. Die relative Luftfeuchte hängt von der lokalen Raumlufttemperatur ab. Daher ist die Luftfeuchte an ungedämmten Außenwänden (ohne Wandheizung) höher als in anderen Raumbereichen. In Bereichen, in denen Luft schlecht zirkuliert wie Raumecken oder hinter Schränken an Außenwänden verstärkt sich der Effekt. Die Anforderungen an den Wärmeschutz wurden nicht zuletzt zur Schimmelvermeidung kontinuierlich erhöht und liegen inzwischen mehr als doppelt so hoch wie noch in den 1960er Jahren üblich.

Innendämmung ist oft kostengünstiger als Außendämmung. Bis in die 70er Jahre war sie in Deutschland die gebräuchlichste Art der Dämmung. Allerdings sind die Dämmstärken und somit auch die Dämmwirkung bauphysikalisch beschränkt und die Raumflächen werden etwas verkleinert.

Bei Innendämmung ist eine Überdämmung einbindender Wände und Decken zur Minderung linearer Wärmebrücken erforderlich. Wo warme Innenwände und Decken an kalte Außenwände treffen, kühlen die Innenwände und Decken unvermeidlich aus. An diesen Stellen kann Raumluftfeuchte kondensieren. Um dies zu vermeiden, muss eine so genannte Flankendämmung in einer Breite von mind. 50 cm auf die einbindenden Wände und Decken erfolgen. Eine fachgerechte Verarbeitung ist Voraussetzung für eine schadenfreie Konstruktion. Bei Beachtung dieser bauphysikalischen und konstruktiven Prinzipien kann auch Innendämmung dazu beitragen, Schimmelbildungsrisiken zu minimieren statt zu erhöhen. Einzig bei unsachgemäßer Baustoffauswahl oder Ausführung kann es zu Feuchtigkeitsproblemen hinter der Innendämmschicht kommen. Daher ist die Planung und Ausführung von Innendämmsystemen durch erfahrene Fachfirmen unbedingt anzuraten.

Die erforderliche Raumentfeuchtung hängt kaum vom Wärmeschutz oder der Dämmweise ab. Zur schimmelvermeidenden Raumentfeuchtung ist regelmäßiges Lüften per Fenster oder durch eine nutzerunabhängige Lüftungsanlage erforderlich; im ungedämmten Altbau eher intensiver als in modernen, gedämmten Gebäuden.

### 5 Dämmstoffe verbrauchen mehr Produktionsenergie, als sie einsparen, und sind nach Abbruch Sondermüll

In der Ökobilanz werden die Ressourceninanspruchnahme und der Einfluss eines Stoffs auf die Umwelt über den gesamten Lebensweg, d. h. Produktion, Transport, Verarbeitung, Nutzung, Instandhaltung, Rückbau und Entsorgung, betrachtet. Die Energiebilanz spielt bei der ökologischen Beurteilung von Dämmmaterialien eine wichtige Rolle. Untersuchungen zeigen, dass sich der Primärenergiebedarf für die Herstellung je nach Material erheblich unterscheidet. Die energetische Amortisationszeit beschreibt den Zeitraum, ab dem der Dämmstoff mehr Energie einspart als für seine Fertigung verbraucht wurde. Die energetische Amortisationszeit ist abhängig von Dämmstoffart und -dicke, energetischem Ausgangsniveau, Lebensdauer, Klimastandort und Beheizungsart. Das Karlsruher Institut für Technologie KIT hat festgestellt, dass die energetische Amortisationszeit eines Dämmstoffs bei allen gängigen Dämmstoffen deutlich unter zwei Jahren liegt. Auch energetisch ungünstige Konstruktionen mit Dämmstoffen mit hohen Primärenergiegehalten führen in der Regel zu energetischen Amortisationszeiten von unter fünf Jahren und sind daher bei Lebenszyklusbetrachtungen als sinnvoll zu bewerten.

Die Grafik verdeutlicht die energetische Amortisation gängiger Wärmedämmstoffe

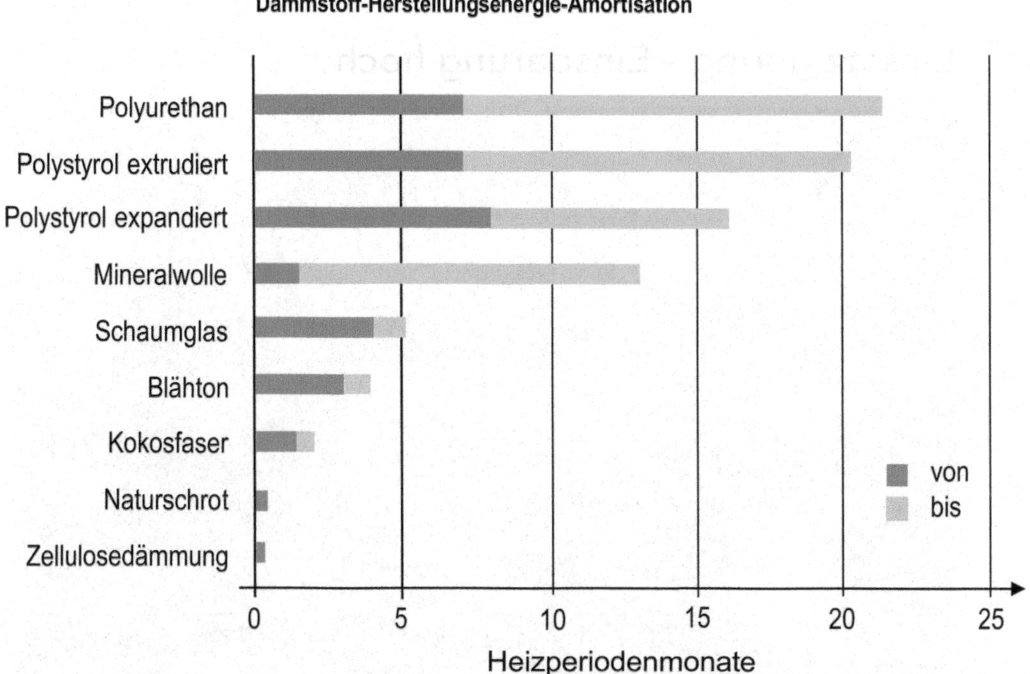


*Bild 1-10: Dämmstoff-Herstellungsenergie-Amortisation in Heizmonaten*
*Quelle: Verfasser, aus versch. Datenquellen*

D. h., selbst Blähton, der durch Hochtemperaturprozesse bei der Herstellung viel Energie benötigt, hat durch seine Dämmwirkung diese Energie nach ca. 4,5 Heizperiodenmonaten wieder eingespart. Noch wesentlich kürzer fallen die energetischen Amortisationszeiten der meisten Naturdämmstoffe und Zellulosedämmungen aus, deren Produktion bereits nach weniger als einem Monat energetisch amortisiert sind. Etwas langsamer, aber immer noch vergleichsweise schnell amortisieren sich Dämmstoffe auf Rohölbasis.

Von Dämmstoffkritikern werden teilweise Alternativen wie Ziegelbaustoffe in etwas stärkeren Ausführungen vorgeschlagen, obwohl gerade Ziegel für den Produktionsprozess im Verhältnis zur Dämmwirkung besonders viel Energie benötigen.

Eine weitere Anforderung an Dämmstoffe ist die Umweltverträglichkeit über den gesamten Lebenszyklus inkl. Produktion und Entsorgung. Allgemeine Aussagen zur Ökobilanz einzelner Dämmstoffarten sind nur bedingt möglich. Mit dem Blauen Engel ausgezeichnete Dämmstoffe sind über die gesetzlichen Bestimmungen hinaus schadstoffarm hergestellt und gesundheitlich unbedenklich.

## Beispielexkurs

Dem Herstellungsenergieaufwand für eine 12 cm dicke Polystyrol-Wanddämmung wird die Einsparung bei Montage auf einer Bestandswand mit einem U-Wert von 1,4 W/m²K über nur 25 Jahre Lebensdauer gegenübergestellt:

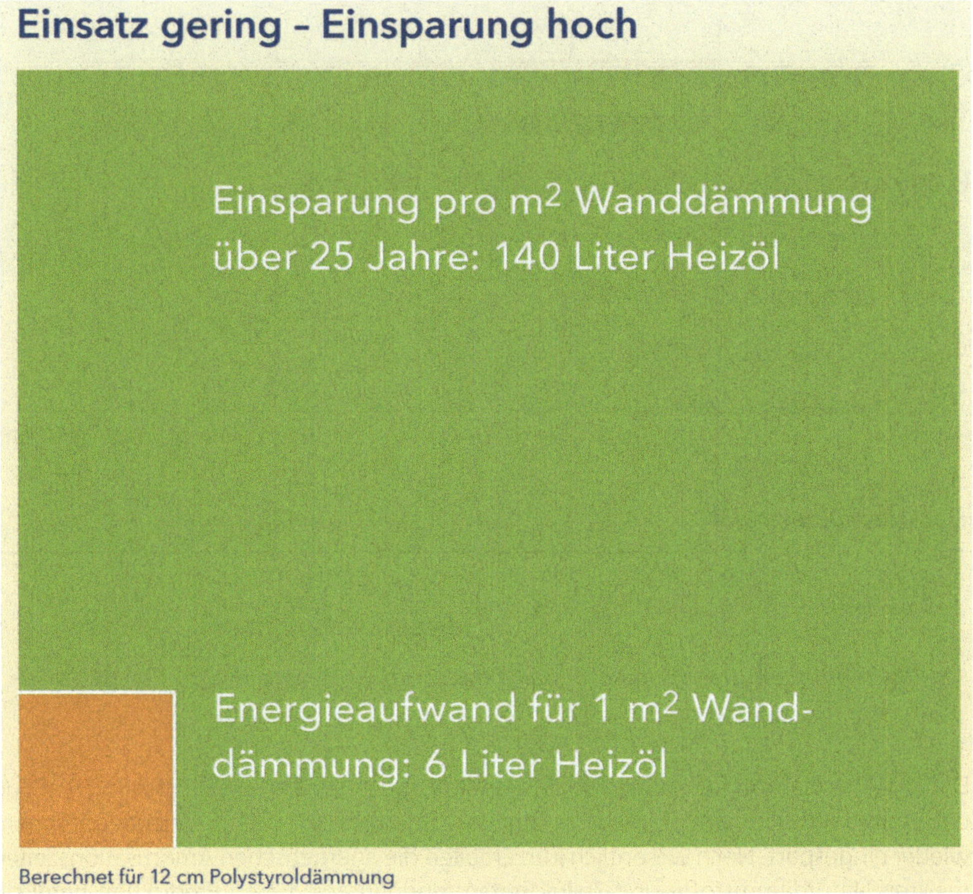

Einsatz gering - Einsparung hoch

Einsparung pro m² Wanddämmung über 25 Jahre: 140 Liter Heizöl

Energieaufwand für 1 m² Wand-dämmung: 6 Liter Heizöl

Berechnet für 12 cm Polystyroldämmung

*Bild 1-11: Energetische Amortisation von Wärmedämmung*

*Quelle: Werner Eicke-Hennig*

Die Lebenszyklusdauer im eingebauten Zustand ist ein weiteres wichtiges Kriterium bei der Auswahl eines Dämmstoffs. Fassadendämmungen sind besonders der Witterung und unserer Wahrnehmung ausgesetzt. Sie stehen daher am häufigsten im Fokus. Das Fraunhofer Institut für Bauphysik (IBP) hat in einer Langzeitstudie analysiert, dass Wärmedämmverbundsysteme (WDVS) hinsichtlich ihrer Lebensdauer nicht schadensanfälliger sind als ungedämmte Fassaden. Diese Einschätzung wird durch eine Untersuchung des Instituts für Bauforschung e. V. aus dem Jahr 2015 (HTB-06/2015) bestätigt und kommt zu dem Fazit, dass mit Wärmedämmverbundsystemen gedämmte Fassaden in puncto Wartungsaufwand und Lebensdauer mit verputzten ungedämmten Fassaden vergleichbar sind.

Bei einem Abriss muss Baumischmüll auf Sondermülldeponien entsorgt werden; es sei denn, die Materialien werden sortenrein getrennt, wie es das Abfallrecht vorsieht. Jährlich fallen in Deutschland etwa 200 Mio. Tonnen Bauschutt aller Art an. Unter Berücksichtigung steigender Massen an montierten Dämmstoffen fallen auch zukünftig nicht mehr als 0,16 Mio. Tonnen Dämmstoffe aus Abbrucharbeiten an. Bei einer realisierbaren Recyclingquote von 80 % verbleiben noch 0,032 Mio. Tonnen zu deponierende Dämmstoffe. Das entspricht weniger als 1 % des Gesamtbauschuttaufkommens.

Die sortenreine Aufarbeitung ermöglicht eine Wiederverwertung. Mattendämmstoffe und lose Schüttdämmstoffe können problemlos ausgebaut, gereinigt und an anderer Stelle wieder verbaut werden. Häufig werden sie auch von Herstellern zurückgenommen und einem neuen Produktionsprozess zugeführt. Plattenartige Dämmstoffe können mit Bürsten oder Heißdrahtsägen von Putzen und Kleberresten getrennt und anschließend wieder verarbeitet werden. Der Verschnitt kann zu Granulat verarbeitet werden, das anschließend neu gepresst oder als loser Dämmstoff Verwendung finden kann. Mineralische Dämmstoffe können zerkleinert und anschließend im Straßenbau oder ebenfalls als Schüttdämmstoffe eingesetzt werden. Die Fraunhofer-Institute für Bauphysik (IBP) und für Verfahrenstechnik und Verpackung (IVV) haben eine Methode mit der Möglichkeit zur Rezyklierung von Polystyrol aus Abfällen entwickelt. Im sogenannten CreaSolv®-Verfahren ist nicht nur eine stoffliche Verwertung von Polystyrol möglich, sondern auch die Ausschleusung des Flammschutzmittels Hexabromcyclododecan (HBCD) inkl. Rückgewinnung des enthaltenen Broms. Aus EPS- und XPS-Abfällen kann das ursprüngliche Styrol-Acrylat in hoher Qualität zurückgewonnen werden, um daraus wieder neue Dämmplatten zu produzieren. Ein anderes Verfahren zur stofflichen Rezyklierung ist die elektrodynamische Fraktorierung.

Falls die Möglichkeiten der stofflichen Verwendung erschöpft sind, bleibt noch die thermische Verwertung der Dämmstoffe durch Verbrennung. Dabei wird ungefähr die Hälfte der Produktionsenergie als Wärmeenergie zurückgewonnen. Styrole haben einen mit Heizöl vergleichbaren Heizwert und substituieren dadurch das Stützfeuer der Müllverbrennungsanlagen.

Ein Sonderfall ist das vor 2014 verbaute Polystyrol: Es ist häufig mit einem Brandschutzmittel namens Hexabromcyclododecan (HBCD) behandelt, das wegen seiner toxischen Wirkung inzwischen verboten ist. Im Recyclingprozess muss daher zwischen HBCD-haltigem und HBCD-freiem Polystyrol differenziert werden. HBCD-haltiges Polystyrol kann immer noch thermisch verwertet werden; ab 900 °C Verbrennungstemperatur führt die Verbrennung mit 99,9999-prozentiger Zerstörungseffizienz zur Vernichtung der HBCD-Moleküle. [4]

## 6 „Meine Massivwand ist mehr als 40 cm dick und hat daher eine gute Wärmedämmwirkung auch ohne Dämmstoff"

Wäre diese These richtig, müssten Schlösser und Burgen gut beheizbar und thermisch behaglich sein. Die tatsächlichen Dämmeigenschaften von massiven Baustoffen der Gebäudehülle sind meist sehr bescheiden. Die Dämmwirkung hängt stark von den Dichteeigenschaften bzw. der Porosität der Baustoffe ab. Monolithische Außenwände haben, je nach Baustoff, mittlere bis hohe Rohdichten mit hoher Wärmeleitung, um die Tragfähigkeit zu gewährleisten, oder weil es früher keine anderen gängigen Baustoffe für diese Zwecke gab. Der sommerliche Wärmeschutz ist gut, da die nächtliche Auskühlung oftmals bis zum nächsten

Abend in der Speichermasse „eingelagert" ist. Eine gleichzeitig gute winterliche Dämmwirkung ist auch bei einer dicken monolithischen Außenwand ausgeschlossen. Ist ein solches Bauteil der Gebäudehülle im Herbst einmal ausgekühlt, wird es durch die wenigen winterlichen Sonnenstunden nicht mehr hinreichend durchwärmt. Hinzu kommt, dass in der Umgebung eines solchen Außenbauteils keine winterliche Behaglichkeit erzielt wird.

Auch der sommerliche Wärmeschutz kann durch eine Wärmedämmung verbessert werden. Durch längere Hitzeperioden kann sich eine ungedämmte Massivwand derart aufladen, dass die Wärmestrahlung Tag und Nacht die Innenraumtemperaturen erhöht. Eine Wärmedämmung (von außen) minimiert diese Aufladung und erwirkt so eine Verbesserung der thermischen Innenraumbehaglichkeit auch im Sommer. Die für den sommerlichen Tag/Nachtzyklus relevante Speichermasse der ersten ca. 10 cm bleibt raumseitig bei Außendämmung erhalten.

Nachrichtlich: Von einem Dämmstoff wird bei Lambdawerten ≤ 0,010 W/mK gesprochen. Um die Größenordnung der Dämmwirkung zu verdeutlichen, sind nachstehend einige Lambdawerte typischer Baustoffe aufgeführt: Nadelholz hat ca. 0,013 W/mK, ein Hochlochziegel, wie er bis zur letzten Jahrtausendwende üblich war, rd. 0,18 W/mK, ein Vollziegel hat etwa 0,8 W/mK und ein Sandstein 2,3 W/mK.

Als weitere Verdeutlichung der Dämmwirkungsverhältnisse dient die Grafik im Kapitel 7.3

**7 Wärmedämmung auf einer Südwand ist kontraproduktiv**

Wärme wandert so lange von innen nach außen, wie es außen kälter ist als innen. Wenn auf eine wirksame Wärmedämmung verzichtet wird, wandert Wärme ungehindert ab.

In unserer Klimaregion macht die in Wärme umwandelbare Solarstrahlung während der Heizperiode im Idealfall (ohne Verschattung u. a.) nur ein Zehntel bis ein Drittel der Wärmestrahlung außerhalb der Heizperiode aus. Selbst wenn eine Wand optimal nach Süden ausgerichtet ist, eine dunkle absorbierende Oberfläche hat und tagsüber unverschattet bestrahlt werden kann, sind die winterlich nutzbaren Solarenergiegewinne im Vergleich zur Reduzierung der Wärmeverluste durch eine fachgerechte Wärmedämmung negativ. Auch südausgerichtete, wärmespeicherfähige Wandkonstruktionen sind nicht in der Lage, in den Sonnenstunden mehr Energie einzufangen, als während der verbleibenden Zeit durch den Transmissions-Wärmetransport von innen nach außen verloren geht.

***Beispiel 1***

Eine beidseitig verputzte Hochlochziegelwand, ca. 40 cm, verliert innerhalb 24 h bei 20 Kelvin Temperaturunterschied ca. 500 Wh je m² und gewinnt im unverschatteten Winter-Idealfall einer gut absorbierenden schwarzen Wand rd. 250 Wh/m² – also unter dem Strich ein Verlust von 250 Wh/m² am Tag.

***Beispiel 2***

Dieselbe Wand hat mit einer Außendämmung von 12 cm WLG 035 an einem genauso kalten Tag einen Wärmeverlust von nur 110 Wh/m².

***Ergebnis:***

Selbst wenn wir unterstellen, dass in Beispiel 2 keinerlei Solarwärmegewinne genutzt werden, ist der Verlust der gedämmten Wand um 140 Wh/m²d niedriger als bei der ungedämmten Wand!

Solarenergie kann auf Südwänden allerdings gut mittels aufmontierten Solarkollektoren oder Photovoltaikmodulen genutzt werden.

**8 Algen gedeihen bevorzugt auf gedämmten Fassaden**

Algen produzierten vor rd. 3 Mrd. Jahren den ersten Sauerstoff auf der Erde und ermöglichten damit auch menschliches Leben. Algenbildung an Hauswänden ist kein neues Phänomen. Mit der Industrialisierung zogen sich viele Algenarten aus der gebauten Umwelt zurück, da ihnen Umweltgifte in der Luft stark zusetzten. Durch Rauchgasentschwefelung unserer Kraftwerke in den 1980er Jahren, die Umstellung der Heizungen auf Heizöl und Gas sowie die Reduzierung der Kohlefeuerungen haben sich die Lebensbedingungen für Algen im menschlichen Siedlungsraum teilweise wieder verbessert. Auch der erhöhte $CO_2$-Gehalt der Atmosphäre fördert Algenwachstum. Weiterhin führt in einigen Regionen die Klimaveränderung zu ergiebigeren Nässeperioden. Die Veralgung unseres Siedlungsraumes ist eine seit den 1980er Jahren voranschreitende Erscheinung, einhergehend mit der Reduzierung von schwefelsäurehaltigen Niederschlägen, auch als saurer Regen bekannt. Algen haften nur leicht auf den Materialien, zerstören an ihren Besiedelungsflächen jedoch nichts. Gesundheitliche Gefahren durch Fassadenveralgung sind nicht bekannt, selbst wenn sich noch Pilzarten dazugesellen. Sie werden an den Fassaden als optisches Problem wahrgenommen und lösen Diskussionen um Wärmedämmung aus.

Heute finden wir Algen auf nahezu allen Außenbauteilen. Tatsächlich siedeln Algen auf gut gedämmten Fassaden bei sonst gleichen Bedingungen etwas schneller als auf ungedämmten, weil sie bestimmungsgemäß auf ihrer Oberfläche kälter und damit länger feucht bleiben, während die Außenoberflächen ungedämmter Fassaden durch die Heizwärmeverluste schneller trocknen. Allerdings werden auch ungedämmte Außenwände erkennbar erfasst und damit wird der diesbezügliche Zustand vor der Industrialisierung wieder sichtbar hergestellt.

Algen auf Fassaden entstehen, wenn der Außenputz im Vergleich zur Luft kalt ist und sich dadurch Feuchtigkeit niederschlagen kann. Verschärfend wirken nah stehende Vegetation, geringe Besonnung oder ein ungünstiger Klimastandort. Konstruktive Lösungen wie Dachüberstände zum Schutz vor Niederschlägen können dazu beitragen, Algenbefallrisiken zu reduzieren. Biozid-Zusätze in Putzen und Anstrichen wirken ebenfalls, werden jedoch teilweise ausgewaschen und gelangen so ins Grundwasser.

Ursachen für Algenbesiedlung von Fassaden (oft in Kombination):

- Fassadenverschattungssituation
- umgebende Vegetation
- Putzart und -material
- Putzstärke

- Luftqualität
- Zellulosezuschlag im Putz
- Oberflächentemperaturen – Wanddämmeigenschaften
- unsachgemäße Niederschlagswasserableitung/fehlender Schutz
- bei lokalem Befall über Fensterstürzen: häufige Fensterkipplüftung

Es liegt auf der Hand, dass das Fassadenveralgungsrisiko sinkt, wenn möglichst viele Ursachen vermieden werden. Ein Verzicht auf Wärmedämmung kommt dabei allerdings nicht ernsthaft in Betracht, da dadurch ein erhebliches Problem an anderer Stelle entsteht: Bekanntlich ist Wärmedämmung eine effektive Möglichkeit, um den Heizenergieverbrauch zu senken.

### 9 Spechte zerstören Wärmedämmverbundsysteme

Fälschlicherweise stehen Spechte im Fokus dieser Problematik. Zumindest in der Umgebung städtischer Parkanlagen sind es aber eher freigesetzte Papageivogelarten, die an Wärmedämmsystemen Schäden verursachen. Wie eine Umfrage der Zeitschrift „Ausbau und Fassade" bei Unternehmen des Stuckateurhandwerks ergab, sind der Mehrheit der Stuckateure, gemessen an den Tausenden Quadratmetern montierter WDVS, nur Einzelfälle von Vogel-Nisthöhlenschäden bekannt – allerdings mit wachsender Tendenz bei Polystyrol-WDVS. Ungleich höhere Schäden an Gebäudehüllen werden von Waschbären, Mardern, Tauben und Holzschädlingen verursacht. Dennoch: Die Sache ist ärgerlich. Um Wärmebrücken und Folgeschäden zu vermeiden, sollten die Löcher zeitnah, also am besten vor der Brut, fachgerecht verschlossen werden. Die Einbettung von Panzergewebe, glatter Putz und die Montage von Greifvogelattrappen, Windspielen oder Flatterbändern an den Gebäudeecken können für Abhilfe sorgen.

### 10 Durch Wärmedämmung erhöht sich die Brandgefahr[1]

In den vergangenen Jahren wurde wiederholt ein erhöhtes Brandrisiko durch Wärmedämmung unterstellt. Hierbei geht es zumeist um Wärmedämmverbundsysteme aus Polystyrol (Styropor®), welches wie viele andere Baustoffe, Holz etwa, die bei Gebäuden verbaut werden, brennbar ist. Im Verhältnis zur Gesamtzahl aller Hausbrände spielen Wärmedämmverbundsysteme als Ursache praktisch keine Rolle. Andere Dämmstoffe wie Mineral- und Steinwolle, Mineralschaumplatten sowie Perlite sind nicht brennbar.

Die Zulässigkeit von Baustoffen wird in den jeweiligen Landesbauordnungen je nach Einsatzzweck geregelt. An Einfamilienhäuser werden außer den Abstandsregelungen praktisch keine Brandschutzanforderungen gestellt. Bei Gebäuden für den Aufenthalt von Menschen ab 7 m Höhe und bei Sonderbauten wie z. B. Krankenhäusern sind nur schwer entflammbare oder nicht brennbare Dämmstoffe zulässig. Bei Außenwanddämmung müssen inzwischen umlaufende Brandriegel aus Dämmstoffen mit hohem Feuerwiderstand montiert werden, um die Gefahr von Brandüberschlag zwischen Geschossen zu mindern.

---

1 Quellen: Positionspapier zum baulichen Wärmeschutz, Klimaschutz- und Energieagentur Baden-Württemberg, Fraunhofer-Institut für Bauphysik (IBP), Karlsruher Institut für Technologie (KIT), Energieinstitut Vorarlberg (EIV), Planungsbüro ebök; sto Technik spezial 2013; Bundesverband der Verbraucherzentralen; Mythenpapier der deutschen Umwelthilfe.

Brennende Dämmungen sind äußerst selten. Von etwa 18 Millionen deutschen Wohngebäuden verfügen rd. 45 % über eine Fassadendämmung. In etwa 80 % der Fälle wurde der Dämmstoff Polystyrol eingesetzt. Von rd. 186.000 Brandfällen pro Jahr in Deutschland sind 18 Brände, bei denen eine Fassadendämmung beteiligt war, keine Basis für die Behauptung, Fassadendämmsysteme erhöhten die Brandgefahr. Brände mit tatsächlicher Dämmstoffbeteiligung sind oftmals Fälle, die sich noch in der Bauphase befanden; die Dämmsysteme waren daher noch nicht für ihre finale Funktion ausgerüstet. Nach Brandursachenauswertung wurde festgestellt, dass es zu Entzündungen im unfertigen Zustand kam, unzureichende Schutzmaßnahmen beim Schweißen, Trennschneiden etc. getroffen wurden oder Anwendungsregeln verletzt waren.

Bei der Brandentwicklung und Brandweiterleitung über die Fassade muss neben der Brennbarkeit des verbauten Dämmstoffs das gesamte Fassadensystem aus Dämmstoff, Armierung, Putz oder alternativen Fassadenbekleidungen (z. B. bei vorgehängten, hinterlüfteten Fassaden) bewertet werden. Je nach konstruktiven Gegebenheiten können die Entzündung und die Brandweiterleitung wirkungsvoll verhindert werden. Selbst bei dem prominenten Brand des Londoner Grenfell Towers 2017 breitete sich der Brand in erster Linie über die Aluminiumverkleidung aus. Die Fassadendämmung war an der Brandausbreitung unbeteiligt.

Die von der Bauministerkonferenz der Bundesländer eingesetzte Expertenkommission hat die Sicherheit von Fassaden-Dämmsystemen unter Verwendung des Dämmstoffes Polystyrol bei sach- und fachgerechter Ausführung bestätigt. Zitat vom 22.3.2013: „Es wurden insgesamt 18 Brandfälle untersucht, bei welchen als Brandszenarium die aus einer Wandöffnung schlagenden Flammen bei einem Wohnungsbrand zugrunde lagen. Die Analyse ergab, dass für diesen Fall die Anforderungen, die sich aus der Zulassung ergeben, für die infrage stehenden Dämmsysteme hinreichend sicher sind." Am 25.1.2014 heißt es weiter: „Die eingesetzte Expertenkommission hat alle relevanten Brandereignisse gemeinsam mit Vertretern der Feuerwehr analysiert. Sie kommt zu dem Ergebnis, dass Dämmsysteme bei sachgerechtem Einbau sicher sind."

### 11 Energiesparhäuser müssen nach Süden ausgerichtet werden

Häuser an einem Südhang haben ohne Zweifel einen etwas niedrigeren Energieverbrauch als gleichartige an einem Nordhang oder in einer Kaltluftmulde. Der Einfluss der Exponiertheit ist jedoch bei dem heute üblichen technischen Standard meist vernachlässigbar. Untersuchungen haben gezeigt, dass der energetische Vorteil von konsequent nach Süd ausgerichteten Gebäuden im aktuellen Neubau-Mindeststandard gemäß Energie-Einsparverordnung bei rd. 6 % liegt. Gründe: Winterliche Solarenergiegewinne lassen sich kaum speichern, Solarwärmespitzen sind nur im geringen Umfang nutzbar. Positive Fenster-Energiebilanzen sind Labordaten und spiegeln nicht die realen Wärmebedarfsverhältnisse wider.

Weiterhin richtig ist allerdings die Aussage, dass die nach Nord ausgerichteten Fensterflächen und Öffnungen, die nicht zur angemessenen Belichtung benötigt werden, minimiert werden sollten.

### 12 Wintergärten sparen Heizenergie

Wintergärten sind im Trend. Mit Wintergärten lässt sich repräsentieren. Gern werden Wintergärten unabhängig von der Nutzungsart positive energetische Effekte angedichtet. Ursprünglich waren Wintergärten zur Überwinterung empfindlicher Gartenpflanzen in einem durch Glas geschützten unbeheizten Raum gedacht. Heute werden Wintergärten häufig ganzjährig als Zusatz-Wohnraum aufgefasst und beheizt, entweder mittels direkt im Wintergarten montierter Heizflächen oder indirekt durch offenstehende Türen zu den angrenzenden Räumen. Ein so genutzter Wintergarten trägt in Wirklichkeit zur Erhöhung des Energiebedarfes bei. Aktuelle Gebäudeverglasungselemente haben bei Weitem noch nicht die Wärmedämmwirkung wie eine gut gedämmte oder auch nur eine mittlere Wanddämmung. In unseren Breitengraden besteht nur an wenigen Wintertagen eine hinreichende Solarstrahlung, um einen Wintergarten, bezogen auf die Gesamtheizbilanz des Raums, für den Aufenthalt von Menschen nutzbar aufzuheizen. Nicht zu vernachlässigen ist weiterhin die Minderung der natürlichen Belichtung in den Räumen hinter dem Wintergarten, die durch zusätzliche künstliche Beleuchtung ausgeglichen wird.

### 13 Eine energetische Gebäudesanierung geht zulasten guter Architektur

Hier handelt es sich um ein schwer zu widerlegendes Vorurteil, da die Schönheit bekanntlich im Auge des Betrachters liegt und somit nicht objektiv allgemeingültig bewertbar ist. Eine gut wärmedämmende Gebäudehülle ist für Neubauten heute eine Selbstverständlichkeit und zunächst weitestgehend unproblematisch. Die Verbindung von Energieeffizienz und individueller Architektur funktioniert sichtbar mit vielen Positivbeispielen. Aber auch Befürchtungen hinsichtlich Baukulturdenkmäler oder sonstiger erhaltenswerter Bausubstanz können weitgehend unbegründet sein. Inzwischen gibt es für alle baulichen Problemstellungen zielführende Sanierungslösungen, die das architektonische Erscheinungsbild erhalten. Eine Vielzahl denkmalgeschützter Gebäude, die ohne eine Veränderung des Charakters zu Effizienzhäusern saniert worden sind, beweist das. Eine fachgerecht ausgeführte Effizienzsanierung bietet Millionen von sanierungsbedürftigen Gebäuden eine Chance, das Erscheinungsbild sogar zu verbessern und die Nutzbarkeit zu sichern. Zwar gibt es ausreichend gestalterisch fragwürdige Beispiele für gedämmte und ungedämmte Gebäude, aber auch viele gelungene. Vielmehr werden häufig durch Wahl der billigsten Lösung gestalterische Aspekte vernachlässigt und können dadurch das Effizienzziel in Verruf bringen. Die Frage der Gestaltung ist nicht vorrangig eine Frage des Wärmeschutzes, sondern des kreativen Umgangs, der Gestaltung und der Materialienwahl. Viele Beispiele für ästhetisch sensibel sanierte Altbauten hat die dena unter www.zukunft-haus.info/effizienzhaus dokumentiert.

Bei Fassadendämmungen sollten die Fenster nicht nur aus bauphysikalischen Gründen in die Dämmebene montiert werden, sondern auch aus gestalterischen, um vernünftige Proportionen zu wahren.

Für Fassaden, die in ihrer äußeren Gestalt unverändert bleiben sollen, besteht zudem die Möglichkeit, eine Innendämmung einzubauen. Seit der Verbreitung kapillaraktiver diffusionsoffener Innendämmstoffe, die ohne Dichtfolien verarbeitet werden, haben die Probleme mit Innendämmungen deutlich abgenommen und bieten selbst für Sichtfachwerkwände eine Effizienzlösung.

### 14 Lüftungsanlagen machen krank

Hierbei handelt es sich um ein undifferenziertes Vorurteil, dass noch aus der Urzeit der Erfindung von Großraumbüros stammt – mit ineffektiven raumlufttechnischen Anlagen bzw. deren mangelhafter Wartung, Umluftbetrieb, Behandlung der Zuluft mit Duftstoffen, zu hohen und nicht individuell regelbaren Raumlufttemperaturen sowie Minderung des Außenkontaktes durch nicht zu öffnende Fenster. Bei modernen Lüftungsanlagen gehört dies der Technikgeschichte an.

Lüftungswärmeverluste sind in Gebäuden mit heute üblichem Energiestandard der zweitgrößte, in hoch wärmegedämmten Häusern sogar der größte Verlustposten in der Energiebilanz. Um diesen Anteil zu minimieren und gleichzeitig den hygienisch erforderlichen Luftaustausch zu garantieren, besteht derzeit keine Alternative zu mechanischen Lüftungsanlagen.

## *Beispielexkurs*

### Kipplüftungswärmeverluste

Bekanntlich ist eine Fensterkippdauerlüftung während der Heizperiode ausgesprochen ineffizient. Selbst wenn der betroffene Raum nicht aktiv beheizt wird, summieren sich die Wärmeverluste angrenzend beheizter Räume durch ungedämmte Innenbauteile. Die Beispielberechnung quantifiziert anschaulich die Wirkung für nachstehende Randbedingungen.

Beispielraum: 10 m², lichte Höhe 2,5 m = 25 m³ Raumluftvolumen

Fensterkippöffnungsfläche: 1 m × 0,10 + 1,5 m × 0,10 × 2 / 2 = 0,25 m²

Heizperiode rd. 5 Monate = 3.360 h

Wärmekapazität der Luft: 0,34 Wh/m²K

Durchschnittswindstärke, resp. thermischer Auftrieb i. M. = 0,20 m/s

Durchschnittstemperaturdifferenz innen-außen in Heizperiode: rd. 10 K

Der Luftwechsel durch die Fensterkippöffnungsfläche ergibt sich aus: 0,25 m² × 0,2 m/s = 0,25 × 720 m/h = 180 m³/h

Die Wärmetransportleistung des Beispiels ergibt sich aus: 180 m³/h × 0,34 Wh/m²K × 10 K = 612 W

Die Kipplüftungswärmeverluste der Beispielkipplüftung in einer Heizperiode summieren sich so auf: 612 W × 3.360 h = 2.056.320 Wh = 2.056 kWh/a

Mechanische Lüftungen stellen bei entsprechender Wartung eine hygienisch einwandfreie und energieeffiziente Lösung zur Sicherung der Raumluftqualität unabhängig von Witterungseinflüssen dar. Die Montage von Feinfiltern ermöglicht den Schutz vor vielen Allergieauslösern.

Ein weiterer positiver Effekt von Lüftungsanlagen mit Erdreichwärmetauschern ist die Möglichkeit der sommerlichen Kühlung.

Die Lüftungsleitungen sollten so verlegt sein, dass sie einfach und vollständig zu reinigen sind. Diese Reinigung sollte zusammen mit dem Filterwechsel im halbjährlichen Rhythmus erfolgen.

Eine hohe Luftdichtigkeit der Bauhülle gekoppelt mit einer fachgerecht projektierten Lüftungsanlage garantiert nicht nur geringere Energieverluste, sondern vermindert auch das Risiko von Bauschäden.

Die Frischluft strömt in die Zuluftzonen, also Wohn-, Schlaf- und Arbeitsräume, über regulierbare Zuluftöffnungen ein. Der Abluftzone sind alle Feuchträume und besonders belastete Zimmer zugeordnet.

Vorteile des kontrollierten Luftwechsels durch eine Lüftungsanlage:

- Verbesserung der Raumluftqualität durch kontrollierten und erhöhten Luftwechsel,
- Reduktion des Wasserdampfes und damit Minderung von Schimmel- und Bauteilproblemen,
- Minderung von Lüftungswärmeverlusten,
- Linderung von Allergieproblemen beim Einsatz von Allergiefiltern.

### 15 Wohnen „im Grünen" ist billiger als in der Stadt

Jährlich verlieren wir mit ca. 500 km² unversiegelter Fläche etwa die Ausmaße des Bodensees an Baumaßnahmen verschiedener Art. Die zahlreichen negativen Auswirkungen im Zusammenhang mit der fortschreitenden Zersiedelung und der Verlust an Urbanität werden als hinreichend bekannt vorausgesetzt.

Das ursprüngliche Ziel der meisten Baufamilien: Investitions-Kostenersparnis durch günstigeres Bauland und der Wunsch, die Kinder in der Natur aufwachsen zu lassen, wird spätestens mit Interessenverschiebungen der Heranwachsenden hinfällig. Nicht wenige Eltern werden zu Privattaxiunternehmen für ihre Kinder, welche im ländlichen Raum mit der räumlichen Trennung von Freizeitangeboten unzufrieden sind.

Auch die umweltverträglichste Bauweise kann kaum die ökologische Belastung durch zusätzlichen Pendelverkehr aufwiegen. Im ländlichen Bereich ist die Versorgung mit öffentlichem Personennahverkehr oft sehr dünn. Mit der Folge, dass Familien häufig als „Einzugsbereicherung" einen oder mehrere zusätzliche PKW „benötigen". Die Jahreskosten pro PKW inkl. Wertverlust, Wartung, Steuern, Versicherung usw. betragen z. Zt. mindestens 3.000 € zuzüglich geschätzten 1.500 € für Treibstoff.

Bereits eine zusätzliche tägliche PKW-Mehr-Fahrleistung von 40 km, die sich durch Fahrten zur Arbeit und durch Freizeitfahrten schnell summiert, ergibt einen Treibstoffverbrauch von fast 1.000 Litern jährlich (Annahme: 7 Liter pro 100 km). Dies ist weit mehr als in einem durchschnittlichen Einfamilienhaus mit 130 m² Wohnfläche durch Heizwärmebedarf anfällt. Das bedeutet: Innerhalb von 25 Jahren entstehen i. d. R. zusätzliche Kosten von 112.000 € oder mehr! Dies übersteigt die (Mehr-)Kosten eines städtischen Einfamilienhaus-Grundstücks.

### 16 Bei Hocheffizienzhäusern und Passivhäusern dürfen die Fenster nicht geöffnet werden

Grundvoraussetzung für die Öffnung von Fenstern ist zunächst, dass sie mit dieser Funktion ausgestattet werden – sei es als Dreh-, Drehkipp- oder Schiebefunktion. Bei hohen Gebäuden sind diese Funktionen oft aus Sicherheitsgründen oder zur Vermeidung starker Auftriebsluftströmungen (Schornsteineffekt) nicht vorgesehen.

Im zweiten Schritt muss klar zwischen Zeiten, in denen eine technische Raumtemperierung durch Beheizung oder Kühlung stattfindet, und Zeiten außerhalb erforderlicher Raumtemperierungen unterschieden werden. Im letzteren Fall spricht nichts gegen eine Öffnung von Fenstern. Daher sollte diese Funktion auch immer montiert sein, sofern keine anderen gegenteiligen Gründe bestehen. In Zeiten technischer Raumtemperierungen sollten die Fenster allerdings zur Vermeidung überhöhter Lüftungswärmeverluste weitgehend geschlossen gehalten und allenfalls zum Zwecke der Stoßlüftung geöffnet werden, falls keine Lüftungsanlagen montiert sind. Dies gilt für Passivhäuser genau wie für alle anderen Gebäude in unserer Klimazone. In Hocheffizienzgebäuden ist die Heizperiode allerdings deutlich verkürzt.

Im Regelfall sind Hocheffizienzhäuser und Passivhäuser mit Lüftungsanlagen ausgestattet, sodass es in der Heizperiode nicht nötig ist, mittels Fenster zu lüften. Es spricht trotzdem wenig dagegen, ein Fenster auch in der Heizperiode kurzzeitig zu öffnen, um z. B. einen Nachbarn zu begrüßen oder dergleichen – also auch hier kein Unterschied zu herkömmlichen Bauweisen. Das Effizienzkonzept als solches wird von derartig seltenen Fensteröffnungen nicht infrage gestellt.

### 17 Die Erneuerung der Heizungsanlage ist viel sinnvoller als Dämmmaßnahmen

Die Erneuerung von Heizungsanlagen ist immer dann sinnvoll, wenn die Heizungsanlage aufgrund der technischen Abschreibung, Wechsel des Energieträgers oder nachlassender Zuverlässigkeit ohnehin ausgetauscht werden muss. Der Vergleich mit Effizienzmaßnahmen an der Gebäudehülle hinkt allerdings.

Welche Maßnahmen am besten geeignet sind, Heizenergie einzusparen, hängt in erster Linie vom jeweiligen Zustand vor und nach der Sanierungsmaßnahme, also vom Optimierungspotenzial, ab. Tatsächlich amortisieren sich heizanlagentechnische Maßnahmen häufig schneller als Dämmmaßnahmen. Allerdings haben sie auch kürzere Lebenszyklen und sind dadurch bei Weitem nicht so lange in der Lage, Heizkosten einzusparen und hohe Kapitalwerte zu generieren, wie dies Dämmmaßnahmen typischerweise leisten. Hinzu kommt, dass nur durch Einhaltung der Reihenfolge – zunächst thermische Gebäudehülle optimieren, dann eine leistungsreduziert passende und dadurch kostengünstigere Anlagentechnik montieren – das höchste Maß an Wirtschaftlichkeit, Behaglichkeit und Effizienz realisiert werden kann. Im umgekehrten Fall wird durch Investition in eine neue Anlagentechnik mit unveränderter Leistung entweder ein vergleichsweise schlechter Dämmstandard zementiert oder die Heiztechnik ist bei Nachziehen der Gebäudehülloptimierung ineffizient überdimensioniert. Nur mit anlagentechnischen Maßnahmen wird kein ausreichender Klimaschutz im Gebäudebereich möglich sein. Die meisten Gebäude mit Sanierungsbedarf benötigen ohnehin regelmäßig beides: Instandsetzungen an der Gebäudehülle und der Anlagentechnik. Dafür bedarf es sach- und fachgerechter energetischer Sanierungskonzepte, in denen die Gebäude als komplexe Systeme mit allen Potenzialen und sinnvollen Möglichkeiten betrachtet werden.

### Literaturverzeichnis

*[1] Vgl. Hauser; G.; Höttges, K.; Otto, F.; Stiegel, H.: Energieeinsparung im Gebäudebestand, GRE (Hrsg.), Baucom Verlag und www.iwr.de, 2009*

*[2] Vgl. Fischdick, M.; Langniß, O.; Nitsch, J.: Zukunftskurs Erneuerbare Energien, S. Hirzel Verlag, 2000*

*[3] www.geb-info.de*

*[4] Mäurer, A.; Schlummer, M.: Fraunhofer Institut für Verfahrenstechnik und Verpackung, Recyclingfähigkeit von Wärmedämmverbundsystemen aus Styropor, in: K. Thomè-Kozmiensky, Mineralische Nebenprodukte und Abfälle, München 2014*

*[5] www.umweltbundesamt.de, 11/2022*

*[6] www.klimafakten.de, 5/2018*

*[7] Schweizer Rückversicherer Swiss Re*

*[8] Münchener Rückversicherungs-AG, 5/2018*

*[9] Bundesverband Wohnen und Stadtentwicklung, 6/2020*

# 2 Städtebau/Bauleitplanung und Mobilität

**Übersicht**

## Einführung

Eine flächensparende und funktionsgemischt-gebaute Umwelt bildet das Leitbild moderner Raumplanung. Kompakte Siedlungsstrukturen mindern das Verkehrsaufkommen, benötigen weniger Infrastruktur, sind effizienter und somit auch klimaschonend.

Die aktive Integration von Klimaschutzbelangen ist bereits auf der Ebene der Bauleitplanung notwendig, um Rahmenbedingungen für klimaschonende Gebäude und Kommunen zu schaffen. Die Erfordernisse einer effizienten Ressourcenverwendung, Energieerzeugung, -verteilung, -umwandlung und -nutzung werden schon im Vorfeld baulicher Maßnahmen in den verschiedenen Planungsebenen (Flächennutzungsplan, Bebauungsplan u. städtebauliche Verträge) durch die dort getroffenen Vorschläge, Maßnahmen und Festsetzungen grundlegend beeinflusst. Entscheidend ist dabei die genaue Kenntnis der örtlichen Situation sowohl für städtebauliche Planungen neuer Baugebiete als auch im Bestand und in der städtebaulichen Sanierung und Erneuerung. Wichtigste Ziele sind dabei neben der Verringerung des Ressourcenbedarfs von Gebäuden die Sicherung einer effizienten Versorgung, die Nutzung der Potenziale erneuerbarer Energien und die Schaffung der Voraussetzungen für eine nachhaltige Mobilität.

Die nachhaltige Planung zukunftsfähiger und energieeffizienter städtebaulicher Strukturen beginnt deshalb bereits mit der Nutzungsverteilung und der räumlichen Koordination von Bedürfnissen und Potenzialen. Bereits in informellen Planungen können die Ziele formuliert und in einem Gesamtkonzept, z. B. in einem „Integrierten Klimaschutzkonzept", zusammengefasst werden.

Die Planung der städtebaulichen Entwicklung fällt unter das im Grundgesetz zugebilligte Selbstverwaltungsrecht der Kommunen. Grundlegende Inhalte dieser Planung werden im

Flächennutzungsplan (FNP) getroffen, der Aussagen zur konkreten Lage von Baugebieten, zur Nutzungsverteilung im Gemeindegebiet und zur Anbindung an vorhandene Infrastruktursysteme der in seinem Regelungsbereich befindlichen Flächen festlegt. Auf der Ebene des FNP sollten die Ziele in verbindliche kommunale Entwicklungsstrategien umgesetzt werden.

Im Bebauungsplan (B-Plan) werden u. a. parzellenscharfe Festsetzungen zur Stellung der Gebäude und zur Bebauungsdichte getroffen. Weitere energiewirksame Einflussparameter in den Festsetzungen des B-Planes sind Vorgaben zur Geometrie und Kompaktheit der Baukörper, zur Bauweise, zum Verhältnis von Länge, Tiefe und Höhe oder zur Dachform. Darüber hinaus können auch städtebaulich begründete Festsetzungen zur Verwendung von Ressourcen und Energie getroffen werden.

Bezüglich des angestrebten bauleitplanerischen Zieles, dem Wohl der Allgemeinheit zu dienen, kommt dem Umweltschutz (Staatsziel nach Art. 20a GG) besondere Bedeutung zu. Der Staat schützt, auch in Verantwortung für die künftigen Generationen, die natürlichen Lebensgrundlagen.

Seit Beschluss des Osterpakets 2022 am 29. Juli greift der Grundsatz, dass erneuerbare Energien im „überragenden öffentlichen Interesse" liegen und der öffentlichen Sicherheit dienen. Somit muss ihnen dort, wo das Recht Abwägungen zwischen verschiedenen Rechtsgütern vorsieht (etwa mit dem Denkmalschutz oder dem Naturschutz), der Vorzug gegeben werden.

Juristisches Rückgrat für regionalplanerische und städtebauliche Festsetzungen bildet das Gesetz zur Anpassung des BauGB an EU-Richtlinien vom 24.6.2004, BGBl. I, Nr. 31, S. 1359 ff. In § 1 Abs. 5 wird festgestellt, dass Bauleitpläne eine nachhaltige Entwicklung gewährleisten sollen, (…) die Umwelt und die natürlichen Lebensgrundlagen schützen sollen und dies auch in Verantwortung für den allgemeinen Klimaschutz. Hier wird auf Art. 20a GG Bezug genommen und so die Bedeutung gestärkt.

Weiterhin bedeutsam sind die Absätze 6 und 7 des § 1 sowie § 9 Abs. 1 Inhalt des Bebauungsplans und § 11 Abs. 1 Städtebaulicher Vertrag. Auch in der Begründung zum BauGB ist explizit dargelegt: „Der Beitrag der Bauleitplanung zum Umwelt- und Naturschutz erfolgt auch für die Ziele des globalen Klimaschutzes."

In § 136 BauGB werden explizit städtebauliche Missstände benannt. Damit erhalten Kommunen eine Möglichkeit, die energetische Erneuerung von Gebäuden mit Hilfe einer städtebaulichen Sanierung durchzuführen und ggf. auch mit Sanierungsmitteln zu fördern.

> *Städtebauliche Missstände liegen beispielsweise vor, wenn:*
>
> *(1) das Gebiet nach seiner vorhandenen Bebauung oder nach seiner sonstigen Beschaffenheit den allgemeinen Anforderungen an gesunde Wohn- und Arbeitsverhältnisse oder an die Sicherheit der in ihm wohnenden oder arbeitenden Menschen auch unter Berücksichtigung der Belange des Klimaschutzes und der Klimaanpassung nicht entspricht. (…)*
>
> *(2) Bei der Beurteilung, ob in einem städtischen oder ländlichen Gebiet städtebauliche Missstände vorliegen, sind insbesondere zu berücksichtigen (…)*
>
> *(3.1 h) die energetische Beschaffenheit, die Gesamtenergieeffizienz der vorhandenen*

*Bebauung und der Versorgungseinrichtungen des Gebiets unter Berücksichtigung der allgemeinen Anforderungen an den Klimaschutz und die Klimaanpassung;*

*(3.2 c) die infrastrukturelle Erschließung des Gebiets, seine Ausstattung mit und die Vernetzung von Grün- und Freiflächen unter Berücksichtigung der Belange des Klimaschutzes und der Klimaanpassung, …*

Für die Montage von Wärmedämmungen und Solaranlagen an Bestandsgebäuden kann § 248 BauGB beachtlich sein: Demnach dürfen bestehende Gebäude aufgrund nachträglich vorgenommener Wärmedämmung oder der Anbringung von Solaranlagen die im Bebauungsplan festgesetzten Grenzen der Bebauung „geringfügig" überschreiten (in Thüringen i. d. R. bis 20 cm). Gleiches gilt für Gebäude in den im Zusammenhang bebauten Ortsteilen. Eigentumsrechtliche Hindernisse und Beschränkungen durch Straßenverkehrsrecht können allerdings davon abweichen.

**Exkurs**

**Ergänzungsvorschlag zum BauGB**

Wenn die Erläuterung des Missstandsbegriffs in § 177 (2) BauGB (Modernisierungs- und Instandsetzungsgebote) explizit um die „Erfordernisse der klimagerechten Stadtentwicklung" erweitert würde und die Kostentragungsregeln in § 177 (4) 1 BauGB mit den verfassungsrechtlichen Anforderungen des Bestandsschutzes in Einklang gebracht werden, stünden einer umfassenden Ausweitung bedingter energetischer Sanierungspflichten keine rechtlichen Gründe entgegen.

Siehe dazu auch: Böhm/Schwarz: Möglichkeiten und Grenzen bei der Begründung von energetischen Sanierungspflichten für bestehende Gebäude, 2012, NVwZ, 129.

## 2.1 Landesrecht/Landesbauordnungen

Die Bundesländer können auf der Grundlage der Gebäudeenergiegesetzgebung weitreichende Regelungen im Sinne des Klimaschutzes und der Ressourcenschonung erlassen, die nur durch den Nachweis technischer Unmöglichkeit, unbilliger Härte, Denkmalschutzvorschriften u.Ä. begrenzt werden.

Auf der Grundlage der Landesbauordnungen (LBO) sind ähnlich der Festsetzungsmöglichkeiten in der Bauleitplanung Möglichkeiten gegeben, auf den Energiebedarf Einfluss zu nehmen:

- Durchführung baugestalterischer Absichten (Gebäudeanordnung, A/V Verhältnis u. a.),
- Verwirklichung von Zielen des rationellen Umgangs mit Energie und Wasser,
- Verwendung oder Vermeidung bestimmter Heizungssysteme,
- Verwendung oder Vermeidung bestimmter Brennstoffe.

Die Regionalplanung nimmt eine vermittelnde Stellung zwischen gesamtstaatlicher Planung (Landesentwicklung) und kommunaler Gemeindeentwicklung ein und erzeugt Planungssicherheit für Gemeinden und Fachplanungsträger. Aufgabe der Raumordnung ist es, durch vorausschauende, fachübergreifende Zusammenarbeit und Abstimmung raumbedeutsamer Planungen und Maßnahmen den Gesamtraum zu ordnen, zu entwickeln und nachhaltig zu sichern. Die praktische Planung wird von Planungsgemeinschaften bzw. regionalen Planungsverbänden erbracht und muss mit den Zielen der Landesentwicklung abgestimmt sein.

In puncto Klimaschutz sind Regionalpläne regelmäßig bei der Vorrang-Flächenausweisung für Anlagen zur Nutzung erneuerbarer Energien bedeutsam.

## 2.2 Kommunale Handlungsmöglichkeiten

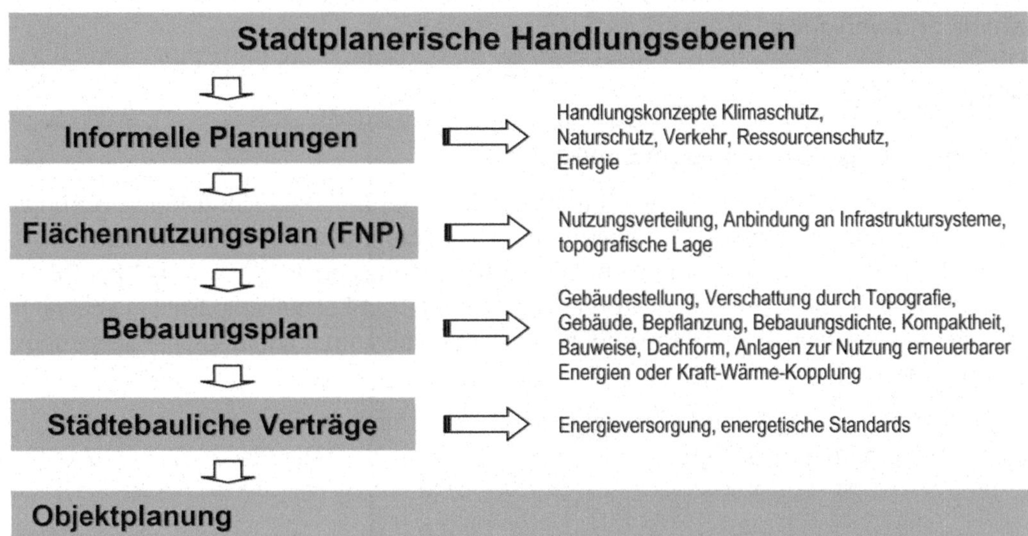


*Bild 2-1: Ebenen stadtplanerischen Handelns und deren energierelevante Inhalte*
*Quelle: Gerd Kiesel/Weimar*

Bauleitpläne sollen nach § 1 Abs. 5 BauGB „nachhaltige städtebauliche Entwicklung, die die sozialen, wirtschaftlichen und umweltschützenden Anforderungen auch in Verantwortung gegenüber künftigen Generationen miteinander in Einklang bringen, und eine dem Wohl der Allgemeinheit dienende sozialgerechte Bodennutzung unter Berücksichtigung der Wohnbedürfnisse der Bevölkerung gewährleisten. Sie sollen dazu beitragen, eine menschenwürdige Umwelt zu sichern, die natürlichen Lebensgrundlagen zu schützen und zu entwickeln, den Klimaschutz und die Klimaanpassung, insbesondere auch in der Stadtentwicklung, zu fördern sowie die städtebauliche Gestalt und das Orts- und Landschaftsbild baukulturell zu erhalten und zu entwickeln."

Dementsprechend sind bei der Bauleitplanung gemäß § 1 Abs. 6 Nr. 7 BauGB die Belange des Umweltschutzes zu berücksichtigen. Dies betrifft auch die Nutzung erneuerbarer Energien. Daher gehört die Wasser- und Energieversorgung zur typischen die Daseinsvorsorge betreffenden Aufgabe der kommunalen Gebietskörperschaften und damit zu den in Artikel 28 Abs. 2 GG beschriebenen Selbstverwaltungsangelegenheiten der Gemeinden.

Bezüglich des angestrebten bauleitplanerischen Zieles, dem Wohl der Allgemeinheit zu dienen, kommt dem Umweltschutz (Staatsziel nach Art. 20a GG und Gesetz zur Anpassung des BauGB an EU-Richtlinien vom 24.6.2004, BGBl. I, Nr. 31, S. 1359ff.; in § 1 Abs. 5) eine besondere Bedeutung zu. Der Staat schützt, auch in Verantwortung für die künftigen Generationen, die natürlichen Lebensgrundlagen. Aus diesem Grunde müssen sowohl dem FNP als auch dem B-Plan innerhalb der jeweiligen Begründungen Umweltberichte beigefügt werden, in denen alle umweltrelevanten Aspekte der Planinhalte erfasst und bewertet werden.

Eine den Zielen und Anforderungen entsprechende Planung soll deren negative Einflüsse auf die natürlichen Ressourcen Boden, Wasser, Luft und Energie möglichst umfassend vermeiden – zumindest jedoch im Maße der Regenerationsfähigkeit dieser Ressourcen mindern.

Nachstehend ist eine Auswahl von Maßnahmen aufgeführt, die diesem Zwecke dienen:

- Die Funktionsmischung von Gewerbe, Handel, Wohnen, Dienstleistung, Freizeit- und Kommunikationseinrichtungen.
- Eine räumlich zusammenhängende Durchgrünung der urbanen Bereiche. Damit kann sowohl das jeweilige Standortklima günstig beeinflusst als auch Lebensraum für viele Tierarten geschaffen bzw. erhalten werden.
- Die Begrenzung der Flächenversiegelung. Hierzu soll die Verdichtung der Stadträume durch intensivere Nutzung der Grundstücke und Gebäude sowie die Revitalisierung brachliegender Flächen angestrebt werden (Steuerung von Bauwünschen). Oberflächen auf Straßen, Wegen, Plätzen und Höfen sollten dort, wo die Zweckbestimmung es zulässt, versickerungsfähig angelegt werden. Für Parkplatzflächen müssen dabei z. B. auch besondere Maßnahmen zum Schutz vor Verunreinigung des Grundwassers vorgesehen werden.
- Die Ermittlung, Bewertung und Beseitigung von Altlasten aus vorhergehenden Nutzungen.
- Die Nutzung erneuerbarer Energien und die effiziente Energieverwendung liegen im Wohl der Allgemeinheit, da beides zur Ressourcenschonung beiträgt.
- Die Anwendung vorhandener gesetzlicher Instrumente im Sinne der Energieeffizienz und Reduzierung von Treibhausgasimmissionen.

Die Bereiche für eine Umsetzung von energiebezogenen Ansätzen ergeben sich aus dem Bauplanungs- und Bauordnungsrecht, dem Kommunalrecht und dem Privatrecht. Die dafür erforderlichen Vorgaben können in folgende drei Handlungsbereiche unterteilt werden:

- Minimierung von Energieverlusten,
- Nutzung regenerativer Energiequellen,
- effiziente Energieversorgung.

Eine wichtige Grundlage für diesbezügliche Festsetzungsmöglichkeiten in der Bauleitplanung bietet § 1 Abs. 6 BauGB, dort heißt es u. a.: „Bei der Aufstellung von Bauleitplänen sind die Belange des Umweltschutzes, einschließlich des Naturschutzes und der Landschaftspflege, insbesondere […] 7. f) die Nutzung erneuerbarer Energien sowie die sparsame und effiziente Nutzung von Energie" […] zu berücksichtigen.

Auch auf der Grundlage des Art. 1 des „Gesetzes zur Förderung des Klimaschutzes bei der Entwicklung in den Städten und Gemeinden" vom 22.7.2011 muss diesem Umstand künftig noch mehr Bedeutung beigemessen werden. Nach § 1a Abs. 5 BauGB, in dem ergänzende Vorschriften zum Umweltschutz beschrieben werden, ist „den Erfordernissen des Klimaschutzes [...] sowohl durch Maßnahmen, die dem Klimawandel entgegenwirken, als auch durch solche, die der Anpassung an den Klimawandel dienen, Rechnung" zu tragen.

In den vergangenen Jahrzehnten wurden viele Technologien zur Effizienzsteigerung von Gebäude-Energieanwendungen entwickelt. Nun rückt parallel zur weiteren Optimierung die Energieerzeugung durch Haus und Grundstück selbst immer intensiver in den Fokus der Überlegungen. Praxiserprobte Techniken und Anwendungsmöglichkeiten sind hierfür vorhanden.

Der durchschnittliche Energiebedarf eines freistehenden Einfamilienhauses mit einem 4-Personen-Haushalt für Wärme, Kälte, Licht und Haushaltsstrom beträgt in Deutschland über 22.500 kWh pro Jahr. Auf den zugehörigen Grundstücken ist eine ganze Palette regenerativer Energieträger quasi vor der Haustür nutzbar:

*Tabelle 2-1: Flächenbezogenes (durchschnittlich-theoretisches) regeneratives Energieangebot*

| **Energieangebot** [1] | **Angebot auf einem Grundstück mit 1000 m² in Deutschland (Ø)** |
|---|---|
| Nutzung der Solareinstrahlung mittels Solarthermie | 750.000 kWh |
| Nutzung der Solareinstrahlung mittels Photovoltaik | 150.000 kWh |
| Windkraft | 40.000 kWh |
| Tiefengeothermie | 1.300.000 kWh |
| Oberflächennahe Geothermie | 288.000 kWh |

Das Angebot übersteigt um ein Vielfaches den grundstücksbezogenen Bedarf. Dieses theoretische Potenzial ist technisch und wirtschaftlich nicht immer in Gänze nutzbar; durch frühzeitige und integrative Planung kann ein Teil dieser Potenziale ausgeschöpft werden und zugleich können die Ansprüche an Ästhetik und Komfort befriedigt werden. Die Grundstücke können zu dezentralen Energieerzeugern werden.

Neben den gesetzlichen und privatrechtlichen Festsetzungsmöglichkeiten bestehen weitere Handlungsspielräume im Sinne der Energieeffizienz. Einige Beispiele: Auslobung von Architektenwettbewerben mit hohen Klimaschutzstandards, Nutzung von Fern- und Nahwärmeversorgungsmöglichkeiten, Förderung von Gebäude-Energieberatungen, Gebäudezertifizierungen/Grüne Hausnummern, ...

## 2.2.1 Flächennutzungsplan

Der Flächennutzungsplan (auch sog. „Vorbereitender Bauleitplan") ist ein Planungsinstrument der öffentlichen Verwaltung im System der Raumordnung, mit dem die städtebauliche Entwicklung der Gemeinden gesteuert werden soll.

Die unterste Ebene der Raumordnung auf Ebene der Gemeinden wird als Bauleitplanung bezeichnet. Der Flächennutzungsplan ist somit förmliches Instrument der Stadtplanung und Ausdruck der gemeindlichen Planungshoheit.

Im Flächennutzungsplan (FNP) wird für das gesamte Gebiet einer Stadt oder Gemeinde die sich aus der beabsichtigten städtebaulichen Entwicklung ergebende Art der Bodennutzung nach den voraussehbaren Bedürfnissen der jeweiligen Kommune für einen längeren Zeitraum in den Grundzügen dargestellt. Er bildet inhaltlich die planungsrechtliche Voraussetzung für die Aufstellung teilräumlicher Bebauungspläne, die von der Gemeinde gemäß § 8 Abs. 2 BauGB aus dem FNP zu entwickeln sind. Die Inhalte des FNP sind im § 5 Abs. 2–5 BauGB geregelt.

Bei der Bauleit- und Flächennutzungsplanung sind verschiedene Rechtsgüter zu beachten und abzuwägen – unter anderem auch Umweltbelange, zu denen der Klimaschutz gehört.

FNP können als Pläne für das gesamte Gemeindegebiet zu einer strategischen Gesamtplanung und damit auch zur Umsetzung von Klimaschutzzielen beitragen. So soll im FNP nach § 5 Abs. 2 Nr. 2 b) und c) BauGB insbesondere die Ausstattung des Gemeindegebietes

- „mit Anlagen, Einrichtungen und sonstigen Maßnahmen, die dem Klimawandel entgegenwirken, insbesondere zur dezentralen und zentralen Erzeugung, Verteilung, Nutzung oder Speicherung von Strom, Wärme oder Kälte aus erneuerbaren Energien oder Kraft-Wärme-Kopplung,
- mit Anlagen, Einrichtungen und sonstigen Maßnahmen, die der Anpassung an den Klimawandel dienen", dargestellt werden.

Die größte Bedeutung erhalten FNP insbesondere für die Standortplanung flächenmäßig bedeutsamer Anlagen zur Erzeugung regenerativer Energien, also etwa für Biomasse, Windkraft, Sonne oder Geothermie. Nach dem BauGB besteht die Möglichkeit, über die Darstellung in den FNP Gebiete für erneuerbare Energien und deren Nutzung in größerem Umfange bereitzustellen und vorzugeben.

Die Folge ist, dass durch die entsprechenden Darstellungen im FNP Anlagen für erneuerbare Energien in den von den Städten und Gemeinden ausgewiesenen Gebieten im Sinne einer positiven Steuerungsfunktion rechtlich ermöglicht und umgekehrt in allen anderen Gebieten wiederum ausgeschlossen werden. Durch Darstellungen im FNP kann bereits auf eine energetisch günstige Lage hingewirkt und diese später in Bebauungsplänen konkret festgesetzt werden.

### 2.2.2 Bebauungsplan

Das Einfamilienhaus „im Grünen" ist noch immer das Wohnideal der überwiegenden Zahl der Bevölkerung. Die durchschnittliche Wohnfläche je Person wird stetig größer. Dadurch steigt auch der Grundflächenverbrauch. Freistehende Einfamilienhäuser haben oft ein sehr ungünstiges Verhältnis von wärmeübertragender Umfassungsfläche zu beheiztem Gebäudevolumen. Einem sinkenden Energiebedarf in Kilowattstunden pro Quadratmeter Wohnfläche (kWh/m$^2$) durch Sanierungs- und Effizienzmaßnahmen an den Gebäuden steht die Vergrößerung der Wohnflächen bei Neubauten gegenüber.

Zum hohen Grundflächenverbrauch von Einfamilienhäusern kommt, dass die Hauptzielgruppe – junge Familien – zum Zeitpunkt des Baus oder Erwerbs eines Einfamilienhauses in der Regel andere räumliche und funktionale Ansprüche an dieses haben. Mit dem Auszug der erwachsenen Kinder verändern sich die Ansprüche und der ursprüngliche Wohnraum ist dann im Grunde zu groß. Eine spätere Umnutzung oder Aufteilung von Einfamilienhäusern in mehrere Wohneinheiten ist in der Regel bei diesem Bautyp nur schwer umsetzbar.

Dichtere Bauweisen, Nachverdichtungen von zentrumsnahen Quartieren und Gebäude mit flexiblen Grundrissen, die unterschiedliche Wohnformen zulassen, haben im Gesamtzusammenhang betrachtet viele Vorzüge.

Die Kompaktheit eines Bauwerks hat erheblichen Einfluss auf dessen Heizenergieverbrauch. Verglichen mit einem Reihenhaus wird in einem freistehenden Einfamilienhaus bei gleichem technischem Standard deutlich mehr Heizenergie benötigt. Auch in gewerblich genutzten Gebieten sollten kompakte Bauweisen angestrebt werden. Die übliche eingeschossige sehr flächenintensive Bauweise in Gewerbegebieten orientiert sich vorwiegend an den Betriebsabläufen; sie führt oft zu einem Energiemehrverbrauch in Bezug auf den Raumwärmebedarf.

Betriebe mit hohem Abwärmepotenzial in der Nähe von Wohngebieten oder anderen Nutzungen mit Wärmebedarf sollten in Konzepte und Planungen der Energieversorgung einbezogen werden. Hier lassen sich oftmals kostengünstige und energieeffiziente Nahwärmenetze aufbauen. Dafür sind kommunale Wärmekarten mit Darstellung der Wärmedichten und Abwärmeangebote zweckdienlich. Weiterhin ist es sinnvoll, die Einsatzmöglichkeiten von regenerativ versorgter Kraft-Wärme-Kopplung in Blockheizkraftwerken (BHKW) zu prüfen.

Gemäß § 2 BauGB ist eine Umweltprüfung durchzuführen, die auch Energiebelange umfasst. Die Umweltprüfung ist gemäß § 2a in einen Umweltbericht als Teil der Begründung des B-Plans aufzunehmen. Hierbei kann gemäß § 1 (6) 7 f. ein großes Spektrum von Maßnahmen einbezogen werden.

Im Bebauungsplan (verbindlicher Bauleitplan, B-Plan) legt eine Kommune fest, welche der im Baugesetzbuch (BauGB) auf der Basis von § 9 Inhalt des Bebauungsplans und in der Baunutzungsverordnung (BauNVO) genannten Nutzungsmöglichkeiten auf einer eindeutig abgegrenzten Fläche konkret zulässig sind.

Hier können Festsetzungen, z. B. über

- Nutzbarkeit,
- Anteil und die Beschaffenheit von Verkehrsflächen,
- Ausweisung von Gebieten, in denen zum Schutz vor schädlichen Umweltauswirkungen bestimmte luftverunreinigende Stoffe nicht verwendet werden dürfen,
- Vorgaben für die Bepflanzung, z. B. Baumpflanzungen, Dach- und Fassadenbegrünung,
- Errichtung von Anlagen zur Solarenergienutzung,
- Einsatz von Anlagen zur Kraft-Wärme-Kopplung,
- Bauweise, vorherrschende Baumaterialien,
- Mindestdämmstandards,
- Art und das Maß der baulichen Nutzung der Grundstücke (z. B. kann ein günstiges

Verhältnis von Oberfläche zu Volumen (A/V-Verhältnis) durch Festsetzungen wie die Grundflächenzahl (GRZ), die Geschossflächenzahl (GFZ) oder auch die Zahl der Vollgeschosse erreicht werden),

- Bepflanzungen und
- Ausweisung der bebaubaren Flächen, Baulinien und Baugrenzen, welche die bebaubaren Flächen definieren,

verbindlich regeln.

Das BauGB erfordert bereits auf B-Planebene, Energiekonzepte zu erstellen. Da einige Technologien, z.B. Nahwärme, übergreifende Versorgungsstrukturen erfordern, die nur dann wirtschaftlich werden können, wenn alle Gebäude eines Quartiers versorgt werden, sind diese Konzepte von großer Bedeutung.

§9 Abs. 1 Nr. 23 besagt, dass Gebiete festgesetzt werden können: „in denen (...) b) bei der Errichtung von Gebäuden bestimmte bauliche Maßnahmen für den Einsatz erneuerbarer Energien wie insbesondere Solarenergie getroffen werden müssen".

Eine Solarenergie-Nutzungspflicht kann in B-Plänen oder anderen Satzungen durch Vorgaben zum Bau solarthermischer Anlagen mit definierten Deckungsanteilen für den Warmwasserbedarf und den Heizwärmebedarf aufgenommen werden.

Der Einsatz erneuerbarer Energien ist nicht auf die hervorgehobene Solarenergie beschränkt; es kann auch eine Vorschrift zur Nutzung von Biomasse (z.B. Holzpelletheizung) betreffen.

In §9 BauGB kommen für Festsetzungen aus städtebaulichen Gründen mehrere Möglichkeiten in Betracht, die als Grundlage für energetische Festsetzungen durch die Kommunen angewendet werden können:

*„12. die Versorgungsflächen, einschließlich der Flächen und Einrichtungen zur dezentralen und zentralen Erzeugung, Verteilung, Nutzung oder Speicherung von Strom, Wärme oder Kälte aus erneuerbaren Energien oder Kraft-Wärme-Kopplung [...]*

*23. Gebiete, in denen*

*a) zum Schutz vor schädlichen Umwelteinwirkungen im Sinne des Bundes-Immissionsschutzgesetzes bestimmte luftverunreinigende Stoffe nicht oder nur beschränkt verwendet werden dürfen,*

*b) bei der Errichtung von Gebäuden oder bestimmten sonstigen baulichen Anlagen bestimmte bauliche und sonstige technische Maßnahmen für die Erzeugung, Nutzung oder Speicherung von Strom, Wärme oder Kälte aus erneuerbaren Energien oder Kraft-Wärme-Kopplung getroffen werden müssen [...]*

*24. die von der Bebauung freizuhaltenden Schutzflächen und ihre Nutzung, die Flächen für besondere Anlagen und Vorkehrungen zum Schutz vor schädlichen Umwelteinwirkungen im Sinne des Bundes-Immissionsschutzgesetzes sowie die zum Schutz vor solchen Einwirkungen oder zur Vermeidung oder Minderung solcher Einwirkungen zu treffenden baulichen oder sonstigen technischen Vorkehrungen."*

Zwingende Voraussetzung für alle Festsetzungen eines B-Planes ist, dass diese aus städtebaulichen Gründen getroffen werden müssen, also von boden-, raum- und siedlungsstruktureller Relevanz sind. Nach allgemeiner Auffassung zur Bedeutung des § 1 Abs. 7 BauGB kann sich ein städtebaulicher Missstand schon dadurch ergeben, dass ein Gebiet nicht den Erfordernissen des Klimaschutzes entspricht. Für entsprechende Abhilfemaßnahmen ist ein öffentliches Interesse zu begründen.

Bei Festsetzungen zu Nutzungspflichten von (erneuerbaren) Energieträgern muss zwischen Baufreiheit, effizienter $CO_2$-Reduzierung und Wählbarkeit der zu verwendenden Technologie abgewogen werden.

**Umweltprüfung im B-Planverfahren**

Gemäß § 2 BauGB ist bei zahlreichen (Neu-)Bauvorhaben eine Umweltprüfung durchzuführen, die auch Energiebelange umfasst.

Die für den Abwägungsprozess insbesondere zu berücksichtigenden Umweltbelange ergeben sich aus § 1 Abs. 6 Nr. 7 und § 1 a BauGB; u. a.: e) die Vermeidung von Emissionen sowie der sachgerechte Umgang mit Abfällen und Abwässern, f) die Nutzung erneuerbarer Energien sowie die sparsame und effiziente Nutzung von Energie. Integrierter Bestandteil der Umweltprüfung ist die Berücksichtigung der Eingriffsregelung nach dem BNatSchG und der FFH-/SPA-Verträglichkeitsprüfung.

Die Umweltprüfung ist gemäß § 2a in einen Umweltbericht als Teil der Begründung des B-Plans aufzunehmen. Die Erarbeitung des Umweltberichts hat den gesetzlichen Anforderungen der Anlage 1 zu § 2 Abs. 4, §§ 2a und 4c BauGB zu entsprechen, die sich an den Grundelementen des planerischen Vorgehens (Bestandsaufnahme, Prognose, Eingriffsregelung, Alternativenprüfung und Monitoring) orientiert. Im Umweltbericht kann gemäß § 1 (6) 7 f. ein großes Spektrum von umweltwirksamen Maßnahmen einbezogen werden. Alle Grundelemente sind im Umweltbericht zu dokumentieren.

## 2.2.3 Kommunale Verträge/städtebauliche Verträge

Der städtebauliche Vertrag ist ein Mittel der Zusammenarbeit der öffentlichen Hand mit privaten Investoren. Er wird meist im Zusammenhang mit einem Bebauungsplanverfahren (z. B. Vorhaben- und Erschließungsplan nach § 12 BauGB) geschlossen. Die Möglichkeiten für umweltdienliche Regelungen sind im städtebaulichen Vertrag größer als beim Bebauungsplan.

Städtebauliche Verträge sind in § 11 BauGB geregelt und stellen eine Sonderform der öffentlich-rechtlichen Verträge dar. Sie dienen der Erfüllung städtebaulicher Aufgaben; sie ergänzen somit das hoheitliche Instrumentarium des Städtebaurechts. Wenn die Kommune dagegen nur als Käufer oder Verkäufer eines Grundstücks auftritt, handelt es sich in der Regel um einen privatrechtlichen Grundstückskaufvertrag.

Städtebauliche Verträge lassen sich in Maßnahmen-, Zielbindungs- und Folgekostenverträge einteilen. Sie müssen dem Angemessenheitsgebot (Verhältnismäßigkeitsprinzip) entsprechen, dürfen dem Kopplungsverbot, also der Bindung eines Verwaltungsaktes an eine bestimmte Leistung, nicht widersprechen.

Spezialformen städtebaulicher Verträge sind der Durchführungsvertrag im Vorhaben- und Erschließungsplan nach § 12 BauGB und der Erschließungsvertrag nach § 124 BauGB.

Nach § 11 Abs. 1 Nr. 4 und 5 kann die Kommune als Gegenstand eines städtebaulichen Vertrages insbesondere festlegen:

- „entsprechend den mit den städtebaulichen Planungen und Maßnahmen verfolgten Zielen und Zwecken die Errichtung und Nutzung von Anlagen und Einrichtungen zur dezentralen und zentralen Erzeugung, Verteilung, Nutzung oder Speicherung von Strom, Wärme oder Kälte aus erneuerbaren Energien oder Kraft-Wärme-Kopplung;
- entsprechend den mit den städtebaulichen Planungen und Maßnahmen verfolgten Zielen und Zwecken die Anforderungen an die energetische Qualität von Gebäuden."

Im Hinblick auf die Förderung des klimaschonenden Bauens können in städtebaulichen Verträgen Standards vereinbart werden. Beispielsweise in Form eines – gegenüber den jeweils gültigen Gebäude-Energiegesetzgebungs-Anforderungen herabgesetzten – maximal zulässigen spezifischen Gebäude-Primärenergiebedarfs oder $CO_2$-Ausstoßes.

Weitere Vereinbarungsbestandteile könnten sein:

- maximale Energiekennzahl bzw. maximaler Wärmebedarfswert,
- maximal zulässige Wärmedurchgangskoeffizienten,
- maximal zulässige Emissionswerte der Heizanlage,
- Verpflichtung, bestimmte Energieformen (nicht) zu verwenden; Solarenergienutzungsgebot; Anschluss und Benutzungsgebot von Nah- o. Fernwärme,
- Vorgaben hinsichtlich der Gestaltung und Ausrichtung der Gebäude sowie Verschattung und Grundstücksbepflanzung möglich.

Wenn eine Kommune Grundstücke veräußern, vermieten oder verpachten will, schließt sie wie jeder andere auch mit Dritten entsprechende privatrechtliche Verträge. Soweit die Gemeinde privatrechtlich handelt, kann sie den Verkauf oder die Verpachtung von Grundstücken oder Gebäuden von bestimmten Bedingungen abhängig machen.

Beispielsweise können dies sein:

- Zielvorgaben für einen bestimmten Wärmebedarfsstandard (Passivhaus, Bilanz-Null-Energiehaus, Klimaneutralgebäude, ...),
- Vorgaben für ein Anschluss- oder Benutzungsgebot bestimmter Energiearten oder
- Vorgaben für ein Mietniveau (z. B. Sozialverträglichkeit)

Soweit es sich nicht bereits um gemeindeeigene Grundstücke handelt, lässt sich das Eigentum auch nachträglich durch die Inanspruchnahme von Vorkaufsrechten nach §§ 24 ff. BauGB erwerben, etwa in Umlegungsgebieten (§ 24 Abs. 1 Nr. 2, §§ 45 ff. BauGB). Weiterhin kann eine Kommune nach § 25 Abs. 1 Nr. 2 BauGB „in Gebieten, in denen sie städtebauliche Maßnahmen in Betracht zieht, zur Sicherung einer geordneten städtebaulichen Entwicklung durch Satzung Flächen bezeichnen, an denen ihr ein Vorkaufsrecht an den Grundstücken zusteht".

Wenn die Gemeinde mit einem Dritten die Vorbereitung und Durchführung städtebaulicher Maßnahmen regelt oder hierüber andere Vereinbarungen trifft, können auch privatrechtliche Verkaufsverträge über Grundstücke in diese Maßnahmen einbezogen werden.

Gegenstände in privatrechtlichen Verkaufsverträgen können u. a. sein:

- die Vorbereitung oder Durchführung städtebaulicher Maßnahmen durch den Vertragspartner, insbesondere auch die Planung, sogenannte „Maßnahmenverträge",
- die Förderung und Sicherung der mit der Bauleitplanung in § 1 Abs. 5 BauGB zu berücksichtigenden Ziele, insbesondere die Grundstücksnutzung, sogenannte Zielbindungsverträge.

Im Hinblick auf die Förderung des energieeffizienten Bauens können Standards vereinbart werden. Beispielsweise in Form eines – gegenüber den jeweils gültigen Gebäude-Energiegesetzgebungs-Anforderungen herabgesetzten – maximal zulässigen spezifischen Primärenergiebedarfs.

Weitere Vereinbarungsbestandteile könnten sein:

- maximale Energiekennzahl bzw. maximaler Heizwärmebedarfswert,
- maximal zulässige Wärmedurchgangskoeffizienten,
- maximal zulässige Emissionswerte von Heizanlagen,
- Verpflichtung, bestimmte Energieformen (nicht) zu verwenden,
- Solarenergienutzungsgebot, Anschluss und Benutzungsgebot von Nah- o. Fernwärme.

Zudem sind Vorgaben hinsichtlich der Gestaltung der Gebäude möglich.

### 2.2.4 Kommunalsatzungen

Über Kommunalsatzungen sind weitgehende Einflussmöglichkeiten auf die Energieeffizienz von Gebäuden gegeben. Bauleitpläne, die ebenfalls Kommunalsatzungen sind, und deren mögliche planerische Regelungsinhalte wurden bereits erläutert. Zusätzlich können seitens der Kommune weitere Vorgaben gesetzt werden, z. B. für:

- eine zur aktiven Solarenergienutzung günstige Dachflächenorientierung und -neigung,
- gestalterische Vorgaben zur Anbringung von PV- und Kollektorflächen,
- Anschluss- und Benutzungsgebote: Die Gemeinde kann für die Grundstücke ihres Gebietes den Anschluss an Wasserleitung, Kanalisation, Straßenreinigung, Nahwärmenetz und ähnliche Einrichtungen (Anschlussgebot) und die Benutzung dieser Einrichtungen (Benutzungsgebot) vorschreiben.
- Auf der Grundlage eines Klimaschutzkonzeptes mit Bezug zur Gebäudeenergiegesetzgebung kann eine Kommune über Satzungen verdeutlichen, in welchen Bereichen des Gemeindegebietes eine autarke Gebäudeversorgung gemäß § 9 Abs. 1 Nr. 23b BauGB mit erneuerbaren Energien erfolgen soll.

Gemeinden können ein Gebot der Fern- und Nahwärmenutzung in einer kommunalen Satzung beschließen. Die Grundstückseigentümer bzw. deren Anlagen werden angeschlossen und beziehen ihre Wärme mittels Wärmeliefervertrag. Zur Optimierung der Klimawirkung können anstatt oder ergänzend zu fossilen Energieträgern auch Holz, Biomasse, Solarthermie, Abwärme und Erdwärme als Erzeuger eingesetzt werden. Nur um den Weiterbetrieb eines vom städtischen Versorger betriebenen Fernwärmenetzes und die Auslastung des zugehörigen veralteten Heizwerkes zu gewährleisten, ist als Begründung für einen Anschluss- und Benutzungsgebot nicht ausreichend.

In kommunalen Gestaltungssatzungen können Anforderungen an die äußere Gestaltung baulicher Anlagen zur Erhaltung und Gestaltung von Ortsbildern festgelegt werden. Diese Möglichkeit ist nicht auf die Abwehr verunstaltender Anlagen beschränkt. Deshalb können in solchen Satzungen Regelungen über die Gestaltung von Dächern enthalten sein, da diese in besonderem Maß Ausdruck eines ortsüblichen und landschaftsgebundenen Baustils sein können. Es ist deshalb rechtlich unproblematisch, in einer solchen Satzung auch Gebote zur Nutzung von Solarenergie vorzusehen.

Kommunalsatzungen unterliegen– ähnlich wie die städtebaulichen Satzungen (FNP, B-Plan) – einer Abwägungs- und Begründungserfordernis unterschiedlicher Interessen.

## 2.2.5 Verwendungsgebote und -verbote

Verwendungsverbote nach § 9 Abs. 1 Nr. 23a BauGB können im Bebauungsplan aus städtebaulichen Gründen festgesetzt werden. Diese Vorschriften dienen dem Immissionsschutz auf örtlicher Ebene, nicht dem Umweltschutz allgemein. Das Verwendungsverbot muss sich aus den Besonderheiten der örtlichen Situation im Plangebiet rechtfertigen. Es kann nicht dazu eingesetzt werden, allgemein die Energieeinsparung zu fördern. Auch darf die Festsetzung nicht nur getroffen werden, um die Absatzmöglichkeiten eines gemeindeeigenen Energieversorgungsunternehmens zu verbessern.

Es ist zulässig, Verwendungsverbote auch auf Altanlagen zu beziehen, die bestimmte technische Standards nicht aufweisen. Zudem ist diese Festsetzungsmöglichkeit nicht nur in Neubaugebieten möglich, wenngleich es sich hierbei um den häufigsten Anwendungsfall handelt. Auch eine schrittweise zeitlich abgestufte Verbesserung der Immissionssituation in belasteten Bestandsquartieren ist möglich.

Trifft eine Kommune solche Festsetzungen für ein bereits bebautes Gebiet, muss sie ein langfristiges Konzept verfolgen (z. B. Klimaschutzkonzept; im Abwägungsprozess auch nachzuweisen), da aus Gründen des Bestandsschutzes die Weiterverwendung vorhandener Anlagen zumindest über einen angemessenen Zeitraum zulässig bleiben muss. Die pauschale Untersagung bestimmter Brennstoffe bei gleichzeitiger Festlegung auf eine spezifische Anlagenart (z. B. Wärmepumpen) überschreitet den Ermächtigungsrahmen der Kommune.

Sollte ein Verbrennungsverbot dazu führen, dass stattdessen Elektroheizungen installiert werden, hätte dies durch den noch höheren Primärenergieeinsatz (sofern kein regenerativ erzeugter Strom verwendet wird) sogar eine Erhöhung der $CO_2$-Emissionen zur Folge. Verbrennungsverbote ergeben deshalb nur dann Sinn, wenn günstigere Versorgungsvarianten gewählt werden.

## 2.2.6 Energie- und Klimaschutzkonzepte

Zur Analyse und Planung sind ganzheitliche kommunale Energie- und Klimaschutzkonzepte unter Berücksichtigung von Energiesystemen, baulichem Bestand, Bauplanungen und lokalen Potenzialen wie z. B. Energieeffizienz, gewerbliche Abwärme oder Versorgungsmöglichkeiten mit erneuerbaren Energien und Verkehrsplanung unabdingbar.

Die Konzepte sollten zeitlich abgestufte Ziele mit zugehörigen beschlussfähigen Umsetzungsmaßnahmen enthalten. Weiterhin sollte ein Monitoringsystem installiert werden, um die Maßnahmen evaluieren zu können.

Stadtwerke können als Partner bei der Datenerhebung und Umsetzung von Klimaschutzkonzepten beteiligt sein. Als Beauftragte kommunaler Institutionen für wichtige Bereiche der Daseinsvorsorge und der damit verbundenen Infrastruktur haben sie direkten Zugang zu den örtlichen AkteurInnen und BürgerInnen.

Wenn die Umsetzung von Energie- und Klimaschutzkonzepten bzw. deren Maßnahmenfahrpläne unter Haushaltsvorbehalt gestellt wird, ist oft auch die Erstellung der Konzepte obsolet.

### Solardachdatenbanken

Per internetgestützter Datenbanken mit der Darstellung von geeigneten Flächen zur Solarenergienutzung kann ein Anreiz für Investitionen in Solarenergiegewinnung ausgelöst werden. Mithilfe von Laserscannern kann aus einem Flugzeug großflächig die Ausrichtung und Neigung von Dächern erfasst werden. Verschattungseinflüsse durch umstehende Gebäude und Bäume können rechnergestützt simuliert werden. Die auf diese oder manuelle Weise erfassten Ergebnisse sind in der Datenbank ablesbar. So können Interessenten für ein Solardach Rückschlüsse auf den möglichen Ertrag ziehen.

### Geothermiekataster

Zur Verknüpfung von Geothermiepotenzialen und Naturschutzbelangen wie z. B. Grundwasserschutz bieten sich quartiersscharfe, internetgestützte Geothermie-Potenzialkataster an. Hierin fließen die Erkenntnisse der Geo-Landesämter, Naturschutzbehörden und ggf. auch von Bodengrund-Sachverständigen ein. Es können auch Ausschlusskriterien wie z. B. Trinkwasserschutzzonen, Anhydritvorkommen und dgl. kartiert werden. Dadurch erhalten Investoren erste Hinweise auf die Möglichkeiten einer geothermischen Energienutzung.

### Abwärmekataster

Abwärmekataster mit der Darstellung nutzbarer Abwärmepotenziale und Wärmebedarfe sind geeignet, auf einfache Weise Angebot und Nutzung grafisch zusammenzuführen. Sie können die Planung und Effizienz von Nah- und Fernwärmenetzen verbessern.

### Suffizienzmaßnahmen in kommunalen Klimaschutzkonzepten und Masterplänen [2]

- energieschonende Freizeitangebote – kulturelle Veranstaltung, Bewerbung und Unterstützung von Naherholung, die Einrichtung bzw. Unterstützung von Bürgerhäusern, Stadtteilfesten und verschiedenen Arten von Begegnungsräumen,
- Nutzungsmischung – Maßnahmen, die zur Durchmischung von Quartieren beitragen, sodass in ihnen Wohnen, Arbeiten und Versorgung stattfinden kann. Ein Beispiel dafür sind Gemeinde- oder Stadtteilläden, durch die Einkauf in Wohnnähe möglich ist.
- Verdichtung durch Leerstandsmanagement, Baulückenschluss und Brachflächenrevitalisierung im Ortskern oder in Stadtteilzentren, die ebenfalls zu kurzen Wege beitragen,

- flächensparendes Wohnen – Maßnahmen zur Reduzierung des Flächenverbrauchs von Kommunen über entsprechende Nutzungskonzepte wie die gemeinsame und flexible Flächennutzung und Wohnungstauschbörsen,
- Reduktion von Neubauflächen – mit gezielter Reduktion von Neubauflächen, z. B. durch Anpassung des Flächennutzungsplans. Nicht gemeint sind die Maßnahmen aus Verdichtung, die den Bedarf an Neubauflächen reduzieren.
- Beratung/Information – Maßnahmen die den Bürger*innen Informationen und Beratung zum Thema Energiesparen zur Verfügung stellen. Von einer Energiewerkstatt in Schulen über Bürgerbeteiligungsformate bis hin zu Klimaschutz-Erwachsenenbildung in Volkshochschulen,
- Wettbewerb – Hierunter werden Wettbewerbe gefasst, die die Unternehmen und Haushalte zum Klimaschutz bewegen.
- Sonstige – wie z. B. Wohnumfeldverbesserung, Erstellung von Leitfäden oder Praxisbeispielen, die es in Zukunft erleichtern, Suffizienz, Konsistenz und Effizienz mitzudenken.

Neben den Festsetzungsmöglichkeiten in Bauleitplänen bestehen in Klimaschutzkonzepten und Klimaschutzmasterplänen weitere Maßnahmenoptionen im Sinne von Energieeffizienz und Klimaschutz.

Beispiele:

- Förderung von Gebäude-Energieberatungen,
- Bonussysteme kommunaler Energieversorger für Energieeffizienzmaßnahmen,
- Forderung von Gebäudezertifizierungen/Grüne Hausnummern, …

## 2.3 Umsetzung der Bauleitplanung

Nach allgemeiner Rechtsauffassung muss neben den Festsetzungsbegründungen zu den Klimaschutz- und Energiesparmaßnahmen ein örtlicher Bezug hergestellt werden. Dieser Bezug kann z. B. in der Abwendung von Umweltgefahren für ein stark schadstoffbelastetes Innenstadtgebiet bestehen.

Es empfiehlt sich, energierelevante Aussagen möglichst als Teil eines von den Gemeindegremien abgestimmten Konzepts einzubinden (z. B. Energienutzungsplan, Klimaschutzkonzept), welches sowohl städtebauliche, umwelt- und energiepolitische Elemente als auch Energieversorgungsaspekte umfasst.

### *Beispielexkurs*

#### Kommunaler Energienutzungsplan der Stadt Regensburg

2014 beschloss die Stadt Regensburg die Erstellung eines Energienutzungsplans. Damit steht der Stadt ein Planungsinstrument zur Analyse der Energieversorgung und der Klimaschutzpotenziale, zur Maßnahmenkoordination und zur Entwicklung von Umsetzungskonzepten im Sinne einer Gesamtstrategie zur Verfügung.

Eine zentrale Grundlage des Energienutzungsplans sind kommunale Strukturdaten der einzelnen Stadtbezirke. Der Energienutzungsplan unterscheidet die Verbrauchergruppen Haushalte, Unternehmen und öffentliche Einrichtungen. Die Unternehmen prägen den Energieverbrauch in Regensburg stärker als in anderen Städten. Die unterschiedlichen Strukturen haben Auswirkungen auf die Energieversorgung. Zur Analyse des Wärmeverbrauchs im Stadtgebiet wurde ein Wärmekataster erstellt. Weiterhin ist die Strom- und Wärmeerzeugung unter den Blickwinkeln „Erneuerbare Wärme", „Erneuerbarer Strom" und „fossil befeuerte Kraft-Wärme-Kopplungsanlagen" analysiert.

$CO_2$-Emissionen können durch Einsparmaßnahmen, effizientere Bereitstellung oder den Einsatz erneuerbarer Energien gesenkt werden.

Im Abschnitt zur Effizienzsteigerung bei der Energiebereitstellung identifiziert der Energienutzungsplan größere gewerblich-industrielle Abwärmepotenziale. Für mehrere große Einzelverbraucher können oft Wärmenetze und KWK-Anlagen sinnvoll eingesetzt werden.

Unter den erneuerbaren Energien hat die Solarenergie in Regensburg das größte ungenutzte Potenzial. Das lokale Bioenergiepotenzial ist in Regensburg durch die städtische Situation eher gering. Deshalb gibt es bilanziell auf diesem Weg kein zusätzliches $CO_2$-Minderungspotenzial. Allerdings könnten interkommunale Brennstoffkonzepte die Rolle der regionalen Bioenergie weiter ausbauen, indem Umlandregionen mit „übrigem" Bioenergiepotenzial zur Versorgung von städtischen Energieverbrauchern beitragen.

Oberflächennahe Geothermie und Umweltwärme wurde vor allem im Neubau und in sanierten Gebäuden als geeignete Wärmequelle identifiziert. Ein Sonderfall ist Wärme aus Abwasser in der Kanalisation. Es erreicht üblicherweise ganzjährig zuverlässig Temperaturen über 10 Grad Celsius und eignet sich bei ausreichendem Durchfluss deshalb gut als Wärmequelle. Grundlage der Potenzialermittlung im Energienutzungsplan sind alle Kanäle mit Trockenwetterdurchfluss über 15 Litern pro Sekunde.

Die abgeleiteten Konzepte und Maßnahmen wurden aus den Analysen und aus den Ergebnissen einer von Team für Technik geleiteten Fachworkshop-Reihe entwickelt. Die Ergebnisse verteilen sich auf fünf Handlungsfelder: „Strategie und Koordination", „ENP-Strom", „Vernetzung und Beteiligung" sowie „Detailstudien".

---

Ohne Vollzugskontrollen ist davon auszugehen, dass erhöhte Anforderungen, z. B. an den baulichen Wärmeschutz, selten eingehalten werden. Kontrollen dürfen aber nicht zu aufwendig werden, da hierdurch nicht nur Kosten entstehen, sondern auch die allgemeine Akzeptanz sinkt.

Neben der Prüfung von Energieausweisen bei Bauvorhaben sollte zumindest stichprobenartig eine Endkontrolle der energierelevanten Daten vorgenommen werden. Überschreitungen der Angaben im Energiebedarfsausweis können so, letztlich im Interesse der Investoren, festgestellt werden.

Trotz Beratung und Kontrolle kann es vorkommen, dass die Anforderungen nicht eingehalten und die Mängel auch durch Nachbesserungen nicht beseitigt werden können. Für diesen Fall sollte vor Maßnahmebeginn ein Ausgleich vereinbart werden. Ist z. B. beim

Grundstückspreis ein Preisnachlass gewährt worden, kann mindestens die Rückzahlung als Sanktion festgelegt werden. Dieses Mittel hat sich bewährt, da es von den Investoren – zumindest beim Abschluss des Kaufvertrages – akzeptiert wird.

In der Baunutzungsverordnung BauNVO sind z. B. auch Anlagen zur Nutzung solarer Strahlungsenergie als bauliche untergeordnete Nebenanlagen zugelassen, wenn sie dem Nutzungszweck des Grundstücks, auf dem sie errichtet sind, dienen und die Einspeisung zumindest überwiegend in das öffentliche Netz erfolgt. Diese Regelung gilt auch für frühere Bebauungspläne, die vor der letzten Novelle der BauNVO aufgestellt wurden. Die BauNVO sieht die Möglichkeit vor, die Zulässigkeit von Nebenanlagen im Bebauungsplan einzuschränken oder auszuschließen. Soweit aber für den Gebäudeeigentümer eine bauplanungsrechtliche Verpflichtung zur Nutzung der Solarenergie besteht, wäre eine solche Beschränkung unverhältnismäßig und damit unzulässig. Eine Kommune darf nicht einerseits die Pflicht zur solaren Stromerzeugung im Bebauungsplan vorsehen, ohne die Möglichkeit zur Veräußerung des erzeugten Stroms zuzulassen.

Als zulässig gilt etwa eine Festsetzung zu Stellung und Höhe von Gebäuden, damit sie sich für Solaranlagen eignen. Im Zweifelsfall sollte im B-Plan ein Nachweis der Kausalität zwischen einer Klimaschutzanforderung und geringerer Schadstofffreisetzung dargestellt werden.

Die Zulässigkeit einiger weitergehender Regelungen, wie z. B. $CO_2$-Emissions-Begrenzungen für Gebäude, ist in der öffentlich-rechtlichen Bauleitplanung noch umstritten. Eine gerichtliche Entscheidung zu dieser Auffassung steht zum jetzigen Zeitpunkt aus. Es ist jedoch damit zu rechnen, dass die Gerichte an der aktuellen Tendenz festhalten und den Entscheidungsspielraum der Gemeinden beim Thema Umwelt und Klima weiter stärken und vergrößern werden. Günstig dürfte sich auswirken, wenn sich das Bekenntnis der Gemeinde zum Klimaschutz nicht erst im Bebauungsplan und dessen Begründungen manifestiert. Im ersten Schritt könnte ein kommunaler Ratsbeschluss zum klimafreundlichen Verhalten gefasst werden. Darauf aufbauend sollten die Bauleitplanung und Umweltberichte in ihren Begründungen Bezug nehmen.

Die Möglichkeiten für klimafreundliche Vorgaben im städtebaulichen Vertrag sind größer als beim Bebauungsplan. Mithilfe städtebaulicher Verträge kann die Kommune unter den o. g. Voraussetzungen optimierte energetische Gebäudequalitäten mit erhöhtem Wärmeschutz, effiziente Erzeugung von Energie u. v. m. vereinbaren. Auch Installationspflichten für Solaranlagen und Regenwassernutzungsanlagen sind möglich. Gleichwohl muss dies immer entsprechend begründet sein (z. B. innerhalb eines langfristigen Entwicklungskonzeptes). Derartige Pflichten können mit Vertragsstrafenregelungen, Erfüllungsbürgschaften o. Ä. abgesichert werden.

Mit dem bestehenden gesetzlichen Instrumentarium ließen sich trotz aller Lücken wichtige Weichenstellungen klimarelevanter und nachhaltiger Bauleitplanung umsetzen. In der Praxis fehlt es oft an der politischen Weitsicht hinsichtlich der gebotenen Daseinsvorsorge. Die Verwaltung zieht sich oftmals viel zu leicht auf Abwägungsbelange mit anderen Interessen zurück (Wegwägung), wirkt paralysiert solange die letzte behördliche Handlungsanweisung für die Sachberarbeiterebene ausbleibt oder schiebt haushälterische Bedenken vor.

Nachrichtlich: Prof. Dr. Hans-Joachim Koch von der Universität Hamburg hat in mehreren Aufsätzen, z. B. Deutsches Verwaltungsblatt von 2000, S. 953 ff., die Kompetenz der Kommunen für Maßnahmen des Klimaschutzes juristisch begründet.

*Tabelle 2-2: Hemmnisse der ökologischen Bauleitplanung*

| Typische Hindernisse im Rahmen der ökologischen Bauleitplanung | To-do |
|---|---|
| Bürgerproteste, Konträre Privatinteressen | Zielführende Informations- und/oder Beteiligungsformate |
| Fehlendes kommunales Planungs-Know-how | Weiterbildung, spezifische Beratung, Planungsvergabe an externe Büros |
| Allgemeine und spezifische Veränderungsträgheit | *Diesbezüglich despektierliche Hinweise des Verfassers wurden im Rahmen der Selbstzensur gestrichen* |
| An Status quo ausgerichtete Bedenken kommunaler Justiziare | *dito, wie vor* |
| Fehlender politischer Wille/ tlw. nicht generationentaugliche Abhängigkeit der MandatsträgerInnen von Wahlentscheidungen | *dito, wie vor* |
| Fehlende Orts-/Stadtratsbeschlüsse | Notwendige Beschlüsse können von allen Stakeholdern vorbereitet – und von Fraktionen oder der Verwaltung eingebracht werden |
| (wegen hoher laufender Betriebskosten) „zu arm zum sparen" | Kreditfinanzierte Effizienzmaßnahmen, Priorisierung niedriginvestiver Maßnahmen, Energie-Performance-contracting plus |
| Haushaltsvorbehalte in kommunalen Beschlüssen | Die üblichen Folgen von Haushaltsvorbehalten in kommunalen Beschlüssen frühzeitig transparent öffentlich machen |
| Fehlendes Monitoring/Durchsetzung von Ordnungsrecht | Monitoring und Durchsetzung des Ordnungsrechts |

## *Beispielexkurs für Vereinbarungen in kommunalen Verträgen*

- Im Neubaugebiet Jena in den Fichtlerswiesen wurde bereits 2009 der Mindesteffizienzstandard für alle Gebäude vertraglich auf den Passivhausstandard festgelegt.
- Im EFH-Neubaugebiet Erfurt-Bonnifaziusbrunnen wurde vertraglich festgelegt, dass alle Grundstücke nach den Mindestkriterien der Grünen Hausnummer Erfurt bebaut werden.

- Vellmar-Osterberg: Städtebaulicher Vertrag mit der Verpflichtung zur Errichtung von Solarwärmeanlagen. Auf einer Gesamtfläche von ca. 12 ha. entstehen rd. 350 neue Wohneinheiten. Im Bebauungsplan heißt es: „Auf dem Osterberg soll eine klima- und umweltschonende Stadtentwicklung realisiert werden, indem erneuerbare Energien genutzt werden sowie mit Energie- und Wasservorräten schonend umgegangen wird." Nach dem Konzept des Förderns und Forderns verpflichten sich die Erwerber zur Montage von Solaranlagen zur Warmwasserbereitung sowie Heizungsunterstützung und haben im Gegenzug Anspruch auf eine kostenlose Energieberatung.
- In Münster werden städtische Grundstücksverkäufe bereits seit 1996 an die Bedingung geknüpft, dass bei den Bauvorhaben ein hochwertiger Wärmeschutzstandard ausgeführt wird, welcher mind. 35 % besser ist, als die Energiegesetzgebung dies vorgibt.
- Im Plusenergiestadtteil Häuslinger Wegäcker Mitte in Erlangen ist der Jahres-Primärenergiebedarf (QP) auf maximal 30 kWh pro m² Gebäudenutzfläche (AN) begrenzt. Die Häuser müssen die Vorgaben des KfW-Standards Effizienzhaus 40 einhalten. Vertraglich vereinbart ist ein jährlicher PV-Solarmindestertrag von 55 kWh/m² Wohnfläche für EFHs und DHH; 45 kWh/m² Wohnfläche für RHs und MFHs.
- In Münster werden städtische Grundstücke zum Bau von Wohnungen oder Büros nur noch an Erwerber veräußert, die sich im Kaufvertrag verpflichten, den Niedrigenergiehausstandard bei ihren Bauvorhaben zu erfüllen. Mehr als 2/3 aller Neubauvorhaben wurden bereits im Niedrigenergiehausstandard errichtet.
- Beispieltext für Festlegungen zum verbesserten Energiestandard in städtebaulichen Verträgen für Bestandsgebiete: „Die Kommune X vereinbart mit den Eigentümern, dass ihre Gebäude innerhalb der kommenden 10 Jahre energetisch saniert werden. Dabei soll mindestens der energetische Neubaustandard entsprechend der jeweiligen Gebäudeenergiegesetzgebung erreicht werden. Alle Dächer, die nicht nach Nord geneigt sind, sollen zu mind. 33 % ihrer Gesamtfläche zur Solarenergiegewinnung genutzt werden. Gegebenenfalls kann das Gebäude alternativ zur Festsetzung aus Satz 2 an eine Fernwärmeversorgung angeschlossen werden. Die Immobilieneigentümer haben Anspruch auf eine einmalige, öffentlich geförderte Gebäudeenergieberatung mit einem individuellen Sanierungsfahrplan."
- Anschluss- und Benutzungsgebot: „Die Entwicklungsgesellschaft X vereinbart mit den Investoren die Verpflichtung, ihr Grundstück an das Fernwärmenetz des Wärmeversorgungsunternehmens Y anzuschließen und sämtliche auf dem Grundstück benötigte Raumheizwärme von dem Wärmeversorgungsunternehmen Y zu beziehen. Weiter wird X verpflichtet, die getroffene Vereinbarung im Falle der Grundstücksveräußerung dem jeweiligen Rechtsnachfolger mit der Verpflichtung zur Weitergabe aufzuerlegen. Die Entwicklungsgesellschaft X wird zur Absicherung der schuldrechtlichen Bezugsverpflichtung mit Rang vor der Grundschuldbelastung in Abt. II eine beschränkt persönliche Dienstbarkeit zugunsten Y mit folgendem Inhalt vereinbaren: „Dem Eigentümer des Grundstücks ist es untersagt, Anlagen zu errichten oder zu betreiben oder errichten oder betreiben zu lassen, die der Erzeugung von Wärme zur Raumheizung dienen. Diese Dienstbarkeit gilt befristet bis ..."

- Beispielvorschlag für Festlegungen zum verbesserten Energiestandard in städtebaulichen Verträgen oder Bebauungsplänen für Neubauten: „Der spezifische Primärenergiebedarf, der Transmissionswärmeverlust und der bilanzielle $CO_2$-Ausstoß per anno jedes Gebäudes muss den Maximalwert der zum Bauantragsdatum gültigen Gebäudeenergiegesetzgebung um mindestens 30 % unterschreiten. Der entsprechende Nachweis erfolgt durch …"
- Nach Baunutzungsverordnung BauNVO sind z. B. auch Anlagen zur Nutzung solarer Strahlungsenergie als bauliche untergeordnete Nebenanlagen zugelassen, wenn sie dem Nutzungszweck des Grundstücks, auf dem sie errichtet sind, dienen und die Einspeisung zumindest überwiegend in das öffentliche Netz erfolgt. Diese Regelung gilt auch für frühere Bebauungspläne, die vor der letzten Novelle der BauNVO aufgestellt wurden.
- Als zulässig gilt etwa eine Festsetzung zu Stellung und Höhe von Gebäuden, damit sie sich für Solaranlagen eignen. Im Zweifelsfall sollte im B-Plan ein Nachweis der Kausalität zwischen einer Klimaschutzanforderung und geringerer Schadstofffreisetzung dargestellt werden.

## 2.4 Eingriffs-Ausgleichsregelung

Täglich werden in Deutschland etwa 120 Hektar Land mit Neubauten und Verkehrsflächen versiegelt. Dabei verschwindet nicht nur Lebensraum für Flora und Fauna, auch das Kleinklima leidet und die Neubildung von Grundwasser wird vermindert. Um der fortschreitenden Inanspruchnahme des Landschaftsraumes entgegenzuwirken, wurden im Bundesnaturschutzgesetz (§§ 18–21) und im Baugesetzbuch (§ 1 Abs. 6 Nr. 7, § 1a Abs. 3 und 4, §§ 5, 9, 30, 33, 34, 35) Regelungen getroffen, die bei Eingriffen in Natur und Landschaft eine Kontrolle und Lenkung von Eingriffen und darauf aufbauende Vermeidungs-, Minimierungs- und Ausgleichsmaßnahmen vorsehen.

Ein Eingriff wird dabei als eine Veränderung der äußeren Erscheinung (Gestalt) oder der Funktion (Nutzung) von Grundflächen angesehen, die die Leistungsfähigkeit des Naturhaushaltes herabsetzen oder die Wirkung des Landschaftsbildes negativ beeinflussen.

Als Eingriffe kommen insbesondere die Errichtung, Erweiterung oder wesentliche Änderung von Gebäuden, Windkraft-, Freiflächen-Photovoltaikanlagen, Straßen u. a. in Betracht, die einem Bebauungsplan- oder einem Planfeststellungsverfahren unterliegen, außerdem Aufschüttungen oder Abgrabungen bestimmter Größenordnung sowie die Rodung eines Waldes, die Anlage von Verkehrswegen, die Errichtung einer Neubausiedlung oder eines Gewerbegebiets.

- **Grundlage des Verfahrens ist eine gesetzlich vorgegebene Abstufung:**
  - Zunächst gilt ein Eingriffsvermeidungs- bzw. Minderungsgebot. Die Eingriffe sind so gering wie möglich zu halten bzw. zu unterlassen.
  - Für unvermeidlich verbleibende erhebliche Beeinträchtigungen besteht die Pflicht zur Durchführung von Ausgleichsmaßnahmen.

- Wenn unvermeidbare erhebliche Beeinträchtigungen nicht vollständig ausgleichbar sind, hat eine spezifische naturschutzrechtliche Abwägung zu erfolgen.
- Führt diese Abwägung zur Zulässigkeit des jeweiligen Vorhabens, sind Ersatzmaßnahmen durchzuführen.
- Wenn keine geeigneten Ersatzmaßnahmen durchgeführt werden können, ist auf der Grundlage der Landesnaturschutzgesetze die Erhebung von Ausgleichsabgaben möglich.

Es ist unzulässig, die Stufen der Vermeidungspflicht und der Ausgleichsmaßnahmen zu überspringen und vorrangig Ersatzmaßnahmen oder Ausgleichsabgaben vorzusehen.

- **Folgende Schutzgüter sind bei der Erhebung und Bewertung einzubeziehen:**
  - Mensch/Gesundheit/Erholung
  - Arten und Lebensgemeinschaften/Biotope
  - Boden
  - Wasser
  - Klima/Luft
  - Landschafts-/Ortsbild
  - Kultur-/sonstige Sachgüter

Mit differenzierten Bilanzierungsverfahren (häufig Biotopwertverfahren) wird aus der Verknüpfung eines quantitativen Maßstabs (z. B. betroffene Fläche) mit einem qualitativen Maßstab (z. B. ökologische Bedeutung, Biotopwert) ein Wertmaßstab gebildet (Vergleich der Bewertungen von Bestandssituation und Planung = Eingriffs-/Ausgleichs-Bilanz).

Wenn der Eingriff als unvermeidbar festgestellt bzw. nicht vermieden wird, sind die Verursacher verpflichtet, Beeinträchtigungen von Natur und Landschaft durch geeignete Maßnahmen des Naturschutzes und der Landschaftspflege innerhalb einer definierten Frist auszugleichen. Durch Ausgleichsmaßnahmen soll sichergestellt werden, dass nach Abschluss der Durchführung oder Realisierung des Eingriffsvorhabens keine erhebliche oder nachhaltige Beeinträchtigung des Naturhaushalts und des Landschaftsbildes zurückbleibt. Ausgleichsmaßnahmen sind vorzugsweise im räumlichen und zeitlichen Zusammenhang zum Eingriff vorzusehen. Zwischen Beeinträchtigung und Ausgleich sollte auch ein funktioneller Zusammenhang bestehen.

Der Ausgleich wird z. B. dann als erreicht angesehen, wenn nach dem Eingriff in dessen Einflussbereich die wertbestimmenden Arten und Lebensgemeinschaften mit etwa gleichen Populationsdichten und Entwicklungschancen vorkommen, Grundwassererneuerung und Grundwasserqualität nicht negativ verändert wurden, Oberflächengewässer einen vergleichbaren Zustand aufweisen, die Bodenfruchtbarkeit und der Lufthaushalt nicht verschlechtert wurden, d. h., das Geländeklima nicht wesentlich verändert wurde, das Landschaftsbild wiederhergestellt bzw. landschaftsgerecht neu gestaltet wurde und die Beeinträchtigungen der Erholungsfunktion ausgeglichen wurden.

Stehen die Belange von Naturschutz und Landschaftspflege in der Abwägung hinter den sonstigen Belangen zurück (z. B. einer effizienten Versorgung mit erneuerbaren Energien), erfolgt die Realisierung des Vorhabens unter Durchführung von Ersatzmaßnahmen.

In der Praxis hat sich gezeigt, dass bei der Umsetzung baurechtlicher Ausgleichsverpflichtungen oft erhebliche Mängel bestehen und diese häufig nicht die naturschutzrechtlichen Anforderungen erfüllen. Eine Fallstudie mit Auswertung von 26 baurechtlichen Ausgleichsmaßnahmen der Jahre 2007 bis 2017 in neun deutschen Kommunen ergab erschreckende Erkenntnisse [3]: Von den rechtspflichtig umzusetzenden Einzelmaßnahmen wurden nur 73 % tatsächlich ausgeführt. Der Umsetzungsgrad der qualitativen und quantitativen Zielerreichung lag lediglich bei 68 % im Mittel. Dies zeigt die Notwendigkeit unabhängiger, lückenloser Projektmonitorings, engmaschiger Evaluationen von Ausgleichsmaßnahmen durch Landschaftspflegeverbände oder beauftragten Kreisökologen und wirkungsvollen Sanktionen im Nichterfüllungsfall.

## 2.5 Umweltverträglichkeitsprüfung UVP

Per UVP zu prüfenden Vorhaben sind im Anhang des Gesetzes über die Umweltverträglichkeitsprüfung UVPG aufgeführt. Hierzu gehören z. B. Kraftwerksanlagen, Produktionsanlagen, Verkehrsanlagen, Hotelkomplexe und Baugebiete ab einer definierten Größe. Städtebauprojekte unterliegen ab einer Grundfläche von 20.000 m² dem UVPG-Verfahren. Einzelne Wohn- und Geschäftsgebäude gehören bislang nicht zu den Vorhaben, die zwingend einer Umweltverträglichkeitsprüfung unterzogen werden müssen.

Erklärter Zweck des UVPG ist es, eine „wirksame Umweltvorsorge nach einheitlichen Grundsätzen" (§ 1 UVPG) sicherzustellen. Hierzu wird in der Gesetzesbegründung angeführt, dass Umweltbelastungen von vornherein vermieden werden sollen (Vermeidungsgebot). Die Verwirklichung der Ziele zum Schutz der Umwelt und der Lebensqualität wird ausdrücklich betont und aktives Handeln gefordert.

Alle Prüf- und Abwägungsschritte sind zu dokumentieren.

Im Mittelpunkt der UVP steht der Umweltvorsorgegedanke, d. h., bei allen umweltrelevanten Vorhaben, Planungen, rechtlichen Regelungen und Aktivitäten im weitesten Sinne, die von öffentlicher oder privater Seite ausgehen, sollen die Auswirkungen auf die Umwelt frühzeitig und umfassend ermittelt, beschrieben und bewertet werden.

Auswirkungen auf die Umwelt sind Veränderungen der menschlichen Gesundheit oder der physikalischen, chemischen oder biologischen Beschaffenheit einzelner Bestandteile der Umwelt oder der Umwelt insgesamt, die von einem Vorhaben im Sinne der Anlage zu § 3 UVPG verursacht werden.

In der UVP sollen daher nicht Entscheidungen getroffen, sondern Entscheidungshilfen gegeben werden. Ob ein Vorhaben realisiert werden soll oder nicht, ist hingegen ein politischer oder ein Verwaltungsakt und liegt außerhalb des Rahmens der UVP.

Der Bewertung innerhalb der UVP liegen an zentralen Stellen unbestimmte Rechtsbegriffe wie „Wohl der Allgemeinheit" oder „erhebliche Beeinträchtigung" zugrunde. Diese kurze Aufzählung zeigt bereits, dass die UVP kein Verfahren ist, das schematisch nach Checklisten abgearbeitet werden kann, sondern eine ingenieurmäßig qualifizierte Leistung, die in hohem Maße den Einzelfall berücksichtigen muss. Ungeachtet dieser Rahmenbedingungen ist es erklärter Zweck des Gesetzes über die Umweltverträglichkeitsprüfung (UVPG), eine

„wirksame Umweltvorsorge nach einheitlichen Grundsätzen" (§ 1 UVPG) sicherzustellen. Die Verwirklichung der Ziele zum Schutz der Umwelt und der Lebensqualität wird ausdrücklich betont und aktives Handeln gefordert.

Städtebauprojekte unterliegen ab einer Grundfläche von 20.000 m² dem UVPG-Verfahren. Einzelne Wohn- und Geschäftsgebäude gehören bislang nicht zu den Vorhaben, die zwingend einer Umweltverträglichkeitsprüfung unterzogen werden müssen.

*Tabelle 2-3: Verfahrensschritte nach UVP-Gesetz*

| UVPG | § 3a | § 5 | § 6 | § 11 | § 12 | § 12 |
|---|---|---|---|---|---|---|
| **Verfahrens-Schritt** | Umwelterheblichkeitsprüfung (Screening) | Unterrichtung (Scoping) | Beschreibung des Vorhabens | Zusammenfassende Darstellung | Bewertung | Berücksichtigung |
| **Durchführende** | Zuständige Behörde | Vorhabenträger, zuständige Behörde (Sachverständige) | Vorhabenträger (Sachverständige) | zuständige Behörde (Sachverständige) | zuständige Behörde (Sachverständige) | zuständige Behörde |
| **Beteiligung Behörden** | Nicht definiert | Naturschutzbehörde obligatorisch, andere fakultativ | vorliegende Informationen zur Verfügung stellen | Zulassungs- und Naturschutzbehörde obligatorisch, andere fakultativ | Zulassungsbehörden obligatorisch | abhängig vom Fachrecht |
| **Beteiligung Öffentlichkeit** | Ja Begründung | fakultativ | ja (Auslegung und Erörterung) | nein (behördenintern) | nein (behördenintern) | Benachrichtigung der Betroffenen und Einwender |

Alle Behörden, die mit der Zulassung des Vorhabens befasst sind, und die Naturschutzbehörde, deren Aufgabenbereich durch das Vorhaben berührt wird, sind zu beteiligen. Die Naturschutzbehörde muss bei der Bewertung nur dann beteiligt werden, wenn sie gleichzeitig Zulassungsbehörde ist.

## Methoden der UVP

Auf der Ebene der Standortbeschreibung wird meist eine Raumempfindlichkeitsuntersuchung mit Potenzialen und Schutzgütern vorgenommen, um zu weitgehend konfliktfreien Korridoren oder Standorten zu gelangen. Beim Variantenvergleich wird zwischen folgenden Arbeitsschritten unterschieden:

- Bestandsaufnahme
- Prognose
- Risikoeinschätzung
- Entwicklung von Vermeidungs-, Verminderungs- und Ausgleichsmaßnahmen

Gemäß § 9 UVPG sind die Träger öffentlicher Belange anzuhören. Dies ist im Minimalfall ein hoheitliches Verfahren mit öffentlicher Auslage, Erörterungstermin und Stellungnahme der Behörde. Erweiterte Öffentlichkeitsarbeit und Bürgerbeteiligungsverfahren, z. B. Mediationsverfahren, können hinzutreten. Insbesondere bei umstrittenen Großvorhaben werden oft Projektbeiräte oder Projektforen eingerichtet.

Welche UVP-Methode zum Einsatz kommt, hängt wesentlich von Besonderheiten des betroffenen Naturraums, vom Vorhabentyp und der Datenlage ab. Auch die Qualifikation der Gutachter und die zu verwendenden Indikatoren sind mitbestimmend für die Methodenauswahl.

Die Methodenwahl hat zwangsläufig einen Einfluss auf das Ergebnis. Daher ist die Frage zu stellen, wie frei die Methodenwahl sein kann, um vergleichbare Ergebnisse zu erhalten.

### UVP-Arten

Mit der Anforderung, die UVP bei allen umweltrelevanten Maßnahmen, Planungen, rechtlichen Regelungen und Aktivitäten, die von öffentlicher oder privater Seite ausgehen, bereits zum frühestmöglichen Zeitpunkt anzuwenden, ist zwangsläufig eine Unterscheidung von UVP-Arten nach Anwendungsbereichen und Planungsebenen erforderlich.

Viele Großstädte haben eigene sogenannte kommunale UVP installiert. Da dies im Rahmen der kommunalen Planungshoheit erfolgt, sind die Konzepte so unterschiedlich wie die personellen Besetzungen und politischen Mehrheiten in den Städten. Entsprechend dem bundesdeutschen hierarchischen Planungssystem werden für die verschiedenen Planungsebenen die Begriffe Projekt-, Plan- und Programm-UVP verwendet.

Eine Verpflichtung zur Durchführung einer UVP besteht nach dem UVPG nur für bestimmte Vorhabentypen und erfasst vor allem die Zulassungsverfahren für diese Vorhaben. Diese Verfahren weisen einen konkreten Standortbezug auf, weshalb diese UVP auch als Projekt-UVP bezeichnet wird.

Vergleichbar mit den Ökobilanzen für Produkte führen einige Städte für die Anschaffung z. B. von Möbeln, Computern, Büromaterialien o. Ä. Umweltverträglichkeitsprüfungen durch, die auch als „Produkt-UVP" bezeichnet werden. Hier geht es um die Umweltauswirkungen, die von einem Produkt von der Rohstoffgewinnung über die Herstellung und die Benutzung bis zur Entsorgung ausgehen können, und darum, wie diese Gesichtspunkte in die Entscheidung über Beschaffungen einfließen können (hierzu wird eine Lebenszyklus-Analyse der Produkte durchgeführt).

## 2.6 Nachhaltige Mobilität

Mobilität zählt zu den Grundbedürfnissen in modernen Gesellschaften und ist für viele Voraussetzung zur sozialen Teilhabe. In Deutschland entfallen etwa 28 % des Endenergieverbrauchs und durchschnittlich mehr als 30 Prozent aller städtischen $CO_2$-Emissionen auf den Verkehrssektor. Hauptverursacher der Emissionen ist der motorisierte Individualverkehr MIV. Die Aufgabe besteht darin, Mobilität nachhaltig ökologisch, ökonomisch und sozial zu ermöglichen sowie nach Möglichkeit den Bedarf zu reduzieren.

Der Energieverbrauch für die Fahrten zum Arbeitsplatz und Freizeitfahrten in einem PKW übersteigt häufig den Heizenergieverbrauch für die individuelle Wohnnutzung. Allgemein besteht die fatale Neigung, höhere Geschwindigkeit nicht in kürzere Fahrzeit umzumünzen, sondern in längere Wegstrecken. Über 10 Mio. Arbeitnehmer pendeln täglich per PKW zwischen Wohn- und Arbeitsort. Dabei sind die Fahrzeuge im Durchschnitt nur mit 1,075 Personen besetzt [4]. Etwa 160 Mio. leere Autositze und 160 Mio. MIV-Stellplätze werden vorgehalten. Durch Straßenbau, Verkehrslärm und klimaschädliche Emissionen entstehen erhebliche Belastungen. Während der Betrieb eines Kühlschranks im Schnitt etwa 150 kg $CO_2$ per anno verursacht, bedeutet eine durchschnittliche PKW-Jahresfahrleistung von 20.000 km bereits mehr als 40.000 kg $CO_2$-Ausstoß. Anders als gefühltes Wissen vermuten ließe, sind MIV-Halter aber nicht die Melkkühe der Nation, sondern zahlen auch ohne Berücksichtigung von Milliarden Euro Umweltfolgekosten weniger als die Hälfte der von ihnen verursachten Kosten aus Straßenbau- und Unterhalt, Parkplatzbau- und Unterhalt, Straßenreinigung, Straßenentwässerung, Mehraufwendungen für Straßenverkehrsbehörden, Ordnungsdienste und Bauhöfe. [4]

Auch die umweltverträglichste Bauweise kann kaum die ökologischen und finanziellen Belastungen durch zusätzlichen Pendelverkehr (hier insbesondere motorisierter Individualverkehr MIV) aufwiegen. Selbst sehr günstige ländliche Grundstückskosten können auf lange Sicht die zusätzlichen Kosten für PKW, längere Freizeit- und Pendelfahrten nicht refinanzieren. Bei nur 20 Zusatzkilometern pro Tag entspricht der Gegenwert bei 0,30 €/km Betriebskosten (ohne Energie-Preissteigerungen und Abschreibung) innerhalb von 10 Jahren fast 22.000 €. Bei PKW-Nutzung mit noch üblichem Verbrennungsmotor entspricht dies einem Kraftstoffverbrauch von etwa 5.840 Litern (Annahme: 8 Liter pro 100 Kilometern) und $CO_2$-Emissionen von etwa 17.500 kg.

In fast allen Energiesektoren gehen die Energieverbräuche und Emissionen zurück; neben dem Gebäudesektor stagnieren sie jedoch auch im Straßenverkehr auf hohem Niveau. Einige Fahrzeugtypen verbrauchen zwar etwas weniger; die Gesamtzahl nimmt insgesamt jedoch zu. Der Trend zu schweren Fahrzeugen mit hoher Leistung hält zudem an.

Im großstädtischen Bereich ist das Angebot an Parkplätzen gering. In einigen Städten beträgt der Anteil des Park-Suchverkehrs am PKW-Verkehr bereits über 30 %. Private PKWs beanspruchen zu mehr als 90 % der Zeit Parkraum. Obwohl trivial, sei an dieser Stelle ergänzt, dass es keinen Rechtsanspruch auf einen öffentlichen Stellplatz gibt; auf einen kostenfreien Stellplatz im öffentlichen Raum schon gar nicht.

Innerhalb von Städten sind nach Angaben des Umweltbundesamtes ein Fünftel aller Wege, die mit dem Auto zurückgelegt werden, kürzer als zwei Kilometer. Selbst im ländlichen

Raum sind 10% aller mit MIV zurückgelegten Wege kürzer als ein Kilometer, rd. 50% unter fünf Kilometer und 75% innerörtliche Fahrten [6]. Das ist sowohl in ökologischen als auch ökonomischen Betrachtungsweisen ineffizient. Der Verzicht auf den eigenen fahrbaren Untersatz kann unter Umständen den Weg für neue Mobilitätsformen mit höherer Lebensqualität freimachen.

Das jetzige Verkehrsmodell bevorzugt Autos gegenüber anderen Verkehrsteilnehmern. Fußgänger, Radfahrer und öffentliche Verkehrsmittel müssen sich hintanstellen. Der motorisierte Individualverkehr muss Flächen abgeben, deutlich effizienter ausgelastet und mit anderen Verkehrsmitteln vernetzt werden. Gut ausgebaute Tram- und Busnetze, die sich flexibel mit Rufsammeltaxis, Leihautos und Leihfahrrädern kombinieren lassen, können die Basis bilden.

Ein weiterer Schwerpunkt ist die Förderung weniger umweltschädlicher Verkehrsmittel wie Fußgänger- und Fahrradverkehr. Ihre Verbreitung senkt nicht nur den Energieverbrauch und den Schadstoffausstoß, sondern auch den Gesamtflächenbedarf.

Der überregionale Verkehr muss noch stärker mit den regionalen ÖPNV-Anbietern verzahnt werden. Züge können durch kostenfreies WLAN, Snackbar und genügend Fahrrad-Mitnahmeplätze attraktiver gestaltet werden. An den Bahnhöfen müssen ausreichend diebstahlsichere Abstellplätze für Fahrräder angeboten werden.

Das BauGB bietet in § 1 Abs. 6 Nr. 9 Möglichkeiten für umfangreiche Festsetzungen: „(6) Bei der Aufstellung von Bauleitplänen sind insbesondere zu berücksichtigen: ... 9. Die Belange des Personen- und Güterverkehrs und der Mobilität, auch im Hinblick auf die Entwicklung beim Betrieb von Kraftfahrzeugen, etwa der Elektromobilität, einschließlich des öffentlichen Personennahverkehrs und des nicht motorisierten Verkehrs, unter besonderer Berücksichtigung einer auf Vermeidung und Verringerung von Verkehr ausgerichteten städtebaulichen Entwicklung."

Teilweise zählen Einzelhändler in Ortszentren zu den Gegnern der Einschränkung des Autoverkehrs. Dabei ist es in erster Linie der Autoverkehr, der die Innenstädte unattraktiv macht. Investitionen in Straßen und Parkraum haben oft nur kurzfristig für Entlastungen gesorgt und langfristig eher zur Verstärkung des motorisierten Verkehrsaufkommens geführt. Einige Innenstädte veröden, weil es verkehrsbedingt kaum Aufenthaltsqualität gibt. Selbst innerhalb von Fußgängerzonen wird die Lebensqualität durch tolerierten Lieferverkehr zu den Geschäftszeiten eingeschränkt. Städtische Einzelhändler könnten autofreie Innenstädte vielmehr als Chance und Alleinstellungsmerkmal gegenüber dem boomenden Internethandel und Stadtrandeinkaufszentren begreifen.

Kommunale Verkehrswende bedeutet zuallererst die Abkehr vom Leitbild einer autogerechten Stadt, das in praktisch allen Städten der industrialisierten Welt im Zuge der Massenmotorisierung seit den 60er Jahren des 20. Jahrhunderts aktiv verfolgt wurde. Damals wurden die Städte auf die Ansprüche des motorisierten Individualverkehrs ausgerichtet. Die autozentrierte Stadt ist ein Relikt von gestern für autoaffine Menschen von gestern. Jetzt geht es darum, dass anstelle des Bedürfnisses, mit MIV unterwegs zu sein, die Ansprüche der Menschen an lebenswerte Kommunen, ein gutes Wohnumfeld und die Ansprüche der Gesellschaft an eine klima- und umweltschonende Mobilitätsgestaltung in den Mittelpunkt rücken (Vgl. z. B. Drewes 2019). [5]

**Drei grundlegende Strategien dienen der kommunalen Verkehrswende** [5]:

***a) Das „Vermeiden" von Verkehr, bevor er überhaupt entsteht, indem Wege verkürzt oder ersetzt werden.***

Eine Stadt der kurzen Wege mit räumlich gemischter Nutzung der Funktionen Wohnen, Arbeiten, Einkaufen, Bildung oder Freizeitgestaltung eröffnet das Potenzial verkürzter Wege. Home-Office-Regelungen können Arbeitswege verringern. Telefon und Videokonferenzen helfen, physische Dienstreisen zu vermeiden. Oft liegen dabei die konkreten kommunalen Handlungsmöglichkeiten für Maßnahmen zur Verkehrsvermeidung außerhalb der traditionellen Verkehrsplanung, etwa bei der kommunalen Wirtschaftsförderung, der Schulstandortpolitik oder bei der Arbeitszeitregelung für Verwaltungsbeschäftigte.

***b) Das „Verlagern"! von Wegeanteilen vom motorisierten Individualverkehr zu den Verkehrsmitteln des Umweltverbundes durch eine gezielte „Modal-Shift-Politik".***

Kommunen sollten die autounabhängige Mobilität und das autofreie Leben in der Stadt systematisch fördern und Entmotorisierungsprozesse mit dem Ziel unterstützen, die Anzahl der Autos im individuellen Besitz zu reduzieren. Dem dient eine Kombination von Einschränkungen und Anreizen. Zum Beispiel sind sichere Fußgängerquerungen, engmaschige Radverkehrsverbindungen, Busbeschleunigung durch Ampelvorrangschaltungen und Umwandlung von Fahrspuren für den motorisierten Individualverkehr auf Hauptverkehrsstraßen, hin zu kombinierten Umweltspuren für Busse und Fahrrädern positive Anreize zur Förderung eines klimaschonenden Umweltverbundes.

Damit Anreize ihre volle Wirkungskraft entfalten, ist es notwendig, sie mit komplementären Einschränkungen des motorisierten Individualverkehrs zu kombinieren – zum Beispiel: flächenhafte Tempolimits auf < 30 km/h innerorts, auch auf Hauptverkehrsstraßen. Nötig sind ferner die sukzessive Verknappung und Verteuerung des öffentlichen Parkraumangebotes im Straßenraum und die Verlagerung der abgestellten Kraftfahrzeuge in bestehende Parkhäuser und Tiefgaragen an den Ortsrändern. Von parkenden Kraftfahrzeugen befreite Straßenflächen können dann zur Verbesserung des Wohnumfeldes umgestaltet und genutzt werden.

***c) Das „Verbessern", um einen stadtverträglichen Verkehrsablauf zu gestalten und um fahrzeugseitige, technische Verbesserungen zu realisieren.***

Bereits die Einführung einer flächendeckenden Tempo < 30-Regelung kann dazu beitragen, den Verkehrsablauf lärm- und schadstoffärmer zu gestalten. Außerdem sollte das in immerhin mehr als fünfzig deutschen Städten bestehende Instrument „Umweltzone" (UBA 2018) zur Verringerung der lokalen Luftschadstoffemissionsbelastung durch Grenzwerteverschärfungen (Einführung einer „blauen Plakette" als zusätzliche vierte Schutzstufe) zu einer „Klimazone" werden. Darin dürften dann künftig nur noch Kraftfahrzeuge mit spezifisch niedrigen Treibhausgasemissionen fahren.

Fahrverbotszonen als regulative Eingriffe lösen in Kommunen, die verkehrspolitisch noch sehr MIV-orientiert ausgerichtet sind, oft starke Abwehrreflexe aus. Dabei dürfte entscheidend sein herauszustellen, dass es um höhere schützenswerte Güter geht, die allgemein akzeptiert sind, wie eine gesunde Atemluft oder wirksamen Klimaschutz, und nicht darum, Autofahrer/innen zu gängeln.

### Handlungsfeld Fußgängerfreundliche Kommune [5]

Ein gutes Fußwegenetz besteht aus ausreichend sicheren Wegen und sicheren Querungsmöglichkeiten, die sich insbesondere an den schwächsten Verkehrsteilnehmer/innen (insbesondere Kinder und ältere Menschen) orientieren.

Je nach örtlicher Gegebenheit – d. h. je nachdem, ob es sich zum Beispiel um Haupt- oder Nebenstraßen handelt, wie hoch die durchschnittliche Verkehrsmenge auf dieser Straße ist und welche zentralen Einrichtungen hier zu finden sind – gibt es unterschiedliche Optionen für sichere Querungsmöglichkeiten. Dazu gehören Ampeln, Fußgängerüberwege sowie bauliche Aufpflasterungen oder Einengungen.

Bisher wurde bei der Straßenraumaufteilung häufig zunächst der Flächenbedarf für den motorisierten Verkehr geplant und dann die verbleibende Fläche unter dem nichtmotorisierten Verkehr aufgeteilt. Dieser Planungsansatz sollte umgekehrt werden: Die Gehwegbreite sollte sich an den Erfordernissen der Fußgänger/innen orientieren und nicht daran, wie viel Restfläche zur Verfügung steht. So sollten Gehwege mindestens 2,50 Meter breit sein, sodass sich Personen bequem begegnen können – auch mit Rollstuhl und Kinderfahrrädern.

Die Erhöhung der Aufenthaltsqualität umfasst verschiedene Aspekte: Fußwege oder -überwege werden häufig vom motorisierten Individualverkehr blockiert. Die Fahrzeuge beeinträchtigen so den Fußwegefluss und gefährden die Sicherheit der Fußgänger/innen. Das muss konsequent kontrolliert und geahndet werden. Bauliche oder gestalterische Veränderungen können personalextensiv dazu beitragen, dass Autos, Motorräder oder Lieferfahrzeuge die Wege nicht mehr zuparken. Überdies kann mit Beleuchtung, Sitz- und Spielmöglichkeiten, Begrünungen sowie Grünanlagen erreicht werden, dass die Menschen sich gern und vermehrt zu Fuß fortbewegen. Auch der Abbau von Angsträumen (d. h. von Stadträumen, die gemieden werden, weil sie als nicht sicher empfunden werden) ist eine aktive Maßnahme zur Förderung des Fußverkehrs.

Eine barrierefreie Gestaltung des Fußwegenetzes ist nicht nur für mobilitätseingeschränkte Personen wichtig, die sich selbstständig fortbewegen wollen. Sie erleichtert das Laufen auch für diejenigen, die mit Kinderwagen oder größerem Gepäck unterwegs sind. Es sollte grundsätzlich berücksichtigt werden, dass Bordsteine im Bereich von Übergängen abgesenkt sind, Treppen, wo möglich, vermieden werden und Orientierungshilfen für Blinde angebracht sind. Fußwege müssen auch bei Nässe rutschfest und sicher sein, im Winter vorrangig von Eis und Schnee geräumt werden und sollten keine Stolperkanten, Löcher oder größere Unebenheiten aufweisen.

### Handlungsfeld Fahrradfreundliche Kommune [5]

Ein Schlüssel für die Verkehrswende in Städten ist die Förderung des Radverkehrs. Fahrräder nutzen den knappen öffentlichen Raum besser als Autos. Werden Kommunen fahrradfreundlich gestaltet, steht dem motorisierten Individualverkehr weniger, dem öffentlichen Raum und der Aufenthaltsqualität dagegen mehr Raum zur Verfügung. Auf der Fläche, auf der ein Auto abgestellt werden kann, finden bis zu zehn Räder Platz; den Straßenraum, den ein fahrendes Auto bei Tempo 50 verbraucht, können sich mehr als drei Radfahrende teilen (Randelhoff 2014). Werden neue Radwege allerdings abseits und nicht auf bestehenden Fahrbahnen gebaut, wird auch das Autofahren auf den nun fahrradfreien Straßen attraktiver und umso stärker frequentiert. Anders als der Autoverkehr ist Radverkehr effizient, produziert keine Treibhausgase und keinen Verkehrslärm.

Radverkehr ist preiswert – sowohl die Nutzung als Verkehrsmittel als auch die Förderung durch die Kommunen. Der Radverkehr beansprucht dabei den geringsten öffentlichen Zuschuss im Verhältnis zu dessen ohnehin niedrigen Gesamtkosten. Der externe Nutzen durch Gesundheits- und Umweltschutz überwiegt die externen Kosten durch Unfälle um ein Vielfaches (vgl. Universität Kassel 2018). Das Potenzial ist groß. Ca. 61 % der Wege zwischen 2 und 5 Kilometer und 48 % der Wege zwischen einem und zwei Kilometer werden in Deutschland noch mit PKWs zurückgelegt (infas et al. 2019). Diese Fahrten sind ohne Einschränkungen mit Fahrrad oder Pedelec möglich. Um die Verkehrsbedingungen für den Radverkehr zu verbessern, sollten Kommunen eine konkrete und detaillierte Planung entwickeln. Das Konzept sollte alle für den Radverkehr relevanten Aspekte umfassen: den Aufbau eines Radnetzes, notwendige Abstellanlagen und Serviceangebote wie z. B. ein Fahrradverleihsystem. Das Radverkehrskonzept ist systematisch mit der allgemeinen Verkehrsentwicklungsplanung zu verknüpfen.

Der Straßenraum vieler Städte steht bislang zum überwiegenden Teil Autos zur Verfügung – die Infrastruktur, die Geschwindigkeit und die Verkehrsregeln sind weitgehend den Bedürfnissen des Kfz-Verkehrs angepasst. Das macht Radfahren für viele Menschen wenig attraktiv und gefährlich. Daher sollte der Straßenraum neu aufgeteilt und gestaltet werden. Die Radwegenetze müssen flächendeckend und durchgängig – also ohne Lücken sein. Sie dürfen nicht an Ortsgrenzen enden, sondern sollen mit Nachbarorten verknüpft werden. Sie müssen gut beschildert werden und in Routenplanern vermerkt sein. Baulich vom Autostreifen getrennte Radwege sollten mind. 2,50 m breit sein und fahrradfreundliche Kreuzungsbereiche aufweisen.

*Bild 2-2: Fahrradstraße in Leipzig*

*Quelle: Verfasser*

Wo der Radverkehr die vorherrschende Verkehrsart ist oder dies durch eine Umwidmung herbeigeführt werden kann, können Fahrradstraßen eingerichtet werden, bei denen Knotenpunkte und Kreuzungen hindernisarm zügig passiert werden können. Um längere Distanzen gefahrlos per Fahrrad bewältigen zu können, dienen Radschnellwege, die weitgehend kreuzungsfrei mit Brücken oder Tunneln gestaltet und baulich getrennt mit mindestens vier Meter Breite angelegt sind.

Weiterhin sollten grundsätzlich alle Einbahnstraßen für Beidrichtungs-Radverkehr geöffnet werden, um das Netz zu ergänzen und die Wege zu verkürzen.

Zur Verbesserung von Komfort und Diebstahlerschwernis dient ein Netz an Fahrradbügeln. Eine größere Anzahl findet auf den Gehwegen oft keinen Platz. Es ist ggf. sinnvoll, Parkbuchten für den Pkw-Verkehr nach Bedarf in Abstellflächen für Fahrräder umzuwandeln. Gut zugängliche Fahrradboxen und Radstationen an wichtigen Umsteigepunkten wie Bahnhöfen und an relevanten ÖPNV-Haltepunkten bieten sichere und wettergeschützte Abstellplätze. Pedelec-Ladepunkte und Stationen mit den nötigsten Reparaturwerkzeugen können sinnvolle Ergänzungen sein.

### Handlungsfeld Parkraummanagement [5]

Die Lebensqualität in Städten hängt stark von der Gestaltung und Nutzbarkeit des öffentlichen Raums ab. Durch Straßen und öffentlichen Parkraum wird besonders viel öffentlicher Raum vom motorisierten Individualverkehr beansprucht. Das Parken von Kraftfahrzeugen ist dabei eine besonders ineffiziente und zudem ungerechte Form der Nutzung (Notz 2017); es privilegiert Autobesitzer/innen vor anderen Nutzergruppen. Geparkte Autos sind häufig ein Sicherheitsrisiko, wenn sie auf Geh- und Radwegen, sowie Feuerwehrzufahrten stehen oder die Sicht auf querende Fußgänger/innen einschränken.

Parkplätze zu bauen und zu erhalten kostet die Allgemeinheit viel Geld. Darüber hinaus verursacht Parksuchverkehr Lärm-, $CO_2$- und Schadstoffemissionen und vermindert so die Aufenthaltsqualität im öffentlichen Raum. Das Parkraumangebot in einer Stadt und dessen Bewirtschaftung beeinflusst das Verkehrsaufkommen maßgeblich.

Zur Steuerung der öffentlichen Parkflächen stehen den Kommunen verschiedene Maßnahmen zur Verfügung. Zentral hierbei ist, dass die Kommunen zunächst ein Parkraummanagement einführen. Das Parkraummanagement sollte in den strategischen Plänen der Kommune verankert werden. Wesentliche Inhalte sind:

- Bestandsanalyse des ruhenden Verkehrs: Wo wird wann und wie viel geparkt? In welchen Teilräumen der Stadt ist die Nachfrage nach Parkplätzen höher als das Angebot und daher reduzierbar?
- Kommunen können die Anzahl privater Stellplätze begrenzen. Die zu bewirtschaftenden Räume sind festzulegen. Dabei sollten die Anwohner/innen eingebunden werden.
- Die Parkgebühren müssen festgelegt werden: Kommunen in Deutschland dürfen die Höhe der Parkgebühren nach eigenem Ermessen selbst bestimmen.
- Die regelmäßige Überwachung des ruhenden Verkehrs muss sichergestellt werden: Hohe Parkgebühren verleiten vor dem Hintergrund vergleichsweise niedriger Strafen zum illegalen Parken.

- Wenn Kommunen Parkraum bewirtschaften, können sie die Zeiträume der Bewirtschaftung, Parkdauer, Parkgebühren und die Nutzungswidmung (welche Fahrzeuge oder welche Personengruppen dürfen die Parkplätze nutzen und welche nicht) festlegen.
- In Gebieten mit überwiegender Wohnfunktion kann unter bestimmten Voraussetzungen (z. B. Parkdruck, konkurrierende Nutzergruppen oder Belastung der Wohnbevölkerung mit Lärm und Abgasen (Difu 2019)) Anwohnerparken eingeführt werden.

**Handlungsfeld Mobilitätsentschleunigung [5]**

Im Straßenraum begegnen sich die verschiedenen Verkehrsteilnehmer/innen, dabei kann es zu Unfällen kommen. Je schneller der Kfz-Verkehr unterwegs ist, umso stärker sind Fußgänger/innen gefährdet – zum einen, weil mehr Geschwindigkeit für beide Seiten weniger Reaktionszeit bedeutet; zum anderen, weil Unfälle bei höherem Tempo gravierendere Folgen haben. Die Schwere eines durch den MIV verursachten Unfalls ist dabei direkt davon abhängig, wie schnell das Fahrzeug unterwegs ist (Schüller 2010). Bei Tempo 30 sterben etwa ein 10 % aller von PKW frontal Angefahrenen; bei Tempo 50 etwa 40 % und bei Tempo 70 über 90 %. Jedes Jahr sterben in Deutschland mehr als 2.500 Menschen infolge von Straßenverkehrsunfällen, über 300.000 werden verletzt.

Um den Verkehr insgesamt sicherer zu machen, sollte der MIV durch verkehrsberuhigende Maßnahmen entschleunigt werden. So werden auch nicht-motorisierte Verkehrsarten attraktiver, und die Aufenthaltsqualität im öffentlichen Raum steigt (vgl. Beitrag „Neuer Raum – Wie Parkraummanagement und Straßenverkehr verbessert werden können").

Um das Zufußgehen gerade auch für Kinder und ältere Menschen sicher zu gestalten, sollten Tempo < 30-Zonen und Spielstraßen ausgeweitet werden. Streckenbezogen kann das Tempo reduziert werden, wenn besondere Anforderungen an die Sicherheit, den Lärmschutz oder an die Luftreinhaltung bestehen. Maßnahmen zur Geschwindigkeitssenkung des motorisierten Verkehrs umfassen regulative Maßnahmen, die mit baulich-infrastrukturellen, sanktionierenden und Informationsmaßnahmen kombiniert werden sollten.

Zu den baulichen Maßnahmen zur Reduzierung der Geschwindigkeit gehören u. a. Aufpflasterungen auf der Strecke als auch an Knotenpunkten, Mittelinseln mit Versätzen, Verengung des Fahrbahnquerschnitts sowie eine Neuordnung von Parkflächen.

Auch die Urbanität profitiert von Langsamkeit. Wo Tempo möglich ist und dominiert, entsteht großflächiger Einzelhandel in den Speckgürteln, Schulzentren für viele Dörfer, Freizeitparks an Autobahnkreuzen und dergleichen. Langsamkeit bewirkt kurze Wege und urbane Dezentralisierung mit guten Aufenthaltsqualitäten.

**Handlungsfeld ÖPV [5]**

Der öffentliche Personenverkehr (ÖPV) bildet das Rückgrat des Umweltverbundes in und zwischen Kommunen. Wo er gut ausgebaut ist, ermöglicht er schnelle, verlässliche und barrierefreie Mobilität für alle. In Großstädten und dicht besiedelten Räumen macht vielfach ein qualitativ hochwertiges, engmaschiges und dicht getaktetes Netz aus S-Bahnen, Stadt- und Straßenbahnen sowie Bussen die Nutzung des öffentlichen Verkehrs attraktiv.

In vielen ländlichen Räumen und kleinen oder mittleren Städten sind die Mobilitätschancen für Menschen ohne Auto oftmals schlecht. Wird ÖPV gut mit anderen Verkehrsmitteln verknüpft, ist es möglich (wenn auch nicht überall in gleichem Umfang), die Abhängigkeit der Menschen vom MIV zu reduzieren. Öffentliche Verkehrsmittel sind in ländlichen Räumen der zentrale Baustein einer auf Nachhaltigkeit abzielenden Verkehrswende.

Die ÖPV-Planung ist im politischen Mehrebenensystem der Bundes-, Landes-, regionalen und Kommunalpolitik von klar zugeordneten Zuständigkeiten sowie von politischen wie planerischen Handlungskompetenzen gekennzeichnet. Jeder Ebene sind dabei bestimmte Aufgaben zugewiesen. Beispielsweise finanziert die Bundesebene mit ihren Regionalisierungsmitteln den Nahverkehr auf der Schiene mit. Wie die Gelder letztlich verwendet werden, wie der Schienenpersonenverkehr (SPV) auf Landesebene bereitgestellt wird, entscheiden jedoch die Bundesländer. Deren Aufgabe ist auch die Finanzierung des straßengebundenen ÖPV. Zuständig für die Planung, Organisation und Ausgestaltung von ÖPV und SPV ist die Landesebene. Die Landkreise und kreisfreien Städte sind als ÖPV-Aufgabenträger für die Organisation und Finanzierung des ÖPVs in einer Region verantwortlich, wobei sich oftmals mehrere Landkreise und kreisfreie Städte zu Verkehrsverbünden zusammenschließen. Sie verfügen eher über die notwendige Expertise, um an die jeweiligen Rahmenbedingungen angepasste Mobilitätsangebote zu entwickeln und umzusetzen.

Aufgabe der Planung in den Kommunen ist die Organisation vor Ort. Dies bedeutet, auf Kreisebene organisierte regionale ÖPV-Angebote mit den baulichen und organisatorischen Gegebenheiten vor Ort zu verknüpfen und reibungslose Umstiege auch auf Mobilitätsangebote, die den ÖPV ergänzen, sicherzustellen. In der Regel ist nicht die einzelne Gemeinde im ländlichen Raum, sondern der Landkreis der ÖPV-Aufgabenträger. Diesem fehlen jedoch oftmals die Kenntnisse der räumlich verteilten Mobilitätsbedürfnisse und -möglichkeiten innerhalb der kreisangehörigen Städte. Daraus ergeben sich für die Kommunen im Kreis im Rahmen der ÖPV-Planung zwei Aufgaben. Zum einen sollten sie dem Kreis mitteilen, wie die Verkehrssituation vor Ort aussieht. Dann kann dieser in seinen Planungen berücksichtigen, was spezifisch notwendig ist. Zum anderen sollte der Kreis über die Planung der ÖPV-Verbindungen vor Ort informiert werden. Das sind solche, die keine direkte überregionale Bedeutung haben, sondern der Erschließung des Stadtgebietes oder als Zu- oder Abbringer des regionalen ÖPV-Angebotes dienen.

Damit der öffentliche Personenverkehr in der Fläche eine attraktive Alternative zur Pkw-Mobilität ist, müssen bestimmte Anforderungen erfüllt sein:

- Entwicklung von Bahnhöfen und ÖPV-Umsteige-Haltestellen zu Mobilitätsknoten, die den reibungslosen Übergang zu einer Vielzahl unterschiedlicher Verkehrsmittel ermöglichen. Dazu dienen flexible Sharingangebote für Rufbusse, Pedelecs und Lastenräder wie auch Fuß- und Radweganknüpfungen sowie sichere Fahrradabstellplätze.
- Einführung eines integralen oder integrierten Taktfahrplans (ITF): Beim ITF wird nicht für jede Linie einzeln geplant, sondern die Fahrpläne unterschiedlicher Bahn- und Buslinien werden integriert betrachtet und in bestimmten Takten (meist mindestens ein Anschluss pro Stunde) aufeinander abgestimmt. Das Ziel des ITF ist ein flächendeckendes Angebot, in dem an allen Umsteigepunkten die Anschlüsse optimiert sind.
- Taktfahrtpläne auf möglichst allen Linien: Einrichtung eines 30-Minuten-, Stunden- oder max. Zweistundentaktes.

- Ausrichtung möglichst aller Fahrpläne an zentralen Umsteigepunkten.
- Differenzierung des Liniennetzes auf Basis der Nachfrage: häufige und schnelle Verbindungen auf Linien mit hoher Nachfrage, ein Basisangebot auf nachfrageärmeren Verbindungen.
- Einrichtung einheitlicher integrierter Informations- und Online-Buchungsplattformen, verkehrsmittelübergreifende Mobilitäts-Flatrates.

### *Beispielexkurs praktische Mobilitätswende*

Gemäß einer Umfrage des Meinungsforschungsinstituts Cirvey in der Aktion „Deutschland spricht" war die Mehrheit der Befragungsteilnehmer für mehr autofreie Innenstädte.

In der autofreien Siedlung in Köln-Nippes haben sich viele Hundert Bewohner zu Gunsten von Urbanität und Umwelt zum Privatautoverzicht verpflichtet. Auch der Freiburger Stadtteil Vauban ist nahezu autofrei. Die Autobesitzquote liegt bei nur 190 je 1000 Bewohner; für diese stehen am Quartiersrand Parkhäuser zur Verfügung. Der Stadtteil selbst ist Fußgängern und Radfahrern vorbehalten.

Die Neubauten der Münchner Wohnungsgenossenschaft WOGENO werden konsequent mit alternativen Mobilitätsangeboten mit ÖPNV-Monatskarten, Sharing-E-Autos und Lastenfahrrädern ausgestattet, um den Hausgemeinschaften Alternativen zum eigenen Auto anzubieten. Die Wogeno spart dadurch teure Garagenstellplätze.

Das niederländische Houten mit rd. 50.000 Einwohnern hat schon vor Jahren den Autoverkehr aus der Innenstadt verbannt und gilt international als Modell für ein Verkehrskonzept der Zukunft. Durch das gut ausgebaute Radwegenetz ist man mit dem Rad immer schneller als mit dem PKW zwischen den Vororten unterwegs. Gewerbesteuer, Einkommen und Mieten sind auf Grund der hohen Attraktivität überdurchschnittlich.

Die Innenstadt von Lucca/Italien ist weitestgehend verkehrsberuhigt und nur von Liefer- und Anwohner- MIV befahrbar.

In Paris wurde der Radverkehrsanteil mit dem Programm Veloution durch Reduzierung des öffentlichen PKW-Parkraums um 72 % und 650 km zusätzlichen Radwegen der Radverkehrsanteil innerhalb von einem Jahr um 131 % gesteigert.

Brüssel verwandelte die gesamte Innenstadt in einen Shared Space. Für motorisierte Fahrzeuge wie Autos und Busse sowie Fahrräder gilt eine Höchstgeschwindigkeit von maximal 20 km/h. Fußgänger haben gegenüber anderen Verkehrsteilnehmern Vorrang und können die volle Breite der Straßen nutzen. Weiterhin wurde ein Netz an Zubringerradwegen ausgewiesen.

In Spanien gilt zur Vermeidung tödlicher Unfälle innerorts auf den meisten Straßen inzwischen Tempo 30 und in besonders engen Straßen Tempo 20. Nur auf Straßen mit mehr als einer Richtungsfahrspur darf 50 km/h gefahren werden.

Die Innenstadt von Pontevedra/Spanien wurde vollständig zum Shared Space ohne Fahrbahnmarkierungen und ohne Verkehrszeichen umgewidmet. Nur noch Anwohner-KfZ haben Einfahrtsrechte und dürfen max. 30 km/h fahren. Fußgänger und Radfahrer haben grundsätzlich Vorrang vor Kraftfahrzeugen. Am Stadtrand wurden Park-and-Ride-

Parkplätze mit Leihradstationen eingerichtet. Dafür werden Innenstadtparkplätze nun als Sport- oder Spielplätze genutzt. Die Aufenthaltsqualität in der Innenstadt verbesserte sich. Die Umsätze der Läden steigen.

Oslo will den $CO_2$-Ausstoß bis 2030 um 95 % senken. Die Innenstadt soll deshalb gänzlich autofrei werden. Hunderte Parkplätze sind bereits verschwunden. Die Stadt baut zurzeit 60 zusätzliche Radwegkilometer, erweitert den öffentlichen Nahverkehr und fördert E-Bikes. Die Verkehrswende ist nur einer der Gründe, warum Oslo zur Umwelthauptstadt Europas 2019 gekürt wurde.

Helsinki investiert bis 2025 in eine Infrastruktur, die private Autos überflüssig machen soll. Über eine App können Bürger öffentlich zugängliche Verkehrsmittel für Fahrten von Tür zu Tür anfordern. Das ist etwas teurer als ein herkömmlicher Bus, aber günstiger als Taxifahrten.

Im estnischen Tallinn und im französischen Aubagne sind die öffentlichen Nahverkehrsmittel bereits kostenfrei. Luxemburg hat seit März 2020 landesweit kostenfreien öffentlichen Nahverkehr eingeführt! Nur Tickets für die 1. Klasse kosten weiterhin. Auch in einigen deutschen Kommunen gibt es Initiativen für fahrscheinlose Busse und Bahnen als kostenlose oder von den Bürgern über Abgaben finanzierte Modelle.

In Paris und Bologna wird mit autofreien Tagen experimentiert. In anderen Städten werden Fahrten von bestimmten Autos zu bestimmten Zeiten beschränkt oder es wird eine Zufahrtsgebühr für Innenstädte erhoben. (Eine Citymaut hat allerdings den Effekt, dass Wohlhabende weiterhin individuell motorisiert in die City fahren können, während ärmere Autofahrer ausgeschlossen sind.)

Durch vorbildhafte ÖPNV-Konzepte und Parkraumbewirtschaftung konnten die Fahrgastzahlen in Freiburg, Karlsruhe, Hannover, Wien, Bregenz und Lemgo kontinuierlich gesteigert werden. Sogar die New Yorker Verkehrsplanung hat sich zur Vermeidung des Straßenverkehrskollapses der Mobilitätswende verschrieben: Ein umfassendes Radwegenetz wurde angelegt, viele Autospuren wurden verschmälert oder ganz umgewidmet. Die Zahl der Expressbuslinien wurde stark erhöht und ein Teil des Broadways ist verkehrsberuhigt. Die Unfallzahlen halbierten sich.

Der Fahrdienst Moia hat in Hamburg und Hannover ein Ride-Pooling-System gestartet. Die Mischung aus Bus und Taxi fährt auf softwareoptimierten Routen engmaschige Haltepunkte mit vollelektrischen Kleinbussen an. Die Anforderung und Bezahlung erfolgt per App. So bald als möglich soll auf autonom fahrende Mobile umgestellt werden.

Für ersten 100 km des Radschnellwegs 1 auf der einstigen Gütertrasse der rheinischen Bahn wurden 180 Mio. Euro veranschlagt. Was zunächst viel erscheint, wirkt in der Relation gering: Ein städtischer Autotunnel kostet ebenfalls rd. 180 Mio. Euro – allerdings pro Kilometer.

---

### Motorisierter Individualverkehr MIV

Zukünftig werden Sensoren und Computer in MIVs das Steuer übernehmen. Die Insassen können sich dann anderen Dingen widmen oder einfach nur entspannen. Allerdings würde sich das Verkehrsaufkommen durch mehr selbstfahrende Autos ohne flankierende Maßnahmen eher noch erhöhen. Wer in der Innenstadt keinen Parkplatz findet, wäre zum Beispiel womöglich versucht, sein Fahrzeug allein in der Gegend umherfahren zu lassen, bis die Einkäufe erledigt sind. Wenn in der Kneipe kein Platz frei ist, ließe man sich mit Freunden eben durch die Gegend fahren und feierte in dieser Form.

Mit geeigneten Lenkungsmechanismen kann die Digitalisierung aber auch positive Wirkung entfalten: Beispielsweise könnten autonom fahrende Elektrotaxen die Fahrgäste auf Zuruf per App einsammeln und je nach angefragten Haltepunkten ihre Routen in Echtzeit optimal berechnen. Auf diese Weise könnte der Straßenverkehr um bis zu 75 % reduziert werden.

Ziel ist die optimierte Auslastung verbleibender MIV auf ein Minimalmaß, um den Verkehr und die Emissionen zu verringern. Strategien dafür sind unter anderem:

- Carsharing: Mehrere Fahrer „teilen" oder mieten sich Fahrzeuge je nach Bedarf.
- Nachbarschaftsautos: Mehrere Personen in einem Stadtteil oder einem Dorf teilen sich einen Fahrzeugpool.
- Ridesharing: Fahrgemeinschaften

Private Autofahrer könnten in weit stärkerem Umfang als bisher Transportleistungen anbieten, indem sie sich auf digitalen Plattformen registrieren und verpflichtet wären, vor Fahrtantritt die freien Plätze zu melden. Der Fahrdienst könnte dann über eine App vergütet werden.

Fahrgemeinschaften könnten auf verschiedene Weise subventioniert werden: z. B. Freigabe der linken Autobahnspur und Einfahrt in Innenstädte nur für Fahrzeuge mit mind. zwei Insassen, kostengünstige Parkflächen in begehrten Lagen für voll besetzte Fahrzeuge u. v. m.

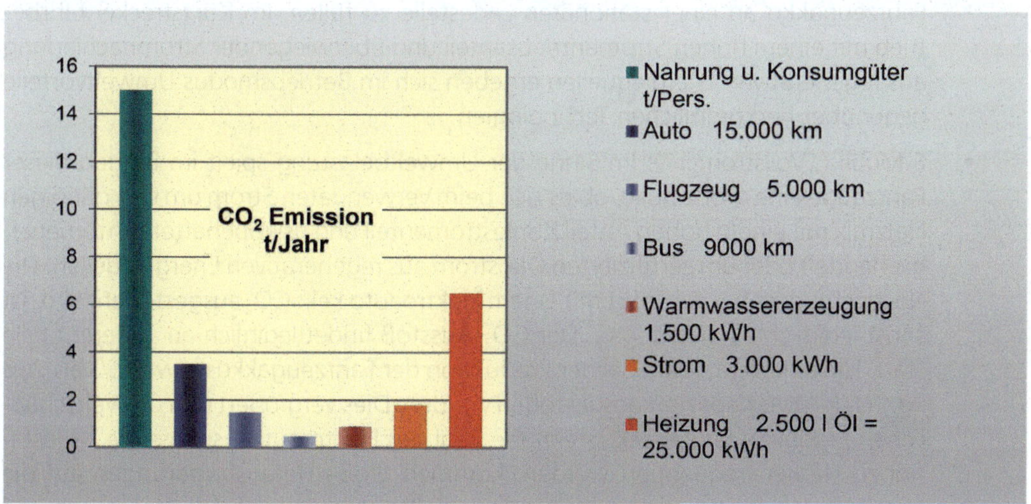


*Bild 2-3: $CO_2$-Bilanz einer durchschnittlichen dreiköpfigen deutschen Familie*
*Datenquelle: Verband kommunaler Unternehmen e. V.; Köln*

## Exkurs

Öko-Autos gibt es nicht. Das ist „alternaiv"!

Bereits durch die Produktion eines PKWs entsteht eine Umweltbelastung, die der Belastung von mehr als 50.000 Fahrkilometern mit einem fossilbetriebenen Mittelklassewagen gleichkommt. Lobbyisten möchten uns gern glauben lassen, dass Elektroautos die Zukunft des umweltfreundlichen Individualverkehrs seien. Zunächst wäre anzumerken, dass die Mehrheit der PKW-Nutzer weder am Wohnort noch am Arbeitsort über Lademöglichkeiten verfügt. Eine Entlastung könnte vielleicht die Ausrüstung von einigen der 380.000 Telefon-Kabelverzweiger-Schränke und geeigneter Straßenlaternen zu Ladepunkten bringen. Allerdings wäre mit der Leistung keine Schnelllademöglichkeit gegeben.

Neben den Umweltbelastungen durch Autoproduktion und der zusätzlichen Belastung für Akkuproduktion muss klar zwischen den angepriesenen Antriebstechnologien differenziert werden:

- Als Hybridantrieb wird die Kombination aus zwei verschiedenen Antrieben bezeichnet. Dabei wird in der Regel ein Verbrennungsmotor mit einem E-Motor kombiniert. Bei einem einfachen Hybridfahrzeug wird die Bremsenergie in einem Akku zwischengespeichert. Vorteil: übliche Fahrzeugreichweite. Nachteile: ungünstiges Aufwand-Nutzenverhältnis und Zusatzgewicht. Der tatsächliche Treibstoffverbrauch liegt je nach Streckenprofil kaum unter dem Verbrauch vergleichbarer Wagen.
- Ein Plug-in-Hybrid ergänzt diese Technologie um die Möglichkeit, den vorhandenen Fahrzeugakku an einer stationären Ladestelle zu füllen. Im Kurzstreckenfahrbetrieb mit einem hohen Stromantriebsanteil und überwiegender Stromnachladung aus regenerativen Energiequellen ergeben sich im Betriebsmodus Umweltvorteile gegenüber herkömmlichen Technologien.
- E-Mobil („Vollstromer"): Im Sinne der Umweltbelastung spielt im Betrieb dieser Fahrzeuge eine große Rolle, ob es sich beim verwendeten Strom um den gängigen Netzmix mit einem hohen Anteil Kohlestromanteil und risikobehafteter Atomenergie handelt oder um zertifizierten Ökostrom aus regenerativen Energiequellen. Die Nachricht, dass bei der Fahrt mit einem Elektroauto kein $CO_2$ ausgestoßen wird, ist sonst lediglich ein Werbegag. Der $CO_2$-Ausstoß findet lediglich an anderer Stelle statt. Hinzu kommt, dass bei der Produktion der Fahrzeugakkus etwa 150 bis 200 kg $CO_2$ je kWh Kapazität ausgestoßen werden. Dies vergrößert den umweltschädlichen Produktionsrucksack. Steigt die Zahl der Elektroautos, sodass die Ladestationen stärker frequentiert werden, kommen große Herausforderungen auf die Netzinfrastruktur zu. Die Karosserie von „Vollstromern" lässt sich theoretisch und praktisch mit PV-Modulen ausstatten. Sono Motors will ab 2023 ein Minivan mit rd. 1,2 KWp ausrüsten. Im Jahresmittel sollen täglich etwa 30 km Fahrleistung per Sonneneinstrahlung „nachgetankt" werden. Für eine Schnellladung sind mindestens 22 Kilowatt nötig. Dafür müssen Trafostationen aufgerüstet und Netze teilweise ausgebaut werden. Die Kosten werden in irgendeiner Form an die Autofahrer weitergeben. Im Zuge der Entwicklung von Plusenergiehäusern mit großen

Photovoltaikanlagen könnten die Stromüberschüsse in E-Mobilen zwischengespeichert werden, um sie in sonnenstrahlungsarmen Zeiten wieder im Gebäude oder im Netz zu verwenden. Dabei wird allerdings ausgeblendet, dass den Komfortansprüchen an jederzeitige Mobilität auch praktische Einschränkungen der Fahrleistungen entgegenstehen. Die wenigsten Nutzer sind begeistert, wenn der Akku des E-Mobils aufgrund des vom Gebäude abgesaugten Stroms nur kurze Reichweiten zulässt. Erforderliche Planungen von Ladezeiten und Prüfungen von Akkufüllständen werden ebenfalls als lästig empfunden und sind daher für die breite Masse eine exotische Vorstellung. Damit die Nutzer für das an sich sinnvolle Begehr des Stromlastausgleichs bereit sind, Mobilitätsbedürfnisse einzuschränken, müssen Anreizsysteme geschaffen werden.

- Wasserstoff-Brennstoffzellenantriebe erscheinen auf den ersten Blick als sympathische Lösung aller Emissionsprobleme. Wenn der Wasserstoff jedoch mit hohem Fossilenergieeinsatz erzeugt wird („grauer Wasserstoff"), entsteht auch mit dieser Technologie die Umweltbelastung. Als Brückentechnologie für emissionsarmen Fahrzeugantrieb könnte Wasserstoff mit Herstellung über regenerativ erzeugtem Strom dienen („grüner Wasserstoff"). Wasserstoff kommt in der Natur nur in gebundener Form vor und wird mittels Energieeinsatz in elementarer Form (H2) verfügbar gemacht. Die Wasserelektrolyse ist unabhängig von der Art der Primärenergie und kann somit als wichtiger Bestandteil einer regenerativen Energiewirtschaft angesehen werden. Beim Brennstoffzellenfahrzeug wird die Elektrizität an Bord erzeugt, indem in der Zelle Sauerstoff und Wasserstoff (H2) reagieren. Außer Wasserdampf entstehen im Betrieb keine Abgase. Honda, Hyundai und Toyota haben bereits Kleinserienfahrzeuge mit Brennstoffzellen-Wasserstoffantrieb auf den Markt gebracht. Andere Autokonzerne sind noch in der Testphase. Derzeit wird die Nachfrage auch vom Minderangebot an Wasserstofftankstellen (< 100 Stück in Deutschland) ausgebremst. Für eine breite Marktdurchdringung würden flächendeckend > 1.000 Wasserstofftankstellen benötigt. Für den Betrieb von Linienbussen und schienengebundenen Fahrzeugen bietet sich jedoch allemal eine praxistaugliche Lösung an.
- Biokraftstoffe können sowohl aus Biomasse der Land- und Forstwirtschaft als auch aus Gewerbe- und biologischen Reststoffen hergestellt werden. Sie erzeugen dabei teils deutlich weniger Treibhausgasemissionen als Diesel- oder Ottokraftstoffe. Der Biomasseanbau kann aber auch negative Auswirkungen auf die Umwelt haben, zum Beispiel, wenn der Anbau von Rohstoffen zu einer Zerstörung wertvoller Ökosysteme, unter anderem durch verstärkte Düngung, führt. Biokraftstoffen haftet neben dem Basismakel Abgasemissionen noch die Konkurrenzsituation um Teller oder Tank an.
  - Biodiesel kann in reiner Form angewendet oder fossilem Diesel beigemischt werden. Theoretisch ist jede Ölpflanze als Ausgangsmaterial möglich. Aus einem Hektar Rapsanbau können etwa 1.000 Liter Biodiesel gewonnen werden.
  - Bioethanol wird aus Biomasse und/oder Bioabfällen hergestellt. Ethanol kann in reiner Form oder in Mischung mit Benzin verwendet werden. Bei der Pro-

duktion von Bioethanol entsteht als Nebenprodukt hochwertiges Eiweißfutter, welches z. B. Sojaimporte aus Lateinamerika substituiert.

- Biogas kann aus Bioreststoffen, Gülle oder Energiepflanzen (z. B. Silomais) gewonnen- oder aus Wasserstoff umgewandelt werden. Biogas wird entweder auf Erdgasqualität aufbereitet, um es in ein Erdgasnetz einzuspeisen, oder unaufbereitet an autarken Inseltankstellen vertrieben. Als alltagstaugliche Brückentechnologie mit gut ausgebauten Versorgungsstrukturen käme die Nutzung von CNG-Motoren infrage, sofern das Gas – wenigstens bilanziell – aus regenerativ erzeugtem Methan gewonnen wird. Das Methan kann in das Erdgasnetz eingespeist werden.

Eine Metastudie des International Council on Clean Transportation (ICCT) fasst zusammen, dass Vollstromer im Vergleich zu Autos mit Fossil-Verbrennungsmotoren inkl. Produktion und einer Fahrleistung von 150.000 km einen zwischen 28 und 72 % geringeren $CO_2$-Ausstoß haben. Bei Verwendung höherer Anteile regenerativer Energien für Produktion und Betrieb kann sich die $CO_2$-Einsparung weiter erhöhen.

Das Umweltbundesamt Wien ließ 2016 in der Studie Rep0440 die Ökobilanz alternativer PKW-Antriebe untersuchen. Die Auswertungsparameter wurden je Fahrzeugkilometer und unter Berücksichtigung der Besetzungsgrade von 1,18 Personenkilometern angegeben. Als Lebenszyklus wurde für die wesentlichen Fahrzeugbestandteile 10 Jahre zugrunde gelegt. Die zentralen Ergebnisse setzen sich aus dem direkten und vorgelagerten Energiebedarf, Stickoxidemissionen sowie den Treibhausgas(THG)-Emissionen für die Produktion inkl. Rohstoffgewinnung, Betrieb und Entsorgung bzw. Recycling zusammen. Zusammenfassung der Ergebnisse: Reine Elektrofahrzeuge schnitten in der Gesamtbetrachtung in fast allen Kategorien durchweg am besten ab, mit erneuerbarem Strom als Energiequelle ließe sich dieser Vorsprung noch bedeutend verbessern. Dies gilt aber auch tendenziell für aus erneuerbarem Strom gewonnenen Wasserstoff und synthetisches Methan.

*„Hinsichtlich der Biokraftstoffantriebe wurden folgende Ergebnisse abgeleitet:*

- *Biokraftstoffe ermöglichen im Vergleich zu fossilen Kraftstoffen Einsparungen im Bereich der THG-Emissionen.*
- *Bei der Verwendung von alternativen Anbaumethoden oder gar Reststoffen und Abfällen für die Biokraftstoffproduktion sind weitere Reduktionen möglich. Besonders durch den Einsatz von Reststoffen (bspw. Gülle etc.) können die für den hohen Anteil an vorgelagerten $CO_2$-Emissionen verantwortlichen Emissionen vermieden werden.*
- *Bei den Luftschadstoffen sind keine wesentlichen Veränderungen festzustellen. Die bei der Verbrennung im Fahrzeug anfallenden Ausstöße sind auch immer im Zusammenhang mit der Fahrzeugtechnik zu sehen – ein für den Einsatz von Biokraftstoffen freigegebenes Fahrzeug ermöglicht eine saubere und vollständige Verbrennung der Biokraftstoffe und lässt keine negativen Effekte erwarten. Bei $NO_X$ liegen die untersuchten Alternativen im Bereich der fossilen Varianten.*

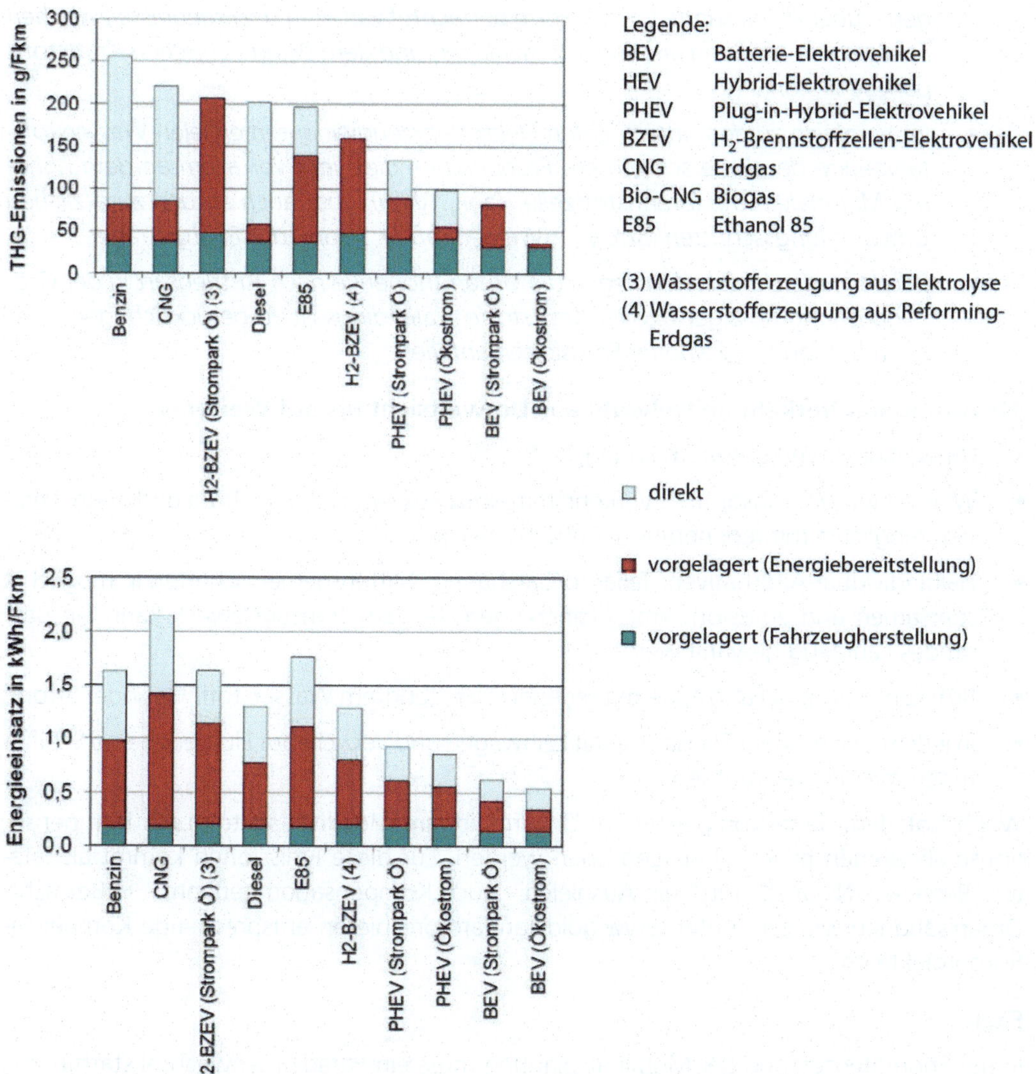


*Bild 2-4: PKW-Ökobilanz THG-Emissionen (oben) und Gesamtenergieeinsatz (unten)*

*Quelle: Umweltbundesamt Österreich, Ökobilanzstudie Rep0440, 2014*

*Hinsichtlich der Elektro- und Hybridfahrzeuge wurden folgende Ergebnisse abgeleitet:*

- *Elektrofahrzeuge und auch die Hybridformen bilanzieren in der Energiebereitstellung durch ihre hohen Antriebsstrangwirkungsgrade durchweg am besten. Je weiter fortgeschritten die Elektrifizierung, desto höher gewöhnlich der Effekt. Diese Aussage ist auch für Treibhausgasbewertung zulässig.*

*Hinsichtlich der Wasserstoffantriebe wurden folgende Ergebnisse abgeleitet:*

- *Beim Wasserstofffahrzeug ist die Energiebereitstellung, welche für die Produktion des Wasserstoffs notwendig ist, noch entscheidender als bei den Elektrofahrzeu-*

*gen – über die gesamte Prozesskette betrachtet variieren die Ergebnisse zwischen Energiebereitstellung aus Ökostromanlagen und dem österreichischen Kraftstoffpark sehr stark.*

- *Im Vergleich zu den untersuchten Elektrofahrzeugvarianten erzielen Wasserstofffahrzeuge deutliche schlechtere Ergebnisse – dies liegt vor allem an dem höheren Materialeinsatz (Brennstoffzelle, Tank, Akku), aber auch an den zusätzlichen Umwandlungsschritten (Strom → Wasserstoff → Strom) der Energieträger.*
- *Bei den Luftschadstoffen liegen die Gesamthöhen je nach Antriebsart in der Größenordnung flüssiger fossiler Kraftstoffe – allerdings ist zu berücksichtigen, dass beim Betrieb [...] keinerlei Emissionen anfallen.*

### Abstufung der Verkehrsmittelwahl aus Umweltsicht bis auf Weiteres

- Umweltideal: Verkehrsvermeidung,
- Wenn-dann-Vorzugsoption: Verkehrsmittelmix aus Fahrrad, Bus, Tram und Bahn (Letztere möglichst mit regenerativer Antriebsenergie),
- Halbindividual-Alternativen: Teilauto/Carsharing, Mitfahrgemeinschaften in möglichst sparsamen und emissionsarmen Fahrzeugen. Je nach Transportzweck kann ein passendes Fahrzeug gewählt werden.
- Brückenlösungen: Fahrzeuge mit regenerativ erzeugtem Wasserstoff, Gas oder Strom,
- in jedem Fall: größere Transporte mit Leihwagen und Verzicht auf Flugreisen und Schiffsreisen mit Schwerölantrieb.

Wenn-trotzdem-dann-Kompensation: Unvermeidbare Mobilität sollte durch Kompensationsmaßnahmen bilanziell ausgeglichen werden. Für diese Emissionen kommt als letzter „Besser-als-Nichts-Schritt" ein Ausgleich – auch Kompensation genannt – in Betracht. Organisationen wie z. B. unter www.goldstandard.org bieten entsprechende Kompensationsprojekte an.

### Fazit

In der Prioritätensetzung der Mobilitätsplanung muss ein Paradigmenwechsel stattfinden: zunächst Radfahrer und Fußgänger, dann Bahnen und Busse, zuletzt PKWs und Flugzeuge. Der einseitig verteilte öffentliche Raum für Kraftfahrzeuge muss in Grünanlagen, Radwege, Fußgängerbereiche, Spielplätze und Trambahnlinien umgewidmet werden. Für Autobesitzer wird es allein durch das steigende Verkehrsaufkommen ohnehin immer schwerer und erhöht den Verzichtsdruck. Für die allgemeine Lebensqualität und die Urbanität wäre dies sehr zuträglich. Steuerliche Fehlanreize wie etwa die Pendlerpauschale oder staatliche Förderung fossiler Antriebsenergien sollten abgeschafft werden. Maßnahmen zur Vermeidung und Begrenzung von Umweltbelastungen durch den motorisierten Individualverkehr müssen ins Zentrum der Verkehrspolitik rücken. Umfassende Parkraumbewirtschaftung, Tempobeschränkungen, gestaffelte Fahrverbote, Umweltzonen und Wegfall der steuerlichen Begünstigung durch Arbeitsweg-Kilometerpauschalen können erste Schritte sein.

Die Entwicklung von kompakten und flächensparenden Siedlungsstrukturen und kurzen Wegen ist in Kombination mit einer $CO_2$-basierten Steuerreform der nachhaltigste Baustein einer klimaschutzpolitisch relevanten Verkehrswende. Wesentliche Voraussetzungen für eine verträglichere Abwicklung des KFZ-Verkehrs sind: Funktionsmischung, Förderung von Fußgängerverkehr, Radverkehr und öffentlichen Verkehrsmitteln. Der überregionale Verkehr muss noch stärker mit den regionalen ÖPNV-Anbietern verzahnt werden.

Erdgas, Benzin, Diesel und Biokraftstoffe sind zu wertvoll, um verbrannt zu werden, egal ob in einem Automotor, zur Stromerzeugung oder zur Beheizung von Gebäuden. Neue Technologien für individuelle Kraftfahrzeuge können nur ein Teil der Probleme lösen. Elektroautos und andere Brückentechnologien sind zwar leiser und nicht ganz so umweltschädlich, die Fahrzeuge verbrauchen aber genau so viel Platz und verdrängen somit andere VerkehrsteilnehmerInnen.

## Literaturverzeichnis

*[1] Vgl. Hegger, M., TU Darmstadt, Fachbereich Architektur: greenbuilding 01/2009*

*[2] ifeu Heidelberg, Berlin 2015*

*[3] Rabenschlager, Jessica et al.: Evaluation der Umsetzung baurechtlicher Ausgleichsmaßnahmen in Naturschutz und Landschaftsplanung, 51, 2019*

*[4] Agora Verkehrswende Faktenblatt 63, 2021-DE*

*[5] Vgl. Heinrich Böll Stiftung, Praxis kommunale Verkehrswende, Band 47, 2020*

*[6] Diehl, K., Autokorrektur-Mobilität für eine lebenswerte Welt*

# 3 Begriffe, Definitionen

**Übersicht**



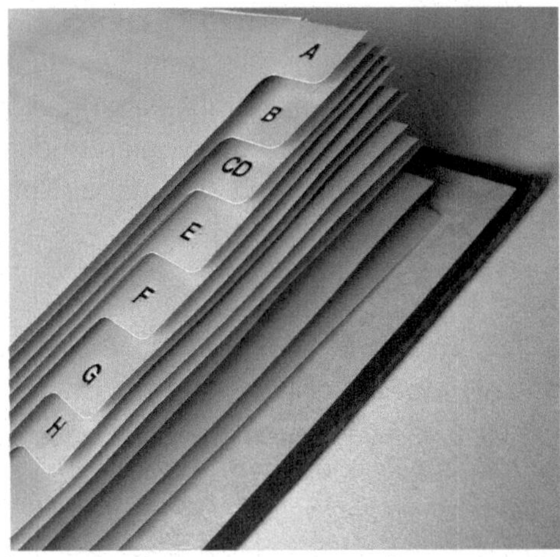


## 3.1 Erneuerbare Energien

Erneuerbare Energien werden auch als regenerative Energien bezeichnet. Sie umfassen im Wesentlichen Windenergie, Biomasse, Biogas, Solarenergie, Wasserkraft, Abwärme und Umweltwärme wie z. B. Geothermie.

Die erneuerbaren Energien entwickelten sich lt. Umweltbundesamt in den letzten Jahren sehr unterschiedlich: Während der Anteil der erneuerbaren Energien am Bruttostromverbrauch von 31,6 % von rd. 650 Mrd. kWh (2021) auf über 45 % anstieg, stagnierten die erneuerbaren Energien im Wärmesektor unter 17% und Verkehr unter 7%. Insgesamt haben die erneuerbaren Energien in Deutschland einen Anteil < 20% am gesamten Endenergieverbrauch. Eine echte Energiewende ist also immer noch eine Fiktion.

*Bild 3-1: Mindestdeckungsraten für Neubauten und Sanierung sowie kommunaler Gebäude gemäß Erneuerbare-Energien-Wärmegesetz*

*Quelle: Pixabay Maria Malteseva*

**Thermische Solarenergie**

Solarenergie kann zur Temperierung eines Fluids – meist auf Wasserbasis – mittels Kollektoren verwendet werden. Mit Speichern und Wärmetauschern können erfolgen oder auch über sorptive Umwandlung Kälteenergie aus Wärme. Der Energieertrag ist von der Solareinstrahlung abhängig. Die Ausrichtung und Neigung der Kollektoren sollte optimal an den Nutzenergiebedarf angepasst werden.

Obwohl Solarthermieanlagen gute Wirkungsgrade aufweisen, nehmen sie innerhalb der erneuerbaren Energien in Deutschland einen Anteil von unter 2 % ein.

**Photovoltaische Solarenergie**

Mittels photovoltaischer Prozesse wird elektrischer Strom erzeugt. Hierfür stehen derzeit monokristalline, polykristalline, amorphe und organische Zelltypen zur Verfügung.

Der Energieertrag ist von der Solareinstrahlung abhängig. Der Strom kann in private und öffentliche Stromnetze eingespeist werden oder wird in Solarstromakkus zwischengespeichert. Neben den Freiflächenanlagen lassen sich die sogenannten PV-Module auf verschiedene Weise auf und an Gebäuden integrieren. Der Anteil des Photovoltaikstroms an der Gesamt-Brutto-Stromerzeugung beträgt Stand 2022 rd. 11 Prozent.

**Windenergie**

Moderne Windkraftanlagen wandeln die Bewegungsenergie des Windes mittels Generatoren in elektrischen Strom um. Es wird zwischen Anlagen an Land (onshore) sowie auf See (offshore) unterschieden. Um die beständigeren Windbedingungen in größeren Höhen zu nutzen, wurden immer größere Anlagen montiert. Windkraftanlagen haben Stand 2016 einen Anteil von rd. 12,3 % am gesamten Bruttostromverbrauch.

### Bioenergie

Bioenergie ist in festem, flüssigem oder gasförmigem Zustand vorhanden. Biomasse kann z. B. in Form von Holzscheiten, Pellets oder Hackschnitzeln in einem Heizkessel zur Wärmeerzeugung verbrannt werden. In Biogasanlagen werden hingegen landwirtschaftliche Stoffe wie z. B. Gülle und Energiepflanzen wie z. B. Mais oder Raps durch Vergärung in Biogas umgewandelt. Das Gas kann als Brennstoff zur Strom- und Wärmeerzeugung oder als Biokraftstoff für Fahrzeuge mit entsprechenden Verbrennungsmotoren genutzt werden.

Da Biogas nicht immer in unmittelbarer Nähe zur Aufbereitungsanlage verwendet wird, kann es auch zu Biomethan aufbereitet und in das Erdgasnetz eingespeist werden. So kann es als Brennstoff für die Wärme- und Stromerzeugung oder als Kraftstoff an Erdgastankstellen bereitgestellt werden. Aufgrund der Nachfrage werden immer mehr landwirtschaftliche Flächen für die Energiepflanzenproduktion genutzt. Die Nachfrage nach Energieholz kann derzeit noch abgedeckt werden. In heimischen Wäldern wächst aktuell mehr Holz nach als eingeschlagen wird. Holzhackschnitzel und Holzpellets werden überwiegend aus Holzreststoffen hergestellt. Dieser Markt agiert international.

Die Biomasse stagniert bei einem Anteil von rd. 6,9 % an der Bruttostromerzeugung. Beim Endenergieverbrauch für Wärme ist Biomasse innerhalb der erneuerbaren Energien mit einem Anteil von ca. 50 % vorherrschend.

### Geothermie

Unter Geothermie bzw. Erdwärme wird die in der Erde gespeicherte Wärme verstanden. In einer Tiefe von 5 bis 100 Metern liegt eine nahezu konstante Temperatur von 10 °C vor. Ab einer Tiefe von 100 Metern steigt die Temperatur alle hundert Meter um etwa drei Grad an. Geothermie wird durch verschiedene Verfahren nutzbar gemacht. Beispielsweise kann das Erdwärmeniveau zur Vortemperierung in Lüftungsanlagen verwendet werden oder mittels Wärmepumpe sowohl zur Raumerwärmung als auch zur Kühlung genutzt werden. Tiefengeothermie (ab 400 m) lässt sich bei geeigneten geologischen Verhältnissen in Verbindung mit Dampfturbinen zur Stromerzeugung und anderen Anwendungen nutzen, die höhere Temperaturniveaus erfordern. Umgekehrt lässt sich Wärmeenergie auch geothermisch in sogenannten Aquiferspeichern einlagern.

Die Geothermie nimmt innerhalb der erneuerbaren Energien einen Anteil unter 5 % ein.

### Wasserkraft

Wasserkraft wird wie Windenergie bereits seit vielen Jahrtausenden genutzt. Heute wird der potenziellen Wasserenergie mittels Wasserturbinen potenzielle Energie entzogen und mit Generatoren in Strom umgewandelt. Die naturschutzrechtlich und wirtschaftlich umsetzbaren Wasserkraftkapazitäten sind in Deutschland nahezu ausgeschöpft. Der Zubau an Stromerzeugungskapazitäten ist gering. In Pumpspeicherkraftwerken können temporär große Mengen überschüssigen Netzstroms mit geringen Verlusten gespeichert werden. Dazu wird Wasser in ein Oberbecken gepumpt, das mit turbinengetriebenen Generatoren wieder in

Strom umgewandelt werden kann, sobald sich eine hohe Stromnachfrage einstellt. Damit haben Pumpspeicherkraftwerke eine wichtige Funktion als Speicher volantiler regenerativer Energien. Wasserkraft deckt gegenwärtig rd. 3,5 % des gesamten Brutto-Stromverbrauchs.

## 3.2 Gebäude-Energie-Standards

Ein internationaler Standard regelt, wann ein Haus als Niedrigenergiehaus, als Passivhaus oder Nullheizenergiehaus gelten darf. In den letzten Jahren sind noch weitere Modebegriffe wie z. B. 3-Liter-Haus verbreitet worden. Eine praxisnähere Einteilung stellt die Ermittlung des rechnerischen Endenergiebedarfs nach einer einheitlichen Berechnungsgrundlage dar. Es besteht die begründete Hoffnung, dass der Energiebedarf in Zukunft bei der Immobilienbewertung und Vermittlung neben anderen Gebäudequalitäten und der Lage als gleichbedeutende Einflussgröße genannt wird.

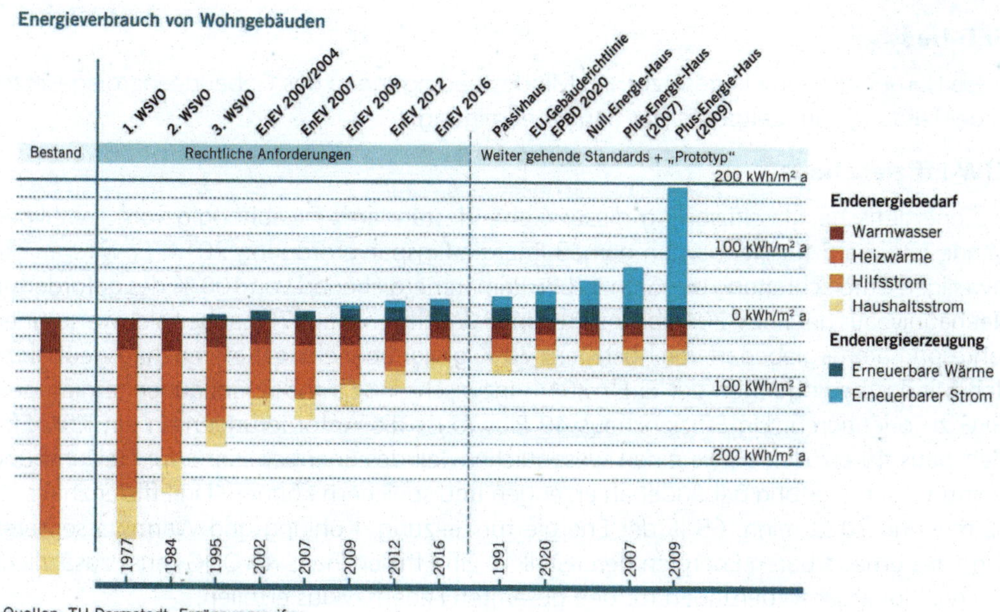


*Bild 3-2: Energieverbrauch unterschiedlicher Wohngebäudestandards*
*Quelle: TU Darmstadt, Ergänzungen ifeu*

### Niedrigenergie-Standard

Als Niedrigenergiehäuser werden Gebäude bezeichnet, deren Heizenergiebedarf je Quadratmeter Nutzfläche 40 % unter den Anforderungen der Wärmeschutzverordnung von 1995 liegt. Der Niedrigenergiehausstandard liegt etwa auf dem Niveau der Energieeinsparverordnung 2004 für Wohn-Neubauten. Ab Einführung der Energieeinsparverordnung Stand 2009 kann der Standard somit als veraltet angesehen werden.

### Niedrigstenergiegebäude

Die Bezeichnung stammt aus der EU-Richtlinie 2010/31 zur Gesamtenergieeffizienz von Gebäuden als Übersetzung des Begriffs *nearly zero energy building*. Als ein Niedrigstenergiehaus wird ein Gebäude definiert, das eine hohe Gesamtenergieeffizienz aufweist. Der geringe Energiebedarf soll zu einem wesentlichen Teil aus erneuerbaren Energiequellen gedeckt werden. Gemäß EU-Richtlinie sollen inzwischen alle Neubauten dieses Niveau erreichen. In der Richtlinie wurden allerdings keine energetischen Grenz-Kennzahlen hinterlegt, sodass jeder Mitgliedstaat eine eigene Definition des Standards hat. In Deutschland wurden einfach die gesetzlichen Mindeststandards als Erfüllung deklariert – obwohl erst ab 2022 die Pflicht besteht, mehr als 50 % der Wärme aus erneuerbaren Energien zu generieren.

### X-Liter-Standard

Dieser energetische Gebäudestandard bezieht sich auf die in Heizölliter je m² Nutzfläche umgerechnete Menge, die erforderlich ist, um unter Normnutzungsbedingungen diese Fläche zu beheizen und mit Warmwasser zu versorgen.

### GEG-Haus

Diese Häuser erfüllen die gesetzlichen Mindestbedingungen des Gebäudeenergiegesetzes in der Fassung zum Zeitpunkt der Baugenehmigung.

### KfW-Effizienzhaus

Die energetische Klassifizierung dieser Gebäudestandards ist abhängig vom jeweiligen Mindeststandard für Neubauten gemäß Energie-Einsparverordnung 2014. Er wird an der jeweiligen Unterschreitung der Grenzgröße Primärenergiebedarf von 100 % des geforderten Neubauniveaus der EnEV 2014 bilanziert. Ein KfW-Effizienzhaus 70 hat beispielsweise einen Jahresprimärenergiebedarf von höchstens 70 % gegenüber einem Referenzhausneubau zu den Mindestbedingungen der EnEV 2014. Inzwischen ist auf das Gebäudeenergiegesetz GEG zu orientieren. Ein Effizienzhaus 40 Plus muss die Anforderungen an ein KfW-Effizienzhaus 40 erfüllen sowie einen wesentlichen Teil des Energiebedarfs für Heizung und Warmwasserbereitung gebäudenah erzeugen und speichern können. Ein Effizienzhaus 40 EE muss ab 2023 mind. 65 % der Energie für Heizung, Kühlung und Warmwasserbereitung aus erneuerbaren Energien bereitstellen. Ein Effizienzhaus 40 QNG muss zusätzliche Nachhaltigkeitsanforderungen für den gesamten Lebenszyklus erfüllen.

### Sonnenhaus

Ein Sonnenhaus deckt den Energiebedarf für Heizung und Warmwasserbereitung zum überwiegenden Teil aus Solarenergie per Thermosolaranlage und sehr großem Speicher (> 9.000 L/Wohneinheit bis 4 Pers.) und Photovoltaikanlagen. Sonnenhäuser haben Dämmstandards, die sich etwa auf dem Niveau von KFW-40-55- Effizienzhäusern befinden.

### Passivhaus-Standard und Minergie Typ P

Als Passivhäuser gelten Gebäude, die weitgehend „passiv“ mittels Sonnenenergie und interner Wärmequellen beheizt werden können. Die Wärmeverluste sind so stark verringert, dass eine konventionelle Heizung nicht mehr erforderlich ist. Der Restwärmebedarf kann z. B. über ein Heizregister im Lüftungssystem der Zuluft zugeführt werden.

Merkmale der Passivhausbauweise sind:

- sehr guter Wärmeschutz der Außenbauteile,
- hohe Dichtigkeit der Gebäudehülle,
- kompakte Bauweise,
- Reduzierung von Wärmebrücken,
- Nutzung der Solarenergie durch passive Techniken,
- kontrollierte Lüftungsanlage mit Lüftungswärmerückgewinnung,
- effiziente Technik zur Bereitstellung der erforderlichen Restwärme,
- weitere optionale Elemente zur Steigerung der Energieeffizienz.
- Energetische Grenzwerte der Passivhausbauweise sind:
- Die maximale Heizlast liegt bei max. 10 W/m².
- Der spezifische Heizwärmebedarf liegt unter 15 kWh/m²a.
- Der Gesamt-Sekundärenergiebedarf liegt unter 30 kWh/m²a [1].
- Der Gesamt-Primärenergiebedarf für Warmwasserbereitung, Heizung, Lüftung und alle Stromanwendungen liegt bei max. 120 kWh/m²a.

Der Schweizer Baustandard Minergie Typ P entspricht in seinem Energiebedarf in etwa dem Passivhausstandard. Für elektrische Hausgeräte wird zusätzlich der Energieeffizienzstandard A und für Kühlgeräte A+ vorgeschrieben. Zusätzlich zu den Anforderungen an die energetische Qualität werden in der Schweiz auch die Kriterien Komfort und Wirtschaftlichkeit einbezogen.

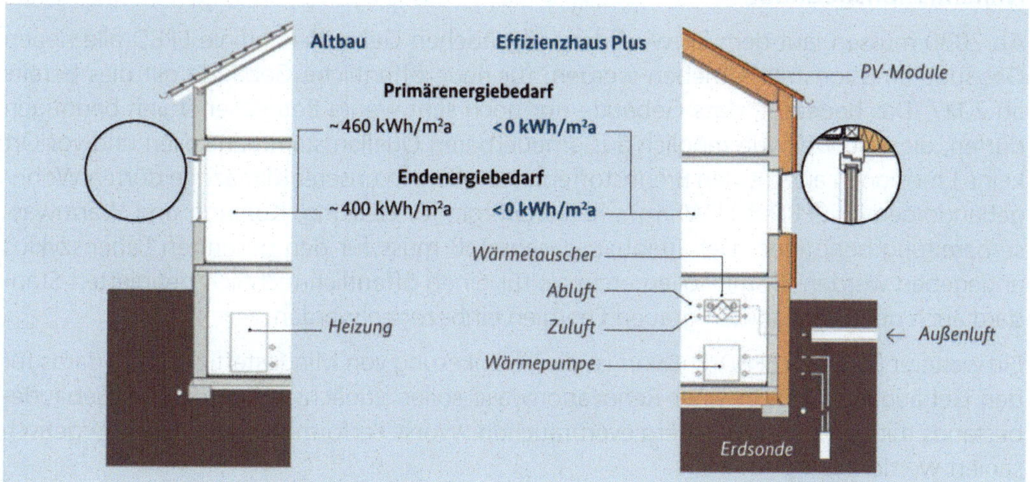


*Bild 3-3: Beispielhafter Konstruktionsaufbau und Wärmeversorgung eines Effizienzhauses im Vergleich zu einem etwa unsanierten Altbau aus den 1960er Jahren*

*Quelle: Prof. Gerd Hauser, TUM, FhG-IBP*

## Nullheizenergiehaus

In Nullheizenergiehäusern wird der erforderliche Raumwärmebedarf durch regenerative Energiequellen gedeckt. Hierzu ist eine optimale Dämmung, Winddichtigkeit und Nutzung der internen und passiven Wärmegewinne erforderlich. In der Regel wird im Sommer überschüssige Wärme in einem Langzeitwärmespeicher eingelagert. Weiterhin kann Strom aus regenerativen Energiequellen zur Gebäudeerwärmung z. B. über den Betrieb einer Wärmepumpe genutzt werden. Die EU verwendet den Begriff für Gebäude, die keine Fremdenergie benötigen. Teilweise wird der energetische Deckungsgrad auch bilanzierend als Jahres-Null aufgefasst.

## Nullenergiehaus

Ein Gebäude mit diesem Energiestandard deckt bilanziell den externen Energiebedarf durch eigene Energiegewinnung wie z. B. Solarthermie oder Photovoltaikanlagen. Sommerliche Energieüberschüsse, die nicht gespeichert werden können, werden in Netze eingespeist. In Wintermonaten bezieht das Gebäude diese Energiemenge wieder aus den Netzen. Technisch ist es eine Weiterentwicklung des Passivhauses.

## Plusenergiehaus bzw. Effizienzhaus Plus, Net-Zero-Haus

Nach Definition des Bundesministeriums für Verkehr, Bauwesen und Städtebau wird der Standard erreicht, wenn im Jahresmittel ein negativer Jahres-Primärenergiebedarf sowie ein negativer Jahres-Endenergiebedarf erreicht werden. Das Haus generiert also durch erneuerbare Energien mehr Energie, als es für den Eigenbetrieb benötigt. Es erfolgt eine Netto-Energielieferung in Energienetze nach außen. In der Regel handelt es sich um Gebäude mit sehr gutem Wärmedämmniveau und einer Photovoltaikanlage.

## Nullemissionsgebäude

Ab 2030 müssen laut dem Entwurf der Europäischen Gebäuderichtlinie EPBD alle neuen Gebäude emissionsfrei betrieben werden; für neue öffentliche Gebäude gilt dies bereits ab 2027. Das bedeutet, dass Gebäude nur noch sehr wenig Betriebsenergien benötigen dürfen, diese so weit wie möglich aus erneuerbaren Quellen stammen sollen und vor Ort keine Emissionen aus fossilen Brennstoffen ausstoßen. In unserer Klimazone dürfen Wohngebäude gemäß EPBD 60 kWh/m$^2$a Primärenergie für Heizung, Kühlung und Warmwasserbereitung benötigen. Der Treibhausgasausstoß muss für den gesamten Lebenszyklus angegeben werden. Damit sollen erstmals für einen öffentlich-rechtlich definierten Standard auch die so genannten grauen Energien einbezogen werden.

Ein weiterer Punkt im EPBD-Entwurf ist die Verankerung von Mindesteffizienzstandards für den Gebäudebestand. In einer Renovationwave sollen zunächst die 15% des Gebäudebestands mit den höchsten Energieverbräuchen (Worst Performing Buildings) energetisch saniert werden.

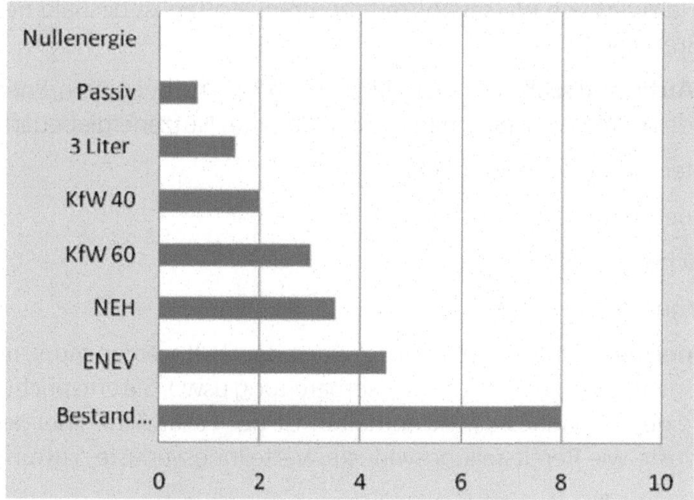


*Bild 3-4: Energiekosten für verschiedene Baustandards in Euro/m²a*
*Datenquelle: EnergieAgentur.NRW, Stand 2008*

Ein Blick über Nord- und Ostsee zeigt, dass Deutschland keineswegs zu den Nationen mit besonders ambitionierten Energieeffizienzzielen auf dem Gebäudesektor gehört. England hat bereits 2016 den Standard „Zero Carbon Home" für alle Neubauten eingeführt. Der durch den Energieverbrauch verursachte $CO_2$-Ausstoß muss bilanziell null sein. Anhand eines Punktesystems werden die Bauabläufe, der Ressourceneinsatz, die Luftqualität, Materialien und der Flächenverbrauch bewertet. Die skandinavischen Länder sind hinsichtlich ambitionierter Gebäudeeffizienzstandards seit Langem sehr fortschrittlich.

## 3.3 Häufig verwendete Kürzel

- **BGF** Bruttogeschossfläche nach DIN 276
- Building integrated Photovoltaik **BIPV**; engl. gebäudeintegrierte Photovoltaik
- **Bivalent** bedeutet Betrieb eines Heizsystems mit zwei Wärmeerzeugern.
- Der **Brennwert**, auch oberer Heizwert ($H_o$) genannt, berücksichtigt die in der Verdampfungs- und Kondensationswärme von Brennstoffen enthaltene Energie. Der Brennwert gibt die Wärmemenge an, die bei Verbrennung und anschließender Abkühlung der Verbrennungsgase auf 25 °C sowie deren Kondensation freigesetzt wird.
- Die **Endenergie** bezeichnet die tatsächlich benötigte Energie, die zur Bereitstellung der Nutzenergie erforderlich ist. Mit einbezogen werden die Verluste durch die Bereitstellung, Speicherung, Verteilung und Übergabe der Energie und ggf. Gewinne aus passiver Solarenergie und dgl.
- Der **Heizwert,** ehemals unterer Heizwert ($H_u$) genannt, benennt die Wärmemenge, die bei der Verbrennung und anschließenden Abkühlung auf die Ausgangstemperatur des Brennstoffs frei wird, wobei das Verbrennungswasser noch dampfförmig vor-

liegt. Der Heizwert von wasserstoffreichen Brennstoffen ist deshalb deutlich geringer als deren Brennwert.

- **Anlagen-Aufwandszahl eP**: Gemäß DIN V 4701-10 bei einem Energiesystem das Verhältnis des primärenergetischen Aufwandes zum Nutzenergiebedarf des Gebäudes
- Motorisierter Individualverkehr **MIV**
- Mess-, Steuer- u. Regeltechnik **MSR**
- **NF** Nutzfläche nach DIN 276
- **NGF** Nettogrundfläche
- Die **Nutzenergie** beziffert die Energie, die bereitgestellt werden muss, um ein Gebäude zu konditionieren (Heizung, Warmwasserbereitung usw.). Sie entspricht also dem Energiebedarf eines Gebäudes. Nicht enthalten ist der zusätzliche Energieeinsatz für die Energieverluste wie Bereitstellungsverluste, Verteilungsverluste, Lüftungsverluste etc.
- **OPV** Organische Photovoltaik
- **Primärenergie $Q_P$** ist Endenergie zuzüglich der Vorkette (Erschließung, Förderung, Umwandlung, Transport, Lagerung). Jedem Brennstoff ist ein Faktor für diese Vorkette zugeordnet. Die Primärenergie ist die Gesamtheit des Energiestroms einschließlich außerhalb des Gebäudes benötigter Energie (Endenergie und Umwandlung). Die Primärenergie nicht erneuerbar $PE_{ne}$ bezeichnet den Primärenergieanteil, welcher nicht aus erneuerbaren Energiequellen stammt.
- Der **Wärmedurchgangskoeffizient (U-Wert)** stellt eine wichtige Kennzahl im Zusammenhang mit dem Wärmeschutz eines Bauteils dar. Er beziffert die Wärmemenge (in kWh), die bei einem Grad Temperaturunterschied durch einen Quadratmeter des Bauteils entweicht. Folglich sollte ein U-Wert möglichst gering sein. Der Wert wird durch die Dicke der Bauteilschichten, die Lambdawerte (Dämmwerte) der Baustoffe und die Art des äußeren und inneren Wärmeübergangs bestimmt.
- **Transmissionswärmeverlust $H_T$**: Die europäische Norm DIN EN 832 definiert diesen Begriff als spezifischen Wärmestrom vom beheizten Raum zur äußeren Umgebung. Durch den Bezug auf die wärmeübertragende Umfassungsfläche handelt es sich bei diesem Wert um den mittleren Wärmedurchgangskoeffizienten. Dieser Wert beschreibt somit die energetische Qualität der Gebäudehülle.
- **Die Jahresarbeitszahl JAZ** beschreibt das Verhältnis der bereitgestellten Wärme zum dafür erforderlichen Energieaufwand in Wärmepumpen incl. der gesamten hydraulischen Peripherie. Dagegen gibt die **COP**-Zahl lediglich das Leistungsverhältnis von Wärmepumpen ohne Hilfsaggregate und Peripherie wieder.
- Der **Wärmedurchlasswiderstand R** ist der Kehrwert des Wärmedurchlasskoeffizienten und gibt flächenbezogen die Verhältnismäßigkeit zwischen Materialdicke und Wärmeleitfähigkeit an.
- Der Begriff **Smart Grid** umfasst die Vernetzung und Steuerung von Energieanlagen, Speichern und Endverbrauchern, um die Netzbelastung durch Senkung von Lastspitzen zu optimieren.

- **Smart Building** umfasst digitaltechnische Systeme zur optimierten Steuerung gebäudetechnischer Geräte unter Einbeziehung von Sensorikdaten.
- Der Begriff **Smart Metering** meint kommunikationsfähige Energiemesseinrichtungen mit der Möglichkeit der Datenauslesung durch Netzbetreiber.
- Die **Wärmeleitfähigkeit** (WLG) gibt unabhängig von der Materialstärke an, wie gut oder schlecht ein Material Wärme leitet.
- Der **Taupunkt** bezeichnet den lagebezogenen Temperaturwert, bei dem sich Wasserdampf in Form von Tauwasser (Kondensat) in oder auf einem Bauteil niederschlägt.

| | | |
|---|---|---|
| $A_N$ | [m²] | Normierte Gebäudenutzfläche gemäß Gebäudeenergiegesetzgebung |
| A/Ve | [–] | Verhältnis der wärmeübertragenden Hüllfläche zum konditionierten Volumen |
| Q | [°C] | Temperatur |
| T | [K] | thermodynamische Temperatur |
| ΔT | [K] | Temperaturdifferenz |
| Gt | [kWh/a] | Gradtagszahl (Durchschnittswert für Deutschland = 84) |
| n | [1/h] | Luftwechselrate |
| c | [Wh/kgK] | spezifische Wärmekapazität |
| C | [J/m²K] | Wärmespeichervermögen |
| $C_{wirk}$ | [Wh/K] | Wirksames Wärmespeichervermögen |
| $e_p$ | [–] | Anlagen-Aufwandszahl |
| $e_h$ | [–] | thermische Heizungs-Anlagenaufwandszahl |
| $e_{h\ el}$ | [–] | elektrische Heizungs-Anlagenaufwandszahl |
| $e_w$ | [–] | thermische Anlagenaufwandszahl für Warmwasserbereitung |
| $e_{w\ el}$ | [–] | elektrische Anlagenaufwandszahl für Warmwasserbereitung |
| $H_T$ | [W/K] | spezifischer Transmissionswärmeverlust |
| $H_V$ | [W/K] | Lüftungswärmeverlust |
| K | [K] | Kelvin |
| λ | [W/mK] | Wärmeleitfähigkeit |
| $n_{50}$ | [1/h] | Luftwechselrate bei 50 Pascal Differenzdruck |
| $Q_e$ | [kWh/m²] | Heizenergiebedarf |
| $Q_E$ | [kWh/m²] | Endenergiebedarf |
| $Q_{h,b}$ | [kWh/m²] | Nutzwärmebedarf |
| $Q_H$ | [kWh/m²] | Heizenergiebedarf |
| $Q_P$ | [kWh/m²] | Jahres-Primärenergiebedarf |
| $Q_{p'}$ | [kWh/m²] | Jahres-Primärenergiebedarf je m³ konditioniertes Volumen |
| $Q_{tW}$ | [kWh/m²] | Jahres-Warmwasserwärmebedarf |
| R | [m²K/W] | Wärmedurchlasswiderstand |
| $R_{Si}$ | [m²K/W] | innerer Wärmeübergangswiderstand |
| $R_{Se}$ | [m²K/W] | äußerer Wärmeübergangswiderstand |

| | | |
|---|---|---|
| $s_D$ | [m] | Luftdichte |
| $S_{zul}$ | [–] | Höchstwert des Sonneneintragskennwertes |
| $s_d$ | [m] | wasserdampfdiffusionsäquivalente Luftschichtdicke |
| $\mu$ | [–] | Wasserdampfdiffusionswiderstandszahl |
| $U_D$ | [W/m²K] | Wärmedurchgangskoeffizient Dach |
| $U_{AW}$ | [W/m²K] | Wärmedurchgangskoeffizient Außenwände |
| $U_U$ | [W/m²K] | Wärmedurchgangskoeffizient Decken und Wände zu unbeheizten Räumen |
| $U_G$ | [W/m²K] | Wärmedurchgangskoeffizient Decken und Wände zu Erdreich |
| $U_T$ | [W/m²K] | Wärmedurchgangskoeffizient Tür |
| $U_W$ | [W/m²K] | Wärmedurchgangskoeffizient Fenster (Glas mit Rahmen) |
| $U_g$ | [W/m²K] | Wärmedurchgangskoeffizient Glas |
| $U_f$ | [W/m²K] | Wärmedurchgangskoeffizient Fensterrahmen |
| $U_{WB}$ | [W/mK] | Wärmedurchgangskoeffizient linearer Wärmebrücken |
| $\Delta U_{WB}$ | [W/m²K] | Wärmebrückenkorrekturwert auf die Gebäudehülle bezogen |
| $\Psi$ | [W/mK] | Wärmebrückenverlustkoeffizient längenbezogen |
| $X$ | [W/K] | Wärmebrückenverlustkoeffizient für punktförmige Wärmebrücken |
| $\Theta_e$ | [°C] | Lufttemperatur außen |
| $\Theta_i$ | [°C] | Lufttemperatur innen |
| $\Theta_{se}$ | [°C] | Oberflächentemperatur innen |

*Tabelle 3-1: Symbole und Einheiten der DIN V 18599-1*

| Symbol | Bedeutung | | Einheit |
|---|---|---|---|
| | Deutsch | Englisch | |
| $f$ | Faktor | factor | – |
| Q | Energie | energy | kWh/a |
| η | Nutzungsgrad, Effizienz, Ausnutzung | performance ratio, efficiency, utilisation factor | – |
| t | Zeit, Zeitperiode, Stunden | time, time period, hours | h, h/a |
| d | Zeit, Zeitperiode, Tage | time, time period, days | d, d/a |
| A | Fläche | area | m² |
| h | Höhe | height | m |
| V | Volumen | volume | m³ |
| $\tilde{V}$ | Volumenstrom | airflow rate | m³/h |
| Φ | Leistung, Energiestrom | power, energy flow rate | W |
| Φ | Lichtstrom | luminous flux | lm |
| Δ | Differenz | difference | – |

*Tabelle 3-1: Symbole und Einheiten der DIN V 18599-1 (Fortsetzung)*

| Symbol | Bedeutung | | Einheit |
|---|---|---|---|
| | Deutsch | Englisch | |
| L | Länge | length | m |
| B | Breite | width | m |
| n | Luftwechsel | air change rate | $h^{-1}$ |
| y | Quellen/Senken-Verhältnis | source/sink ratio | – |
| $\vartheta$ | Celsiustemperatur | Celius temperature | °C |
| C | Faktor | factor | – |
| E | Beleuchtungsstärke | illuminance | lx |
| F | Faktor | factor | – |
| I | Strahlungsintensität | solar radiation | $W/m^2$ |
| k | Faktor | factor | – |
| n | Anzahl | number | – |
| q | spezifische Energie | specific energy | $Wh/(m^2d)$ |

*Tabelle 3-2: Indizes der DIN V 18599-1*

| Index | Bedeutung | |
|---|---|---|
| | Deutsch | Englisch |
| p | Primär- | primary |
| f | End- | delivered |
| b | Nutzenergiebedarf im Gebäude | building energy use |
| aux | Hilfs- | auxiliary |
| h | Heizung, Raumheizsystem | heating system |
| h* | RLT-Heizfunktion, Wärmeversorgung der RLT-Anlage | heating energy supply for the ac-system |
| c | Kühlung, Raumkühlungssystem | cooling system |
| c* | RLT-Kühlfunktion, Kälteversorgung der RLT-Anlage | cooling energy supply for the ac-system |
| m* | Befeuchtung | humidification |
| w | Trinkwarmwassersystem | domestic hot water system |
| l | Beleuchtungssystem | lighting system |
| v | Lüftungssystem | ventilation system |

*Tabelle 3-2: Indizes der DIN V 18599-1 (Fortsetzung)*

| Index | Bedeutung | |
|---|---|---|
| | **Deutsch** | **Englisch** |
| vh | RLT-Lüftungssystem (warm, als Wärmequelle wirksam) | ventilation ac-system (hot) |
| rv | Wohnungslüftungssystem | residential heating system |
| ce | Verluste der Übergabe | control and emission losses |
| d | Verluste der Verteilung | distribution losses |
| s | Verluste der Speicherung | storage losses |
| g | Verluste der Erzeugung | generation losses |
| outg | Nutzenergieabgabe des Erzeugers ce+d+s | output generator (ce+d+s) |
| tech | Technische Verluste (ce+d+s+g) | technical losses (ce+d+s+g) |
| reg | regenerative Energien | regenerative energy |
| T | Transmission | transmission |
| V | Lüftung | ventilation |
| S | solar | solar |
| I | innere | internal |
| i | innen | indoor, interior |
| e | äußere | external, exterior |
| j, k | Index | index |
| a | Jahr, jährlich | year, annual |
| mth | Monat, monatlich | month, monthly |
| day | Tag, täglich | day, daily |
| a | Anteil | ratio/proportion |
| A | Außen, Minderungsanteil | outside, reduction |
| A | relative Abwesenheit | relative absence |
| b | Bedarf | use |
| c | Kühlung, Raumkühlungssystem | cooling system |
| fac | Arbeitsmittel (facility) | appliances, equipment and machinery |
| h | Heizung, Raumheizsystem | heating system |
| h, op | Heizbetrieb | operation of heating system |
| i | innen | indoor, interior, internal |

*Tabelle 3-2: Indizes der DIN V 18599-1 (Fortsetzung)*

| Index | Bedeutung | |
|---|---|---|
| | **Deutsch** | **Englisch** |
| m | Mittel | average |
| M | Monat | month |
| max | maximal | maximum |
| min | minimal | minimum |
| NA | Nachtabschaltung | cut-off mode heating system |
| Nacht | Nachtbetrieb | operation at nighttime |
| Ne | Nutzebene | work plane, (height) level where service is used |
| nutz | Nutzung | use |
| op | Betrieb | operation |
| p | Personen(bezogen) | person(related) |
| rv, mech | mechanische Wohnungslüftung | mechanical residential ventilation |
| S | Solar | solar |
| soll | Sollwert | setpoint value |
| Sp | Spitzenzapfung | peak tapping |
| t | Betriebszeit Beleuchtung | operation time of lighting system |
| Tag | Tagesbetrieb | operation at daytime |
| TB | Teilbeheizung | reduced heating |
| V | Lüftung | ventilation |
| V, mech | mechanische Lüftung | mechanical ventilation |
| w | Trinkwarmwasser | domestic hot water |
| WO | Wohnen | living(area) |

## Literaturverzeichnis

*[1] DIN V 18599, Beuth Verlag*

*[2] Vgl. Brischke, Lars-Arvid: BMBF Forschungsprojekt Energiesuffizienz, 2016*

# 4 Gebäude-Nachhaltigkeit

**Übersicht**



Unter dem Leitbegriff Nachhaltigkeit werden die Handlungsfelder Umwelt, Gesellschaft und Wirtschaftlichkeit betrachtet. Auf die Baubranche bezogen bedeutet dies, dass die Eingriffe in den Naturhaushalt derart intelligent umgesetzt werden, dass die Anforderungen in Bezug auf Raumbedarf, Belichtung, Wärme- und Kälteschutz sowie Wirtschaftlichkeit und Sozialaspekte optimal erfüllt und die Eingriffsfolgen aus Bau, Sanierung und Betrieb auf ein unschädliches Minimum reduziert werden.

Nachhaltigkeitsstrategien bieten Ansätze für die notwendigen Transformationen zu einer zukunftsfähigen und resilienten Lebens- und Wirtschaftsweise. Nachhaltiges Bauen und Sanieren kann als zentraler Planungsinhalt verstanden werden, bei dem der gesamte Vorhabenslebenszyklus einbezogen wird. Die Immobilienwirtschaft spielt hierbei eine Schlüsselrolle. Der Gegenstand des Wirtschaftszweigs, Gebäude, verursachen bei der Errichtung, der Nutzung und Bewirtschaftung sowie dem Rückbau erhebliche Ressourcenentnahmen aus der Umwelt und Stoffeinträge in diese.

Um der nachhaltigen Entwicklung des Bauwesens den Weg zu ebnen, ist es höchste Zeit, um von der theoretischen Ebene in die Handlungsumsetzung zu kommen. Der Fokus auf Primärenergie- und Transmissionswärmebedarfe greift dafür zu kurz. Wenn das Ziel der Dekarbonisierung des Bauwesens erreicht werden soll, wird dazu ein ganzheitlicher Ansatz benötigt. Als Vergleichsgröße für Ökobilanzen, engl. Life-Circle-Assessments LCA, kann u. a. das Global Warming Potential GWP in $CO_2$ Äquivalenten je m² Nutzfläche über einen definierten Lebenszyklus dienen. Ziel der lebenszyklusorientierten Planung ist, die Umweltbelastungen und den Verbrauch endlicher Ressourcen über alle Gebäudelebenszyklen (Herstellung, Betrieb und Rückbau) auf ein Minimum zu reduzieren. Bei der Ökobilanzierung von Sanierungsvorhaben bleibt die erhaltbare Gebäudesubstanz mit ihren „grauen Energien" unberücksichtigt. Nur die Umweltbelastung der ausgetauschten und neu hinzukommenden Bauteile wird summiert.

Als Basis der ökonomischen Bewertung werden Lebenszykluskosten aus den Investitionskosten der DIN 276 Kostengruppen 100 bis 800 und den Baunutzungskosten der DIN 18960 Kostengruppen 100 bis 400 herangezogen. Für den Ökonomievergleich kann das Verhältnis aus Baunutzungskosten über 50 Jahre (per dynamischer Kapitalwertmethode) zu den Bauwerks-Investkosten berechnet werden.

*Tabelle 4-1: Moduldefinition für die Ökobilanzerstellung nach DIN EN 15978*

| Lebensweg-phasen | Herstellungs-phase | Errichtungs-phase | Nutzungs-phase | Lebenszyklus-ende/Entsor-gungsphase | Vorteile und Belastungen außerhalb der Systemgrenze |
|---|---|---|---|---|---|
| **Module** | **A 1–3** | **A 4–5** | **B** | **C** | **D** |
| **Konstruktion** | A1 Rohstoff-beschaffung<br>A2 Transport<br>A3 Produktion | A4 Transport<br>A5 Errichtung/Einbau | B1 Nutzung<br>B2 Instand-haltung<br>B3 Instand-setzung<br>B4 Austausch<br>B5 Modernisie-rung | C1 Rückbau/Abriss<br>C2 Transport<br>C3 Abfallver-wertung<br>C4 Deponie-rung | D1 Potenzial für<br>D2 Wiederver-wertung,<br>D3 Rückgewin-nung<br>D4 Recycling |
| **Betrieb** | | | B6 Energiever-brauch im Betrieb<br>B7 Wasserver-brauch im Betrieb | | |

Die ISO 16745 „Nachhaltigkeit von Gebäuden und Ingenieurbauwerken" – bietet Grundlagen für die Bilanz der Treibhausgasemissionen in der Nutzungsphase eines Gebäudes. Die Bewertungsregeln der Nachhaltigkeit von Gebäuden sind in DIN EN 15804 und DIN EN 15978 beschrieben.

Im „Cradle-to-Gate"-Bilanzierungsprinzip wird lediglich die Herstellungs- und Bauwerkserrichtungsphase berücksichtigt. (A)

Das „Cadle-to-Grave"-Prinzip umfasst auch die Betriebs- und Entsorgungsphase (A–C)

Bei der „Cradle-to-Cradle"-Bilanzierung der Materialökoeffektivität von der Wiege zur Wiege wird zusätzlich die Bauproduktwiederverwendung per Prognosedaten bilanziert und damit der Lebenszyklus geschlossen (A–D)

Ökoeffektiv sind im Sinne des Cradle-to-Cradle-Gedankens Produkte, die kontinuierlich in technischen Kreisläufen verwendet werden oder als biologische Nährstoffe der Natur zurückgeführt werden können. Nicht die Effizienz eines einzelnen Prozesses steht im Vordergrund, sondern die dauerhafte stoffliche Effektivität. Demnach kann auch eine technische Produktion effektiv sein, wenn alle dabei anfallenden Stoffe verwertbar sind, ohne dass dabei nennenswerte Umweltgefährdungen entstehen.

Das Bewertungsverfahren nach Cradle to Cradle® basiert auf diese Schritte:

1. Erfassung und Identifizierung der Produkte und ihrer Inhaltsstoffe
2. Recherchen zu den Inhaltsstoffen hinsichtlich öko-toxikologischer Wirkungen und gesundheitlicher Gefährdungspotenziale
3. Einbeziehung der Expositionswahrscheinlichkeit in Verwendungsszenarien mit Abschätzung des resultierenden Gesamtrisikos
4. Erstellung einer Gesamtempfehlung für den Umgang mit dem betreffenden Produkt bzw. der Substanz

Im C2C-Produkt-Zertifizierungskonzept spielt die Nutzungsphasen B derzeit keine Rolle. Bei einigen Produkten ist dies jedoch die dominierende Phase der Umweltwirkung, wie z. B. bei Gebäudehüllen, Heizanlagen und Fahrzeugen aller Art.

Die Integration des Lebenszyklusmoduls D in die Bilanzierung bietet unter anderem für nachwachsende Rohstoffe enorme Potenziale, da hier Gutschriften aus Substitutionseffekten entstehen. Die Anwendung kann allerdings zu dem Trugschluss führen, dass der Einsatz von Mehrmaterial zweckmäßig wäre, um negative Emissionen zu erzeugen. Das Modul D sollte auch deshalb gesondert dargestellt werden, weil es sich um Annahmen einer künftigen Wiederverwertung handelt und derzeit nur für verhältnismäßig wenig Baustoffe Modul-D-Daten vorliegen. Somit kann das Bild, auf ein ganzes Gebäude bezogen, nicht vollständig ausfallen.

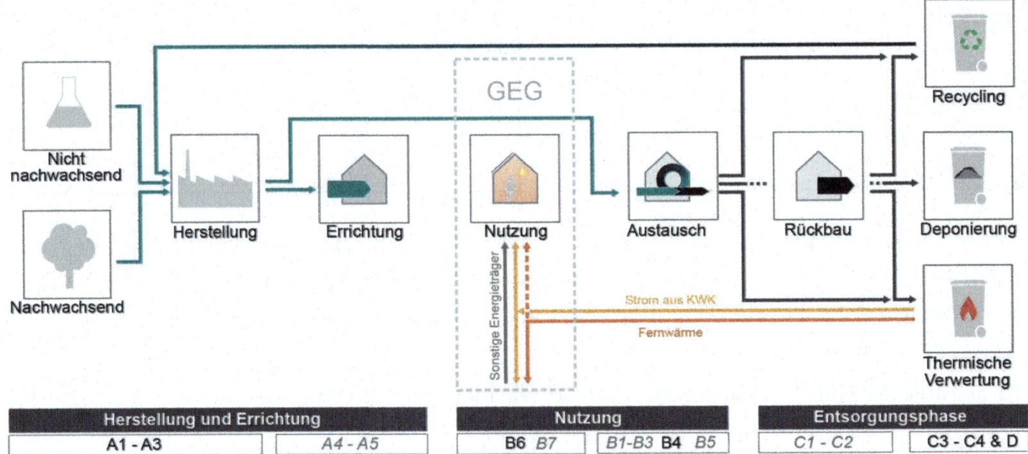


**Phasen des Lebenszykluses nach DIN EN 15804.** *Kursive Phasen werden nicht berücksichtigt*

*Bild 4-1: Betrachtungsumfang Lebenszyklusanalyse, EneV bzw. GEG*

*Quelle: Ingenieurbüro Hausladen*

Ein Grundsatz der Gebäude-Ökobilanzierungen ist die Vermeidung der Verschiebung von gebäudeverursachten Treibhausgasemissionen in Bereiche außerhalb des Bilanzrahmens. Im Gebäudebetrieb bedeutet dies, auch die „indirekten Emissionen" eingekaufter Energieträger wie Strom oder Wärme in die Bilanz aufzunehmen. Gleiches gilt für die Aufwendungen, die für die Gewinnung, Aufbereitung und Bereitstellung der Energieträger einschließlich der Transporte entstehen. Darüber hinaus umfasst ein erweiterter Bilanzrahmen den möglichen Treibhausgasausstoß, der durch die Demontage bzw. Abriss, Recycling oder Entsorgung der Baumaterialien entstehen kann.

Bei Gebäude-Ökobilanzen werden die Umweltwirkungen der verwendeten Bauprodukte über einen definierten Lebenszyklus (meist 50 Jahre) einer Summenbilanzierung unterzogen. Als Hauptvergleichsgröße dient üblicherweise das Global Warming Potential GWP in $CO_2$-Äquivalenten je m² Nutzfläche und Jahr. Auch die Verbreitung des Building Information Modeling BIM und der damit verfügbaren Massen- und Baustoffeigenschaften kann dazu beitragen, die Ökobilanzierung digital zu unterstützen.

Je früher die Lebenszykluskosten und Ökobilanzen im Planungsablauf ermittelt und bewertet werden, desto größer ist die Chance für den gesamten Lebenszyklus, ein ökologisch und wirtschaftlich optimiertes Gebäude zu erhalten. Als Orientierung für die Nachhaltigkeitsplanung von Gebäuden eignet sich der Leitfaden „Nachhaltiges Bauen" der Bundesregierung und das damit verbundene Bewertungssystem „Nachhaltiges Bauen BNB". Die Informationen sind im Internet unter www.nachhaltigesbauen.de frei zugänglich.

Eine Bilanzierung der Emissionen ist unumgänglich, um die Umweltwirkungen von Gebäuden zu erfassen und den Einsatz von Baustoffen mit geringen negativen Umweltwirkungen zu fördern. Neben der Ausführung eines effizienten Energiestandards, kann das Global Warming Potential GWP durch Baustoffwahl mit Fokus auf regionale und nachwachsende Baustoffe wie z. B. Holz reduziert werden. Unter Berücksichtigung der Gebäudebetriebsphase kann ein Plusenergiegebäude, welches überwiegend mit Holzkonstruktionen und sehr geringen Betonanteilen errichtet wird, ein negatives Global Warming Potential aufweisen.

In der Forschungsstudie „Ökobilanzielle Nachhaltigkeitsqualität von Wohngebäuden aus Ziegelmauerwerk" [1] wurde dargelegt, dass die Nachhaltigkeitsqualität von typischen Bestandswohngebäuden weniger stark von der Bau- und Konstruktionsweise geprägt ist, sondern vielmehr durch den Wärme- und Stromverbrauch während der Nutzungsphase dominiert wird. Eine Erweiterung des Bilanzrahmens auf Nutzerstrom und die angemessene Berücksichtigung gebäudenah erzeugten regenerativen Stroms sei geboten.

„Zur Zielerreichung sind die gesamten THGE über den Lebenszyklus zu verringern, d. h. sowohl die THGE der Nutzungsphase (nTHGE) als auch die aus der Herstellungs- bzw. Sanierungsphase (gTHGE). Da letztlich auch die Flächeneffizienz ausschlaggebend ist, sollten flächenspezifische Zielwerte zudem durch nutzerbezogene Zielwerte ersetzt werden. Hierbei sollte zur Verwirklichung des Ziels Klimaneutralität im Jahr 2045 der Gebäude-Zielwert von 0,5 t $CO_{2\text{-Äq/Person·a}}$ für Wohngebäude erreicht werden. Um graue THGE zu reduzieren, sind insbesondere Anstrengungen zur Verminderung des Flächenverbrauchs pro Kopf sinnvoll. Eine große Rolle spielt auch der Haustyp: Im Vergleich zu den Einfamilienhäusern (EFH) weisen Mehrfamilienhäuser (MFH) aufgrund ihrer kompakten Bauweise geringere gTHGE pro m² Wohnfläche auf. So verursachen bei Bauausführungsarten mit geringen Umweltauswirkungen EFH pro m² fast das Dreifache an gTHGE als MFH" (Wöhrle, Hutter, Weng, 2017). [2]

## 4.1 Gebäude-Klimaneutralität/THG im Lebenszyklus

Alle Prozesse, bei denen Energie eingesetzt wird, erzeugen Treibhausgase. Je nachdem, welche Energien zum Einsatz kommen, variieren die ausgestoßenen Treibhausgasmengen. Dies bedeutet, dass ein Gebäude im Gesamtlebenszyklus nur über eine Gegenüberstellung von jener Menge an Treibhausgasen, die durch Produktion, Bau, während der Nutzung,

Entsorgung, ggf. Wiederverwertung entsteht, und jener, die durch gebäudenah regenerativ erzeugte Energie gegengerechnet werden kann, klimaneutral werden kann. Die Differenz der ausgestoßenen Emissionen und der Emissionen, die durch Produktion und Bereitstellung von $CO_2$-freier Energie eingespart werden, muss auf ein Jahr hin betrachtet null oder kleiner als null sein. Je geringer die Treibhausgasemissionen für Produktion, Bau, Betrieb (allgemein dominierende Phase) und Entsorgung ausfallen, desto einfacher ist es, die Gebäude-Klimaneutralität (engl. „net zero carbon") z. B. durch Montage einer entsprechend großen PV-Anlage auf dem Grundstück zu erreichen.

„Je effizienter die Gebäudehülle, desto geringer ist der Einfluss der Heiztechniken auf die Lebenszyklusaufwendungen. Ein Vergleich der spezifischen auf die kWh Endenergie bezogenen THGE aus Betrieb und Herstellung, Transport und Entsorgung von Heizungssystemen zeigt weiterhin, dass die fossilen Heizsysteme die höchsten THGE/kWh Endenergie aufweisen. Gefolgt werden diese von den elektrischen Wärmpumpensystemen und schließlich den auf nachwachsenden Brennstoffen basierenden Direktverbrennern Pellet- und Holzhackschnitzelkesseln. Allerdings ist die Biomassenutzung nur beschränkt ausbaubar."[2] Obwohl zusätzliche Gebäudetechnik wie Photovoltaik, Solarthermie, Energiespeicher oder Lüftungsanlagen einen Großteil der grauen THGE der Gebäudeanlagentechnik verursacht, ist ihr Einsatz dennoch sinnvoll (Wöhrle, Hutter, Wenig, 2017). Sie substituiert direkt fossile Energieträger oder verringert den Energiebedarf und reduziert so die TGHE im Lebenszyklus insgesamt. [2]

## *Exkurs*

### Life-Circle-Assessments, LCA-Ergebnisse

Laut Bundesarchitektenkammer entfällt auf die in den Gebäudebaustoffen eingelagerte graue Produktionsenergie etwa 40–50 kWh je Quadratmeter Nutzfläche. Diese Größenordnung entspricht dem Jahresenergiebedarf für Heizung und Warmwasserbereitung eines sehr guten Wohngebäudeneubaus im Standard GEG 2020. Im Gutachten über erschließbare Umweltpotenziale von Gebäudeenergiestandards des Bundesinstituts für Bau-, Stadt- und Raumforschung (BBSR) 11/2017 findet sich eine Lebenszyklusanalyse von realisierten Wohngebäuden mit deren Treibhauspotenzial (Global Warming Potential GWP in $CO_2$-Äquivalenten) in unterschiedlichen Wohngebäude-Neubauweisen und Energiestandards: Die bewerteten Solaraktivhäuser lagen in einer Bandbreite von rd. 600 bis 1.090 kg $CO_2$-Äquivalent je Quadratmeter Wohnfläche für den 50-jährigen Lebenszyklus. KfW-Effizienzhäuser 55 u. 40 weisen GWP-Werte zwischen -1.250 kg und +1.600 $CO_{2\text{-Äq./m}^2}$ auf. Effizienzhaus-Plus-Gebäude liegen zwischen rd. -1.100 kg bis +700 $CO_{2\text{-Äq/m}^2}$. Die GWP-Auswirkung der Betriebsenergiemengen dominiert die Lebenszyklusbilanzen umso stärker, je schlechter der Effizienzstandard ausfällt. In einer weiteren BBSR-Studie mit dem Kurztitel Graue Energie im Ordnungsrecht wurde 2019 zusammengefasst, dass der Anteil der Grauen Energie in Bezug auf den Gesamtbedarf von Wohnneubauten im EnEV 2016-Standard bei etwa 40 % im Lebenszyklus liegt. Bei verbesserten Energiestandards kann der Anteil bis auf 100 % ansteigen. In absoluten Zahlen liegt der Anteil der grauen Energie von Neubauten der Module A–D bei etwa 10–16 kg $CO_{2\text{-Äq.}}$ je $m^2$ Wohnfläche pro Jahr (bezogen auf einen 50-jährigen Lebenszyklus) und kann also durch ressourcenschonende Baustoffwahl um bis zu 6 kg $CO_{2\text{-Äq.}}$ je m² Wohnfläche reduziert werden. Je nach Bilanzierungsmethodik und Annahmen variieren die Zielvorgaben (der EU und der Bundesregierung), die sich aus einer Reduktion der Treibhausgasemissionen (THGE) im oben genannten Umfang für den Gebäudesektor ergeben. Nach Ermittlungen des IWU (Großklos et al. 2019) dürfen, um das 95%ige Reduktionsziel zu erreichen, in der Nutzungsphase von Wohngebäuden nur noch jährlich 2,6 kg $CO_{2\text{-Äq}}$ pro $m^2$ Wohnfläche für Beheizung, Warmwasserbereitung und Klimatisierung emittiert werden. Dazu muss der Energieverbrauch erheblich gesenkt werden und die verbleibende zukünftige Energieversorgung weitgehend regenerativ erfolgen (Großklos et al. 2019; Diefenbach et al. 2019). Denn dieser Wert ist selbst für ein Gebäude mit einem guten KfW-Effizienzhaus-40-Standard und einer Wärmepumpenbeheizung nur zu erreichen, wenn das $CO_2$-Äquivalent von Strom von heute 505 g/kWh zukünftig auf unter 200 g/kWh reduziert worden ist oder der Strom der Wärmepumpe zu mehr als 60 % lokal mit einer Photovoltaikanlage erzeugt und zeitgleich verbraucht wird. Mit sinkendem Energieverbrauch in der Nutzungsphase gewinnt der Verbrauch bei der Herstellung, Instandhaltung und Entsorgung der Gebäude an Gewicht (Bischof und Duffy 2022). Über den Lebenszyklus des Gebäudes hinweg erreicht der Anteil dieser sog. grauen THG-Emissionen bei geltendem gesetzlichem Gebäudeenergiestandard etwa 20–25 % der gesamten THGE (Röck et al. 2020). Bei hocheffizienten Gebäuden, z. B. im KfW EH 40- bzw. Passivhaus-Standard, erreicht dieser Anteil schon 45–50 % und in Extremfällen sogar mehr (Röck et al. 2020; Mirabella et al. 2018).

Entsprechend vorliegender Studien können aktuelle Neubauten für die grauen THG-Emissionen Werte von etwa 450 kg $CO_{2\text{-Äq/m}^2}$ bzw. von 9 kg $CO_{2\text{-Äq/m}^2\cdot a}$ und niedriger über eine Gebäudelebenszyklusbetrachtung von 50 Jahren erreichen (Mahler et al. 2019; Idler et al. 2019; Habert et al. 2020; SIA 2040). Für Sanierungen werden 300 kg $CO_{2\text{-Äq/m}^2}$ bzw. 5 bis 6 kg $CO_{2\text{-Äq/m}^2\cdot a}$ als derzeit realisierbar angegeben (SIA 2040). Diese Werte beziehen sich auf das gegenwärtige Energiesystem und sollten als Obergrenze eingehalten werden. Sie zeigen auch auf, dass die aktuell angestrebten grauen THGE im Neubau beim Dreifachen dessen liegen, was zur Zielerreichung an THGE für die Nutzungsphase in 2045 zulässig ist und bei der Sanierung noch beim Doppelten. Letztlich kann erst durch die weitere Dekarbonisierung aller Bereiche Klimaneutralität über den gesamten Lebenszyklus der Gebäude erreicht werden.[2]

---

Als vorläufiges Ergebnis der Gebäude-THG-Lebenszyklusbilanzen bleibt anzumerken, dass der Einfluss der Bauweise im Verhältnis zum Energiebedarf in der Betriebsphase gering ist. Bezogen auf Spielräume bei der Baustoffwahl geht es in der Gebäudegesamtwirkung weniger um die allgemeine Baukonstruktionen, sondern viel mehr um die Substitution von Baustoffen mit hoher THG-Last wie z.B. Beton durch Receyclingbeton, Materialien mit hohen LZ-THG-Gehalten durch nachwachsende Rohstoffe oder umweltschädlicher Kältemittel gegen Kältemittel mit vergleichsweise geringer negativer Umweltwirkung.

Als vorläufiges Ergebnis typischer Gebäude-THG-Lebenszyklusbilanzen bleibt anzumerken, dass der Einfluss der Bauweise im Verhältnis zur Umweltwirkung in der Betriebsphase gering ist. Wollte man die derzeit jährlich global verbaute Betonmenge von 4,65 Mrd. Tonnen durch Holz ersetzen, würden lt. Werner Eike Hennig [in GEB 01/2023] dafür rd. 40 Mio. m³

Holz benötigt. Das entspricht etwa dem 10-fachen der aktuellen globalen Holzernte und ist also ohnehin unmöglich.

Bezogen auf Spielräume bei der Baustoffwahl geht es in der Gebäudegesamtwirkung weniger um die allgemeine Baukonstruktion, sondern primär um die Substitution von Baustoffen mit hohen LZ-THG-Gehalten, wie z.B. Metalle, Zement, umweltschädliche Kältemittel und dgl. durch Materialien mit vergleichsweise geringer negativer Umweltwirkung. Portlandzement kann beispielsweise zu hohen Anteilen durch Hüttensand, der bei der Stahlherstellung anfällt, substituiert werden. Konventioneller Betonstahl kann tlw. durch Basaltfaserbewehrung ersetzt werden. In Summe lässt sich so der $CO_2$-Gehalt von bewehrtem Beton um rd. 2/3 reduzieren.

## 4.2 Umweltproduktdeklaration

Umweltproduktdeklarationen (engl.: Environmental Product Declaration, kurz: EPD). Um die verwendeten Bauprodukte bzgl. ihrer Umweltwirkungen bewerten zu können, werden für Bauprodukte EPDs (Environmental Product Declarations) erstellt. Die klassischen Merkmale der Baumaterialien und -produkte werden durch Nachhaltigkeitskriterien ergänzt, die eine entsprechende Kennzeichnung durch Deklaration und Zertifikate erhalten.

Die Umweltwirkung von Baustoffen in Verbindung mit der funktionalen Leistungsfähigkeit wird nach DIN EN ISO 14025 und DIN ISO 14040/44 erfasst. Die EPDs liefern umweltbezogenen Daten aus dem Lebenszyklus der bewerteten Produkte. Enthalten ist eine Sachbilanz des Ressourcenverbrauchs, die Wirkungsabschätzung (z. B. Treibhauseffekt oder Erschöpfung fossiler bzw. mineralischer Ressourcen) und weitere Indikatoren (z. B. Art und Menge produzierten Abfalls). In Ökobilanzen für Gebäude werden die Umweltwirkungen hinsichtlich des Ozonschichtabbau- und Ozonbildungspotenzials, des Treibhaus- und Versauerungspotenzials, des Eutrophierungspotenzials sowie des erneuerbaren und nicht erneuerbaren Primärenergiebedarfs subsumiert. Für eine allgemeingültige Umwelt-Baustoffauswahl unter monofunktionalen Materialaspekten sind die Kennwerte allerdings nicht geeignet. Zum Beispiel ist die Herstellung von Photovoltaikmodulen oder einer Dreischeiben-Wärmeschutzverglasung gegenüber einer Einscheibenverglasung energie- und materialintensiv; bei Lebenszyklusbetrachtung ergibt sich i. d. R. allerdings ein deutlicher Ökobilanzvorsprung der Dreischeiben-WSV und der Nutzung von PV-Modulen, da in der Betriebsphase mehr Wärmeenergie eingespart bzw. gebäudenah erzeugte erneuerbare Energie als Gutschrift bilanziert wird.

Inzwischen sind für mehr als 1.400 Bauprodukte EPDs in der Datenbank „Ökobaudat" auf www.Oekobaudat.de oder der Europäischen Initiative von EPD-Programmhaltern unter www.eco-platform.org abrufbar. Diese sind klassifiziert in spezifische (Herstellerdatensätze), repräsentative (land- oder regionsbezogene), durchschnittliche (von Bauproduktverbänden) sowie generische (aus Literaturquellen) erzeugte Datensätze.

*Tabelle 4-2: Vergleich der ökologischen Kennwerte von Dämmstoffen bezogen auf einen Wärmedurchgangswiderstand von R = 1,00 m²K/W*

| Materialbeispiele | PEle | PElne | GWP | ODP | POCP | AP | NP |
|---|---|---|---|---|---|---|---|
| | [MJ] | [MJ] | [kg $CO_2$] | [kg FCKW] | [g Ethylen] | [g $SO_2$] | [g $PO_{4equ}$] |
| Glaswolle | 1,06 | 26,30 | 1,29 | 5,77E-7 | 0,41 | 7,28 | 0,56 |
| Steinwolle | 0,52 | 24,15 | 1,76 | 4,29E-7 | 0,42 | 10,60 | 0,47 |
| Glaswolle WDVS | 4,00 | 99,61 | 4,90 | 2,18E-6 | 1,54 | 27,56 | 2,13 |
| Steinwolle WDVS | 2,75 | 128,51 | 9,36 | 2,29E-6 | 2,26 | 56,40 | 2,48 |
| EPS-F | 0,44 | 59,53 | 2,10 | 7,72E-6 | 17,00 | 15,95 | 1,19 |
| EPS W-30 | 0,77 | 104,17 | 3,67 | 1,35E-5 | 29,76 | 27,9 1 | 2,08 |
| XPS-$CO_2$ | 1;68 | 158,52 | 5,53 | 1,77E-5 | 4,01 | 37,22 | 2,63 |
| XPS-HFCKW | 1,76 | 150,81 | 100,01 | 8,16E-3 | 3,80 | 39,07 | 2,48 |
| PUR Lit. | 3,45 | 75,00 | 10,50 | 2,48E-6 | 2,33 | 43,50 | 1,28 |
| PUR Prod. | 6,17 | 94,64 | 3,70 | 7,02E-6 | 12,49 | 26,85 | 1,99 |
| Schaumglas | 4,90 | 92,5 | 5,44 | 2,45E-6 | 1,51 | 31,25 | 1,58 |
| Mineralschaum | 8,60 | 63,72 | 5,74 | 4,68E-7 | 1,44 | 10,35 | 1,35 |
| Flachs | 23,11 | 42,48 | 0,44 | 1,67E-6 | 1,417 | 12,73 | 0,95 |
| Hanf | 21,21 | 16,86 | -0,62 | 9,18E-7 | 0,97 | 7,56 | 0,87 |
| Holzfaser Trockenproduktionsverfah. | 269,95 | 116,22 | -3,88 | 2,88E-6 | 3,75 | 40,84 | 3,16 |
| Holzfaser Nassproduktionsverfahren | 164,79 | 77,12 | -2,55 | 8,07E-6 | 5,80 | 67,80 | 2,19 |
| Zellulose 045 | 0,52 | 5,72 | 0,31 | 4,21E-7 | 0,28 | 3,29 | 0,17 |
| Zellulose 040 | 0,84 | 9,32 | 0,50 | 6,86E-7 | 0,46 | 5,36 | 0,28 |
| Zelluloseplatten | 20,51 | 69,76 | 3,27 | 3,37E-6 | 3,05 | 26,55 | 1,28 |

*Quelle: Mötzl, Zeiger: Ökologie der Dämmstoffe, Wien 2000; Steffen Poschik, Steffen: Wärmedämmstoffe und Wärmedämmsysteme, Vortrag, Institut Fortbildung Bau, Stuttgart, 2013*

Als vorläufiges Ergebnis typischer Gebäude-THG-Lebenszyklusbilanzen bleibt anzumerken, dass der Einfluss der Bauweise im Verhältnis zur Umweltwirkung in der Betriebsphase gering ist. Wollte man die derzeit jährlich global verbaute Betonmenge von 4,65 Mrd. Tonnen durch Holz ersetzen, würden lt. Werner Eike Hennig [in GEB 01/2023] dafür rd. 40 Mio. m³ Holz benötigt. Das entspricht etwa dem 10-fachen der aktuellen globalen Holzernte und ist also ohnehin unmöglich.

Bezogen auf Spielräume bei der Baustoffwahl geht es in der Gebäudegesamtwirkung weniger um die allgemeine Baukonstruktion, sondern primär um die Substitution von Baustoffen mit hohen LZ-THG-Gehalten, wie z.B. Metalle, Zement, umweltschädliche Kältemittel und dergleichen durch Materialien mit vergleichsweise geringer negativer Umweltwirkung.

Portlandzement kann beispielsweise zu hohen Anteilen durch Hüttensand, der bei der Stahlherstellung anfällt, substituiert werden.

Konventioneller Betonstahl kann teilweise durch Basaltfaserbewehrung ersetzt werden. In Summe lässt sich so der $CO_2$-Gehalt von bewehrtem Beton um rd. 2/3 reduzieren.

## 4.3 Nachhaltigkeitszertifizierung

Nachhaltigkeitsbewertungs- und Zertifizierungssysteme spielen eine wesentliche Rolle für die Systematisierung, Objektivierung und Operationalisierung von Nachhaltigkeit in der Bau- und Immobilienwirtschaft. Das heute weltweit anerkannte dreigliedrige Dreisäulenmodell aus Ökologie, Ökonomie und Soziokultur erhält auf Gebäudeebene transparente, messbare und steuerbare Kriterien.

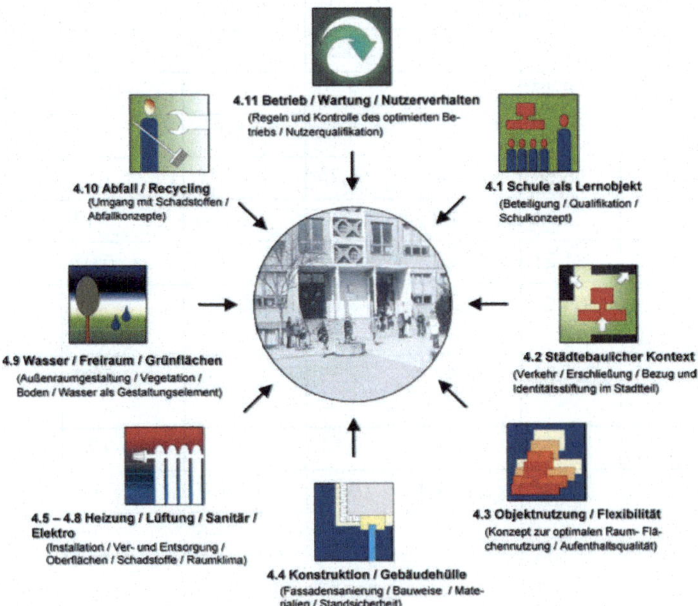


*Bild 4-2: Nachhaltigkeitsbelange der gebauten Umwelt*

*Quelle: Architektenkammer Thüringen*

Primäres Ziel von Nachhaltigkeitszertifizierungen ist die Begleitung und Auszeichnung engagierter Immobilieneigentümer mit öffentlich sichtbaren Umweltlabeln. Sekundär bieten die Auszeichnungen positive Vermarktungseffekte über den Transport eines positiven Images und geringere Bewirtschaftungskosten.

**European Energy Award (eea) und European Climate Award**

Diese Zertifizierungen umfassen ganze Kommunen. Aus Voraussetzung gilt der politische Beschluss für die Teilnahme am Award. Anschließend muss ein Energieteam aus lokalen Akteuren und Fachleuten gebildet werden. Dieses erarbeitet die ersten Projektphasen:

- analysieren – Durchführung der Ist-Analyse
- planen – Erstellung des Arbeitsprogramms
- durchführen – Umsetzung der Projekte
- prüfen – Audit
- anpassen – Aktualisierung der Ist-Analyse
- Zertifizierung und Auszeichnung

Der eea unterstützt die Kommunen mit maßgeschneiderten Instrumenten bei ihrem Engagement für Energieeffizienz und Klimaschutz. Zu diesen Instrumenten gehören:

- Management-Tool mit Maßnahmenkatalog
- Fragebögen zur Ist-Analyse
- Prozesshandbuch
- Berechnungstools
- Themen- und Servicenavigator
- weitere Instrumente wie der Energie- und Klimacheck und verschiedene Vorlagen

Der Deutsche Städte- und Gemeindebund empfiehlt den eea als „ein hervorragendes Instrument, um kommunale Energie- und Klimaschutzpolitik strukturiert und nachhaltig umzusetzen".

Noch relativ jung ist der European Climate Award eca. Es handelt sich um ein Qualitätsmanagement- und Zertifizierungsverfahren zur kommunalen Klimafolgenanpassung. Ziel dieses Instruments ist es, die Anforderungen der Klimafolgenanpassung in die kommunalen Strukturen und Planungen zu integrieren und kontinuierlich erforderliche Aktivitäten anzuregen. Eine Besonderheit des eca ist die Erstellung einer Klimawirkungsanalyse.

**EU Green Building** ist das Programm der Europäischen Kommission zur Verbesserung der Energieeffizienz und Nutzung erneuerbarer Energien in Nicht-Wohngebäuden. Eigentümer sollen bei der Durchführung energetischer Modernisierungen beraten und unterstützt werden sowie für ihre Vorreiterrolle öffentliche Anerkennung erhalten. Der Zertifizierungsprozess beginnt bereits mit der Durchführung eines Audits der Energieeffizienzpotenziale und daraus folgend mit der Einreichung eines Maßnahmenplans, in dem die zu modernisierenden Gebäude benannt sowie Art und Umfang der geplanten Effizienzmaßnahmen beschrieben werden. EU Green Building bewertet ausschließlich die energetischen Kriterien.

**LEED** (Leadership in Energie and Environmental Design) wurde in den USA entwickelte und bewertet Energieeffizienz und Nachhaltigkeit von Gebäuden in den Kategorien Silber, Gold und Platin. LEED ist das international bekannteste Nachhaltigkeitszertifikat für Gebäude. Die LCA-Bilanzierungen sind nicht vergleichbar mit hiesigen normierten Systemen.

Die Kriterien werden, je nachdem, ob es sich um ein Bestandsgebäude, eine Sanierung oder einen Neubau handelt, unterschiedlich gewichtet. LEED bewertet fünf Kategorien: Standort/Außenraum, Wasserbedarf, Energiebedarf, Baumaterialien, Behaglichkeit/Gesundheit, Innovation und Design. Das Umweltambitionsniveau ist insgesamt schwächer ausgeprägt. Der zu erreichende energetische Mindeststandard liegt etwa auf dem Niveau der EnEV 2002.

**BREEAM** ist das großbritannische Äquivalent zu LEED und das älteste Nachhaltigkeitszertifikat.

Es werden acht Kategorien bewertet: Planungs- und Bauprozess, Behaglichkeit/Gesundheit, Energiebedarf, Infrastruktur, Wasserbedarf, Baumaterialien, Naturrauminanspruchnahme, Schadstoffemission. Das energetische Mindestniveau ist mit LEED vergleichbar. Das Umweltambitionsniveau ist nicht vergleichbar mit hiesigen normierten Systemen und schwächer ausgeprägt.

**BNB**

Bundesbauvorhaben müssen das vom Bundesministerium für Umwelt, Naturschutz, Bau und Reaktionssicherheit (BMUB) mitentwickelte Bewertungssystem „Bauen für Bundesgebäude" (BNB) durchlaufen. Dort werden gebäudebezogene Kosten in nutzungsspezifischen Lebenszykluszeiträumen vergleichend ermittelt. Bei der Bewertung von Büro- und Verwaltungsgebäuden wird ein Betrachtungszeitraum von 50 Jahren mit der dynamischen Kapitalwertmethode bewertet.

**NAWOH**

Die vom BMVBS unterstützte Arbeitsgruppe AG Nachhaltiger Wohnungsbau hat ein System zur Beschreibung und Bewertung der Nachhaltigkeit neuer Wohngebäude entwickelt, das Grundlage des Qualitätssiegels NaWoh (www.nawoh.de/nachhaltiger-wohnungsbau) ist. Das System ist zur Anwendung als Leitfaden geeignet, als Planungshilfe und zur Unterstützung der Qualitätssicherung. Die zu bewertenden Qualitäten umfassen fünf Obergruppen:

1. Wohnqualität
2. Technische Qualität – einschließlich planerischer und baulicher Reaktion auf Standort und Umfeld
3. Ökologische Qualität
4. Ökonomische Qualität
5. Prozessqualität

**BNK**

Das Bewertungssystem Nachhaltiger Kleinwohnungsbau – speziell für Ein- bis Fünffamilienhäuser – wurde im Juni 2015 vom Bundesministerium für Umwelt, Naturschutz, Bau und Reaktorsicherheit (BUMB) veröffentlicht. Um die Ziele zu erreichen, müssen nachhaltige Neubauten & Sanierungen einen Kriterienkatalog erfüllen. Dazu zählt zum Beispiel die Qualität der Innenraumluft, der Schutz vor Hitze, Kälte und Lärm. Für die Umweltverträglichkeit spielt ein möglichst geringer Verbrauch natürlicher Ressourcen eine Rolle. Das Gebäude soll flächeneffizient mit nachwachsenden Rohstoffen gebaut werden. Im laufenden Betrieb des Hauses ist ein möglichst geringer Strom-, Wärme- und Wasserverbrauch bedeutend. Ein weiteres Thema für die Zukunftsfähigkeit ist die Nutzbarkeit in späteren Lebensphasen, zum Beispiel indem es von vornherein barrierefrei geplant wird oder in seiner Bauweise so flexibel angelegt ist, dass es sich problemlos umnutzen lässt.

**DGNB**

Deutsche Gesellschaft für Nachhaltiges Bauen: Das System orientiert sich an der geplanten europäischen Normierung zur Nachhaltigkeit von Gebäuden. Zu den Besonderheiten des

DGNB-Systems gehört, dass es auf dem Lebenszyklusgedanken aufbaut und neben den ökologischen Aspekten des „green building" auch ökonomische und soziokulturelle Kriterien einbezieht. Das umweltbezogene Anspruchsniveau ist gegenüber LEED und BREEM etwas ambitionierter.

Als Wirkungskategorien werden folgende Bauproduktеigenschaften aus der DIN ISO 14040/44 Produktdeklaration berücksichtigt:

- Treibhauseffekt (engl.: Global Warming Potential, kurz: GWP),
- Ozonschichtabbau (Ozone Depletion Potential, ODP),
- Sommersmog (Photochemical Ozone Creation Potential, POCP),
- Versauerung (Acidificaton Potential, AP) und Überdüngung (Eutrophication Potential, EP)
- Primärenergiebedarfe (Primary Energy, PE) nichterneuerbar und erneuerbar

Inzwischen können alle marktrelevanten Gebäudenutzungsformen und ganze Quartiere mit DGNB-Systemen bewertet werden.

**Grüne Hausnummer**

In einigen Kommunen werden nachhaltige Gebäude bzw. bewirtschafte Liegenschaften mit sogenannten grünen Hausnummern ausgezeichnet. In der Regel finden sich hierzu, gestützt auf die Agenda 21, Bewertungskommissionen aus sachverständigen Bürgern und der Kommunalverwaltung zusammen. Die Kriterien und das Anforderungsniveau differieren zwischen den einzelnen Kommunen. Normierte LCA-Bilanzierungen werden nicht durchgeführt. Dies würde den Rahmen dieser niedrigschwelligen und oft kostenfreien Systeme sprengen.

**Weitere** Nachhaltigkeitszertifizierungen gibt es in Frankreich (HQE), Japan (CASBEE), Australien (GREEN STAR), Neuseeland (GREEN STAR NZ), Singapur (BCA GREEN MARK) und Indien (TERI).

## 4.4 Suffizienz und Konsistenz

Im BMBF-Forschungsprojekt Energiesuffizienz [2] wurde die bisher kaum beachtete Suffizienz neben Energieeffizienz und Ausbau erneuerbarer Energien als dritte Nachhaltigkeitsstrategie bei der Entwicklung eines nachhaltigen Energiesystems in Deutschland systematisch analysiert. Unter Suffizienz wird in Bezug auf Umweltbelange die Begrenzung umweltschädlichen Konsums bzw. Verhaltens verstanden. Suffizienz zielt darauf ab, den absoluten Ressourcenaufwand zu senken, und setzt bei einer Veränderung des Nutzens an. Damit ist die Suffizienz nicht zuletzt eine Strategie, um die technischen-ökonomischen Grenzen von Effizienz- und Konsistenzstrategien zu überwinden.

Die Politikmaßnahmen und -instrumente zur Umsetzung der Energiewende in Deutschland konzentrieren sich vor allem auf den Ausbau von Techniken zur Nutzung erneuerbarer Energien und Effizienz (insbesondere mittels Förderprogrammen und Informationsmaßnahmen). Es zeichnet sich ab, dass die Wirkung der bisher ergriffenen Maßnahmen zu schwach ist, um die kurz- und langfristigen Ziele zur Senkung der Primärenergieverbräuche und Treibhausgasemissionen zu erreichen. Zum Beispiel stiegen in den letzten 20 Jahren die Energieeffizienzanforderungen an Wohnneubauten etwa um den Faktor 2. Der durchschnittliche Raumwärmebedarf im Gesamtbestand reduzierte sich von 210 kWh/m²a auf 170 kWh/m²a. Der absolute Energieverbrauch für Raumwärme in Wohngebäuden ist dennoch kaum gesunken. Der Pro-Kopf-Raumwärmebedarf ist zwischen 1985 bis 2005 sogar leicht angestiegen, weil die Zunahme der Wohnfläche die Effizienzsteigerung aufgezehrt hat. Der Wohnflächenbedarf hat sich in Deutschland seit 1960 verdoppelt! Erst seit 2005 ist auch hinsichtlich des Raumwärmebedarfs pro Kopf eine leicht sinkende Tendenz erkennbar und erreichte 2010 etwa wieder das Niveau von 1985. Mit guten Dämmstandards ist es einfacher, Ziel-Raumtemperaturen zu erreichen, weil die Dämmung die Wärmeverluste der Gebäudehülle reduziert. Ein Anstieg der Raumdurchschnittstemperaturen in den Heizperioden nach Effizienzsanierungen ist dann keine Seltenheit. Der Grund für diesen Rebound-Effekt: Die Wärmeverluste der Gebäude sind gering, offenbar kann man sich höhere Raumtemperaturen leisten. Außerdem ist es einfach geworden, Räume zu erwärmen. Kohlen müssen beispielsweise kaum noch mühsam aus dem Keller geholt werden.

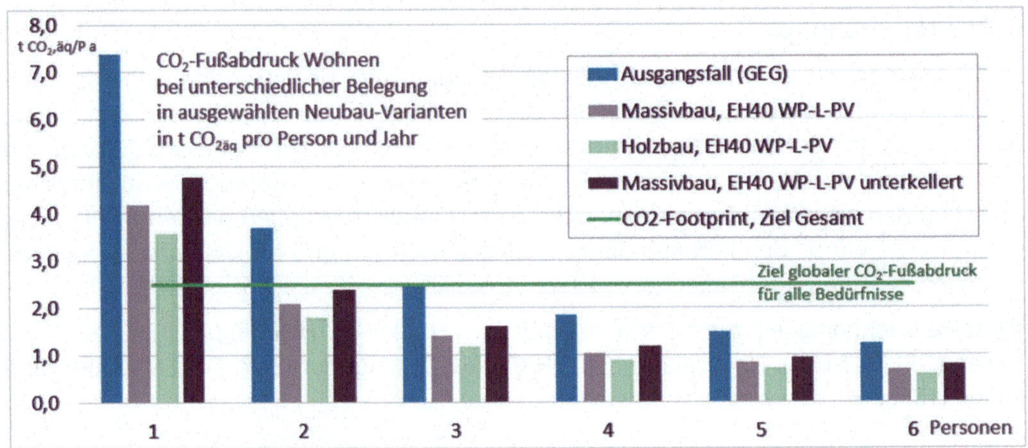


*Bild 4-3: Personenbezogenes Treibhauspotenzial „Wohnen" iverschiedener Neubauvarianten bei unterschiedlicher Belegungsdichte; als Maßstab ist das zuträgliche Gesamt-THG-Budget pro Mensch als grüne Linie eingezeichnet (je nach Zeitpunkt und Klimaziel schwankt dieser Wert zwischen 1,5 t und 2,75 t/Pa)*

*Quelle: ENVISYS GmbH & Co. KG, Dr. Burkhard Schulze Darup in Gebäudestudie zur Nachhaltigkeit von Gebäuden, 2022*

Erfolgreiche Suffizienz bedingt, dass persönliche Bedürfnisse und Bedarfe mit gesellschaftlichen und ökologischen Grenzen in Einklang gebracht werden. Zunächst sind Bedarfe zu hinterfragen: Ist der mit technischem Energieaufwand bereitgestellte Nutzen zeitlich, räumlich, qualitativ und quantitativ angemessen, um die individuell und über die Zeit variierenden Bedürfnisse und Wünsche zu befriedigen?

Zum Nachhaltigkeitsdreigestirn Effizienz und Suffizienz gehört noch Konsistenz. Konsistenz bezeichnet auf die Gebäudewirtschaft bezogen den Übergang zu umweltverträglichen Technologien. Die Ökosysteme können per Kreislaufwirtschaft genutzt werden, ohne sie über ihre Regenerationskraft hinaus auszubeuten und zu zerstören.

Nachhaltig erfolgreiche Gebäudekonzepte vereinigen die drei Nachhaltigkeitssäulen. Um begrenzte Ressourcen zu schonen, ist es zunächst notwendig, die Bedarfe zu analysieren und auf das langfristig unumgängliche Maß zu reduzieren. Die Ausführung sollte alle vorgenannten Suffizienzaspekte berücksichtigen. Im Weiteren trägt eine effiziente Gebäudehülle und Anlagentechnik sowie energiebewusstes Nutzerverhalten dazu bei, den Energiebedarf und die Energiekosten in der Betriebsphase zu minimieren. Der reduzierte Restenergieverbrauch soll grundstücksnah, zumindest jahresbilanziell, aus erneuerbaren Energien gewonnen werden. Die Realisierung muss im Sinne der naturverträglichen Konsistenz in Materialstoffkreisläufen ermöglicht werden.

Vor der Neuerrichtung, Kernsanierung und Revitalisierung von Gebäuden sollten wichtige Suffizienz- und Konsistenzaspekte geprüft, in nachvollziehbarer Weise sachlich begründet und als Teil der technischen Bauvorlagen in einem Erfüllungsnachweis dokumentiert werden.

- Wird die Bodenversiegelung auf das absolut erforderliche Maß minimiert?
- Ist Regenwasser- und Grauwassernutzung realisierbar?
- Wird passiver Sonnenschutz (ohne technische Kühlung) umgesetzt?
- Sind Möglichkeiten für Nutzungsmischungen gegeben?
- Ist die Flächeneffizienz und Objektnutzungsflexibilität gewährleistet?
- Sind Räume und Infrastruktur multifunktional zu nutzen (z. B. nutzungsneutrale Räume, Jokerzimmer, Clusterwohnungen, Mehrgenerationennutzbarkeit, Wohnungsteilbarkeit, versetzbare Innenwände, flexible TGA- Bedingungen, Gewinnung erneuerbarer Energien auf dem Grundstück)?
- Wird die Verwendung kurzlebiger und umweltschädlicher Konstruktionsweisen vermieden?
- …

## Literaturverzeichnis

*[1] Vgl. Pohl, Sebastian: Ökobilanzielle Nachhaltigkeitsqualität von Wohngebäuden aus Ziegelmauerwerk, Deutsches Ingenieurblatt, 06/2016*

*[2] Auf dem Weg zu einem klimaneutralen Gebäudebestand, IWU Schlaglicht 01/2022*

# 5 Gebäude-Energiegesetzgebung

**Übersicht**

## Einführung

Laut Beschluss der Pariser Klimakonferenz soll die mittlere globale Erderwärmung auf deutlich unter 2 °C gegenüber der vorindustriellen Zeit begrenzt werden. Bis 2050 sollen die THG-Emissionen gegenüber 1990 um mind. 80 % gesenkt werden. Der Beitrag des Handlungsfelds Gebäude basiert in Deutschland auf der Strategie „Klimafreundliches Bauen und Wohnen": Allein die konkrete Umsetzung ist noch offen bzw. nicht zielführend.

Verschiedene Studien zeigen, dass sich die Energiewende im Gebäudebereich realisieren ließe, wenn alle wirtschaftlich verfügbaren Effizienztechnologien eingesetzt werden. Dafür müsste die energetische Sanierungsquote auf deutlich über 2 % gesteigert werden. Investitionen in die Gebäudehüllen und die speicherunterstützte Nutzung erneuerbarer Energien bilden zusammen mit gebotener Suffizienz die drei wesentlichen Säulen.

Das Europäische Parlament hat eine *Richtlinie zur Gesamtenergieeffizienz von Gebäuden*, EPBD, erlassen und inzwischen mehrfach novelliert. Die Richtlinie besagt, dass Neubauten bis 2021 unter Berücksichtigung der Nutzung und der gegebenen klimatischen Verhältnisse einen energetischen Betriebsstandard erlangen sollen, welcher nahe null liegt; zudem soll der Restenergiebedarf in Neubauten zum überwiegenden Teil aus erneuerbaren Energien gedeckt werden. Bis 2050 soll dieses Ziel im gesamten Gebäudebestand erreicht sein. Die national umzusetzenden Vorschriften zielen darauf ab, bestehende Gebäude schneller mit energieeffizienten Anlagen nachzurüsten und die Energieeffizienz neuer Gebäude durch den Einbau smarter Anlagen zu optimieren. Einige bedeutende Regelungen aus der 2018er EPBD sind:

- Erhöhung des Bestands an emissionsarmen und -freien Gebäuden in der EU bis 2050. Die Grundlage dafür sollen nationale Fahrpläne zur Senkung der $CO_2$-Emissionen von Gebäuden bilden.

- Förderung der Nutzung von Informations- und Kommunikationstechnologien, um einen effizienten Gebäudebetrieb sicherzustellen, etwa durch Einführung von Automatisierungs- und Steuerungssystemen.
- Förderung des Aufbaus der erforderlichen Infrastruktur für Elektromobilität in allen Gebäuden.
- Integration und erhebliche Stärkung langfristiger Strategien für die Renovierung von Gebäuden.
- Bekämpfung von Energiearmut und Senkung der Energiekosten der Haushalte durch energetische Sanierung älterer Gebäude.

Inzwischen liegt der Entwurf für die nächste EPBD-Novelle vor. Die Europäische Kommission schlägt darin vor, den Zielstandard für Neubauten auf Nullemission im Lebenszyklus zu setzen. Diese Gebäude zeichnen sich durch eine sehr gute Effizienz aus. Der Restenergiebedarf soll vollständig aus erneuerbaren Energien stammen. Dieser Standard soll ab 2030 auch für Bestandsgebäude im Falle einer Kernsanierung erreicht werden.

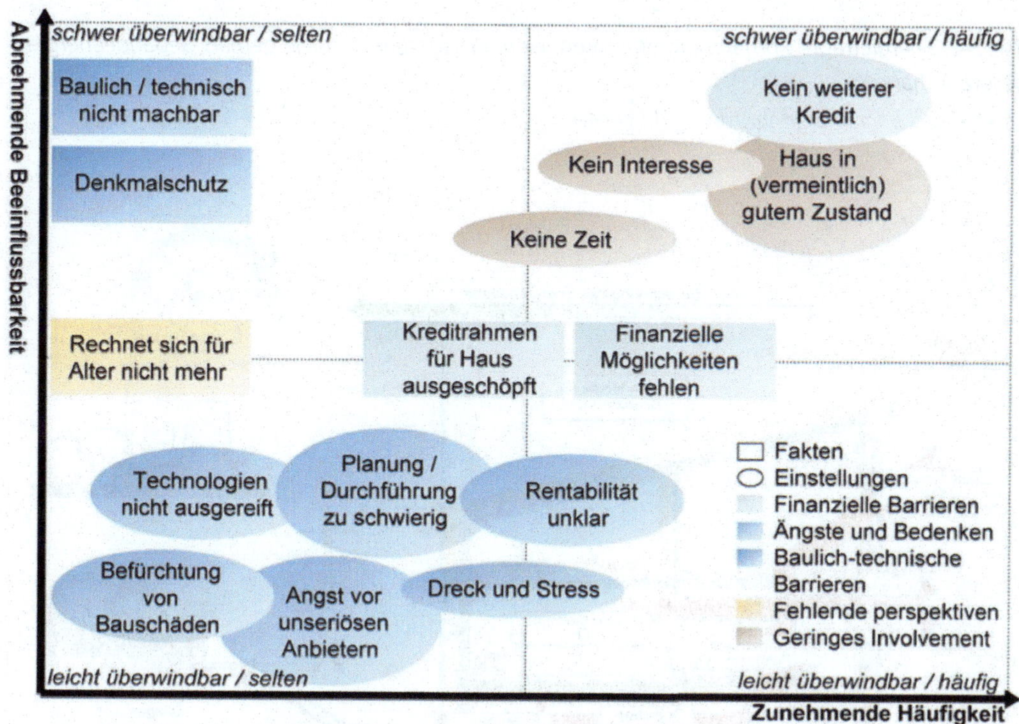


*Bild 5-1: Umsetzungshemmnisse der Energiewende im Gebäudebereich*
*Quelle: Strategiepapier_Energiewende mit Architekten; Bundesarchitektenkammer, 2018*

In der bundesdeutschen Gebäudeenergiegesetzgebung werden für Gebäude mit normalen Innentemperaturen zwei Haupt-Kenngrößen abgeleitet:

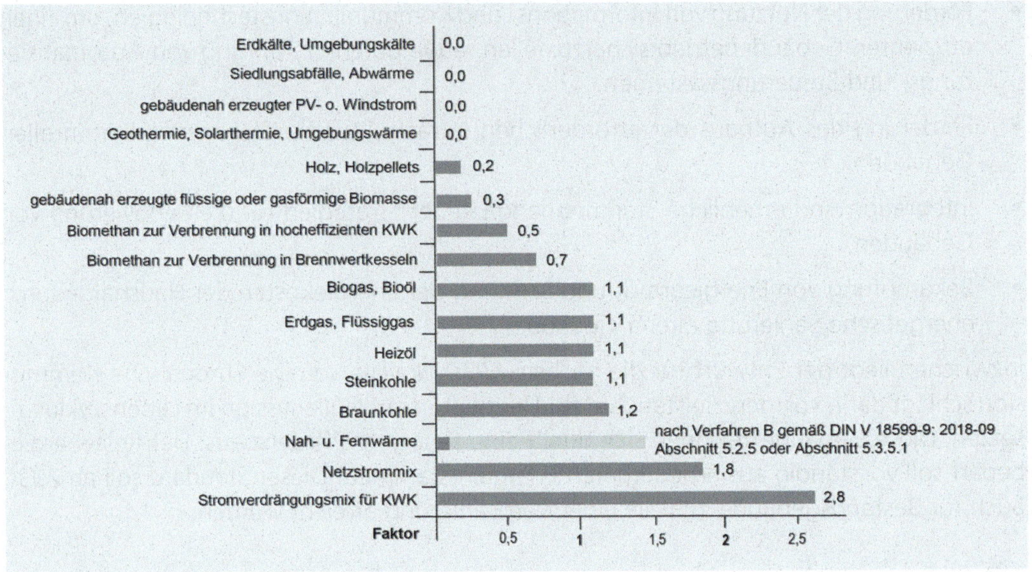


*Bild 5-2: Energieträger Primärenergiefaktoren, nicht erneuerbare Anteile gemäß Gebäudeenergiegesetz Anhang 4*

*Quelle: Sachverständigenbüro projektRAUM*

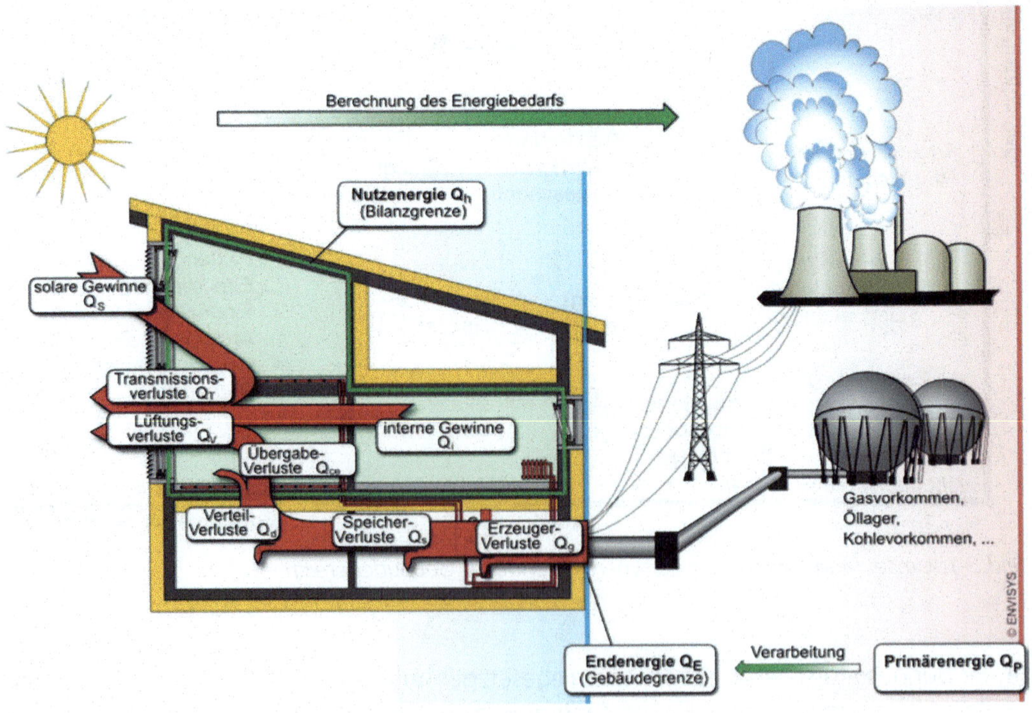


*Bild 5-3: Energieartdefinitionen*

*Quelle: ENVISYS GmbH & Co KG*

- Jahres-Primärenergiebedarf Qp für Heizung, Warmwasserbereitung, Kühlung (> 12 kW Leistung) und Beleuchtung (nur NWG)
- Transmissionswärmebedarf der Gebäudehülle HT bei Wohngebäuden bzw. mittlere Wärmedurchgangskoeffizienten der wärmeübertragenden Umfassungsflächen (gegliedert in opake Außenbauteile, opake Vorhangfassaden, transparente Außenbauteile; gesondert: Lichtkuppeln und andere vertikale transparente Bauteile) bei Nicht-Wohngebäuden.

Mittels Primärenergiefaktoren wird zur Abbildung der Umweltbelastung die verwendete Primärenergie aus den Endenergiebedarfen berechnet.

## 5.1 GEG – Einblick und Ausblick

Wie andere technische Bedingungswerke muss die Gebäudeenergiegesetzgebung regelmäßig überarbeitet werden. Anlass dafür bietet neben dem technologischen Fortschritt die Umsetzung der europäischen Rechtsanforderungen wie z. B. der EU-Gebäuderichtlinie EPBD sowie die Ziele zur Begrenzung des dynamischen Klimawandels. Mit einiger Verzögerung wurde in Deutschland das Energieeinspargesetz EEG, das Erneuerbare-Energien-Wärmegesetz EEWärmeG und die Energieeinsparverordnung EnEV zum Gebäudeenergiegesetz zusammengeführt. Mit 114 Paragraphen und 11 umfangreichen Anlagen wurde dabei sowohl das Ziel der Anwendungserleichterung als auch die Beschreibung nachhaltiger Mindeststandards zur Erfüllung des Pariser Klimaschutzabkommens deutlich verfehlt.

**Die Änderungen und Ergänzungen gegenüber der EnEV und dem GEG sind nachstehend aufgeführt:**

- Das Wohn-Referenzgebäude besitzt eine Thermosolaranlage zur Brauchwassererwärmung, eine ventilatorgestützte Abluftanlage und einen Erdgas-Brennwertkessel statt vormals Öl-Brennwertkessel.
- Im Rahmen der GEG-Festlegungen wird mit Bezugnahme auf den in der EU-Gebäuderichtlinie geforderten Nearly-Zero-Energy-Building-Standard als deutsche Entsprechung der bisherige Neubau-Effizienzstandard in § 10 GEG als Niedrigstenergiegebäude deklariert. Der primärenergetische Referenzwert muss bei Neubauvorhaben zunächst nur um 25 % unterschritten werden. Mit dem sogenannten Osterpaket 2022 wurde die primärenergetische Anforderung in Anlehnung an das Effizienzhaus 55 auf den Referenzgebäudewert – 45 % verschärft, jedoch ohne die Anforderungen an die Begrenzung der Transmissionswärmeverluste (Güte der Gebäudehülldämmung) ebenfalls zu erhöhen.
- Bei den Bilanzierungen für die Ermittlung des Jahres-Primärenergiebedarfs ist für zu errichtende Gebäude eine Mindest-Gebäudeautomationsausstattung vorzusehen.
- Die Anforderungen an Ausbau und Erweiterungen werden unabhängig vom jeweiligen Wärmeerzeuger nur noch an den Wärmeschutzstandard der Ausbauten bzw. Erweiterungen gekoppelt. Bei einer Ausbaufläche > 50 m² Nutzfläche sind außerdem die Anforderungen an den sommerlichen Wärmeschutz einzuhalten.
- Als neues Bilanzierungsverfahren für Wohngebäude wird ein Modellgebäudeverfahren mit Nachweis über Tabellenwerte eingeführt.

- Einige Primärenergiefaktoren wurden politisch neu justiert und Primärenergiefaktoren für synthetische Kraftstoffe aus Biomasse und Umweltwärme aus Abwasser ergänzt.
- Die Quoten für die Anrechenbarkeit von gebäudenah erzeugtem Regenerativstrom wurden erhöht und gelten nun auch bei vollständiger Einspeisung in das öffentliche Netz.
- Für pauschalisierte Wärmebrückenansätze kann das deutlich erweiterte Beiblatt 2 der DIN 4108-2019-06 eingesetzt werden.
- Nimmt der Eigentümer eines Wohngebäudes mit nicht mehr als zwei Wohnungen Änderungen im Sinne von § 48 Satz 1 und 2 an dem Gebäude vor und werden unter Anwendung des § 50 Absatz 1 und 2 für das gesamte Gebäude Berechnungen nach § 50 Absatz 3 durchgeführt, hat der Eigentümer vor Beauftragung der Planungsleistungen ein informatorisches Beratungsgespräch mit einer nach § 88 zur Ausstellung von Energieausweisen berechtigten Person zu führen, wenn ein solches Beratungsgespräch als einzelne Leistung unentgeltlich angeboten wird. Wer geschäftsmäßig an oder in einem Gebäude Arbeiten im Sinne des § 48 Satz 3 für den Eigentümer durchführen will, hat bei Abgabe eines Angebots auf die Pflicht zur Führung eines Beratungsgesprächs schriftlich hinzuweisen.
- Wenn die öffentliche Hand Nichtwohngebäude errichtet oder einer grundlegenden Renovierung unterzieht, muss sie prüfen, ob und in welchem Umfang Erträge durch die Errichtung einer Solaranlage genutzt werden können.
- Gemeinden und Gemeindeverbände können von einer Bestimmung nach Landesrecht, die sie zur Begründung eines Anschluss- und Benutzungszwangs an ein Netz der öffentlichen Fernwärme- oder Fernkälteversorgung ermächtigt, auch zum Zwecke des Klima- und Ressourcenschutzes Gebrauch machen.
- Über eine Innovationsklausel kann vorläufig bis zum 31. Dezember 2023 ein alternativer Nachweis über die gleichwertige Begrenzung von Treibhausemissionen geführt werden.
- Zunächst bis Ende 2025 besteht die Möglichkeit zur energetischen Bilanzierung von Quartieren aus mehreren Gebäuden, sodass Anforderungswerte auch übergreifend (gebäudegeschwisterlich) nachgewiesen werden können, wenn der Realisierung eine einheitliche Planung und ein Realisierungszeitraum von max. drei Jahren zugrunde liegt.
- Im Falle des Verkaufs eines Wohngebäudes mit nicht mehr als zwei Wohnungen hat der Käufer nach Übergabe des Energieausweises ein informatorisches Beratungsgespräch zum Energieausweis mit einer nach § 88 zur Ausstellung von Energieausweisen berechtigten Person zu führen, wenn ein solches Beratungsgespräch als einzelne Leistung unentgeltlich angeboten wird.
- Die Bändertachoeinteilung in Energieausweisen für Wohngebäude richtet sich nun nicht mehr nach der Endenergie, sondern nach dem Primärenergiebedarf.
- Die Vorlage- bzw. Veröffentlichungspflichten für Energieausweise betreffen Verkäufer bzw. Makler nun initiativ und längstens zur Objekterstbesichtigung eines Interessenten bzw. Übermittlung mit Exposés, falls keine Besichtigung stattfindet. Für Immobilienanzeigen gelten Mindest- und Kennwertangaben der energetischen Gebäudeeigenschaften durch Personen, die Veröffentlichungen von Immobilienanzeigen verantworten. Zuwiderhandlungen gegen diese Pflichten entsprechen einer Ordnungswidrigkeit.

- Die Ausstellungsberechtigung von Schornsteinfegern, Technikern und Handwerkern (die eine erfolgreiche Schulung im Bereich des energiesparenden Bauens nachweisen) wurde auf Nichtwohngebäude erweitert.

Weitere Regelungen mit Einfluss auf den Energiebedarf von Gebäuden wurden in der Verordnung zur Sicherheit der Energieversorgung über mittelfristig wirkende Maßnahmen (EnSimiMaV) geregelt: Bis zum 15.09.2024 sind Eigentümer von Gebäuden mit erdgasbetriebenen Wärmeerzeugern verpflichtet, einen Heizungscheck von einer Fachkraft durchzuführen und die Anlage optimieren zu lassen. Dabei soll die Anlage

- hinsichtlich eines effizienten Betriebs optimal eingestellt werden (Spreiztemperatur, Absenkbetrieb, Begrenzung der Heizgrenztemperatur, Optimierung der Warmwasserbereitung inkl. Zirkulationsbetrieb),
- Armatur- und Rohrleitungsdämmung optimiert werden,
- effiziente Heizungspumpen montiert sein und
- geprüft werden, ob die Heizanlage hydraulisch abgeglichen ist.

Für die Prüfung und Optimierungsmaßnahmen gilt Dokumentationspflicht.

**Zum 01.01.2023 wurden folgende Regelungen im GEG eingeführt:**

- Der zulässige Jahres-Primärenergiebedarf für Neubauten wurde von bisher 75 Prozent des Energiebedarfs des Referenzgebäudes auf 55 Prozent reduziert. Die Anforderungen an die Gebäudehülle von Neubauten bleiben hingegen unverändert.
- Erneuerbare Stromerzeugung am Gebäude und ihre Anrechnung wurden vereinfacht. Eine vorrangige Nutzung des Stroms im Gebäude ist nicht mehr erforderlich. Im Rahmen der Energiebilanz des GEG wird der gebäudebezogene Strombedarf monatlich dem nutzbaren Stromertrag gegenübergestellt.
- Unter vorgegebenen Bedingungen kann für Wohngebäude ein vereinfachtes Tabellen-Nachweisverfahren angewendet werden. Die Systematik orientiert sich am bisherigen BEG-Effizienzhaus 55. Es müssen alle Bauteilanforderungen und ein zulässiges Anlagenkonzept eingehalten werden. Gasheizungen können im vereinfachten Verfahren nicht genehmigt werden.
- Für den Betrieb von wärmenetzgebundenen Großwärmepumpen ab 500 kW installierter Leistung beträgt der Primärenergiefaktor für den nicht erneuerbaren Anteil 1,2 (vorher 1,8).
- Für gasförmige Biomasse wird klargestellt, dass die Primärenergiefaktoren in Gasgemischen (Erdgas/Biomethan) nur für den biogenen Anteil und nicht für das gesamte Gasgemisch angesetzt werden dürfen.

**Ausblick auf bevorstehende GEG-Novellen basierend auf dem Klimaschutzsofortprogramm 2022** unter Vorbehalt

- Bei Vorliegen kommunaler Wärmeplanungen greifen Heizungstauschregelungen. Dann soll jede neu eingebaute Heizung mindestens 65 Prozent erneuerbare Energie nutzen. Bestehende Heizungen können weiter betrieben werden. Auch Reparaturen sind möglich. Enddatum für die Nutzung fossiler Brennstoffe in Heizungen soll der 31.12.2044 sein.

- Ab dem 1.??.2024 (zum Redaktionsschluss noch nicht abschließend durch den Gesetzgeber geklärt) muss jede neu eingebaute Heizung (Neubau und Bestand, Wohnhäuser und Nichtwohngebäude) mindestens 65 Prozent erneuerbare Energie nutzen. Bestehende Heizungen können weiter betrieben werden. Auch Reparaturen sind möglich. Enddatum für die Nutzung fossiler Brennstoffe in Heizungen soll der 31.12.2044 sein.
- Eigentümer können zwischen gesetzlich vorgesehenen Erfüllungsoptionen technologieoffen wählen: Anschluss an ein Wärmenetz, eine elektrische Wärmepumpe, Stromdirektheizung, Hybridheizung, Heizung auf Basis von Solarthermie. Außerdem sind unter bestimmten Voraussetzungen „H2-Ready"-Gasheizungen möglich, die auf 100 Prozent Wasserstoff umrüstbar sind. Für Bestandsgebäude sind weitere Optionen vorgesehen: Biomasseheizung oder Gasheizung, die mindestens zu 65 Prozent Biomethan, biogenes Flüssiggas oder Wasserstoff nutzt.
- Übergangsfristen und Ausnahmen: Bei einer Heizungshavarie greifen Übergangsfristen (drei Jahre; bei Gasetagen bis zu 13 Jahre). Vorübergehend kann eine fossil betriebene Heizung eingebaut werden. Soweit ein Anschluss an ein Wärmenetz absehbar ist, gelten Übergangsfristen von bis zu zehn Jahren.
- Wirtschaftlichkeits-Härtefallregelung: Im Einzelfall wird berücksichtigt, ob die notwendigen Investitionen in einem angemessenen Verhältnis zum Ertrag oder in einem angemessenen Verhältnis zum Wert des Gebäudes stehen. Fördermöglichkeiten, Preisentwicklungen und ein Nutzungszeitraum von 18 Jahren sollen hier zugrunde gelegt werden.
- Für die Umstellung auf neue Heizungen gibt es Zuschüsse, Kredite oder Steuerabschreibungen. Die Förderung setzt sich aus einer Grundförderung und ggf. drei Bonusförderungen zusammen. Die Grundförderung sollen alle Eigentümer von selbst genutzen Wohnungen oder Häusern bekommen, wenn sie alte Heizungen, die mit fossilen Energien wie Öl und Gas betrieben werden, durch klimafreundliche Systeme ersetzen.
- Ab 2025 soll für Neubauten der Effizienzhausstandard 40 bezüglich der primärenergetischen Anforderungen gelten. Bezüglich der Begrenzung der Transmissionswärmeverluste werden voraussichtlich lediglich die Anforderungen des GEG 2020 fortgeschrieben.
- Ab 1.1.2024 soll jede neu eingebaute Heizung mit mind. 65% erneuerbaren Energien betrieben werden. Ausnahmen und Übergangsfristen können begleitend gelten.
- Die Nutzung von Solarenergie auf Dächern gewerblicher Neubauten soll künftig verpflichtend sein, während dies im Bereich privater Wohngebäude die Regelausführung werden soll. Die Anrechnung von Strom soll auch möglich sein, wenn der Strom vollständig eingespeist wird. Dabei soll das Verfahren der EnEV und § 23 Absatz 4 GEG 2020 mit monatsweiser Gegenüberstellung von Stromertrag und gebäudebezogenem Strombedarf angewendet werden.

Auf der Basis des BMWi *Kurzgutachten zur Überarbeitung von Anforderungssystemen und Standards im Gebäudeenergiegesetz für Neubauten sowie Bestandsgebäude einschl. der Wirtschaftlichkeitsbetrachtungen für* (Wohn-) *Neubauten und Bestandsgebäude 115/21-3* ist geplant, bis zum 1.1.2024 weitere GEG-Regelungen zu novellieren. Erfahrungen mit vergangenen Novellen zeigen, dass dies durchaus länger dauern kann als angekündigt:

- Einer der wesentlichen Vorschläge ist die Umstellung der Hauptanforderung vom Primärenergiebedarf Qp auf die Treibhausgas-Emissionen (THG) im Gebäudebetrieb, da diese mit dem Ziel eines klimaneutralen Gebäudebestandes besser kompatibel ist. (Darstellung weiterer THG-Lebenszyklusmodule gesondert in digitalen Gebäuderessourcenpass?)
- Bei der Umstellung der Effizienzanforderung an das Gebäude könnte es vom Transmissionswärmeverlust HT' auf den Heizwärmebedarf je $m^2$ Energiebezugsfläche gehen, der neben der Gebäudehülle auch Wärmerückgewinnung in Lüftungsanlagen und solare Gewinne berücksichtigt.
- Die Hauptanforderungsgrößen soll um die Effizienzgröße Endenergie Qf ergänzt werden, die das gesamte Gebäudekonzept betrachtet, den von außen bezogenen Energieeinkauf charakterisiert und ein Mindestniveau an Effizienz sicherstellt.
- Das Referenzgebäudeverfahren soll beibehalten werden. Allerdings sollen die Elemente der technischen Referenzbeschreibung so angepasst werden, dass diese direkt das Anforderungsniveau abbilden. Zudem wurde vorgeschlagen, kompakte Gebäude mit günstigem A/V-Verhältnis mit einem Anreiz zu versehen und ein technologieoffenes Referenzheizsystem einzuführen.

Explizite Novellregelungen für Nichtwohngebäude sind zum Redaktionsschluss noch nicht ausgearbeitet. Zur nationalen Ausgestaltung von Mindesteffizienzstandards die aus der Novelle der EU-Gebäuderichtlinie hervorgehen, gibt es Stand 01/2023 noch keine konkreten Ergebnisse.

Lt. Bundesregierung emittierte der Gebäudesektor 2020 rund 120 Millionen Tonnen $CO_2$-Äquivalente. Bis 2030 muss gemäß novelliertem Bundes-Klimaschutzgesetz eine Reduzierung auf 67 Millionen Tonnen $CO_2$-Äquivalente erfolgen. Das bedeutet eine Planreduzierung um rd. 44 %! In den Treibhausgasquellbilanzen taucht der „Gebäudesektor" allerdings nur mit einem Teil der Emissionen auf, die durch Gebäude verursacht werden. Zu den Emissionen aus den Schornsteinen der Gebäude kommen diejenigen aus Heiz- und Kraftwerken (Sektor Energiewirtschaft), die die Häuser beheizen, hinzu. Mit den Emissionen, die bei der Herstellung von Bauprodukten, deren Transport, Verarbeitung und Entsorgung (Sektor Industrie) zusammenkommen, umfasst der so erweiterte Gebäudesektor rund 40 % der deutschen Treibhausgase. Das Handlungsfeld Gebäude ist somit für eine verantwortungsvolle Klimapolitik maßgebend. Um das Fernziel – einen bis zum Jahre 2045 einen nahezu klimaneutralen Gebäudebestand – zu erreichen, sind in der aktuellen Gesetzgebung kaum zielführenden Konzepte und Strategien zu erkennen. Die Treibhausgasemissionen und der Energieverbrauch in Gebäuden sind seit Einführung des GEG kaum gesunken. Mit verhaltenen gesetzlichen Regelungen, Grenzwerten und Fördermitteln wird man die notwendigen energetischen Niveaus nicht erreichen.

## Exkurs

### Konstruktive Kritik an der Gebäudeenergiegesetzgebung

- Die Neubauanforderungen unterlaufen sämtlichen bisherigen Zielstellungen (IEKP-Energiekonzept, EU-Richtlinien, Bundesnachhaltigkeitsstrategie). Der für Neubauten geforderte Standard ist weit von technisch und ökonomisch realisierbaren Effizienzstandards entfernt. Die EU-Ziele Nearly-Zero-Energy mit Energieversorgung aus regenerativen Quellen und das Zero-Emission-Building werden verfehlt. Es ist bereits seit über 30 Jahren technisch möglich, Passivhäuser und ähnliche Gebäudeeffizienzniveaus zu bauen, und das ist seit über 20 Jahren auch ökonomisch sinnvoll! In den gesetzlichen Neubaustandards werden Energieverbräuche und Klimawirkung für viele Jahrzehnte festgeschrieben. Auf Grund langer Lebenszyklen und der hohen Veränderungsträgheit, sollten nachhaltig-zukunftsfähige energetische Standards gefordert werden, damit nicht die heutigen Neubaustandards vorzeitig zu energetischen Sanierungsfällen werden. Die nächste GEG-Novelle muss die überfällige Perspektive und planbare Zwischenschritte für das Erreichen der 2045-Ziele im Neubau und im Bestand (Klimaneutralität) aufzeigen und durch Förderungen und individuelle Sanierungsfahrpläne flankieren.
- Für alle Neubauten sollte so zeitnah als möglich mindestens der Standard vergleichbar mit KfW-Effizienzhaus 40 EE NH gelten. Ein steigender Erneuerbare-Energien-Pflichtanteil muss auch für Fernwärme eingeführt werden. Heizung mit fossilen Brennstoffen sollen ohne Ausnahmen zeitnah verboten werden. Gasheizungen, könnten alternativ mit $CO_2$-neutralem Gas (Biogas, Power-to-Gas) versorgt werden.
- Die Grenzwerte für spezifische Transmissionswärmeverluste sind derzeit vom Verhältnis der wärmeübertragenden Gebäudehülle zum Volumen abhängig. Im Ergebnis dürfen Gebäude mit schlechtem A/V-Verhältnis sehr viel mehr Wärmeverluste emittieren. Stattdessen wäre es aus gebotenem Klimaschutz besser, wenn der Grenzwert für den spezifischen Transmissionswärmeverlust weniger stark vom A/V-Verhältnis abhängig wäre. Gebäude, bei denen diese Aspekte in der Planung besser berücksichtigt wurden, könnten mit geringerem Dämmaufwand erstellt werden. Ähnliches gilt für die Grenzwertverschiebung bei großen Fensterflächenanteilen. Dahingehend ist die Umstellung auf absolute Zielwerte statt Vergleichen mit Referenzgebäuden notwendig.
- Die „Innovationsklausel" (§ 103) ist nachhaltig zu definieren. Aktuell erlaubt sie die Umgehung etablierter Standards und erzeugt Bürokratie mit zusätzlichem Vollzugsaufwand – bei ohnehin gravierenden Vollzugsdefiziten. Die Innovationsklausel schafft keinen Mehrwert für den Klimaschutz, da sie sich an den bestehenden Mindeststandards orientiert und in der Auswirkungssumme zu einer Absenkung der Anforderungen führt. Für ein Beispielquartier gemäß § 103 Abs. 3 mit zehn Gebäuden kann das bedeuten, dass für neun Gebäude ein Standard bis zu 40 % unter den sonst geltenden Mindestanforderungen für Gebäudehüllen ausreicht, wenn nur ein Gebäude energieeffizient saniert wird. Die angestrebten gebäudegeschwisterlichen Quartiersbilanzierungen bedingen die Gefahr von Bilanzierungslösungen, die weit vom spezifischen Optimum einzelner Bestandsobjekte entfernt

bleiben. Bei der energetischen Bilanzierung sollen definierte Mindestanforderungen an die Effizienz für die einzelnen Gebäude fortgelten. Der Quartiersgedanke kann über dekarbonisierte Nah- und Fernwärmeversorgung gefördert werden.

- Die parallelen Bewertungsverfahren für Energieausweise auf der Basis des Energieverbrauchs oder des Bedarfs sind nicht zielführend und stellen keine geeignete Vergleichsmöglichkeit dar, wie sie zur Umsetzung europarechtlicher Anforderungen bezweckt ist. Neubauten sind ohnehin nicht energetisch im Verbrauchsverfahren darstellbar. Verbrauchskennzahlen könnten bei Bestandsgebäuden allerdings vergleichend und zur Plausibilisierung ergänzt benannt werden. Sie sollten in diesem Fall auch den tatsächlichen Nutzerstromverbrauch integrieren.
- Energieausweise für Bauvorhaben sollten für die Genehmigungsbehörden in einer vorläufigen Planungsfassung erstellt werden. Zur Fertigstellung muss die Umsetzung nachvollziehbar verifiziert und vor Ausstellung des endgültigen Energieausweises ggf. angepasst werden.
- Die Energieausweis-Ausstellungsberechtigung für Schornsteinfeger und gewerblich tätige Handwerker (die eine erfolgreiche Schulung im Bereich des energiesparenden Bauens nachweisen), steht aufgrund der Interessenkonflikte zu Recht in der Kritik. Ähnliches gilt für die Nachweisberechtigungen in der Bundesförderung für effiziente Gebäude BEG.
- Es besteht die Verpflichtung zur Benennung möglicher und wirtschaftlicher Effizienzmaßnahmen im Energieausweis. Da Energieausweise häufig von fachunspezifischen Ablesediensten oder objektfernen Onlineanbietern ohne hinreichende Kenntnis der baulichen Verhältnisse nur auf der Basis von übermitteltem Bildmaterial erstellt werden, können hier auch keine spezifischen, fachlich qualifizierten Effizienzmaßnahmen vorgeschlagen werden. Die Bewertung von Effizienzmaßnahmen kann nur auf der Basis einer Bedarfsvergleichsbilanzierung des Altzustands im Vergleich mit sanierten Prognosezuständen auf der Basis qualifizierter Energieberatung erfolgen.
- In Abwägungsprozessen der Bau- bzw. Bauleitplanung sollte dem Klimaschutz Priorität eingeräumt werden. Bei der Aufstellung von Bebauungsplänen und der Erarbeitung städtebaulicher Verträge sollen von der Kommunalverwaltung zwingend Klimaschutzkonzepte erstellt werden und die wesentlichen Ergebnisse in die Entscheidungsvorlagen einfließen. Dafür sind entsprechende Regeln, Qualifizierung und bessere Verankerung in der kommunalen Verwaltung erforderlich.
- Die Primärenergiefaktoren stellen politische Stellräder dar. Zielführender wäre, als führende Querschnitts-Grenzhauptanforderungsgröße das nutzflächenbezogene Global-Warming-Potential GWP in $CO_2$-Äquivalenten einzuführen. Dies sollte top down an den Klimaschutzzielen der Bundesregierung (2050 = 0) orientiert sein. Eine frühzeitig verstetigte Bindung der Ziel- und Grenzwerte macht die Anforderungen über einen längeren Zeitraum planbar. Wie sich überdeutlich zeigt, sind die Gebäudeklimaschutzziele nicht allein durch Förderanreize zu erreichen, zumal die Förderprogramme noch nicht hinreichend direkt auf Umweltwirkungskennzahlen umgestellt wurden. Dabei kann eine Förderung, die sich an Treib-

hausgaseinsparungen orientiert, eine hohe Lenkungswirkung entfalten und sie ist technologieoffen.

- Graue Energie für Baustoffherstellung, Transport und Entsorgung ist in die Bilanzierung einzubeziehen und mit Global-Warming-Potential-Benchmarks und nachhaltig klimaschonenden Grenzwerten auszustatten. Als Hauptanforderung sollten die GWP-Lebenszyklus-Emissionen, neben der Betriebsphase B auch die DIN EN 15978-Module A1-3 (Herstellung) mit Flächen- und Personenbezug bilanziert werden (ökologischer Gebäude-Personen-Fußabdruck). Hierbei sollte auch der Nutzerstrom einbezogen werden. Sobald die Datensituation es zulässt, sollten mindestens noch die Module C3-4 (Abbau, Entsorgung) und D (Wiederverwertungspotenzial) hinzukommen. Die Ergebnisse können in einem digitalen Gebäuderessourcenpass dargestellt werden, wie ohnehin im Koalitionsvertrag vereinbart. Nach einem Entwurf des DGNB wäre darin die Gesamtmasse des Gebäudes erfasst. Weiterhin Informationen rund um die Immobiliennutzbarkeitsflexibilität, zu den verbauten Inhaltsstoffen, zur Verwendung zirkulärer Wertstoffe, dem Anteil nachwachsender Rohstoffe und die Umweltwirkung eines Gebäudes über eine Referenznutzungsdauer von 50 Jahren als ökobilanziell ermittelte Treibhausgasemissionen des Bauwerks sowie der Primärenergiebedarf aus nicht-erneuerbaren Energiequellen.
- Bereits verbaute grauen Energien sollen durch sachverständige Prüfung der Sanierungsfähigkeit als Bedingung für eine Abrissgenehmigung geschützt werden.
- Qualifizierte Energie- und Klimaschutzberatung muss auskömmlich gefördert werden. Für den Einstieg in die Energieberatung sollten Beratungsgutscheine für Sanierungsfahrpläne ausgegeben werden und bundesweit den Zugang zu qualifizierten Beratungsangeboten für energetische Modernisierungen und Umrüstung auf erneuerbare Energien sicherstellen.
- Für jedes Gebäude sollten individuelle Klimaschutzsanierungsfahrpläne erstellt werden. In diesen wären zu erreichende Energie- und Emissionsgrenzwerte unter Berücksichtigung der Lebenszyklen definierbar. Die Höhe der Förderquoten sollte an den THG-Einsparerfolg geknüpft werden. Staatliche Fördermittel sollten nur für hochwertige klimaschonende Standards ausgereicht werden.
- In der Genehmigungspraxis energetischer Sanierungen sollte die besonders erhaltenswerte Bausubstanz stärker differenziert werden: in Baukulturdenkmäler und sonstige erhaltenswerte Bausubstanz sowie in beheizte und unbeheizte Baukulturdenkmäler. Für Letztere könnten ohne Interessenkonflikt hohe Veränderungshürden bei der Außenhülle beibehalten werden. Für alle anderen Gebäude müssen Anpassungen im Zuge des gebotenen Gesundheits- und Klimaschutzes sowie zur Begrenzung des Heizwärmebedarfs unter Berücksichtigung der äußeren Fassadengestalt ohne besondere Ausnahmen möglich sein.
- Zur Steigerung der energetischen Modernisierungsrate sollte das Mietrecht (BGB) novelliert werden. Weiterhin fehlen transparente Definitionen zur Trennung von Instandhaltung, energetischen Modernisierungskosten und nonenergetischen Modernisierungskosten. Für den Part der energetischen Modernisierungskosten-

umlage soll die Warmmietneutralität nachgewiesen werden. Die nonenergetischen Modernisierungskosten sollen erst bei Mieterwechsel umlagefähig werden.

- In der Praxis werden derzeit Energieeffizienzmaßnahmen nur umgesetzt, wenn es sich für die Investoren „rechnet". Dies schlägt sich an verschiedenen Stellen der Gesetzgebung als Wirtschaftlichkeitsgebot nieder. Das Wirtschaftlichkeitsgebot ist vielfältig interpretierbar und bezieht Folgekosten des Klimawandels bislang nicht ein. In der EU-Gebäuderichtlinie wird gefordert, eine Berechnungsmethodik zur Bewertung von kostenoptimalen Niveaus einzuführen. Im Gegensatz zur Immobilienbewertung beispielsweise gibt es für Wirtschaftlichkeitsberechnungen von Energieeffizienzmaßnahmen allerdings noch keine allgemeingültigen und anwendbaren Berechnungsrichtlinien mit anzusetzenden Randbedingungen. Somit kann jede Maßnahme je nach Zielsetzung zu den unterschiedlichsten Wirtschaftlichkeitsergebnissen geführt werden. Vor dem Hintergrund des gebotenen Klimaschutzes und der gebotenen Berücksichtigung volkswirtschaftlicher Kosten sollte das Wirtschaftlichkeitsgebot in seiner jetzigen Form ersatzlos gestrichen werden. Solange das Wirtschaftlichkeitsgebot jedoch integraler Bestandteil der Gebäudeenergiegesetzgebung bleibt, bedarf es einer Richtlinie zur Berechnung der Wirtschaftlichkeit von baulichen Effizienzmaßnahmen, die dazu dient, derartige Berechnungen vergleichbar und transparent zu gestalten.
- Ausnahmen sollen umfassend reduziert werden: Zum Beispiel sollten auch beheizte oder gekühlte landwirtschaftlich genutzte Gebäude erfasst werden. Anforderungsbefreiungen wegen angeblicher Unwirtschaftlichkeit entfallen oder müssen mit dynamischen Bewertungsmethoden und gesetzlich fixierten Randbedingungen nachgewiesen werden, …
- Das Ordnungsrecht muss bundeseinheitlich vereinfacht und an nachgewiesenen Ergebnissen ausgerichtet werden. Ein verbindlicher Ordnungs- und Regulierungsrahmen mit ambitionierten Vorgaben ist erforderlich, damit individuell die notwendigen Maßnahmen zeitgerecht und in der gebotenen Effizienz unternommen werden. Es fehlt an Kontrollmechanismen zum Erfolgsnachweis für Effizienz-Modernisierungsmaßnahmen im Gebäudebestand. Es fehlen klare Anforderungen an die Qualitätssicherung von Planung und Ausführung. Es fehlt an wirkungsvollen Regelungen zu Prüfzuständigkeiten und Prüfprozeduren. Momentan sind noch nicht in allen Bundesländern geeignete staatliche Kontrollmechanismen zum Vollzug und zur Prüfung von Gebäude-Energieausweisen und deren Kenndaten-Veröffentlichungspflichten, zu Klimaanlagen-Inspektionen, zu Nachweisen der Mindestnutzung erneuerbarer Energiequellen, Wärmeschutznachweisen, Nachweisen zum sommerlichen Wärmeschutz und Ausnahmeanträgen eingeführt. So überrascht es nicht, dass in weiten Teilen der Republik der praktischen Umsetzung energetischer Belange im Bauwesen eine sehr niedrige Priorität zugeordnet wird. Die Kontrollmechanismen sollten auf wichtige anerkannte Regeln der Technik ausgeweitet werden, wie es für KfW-Effizienzhäuser seit Langem selbstverständlich ist: Luftdichtekonzepte nach DIN 4108, Belüftungskonzepte nach DIN 1946-6, hydraulischer Abgleich von Heizungs- und Kälteanlagen. Flankierender Einbau von Messeinrichtungen bei jedem neuen Wärmeerzeuger für zugeführte Endenergie und abgegebene Nutzenergie.

- Eine Kombination mit Novellen weiterer Gesetze und Verordnungen muss die Rahmenbedingungen für eine nachhaltige „Bauwende" abrunden. Dies betrifft u. a. das Klimaschutzgesetz, das BauGB, die BauNVO, die Musterbauordnung, die Bauproduktenverordnung, Heizkostenverordnung, Suffizienzregelungen, sowie Normen wie z. B. die Technischen Baubestimmungen (MVV TB), die Musterholzbaurichtlinie etc.

## GEG 2.0 – Ein zielführender Vorschlag

Ein Forschungskonsortium aus ifeu-Institut, Energie-Effizienz-Institut und Burkhard Schulze Darup hat im Auftrag des Ministeriums für Umwelt, Klima und Energiewirtschaft des Landes Baden-Württemberg einen Vorschlag für das GEG 2.0 erarbeitet. Es sollte vom Ziel Gebäude-Klimaneutralität her gedacht sein, klar und nachhaltig, ambitioniert im Neubau, richtungsweisend im Bestand, keine Lock-Ins und Bereu-Investitionen auslösen und dabei einfach und robust sein. Zusätzlich sollte es die EU-politischen Entwicklungen berücksichtigen, wie etwa die Zielverschärfung im Green Deal, die Renovation Wave oder die Anforderungen an die schlechtesten Gebäude gemäß Gebäuderichtlinie. Acht Elemente können in ein neues GEG eingebaut werden. Ihre ganze Wirkung entfalten sie im Zusammenspiel. Um die Wirksamkeit zu erhöhen, wird ein $CO_2$-Mindestpreis vorgeschlagen. Er erhöht sich automatisch um 30 Euro pro Tonne, wenn das jährliche Gebäudeziel des Klimaschutzgesetzes nicht erreicht wird. Damit steigt die Planungssicherheit auch über das Jahr 2026 hinaus.

Die vollständige Studie kann auf den Webseiten der beteiligten Institute eingesehen werden.

### Element 1 – Fordern und Fördern

Neubauten und Sanierungsmaßnahmen, die die GEG 2.0-Anforderungen einhalten, sollen gleichzeitig über das BEG gefördert werden können. Damit sollen unzumutbare Belastungen für die Gebäudeeigentümer vermieden werden. In EnEG und GEG führen unwirtschaftliche Maßnahmen bisher zu einer Befreiung. Allein mit betriebswirtschaftlichen Maßnahmen sind einige Klimaschutzziele nicht zu schaffen. Deshalb sollen verbliebene Wirtschaftlichkeitslücken mit öffentlichen Mitteln geschlossen werden.

### Element 2 – Treibhausgas-Faktoren

Treibhausgas-Faktoren spielen im GEG 2.0 eine größere Rolle als bisher. Aus diesem Grund werden einige THG-Faktoren gesondert geregelt. So darf für Wärmenetze ein pauschaler Faktor von 150 g/kWh angesetzt werden, wenn für sie ein Transformationsplan gemäß Bundesprogramm effiziente Wärmenetze (BEW) vorliegt. Liegt dieser Plan nicht vor, ist der THG-Faktor wie bisher aus den Anteilen der Erzeugungsanlagen zu errechnen. Für KWK-Anlagen ist dabei die Carnot-Methode anzuwenden anstelle der bisher verwendeten Stromgutschrift-Methode. Dadurch wird berücksichtigt, dass die Stromgutschrift durch den künftig steigenden EE-Strom-Anteil stetig ungünstiger wird. Holz wird mit 20 g/kWh bewertet, jedoch nur bis zu einem Endenergiebedarf von 50 kWh/m²a; über dieser Grenze wird es mit 180 g/kWh bewertet. Mit diesem Budgetverfahren wird die verfügbare Gesamtmenge an fester Biomasse in die Berechnung einbezogen. Holz ist zwar erneuerbar, aber nicht unendlich verfügbar. Deshalb dürfen ineffiziente Gebäude nicht durch bloßen Einsatz von Holzheizungen klimaneutral gerechnet werden. Der THG-Faktor für Gase wird – analog zum Strom – aus dem bundesweiten Gasmix berechnet. Biomethan oder synthetische Gase (Power-to-Gas) werden mit ihrem jeweiligen Anteil eingerechnet. Der THG-Faktor von Strom soll künftig alle drei Jahre neu berechnet werden. Bis 2025 beträgt er 400 g/kWh.

## Element 3 – Anforderungen an neu zu errichtende Gebäude

Heute neu gebaute Häuser sollen klimaneutral im Betrieb sein. Anders ist das Klimaziel praktisch nicht zu erreichen. Dazu gehören neben einem zielführenden Entwurf (Kubatur, Orientierung, Fensterflächen, Dachneigung …) gut gedämmte Bauteile in sorgfältiger Ausführung, effiziente Anlagentechnik sowie die Versorgung durch gebäudenahe Erneuerbare Energien. Außerdem besteht eine Abwägungspflicht, ob Optimierungen durch planerische oder bauliche Maßnahmen der Suffizienz und Flexibilität möglich sind.

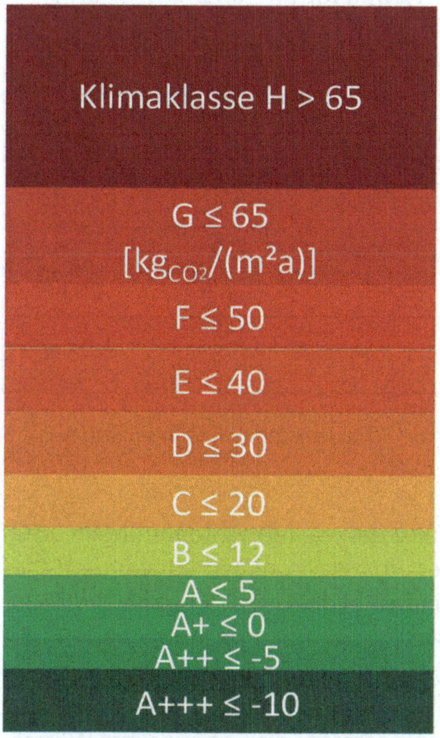

Klimaklasse H > 65
G ≤ 65
[$kg_{CO_2}/(m^2a)$]
F ≤ 50
E ≤ 40
D ≤ 30
C ≤ 20
B ≤ 12
A ≤ 5
A+ ≤ 0
A++ ≤ -5
A+++ ≤ -10

*Bild 5-4: Klimaklassen für Gebäude im GEG 2.0, Angaben in g $CO_2$-Äq/m² Energiebezugsfläche*

Genau wie im bisherigen GEG gibt es im GEG 2.0 zwei zentrale Anforderungsgrößen. Jedoch werden Primärenergiebedarf und Transmissionswärmeverlust nicht übernommen. Treibhausgas-Emissionen und Nutzwärmebedarf für Raumwärme treten an ihre Stelle. Damit übernimmt das GEG 2.0 die Logik, dass Gebäude sowohl eine effiziente Hülle brauchen als auch eine klimaschonende Versorgungstechnik benötigen. Treibhausgas-Emissionen sind als Anforderungsgröße für jeden leicht verständlich und haben einen direkten Zielbezug. Zudem können Unterschiede – wie z. B. zwischen Öl und Gas – exakt abgebildet werden. Auch die Vorketten-Emissionen liegen für die Energieträger vor. Der THG-Kennwert umfasst Raumwärme, Warmwasserbereitung, Lüftung, Kühlung und bei Nichtwohngebäuden zusätzlich Beleuchtung wie gehabt. Analog zum jetzigen GEG werden Klimaklassen eingeführt. Neubauten müssen Klasse A einhalten, ab 2026 Klasse A+. Alle Anforderungen im GEG 2.0 beziehen sich auf die beheizte oder gekühlte Energiebezugsfläche. Bei Wohngebäuden ist dies die Wohnfläche nach DIN 277.

Die zweite Hauptanforderungsgröße ist der Nutzwärmebedarf für Raumwärme, also die Wärmemenge, die zur Erreichung einer Zieltemperatur notwendig ist. Im Gegensatz zum $H_T$-Wert umfasst er auch die solaren Gewinne, die Kompaktheit des Gebäudes und Wärmerückgewinnungsanlagen. Die Nutzwärme-Anforderung bildet unmittelbar die langfristig verbauten Komponenten des Gebäudes ab – ohne Überlagerungen durch die Anlagentechnik. Damit die Wärmegutschriften aus der Anlagentechnik den Wert nicht verfälschen, wird der Heizwärmebedarf im Berechnungsgang vor der ersten Iteration abgegriffen. Auf das Referenzgebäudeverfahren kann nunmehr verzichtet werden. Dieses hat bekanntlich den Nachteil, dass ungünstige Gebäudeentwürfe möglich sind, kaum Anreize zur Optimierung gesetzt werden und bei jeder Novelle neue Referenzgebäude zu definieren sind.

Neubauten dürfen den Grenzwert von 20 kWh/m²a nicht überschreiten. Da dieser Wert für kleine, weniger kompakte Gebäude eine höhere Hürde darstellt, kann alternativ und in Gänze mit den U-Werten in nachstehender Tabelle gebaut werden. Allerdings darf der Fensterflächenanteil bei dieser Nachweisart 30 % der Energiebezugsfläche nicht überschreiten. Die Tabelle dient gleichzeitig als planerische Orientierung.

| Bauteil | | Neubau | Sanierung |
|---|---|---|---|
| Außenwand | U-Wert [W/(m²K)] | 0,16 | 0,18** |
| Dach | U-Wert [W/(m²K)] | 0,12 | 0,14 |
| Kellerdecke, Boden geg. Erdreich/Außenwand gegen Erdreich/unbeheizt | U-Wert [W/(m²K)] | 0,18 | 0,25 |
| Fenster | $U_W$ [W/(m²K)] | 0,80 | 0,80 |
| Außentüren | U-Wert [W/(m²K)] | 1,00 | 1,00 |
| Oberlichter und Dachflächenfenster | U-Wert [W/(m²K)] | 1,00 | 1,00 |
| Wärmebrücken | $\Delta U_{WB}$ [W/(m²K)] | 0,03 | 0,05 |
| Luftdichtheit, gemessen nach DIN EN ISO 9972 | $n_{50} \leq$ | 0,6 $h^{-1}$ | 1,0 $h^{-1}$ |
| Zu-/Abluft mit WRG, Grundlüftung, effektiver Wärmebereitstellungsgrad | | ≥ 75 % | ≥ 75 % |

*Bild 5-5: U-Wert-Anforderungen an Wohngebäude mit max. 30 % Fensterflächenanteil und Nichtwohngebäude*

Neben den beiden Hauptanforderungen müssen Neubauten weitere Anforderungen erfüllen: Auf dem Grundstück müssen 60 kWh/m²a erneuerbarer Strom erzeugt werden. Dies bezieht sich auf die überbaute Fläche. Wenn etwa ein Drittel der Dachfläche mit PV-Modulen belegt wird, ist diese Verpflichtung in der Regel erfüllt. Der erzeugte Strom wird bei der Bilanzierung gutgeschrieben, soweit er nach dem Monatsbilanzverfahren den Haustechnikstrom deckt. Darüber hinaus produzierter Strom wird noch zur Hälfte gutgeschrieben. Durch diese Anrechnung von erneuerbarem Strom kompensieren die Gebäude ihre Wärme-Emissionen und können bilanziell negative Emissionen erreichen (Klassen A+, A++, A+++). Für Gebäude in ungünstigen Lagen – zum Beispiel stark verschatteten Stadtlagen – soll ein EE-Gebäudefonds eingerichtet werden. Hier können im Ausnahmefall die EE-Strom- und die THG-Anforderungen kompensiert werden – zum Beispiel mit Freiflächen-PV-Anlagen. Allerdings muss dazu das 1,5-Fache des Fehlbetrags errichtet werden. Die Anforderungen gelten gleichermaßen für Wohn- und Nichtwohngebäude. Auch Nichtwohngebäude mit einer energieintensiven Nutzung können nicht ausgenommen werden, wenn der Gebäudebestand in Zukunft klimaneutral sein muss (betriebliche Produktionsenergien werden allerdings vorläufig im GEG 2.0 nicht erfasst).

Modellrechnungen haben gezeigt, dass ein vollständiger Ausgleich der Emissionen durch gebäudenah erzeugten erneuerbaren Strom in der Regel möglich ist. Dazu müssen Wärmelasten reduziert und Kühllasten bereits im Entwurf durch passive Sonnenschutzmaßnahmen vermieden werden.

Da der Energiebedarf der Gebäude immer kleiner wird, steigt der Anteil der so genannten grauen Energie. Deshalb soll für Neubauten eine vereinfachte Ökobilanz erstellt werden. Die Ergebnisse sollen in einer zentralen Datenbank gespeichert werden, um daraus mittelfristig weitere Anforderungen an Gebäudeökobilanzen abzuleiten.

**Element 4 – Anforderungen an bestehende Gebäude**

Voraussichtlich werden 80 % des heutigen Gebäudebestands im Jahr 2050 noch stehen. Diese Gebäude müssen also für die klimaneutrale Zukunft fit gemacht werden. Das GEG 2.0 sieht eine Mischung aus Fördern und Fordern vor. Wenn aber selbst wirtschaftliche Sanierungen nicht durchgeführt werden, kann auch Förderung allein nichts mehr ausrichten. Da die Emissionen der Gebäude aber um mindestens 5 % pro Jahr sinken müssen, sind ordnungsrechtliche Vorgaben unverzichtbar, um die notwendigen Klimaschutzziele zu erreichen.

Das GEG 2.0 schlägt deshalb einen Fahrplan vor, der langfristig vorgibt, welche Klimaklassen mindestens einzuhalten sind. Bestandsgebäude müssen:

a) ab dem 1.1.2025 mindestens die Klimaklasse F erreichen oder zwei Erfüllungsmaßnahmen durchgeführt haben,

b) ab dem 1.1.2032 mindestens die Klimaklasse D erreichen oder vier Erfüllungsmaßnahmen durchgeführt haben,

c) ab dem 1.1.2039 mindestens die Klimaklasse B erreicht haben oder sechs Erfüllungsmaßnahmen durchgeführt haben.

Die Klimaklasse wird mit einem qualifiziert erstellten Energieausweis nachgewiesen. Gebäude ohne Nachweis landen automatisch in Klasse H. Wenn ein individueller Sanierungsfahrplan vorliegt, gibt es einen Aufschub von zwei Jahren. Hält ein Gebäude die Vorgaben nicht ein, müssen Eigentümer eine jährliche Abgabe zahlen. Sie beträgt 3 Euro pro Quadratmeter und überschrittener Klimaklasse. Sie ist nicht auf Mieten umlagefähig. Dieses Verpflichtungssystem greift die Herangehensweise der EU-Gebäuderichtlinie auf, nach der die schlechtesten Gebäudeklassen besonders vordringlich anzugehen sind. Zudem sind energetische Verbesserungen in diesen Gebäuden in der Regel besonders wirtschaftlich. Alternativ zur Berechnung der Klimaklassen können auch die Erfüllungsmaßnahmen nachgewiesen werden. Dabei gelten auch Maßnahmen, die in der Vergangenheit durchgeführt wurden. Als gleichwertig zu Klasse F werden zum Beispiel zwei von den neun gelisteten Maßnahmen anerkannt.

**Erfüllungsmaßnahmen für den Gebäudebestand**

1. EE-Fit (siehe unten) (zählt als 2 Maßnahmen)
2. Wärmedämmung der Außenwände (50 % = 1 Maßnahme / 100 % = 2 Maßnahmen)
3. Wärmedämmung von Dachflächen oder obersten Geschossdecken
4. Wärmedämmung der thermischen Hüllabgrenzung nach unten
5. Erneuerung der Fenster und Außentüren (50 % = 1 Maßnahme / 100 % = 2 Maßnahmen)

6. Erneuerung oder Einbau einer Lüftungsanlage mit Wärmerückgewinnung
7. Erneuerung der Heizungsanlage
8. Einbau von digitalen Systemen zur energetischen Betriebs- und Verbrauchsoptimierung
9. PV-Installation

Die Maßnahmen müssen die U-Werte für Sanierungen entsprechend Bild 5-5: U-Wert-Anforderungen an Wohngebäude mit max. 30 % Fensterflächenanteil und Nichtwohngebäude einhalten. Die Maßnahmen sind unterschiedlich gewichtet. So zählt schon die Dämmung der Hälfte der Außenwände als eine ganze Maßnahme. Die gesamte Außenwand zählt entsprechend wie zwei Maßnahmen. In Punkt 1 (EE-Fit) geht darum, Gebäude für den Umstieg auf erneuerbare Energien vorzubereiten, solange der bestehende Wärmeerzeuger noch funktioniert. Wenn er dann ausgetauscht werden muss, steht dem Wechsel nichts mehr im Wege. Andernfalls könnte sich die nächste Chance erst in 20 Jahren bieten. Das zentrale Merkmal von EE-Fit ist eine Heizungsvorlauftemperatur von maximal 55 °C. Sie wird meist durch eine Kombination von Dämm- und Anlagenmaßnahmen erreicht. Zusätzlich müssen praktische Fragen für den Anlagenbetrieb für EE-Fit geklärt sein – sind Sondenbohrungen möglich, wo kann eine Luft-Wärmepumpe stehen? Die genauen Anforderungen der Erfüllungsmaßnahmen würden in ein technisches Merkblatt einfließen.

### Element 5 – Einschränkungen für Heizkessel mit fossilen Brennstoffen

Im Jahr 2045 dürfen in Gebäuden keine fossilen Brennstoffe mehr verwendet werden. Um zu verhindern, dass zu diesem Zeitpunkt noch fossil betriebene Heizsysteme im Bestand sind, die die übliche Nutzungsdauer von 20 Jahren noch nicht erreicht haben, muss der Neuanschluss rechtzeitig gestoppt werden. So wird der Übergang zu anderen Heizungstechnologien möglichst harmonisch gestaltet. Gas-Heizkessel dürfen ab 2025 nur neu installiert werden, wenn das Gas einen THG-Faktor von vorläufig 220 g/kWh einhält. Es ist also eine Beimischung erneuerbarer Gase erforderlich, um den Grenzwert einzuhalten. Synthetische Gase wie Power-to-Gas-Methan oder Wasserstoff werden anerkannt, wenn sie mit erneuerbarem Strom erzeugt wurden, der nicht aus EEG-geförderten Anlagen stammt. Biogase müssen entsprechende Nachhaltigkeitsanforderungen erfüllen. Der maximale THG-Faktor sinkt alle zwei Jahre um 40 g/kWh. Damit ist die Zielerreichung gewährleistet, ohne die Technologiefreiheit einzuschränken.

### Element 6 – Effizienz im Betrieb

Neue Heizungsanlagen müssen Echtzeit-Messeinrichtungen haben und den Wirkungsgrad anzeigen, sodass er auch für Laien verständlich ist. Die Daten müssen gespeichert werden und über eine Schnittstelle abzurufen sein. Drei Jahre nach Inbetriebnahme einer Anlage ist standardmäßig ein Soll/Ist-Vergleich durchzuführen, bei dem mögliche Optimierungen vorzunehmen sind.

### Element 7 – Energieausweise

Energieausweise sind auf Grundlage des berechneten Bedarfs auszustellen. Damit gibt es einen einheitlichen Energieausweis für bessere Vergleichbarkeit und Transparenz. Die Energieausweise müssen auf die oben genannten Änderungen umgestellt werden: Klimaklasse,

THG-Emissionen und Heizwärmebedarf. Bei Neubauten muss er zusätzlich die Ergebnisse der Ökobilanz enthalten. Verbrauchsdaten können, soweit vorhanden, informell ergänzt sein.

**Element 8 – Vollzug**

Bei Neubauten und wesentlichen Sanierungen soll vor Baubeginn eine Planungserklärung und nach Fertigstellung eine Erfüllungserklärung bei der zuständigen Behörde vorgelegt werden. Die Ausführung wird vor Ort durch Stichprobenkontrollen von Prüfsachverständigen kontrolliert. Die relevanten Daten des Energieausweises bzw. des Inspektionsberichts über Klimaanlagen, inklusive der Berechnungsgrundlagen, sollten obligatorisch in einer Datenbank hinterlegt werden. Sie dient als Grundlage für die Ziehung der Stichproben, aber auch für die Wärmeplanung und das Monitoring des Gebäudebestands.

## 5.2 Flankierende gesetzliche Regelungen

Steuerlich per Abschreibung gemäß *Energetische Sanierungsmaßnahmen-Verordnung* (ESanMV) können die folgenden energetischen Maßnahmen an einem Wohngebäude oder einer Wohnung gefördert werden:

- Wärmedämmung von Wänden, Dachflächen oder Geschossdecken,
- Erneuerung von Fenstern oder Außentüren und Verbesserung des sommerlichen Wärmeschutzes,
- Erneuerung oder Einbau von Lüftungsanlagen,
- Erneuerung der Heizungsanlage,
- Optimierung bestehender Heizungsanlagen, sofern diese älter als zwei Jahre sind,
- Einbau von digitalen Systemen zur energetischen Betriebs- und Verbrauchsoptimierung,
- die energetische Maßnahme muss von einem Fachunternehmen ausgeführt worden sein und energietechnische Mindestanforderungen der ESanMV einhalten.

Daneben kann auch die energetische Fachplanung und Baubegleitung durch Energieberaterinnen und Energieberater gefördert werden, die vom Bundesamt für Wirtschaft und Ausfuhrkontrolle (BAFA) zum Förderprogramm „Energieberatung für Wohngebäude" zugelassen sind. Dem gleichgestellt ist die Beauftragung von Energieeffizienz-Expertinnen oder -Experten der Energieeffizienz-Experten-Liste für Förderprogramme des Bundes.

Für die steuerliche Förderung müssen insbesondere die folgenden Voraussetzungen erfüllt sein:

- Das Haus oder das Gebäude, in dem sich Ihre Wohnung befindet, muss mindestens zehn Jahre alt sein.
- Förderberechtigt sind Wohngebäude- bzw. Wohnungseigentümer und Eigentümer:innen, die das betreffende Haus bzw. die Wohnung selbst bewohnen.

Für erdgasbeheizte Gebäude mit mindestens zehn Wohneinheiten sind gemäß *Verordnung zur Sicherung der Energieversorgung über mittelfristig wirksame Maßnahmen* (EnSimiV) bis zum 30.09.2023 Zentralheizungssysteme, basierend auf einer raumweisen Heizlastberechnung, hydraulisch abzugleichen. Für erdgasbeheizte Gebäude mit mindestens sechs Wohneinheiten gilt die Pflicht bis zum 15.09.2024.

## Ergänzung des Verfassers

Die vorgenannten Regelungen zur Verpflichtung bezüglich des hydraulischen Abgleichs per Bundesverordnung sind aus Sicht des Verfassers überraschend. In Gesamtdeutschland bestehen längstens seit 01.09.1990 umfassende Pflichten zur Durchführung hydraulischer Abgleiche aller warmwasserführenden Anlagen, da es sich diesbezüglich um eine anerkannte Regel der Technik handelt. Die Einhaltung der anerkannten Regeln der Technik ist in den Landesbauordnungen und den Handwerkskammern bzw. entsprechenden Innungen als Mindestausführungsqualität festgeschrieben. Die Pflichten zur Ausführung des hydraulischen Abgleichs mit den erforderlichen planerischen Vorbereitungen und Dokumentation/Einregulierungsprotokoll umfasst somit seit langer Zeit alle hydraulischen Heizsysteme – auch in Gebäuden mit weniger als sechs Wohneinheiten.

Neben der verabschiedeten $CO_2$-Steuerumlagestaffelung nach Effizienzklassen im Mietwohnungsbau müssen noch weitere Novellen gesetzlicher Regelungen folgen. So lässt sich z. B. das so genannte Investor-Nutzer-Dilemma in der Wohnungswirtschaft ohne grundlegende Änderung des Heizkostenabrechnungsrechts nicht knacken.

### Eckpunkte einer CO2-Preisreform für Deutschland

Hintergrunddossier von Ottmar Edenhofer (MCC und PIK) und Christian Flachsland (MCC und Hertie School of Governance), Nov. 2018 in Auszügen:

„Das kosteneffektivste Instrument zur Emissionsreduktion, ein einheitlicher weltweiter $CO_2$-Preis, dürfte sich zumindest kurz- und mittelfristig politisch nicht durchsetzen lassen. Die Staaten könnten aber ihre $CO_2$-Preise koordinieren und schrittweise anheben. Transferzahlungen zur Kompensation der entsprechenden Kosten können dabei eine wichtige Rolle spielen und sind grundsätzlich in der Architektur des Pariser Klimaabkommens, etwa durch den Green Climate Fund, angelegt. Koordinierte und schrittweise steigende Preise sind für eine vollständige, kosteneffektive Dekarbonisierung der Weltwirtschaft unverzichtbar. $CO_2$-Preise verteuern emissionsintensive Produkte: Das schafft Anreize zur Vermeidung von $CO_2$ in Produktion und Konsum. Haushalte erfahren dies zunächst als Verteuerung $CO_2$-intensiver Produkte.

Bisher sind weltweit etwa 70 $CO_2$-Bepreisungssysteme eingeführt oder werden in Kürze in Kraft treten. Das Spektrum reicht dabei von Steuern über Emissionshandelssysteme bis hin zu Hybridsystemen mit einer Kombination aus Preis- und Mengensteuerung. Diese Systeme decken bisher etwa 15 Prozent der globalen Treibhausgasemissionen ab. Mit der geplanten Einführung des nationalen chinesischen Emissionshandelssystems im Jahr 2020 wären es 20 Prozent. Deutschland kann seine Klimaziele erreichen, wenn es Ordnungsrecht und $CO_2$-Bepreisung schrittweise kombiniert und somit hohe Planungssicherheit für alle Akteure garantiert. Die genaue Höhe ist stark davon abhängig, wie sich Brennstoff- und Technologiekosten zukünftig entwickeln. Die deutsche Wirtschaft würde im globalen Wettbewerb aufgrund ihrer vergleichsweise hohen Ressourceneffizienz von einem global harmonisierten $CO_2$-Preis profitieren. Das heißt, es könnten Wachstums- und positive Arbeitsplatzeffekte eintreten."

„Der effektive Mindestpreis sollte mindestens auf einer Höhe eingestellt werden, die unter Standardannahmen ausreichend ist, um das 2030-Klimaziel der Energiewirtschaft zu erreichen."

„Umweltpolitische Lenkungswirkung können Energiesteuern gezielter erreichen, wenn die Steuersätze – die typischerweise auf Mengen- oder Volumenbasis (z. B. pro Liter, Tonne oder Kubikmeter) erhoben werden – an den $CO_2$-Gehalt unterschiedlicher Treibstoffe angepasst werden. Um $CO_2$-Emissionen kostensparend und wirksam zu reduzieren, sollten sie möglichst einheitlich bepreist werden. Das hieße, dass sowohl die Emissionen aus der Verbrennung unterschiedlicher Energieträger (z. B. Kohle, Erdgas, Heizöl) als auch deren Verbrennung in unterschiedlichen Sektoren (z. B. Haushalte, Industrie, Elektrizität) ähnlich teuer sein müssten."

„Die kostenlose Zuteilung von Zertifikaten an relevante Industrien sowie Ausnahmegenehmigungen wirken carbon leakage in Deutschland entgegen und würden dies auch im Falle höherer $CO_2$-Preise tun. In Deutschland und der EU werden emissions- und energieintensive Industrien durch die freie Zuteilung von Zertifikaten im EU ETS sowie durch die Kompensation von ETS-induzierten Strompreisanstiegen eher großzügig entschädigt."

„Grundsätzlich ist es wünschenswert, dass Steuern progressive Wirkung haben. Das bedeutet, sie sollten ärmere Haushalte weniger belasten als wohlhabendere und so langfristig Ungleichheit verringern. Die indirekten Effekte auf den Konsum sind progressiv, d. h. reichere Haushalte würden proportional stärker belastet. Direkte Effekte auf den Konsum wirken am stärksten auf mittlere Einkommensgruppen. Insgesamt (Total) ergibt sich mit Bezug auf den Konsum eine leicht progressive Verteilung. Mit Bezug auf das Nettoeinkommen ergibt sich eine regressive Wirkung. (Annahmen: Es gibt zunächst keine Verhaltensanpassungen durch die Preiserhöhungen, und es werden keine Einnahmen aus der $CO_2$-Bepreisung zurückverteilt.)"

„Die Höhe des $CO_2$-Preises ist nicht gleichbedeutend mit den Kosten der Klimapolitik. $CO_2$-Bepreisung führt automatisch einen Geldwert von Emissionen ein. Dieser Wert entspricht der Emissionsmenge multipliziert mit dem Emissionspreis, er wird auch Klimarente genannt. Bei $CO_2$-Steuern oder versteigerten Emissionsrechten fließt er dem Staat als Einnahmen zu. Die Verteilung der Einnahmen aus der Emissionsbepreisung (revenue recycling) bestimmt wesentlich die Verteilungswirkung und erlaubt eine progressive Ausgestaltung der Verteilungswirkungen von $CO_2$-Besteuerung."

## 5.3 Gebäude-Energieausweis FAQ

Zur transparenten Darstellung der Gebäudeenergieeffizienz wurden Energieausweise eingeführt. Neben den Ausstellungsverpflichtungen im Zuge von Baugenehmigungsverfahren bestehen weitere Ausstellungspflichten bei Eigentümerwechsel, Vermietung und Verpachtung sowie Energieausweis-Aushangpflichten für öffentliche Gebäude mit regelmäßigem Publikumsverkehr. Die Gültigkeit der Energieausweise beträgt jeweils zehn Jahre.

## Ziele des Energieausweises

- Gütesiegel für die energetische Qualität von Gebäuden
- Energiebedarf/Energieverbrauch von Gebäuden sichtbar machen
- Impulse für energetische Optimierung von Gebäuden auslösen
- Senkung von Energiekosten durch Umsetzung geeigneter Modernisierungsvorschläge
- Transparenz, Vergleichbarkeit und Wettbewerb auf dem Immobilienmarkt

## Ausstellungsanlässe

- Bedarfsausweise auf der Basis von normierten Energiebilanzen für Wohngebäude und Nichtwohngebäude können jederzeit ausgestellt werden.
- Im Falle eines Verkaufs oder der Bestellung eines Erbbaurechts ist dem potenziellen Interessenten spätestens bei der Besichtigung ein Energieausweis oder eine Kopie hiervon vorzulegen. Die Vorlagepflicht wird auch durch einen deutlich sichtbaren Aushang oder deutlich sichtbares Auslegen während der Besichtigung erfüllt. Findet keine Besichtigung statt, ist dem potenziellen Interessenten der Objekt-Energieausweis oder eine Kopie hiervon vor Abschluss des Kaufvertrags initiativ zugänglich zu machen.
- Im Falle einer Neuvermietung, Verpachtung oder eines Leasings ist für den Vermieter, den Verpächter, den Leasinggeber oder den Immobilienmakler entsprechend wie vor zu verfahren.
- Verbrauchsausweise auf der Basis gemessener Energieverbräuche können für Nichtwohngebäude oder Wohngebäude mit mehr als vier Wohneinheiten ausgestellt werden. Voraussetzung hierzu sind a) vollständige und gültige Verbrauchsdaten aus 36 zusammenhängenden Monaten, die jüngste Abrechnungsperiode eingeschlossen, deren Ende nicht mehr als 18 Monate zurückliegen darf, b) die Wärmedämmung des Wohngebäudes muss in allen Teilen der thermischen Außenhülle mindestens den Anforderungen der Wärmeschutzverordnung 1977 genügen. Wenn die Voraussetzungen für Ausweise im Verbrauchsverfahren nicht vorliegen, muss bei gegebenem Ausstellungsanlass ein Energieausweis im sogenannten Bedarfsverfahren auf der Basis der energetischen Eigenschaften der Gebäudehülle und Anlagentechnik erstellt werden.
- In Gebäuden mit mehr als 500 m² Gesamtnutzfläche (bei behördlicher Nutzung 250 m²) mit starkem Publikumsverkehr muss der Energieausweis an einer gut sichtbaren Stelle ausgehängt werden. Die wesentlichen Ergebnisse sind bei Aushangausweisen auf einer Seite komprimiert. Bei öffentlich genutzten Baukulturdenkmalen müssen keine Energieausweise ausgehängt werden.
- Bauantragspflichtige Vorhaben im Nachweisverfahren gemäß Gebäudeenergiegesetzgebung: Neubauvorhaben unterliegen aus energetischer Sicht der Gebäudeenergiegesetzgebung und den Landesbauordnungen. Im Regelfall muss dem Bauantrag ein Erfüllungsnachweis beigefügt werden. Zur Fertigstellung muss ein Bedarfsenergieausweis ausgestellt werden.
- Eigentümer haben sicherzustellen, dass ein Energieausweis mit dibt-Registrierungsnummer unverzüglich nach Fertigstellung des Gebäudes ausgestellt wird.

- Ausstellungsanlass Fördernachweise (z. B. KfW Effizienzhaus): Für Neubauvorhaben kann der ohnehin erforderliche Erfüllungsnachweis verwendet werden. Der Fördergeber prüft die Unterschreitung der Maximalwerte gemäß Förderrichtlinie. Fördergeber verlangen unter Umständen auch die Berechnung mit einheitlichen Randbedingungen und zusätzlichen Nachweisgrößen unter Ausschluss von Bewertungs-Vereinfachungsmöglichkeiten.

**Erheblichkeitsgrenzen**

Eine Konditionierung im Sinne des GEG liegt vor, wenn mindestens geheizt, gekühlt, beleuchtet oder mit Trinkwarmwasser versorgt wird. Gebäude werden in Zonen geteilt, wenn unterschiedliche Nutzungen und Konditionierungen vorliegen.

Mischgebäude aus Wohn- und Nichtwohnteilen: Wenn eine Teilnutzung 10 % überschreitet, müssen gemäß Energie-Einsparverordnung gesonderte Energieausweise für den Wohnteil und den Teil mit Nicht-Wohnnutzung erstellt werden.

Von Energieausweispflichten für Bestandsgebäude ausgenommen sind:

- Betriebsgebäude, die überwiegend zur Aufzucht oder zur Haltung von Tieren genutzt werden,
- Betriebsgebäude, soweit sie nach ihrem Verwendungszweck großflächig und lang anhaltend offengehalten werden müssen,
- unterirdische Bauten,
- Unterglasanlagen und Kulturräume für Aufzucht, Vermehrung und Verkauf von Pflanzen,
- Traglufthallen und Zelte,
- Gebäude, die dazu bestimmt sind, wiederholt aufgestellt und zerlegt zu werden, und provisorische Gebäude mit einer geplanten Nutzungsdauer von bis zu zwei Jahren,
- Gebäude, die dem Gottesdienst oder anderen religiösen Zwecken gewidmet sind,
- Wohngebäude, die a) für eine Nutzungsdauer von weniger als vier Monaten jährlich bestimmt sind oder b) für eine begrenzte jährliche Nutzungsdauer bestimmt sind und deren zu erwartender Energieverbrauch für die begrenzte jährliche Nutzungsdauer weniger als 25 Prozent des zu erwartenden Energieverbrauchs bei ganzjähriger Nutzung beträgt,
- sonstige handwerkliche, landwirtschaftliche, gewerbliche, industrielle oder für öffentliche Zwecke genutzte Betriebsgebäude, die nach ihrer Zweckbestimmung a) auf eine Raum-Solltemperatur von weniger als 12 Grad Celsius beheizt werden oder b) jährlich weniger als zusammenhängend vier Monate beheizt sowie jährlich weniger als zusammenhängend zwei Monate gekühlt werden,
- Denkmäler und Gebäude mit besonders erhaltenswerter Bausubstanz, wenn die energetische Modernisierung nachweislich einen unverhältnismäßig hohen Aufwand erfordert.

**Gebäudedefinition im Energieausweisverfahren gemäß Gebäudeenergiegesetzgebung [1]**

Zunächst ist ein Gebäude, welches einer Energieausweisverpflichtung gemäß Gebäudeenergiegesetzgebung unterliegt, ein Bauwerk, dessen Räume mit dafür vorgesehenen Anlagen beheizt oder gekühlt werden. Weiterhin gelten als Anhaltspunkte: wirtschaftlich eigenständige Nutzbarkeit, trennbarer räumlicher und funktionaler Zusammenhang, die Abgrenzung durch wärmeübertragende Umfassungsflächen, eigene Hausnummer, Eigentumsgrenzen, eigener Eingang, Trennung durch Brandwände. Als Beispiel für gesonderte Energieausweise können einzelne Reihenhäuser dienen. Keine Gebäude im Sinne der Verordnung wären beispielsweise eine unbeheizte und ungekühlte Tiefgarage oder eine Eigentumswohnung.

Zur Orientierung der Art und Anzahl erforderlicher Energieausweise kann die nachfolgende Falldarstellung dienen:

- Fall 1:

  Ein Nutzungstyp (siehe hierzu Auslegung der Gebäudeenergiegesetzgebung des Deutschen Instituts für Bautechnik DIBt), ein Eingang, ein Wärmeerzeuger: Energieausweis für die gesamte Gebäudehülle. Verbrauchsausweise nur für Wohngebäude mit mehr als vier Wohneinheiten oder bei einem Wärmeschutzstandard mindestens WSVO 1977 (alle Teile der thermischen Gebäudehülle) sowie Nichtwohngebäude. Im anderen Fall auf der Basis des Bedarfs.

- Fall 2:

  Ein Nutzungstyp, mehrere Eingänge in einem zusammenhängenden Gebäude ohne Brandwände, ein Wärmeerzeuger: Energieausweis für die gesamte Gebäudehülle. Ausweisart: siehe unter Fall 1.

- Fall 3:

  Ein Nutzungstyp, mehrere Eingänge, in einem zusammenhängenden Gebäude ohne Brandwände, mehrere Wärmeerzeuger: entweder Zusammenfassen aller Wärmeerzeuger und Verbrauchsenergieausweis für die gesamte Gebäudehülle oder, wenn die Wärmeerzeuger den Eingängen zugeordnet werden können, ein Verbrauchsausweis je Zugang (es muss sich jeweils um ein Wohngebäude mit mehr als vier Wohneinheiten und Wärmeschutzstandard mindestens WSVO 1977 (alle Teile der thermischen Gebäudehülle) oder Nichtwohngebäude handeln). Sonst: Bedarfsausweise.

- Fall 4:

  Ein Nutzungstyp, mehrere zusammenhängende Gebäude ohne Brandwände, ein Wärmeerzeuger: Energieausweis für die gesamte Gebäudehülle, dabei Aufteilung des Verbrauchs entsprechend der Heizkostenabrechnung (nur bei Wohngebäuden mit mehr als vier Wohneinheiten oder Wärmeschutzstandard mindestens WSVO 1977 (alle Teile der thermischen Gebäudehülle) sowie Nichtwohngebäude). Im anderen Fall auf der Basis des Bedarfs.

- Fall 5:

  Unterschiedliche Nutzungen, ein Wärmeerzeuger ohne Vorverteilung: gesonderte Ausweise. Verbrauchsausweise können für die jeweiligen Nutzungen nur erstellt werden, wenn sich die Teilverbräuche durch geeignete Verbrauchszähleinrichtungen oder andere geeignete Verfahren hinreichend trennen lassen und es sich um Wohngebäude mit mehr als vier Wohneinheiten oder Wärmeschutzstandard mindestens WSVO 1977 (alle Teile der thermischen Gebäudehülle) oder Nichtwohngebäude handelt.

## 5.4 Prinzipien der DIN V 18599 für öffentlich-rechtliche Nachweise

Die nachfolgenden Ausführungen sind ausschließlich auf bedarfsorientierte Berechnungen bezogen.

Die deutsche Industrie-Vornorm 18599 (Energetische Bewertung von Gebäuden) dient der Berechnung des Nutz-, End- und Primärenergiebedarfs für Heizung, Kühlung, Lüftung, Trinkwarmwasser und Beleuchtung. Die Energiebilanz erfolgt iterativ unter Berücksichtigung des Baukörpers, der Nutzung, der Anlagentechnik und der gegenseitigen Wechselwirkungen. Die Algorithmen sind anwendbar auf die energetische Bilanzierung von Wohn- und Nichtwohnbauten, Neubauten und Bestandsgebäuden. Die Norm beschreibt Verfahrensregeln, Berechnungsregeln und Kennwerte. Das Monatsbilanzverfahren bezieht bei Nicht-Wohngebäuden die energetische Betrachtung von Kühlung, solaren Wärmeenergieeinträgen und raumlufttechnischen Anlagen ein.

Die Ausbildung bestimmter Bedingungen in Räumen durch Heizung, Kühlung, Be- und Entlüftung, Befeuchtung, Beleuchtung und Trinkwarmwasserversorgung zur Erfüllung der Nutzungsanforderungen wird Konditionierung genannt.

Der rechnerisch ermittelte Bedarf zur Aufrechterhaltung der festgelegten Konditionen ist die sogenannte Nutzenergie. Nicht fest installierte Konditionierungstechnik (Steckergeräte) wie z. B. Arbeitsplatzbeleuchtung, mobile Klimageräte und Heizlüfter werden nicht berücksichtigt, wenn sie nicht zur Grundkonditionierung beitragen. Energieanwendungen für Prozesse werden ebenfalls nicht berücksichtigt.

### Referenzgebäude

Beim Energieausweis-Bilanzierungsverfahren nach DIN V 18599 wird vom sogenannten Referenzgebäudeverfahren gesprochen. Ein Referenzgebäude ist das zu betrachtende Gebäude mit festgelegten Randbedingungen, Anlagentechnik und Dämmstandard $H_T$. Hierzu wird ein virtuelles Referenzgebäude mit gleicher Geometrie, Nettogrundfläche, Nutzung, Ausrichtung und einer energetischen Mindestausstattung bewertet. Bei der Berechnung des Energiebedarfs werden Normnutzungen und ein Normklima zugrunde gelegt. Der tatsächliche Verbrauch und das tatsächliche Wetter können davon im Einzelfall abweichen. Im Teil 10 der DIN V 18599 sind Randbedingungen für typische Nutzungsprofile dargestellt. Die aufgeführten Normprofile sind vorzugsweise für den öffentlich-rechtlichen Nachweis heranzuziehen. Bei relevanten und nachweisbaren Abweichungen von Standardrandbedingungen dürfen individuelle Nutzungsprofile definiert werden.

### Teile der DIN V 18599

**Teil 1:** Allgemeine Bilanzierungsverfahren, Begriffe, Zonierung und Bewertung der Energieträger

Teil 1 beschreibt das Vorgehen bei der Berechnung des Nutz-, End- und Primärenergiebedarfs für die Heizung, Kühlung, Beleuchtung und Warmwasserbereitung für Gebäude. Es werden Definitionen bereitgestellt, die übergreifend für alle Teile der Norm gelten. Teil 1 beschreibt Zonierungsregeln und Rechenregeln und erläutert, wie Energiekennwerte (innere

Wärmequellen und -senken, technische Verluste) von Versorgungsbereichen auf die Zonen umzulegen sind.

**Teil 2:** Nutzenergiebedarf für Heizen und Kühlen von Gebäudezonen

In Teil 2 werden Nutzungseigenschaften mit baulichen Eigenschaften wie künstliche Beleuchtung aus Teil 4, mit Wärme- oder Kälteeintrag aus RLT-Anlagen aus Teil 3 sowie Wärme- oder Kälteverlusten des Heiz- und Kühlsystems aus Teil 5 bis 8 verknüpft. Der ermittelte Nutzenergiebedarf für das Heizen und Kühlen der Gebäudezone bildet zusammen mit dem Nutzenergiebedarf für die Luftaufbereitung die Basis für die weiterführende Bestimmung des Endenergiebedarfs und der primärenergetischen Bewertung.

**Teil 3:** Nutzenergiebedarf für die energetische Luftaufbereitung

Teil 3 behandelt RLT-Anlagen sowie den Energiebedarf für die Luftförderung durch diese Anlagen. Der Nutzenergiebedarf bezieht sich hier auch auf die Sicherstellung von Raumluftqualität und Raumluftfeuchte, d. h. erweiterte Nutzungsanforderungen gegenüber der bisher üblichen rein thermischen Betrachtung.

**Teil 4:** Nutz- und Endenergiebedarf für Beleuchtung

Die in Teil 4 berücksichtigten beleuchtungstechnischen Einflüsse zur Erfüllung der sogenannten Sehaufgabe umfassen die Tageslichtversorgung, die installierte Anschlussleistung der Beleuchtungssysteme, Beleuchtungskontrollsysteme und Nutzungsanforderungen. Die Wärmegewinne durch Beleuchtung fließen in die Wärmeenergiebilanz ein. Im Winter tragen sie zur Herabsetzung des Heizwärmebedarfs bei, im Sommer können sie dagegen den Energiebedarf für Kühlung steigern.

**Teil 5:** Endenergiebedarf von Heizsystemen

Bei der Bestimmung des Heizungsenergiebedarfs werden sowohl Nachtabsenkungen als auch Wochenendschaltungen differenziert berücksichtigt. Wärmeverluste von Heizkesseln werden brennwertbezogen angegeben, um das rechnerische Auftreten von negativen Verlusten bei Brennwertkesseln in einzelnen Monaten zu verhindern.

**Teil 6:** Endenergiebedarf von Wohnungslüftungsanlagen und Luftheizungsanlagen für den Wohnungsbau

In Teil 6 sind Verfahren zur Bewertung von Lüftungsanlagen mit und ohne Wärmerückgewinnung festgelegt. Luftheizungsanlagen, bei denen die Wärmezufuhr vollständig durch Luft als Wärmeträger erfolgt und die ohne wasserführendes Nachheizregister betrieben werden, sind vollständig in Teil 6 zu erfassen. Luftheizungsanlagen mit wasserführenden Nachheizregistern werden luftseitig in Teil 6 und wasserseitig in Teil 5 bewertet. Die Ergebnisse werden in Teil 1 bezogen auf Endenergie- und Primärenergiebedarf zusammengefasst.

**Teil 7:** Endenergiebedarf von Raumlufttechnik- und Klimakältesystemen für den Nichtwohnungsbau

Ausgehend vom Nutzenergiebedarf für die Raumkühlung aus Teil 2 und die Luftaufbereitung aus Teil 3 werden Übergabe- und Verteilverluste für RLT-Kühlung und RLT-Heizung berechnet und Randbedingungen für die Komponenten der Raumlufttechnik definiert.

Die Berechnung der erforderlichen Endenergie für die Klimakälte erfolgt anhand spezifischer Kennwerte, die tabellarisch mit Bezug auf anlagentypische Nennkälteleistungszahlen (EER) und mittlere Teillastfaktoren (PLVav) zusammengestellt sind.

**Teil 8:** Nutz- und Endenergiebedarf von Warmwasserbereitungsanlagen

Die Wärmeverluste von Verteilsystemen und Speichern innerhalb des beheizten Bereiches werden in die Zonenbilanz von DIN V 18599-2 überführt. Die für die Warmwasserseite aufgewendete Bereitschaftszeit eines Kessels für Heizung und Trinkwasser verringert sich um die rechnerische Betriebszeit der Heizung. Damit fallen Stillstandsverluste eines Kessels für die Warmwasserseite nur außerhalb der Heizzeit an. Abluftwärmepumpen zur Trinkwassererwärmung werden in Teil 6 und Teil 8 bewertet.

**Teil 9:** End- und Primärenergiebedarf von stromproduzierenden Anlagen

Teil 9 liefert ein Verfahren zur Berechnung des Energieaufwands für Systeme zur gleichzeitigen, voneinander abhängigen Erzeugung von Strom und Wärme, die innerhalb der betrachteten Gebäude zur Wärmeerzeugung eingesetzt werden (Kraft-Wärme-Kopplung, KWK). Dabei werden sowohl die Verluste als auch die Hilfsenergieaufwendungen der Wärmeerzeugung ermittelt und für die weitere Berechnung in Teil 1 berücksichtigt. Die gebäudebezogene Berechnungsspezifik besteht darin, dass bei der Kraft-Wärme-Kopplung derjenige Endenergieaufwand ermittelt wird, der allein der Wärmeerzeugung zuzurechnen ist. Der im KWK-System erzeugte Strom wird dazu unter Berücksichtigung der Primärenergiefaktoren und der verwendeten Endenergieträger vom Endenergieaufwand abgezogen. Seit der Neufassung von 2011:12 der Norm enthält Teil 9 auch die Berücksichtigung von gebäudenah erzeugtem Photovoltaik- und Windenergiestrom.

**Teil 10:** Nutzungsrandbedingungen, Klimadaten

Hier sind typische Nutzungsprofile mit spezifischen Randbedingungen dargestellt. Diese betreffen Klimadaten, Raum-Solltemperatur, interne Wärmegewinne, Nutzwärmebedarf Trinkwarmwasser, Luftwechsel, Nutzungs- und Betriebszeiten, Beleuchtungsdaten und innere Wärmequellen. Von den Nutzungsprofilen kann für öffentlich-rechtliche Nachweise nur bei plausibel zu begründendem Anlass abgewichen werden.

**Teil 11:** Gebäudeautomation

Teil 11 beschreibt die Wirkungsprinzipien und Berechnungsmodelle für die Raum- und Gebäudeautomation eines Gebäudes im Betrieb. Insbesondere werden die Energiemanagementfunktionen für den Betrieb von Heizungs-, Trinkwarmwasser-, Lüftungs-, Klima- und Beleuchtungsanlagen im Gebäude betrachtet, die für die Steuer-, Regel- und Automationsfunktionen inklusive deren Wechselwirkungen auf andere Bereiche der Energieanwendung relevant sind.

**Teil 12**: Tabellenverfahren für Wohngebäude

Bilanzierungsverfahrensbeschreibung auf der Basis allgemeiner Ansätze für Wohngebäude mit vorgegebenen Formblättern: Ziel ist es, die Nachweisführung auch ohne Berechnung durchführen zu können. Für die Anwendbarkeit des vereinfachten Verfahrens gelten zahlreiche Einschränkungen.

**Beiblatt 1:** Bedarfs- und Verbrauchsabgleich für Beratungszwecke. Für die Energieberatung von Gebäuden ist nicht selten ein Abgleich zwischen Energiebedarfsberechnung und dem tatsächlichen Verbrauch notwendig, um sinnvolle, wirtschaftlich tragfähige Vorschläge zur Effizienzsteigerung des Energiebedarfs von Gebäuden machen zu können. Zum Abgleich bietet sich zunächst die Anpassung der Nutzungsprofile an.

**Beiblatt 2:** Beschreibung der Anwendung von Kennwerten, Nachweise der Mindestnutzung regenerativer Energiequellen

**Beiblatt 3:** Überführung der Bilanzierungsergebnisse in ein standardisiertes Ausgabeformat

## 5.5 Praktische Bilanzierungshinweise

### Zonenbegriff gemäß DIN V 18599

Die Aufteilung eines Gebäudes in Zonen bietet die differenzierte Darstellung der Nutzungseinflüsse auf den Energiebedarf. Dies ist insbesondere bei Nichtwohngebäuden mit stark unterschiedlichen Nutzungsanforderungen und Anlagenausstattungen der Fall. Versorgungseinrichtungen eines Gebäudes für Heizung, Trinkwarmwasserbereitung, Lüftung, Kühlung und Beleuchtung können sich auch über mehrere Zonen erstrecken – z. B. bei einer zentralen Heizung für ein Wohn- und Geschäftshaus. Eine Zone kann umgekehrt auch mehrere Versorgungsbereiche umfassen, z. B. bei zwei unterschiedlichen Lüftungsarten innerhalb einer Nutzungszone. Die wegen der Zonierung erforderliche Abgrenzung zweier temperierter Zonen im Gebäudeinnern erfolgt anhand des Achsmaßes der Trennwände bzw. auf der Oberkante der Rohdecke.

Als Bezugsfläche zur Angabe flächenbezogener Kennwerte wird die Nettogrundfläche verwendet.

- Eine Zone ist eine grundlegende räumliche Berechnungseinheit für die Energiebilanzierung.
- Eine Zone weist mindestens eine Art der Konditionierung auf (Heizung, Kühlung, Be- und Entlüftung, Befeuchtung, Beleuchtung und Trinkwarmwasserversorgung).
- Bereiche, die über keine Konditionierung verfügen, werden zu „nicht konditionierten Räumen" zusammengefasst.
- Eine Zone fasst den Grundflächenanteil bzw. Bereich eines Gebäudes zusammen, der durch gleiche Nutzungsrandbedingungen gekennzeichnet ist.
- Die Nutzungsrandbedingungen sind in DIN V 18599-10 zusammengestellt.
- Nutzungen mit unterschiedlichen Nutzungsprofilen sind in der Regel in verschiedenen Zonen abzubilden.
- Verschiedene Nutzungen dürfen dann in einer gemeinsamen Zone abgebildet werden, wenn deren Nutzungsprofile ähnlich sind. Die Zulässigkeit des Zusammenfassens der Nutzungsprofile ist in DIN V 18599-10 beschrieben.
- Bei hohem Luftwechsel zwischen verschiedenen Räumen oder Raumgruppen des Gebäudes sind diese in einer Gebäudezone zusammenzufassen.

- Werden Räume bzw. Raumgruppen unterschiedlicher Nutzung in einer Gebäudezone zusammengefasst, so sind innere Wärmequellen aus Personen, Arbeitshilfen und Beleuchtung der verschiedenen Nutzungen flächengewichtet zu mitteln. Gleiches gilt für den Mindestluftwechsel.

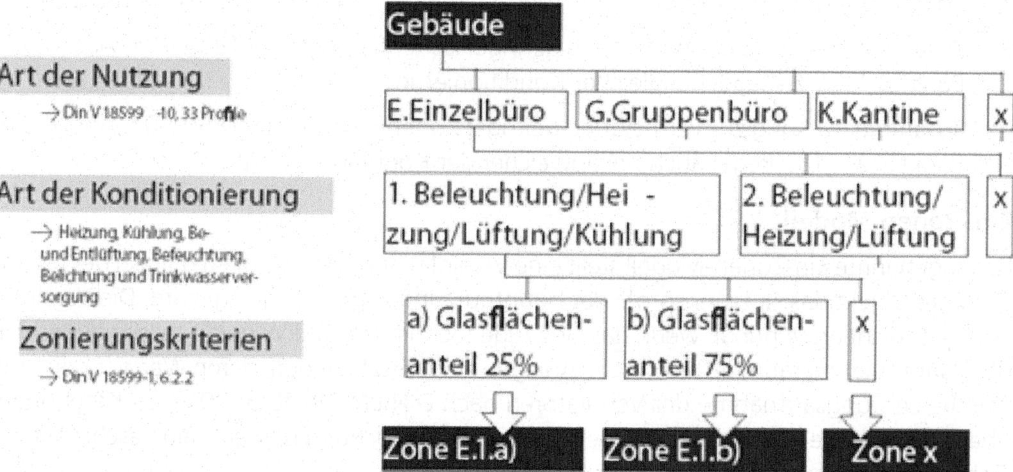


*Bild 5-6: Zonierungsbeispiel*

*Quelle: Leitfaden für Energiebedarfsausweise im Nichtwohnungsbau, BMVBS*

**Kriterien für Zonierungen [2]**

Ein Bereich gleicher Nutzung ist dann weiter zu untergliedern, wenn die baulichen oder anlagentechnischen Merkmale innerhalb des Bereichs derart variieren, dass eine getrennte Verrechnung der Bilanzteile für Heizung, Raumklima und Beleuchtung erforderlich ist. Theoretisch und praktisch lässt sich für jedes Gebäude eine Vielzahl von Zonen definieren, wobei mit steigender Zonenanzahl nicht zwangsläufig die Ergebnisgenauigkeit erhöht wird, sehr wohl aber der Datenerfassungsaufwand.

Gemäß Gebäudeenergiegesetzgebung werden abweichend von allgemeinen Festlegungen der Norm nur beheizte und/oder gekühlte Zonen berücksichtigt.

Regeln zur Einteilung und Zusammenfassung von Bewertungszonen in der Bewertungsreihenfolge:

1. Umverteilung von Nutzerprofilen mit hohem interzonären Luftwechsel (DIN 18599-01, Abs. 6.3.2)
2. Zusammenfassung gleicher Nutzerprofile (DIN 18599-01, Abs. 6.3.2) (gleicher Versorgungsbereich)
3. Zusammenfassung Nutzerprofile 18-20 (DIN V 18599-10 Tab. 5 Index „b") (Verkehrsflächen, Lager, Technik, Archiv dürfen der Zone Nebenflächen ohne Aufenthaltsräume zugeschlagen werden)
4. Zusammenfassung Nutzerprofile 1–2 zu Profil 1 (EnEV, Anlage 2, Abs. 2.2.1)

5. Zonenteilungskriterium Konditionierung Beheizung (DIN 18599-1, Tabelle 7, Punkt 2.1) (> 4 Kelvin Beheizungskonditionierungsdifferenz)
6. Zonenteilungskriterium Konditionierung Belüftungssystem (DIN 18599-1, Tabelle 7, Punkt 2.2)
7. Zonenteilungskriterium Konditionierung Klimatisierung (DIN 18599-1, Punkt 2.3)
8. Zusammenfassung zur Vermeidung geringer Zonenflächen (DIN 18599-01, Abs. 6.3.2, Punkt 3.1 – 5%-Regel bei gleicher Konditionierung)
9. Zusammenfassung zur Vermeidung geringer Zonenflächen (DIN 18599-01, Abs. 6.3.2, Punkt 3.2 – 1%-Regel auch bei abweichender Konditionierung)

### Ein- Zonen-Modell

Das sogenannte Ein-Zonen-Modell stellt eine Vereinfachungsmöglichkeit dar, bei der für das gesamte Objekt das Nutzungsprofil der Hauptnutzung zugrunde gelegt wird. Die Vereinfachung ist nicht anwendbar, wenn das Gebäude technisch > 12 kW gekühlt oder außerhalb der Hauptnutzung raumlufttechnische Anlagen eingesetzt werden, deren Werte für die spezifische Leistungsaufnahme der Ventilatoren nach DIN EN 16798-3: 2017-11 Kategorie 4 überschreiten. Die Anwendung der Berechnungsvereinfachung ist weiterhin beschränkt auf Gebäude, bei denen die Summe der Nettogrundflächen aus der typischen Hauptnutzung und den Verkehrsflächen des Gebäudes mehr als zwei Drittel der gesamten Nettogrundfläche des Gebäudes beträgt, die Beheizung und die Warmwasserbereitung für alle Räume auf dieselbe Art erfolgen und höchstens 10 Prozent der Nettogrundfläche des Gebäudes durch Glühlampen, Halogenlampen oder durch die Beleuchtungsart „indirekt" nach DIN V 18599: 2018-09 beleuchtet werden.

Als Gebäudetypen kommen für die vereinfachte Berechnung im Einzonenmodell in Betracht:

- Wohngebäude
- Bürogebäude, auch mit Verkaufseinrichtung
- Gaststätten
- Gebäude des Groß- und Einzelhandels mit höchstens 1 000 Quadratmetern Nettogrundfläche, wenn neben der Hauptnutzung nur Büro-, Lager-, Sanitär- oder Verkehrsflächen vorhanden sind
- Gewerbebetriebe mit höchstens 1 000 Quadratmetern Nettogrundfläche, wenn neben der Hauptnutzung nur Büro-, Lager-, Sanitär- oder Verkehrsflächen vorhanden sind
- Schulen
- Turnhallen
- Kindergärten und Kindertagesstätten oder eine ähnliche Einrichtung
- Beherbergungsstätten ohne Schwimmhalle, Sauna oder Wellnessbereich
- Bibliotheken

Die vereinfachte Bilanzierung des Jahres-Primärenergiebedarfs bei Verwendung des Ein-Zonen-Modells kann mit folgenden einzuhaltenden Randbedingungen angewendet werden:

- Zunächst ist die ausschlaggebende Hauptnutzung entsprechend Teil 10 der DIN V 18599 zu wählen.
- Serverraum: Höchstwert und Referenzwert des Jahres-Primärenergiebedarfs sind pauschal um 650 kWh/(m²a) je m² gekühlter NGF des Serverraumes zu erhöhen (die Nennleistung von Kühlgeräten darf bei Anwendung des Einzonenmodells 12 kW nicht überschreiten).
- Gekühlte Räume: Höchstwert und Referenzwert des Jahres-Primärenergiebedarfs sind pauschal um 50 kWh/(m²a) je m² gekühlter NGF der Verkaufseinrichtung, des Gewerbebetriebes oder der Gaststätte zu erhöhen (zu kühlende Fläche < 450 m²).
- Der Jahres-Primärenergiebedarf für Beleuchtung kann vereinfacht für den Bereich der Hauptnutzung berechnet werden, der die energetisch ungünstigsten Tageslichtverhältnisse aufweist.
- Für raumlufttechnische Anlagen als Abluft oder Zu-/Abluftanlage ohne Nachheiz- und Kühlfunktion, die nicht in der Hauptnutzung berücksichtigt sind, gilt eine Tabellen-Referenz-Anlagentechnik bzgl. Leistungsaufnahme der Ventilatoren und der Temperaturverhältnisse.

**Beleuchtungsbereiche**

Die Berechnung befasst sich mit der Beleuchtung zur Erfüllung der Sehaufgabe in Nichtwohngebäuden. Die Endenergie zur Bereitstellung der Sehaufgabe (künstliche Beleuchtung) geht als Wärmequelle in die Bilanzierung des betrachteten Gebäudes ein. Im Winter können diese den Heizwärmebedarf herabsetzen, im Sommer hingegen den Kühlbedarf erhöhen.

Betrachtet wird nur fest eingebaute Beleuchtung bzw. Grundbeleuchtung in beheizten und/oder gekühlten Nutzungszonen.

Für die Ermittlung des Endenergiebedarfs für Beleuchtung kann es erforderlich sein, eine Zone mit mehreren Beleuchtungsbereichen zu beschreiben. Befinden sich z. B. unterschiedliche Leuchtenarten, Beleuchtungskontrollsysteme, Fensterflächenanteile oder Verschattungen in einer Gebäudezone, wird die Gliederung in verschiedene Beleuchtungsbereiche erforderlich, sofern eine Abweichung von mehr als 25 % vom Standardfall vorliegt. Im anderen Fall wird die vorherrschende Beleuchtung zugrunde gelegt.

Der Energiebedarf (Nutzenergie/Endenergie) der Beleuchtung wird aus der elektrischen Anschlussleistung bzw. Bewertungsleistung sowie den effektiven Betriebszeiten der Kunstlichtanlage ermittelt. Ein Einsparpotenzial ergibt sich aus der Tageslichtnutzung und gegebenenfalls einer vorhandenen Beleuchtungskontrolle.

Einflussfaktoren der Beleuchtung sind u. a.: Beleuchtungsstärke E, Wartungswert der Beleuchtungsstärke $\bar{E}_{m,}$ Lichtstrom $\Phi$, Tageslichtquotient, Pendellänge, Höhe der Nutzebene, Lichtreflexionsgrad, Lichttransmissionsgrad, Verbauung, Betriebszeit in h, gegebenenfalls Vorschaltgeräteart und Kontrollsysteme für tageslichtabhängige und/oder Präsenzsteuerungen.

**Vorgehen für die Beleuchtungsenergieberechnung**

1. Festlegen der Berechnungsbereiche für die Beleuchtung
2. Tageslichtversorgte Bereiche bestimmen und verbleibende Bereiche bestimmen

3. Berechnung der spezifischen elektrischen Kunstlichtbewertungsleistung p nach einer der drei nachstehenden Methoden:
   - Tabellenverfahren
     - Eignung: Vorplanung (überschlägige Berechnung);
     - Beleuchtungsart, Lampentyp und Raumgeometrie müssen bekannt sein.
   - Wirkungsgradverfahren
     - Eignung: Ausführungsplanung und Bestandsgebäudeerfassung;
     - Raumgeometrie, Reflexionsgrade der Umfassungsflächen, Beleuchtungsart und Leuchtenkennwerte müssen aus Herstellerangaben bekannt sein.
   - Fachplanung bzw. Bestandserfassung
     - Eignung: Ausführungsplanung und Bestandserfassung
     - Spezifikation aller verwendeten Leuchten, Betriebsgeräte und Sensoren; Anordnung aller Leuchten und Sensoren, Raumreflexionsgrade, Anordnung von Arbeitsplätzen. Ist eine Fachplanung vorhanden, so ist dieser der Vorrang zu geben.

**Spezifische Vereinfachungen für die Berechnung von Wohngebäuden:**

- Die Berechnung kann nach DIN V 18599 im sogenannten Ein-Zonen-Modell erfolgen;
- Strom als Energieträger fließt nur ein, soweit zur Raumkonditionierung erforderlich;
- Energieströme für Beleuchtung werden nicht bilanziert.

**Erfassungsdaten/Vorgehen bei der Datenerfassung [3]**

Das Gebäude ist hinsichtlich seiner Nutzung sowie seiner Anlage zu betrachten. Liegen verschiedene Nutzungsrandbedingungen vor, wird das Gebäude i. d. R. in Nutzungszonen aufgeteilt.

- Feststellen von Nutzungen/Konditionierung/Zonierung (Ermittlung nach DIN V 18599-10)
- Geschosshöhe $h_G$ und Geschosszahl nach DIN V 18599-1, Abschnitt 8
- konditioniertes Bruttovolumen $V_e$
- zonenspezifische Nettovolumen
- wärmeübertragende Umfassungsflächen A der Außenbauteile
- zonenbegrenzende Bauteile, wenn der Temperaturunterschied zwischen den Zonen > 4 K ist
- Wärmedurchgangskoeffizient $\bar{U}$ für opake Bauteile
- Wärmedurchgangskoeffizient $\bar{U}$ für transparente Bauteile
- zonenspezifische Nettogrundflächen $A_{NGF}$ (nach DIN 277-1)
- charakteristische Länge und Breite von Gebäude(teilen)
- Als Bezugsmaße für Innenbauteile zwischen Nutzungszonen nach DIN V 18599-1, Abschnitt 8. Als Bezugsmaße zur Bestimmung der wärmeübertragenden Hüllfläche sowie des Bruttovolumens $V_e$ einer Zone bei Innenbauteilen zwischen zwei unterschied-

lich temperierten Zonen > 4 K das Achsmaß, d. h. die Mitte des Rohbaubauteils, unabhängig von der Lage eventueller Innendämmschichten.

- anlagentechnische Kennwerte für Heizung, Klimatisierung und Beleuchtung oder herstellerspezifische Produktwerte für die Konditionierungen

Die Bilanzierung erfolgt für jede Zone getrennt. Die Bilanzen der Zonen werden summiert. Es werden der Nutzenergiebedarf und Endenergiebedarf für alle Konditionierungsarten berechnet. Der Primärenergiebedarf ergibt sich aus dem Produkt aus den Faktoren Endenergie und Energieträger. Die Berechnung erfolgt iterativ in mehreren Durchgängen, da ungeregelte Einträge aus der Anlagentechnik die Wärmequellen und -senken der Zonen beeinflussen.

**Verfahrensvereinfachungen für Datenaufnahme/Datenverwendung bei Bestandserfassungen**

In der Bekanntmachung der Regeln zur Datenaufnahme und Datenverwendung im Nichtwohngebäudebestand des damaligen Bundesministeriums Verkehr, Bauwesen, Städtebau und Raumordnung BMVBS vom 26.07.2007 sind Vereinfachungsmöglichkeiten beschrieben, von denen die gängigsten nachstehend skizziert sind:

Vereinfachungen für die geometrischen Abmessungen von Gebäuden und Zonen:

- Weichen die Randbedingungen zweier Berechnungsbereiche nur unwesentlich voneinander ab, so können diese Bereiche zusammengefasst werden.
- Die Fensterbreite bei Lochfassaden kann mit 55 % der Raumbreite angenommen werden. Die Fensterhöhe ergibt sich aus der lichten Raumhöhe minus 1,50 m. Türen sind in den Fensterflächen-Pauschalwerten enthalten.
- Rollladenkästen können mit 10 v. H. der Fensterfläche angenommen werden.
- Lüftungsschächte dürfen übermessen werden.
- Abweichungen der Orientierung bis 22,5 Grad von der jeweiligen Himmelsrichtung sind zulässig.
- Vereinfachte Bestimmung der Nettovolumina, wenn keine Maßangaben verfügbar sind aus $V = 0{,}8 \times V_e$
- Die Geometrie eines repräsentativen Raumes einer Zone darf wie folgt vereinfacht werden:
  - $b_R$ = gesamte Zonenbreite/Anzahl der Räume
  - $a_R$ = gesamte Zonenfläche/gesamte Zonenbreite
  - $h_R$ = mittlere Raumhöhe nach der Definition in DIN V 18599-4
- Zur Bestimmung der Breite $b_{TL}$ des tageslichtversorgten Bereichs einer vertikalen Fassade darf über die vereinfachenden Annahmen der DIN V 18599-4 hinaus folgender Erfahrungswert verwendet werden:
  - $b_{TL}$ = Anzahl Räume · min ($b_R$; Summe aller Fensterbreiten der Zone/Raumanzahl + $0{,}5 \cdot a_{TL}$)
  - mit $a_{TL}$= Tiefe des tageslichtversorgten Bereichs nach DIN V 18599-4
  - und $b_R$= Breite der Räume

- Für die Bewertung von Fassaden hinsichtlich der Verschattung und der Tageslichtversorgung dürfen Vereinfachungen gemäß Tabelle 9 der Bekanntmachung verwendet werden.

Vereinfachungen für die energetische Qualität bestehender Bauteile:

- Die Wärmedurchgangskoeffizienten von nicht nachträglich gedämmten Bauteilen können durch Verwendung von pauschalen Werten gemäß den BMVBS-Regeln für die Datenaufnahme und Datenverwendung Wohngebäudebestand bzw. Nichtwohngebäudebestand ermittelt werden. Wärmebrücken sind dabei zusätzlich über einen pauschalen Zuschlag $\Delta_{UWB}$ gemäß Gebäudeenergiegesetzgebung zu berücksichtigen.
- Sind in Außenwänden Heizkörpernischen vorhanden, so darf der Wärmedurchgangskoeffizient für die Fläche der Heizkörpernische wie folgt vereinfacht angenommen werden: $U_{Heizkörpernische} = 2 \times U_{Außenwand}$
- Wärmedurchgangskoeffizienten von Bauteilen im Urzustand können auf der Basis von Bauteil, Konstruktion und Baualtersklasse nach Tabelle 2 und 3 der Bekanntmachung pauschalisiert werden.

Vereinfachungen für die energetische Qualität der Anlagentechnik:

- Zur Bewertung der Heiz-, Warmwasser und Kühltechnik können die in Tabelle 6, 7 und 8 der Bekanntmachung aufgeführten Vereinfachungen verwendet werden. Liegen keine detaillierten Angaben vor, so kann für die Bestimmung der Baualtersklasse der Anlagentechnik das Baufertigstellungsjahr des Gebäudes herangezogen werden.
- Sicherheitstechnische Einrichtungen (z. B. Überdruckbelüftungen für den Brandfall, Entrauchungsanlagen) sowie Lüfter zur Vermeidung von Überhitzungen der Gebäudetechnik (z. B. Aufzugstechnik) dürfen unberücksichtigt bleiben.

## 5.6 Änderung, Erweiterung und Ausbau von Gebäuden

Bei der Erweiterung und dem Ausbau eines Gebäudes um beheizte oder gekühlte Räume darf 1. bei Wohngebäuden der spezifische auf die wärmeübertragende Umfassungsfläche bezogene Transmissionswärmeverlust der Außenbauteile der neu hinzukommenden beheizten oder gekühlten Räume das 1,2-Fache des entsprechenden Wertes des Referenzgebäudes gemäß der Anlage 1 nicht überschreiten oder 2. bei Nichtwohngebäuden die mittleren Wärmedurchgangskoeffizienten der wärmeübertragenden Umfassungsfläche der Außenbauteile der neu hinzukommenden beheizten oder gekühlten Räume das auf eine Nachkommastelle gerundete 1,25-Fache der Höchstwerte gemäß der Anlage 3 nicht überschreiten. Ist die hinzukommende zusammenhängende Nutzfläche größer als 50 Quadratmeter, sind außerdem die Anforderungen an den sommerlichen Wärmeschutz nach § 14 einzuhalten.

Für Bestandsgebäude bestehen bedingte und unbedingte energetische Nachrüstpflichten aus der Gebäudeenergiegesetzgebung. Erst wenn ohnehin Maßnahmen an bestimmten Bauteilen in einem Mindestumfang vorgenommen werden, greifen energetische Mindestsollqualitäten. In keinem Fall dürfen Veränderungen an Bauteilen der thermischen Außenhülle vorgenommen werden, die zu einer Verschlechterung energetischer Gebäudeeigenschaften führen würden. Entsprechend den anerkannten Regeln der Technik dürfen neue Wärmeschutzfenster nur in Wände bzw. Dächer montiert werden, welche mindestens den Wärmeschutz der neuen Fenster aufweisen. Die kann zur Folge haben, dass bei einer Fenstererneuerung zur Vermeidung von Kondensatbildung weitere Bauteile der Gebäudehülle gedämmt werden müssen.

### Änderungen an der Gebäudehülle

Wenn einzelne Bauteile der thermischen Gebäudehülle verändert oder saniert werden sollen, genügt es, dass das betroffene Bauteil den U-Wert aus GEG Anlage 7 einhält. In diesem Zusammenhang wäre erwähnenswert, dass bereits die Erneuerung von mehr als 10 % der Gebäudefensterfläche, eines Außenputzes, eine neue Dacheindeckung mit Lattungs- oder Schalungserneuerung, der Aufbau oder die Erneuerung von Fußbodenaufbauten auf der beheizten Seite von Decken gegen Außenluft oder Erdreich eine Änderung im Sinne der Gebäudenergiegesetzgebung darstellt. Die Nachweispflicht ist auf die betroffenen Bauteile beschränkt (Bauteilnachweis).

Alternativ zum Bauteilnachweis ist es zulässig und in vielen Fällen sinnvoll, eine Gesamtgebäudebilanzierung des Bestandsgebäudes durchzuführen. Die Grenzwerte für den Primärenergiebedarf und den Transmissionswärmeverlust dürfen in diesem Fall bis zu 40 % über den Werten für gleichartige Neubauten liegen. Diese Variante bietet sich an, wenn umfangreiche Sanierungsmaßnahmen bzw. Änderungen an der Gebäudehülle vorgenommen werden sollen. Bei der energetischen Gebäudebilanzierung bestehen gegenüber dem Einzelbauteilnachweis flexiblere Möglichkeiten der Schwerpunktsetzung energetischer Maßnahmen, wobei an jeder Stelle der Mindestwärmeschutz gemäß DIN 4108 eingehalten werden muss.

### Nachrüstpflichten

- Für Gebäude, die mindestens vier Monate im Jahr auf 19 °C oder mehr beheizt werden, muss die oberste Geschossdecke bzw. die Dachfläche beheizter Dachräume gedämmt werden, wenn nicht bereits der Mindestwärmeschutz nach DIN 4108-2 eingehalten ist. Dabei darf ein U-Wert von 0,24 W/m²K nicht überschritten werden. Eine Ausnahme gilt für Ein- und Zweifamilienhäuser, von denen der Eigentümer eine Wohnung am 1. Februar 2002 selbst bewohnt hat. Hier greift die Nachrüstpflicht erst im Fall eines Eigentümerwechsels innerhalb von zwei Jahren nach Kaufdatum.
- Eigentümer von Gebäuden dürfen ihre Heizkessel, die mit Heizöl oder festen fossilen Brennstoffen beschickt werden, nach Ablauf von 30 Jahren nach Einbau oder Aufstellung nicht mehr betreiben und ab 2026 nicht mehr neu einbauen. Allerdings gelten einige Stilllegungsausnahmen, z. B. für Heiztechnik mit Niedertemperatur- oder Brennwerttechnik, Gebäude mit anteiliger Nutzung erneuerbarer Energien, wenn Gebäude nicht mit Fernwärme- oder erneuerbaren Energien beheizt werden können und bei nachgewiesen unbilliger Härte.
- Zentralheizungen müssen mit selbsttätig wirkenden Einrichtungen zur Verringerung und Abschaltung der Wärmezufuhr in Abhängigkeit von der Außentemperatur oder einer anderen geeigneten Führungsgröße sowie zur Ein- und Ausschaltung elektrischer Antriebe ausgestattet sein oder mussten bis zum 30. September 2021 nachgerüstet sein.

- Wird eine heizungstechnische Anlage mit Wasser als Wärmeträger in ein Gebäude eingebaut, hat der Bauherr oder Eigentümer dafür Sorge zu tragen, dass heizungstechnische Anlagen mit einer selbsttätig wirkenden Einrichtung zur raumweisen Regelung der Raumtemperatur ausgestattet sind. Satz 1 ist nicht anzuwenden auf eine Fußbodenheizung in Räumen mit weniger als sechs Quadratmetern Nutzfläche oder ein Einzelheizgerät, das zum Betrieb mit festen oder flüssigen Brennstoffen eingerichtet ist. Mit Ausnahme von Wohngebäuden ist für Gruppen von Räumen gleicher Art und Nutzung eine Gruppenregelung zulässig.
- Eigentümer von Gebäuden müssen dafür sorgen, dass bei heizungstechnischen Anlagen alle zugänglichen Wärmeverteilungs- und Warmwasserleitungen sowie Armaturen, die sich nicht in beheizten Räumen befinden, mit Dämmqualitäten nach GEG-Anlage 8 zur Begrenzung der Wärmeabgabe gedämmt sind.
- Wird eine raumlufttechnische Anlage mit Zu- und Abluftfunktion, die für einen Volumenstrom der Zuluft von wenigstens 4 000 Kubikmetern je Stunde ausgelegt ist, in ein Gebäude eingebaut oder ein Zentralgerät einer solchen Anlage erneuert, muss diese mit einer Einrichtung zur Wärmerückgewinnung ausgestattet sein, es sei denn, die rückgewonnene Wärme kann nicht genutzt werden oder das Zu- und das Abluftsystem sind räumlich vollständig getrennt. Die Einrichtung zur Wärmerückgewinnung muss mindestens Klassifizierung H3 entsprechen.

**Literaturverzeichnis**

*[1] Vgl. Auslegungsstaffeln, Deutsches Institut für Bautechnik*

*[2] Vgl. Dorsch, L.: Zonierung von Nichtwohngebäuden nach DIN V 18599, Beuth Verlag*

*[3] Fa. ENVISYS GmbH u. Co KG*

# 6 Facilitymanagement

**Übersicht**

## Einführung

Es gibt im Grunde fünf wesentliche Möglichkeiten, um die Gebäudeenergieeffizienz in unseren Breiten zu erhöhen:

1. Suffizienz
2. Nutzung regenerativer Energiequellen
3. Dämmmaßnahmen
4. Effiziente Energietechnik für Gebäude
5. Optimierung des Verhältnisses von wärmeübertragender Oberfläche zu Volumen mit hohem Ausnutzungsgrad der Gebäude

Die erste Variante stellt aus ökologischer Sicht den Königsweg dar. In einigen Fällen kann sogar auf Baumaßnahmen mit allen damit zusammenhängenden Umweltbelastungen völlig verzichtet werden – oder, um Prof. Frei Otto zu zitieren: „Ökologisch Bauen heißt – nicht Bauen."

Facilitymanagement (Facility: engl. technische Gegebenheit, Anlage) umfasst die Planung, Verwaltung, Bewirtschaftung und das Controlling von Anlagen. Dabei muss sich Facilitymanagement nicht auf einzelne Objekte beschränken, sondern umfasst vielmehr alle unternehmensrelevanten Liegenschaften und Anlagen unter Berücksichtigung ihres Zusammenwirkens.

Gebäudeliegenschaften sind komplexe Einheiten mit umfangreicher Ausstattung und sich ändernden Nutzungsbedingungen. Ihre Bewirtschaftung stellt ein erhebliches Kostenpotenzial dar. Die Aufwendungen für die Unterhaltung eines Gebäudes über die gesamte Nutzungsdauer übersteigen die Herstellungskosten in der Regel um ein Vielfaches.

Facilitymanagement bezieht sich auf den gesamten Lebenszyklus, beginnend mit Planung und Erstellung über die Nutzungsphase, gegebenenfalls mit Umnutzungen, und endet mit Abriss, Recycling oder Entsorgung. Die dabei anfallenden Aufgaben und Prozesse sollen nicht separat betrachtet, sondern im Sinne einer erhöhten Nutzungsqualität und Wirtschaftlichkeit integriert, geplant und gestaltet werden.

Kostendruck und Energieverknappung zwingen zum rationellen Einsatz der vorhandenen Ressourcen und bringen eine immer stärkere Verkettung von Prozessen mit sich. Damit wachsen auch die Anforderungen an Modernisierung und Instandhaltung mit einem hohen Anspruch an Zuverlässigkeit, Flexibilität und Wirtschaftlichkeit.

Nachhaltige Bewirtschaftung verlangt mehr als nur „Feuerwehrinstandhaltung", denn alle Anlagen eines Unternehmens sind eine wesentliche Basis seiner Leistungskraft.

## 6.1 Aufgaben des Facilitymanagements

Die vordergründige Aufgabe des Facilitymanagements (FM) besteht darin, die Kosten der gebäudebezogenen Verwaltung, Betriebskosten, Instandhaltung und Organisation zu minimieren. Dies geschieht, indem die Abläufe zusammengefasst, strukturiert, standardisiert und optimiert werden.

Die Durchführung einer Effizienzanalyse dient dabei nicht nur zur eigenen Standortbestimmung, sondern hilft Schritt für Schritt, das betriebswirtschaftliche Optimum zu erzielen. Die Analyse bietet die Möglichkeit, Varianten für veränderte Verbrauchs- oder Kostenansätze sowie unterschiedliche Modelle der Energieversorgung zu bewerten.

Stichpunktartig sind nachstehend einige Optimierungskomplexe des Facilitymanagements zusammengefasst:

- Flächenmanagement
- Ausstattungscontrolling
- Controlling von Dienstleistungen
- Steuerung der technischen Anlagen
- Energiemanagement (Heizung, Warmwasserbereitung, Lüftung, Beleuchtung, Solaranlagen, sonstige technische Anlagen)

Für eine moderne Liegenschaftsverwaltung sind hinsichtlich der nachhaltigen Ausrichtung folgende Bewirtschaftungsmodelle kennzeichnend:

- Produktionsintegrierter Umweltschutz: Dabei wird durch eine Optimierung der Stoffkreisläufe eine Verminderung der Verbräuche und Emissionen sowie eine Senkung der Kosten erzielt.
- Erfassung der Ver- und Entsorgung als eigener Geschäftsbereich,
- verursachergerechte Kostenzuordnung: Operative Einheiten können leichter in ihren Kosten beeinflusst werden, wenn sie transparent gemacht und verursachergerecht zugeordnet werden.
- Verwendung von Bauteillebenszyklen als Betrachtungselemente.

Einsparungen entstehen durch: Entscheidungsvorlagen mit zuverlässigen Basisdaten, einfache Planung von Varianten, schnellen und zuverlässigen Vergleich von Soll-Ist Zuständen, reduzierte Betriebskosten u. v. m.

Der Übergang zwischen der Architekten- und Ingenieur-Leistungsphase 9 nach § 68 HOAI (Gewährleistungsüberwachung und Dokumentation) zum Facilitymanagement gestaltet sich fließend mit Schnittmengen. Bei entsprechender Qualifizierung kann gegebenenfalls das beteiligte Planungsbüro für das FM unter Vertrag genommen werden oder eine firmeneigene Bauabteilung einarbeiten.

Das Gebäudemanagement (GM) betrachtet die Nutzungsphase von Gebäuden und somit einen wesentlichen Teil des Facilitymanagements. GM ist die Gesamtheit technischer, infrastruktureller und kaufmännischer Dienstleistungen zum Unterhalt von Liegenschaften mit dem Ziel der Aufrechterhaltung und Optimierung aller Betriebsfunktionen sowie der Kostenreduzierung und Kostentransparenz.

Gebäude und technische Anlagen müssen zunächst nach funktionalen, prozessorientierten und räumlichen Kriterien gegliedert werden. Eine Methode zur Strukturierung und Kennzeichnung technischer Produkte und der technischen Produktdokumentation ist in einer allgemeinen Form in DIN EN 61346-1 und in einer anwendungsbezogenen Form in der DIN 6779 festgelegt. Das System lässt sich auch auf das Produkt „Gebäude" anwenden. Die Informationen dienen zur:

- Darstellung des Ist-Zustands
- Minimierung der Kosten für den Gebäudebetrieb auf das Notwendige
- Erkennen und Nutzung von positiven Synergieeffekten
- effektiven Gestaltung von Arbeitsabläufen

Ein integriertes und EDV-gestütztes Gebäudeinformationssystem fungiert als Kernstück, das alle Informationen für ein übergreifendes Controlling liefert.

Im Rahmen der Eingabe müssen alle erforderlichen Gebäudedaten als Datenmodell konzeptionell einheitlich und durchgängig eingegeben werden. Als Grundlage dienen Grundrisse und Schnitte der Ausführungsplanung, die auf dem jeweils aktuellen Stand gehalten werden müssen. Die Erfassung des Gebäude- und Anlagenzustands kann durch Mess- und Stellsignalgeber, z. B. über ein Elektroinstallations-Bus-System mit Schnittstelle zur FM-Software, erfolgen. Technische und organisatorische Ressourcen sind so unmittelbar überschaubar. Unternehmensprozesse können schneller durchgeführt und an veränderte Situationen angepasst werden.

Einigen Systemen können weitere Module wie elektronische Zugangskontrolle, Heizungs- und Lüftungssteuerung, Brandmeldeanlage oder Einbruchmeldeanlage aufgesattelt werden.

Facilitymanagement bedient sich zunehmend des Contracting-Verfahrens für Maßnahmen der Energieeffizienzsteigerung. Für Maßnahmen zur Reduktion des Energiebedarfs bietet sich hier ein hohes Potenzial. Energiebedarfssenkungen im Bereich über 25 % sind die Regel.

## 6.2 Energiemanagement

Energiemanagement ist die vorausschauende, organisierte und systematische Koordinierung von Beschaffung, Umwandlung, Verteilung und Nutzung von Energie zur Deckung der Anforderungen unter Berücksichtigung ökologischer und ökonomischer Zielsetzungen. Energiemanagement kann als Teil des Facilitymanagements oder auch eigenständig davon aufgefasst werden. Energiemanagementsysteme sind die zur Verwirklichung des Energiemanagements erforderlichen Organisations- und Informationsstrukturen einschließlich der hierzu benötigten technischen Hilfsmittel (z. B. Soft- und Hardware) mit dem Ziel der kontinuierlichen Verbesserung der Energieeffizienz.

Energiemanagementsysteme EnMS sollen dazu beitragen, die Energieeffizienz in Unternehmen, Kommunen und bei Energieversorgern kontinuierlich zu erhöhen. Die Einführung von EnMS zählt zum beschlossenen Maßnahmenpaket des integrierten Energie- und Klimaschutzkonzeptes der Bundesregierung aus 2007. In dessen Folge sind Umsetzungsanforderungen für Energiemanagementsysteme in mehrere nationale Verordnungen und Richtlinien eingeflossen. Einige Unternehmen führen Energiemanagementsysteme gemäß DIN EN ISO 500001 oder DIN EN 16247 SpaEfV ein, um von Energiesteuerreduzierungen zu profitieren. Nachhaltige Energieeffizienz ist aber auch in unmittelbarem Interesse der Unternehmen zur Senkung von Betriebskosten.

EnMS erfordert die Unterstützung durch die Unternehmensführung. Bei einem Energiemanagement gemäß DIN EN ISO 50001 muss das Top-Management die Verfügbarkeit der benötigten Ressourcen für die Einführung, Verwirklichung, Aufrechterhaltung und Verbesserung des Energiemanagementsystems sicherstellen. Die Ressourcen umfassen das erforderliche Personal und die Benennung eines Managementbeauftragten, spezielle Fähigkeiten sowie technische und finanzielle Mittel. Unkoordinierte Ad-hoc-Reaktionen sollen durch systematisches Vorgehen abgelöst werden, die nachhaltige Einsparerfolge erzielen. Die festzulegenden energetischen Ziele und gewünschten Optimierungen sollen durch einen lebendigen Prozess der kontinuierlichen Verbesserung auf der Basis laufender Erkenntnisse betrieblicher Abläufe stattfinden und möglichst unabhängig von bestimmten Personen ständig weiterentwickelt werden.

Die wirtschaftliche Nutzung der gebäudetechnischen Anlagen erfordert eine ständige Prüfung der Betriebsparameter. Durch systematisches Energiemanagement wird ermöglicht, zeitnah und gezielt in die Energie- und Stoffströme einzugreifen, Energieeffizienzpotenziale aufzudecken, zu dokumentieren, wirtschaftliche Optimierungsvarianten umzusetzen und zu überprüfen. Mittels Benchmarkings können die Energiekennwerte der Gebäude mit gleicher Nutzungsart bzw. vergleichbarer Zeiträume miteinander verglichen werden. Die für das Benchmarking erforderlichen Energieleistungskennzahlen müssen identifiziert und in geplanten Zeitabständen bewertet werden. Bei einem Hotel können das beispielsweise Kilowattstunden der eingesetzten Energieträger und Liter Warmwasser je Übernachtung/Gast sein; bei einem produzierenden Gewerbe Kilowattstunden der eingesetzten Energieträger je Kilogramm Rohstoff und je Kilogramm des fertiggestellten Produkts. Weiterhin ist es möglich, die Energieleistungskennzahlen mit Kennzahlen ähnlicher Nutzungskategorien, z. B. aus dem Bauwerkszuordnungskatalog der Arbeitsgemeinschaft der für das

Bau-, Wohnungs- und Siedlungswesen zuständigen Minister der Länder, zu vergleichen.

Die EnMS-Begrifflichkeiten sind in der VDI-Richtlinie 4602 Blatt 1, der DIN EN 16001 und der GEFMA-Richtlinie 124 dargelegt. Gemeinsam ist den Definitionen sinngemäß die organisatorisch systematisierte Koordinierung von Beschaffung, Umwandlung, Verteilung und effizienter Nutzung von Energieträgern aller Art zur Deckung der jeweiligen Anforderungszwecke unter Berücksichtigung ökonomischer und ökologischer Zielsetzungen. Dabei sollen alle Stoffströme aus Anwendungen wie Heizung, Klimatechnik, Wasser, Abwasser und ggf. Produktionsenergien erfasst werden. Zur Definition von Energiemanagementsystemen gehören die erforderlichen Organisations- und Informationsstrukturen einschließlich der technischen Hilfsmittel, z. B. EnMS-Software.

Wichtige Voraussetzungen für ein nachhaltiges Energiemanagement:

- Benennung eines qualifizierten Energiemanagementbeauftragten bzw. einer entsprechenden Abteilung oder Stabsstelle und kontinuierliche Unterstützung durch das Top-Management der Organisation
- Berücksichtigung der Nutzungsanforderungen
- Raumnutzungs- und Belegungsmanagement
- sinnvolle Anpassung von Betriebszeiten gebäudetechnischer Anlagen an Nutzungszeiten
- Betrachtung der dynamischen Betriebsprozesse unter ganzheitlichen Gesichtspunkten
- transparentes Energiedatenmanagement und Controlling
- Einsatz zielorientierter Gebäudeautomationseinrichtungen
- dynamisch-feingliedrige Optimierung, Automatisierung und regelmäßige Prüfung von Stellgrößen nach nutzungs- und klimarelevanten Randbedingungen
- konzeptionelle Berücksichtigung differenzierter Lebenszyklen
- regelmäßige und zielorientierte Nutzerinformation über den sparsamen Umgang mit Energie

*Tabelle 6-1: Energiemanagement – To-dos*

| Energiemanagementzyklen | Aufgaben |
|---|---|
| **Analyse** | • Messkonzept<br>• Erfassung relevanter Gebäudedaten<br>• inkl. Energieträger Verbrauchswerte<br>• systematische Analyse der Prozessabläufe und Anlagen<br>• Ermittlung vorhandener Energiequellen<br>• Ermittlung der Bereiche mit wesentlichem Energieeinsatz<br>• Potenzialbewertung<br>• Berechnung von Bedarfswerten für Optimierungen |

*Tabelle 6-1: Energiemanagement – To-dos (Fortsetzung)*

| Energiemanagementzyklen | Aufgaben |
|---|---|
| **Effizienzplanung** | • Darstellung energiebezogener Baselines<br>• Planungskonzeption<br>• Identifizierung und Ermittlung von Energieleistungskennzahlen<br>• Prioritäten festlegen<br>• Effizienzziele strukturieren<br>• Optimierungsvarianten analysieren<br>• Maßnahmenplanung (ggf. mit externer Unterstützung)<br>• Energiekostenplanung<br>• ggf. Contracting |
| **Umsetzung** | • Energiemanagementsystem im Unternehmen bekannt machen<br>• Mitarbeitermotivation und Schulung<br>• interne Audits<br>• Umsetzung des Messkonzepts/ Einrichtung wesentlicher Messtellen<br>• Effizienzmaßnahmen umsetzen |
| **Betriebsführung** | • Wartungskonzeption<br>• Betriebliche Überwachung<br>• Messtechnisch gestützte Fortführung energiequellenbezogener Baselines |
| **Nutzung** | • Optimierung der Flächenauslastung<br>• Nutzerschulung<br>• Integration aller Nutzer in die Abläufe des Energiemanagements |
| **Vertragsmanagement** | • Prüfung von Energielieferverträgen<br>• Optimierung des Energieeinkaufs gemäß Nachhaltigkeitskriterien<br>• Ggf. Contracting |
| **Controlling** | • Energieströme überwachen und messen<br>• Messgeräteeichung prüfen, Messstellen ergänzen<br>• Verbrauchsauswertung, Klimabereinigung<br>• Benchmarking<br>• Ursache von Unregelmäßigkeiten und Effizienzzielabweichungen feststellen<br>• kontinuierliche Erfolgskontrolle<br>• Dokumentation<br>• Managementsystemüberprüfung/Korrekturschleifen<br>• **zyklische Fortführung** |

Periodisch erhobene Daten aller relevanten Betriebsmedien stellen die wichtigste Grundlage bei der Umsetzung des Energiemanagements dar. Diese Daten dienen als Basis zur Planung von Optimierungsmaßnahmen und für das Benchmarking.

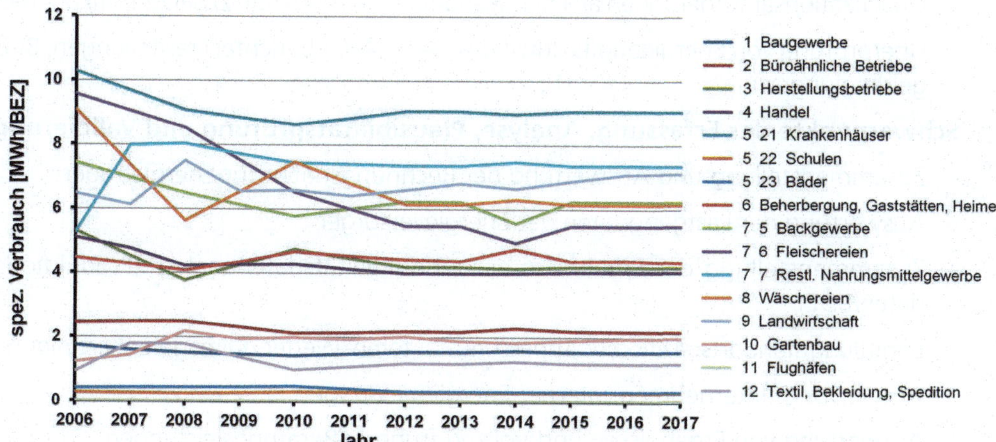


*Bild 6-1: Zeit-Trend-Extrapolation des temperaturbereinigten spezifischen Brennstoff- und Fernwärmeverbrauchs MWh nach Bezugseinheiten im Sektor Gewerbe-Handel-Dienstleistung*

*Quelle: GHD-Anwendungsbilanzen 2013 bis 2017, Lehrstuhl Energiewirtschaft und Anwendungstechnik TU München*

## 6.3 Energieaudit

Energieaudits sind systematische Inspektionen und Analysen des Energieeinsatzes und des Energieverbrauchs einer Anlage, eines Gebäudes, eines Systems oder einer Organisation mit dem Ziel, Energieflüsse und Potenziale für Energieeffizienzverbesserungen zu identifizieren und diese zu dokumentieren. Im Energieaudit wird auf Metaebene die Wirksamkeit der im Energiemanagement vorgenommenen Maßnahmen geprüft. Dabei sind die Unabhängigkeit und Objektivität der Auditoren sowie die fachgerechte Dokumentation der Ergebnisse und der Prozesse unerlässlich.

Energieaudits werden üblicherweise auf Basis der DIN 50001 oder 16247 ausgeführt.

- **Energieauditleistungen sind**
  - Erstanalyse, Potenzialbewertung
  - Definition von Sanierungsmaßnahmen
  - Erstellung eines Beratungsberichts
  - externe Planungen
  - externe Umsetzungsüberwachung
- **Die Inhalte der Planung und Durchführung von Energieaudits sind im Energiedienstleistungsgesetz EDL-G formuliert**
  - Erläuterung der Energieauditpflichten (Klärung KMU-Definition/Befreiungstatbestände)
  - Reglungen zur Durchführung von Energieaudits (Unternehmen mit mehreren Standorten – Clustering)

- Qualifikationsanforderungen an Energieauditoren (Grund- und Zusatzqualifikationen)
- Überprüfung von Energieaudits durch das BAFA (Auditberichte, Freistellungen, Bußgeldreglungen)

- **Schwerpunkte der Erfassung, Analyse, Plausibilitätsprüfung und Validierung**
  - Zusammenstellung und Auswertung der Rechnungsdaten für Energieträger
  - Auswertung der Lastgangdaten der Energieversorger
  - Zusammenstellung der Ergebnisse der Produktivitätsdatenanalyse (Produktionsdaten/BDE)
  - Ermittlung standortspezifischer Anpassungsfaktoren (Wetter-/Klimadatenbereinigung)
  - Auswertung unternehmensinterner Energiemessungen
  - Auswertung von Ergebnissen und Vollzug früherer Beratungsleistungen
  - Zusammenstellung sonstiger, relevanter Unternehmensdaten
- **Schwerpunkte der Vor-Ort-Datenaufnahme**
  - Erstellung eines energiespezifischen Anlagenregisters, Erfassen und Bewerten energetischer Zusammenhänge
  - Einbau/Ausbau temporärer Messgeräte an relevanten Anlagen und Komponenten
  - Identifikation energetischer Schwerpunkte des Unternehmens
  - Identifikation von energetischen Schwachstellen und Optimierungspotenzialen
- **Schwerpunkte der Auswertung und Datenanalyse nach DIN EN 16247-1**
  - Validierung der Daten des Anlagenregisters mittels stationärer Messungen
  - Bewertung von Energiebezug, Energieverteilung, Energieeffizienz und Optimierungspotenzial
  - Abgleich von Energiebezug (Rechnungsdaten) und Energieverteilung (Anlagenregister)
  - Visualisierung der Energiedaten, Erstellung von Sankeydiagrammen
  - Wirtschaftliche Bewertung energetischer Schwachpunkte und Einsparpotenziale
- **Schwerpunkte des Energieauditorenberichts**
  - Zusammenstellung der Audit-Dokumentation
  - Priorisierung von Einsparempfehlungen
  - Präsentation der Berichtsergebnisse an das Top-Management des Unternehmens
  - Überreichung des Auditberichts
  - Information des Unternehmens zu wiederkehrenden Energieaudit-Pflichten

## 6.4 Energieeinspar-Contracting/Performance Contracting

Energie-Contracting dient heute als Oberbegriff für unterschiedliche Formen von Energiedienstleistungen. Gemeinsam ist ihnen die Übertragung von Aufgaben der Energiebereitstellung bzw. Energielieferung auf ein spezialisiertes Contracting-Unternehmen. Zur Abgrenzung werden zunächst fünf grundsätzliche Energie-Contracting-Varianten unterschieden:

- Energieliefer-Contracting: z. B. Gas und Stromliefervertrag.
- Finanzierungs-Contracting: Hierbei handelt es sich um weitgehend konventionelle Finanzierungsmodelle für den Neubau oder die Sanierung von Energieanlagen per Ratenzahlung oder Leasing.
- Anlagen-Contracting: Ein Contractor plant, finanziert, liefert, montiert und betreibt Energieanlagen inkl. Wartung. Für die Vertragsdauer zahlt der nutznießende Immobilieneigentümer dem Contractor je nach Vertrag Energiegestehungskosten sowie evtl. Anlagenleasingraten.
- Betriebsführungs-Contracting/Technisches Anlagenmanagement: Ein Contracting-Unternehmen übernimmt für eine Energieanlage den Betrieb mit Wartung und Instandhaltung, ggf. auch Gebäudeleittechnik.
- Performance- bzw. Energiespar-Contracting: Diese Art des Contractings baut auf dem Anlagen-Contracting auf, beinhaltet aber an Energieeinsparerfolgen orientierte Vergütungselemente. Es werden Maßnahmen vereinbart, die den Verbrauch von Energieträgern wie z. B. Strom, Wärme, Kälte, Wasser und Druckluft reduzieren. Die Refinanzierung erfolgter Investitionen basiert auf Rückvergütungsvereinbarungen für Einsparungen gegenüber einem Vorvergleichszeitraum (Baseline, mind. drei Jahresmittel, witterungsbereinigt).
- Performance- bzw. Energiespar-Contracting plus: Im Unterschied zum einfachen Performancecontracting werden auch bauliche Maßnahmen zur Effizienzverbesserung inkludiert. Das diese oft längere Amortisationszeiten, allerdings auch eine nachhaltige Wirtschaftlichkeit aufweisen, werden die baulichen Maßnahmen mit Eigentümer-Baukostenzuschüssen und ggf. öffentlicher Förderung umgesetzt. Die Energiebaseline muss entweder vor Ausführung der baulichen Maßnahmen synthetisch auf der Basis von reduzierten Bedarfsdaten berechnet werden oder nach Realisierung der baulichen Maßnahmen gemessen werden und in eine Vertragsanpassung einfließen.

Die erstgenannten Contractingarten bergen die Gefahr, dass schlechte Gebäudeenergiestandards, insbesondere die thermischen Hüllen betreffend, für die Vertragslaufzeit manifestiert werden. Um Energiekosten und Treibhausgase möglichst nachhaltig zu reduzieren, ist für viele Gebäude das Performance- bzw. Energiespar-Contracting plus am besten geeignet und wird daher im Weiteren vertieft:

Ein Contractor schließt mit dem Eigentümer der Liegenschaft einen Vertrag ab, der ihn berechtigt, Maßnahmen zur Energieeinsparung durchzuführen. Das Aufgabenspektrum umfasst die Analyse eines Ist-Zustands und Planung von baulichen Effizienzmaßnahmen, effizienten Energieerzeugungs- und -verteilungsanlagen, Systemen der Mess- und Regeltechnik, inkl. Finanzierung, Errichtung im Austausch ineffizienter Bestandsanlagen, Betrieb und Wartung der Anlagen sowie Lieferung und Abrechnung der fertigen Endprodukte (Wärme, Kälte, Strom, Druckluft).

Performance- bzw. Energiespar-Contracting ist vorrangig für Liegenschaften mit Energieanlagen geeignet, die vor einem Erneuerungszyklus stehen. Für Neubauvorhaben und Wohngebäude ist diese Contracting-Form nur bedingt geeignet. Die Anwendung des Instruments Energiespar-Contracting ist aufgrund der mit Projektentwicklung und -vorbereitung verbundenen Zeit- und Personalaufwendung ab einer jährlichen Energiekostenhöhe von ca. 100.000 € bzw. einer installierten Energieanlagenleistung von mindestens 200 kW interessant. In Fällen mit einem übergeordneten Contracting-Konzept kann auch die wirtschaftliche Anwendung für Liegenschaften mit geringeren Energiekosten gelingen.

Häufig wird gegen Energiespar-Contracting vorgebracht, dass die Projekte in eigener Regie profitabler erbracht werden können. Dies ist zwar formell richtig, doch die vielen Liegenschaften, die sich in einem schlechten energetischen Zustand befinden und hohe Energiekosten aufweisen, belegen das Gegenteil.

Zur Refinanzierung erhält der Contractor über einen vorher definierten Zeitraum hinweg den Großteil oder die Gesamtsumme der eingesparten Energiekosten. Diese errechnen sich in der Regel aus der Differenz des Referenzwertes (Baseline, z. B. aus drei Vorgängerjahren gemittelte und witterungsbereinigte Verbräuche), also dem Status quo ohne Einsparmaßnahmen, und den Energiekosten ab dem Zeitpunkt der Effizienzmaßnahmendurchführung. Mit der Energiekostendifferenz finanziert der Contractor sowohl die Anfangsinvestitionen mit den Kapitalkosten, die laufenden Controlling-, Wartungs-, Abrechnungs- und Verwaltungskosten des Projektes. Die Höhe der Vergütung ist beim Energiespar-Contracting in der Regel von der tatsächlich erreichten Energieeinsparung, also vom Erfolg der Maßnahme, abhängig.

Vorteile für Liegenschaftseigentümer sind die Ersparnis der Vorfinanzierung von teils erheblichen Investitionen, die eingebrachte Kompetenz zur effizienten Energienutzung, die Entlastung von Wartungs-, Instandhaltungs- und Betriebsaufgaben, die nicht unbedingt zur Kernkompetenz der Liegenschaftseigentümer gehören. Weiterhin zählen dazu Wertsteigerung und Komfortverbesserung. Mit Ende der Vertragslaufzeit kommen die Energiekosteneinsparungen in voller Höhe dem Gebäudeeigner zugute. Typische Vertragslaufzeiten sind 8 bis 15 Jahre. Performance- bzw. Energiespar-Contracting ermöglicht hohe Einsparungen über die gesamte Vertragslaufzeit und darüber hinaus.

Ein wesentlicher Bestandteil des Vertrags ist die Einspargarantie. Hierbei verpflichtet sich der Contractor, eine Mindesteinsparung beim Energieverbrauch und/oder bei den Energiekosten herbeizuführen. Werden diese Werte nicht erreicht, muss er dem Auftraggeber die Differenz zwischen der erzielten und der garantierten Energiekosteneinsparung erstatten. Sollten die prognostizierten Einsparungen über den Betrag der für die Refinanzierung benötigten Summe hinausgehen, kommen sie dem Nutzer zugute. Nach Ablauf des Vertrages kommen die durch die Investition erzielten Einsparungen vollständig dem Energienutzer zugute.

Sinnvolle Regelungen zeichnen sich unter anderem dadurch aus, dass für den Contractor ein finanzieller Anreiz geschaffen wird, die Energieeinsparung durch weitere Investitionen in die thermische Gebäudehülle und in eine optimale Betriebsführung zu erhöhen.

**Vorteile des Energiespar-Contractings plus**

- schnelle Umsetzung der Effizienzmaßnahmen durch den Contractor
- mögliche Einbindung spezieller Fördermittel für Contracting-Verfahren und Effizienzmaßnahmen
- Investitionskosteneinsparungen durch spezifische Bezugskonditionen des ausführenden Contractors
- Kalkulierbarkeit, Einspargarantie, Wartung
- verminderter Energieeinsatz
- Reduzierung von Schadstoffemissionen
- Gebäudewerterhöhung, gegebenenfalls verbesserte Vermarktbarkeit
- Steigerung von Komfort und Behaglichkeit/verbesserte Nutzerakzeptanz
- gegebenenfalls Erhöhung der Produktivität (z. B. durch bessere Beleuchtung, Lüftung, Raumklima)
- qualifizierte Arbeitsplätze in Contracting-Unternehmen für Ingenieure, Planer und Projektmanager
- regionale Wertschöpfung bei örtlich für die Sanierungsmaßnahmen gebundenen Ausführungsbetrieben

**Baukostenzuschüsse für bauliche Effizienzmaßnahmen**

Die gängigen Contracting-Arten konzentrieren sich üblicherweise auf die Anlagentechnik. Der Grund dafür ist, dass die Amortisationszeiten effizienter Anlagentechnologien gegenüber den auszutauschenden Altanlagen gut zu berechnen und oft verhältnismäßig kurz sind. Für Liegenschaften mit hohem Heiz- und/oder Kühlbedarf bei gleichzeitig schlechtem Dämmzustand der thermischen Gebäudehüllen kann erhebliches Effizienzpotenzial brachliegen und wird ohne Integration baulicher Effizienzmaßnahmen sogar noch zustandszementiert. Eine Lösung im allgemeinen Interesse kann ein Baukostenzuschuss an das Contracting-Unternehmen (z. B. 50 % der Kosten für bauliche Effizienzmaßnahmen) sein. Dadurch erreichen auch die Effizienzmaßnahmen an der Gebäudehülle aus Sicht des Contracting-Unternehmens Amortisationen innerhalb der Contracting-Laufzeit und die Einspargarantien sind leichter erreichbar. Liegenschaftseigentümer profitieren primär vom Zahlungsanteil des Contracting-Unternehmens, Behaglichkeitsverbesserungen und sekundär von der langen Lebensdauer baulicher Effizienzmaßnahmen, da davon auszugehen ist, dass diese noch nach Ablauf der Contractinglaufzeit zur Energiekosteneinsparung beitragen.

**Energie-Intracting**

Im Gegensatz zum Contracting mit einem externen Dienstleister basiert das Intracting auf eigenen personellen und finanziellen Ressourcen. Die Maßnahmen neuer Projekte werden im Prinzip aus einem Budget finanziert, welches sich aus den eingesparten Energiekosten von Vorgängerprojekten generiert. Dazu muss ein gesonderter Haushaltsposten mit einer Anschubfinanzierung gebildet werden. Weiterhin setzt Intracting umfangreiches internes Know-how bzw. qualifiziertes Personal voraus.

### *Beispielexkurs für ein Energie-Performance-Contracting plus mit:*

- 30 % Garantieeinsparung mit 10 % Auftraggeberbeteiligung von den eingesparten Energiekosten
- hälftiger Aufteilung bei zusätzlichen Energiekostenreduzierungen über die Garantieeinsparung hinaus zwischen AG und Contracting-Unternehmen,
- Pflichtmaßnahmen: Heizanlagenerneuerung mit Umstellung auf reg. Energieträger, energetische Sanierung der Gebäudehülle Ht′max. 0,3 W/m²K gegen Baukostenzuschuss in Höhe von 200.000 €
- hälftige Investitionskostenaufteilung für Effizienzmaßnahmen an der Gebäudehülle zwischen AG und Contractingunternehmen.
- **Berechnung:** Baseline/bisherigen Energiekosten p. a. = 300.000 €
- Garantieeinsparung 30 % = 90.000 €, abzüglich AG-Beteiligung in Höhe von 10 %
- Es verbleiben 81.000 € (ohne Berücksichtigung von Steuern und Fördermitteln)
- **Aus Sicht des C.-Unternehmens:** Bei einer Einsparung von 40 % (10 % über Garantieeinsparung hinaus) = 30.000 € ; davon 50 % = 15.000 € als Contractingunternehmen-Anreiz-Erfolgshonoraranteil

  Zwischensumme: 99.000 € Contracting-Refinanzierungsrate p.a.

  Bei einer Laufzeit von 10 Jahren **= 990.000 € Vertragslaufzeitumsatz**

  **Bei einer Investition von 700.000 €** inkl. Überwachung, Wartung und Reparaturen zur Erreichung der Energiekostenreduzierung **verbleiben 29.000 € p.a. × 10 a = 290.000 € beim C.-Unternehmen.**
- **AG Einsparung gegenüber den Baselinekosten**: Auftraggeberbeteiligung aus Garantieeinsparung 9.000 € + Erfolgshonoraranteil 15.000 € + ersparte Wartungskosten ca. 4.000 €; **= ca. 28.000 € per anno × 10 a = 280.000 €**. (Abzüglich Baukostenzuschuss im ersten Jahr ohne Berücksichtigung von Fördermitteln), (ohne Berücksichtigung von Vereinbarungen zur Aufteilung von Nutzungs- und Energiepreisänderungen) zuzügl. dauerhaft reduzierte Energiekosten in voller Reduktionshöhe nach Vertragsende

Für den Verfahrenserfolg wichtig ist eine eindeutige Klärung der Zuständigkeiten im Energiemanagement mit Controlling von Flächen-, Verbrauchs- und Kostendaten. Sinnvollerweise werden die technischen, kaufmännischen und organisatorischen (z. B. Nutzermotivation, Hausmeisterschulung) Aspekte der Energiebewirtschaftung einschließlich der Optimierung von Energiebezugs- und Lieferverträgen im Energiemanagement gebündelt. Durch Kostentransparenz lassen sich Prioritäten festlegen und Vergaben für Contracting-Maßnahmen sicher vorbereiten.

*Tabelle 6-2: Ablaufplan eines klassischen Energiesparcontractings*

| **Phase** | **Job** | **Abwicklung** |
|---|---|---|
| Auswahl geeigneter Objekte (ggf. Gebäudepools) | Grobanalyse mit Ermittlung der Verbrauchsdaten, Energiekosten, Betriebs- und Nutzungscharakteristik, Abschätzung der Einsparpotenziale | Nutzer, Eigentümer, Gebäudeenergieplaner |
| Klärung von Randbedingungen | Angestrebte Vertragslaufzeit, Finanzierungsvarianten (Eigen-, Fremd-, Drittmittel), Baukostenzuschuss, Klärung technischer Randbedingungen (Pflichtmaßnahmen/geplante Sowieso-Investitionen), ggf. bauliche Maßnahmen in Eigenregie | Eigentümer, Gebäudeenergieplaner |
| evtl. vorgezogene | Bestandsfeinanalyse | Gebäudeenergieplaner |
| Ausschreibung | Festlegung der Baseline, max. Vertragslaufzeit, Mindestinvestitionen, Wartung, zu erreichende Mindestkomfortstandards, Betriebszeiten und Garantieeinsparung in kWh und/oder Energiekosten, Energiepreissteigerungsklausel, ggf. Baukostenzuschüsse für Maßnahmen an der thermischen Hülle | Eigentümer, Gebäudeenergieplaner |
| Bestandsfeinanalyse | Liegenschaftsbegehung, Auswertung der Bestandsunterlagen, technische Analysen, Abschätzung Einsparpotenzial | Bieter |
| Angebote | Angebotsabgabe | Bieter |
| Angebotsauswertung | Vertragslaufzeit, Investitionen, Garantieeinsparung, Wartung, Erfolgsbeteiligung, Kapitalwertberechnung | Eigentümer, Gebäudeenergieplaner |
| Wirtschaftlichkeitsnachweis | Vergleich der Angebote mit eigenfinanzierten Lösungen | Eigentümer, Gebäudeenergieplaner |
| Bietergespräche | Umsetzungsdetails, evtl. Prüfung der Feinanalyse und Angebotsanpassung | Eigentümer, Bieter, Gebäudeenergieplaner |
| Auftragsvergabe | Abschluss Energiespar-Contracting mit Garantieeinsparung, ggf. Erfolgsbeteiligungsvereinbarung für Überschreitung der Garantieeinsparung | Eigentümer, Bieter, Gebäudeenergieplaner |
| Feinanalyse | Detailanalyse der Objekte mit Gebäudetechnik, Bauphysik und Nutzungscharakteristik zur Projektierungsvorbereitung | Contractor |

*Tabelle 6-2: Ablaufplan eines klassischen Energiesparcontractings*

| Phase | Job | Abwicklung |
|---|---|---|
| Projektierung | Planung der Installationen und Optimierungsmaßnahmen, Ausführungsterminplanung, Information zur Planung an Eigentümer | Contractor |
| Installationen, Optimierung | Umsetzung der Effizienzmaßnahmen, Inbetriebnahme, Leistungsanpassung, Optimierung | Contractor, evtl. Bauüberwachung durch Energieplaner |
| Betriebsphase | Überwachung, Wartung und Reparatur, Softwarepflege, Messung, Protokollierung, Vergleich mit Baseline, Abrechnung, Gewährleistungsverfolgung und soweit vereinbart: Nutzerschulung | Contractor, Eigentümer,<br>Energieplaner |
| Vertragsende | Übergabe der Anlagen, Abschlusseinweisung, Prüfung der Vertragserfüllung | Contractor, Eigentümer |
| Anschluss-Contracting | Prüfung zur Wirtschaftlichkeit eines Anschlusscontractings bzw. Neuauflage des Verfahrens | Eigentümer, Energieplaner |

Die Untersuchung von zwölf repräsentativen kommunalen Liegenschaften (Rathäuser, Schulen, Stadthallen etc.) in Hessen ergab ein durchschnittliches Einsparpotenzial von ca. 34 %. Mit durchgeführten Contracting-Vorhaben konnte nachgewiesen werden, dass Energiespar- und Kostensenkungs-Potenziale zwischen 16 % (Deutsches Museum, München) und bis zu 40 % (Schulzentrum Kaarst, NRW) erzielbar sind. Einer Untersuchung der Energieagentur NRW von 213 Energiesparmaßnahmen in 62 Betrieben und Einrichtungen ergab, dass der größte Teil der Einsparmaßnahmen (66 %) auch bei einer Energiepreissenkung von 30 % noch innerhalb von drei Jahren amortisierbar ist. Durch Baukosten-Investitionszuschüsse für dämmtechnische Maßnahmen kann das Einsparpotenzial weiter erhöht werden.

## Beispielexkurs für Kommunales Intracting „Stuttgarter Modell"

Für die Finanzierung von Energiesparmaßnahmen kommunaler Liegenschaften wurde ein verwaltungsinterner Fonds aufgelegt. Durch die erzielten Energiekosteneinsparungen wird dieser Fonds laufend gespeist.

Aus dem Fonds wurden beispielsweise Biomassekessel mit einer thermischen Leistung von 200 kW installiert. Damit wurden ein Schulzentrum, eine Stadtgärtnerei und ein Hallenbad beheizt. Der Brennstoff stammt kostengünstig aus lokalen Grünpflegemaßnahmen. Allein mit diesen Intractingprojekten konnten die $CO_2$-Emission um 1.500 Tonnen pro Jahr reduziert werden.

Weitere Beispiele für Performance-Contracting: siehe Kapitel 13.4

**Weiterführende Informationen:**

*www.kompetenzzentrum-contracting.de/contracting/contracting-modelle/energiespar-contracting/*

*www.energiekompetenz-bw.de/contracting/wissensportal/was-ist-energie-contracting/energiespar-contracting/*

*www.energieland.hessen.de/energiespar-contracting*

*www.energiekonsens.de/contract.html*

*https://energietools.ea-nrw.de/einspar-contracting-20607.asp*

# 7 Konstruktion

Übersicht

## Einführung

Energieoptimierte Gebäude sollten möglichst kompakt sein, also ein kleines Verhältnis von Außenfläche zu Volumen haben. Wie die Rippen eines Heizkörpers die Wärme besser an den Raum abgeben, so geben Gebäudehüllen mit zahlreichen Vor- und Rücksprüngen die Gebäudewärme stärker ab als ebene Flächen. Lange schmale Baukörper, Winkelbauten, aber auch Dachverschneidungen wie Gauben, Vorsprünge, Geschossversätze und Fassadeneinschnitte wirken sich negativ aus. Günstige Gebäude-A/V-Verhältnisse liegen unter 0,5 und stellen allgemein die kostenwirksamste Effizienzmaßnahme dar.

## 7.1 Innenraumbehaglichkeit

Aus den prägenden Wahrnehmungsebenen leiten sich die für das Raumklima maßgeblichen Faktoren und Vorgaben für die Gebäudekonzeption, insbesondere für die Gebäudehülle ab. Um die Behaglichkeit möglichst groß zu gestalten, muss gleichermaßen ein thermisch, akustisch, visuell und olfaktorisch angenehmes Raumklima geschaffen werden.

Physikalisch messbare Kriterien:

- Raumlufttemperatur
- Oberflächentemperaturen
- Luftgeschwindigkeit
- Beleuchtungsstärke und Beleuchtungsdichte

- Geräuschpegel
- Luftzusammensetzung / $CO_2$-Gehalt

Eine vorrangige Bedeutung haben die thermischen Kriterien. Ein möglichst ausgeglichener Körper-Wärmehaushalt bildet die Grundvoraussetzung für unser Wohlbefinden.

Individuell physiologische Kriterien können ebenfalls eine große Rolle für das Empfinden spielen:

- Alter
- Geschlecht
- Konstitution/Allgemeinbefinden
- Kleidung
- Tätigkeitsgrad

Behaglichkeitsfaktoren sind keineswegs als unabhängige Größen anzusehen, sondern stehen in enger Beziehung zueinander. Faktoren, die die thermische Behaglichkeit beeinflussen, wirken sich auch den Energiebedarf von Gebäuden aus.

Für Mitteleuropäer liegt der Behaglichkeitsbereich der Raumlufttemperatur zwischen 20 und 25 °C. Bei gut gedämmten Hüllbauteilen können die Raumlufttemperaturen ohne Komforteinbußen abgesenkt werden. Die Lufttemperatur und die Oberflächentemperatur der raumbildenden Bauteile werden als Einheit empfunden. Bei einer hohen inneren Oberflächentemperatur gibt der Mensch eine geringere Strahlungswärme ab. Dies zieht eine Verbesserung des Wohlbefindens nach sich. Die mittlere Temperatur der umgebenden Oberflächen sollte nach Möglichkeit nicht um mehr als 2–3 Kelvin von der Raumlufttemperatur abweichen. Wenn die innere Wandoberflächentemperatur und die relative Raumluftfeuchte entsprechend aufeinander abgestimmt sind, werden auch tiefer liegende Raumlufttemperaturen bis zu 16 °C als behaglich empfunden. Als Faustregel gilt: Je 1 K Temperaturabsenkung reduziert sich der Heizwärmebedarf um ca. 6 % zuzüglich zu den verminderten Transmissionswärmeverlusten.

Im Sommer werden Werte bis 27 °C als gerade noch akzeptabel eingestuft.

In Abhängigkeit von der Raumlufttemperatur und individuellem Empfinden schwankt der Bereich der relativen Luftfeuchte, der als behaglich empfunden wird, zwischen 30 % und 70 %.

Durch eine Verbesserung des Wärmedurchgangswiderstands erhöht sich die innere Oberflächentemperatur. So hat z. B. eine Außenwand mit dem Mindestwärmeschutz nach DIN 4108 bei einer Innentemperatur von 20 °C und einer Außentemperatur von -10 °C eine innere Oberflächentemperatur von 14,5 °C. Wenn eine Wärmedämmung der Konstruktion mit einer 14 cm starken Wärmedämmung mit Wärmeleitgruppe 032 erfolgt, erhöht sich die innere Oberflächentemperatur auf 18,9 °C. Dies bringt neben der hohen Sicherheit vor Schimmelpilzen eine Verbesserung der thermischen Behaglichkeit. Dadurch kann gegenüber einer schlecht gedämmten Konstruktion die Raumtemperatur bei gleichem Wohlbefinden um etwa 1 °C bis 2 °C abgesenkt werden.

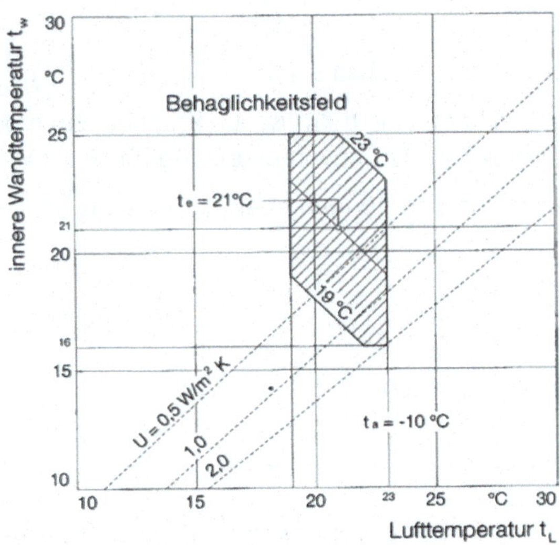


*Bild 7-1: Einflussfaktoren auf die Behaglichkeit*

*Quelle: Gebäudehülle im Detail; Birkhäuser Verlag*

Die Behaglichkeit von Innenräumen wird stark von den umgebenden Bauteilen der thermischen Hülle und hier insbesondere von den Außenwänden und Fenstern beeinflusst.

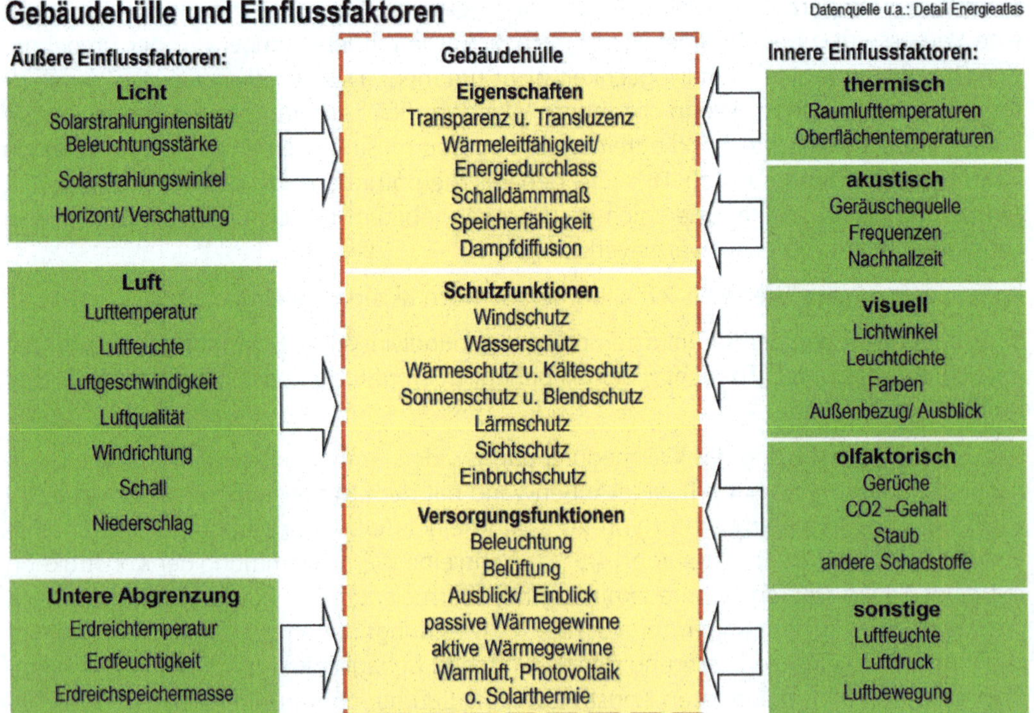


*Bild 7-2: Gebäudehülle und Einflussfaktoren*

*Datenquelle: Detail Energieatlas 2007, geändert und ergänzt*

Die DIN 1946-2 definiert thermische Behaglichkeit für den Menschen als gegeben, wenn er mit Temperatur, Feuchte und Luftbewegung in seiner Umgebung zufrieden ist. Gemäß DIN ISO 7730 kann eine Behaglichkeitsbewertung im Sinne einer Raumklimabeurteilung vorgenommen werden. Es handelt sich um ein empirisches Verfahren, bei dem die Testpersonen ihr Behaglichkeitsempfinden nach einem mehrstündigen Aufenthalt im Testraum auf einer 7-stufigen Komfortskala angeben. Die Ergebnisse münden in der Predicted Mean Vote, PMV-Wert (deutsch: prognostizierte mittlere Auswahl, hier: empirischer Mittelwert). Daraus leitet sich der zu erwartende PPD-Wert ab: Predicted Percentage of Dissatisfied (deutsch: Prozentsatz der Unzufriedenen). Man geht vereinfacht davon aus, dass sehr gute thermische Verhältnisse im Raum vorliegen, wenn nicht mehr als 10 % der Raumnutzer Akzeptanzprobleme haben. Zur Herleitung werden die nachstehenden Kriterien herangezogen:

- **Oberflächentemperatur/Strahlungsasymmetrie,** „Strahlungszug". Dieses Phänomen lässt sich mit dem Gefühl beschreiben, das beim Aufenthalt in der Nähe kalter Einfachverglasung auftritt. Weiterhin resultieren daraus beispielsweise die Vorgaben für die maximale Oberflächentemperatur bei Fußbodenheizungen.
- **Operative Temperatur bzw. Empfindungstemperatur**. Näherungsweise der Mittelwert aus Lufttemperatur und den (gemittelten) Oberflächentemperaturen des Raumes.
- **Vertikale Raumlufttemperatur**. Dieser Behaglichkeitsmaßstab resultiert aus der Erfahrung, dass ein „kühler Kopf und warme Füße" für positive thermische Verhältnisse sorgen.
- **Luftgeschwindigkeit/Zugluftbelastung**. Menschen empfinden Zugluft als störend. Daraus folgt z. B. für Aufenthaltsräume mit 22 °C eine maximale Zugluftgeschwindigkeit von 0,2 m/s. Darüber beginnt der sogenannte Erträglichkeitsbereich. Luftströmungen mit wechselnden Anströmungsrichtungen und Geschwindigkeiten verstärken das Zugempfinden.
- **Sehkomfort, Tageslichtanteil**. Natürliche Zyklen und auch unser Tagesrhythmus werden durch Licht gesteuert. Menschen nehmen Licht über die Augen und die Haut auf. Sonnenlicht hat bei Depressionen eine Heilwirkung und eine hohe Bedeutung bei der Bildung von Vitamin D und Melatonin. Ein Mangel an Tageslicht kann Schlafstörungen, Kreislaufbeschwerden, Leistungsschwäche und Depressionen auslösen. Der Wach- und Schlafrhythmus kann durcheinandergeraten. Ein Leben unter durchschnittlich 500 Lux wird als *biologische Dämmerung* bezeichnet.
- **Weitere Parameter** sind Luftfeuchte, Akustik, Olfaktorik und Individualisierbarkeit.

Baustoffe sind in unterschiedlicher Weise in der Lage, Feuchtigkeit aufzunehmen und wieder abzugeben. Die Feuchtesorption hat wichtige raumluftfeuchte-ausgleichende Eigenschaften.

Zum Beispiel haben Holz und Lehmputze sehr gute Sorptionseigenschaften und sind dadurch in der Lage, kurzfristig auftretende Raumluftfeuchtigkeit einzuspeichern und im Falle veränderter Raumklimabedingungen wieder abzugeben. Geschlossenporige Massivbaustoffe haben mittlere Sorptionswerte und dadurch längere Feuchteaufnahme- und Abgabezyklen. Metalle und Folien haben keine raumklimarelevante Feuchtesorption.

Die Möglichkeit, das Raumklima zu beeinflussen und auf die individuellen Bedürfnisse anzupassen, stellt eine weitere bedeutende Einflussgröße für die Zufriedenheit und somit subjektive Behaglichkeit der Nutzer dar.

Hierzu gehören:

- individuell regelbare Raumbeheizung,
- individuell beeinflussbarer Sonnen- bzw. Blendschutz,
- individuell regelbare Raumlufttechnik (sofern vorhanden),
- Fenster mit Öffnungsflügeln.

## 7.2 Speichermassen

Der wesentliche Vorteil massiver Bauteile liegt im sommerlichen Wärmeschutz. Temperaturspitzen durch Sonneneinstrahlungen können so abgefedert und die nächtliche Auskühlung kann in den Tag hinein verlängert werden.

Es ist jedoch nicht erforderlich, zur Vermeidung eines „Barackenklimas" ohne Abpufferung zum Außenklima das gesamte Gebäude massiv zu erstellen. Die inneren Speichermassen sind in ihrer ausgleichenden Wirkung entscheidend. Wenn kein außergewöhnlich hoher transparenter Außenwandanteil vorliegt, genügt es in der Regel, z. B. die Decken und tragende Innenwände massiv auszuführen. Die Speichermasse sollte dann nicht mit dicken Teppichen o. Ä. überdämmt werden.

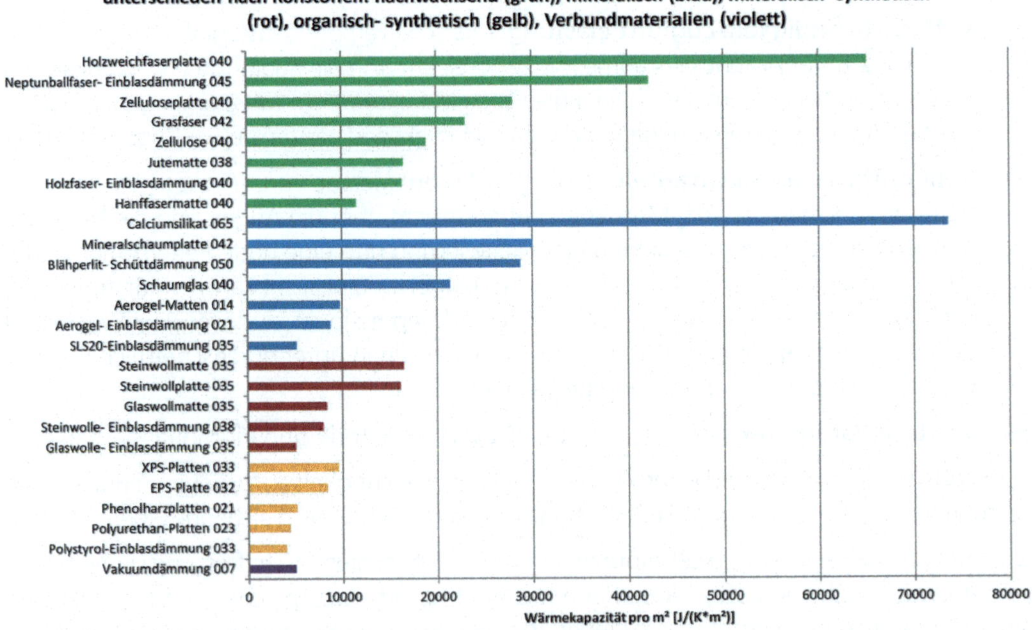


*Bild 7-3: Wärmespeicherkapazität pro m² bei einem Vergleichsdämmwert von R = 5 m²K/W*

*Quelle: IpeG-Institut*

Als Faustregel gilt: Je besser Dämmstandard und Sonnenschutz, desto geringer ist der Einfluss von Speichermassen auf das Raumklima.

Bei hohen sommerlichen Nutzeranforderungen müssen der Sonnenschutz und die Speicherwirkung durch die Anlagentechnik unterstützt werden. Dies kann effizient durch eine Lüftungsanlage mit vorgeschaltetem Erdreichwärmetauscher, Erhöhung der Nachlüftung und/oder baukerntemperierter Kühlung erfolgen. Siehe hierzu auch Kapitel Lüftung und Kühlung.

## 7.3 Dämmung

Eine gute Dämmung der Gebäudeaußenhülle gehört neben der Installation einer durchdachten und zum spezifischen Gebäude passenden Wärmeversorgungstechnik zu den grundlegenden Maßnahmen des energieeffizienten Bauens.

Der so reduzierte Wärmeenergiebedarf hat ein vergleichsweise großes Potenzial.

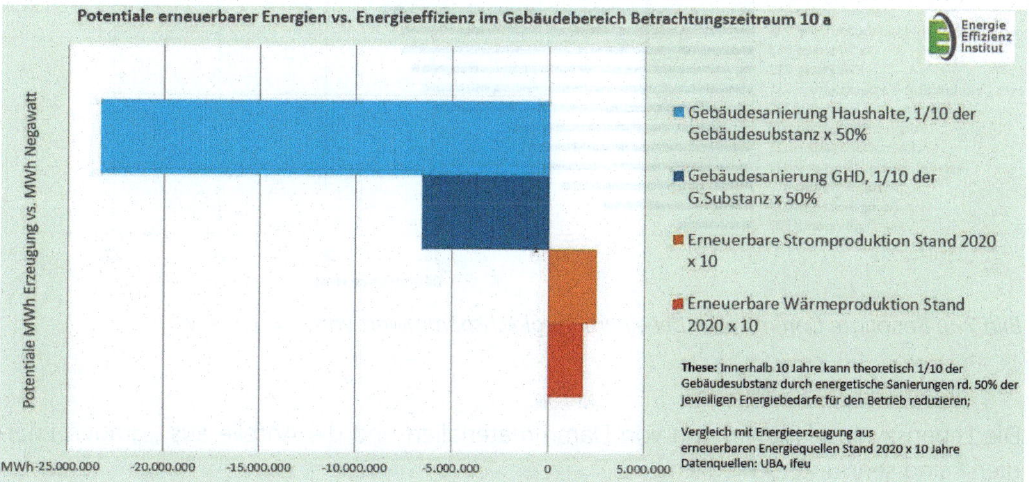


*Bild 7-4: Erneuerbare Energieerzeugung versus Energieeffizienz*

*Quelle: Energie Effizienz Institut, 2021*

Durch eine außenliegende Wärmedämmschicht verbessert sich auch der Wärmeschutz im Sommer über das bessere Temperaturamplituden-Dämpfungsverhältnis. Besonders bei Gebäuden mit wenig speicherfähigen Innenbauteilen erfolgt dadurch eine deutliche Verbesserung des sommerlichen Innenklimas. Bei Gebäuden mit großen Fensterflächen ist dieser Einfluss allerdings gering, da hier der größte Teil der Wärme über die Verglasung in die Innenräume gelangt.

Für Dächer und mehrschalige Wandaufbauten haben Dämmstoffe aus Zelluloseflocken oder nachwachsenden Rohstoffen wie Holzfasern, Kork, Wolle, Hanf oder Flachs durch ihre hygroskopischen Eigenschaften gegenüber Mineralfaser- und Schaumdämmstoffen den Vorteil, dass eingedrungene Feuchtigkeit leichter wieder nach außen transportiert wird. Zudem ist bei einem Brand die Emission gesundheitsschädlicher Gase wesentlich geringer. Die Wärmespeicherfähigkeit von Holzfaserdämmstoffen und Zelluloseflocken liegt mindestens 4-fach über der Wärmespeicherfähigkeit von Mineralwolle mit vergleichbarer Wärmeleitgruppe. Ein guter sommerlicher Wärmeschutz und damit die Behaglichkeit von

Leichtbauten und Dachräumen sind daher mit Dämmstoffen aus nachwachsenden Rohstoffen- bzw. Zellulosedämmstoffen einfacher zu realisieren.

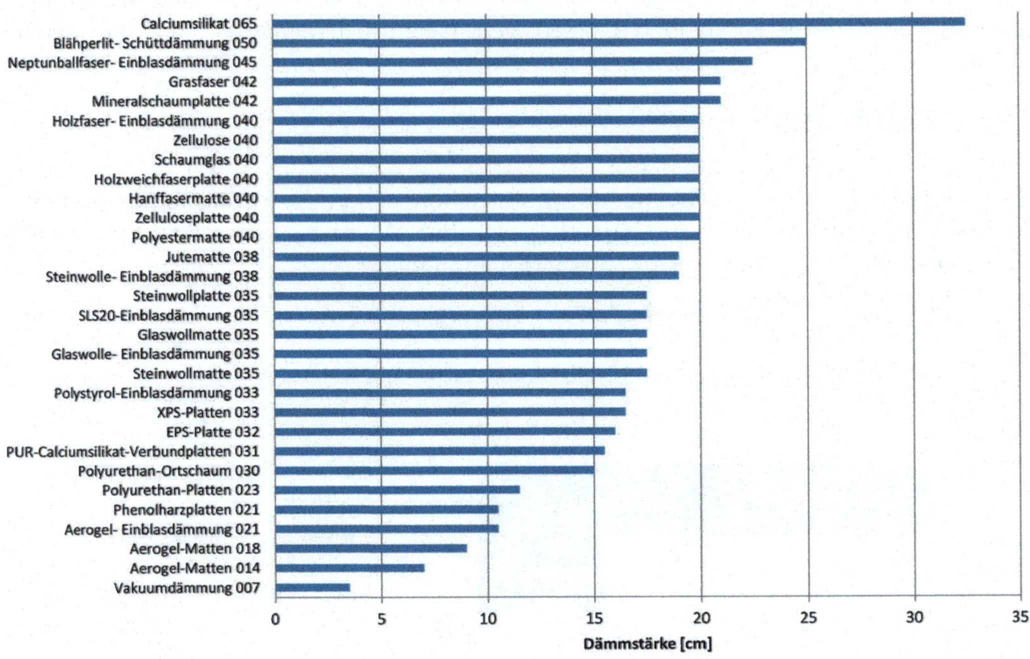


*Bild 7-5: Benötigte Dämmstärke bei einem Vergleichsdämmwert von R = 5 m²K/W*

*Quelle: IpeG-Institut*

Die Lebenszyklusklimawirkung von Dämmmaterialien und die Anteile aus „grauen Energien" sind sehr unterschiedlich.

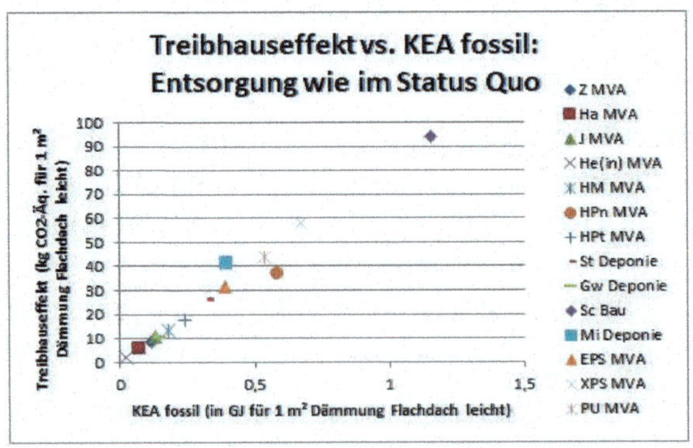


Betrachtete Dämmstoffe: Zelluloseeinblas (Z), Hanf (Ha), Jute (J), Holzfasereinblas (Hein), Holzmatte (HM), Holzfaserplatte nass (HP n), Holzfaserplatte trocken (HP t), Mineralfaserplatte (St), Glaswolle (Gw), Schaumglasplatte (Sc), Mineralschaumplatte (Mi), EPS-Platte, XPS-Platte, PU-Platte

*Bild 7-6: Dämmstoff-Treibhauseffektvergleich im Lebenszyklus und Primärenergiegehalte nicht erneuerbar KEA, Beispielverwendung Flachdach*

*Quelle: ifeu*

Bei einem sonst gut gedämmten Gebäude können über Schwachstellen- bzw. Wärmebrücken wie Sockel, Ortgang, Traufe, Fensterlaibungen oder auch Stahlanker und Kaminköpfe mehr als 50 % der Transmissionswärme verloren gehen.

Wärmedämmverbundsysteme (Thermohaut), gedämmte Vorhangfassaden und Kerndämmungen gehören inzwischen zum technischen Standard. Die spezifischen Vorzüge sind hinlänglich bekannt, die Verarbeitungstechnologien werden von den Verarbeitern im Allgemeinen sicher beherrscht.

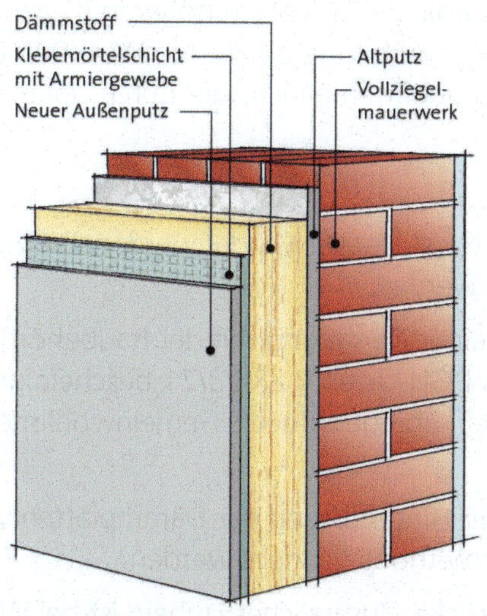


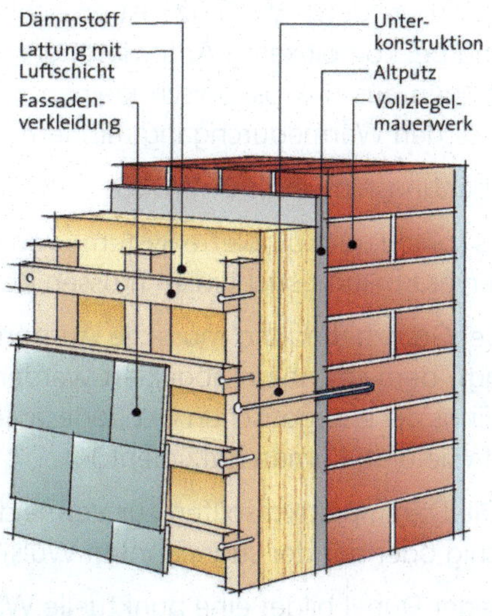


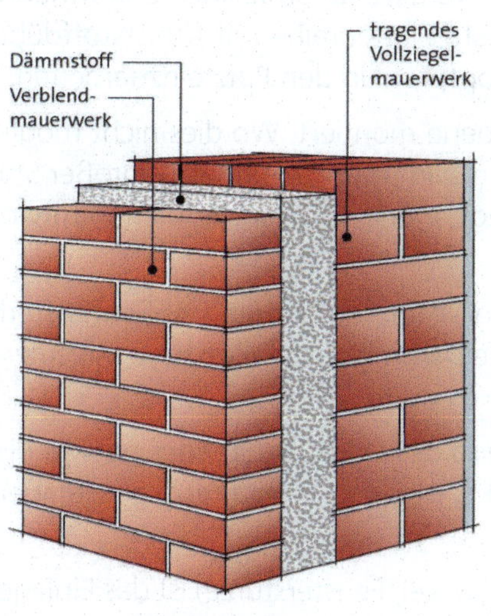


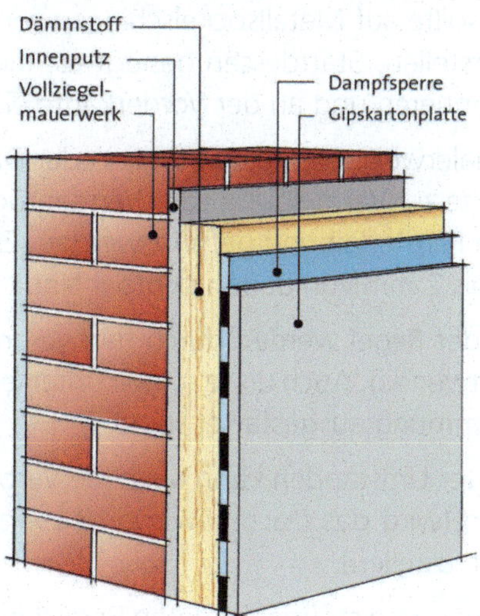


*Bild 7-7: Außenwanddämmsysteme im Vergleich*

*Quelle: LBS*

## Wärmedämmverbundsystem (WDVS)

Beim Wärmedämmverbundsystem wird das Dämmmaterial direkt auf die Wand aufgebracht und anschließend verputzt. Beim Einsatz von wärmegedämmten Vorhangfassaden oder Wärmedämmverbundsystemen WDVS sollte eine Systemzulassung vorliegen. Dies gilt insbesondere für den Hochhausbau.

Dämmputze können ebenfalls als WDVS eingeordnet werden. Ihre Stärke ist begrenzt (einlagig bis 6 cm). Sie erzielen gegenüber klassischen WDVS allerdings eine vergleichsweise geringe Dämmwirkung. Das Material dämmt bei vergleichbarer Dicke nur etwa halb so gut wie Polystyrol oder Mineralfaser. Mit Aerogelzuschlägen kann die Dämmwirkung stark verbessert werden – WLG 027 ist erreichbar – allerdings zu deutlich höheren Materialkosten und bei komplexeren Anforderungen an die Verarbeitung. Immerhin WLG 040 ist mit Zuschlägen aus mikroskopisch kleinen Hohlglaskugeln erhältlich, die durch Vakuumeinschlüsse den Wärmedurchgang mindern.

Verarbeitungshinweise für WDVS:

- Es sollten nur komplette Systeme von einem Hersteller verwendet werden. Die Herstellerverarbeitungsrichtlinien müssen beachtet werden.
- Bei Grenzbebauung muss die Aufbringung einer Dämmung mit der Baubehörde und ggf. dem Nachbarn abgeklärt werden. (Das BGH-Urteil V ZR 23/21 bescheinigt allerdings der energetischen Gebäudesanierung ein übergeordnetes Gemeinwohlinteresse, da sie dem Klimaschutz dient.)
- Die Dämmplatten sollten zur Vermeidung der Hinterlüftung der Dämmplatten vollflächig oder mit der sogenannten Wulst-Punktmethode verklebt werden.
- Jeder Dübel bildet eine punktuelle Wärmebrücke. Zusätzliches Dübeln ist bei Wärmedämmverbundsystemen unter 20 m Gebäudehöhe nur dann erforderlich, wenn der Untergrund nicht ausreichend trägt, z. B. bei sandigem Altputz oder alten Beschichtungen.
- Es sollte auf Metallsockelschienen verzichtet werden, da diese lineare Wärmebrücken darstellen. Stattdessen genügt es, die unterste Plattenreihe mit Kunststoffdübeln zu montieren und an der Vorderkante ein Abtropfprofil in den Putz einzuarbeiten.
- Idealerweise sind die Fenster in der Dämmebene montiert. Wo dies nicht möglich ist, sollte zur Vermeidung von Wärmebrücken die Dämmung in möglichst großer Stärke in die Fensterlaibung geführt werden. Es genügt, wenn vom Fensterblendrahmen noch 1 bis 2 mm von außen sichtbar sind.
- In der Regel werden durch den verbreiterten Wandaufbau neue Außenfensterbänke notwendig. Auch diese sollten unterseitig eine Dämmlage erhalten bzw. mit einer Kerndämmung ausgestattet sein.
- Unter Umständen kann auch die Verbreiterung des Dachüberstandes notwendig werden (wird das Dach sowieso neu eingedeckt, ist diese Verbreiterung relativ einfach herzustellen).
- In riss- und stoßgefährdeten Bereichen (z. B. Sockel, Fensterstürze) ist das Einlegen von Panzergewebe sinnvoll.

- Über den Fensterstürzen muss zur Vermeidung eines Brandüberschlages nicht brennbarer Dämmstoff (z. B. Steinwolle) verwendet werden.
- Diffusionsoffenen mineralischen Dickputz verwenden.
- Dunkle Putze bzw. Anstriche beeinflussen die Lebensdauer des WDVS negativ.

Vorhandene oft sehr dünne WDVS können unter Umständen aufgedoppelt werden. Dazu muss das Altsystem insgesamt standsicher und zur Aufnahme der Aufdopplung geeignet sein. Weiterhin müssen die aktuellen Anforderungen an den Brandschutz gewährleistet werden. Die Beurteilung der Untergrund-Haftzugfestigkeit obliegt Sachverständigen bzw. den verarbeitenden Betrieben und deren Systemlieferanten, die ggf. auch die Gewährleistung für die Aufdopplung übernehmen.

**Vorhangfassade (VHF)**

Bei hinterlüfteten Vorhangfassaden sind die Funktionen Wärmeschutz und Witterungsschutz konstruktiv getrennt. Eine Vorhangfassade besteht aus einer am Gebäude verankerten Unterkonstruktion (Latten- oder Metallkonstruktion) und einer daran montierten Wetterschutzschale (z. B. Blech oder Schindeln). Die Dämmschicht wird auf die Wand in die Unterkonstruktion eingebracht. Zwischen Dämmung und Außenhaut entsteht zur Feuchteabführung ein Luftspalt von 2 bis 6 cm. Vorhangfassaden sind zwar belüftet, jedoch winddicht auszuführen, ggf. durch wasserabweisende Folie oder Kraftpapier.

Die Vorhangfassade erhält auf der Wetterseite eine Verkleidung. Hierzu eignen sich Holzplatten, Holzschalungen, Metallverkleidungen, keramische Platten, zementgebundene Platten und Platten aus Glasgranulat.

Die Unterkonstruktion sollte möglichst wenig Wärmebrücken aufweisen. Hierzu können z. B. Kunststoffhülldübel verwendet werden oder eine zweilagige kreuzweise verlegte Lattung jeweils mit zwischenliegender Dämmung. Die Dämmung und die Unterkonstruktion müssen bauaufsichtlich zugelassen sein. Bei der Dämmstoffauswahl muss in Abhängigkeit von der Nutzung und der Geschossanzahl die Brandschutzklasse berücksichtigt werden. Die Dämmung soll fugenfrei und dicht an der Gebäudewand anliegend verlegt werden.

**Kerndämmung mehrschaliger Außenwände**

Mehrschalige Außenwände mit einer Luftschichtdicke ab 4 cm ermöglichen eine nachträgliche Kerndämmung. Die Ansicht des Gebäudes wird bei dieser Dämmvariante weder von außen noch von innen verändert.

Einblas-Dämmmaterialien mit einer allgemeinen bauaufsichtlichen Zulassung für die nachträgliche Kerndämmung von zweischaligem Mauerwerk sind z. B. hydrophobierte Perlite, Steinwolle, mineralisches Silikatleichtschaumgranulat. Der Dämmstoff wird von Fachfirmen durch punktuelle Kernbohröffnungen in die Luftschicht eingeblasen.

Am unteren Ende der Luftschicht sollten Notentwässerungsöffnungen in regelmäßigen Abständen vorgesehen werden.

Aufgrund der begrenzten Dämmstärke ergeben sich entsprechend begrenzte Dämmwirkungen. Hinzu kommen Wärmebrücken an Fensterlaibungen und Übergängen zwischen den Schalen.

Nicht selten entstehen durch unsachgemäße Kerndämmung Bauschäden. Daher sollte unbedingt ein Bauphysiker hingezogen werden, der eine sorgfältige Prüfung des Hohlraumes auf Durchgängigkeit der Luftschicht durchführt und eine Wärme-/Feuchteschutzberechnung der Wand vornimmt.

## Vakuumdämmung

Im idealen Vakuum gibt es naturgemäß keine Wärmekonvektion, da keine Moleküle zum Wärmetransport enthalten sind. Ein Teilvakuum reduziert den Wärmetransport bereits erheblich. Wird der Unterdruck so weit erhöht, dass die Moleküle sich weitgehend ohne gegenseitige Beeinflussung bewegen, sinkt der Wärmetransport linear mit dem Gasdruck.

Vakuumgedämmte Paneele erzielen mit etwa einem Achtel der Dämmstärke dieselbe Dämmwirkung wie konventionelle Dämmstoffe. Vakuumdämmung bietet besonders dort eine Anwendungsmöglichkeit, wo schlanke Konstruktionen bei gleichzeitig guter Dämmwirkung gefragt sind, z. B. bei bestehender Grenzbebauung, ausgereizten Abstandsflächen, als Innendämmung, in Fertigwandelementen, als Fußbodendämmung zur Minderung der Aufbauhöhe, an Rollladenkästen, als Blindelemente in Fensterkonstruktionen oder als Türblattdämmung.

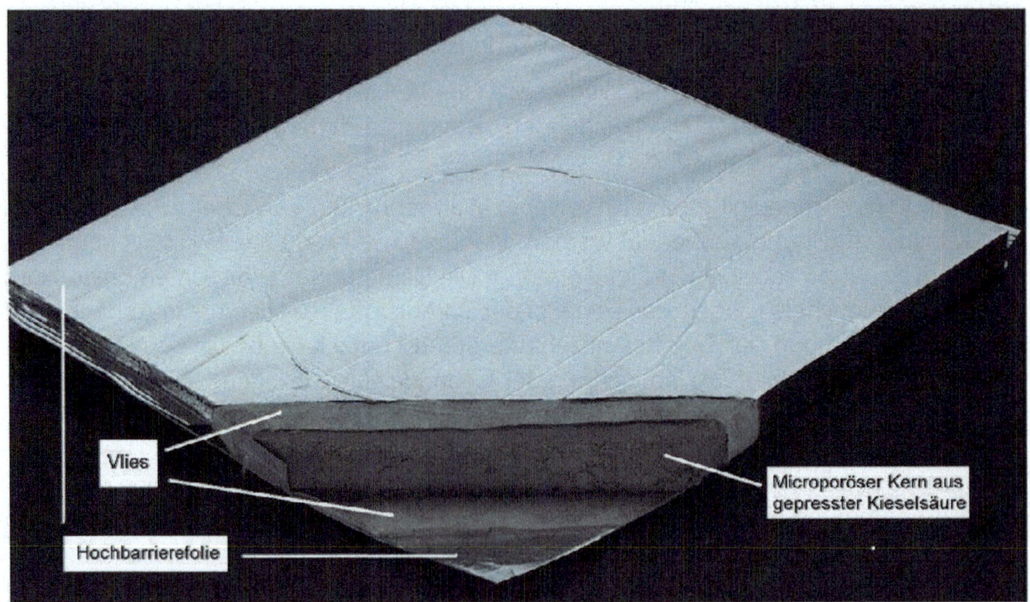


*Bild 7-8: Aufbau eines Vakuumisolationspaneels*

*Quelle: ZAE Bayern*

Im Aufbau und Aussehen ähneln die Paneele Vakuumverpackungen von Kaffee. Der Kern besteht in der Regel aus mikroporösem Stützmaterial wie z. B. Kieselgur, der von einer verschweißten aluminiumbedampften Kunststofffolie gasdicht umschlossen ist. Der Gasdruck im Paneel wird um etwa 50 mbar reduziert. Der Beitrag der Gasmoleküle zur Wärmeleitung wird dadurch nahezu verhindert und so eine sehr gute Dämmwirkung mit einem Lambdawert von 0,007 bis 0,012 W/mK erzielt. Mit 4 cm starken Paneelen lässt sich ein U-Wert unter 0,2 W/m²K erreichen. Bei Stärken ab 5 cm ist ein passivhausgeeigneter Dämmstandard erreichbar. Eine lagenversetzte Verlegung oder Stoßüberdämmung mindert lineare Wärmebrücken durch die Plattenstöße. Die Paneele sind allerdings kostenintensiv und empfindlich gegen Beschädigung. Wird die Außenhülle verletzt, sinkt die Dämmwirkung deutlich. Daher ist ein hoher Bauelementvorfertigungsgrad mit Schutzschichten als Sandwichkonstruktion und eine thermografische Qualitätsprüfung anzuraten. Auch ohne Beschädigung nimmt die Dämmwirkung innerhalb von 30 Jahren um bis zu 1/3 ab.

Vorgefertigte Fassadenelemente mit Vakuumkerndämmung und fertig eingebauten Fenstern können die Bauzeiten verkürzen. Eine exakte Planung ist unabdingbar.

Laut Lebenszyklusanalyse des Instituts Wohnen und Umwelt GmbH können Sandwich-Außenwandkonstruktionen mit integrierten Vakuumpaneelen innerhalb von 30 Jahren etwa das Dreifache der für die Produktion benötigten Energie einsparen. Gegenüber gängigeren Dämmstoffen wie z. B. Polystyrol mit einer etwa 20-fachen energetischen Amortisationseffizienz ist dies ein sicher noch zu optimierender Wert.

**Innendämmung**

Innendämmung empfiehlt sich für Schmuckfassaden von denkmalgeschützten Gebäuden, unregelmäßig beheizten Volumina, z. B. Versammlungsräume, die in Kombination mit Luftheizsystemen schnell aufheizbar sein sollen, und für Keller, die für Wohnzwecke umgebaut werden, da hier bei einer Außendämmung kostspielige Aushubarbeiten anfallen würden.

Die nachträgliche Innendämmung reduziert den Wärmefluss von innen nach außen und verändert das ursprüngliche Temperaturgefälle in der Außenwand. Dadurch dringt Frost im Winter häufiger und tiefer in die Wand ein. In den Außenwänden verlegte wasserleitende Rohre müssen gut wärmegedämmt sein, um Frostschäden und Tauwasserbildung zu vermeiden.

Insgesamt ist die Innendämmung finanziell oft weniger aufwendig als eine Thermohülle für die Außenwand und eine Alternative für alle, die in Eigenleistung dämmen. Allerdings ist die Dämmwirkung durch bauphysikalisch begrenzte Dämmstärken und lineare wärmebrückeneinbindende Decken und Wände eingeschränkt. Die innenseitige Dämmung von Außenwänden endet in der Regel an den Innenwänden und Decken. Diese bilden lineare Wärmebrücken. Eine Bereichsüberdämmung ist eine technisch gute, aber gestalterisch schwierige und aufwendige Lösung. Um Wärmebrücken zu vermeiden, sollte die Dämmung auch in Fenster- und Türlaibungen hineingeführt werden. Besonders in Raumecken besteht die Gefahr erhöhter Wärmeverluste und der Bildung feuchter Stellen. An einbindenden Innenwänden sollte daher mit Dämmkeilen oder einer anderen Form der Bereichsüberdämmung gearbeitet werden.

Auch Innendämmung kann, sorgfältig ausgeführt, dabei helfen, Schimmelpilzbefall in Innenräumen zu vermeiden. Wenn sich beispielsweise nach dem Einbau von wärmeschutzverglasten Fenstern Raumfeuchte nicht mehr an der Fensterscheibe, sondern an der raumseitigen kalten Außenwand niederschlägt, kann eine Innendämmung für hinreichend warme Wandoberflächen sorgen. Andererseits birgt gerade die Innendämmung die Gefahr, durch Diffusion der Raumluftfeuchte in die Außenwandkonstruktion und nachfolgende Kondensation an der kalten Seite der Dämmschicht Bauschäden zu verursachen. Die Anschlüsse von Dampfsperren stellen in jedem Fall schwer kontrollierbare Schwachpunkte dar. Fehlertolerante Konstruktionen/Dämmstoffe sollten bevorzugt werden.

Das Forschungsinstitut für Wärmeschutz, München, untersuchte neun Gebäude mit neun bis dreizehn Jahre alten 3 cm dicken Innendämmungen mit und ohne Dampfsperren. Die Konstruktionen zeigten keine Feuchteschäden. „Der massebezogene Feuchtegehalt der Mineralfaserdämmstoffe lag mit 0,4 bis 0,9 % unter dem praktischen Feuchtegehalt von 1,5 %. Alle Dämmstoffe wurden somit trocken angetroffen."

Es gibt drei unterschiedliche Systeme der Innenraumdämmung, die unterschiedlich mit Dampfdruck und Feuchtigkeit umgehen:

- kapillaraktiv und diffusionsoffen (Kondensat tolerierend), z. B. Mineraldämmplatten. Alle Konstruktionsschichten müssen diffusionsoffen sein: Putz, Tapete, Kleber und auch die Farbe. Papiertapete erfüllt diese Forderung. Statt üblicher Dispersionsfarben müssen Silikatfarben eingesetzt werden. Weitgehend fehlertolerante Systeme bei luftschichtfreier Verarbeitung.
- dampfbremsend (Kondensat begrenzend), z. B. dampfbremsende Holzwerkstoffplatten mit Fugenverleimung. Bei guter Verarbeitung und sofern die sd-Werte der Konstruktionsschichten von innen nach außen um jeweils mind. den Faktor 10 abnehmen.
- dampfdicht (Kondensat verhindernd), z. B. Schaumglasdämmung oder Systeme mit Foliendampfsperren. Systeme mit Dampfbremsfolien bedürfen besonderer Sorgfalt bei der Ausführung. Zur weitestgehenden Vermeidung konvektiver Wärmebrücken empfiehlt es sich, Installationen wie z. B. Steckdosen und Wasserleitungen an die Innenwände zu verlegen. Wenig fehlertolerant.

Eine Tauwasserbildung in Bauteilen ist unschädlich, wenn durch Erhöhung des Feuchtegehaltes der Bau- und Dämmstoffe der Wärmeschutz und die Standsicherheit der Bauteile nicht gefährdet werden. Diese Voraussetzungen liegen dann vor, wenn die nachstehenden Bedingungen erfüllt sind:

- Das während der Tauperiode (Kondensationsperiode) im Innern des Bauteils anfallende Wasser muss während der Verdunstungsperiode (Trocknungsperiode) wieder an die Umgebung abgegeben werden können.
- Die Baustoffe, die mit dem Tauwasser in Berührung kommen, dürfen nicht geschädigt werden (z. B. durch Korrosion, Pilzbefall).
- Bei Dach- und Wandkonstruktionen darf eine Tauwassermasse von insgesamt 1,0 kg/m² nicht überschritten werden. Dies gilt nicht für die beiden folgenden Fälle:
  - Tritt Tauwasser an Berührungsflächen von kapillar nicht wasseraufnahmefähigen Schichten auf, so darf zur Begrenzung des Ablaufens oder Abtropfens eine Tauwassermasse von 0,5 kg/m² nicht überschritten werden (z. B. Berührungsflächen von Faserdämmstoff- oder Luftschichten einerseits und Dampfsperr- oder Betonschichten andererseits).
  - Für Holz ist eine Erhöhung des massebezogenen Feuchtegehaltes um mehr als 5 %, bei Holzwerkstoffen um mehr als 3 % unzulässig (Holzwolle-Leichtbauplatten und

Mehrschicht-Leichtbauplatten aus Schaumkunststoffen und Holzwolle sind hiervon ausgenommen).

Teil 5 der DIN 4108 erläutert die erforderlichen diffusionstechnischen Berechnungen.

Eine Möglichkeit, um Tauwasserschäden zu verhindern, ist der Einsatz einer lückenlos aufgebrachten raumseitigen Dampfsperre. Unerwünschte Dampfdiffusion aus der Raumluft zum Bauteil kann z. B. auch durch fugenverspachteltes Dämmmaterial mit hohem Wasserdampfdiffusionswiderstand (wie extrudierte Polystyrolplatten) verhindert werden.

Der Dampfdiffusionswiderstand (sd-Wert) der Innendämmung inklusive Innenbeplankung und eventueller Dampfbremse sollte mindestens 0,5 m betragen, sofern nicht dauerhaft eine Nutzung mit geringer Feuchtelast sichergestellt werden kann. Beim Einsatz von Faserdämmstoffen ist die Anwendung einer feuchteadaptiven Dampfbremse mit variablem sd-Wert vorteilhaft. Im Vergleich zu herkömmlichen Dampfbremsfolien bietet sie bei gleichem Tauwasserschutz eine verbesserte Austrocknung im Sommer. Auch wenn Wasser von außen eindringt, ermöglicht die feuchteadaptive Dampfbremse im Vergleich zu einer herkömmlichen Dampfbremse ein schnelleres Austrocknen der Konstruktion. Um die Funktion der feuchteadaptiven Folie optimal nutzen zu können, muss darauf geachtet werden, dass ausschließlich dampfdurchlässige Dämmstoffe und Bauteilschichten auf der Raumseite eingesetzt werden. In Räumen, in denen die relative Raumluftfeuchte im Winter über längere Zeiträume über 60 % liegt, sollte die Folie nicht angewendet werden. Dies betrifft nicht die kurzzeitigen Spitzen in Küchen und Bädern, sehr wohl aber Produktionshallen, Großküchen, Schwimmbäder und ähnliche Nutzungen.

Bei Verwendung von Perlite- oder Calciumsilikat-Wärmedämmplatten als Innendämmung kann auf die Dampfsperre verzichtet werden. Die Verarbeitung muss allerdings zwingend vollflächig ohne Luftschicht zur Trägerwand erfolgen. Die mineralische Struktur setzt der Wasserdampfdiffusion nur geringen Widerstand entgegen. Durch eine hohe kapillare Saugfähigkeit können sie anfallendes Tauwasserkondensat gut verteilen und vorübergehend speichern. Bei abnehmender Innenraumluftfeuchtigkeit wird die Materialfeuchte rasch wieder abgegeben. Das Material ist darüber hinaus durch seinen pH-Wert gegen Schimmelpilze resistent, besitzt gute Brandschutzeigenschaften und lässt sich problemlos recyceln. Als Anstriche sollten nur weitgehend dampfdurchlässige Farben auf mineralischer Basis zur Anwendung kommen.

### Dämmung von Sichtfachwerkwänden

Die Dämmung von Wänden mit äußerlich sichtbarem Fachwerk kann auf der Basis historischer Technologie durch moderne Verfahren oder Mischkonstruktionen erfolgen. Mehrere Varianten sind erprobt. Einige sind im Nachstehenden skizziert. In jedem Fall sollte die geplante Konstruktion mittels hygrothermischen Simulationen untersucht werden.

- Eine Möglichkeit der innenseitigen Wärmedämmung für Wände mit intakten Gefachen ist der Einbau einer inneren Vorsatzschale und Verfüllung des entstehenden Zwischenraums mit Blähton- oder Leichtlehm. Allerdings erfordert diese Methode lange Trocknungszeiten und gute Belüftung während der Trocknung, um angrenzende Holzbauteile wie Fachwerk und feuchteempfindliche angrenzende Bauteile zu schützen. Die erreichbaren Wärmedämmwerte sind in Abhängigkeit von der Stärke akzeptabel.

- Alternativ und mit besserer Wärmedämmung können Einblasdämmstoffe mit günstigen hygroskopischen Eigenschaften, z. B. Zellulose, verwendet werden. Diese werden zwischen die bestehende Wand und eine Schalung, z. B. Holz- oder Gipskartonplatten, eingeblasen. Der Wandschallschutz ist bei Verwendung faseriger Dämmstoffe gering.
- Blähtonmörtel sind auch als Wärmedämmputze geeignet und lassen sich in großen Stärken auch ohne Schalung auf die Wände auftragen. Der Vorteil des Systems liegt in der homogenen materialtreuen Ausführung. Auch hier kann unter Umständen auf Dampfsperren verzichtet werden.
- Häufig werden Gefache angetroffen, die aufgrund von Luftschadstoffen, mangelnder Pflege und Witterungseinflüssen Ihre Festigkeit eingebüßt haben und ausgetauscht werden müssen. Die Ausfachungen können durch Blähtonmörtel ersetzt werden, der gegen eine innenliegende Calciumsilikatplatte gespritzt wird. Die Platten leiten die Einbaufeuchte des Mörtels ab und sind in der Lage, eindringende Regenfeuchte aufzunehmen und zu verteilen. Werden die Platten auf einer Unterkonstruktion im Abstand zum Fachwerk montiert, wird die Wirkung durch Erhöhung der Dämmstärke verbessert. Die Sorptionseigenschaften der Materialien mindern die Durchfeuchtungsgefahr, indem ein Teil des Wassers, das vom Innenraum in die Wand diffundiert, bereits beim Eintritt in die Dämmebene eingelagert wird. Die verbleibende Dampfmenge wird reduziert, je weiter sie in die Dämmebene eindringt, und bei guter Lüftung schnell wieder abgebaut.

Sichtfachwerk von stark der Witterung ausgesetzten Fassaden hat im Allgemeinen nur dann eine annehmbare Lebensdauer, wenn von innen kontinuierlich trockengeheizt wird. Für stark bewitterte Sichtfachwerkfassaden ist von einer Innendämmung unter konstruktiven Aspekten eher abzuraten.

### Dämmung am Hocheffizienzhaus

Zur Erreichung eines optimalen Dämmstandards müssen alle die temperierte Hülle umgebenden Bauteile gut gedämmt sein. Der spezifische Transmissionswärmeverlust $H_T'$ des Passivhausstandards liegt deutlich unter 0,3 W/m²K.

Kellerdeckendämmung/Sohlplattendämmung

Die Flächen über unbeheizten Kellern machen als unterer Abschluss 10 bis 25 % der thermischen Hülle aus. Über sie fließen bis zu 17 % der Transmissionswärme ab. Die bei Passivhäusern üblichen U-Werte von Sohlplatten oder Kellerdecken liegen bei 0,08 bis 0,20 W/m²K. Die Dämmstoffstärken betragen 20 bis 45 cm. Bei konventionell aus Beton gefertigten Sohlplatten oder Kellerdecken kann die Dämmschicht oberseitig, unterseitig oder auch von beiden Seiten der Betondecke verlegt werden. Im Einzelnen sollte Folgendes beachtet werden:

- Eine nur oberseitige Dämmung erlaubt eine einfache konventionelle Konstruktion der Fundamente oder kalten Kellerbauteile; sie verlangt aber auch einen höheren Aufwand bei der thermischen Entkoppelung aufstehender Bauteile.
- Eine nur oder überwiegend unterseitige Dämmung von Sohlplatten erfordert je nach Ausführung druckfeste, gegen Bodeneinflüsse unempfindliche Dämmstoffe. Hat eine

Bodenplatte nach unten auskragende Fundamentstreifen, Unterzüge oder Frostschürzen, müssen diese ebenfalls umdämmt werden, um Wärmebrücken zu vermeiden. Die unterseitig gedämmte Sohlplatte hat dafür weniger thermische Anschlussprobleme an aufgehenden Bauteilen.

- Bei massiven Kellerdecken ist eine nur oder überwiegend unterseitige Dämmung unkompliziert.
- Die Dämmung von in Holzleichtbau errichteten Kellerdecken oder über Streifenfundamente gespannten, unterlüfteten untersten Geschossdecken ist mit den passivhaustauglichen Dämmstärken technisch einfach zu realisieren. Zur Verringerung des Holzanteils werden zunehmend Filigranträger verwendet. Holzdecken können leicht mit Schütt- oder Einblasdämmstoffen verfüllt werden. Werden unterste Geschossdecken hingegen mit Außenluft unterlüftet, so sind sie stärkeren Temperaturdifferenzen und Feuchte ausgesetzt als erd- oder kellerberührte Decken.

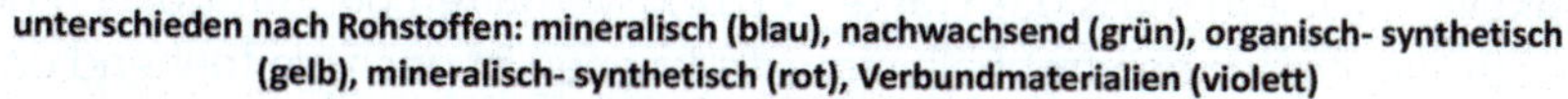


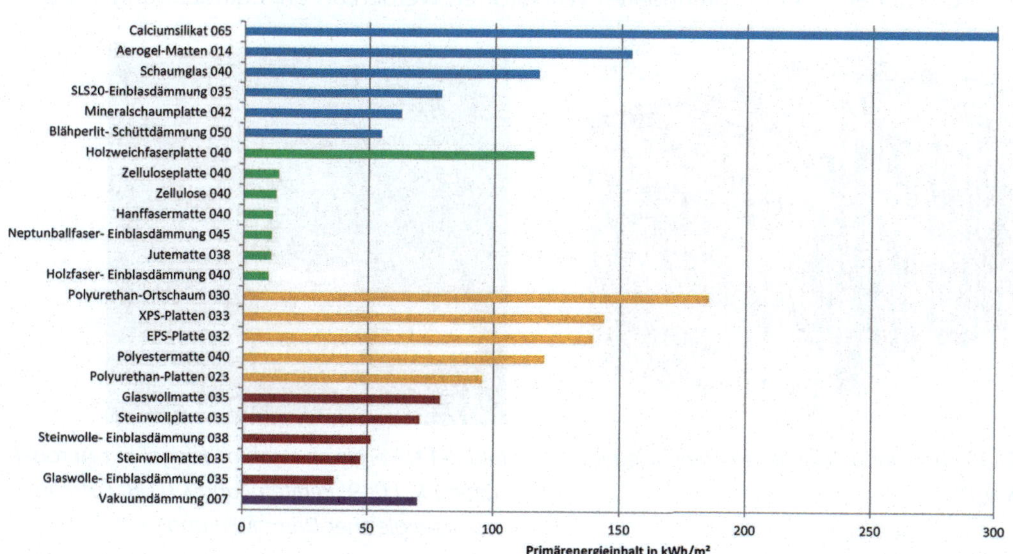


*Bild 7-9: Primärenergieinhalt pro m² bei einem Vergleichsdämmwert von R = 5 m²K/W*
*Quelle: IpeG-Institut*

## Außenwände

- Bei gut gedämmten Passivhausaußenwänden sind U-Werte zwischen 0,08 und 0,14 W/m²K üblich, die Dämmstoffstärken betragen 28 bis 45 cm und bei Vakuumdämmung 4 bis 6 cm.
- Auch für den Massivbau sind Wärmedämmverbundsysteme in passivhaustauglichen Dämmstärken verfügbar.

- Beim zweischaligen Mauerwerksbau begrenzt bisher noch die DIN 1053 den zulässigen Schalenabstand auf ein nicht passivhaustaugliches Maß. Mauerankersysteme für große Dämmstärken sind in Vorbereitung.
- Leichtbau-Außenwände wurden bereits in vielen Ausführungen passivhaustauglich realisiert. Um im Bereich der Holzstützen wenig Wärmebrücken zu erhalten, werden entweder getrennte Doppelständerwerke, mehrfach gekreuzte Balkenlagen, Box- oder Filigranträger eingesetzt. Putzträgerplatten können als zusätzliche Dämmschicht fungieren. Die Leichtbauweise ermöglicht einen hohen Dämmstandard bei vergleichsweise schlanken Wandstärken, einen hohen Vorfertigungsgrad, kurze Bauzeiten und verhältnismäßig geringe Konstruktionskosten.
- Außenwandkonstruktionen mit Strohballendämmung haben insbesondere bei eingeschossigen Bauten wachsende Marktanteile. Die Luftdichtigkeit kann mittels stoßverspachtelter Innenschalung oder einer Dampfsperrfolie gewährleistet werden. Der Winddichtigkeit kommt bei Strohballenkonstruktionen besondere Bedeutung zu. Als konstruktives Problem muss das starke Setzungsverhalten der Strohballen gelöst werden. Der Brandschutz von Strohballenkonstruktionen ist noch weitgehend unerforscht. Schalungen aus nichtbrennbaren Werkstoffen werden als unabdingbar angesehen.

*Bild 7-10: Monolithischer Hochlochziegel, λ 0,10*

*Quelle: Fa. Wienerberger GmbH*

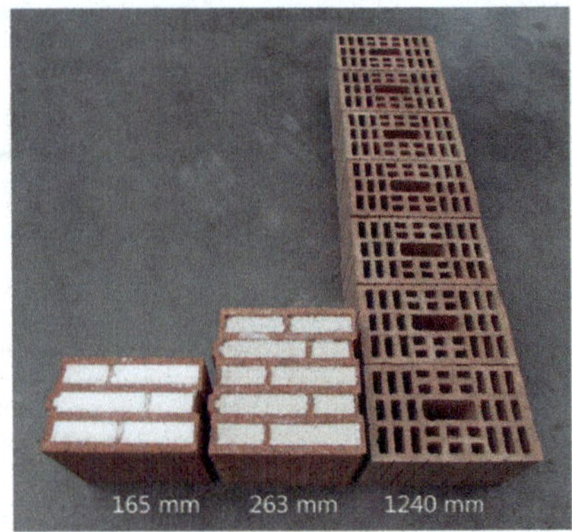


*Bild 7-11: Vergleich Hochlochziegel mit Aerogelfüllung λ 0,059; Perlitefüllung λ 0,08; Luftkammern bei gleicher Dämmwirkung*

*Quelle: www.empa.ch*

### Dächer und Decken zu unbeheizten Volumina

Dächer enthalten meist die größte Dämmstärke, weil die Dämmung dort relativ kostengünstig realisierbar ist.

- Passivhaus-Dächer haben Dämmstoffstärken von 25 bis 54 cm und erreichen damit U-Werte zwischen 0,07 und 0,14 W/m²K.
- Die meisten Passivhausdächer sind Holzbaukonstruktionen. Da einlagige Vollholz-Profile zu linearen Wärmebrücken führen, werden bei Vollholz-Dachkonstruktionen meist mehrlagige Aufbauten gewählt. Alternativ können Filigranträger eingesetzt werden, die

mit Steghöhen von bis zu 40 cm bei nur 8 bis 12 mm Stegdicke einschichtige, nahezu wärmebrückenfreie und sehr belastbare Dachaufbauten ermöglichen.

- Immer häufiger werden vorgefertigte Dachelemente verwendet, die nur noch montiert werden und anschließend eine Dachhaut erhalten. Die im Gewerbebereich verbreiteten Nagelbrettbinder ermöglichen einen sparsamen Holzeinsatz bei nahezu beliebigen Formen und großen Spannweiten.
- Bei Massivdächern aus Beton oder Leichtbeton-Fertigelementen mit werkseitig bereits aufgebrachter Außendämmung sollte die Betonschicht geometrisch profiliert werden, um mit wenig Masse eine hohe Steifigkeit zu erreichen. Die Innenoberfläche kann tapezierfähig ausgebildet werden, die außenliegende im Mittel etwa 35 cm starke Polystyrol-Dämmschicht wird für die Dacheindeckung vorbereitet.
- Als Dachdämmstoff wird bisher noch überwiegend Mineralwolle eingesetzt. Zellulosedämmstoffe haben steigende Marktanteile, da die Einblastechnik bei großen Füllhöhen oder Füllvolumina gegenüber dem manuellen Einbau von Dämmstoffmatten mit Kostenvorteilen verbunden ist. Zudem sind das sommerliche Wärmeverhalten und die Ökobilanz besser.

**Fenster und Türen**

- Fenster und Türen machen bei Gebäuden zwischen 5 und 70 % der Gebäudehülle aus. Da selbst passivhaustaugliche Spezialfenster bis zu achtfach schlechtere U-Werte haben als nichttransparente Außenbauteile, verursachen sie einen erheblichen Teil der Wärmeverluste. Zugleich ermöglichen Fenster aber solare Wärmegewinne. Die Höhe der Gewinne hängt von der Ausrichtung und Verschattung der Fenster und von der Glasqualität ab. Nennenswerte Solarenergiegewinne sind in der Heizperiode mit Wärmedurchgangskoeffizienten von 0,6 bis 1,0 W/m²K und g-Werten von mindestens 0,5 erreichbar. Unabhängig von der Wärmeschutzqualität wird vor Fensterflächenanteilen über das zur Belichtung notwendige Maß hinaus gewarnt. An sonnenreichen Tagen können plötzlich hohe Wärmelasten auftreten, die kaum speicherbar sind und so auch in der Heizperiode ungenutzt weggelüftet werden. Im Sommer tragen überdimensionierte Fensterflächen ohnehin zu ungewünschten Überhitzungen bei. Um in der Gesamtenergiebilanz eine energieeffiziente Gebäudehülle zu erhalten, geht es hier somit nicht um die Vergrößerung von Fensterflächen, sondern in erster Linie um die Minimierung der Fensterflächen mit Nordausrichtung.
- Passivhaustaugliche Fensterrahmen sind thermisch getrennt und weisen Dämmebenen auf. Hilfsweise können auch herkömmliche Rahmen montiert werden, wenn sie außen fast vollständig überdämmt werden. Mit gedämmten Fensterläden können Wärmeverluste weiter herabgesetzt werden. Einige Hersteller bieten motorisch bewegte Fensterläden mit beleuchtungsgeregelter oder individueller Steuerung an [6].
- „Für Außentüren von Passivhäusern sollten Fabrikate verwendet werden, deren Wärmedämmung passivhaustauglichen Fenstern entspricht. Einige Hersteller passivhaustauglicher Fenstersysteme haben in ihren Sortimenten auch gleichartige Haustüren; andernfalls kann zumindest auf gut gedämmte Türblätter zurückgegriffen werden. Bei Häusern mit Windfang sind die Anforderungen an die Außentüren nicht ganz so hoch [5].“

- Dicht schließende Türschwellen oder automatisch absenkende Bodendichtungen sollten bei allen Außentüren zur Standardausstattung gehören.

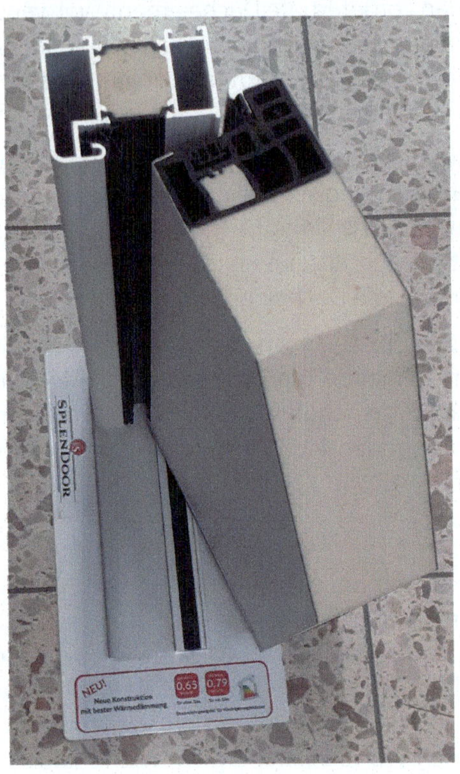


*Bild 7-12: Schnittmodell Außentür mit Kerndämmung*

*Quelle: Verfasser*

*Tabelle 7-1: Dämmstoffanwendbarkeit, Definition der Kurzzeichen nach DIN 4108-10*

| **Dämmung von Decke oder Dach:** | |
|---|---|
| DAD | Außendämmung, vor Bewitterung geschützt, Dämmung unter Deckung |
| DAA | Außendämmung, vor Bewitterung geschützt, Dämmung unter Abdichtung |
| DUK | Außendämmung des Daches, der Bewitterung ausgesetzt (Umkehrdach) |
| DZ | Zwischensparrendämmung, zweischaliges Dach, nicht begehbare, aber zugängliche oberste Geschossdecken |
| DI | Innendämmung, Dämmung unter den Sparren/Tragkonstruktion, abgehängte Decke usw. |
| DEO | Innendämmung der Decke oder Bodenplatte (oberseitig), unter Estrich ohne Schallschutzanforderungen |
| DES | Innendämmung der Decke oder Bodenplatte (oberseitig), unter Estrich mit Schallschutzanforderungen |

| **Dämmung der Wand:** | |
|---|---|
| WAB | Außendämmung hinter Bekleidung |
| WAA | Außendämmung hinter Abdichtung |
| WAP | Außendämmung unter Putz |
| WZ | Dämmung von zweischaligen Wänden, Kerndämmung |
| WH | Dämmung von Holzrahmen- und Holztafelbauweise |
| WI | Innendämmung |
| WTH | Dämmung zwischen Haustrennwänden mit Schallschutzanforderungen |
| WTR | Dämmung von Raumtrennwänden |
| **Perimeterdämmung:** | |
| PW | Außenliegende Wärmedämmung von Wänden gegen Erdreich (außerhalb der Abdichtung) |
| PB | Außenliegende Wärmedämmung unter der Bodenplatte gegen Erdreich (außerhalb der Abdichtung) |

## 7.3.1 DIN 4108 als Anerkannte Regeln der Technik

Die Ausführenden des Bauhaupt- und Nebengewerbes sind durch Berufskammerzugehörigkeit der verpflichtenden Anwendung *Anerkannter Regeln der Technik* unterworfen. Die DIN 4108 *Wärmeschutz im Hochbau* gilt unbestritten als solche. Die Gebäudeenergiegesetzgebung enthält mehrere Bezüge zur DIN 4108, somit auch mit gesetzlicher Anwendungspflicht. Neben anderen technischen Bedingungen wird der einzuhaltende bzw. herzustellende Mindestwärmeschutz samt Verschlechterungsverbot beschrieben. Der erforderliche Mindestwärmeschutz gemäß DIN 4108-2:2013 ist der „wärmeschutztechnische Standard, der an jeder Stelle der Innenoberfläche der wärmeübertragenden Umfassungsfläche bei ausreichender Beheizung und Lüftung unter Zugrundelegung üblicher Nutzung und unter den in dieser Norm angegebenen Randbedingungen ein hygienisches Raumklima sicherstellt, sodass Tauwasser- und Schimmelpilzfreiheit an Innenoberflächen von Außenbauteilen gegeben sind. Fensterelemente und Türen sind ausgenommen, nicht jedoch die Einbaufugen zum angrenzenden Bauwerk, Fensterstürze, Fensterbrüstungen und Schwellen."

Unterschreitet die Oberflächentemperatur auf der Innenseite eines Außenbauteils unter winterlichen Verhältnissen die Taupunkttemperatur der Innenraumluft, dann fällt aus der Raumluft Tauwasser aus. Das kann nur verhindert werden, wenn die innere Oberflächentemperatur des Bauteils größer als die Taupunkttemperatur ist. Bei Herstellung des Mindestwärmeschutzes nach DIN 4108 sind bei Raumlufttemperaturen und relativen Luftfeuchten, wie sie sich z. B. bei üblicher Wohnnutzung einstellen, Schäden durch Tauwasser- bzw. Schimmelbildung im Allgemeinen vermeidbar. Feuchtetechnische Nachweise für ungestörte flächige Bauteile erfolgen nach DIN 4108-2 im sogenannten Glaserverfahren.

Es wird darauf hingewiesen, dass die Zulässigkeit einer Konstruktion nach DIN 4108 noch keine allumfassende Garantie für eine schadensfreie Konstruktion ist. Bei hohen Luftfeuchtegehalten sind höhere Mindestwärme-Durchlass-Widerstände oder alternative Maßnahmen zur Oberflächen-Kondensatvermeidung erforderlich.

## Exkurs

### Chronologie der Wärmeschutzanforderungen in Deutschland

In der technischen ETB-Richtlinie von 1947 wurden für Außenwände orientierende Mindestwärmedurchlasswiderstände in Abhängigkeit von vier Klimazonen genannt, welche jedoch zunächst noch nicht überall als allgemeine technische Bauregel praktische Gültigkeit erlangten.

Die Norm 4108 „Wärmeschutz im Hochbau" erschien erstmals 1952 und wurde seitdem mehrfach novelliert.

Vor 1960 akzeptierte man in Deutschland Bauweisen ohne konkrete Wärmeschutzgrenzwerte. Für neue Wandkonstruktionen galt ab 1954 lediglich die Forderung der DIN 4110:1934, dass die Wärmedämmung der einer 1 1/2-Stein dicken Vollziegelmauer entsprechen müsse.

Mit der zweiten Normfassung wurde Deutschland 1960 in drei Wärmedämmgebiete eingeteilt: I Küstengebiet, II Mittleres Deutschland, III Gebirgsgegenden und Ostdeutschland.

Die zugehörigen Mindestwandstärken betrugen je nach Material und Wärmedämmgebiet:

Vollziegel: I 24 cm, II 36,5 cm, III 49 cm

Lochziegel: I 24 cm, II 24 cm, III 30 cm

Hohlblocksteine: I 24 cm, II 24 cm, III 30 cm

Als Mindestwerte des Wärmeschutzes für Außenwände wurden festgelegt:

Wärmedämmgebiet I: Mindestwärmedurchlasswiderstand Rmax. 0,39 $m^2K/W$, entspricht U (damals k) = 2,2 $W/m^2K$

Wärmedämmgebiet II: Mindestwärmedurchlasswiderstand Rmax. 0,47 $m^2K/W$, entspricht U (damals k) = 1,8 $W/m^2K$

Wärmedämmgebiet III: Mindestwärmedurchlasswiderstand Rmax. 0,56 $m^2K/W$, entspricht U (damals k) = 1,57 $W/m^2K$

In der Normfassung von 1969 wurden die Anforderungen an Fensterqualitäten erhöht. Von großflächigen Verglasungen wurde abgeraten. Für die Wärmedämmgebiete I und II wurden für Aufenthaltsräume Doppel- oder Verbundfenster empfohlen und für das Wärmedämmgebiet III vorgeschrieben.

1973 wurde ein Beiblatt zur DIN 4108 mit Höchstgrenzen an mittlere Wärmedämmkoeffizienten in Abhängigkeit vom Verhältnis der Gebäudehüllfläche zum Gebäudevolumen herausgegeben. Für Fenster werden erstmals Wärmedurchgangskoeffizienten empfohlen und Anforderungen an die Fugendichtigkeit definiert.

Mit ergänzenden Bestimmungen zur DIN 4108-1969 wurden im Oktober 1974 maximale Fensterwärmedurchgangskoeffizienten bindend eingeführt. Das Wärmedämmgebiet I wurde dem Wärmedämmgebiet II zugeordnet. Der Nachweis des Wärmeschutzes war über Mindestwärmedurchlasswiderstände der verschiedenen Hüllbauteile nachzuweisen. Erstmals werden neben dem Transmissionswärmeverlust QT auch die Lüftungswärmeverluste QL bei einer Luftwechselzahl von 0,8 h-1 berücksichtigt und zum Heizwärmeverlust Qges aufsummiert. Weiterhin wurden Anforderungen an die Fugenluftdichte für alle Hüllbauteile mit Aufenthaltsräumen definiert.

Mit dem deutlichen Anstieg der Energiekosten infolge der Ölkrise wurden Grenzwerte für Wärmedurchlasswiderstände verschärft und 1977 die erste Wärmeschutzverordnung (WSVO) eingeführt. Für Außenwände galt je nach Gebäudekubatur ein maximaler Wärmedurchgangskoeffizient U (damals k) von 1,45 bis 1,75 W/m²K und für Decken zu unbeheizten Dachräumen von 0,45 W/m²K. Es ist davon auszugehen, dass diese Mindestanforderung neben dem Neubausektor auch alle bauantragspflichtigen Umnutzungen zu Wohnraum seit 1977 betrifft.

Im Teil 2 der DIN 4108 wird seit 1981 ein Mindestwärmedurchlasswiderstand R von 1,20 m²K/W für an Außenluft grenzende Wände und Dächer bzw. Decken zu beheizten Volumina (≥ 19 °C) vorgeschrieben. Dies entspricht mit den normierten Wärmeübergangswiderständen einem maximalen Wärmedurchgangskoeffizienten U von 0,73 W/m²K (d. h. Anforderungsabschwächung bei Dächern und Decken). Die Unterscheidung nach Wärmedämmgebieten gibt es ab dieser Normfassung nicht mehr. Stattdessen werden Anforderungen für Gebäude mit Innentemperaturen zwischen 12 °C und 19 °C eingeführt sowie Anforderungen an die Begrenzung von Wärmebrücken aufgenommen.

Mit Einführung der Wärmeschutzverordnung WSVO 1995 und der Energieeinsparverordnung EnEV 2002 wurden die Anforderungen an den Wärmeschutz teilweise verschärft. Mit der Energieeinsparverordnung 2002 kamen bedingte energetische Sanierungspflichten im Falle von Bauteilsanierungsfällen der thermischen Gebäudehülle und für oberste Geschossdecken zu unbeheizten Dachräumen hinzu.

Für den Bau von Gebäuden in den neuen Bundesländern war vor der politischen Wiedervereinigung hinsichtlich des baulichen Wärmeschutzes die Einhaltung der technischen Normen, Gütevorschriften und Lieferbedingungen TGL 35424 Bautechnischer Wärmeschutz verbindlich vorgeschrieben. Nach Umrechnung der nicht unmittelbar vergleichbaren Daten auf eine Basis zeigt ein Vergleich der Anforderungen zwischen der TGL 35424 und der Wärmeschutzverordnung, dass die Werte der TGL, nur zeitlich etwas verzögert, etwa den Anforderungen der jeweils gültigen Wärmeschutzverordnung entsprachen.

Im Gebäudeenergiegesetz wurden gegenüber dem letzten EnEV-Stand keine Verschärfungen von Wärmedämmstandards vorgenommen.

## 7.4 Wärmebrücken

Als Wärmebrücken bezeichnet man lokal begrenzte Flächen von Bauteilen gegen Außenluft, Erdreich, Fundamente oder Bereichen mit niedrigeren Raumtemperaturen, sofern sie nicht adäquat gedichtet und gedämmt sind. Im Bereich von Wärmebrücken ist während der Heizperiode ein verstärkter Wärmeabfluss festzustellen, der zu höherem Energieverbrauch führt.

Auf der Innenseite der betroffenen Bauteile entstehen sehr niedrige Oberflächentemperaturen. Kalte Oberflächen werden aufgrund des höheren Strahlungsentzugs als unbehaglich empfunden. Um diesem Umstand entgegenzuwirken, wird nicht selten die Heiztemperatur höhergestellt, um die Raumluft stärker zu erwärmen. Auf diese Weise steigt der Energieverbrauch zusätzlich. Zur Realisierung thermischer Behaglichkeit sollten Oberflächentemperaturen von Außenbauteilen nicht mehr als 3 Kelvin gegenüber der Raumluft absinken.

Wärme wählt den Weg des geringsten Widerstands, auf Gebäude bezogen also bevorzugt den Weg über Undichtigkeiten und Wärmebrücken. Häufig liegen Überlagerungen verschiedener Ursachen vor. Darüber hinaus ist zu beachten, dass sich der Einflussbereich einer Wärmebrücke noch weit auf das umgebende Bauteil erstreckt.

Bei suboptimal gedämmten Gebäuden kann der Wärmeverlust über Wärmebrücken über 30 % des Energiebedarfs ausmachen. Wärmebrücken erhöhen den Heizenergieverbrauch deutlich. Die Wärmeabsorption der innen ausgekühlten Bauteile bedingt niedrigere Temperaturen in der Umgebung von Wärmebrücken. Sobald warme, feuchte Luft auf eine kalte Oberfläche trifft und unter den sogenannten Taupunkt abgekühlt wird, bildet sich Kondensat. Diese Erfahrung macht jeder Brillenträger, der im Winter einen warmen Raum betritt und sofort beschlagene Brillengläser hat. An feuchten Bauteilflächen sammelt sich Staub an, der in Verbindung mit anderen Materialien einen Nährboden für zum Teil gesundheitsschädliche Schimmelpilze bildet. Weiterhin kann es durch Tauwasserausfall im Bereich von Wärmebrücken zu einer Durchfeuchtung von Bauteilen und zu Folgebauschäden kommen. Zusätzlich steigt bei durchfeuchteten Bauteilen die Wärmeleitfähigkeit, womit der Wärmebrückeneffekt weiter verstärkt wird.

**Nachfolgend werden die unterschiedlichen Wärmebrückenarten beschrieben:**

- **Materialbedingte Wärmebrücken** entstehen, wenn in einem Außenbauteil aus Baustoffen mit kleiner Wärmeleitfähigkeit Bauteile mit wesentlich größerer Wärmeleitfähigkeit in Richtung des Wärmestroms nebeneinander vorhanden sind. Dieser Wechsel kann innerhalb einer oder mehrerer Bauteilschichten erfolgen. Diese Wärmebrücken entstehen häufig bei Stabkonstruktionen (Holzbalken, Stahlprofile, sonstige Metallprofile, Betonstützen usw.) oder in Bereichen mit metallischen Verbindungsmitteln. Materialbedingte Wärmebrücken werden neben den geometrischen Verhältnissen auch von den stofflichen Eigenschaften beeinflusst und zählen zu den konstruktiven Wärmebrücken. Bei lokal punktuellem Auftreten, wie z. B. bei Dübeln, ist der dadurch ausgelöste Wärmeverlust oft vernachlässigbar. Es ist aber darauf zu achten, dass es nicht zu Schäden durch Tauwasserausfall kommt.
- **Massestrombedingte Wärmebrücken** entstehen, wenn durch ein Außenbauteil z. B. Wasserleitungen geführt werden. Ein Bauteilwechsel, wie er zum Beispiel im Bereich von Fensterlaibungen vorkommt, verändert ebenfalls den Massenstrom. Diese Wärmebrückenart gehört ebenfalls zu den konstruktiven Wärmebrücken.
- **Geometrische Wärmebrücken** liegen vor, wenn die wärmeabgebende Oberfläche größer ist als die ihr zugeordnete wärmeaufnehmende Oberfläche. Diese Wärmebrü-

cken entstehen z. B. an Außenecken. Bei der Außenecke eines Gebäudes steht einer größeren Auskühlfläche (äußere Begrenzung der Ecke) eine kleinere Erwärmungsfläche (innere Begrenzung der Ecke) gegenüber. Diese geometrische Situation führt zu einer Verzerrung des Wärmeflusses. In Raumaußenecken treffen drei linienförmige Wärmebrücken aufeinander. In diesen Ecken können sich noch tiefere innere Oberflächentemperaturen mit hohem Risiko der Tauwasserbildung einstellen.

- **Umgebungsbedingte Wärmebrücken** entstehen bei thermisch sehr unterschiedlich „bedeckten" Außenbauteilen (durch Möblierung, Gardinen oder abgehängte Decken) oder bei Außenbauteilen mit unterschiedlichem Energieangebot. Dies sind in der Regel Bauteilflächen, vor denen Heizkörper stehen. Hier kommt es fast immer zu höheren Wärmeverlusten gegenüber den niedriger temperierten Bereichen (Temperaturdifferenz als treibende Kraft für den Wärmeverlust).
- **Konvektive bzw. undichtigkeitsbedingte Wärmebrücken** bewirken durch Undichtheiten in der Gebäudehülle den Austausch von warmer, feuchter Luft mit kalter Außenluft. Beim Einströmen von kalter Außenluft besteht die Gefahr, dass die Oberflächen der Fugenränder unterkühlen und Feuchte aus der entweichenden Raumluft kondensiert. Dies ist besonders bei wenig wärmeleitenden Baustoffen der Fall. Hier besteht die Gefahr von Oberflächentauwasserbildung in der Konstruktion. Eine häufige Ursache von konvektiven Wärmebrücken sind undichte Anschlüsse zwischen Außenwand und Fenster, Undichtigkeiten im Bereich von Dachortgängen und Traufen sowie Durchführungen von Installationsleitungen durch vormals luftdichte Schichten. Konvektive Wärmebrücken lassen sich derzeit nicht mit bauphysikalisch-mathematischen Methoden als Wärmebrückenkoeffizient quantifizieren. In der energetischen Bewertung geht man davon aus, dass der Energieverlust konvektiver Wärmebrücken über den Infiltrationsluftwechsel bilanzierbar ist. Dieser kann mittels Luftdichtedifferenzdruckmessung erfasst werden.

Typische Wärmebrücken sind Anschlussbereiche von Fenstern und Außentüren, Außenecken, Deckenauflager, Sockel, Ortgang bzw. Attika und Installationsdurchgänge. Oft wirken stoffliche und geometrische Gegebenheiten an einem „Ort" zusammen. Nicht jede Wärmebrücke kann vermieden werden. Allerdings sollte die Ausführung an jeder Stelle der Gebäudehülle den Mindestwärmeschutz nach DIN 4108 realisieren, um die Gefahr von Tauwasserausfall und somit Schimmelbildung minimieren zu können.

In einem Haushalt mit vier Personen werden pro Tag ca. 10 Liter Wasser über Transpiration, Kochen und Pflanzen an die Raumluft abgegeben. Wenn z. B. Luft aus einem Badezimmer mit 22 °C Temperatur und 100 % Luftfeuchte in ein 15 °C warmes Schlafzimmer gelangt, setzt jeder Kubikmeter 6,6 g Wasser frei, das sich an den kältesten Flächen des Zimmers niederschlägt [7]. Kondensatniederschlag an Wärmebrücken mit deutlich niedrigeren lokalen Oberflächentemperaturen kann bei längerer Einwirkung zu Bauschäden führen. Verstärkend wirkt, dass ein durchfeuchtetes Bauteil infolge höherer Wärmebrückenwirkung weiter abkühlt und wiederum die Wärmebrückenwirkung erhöht.

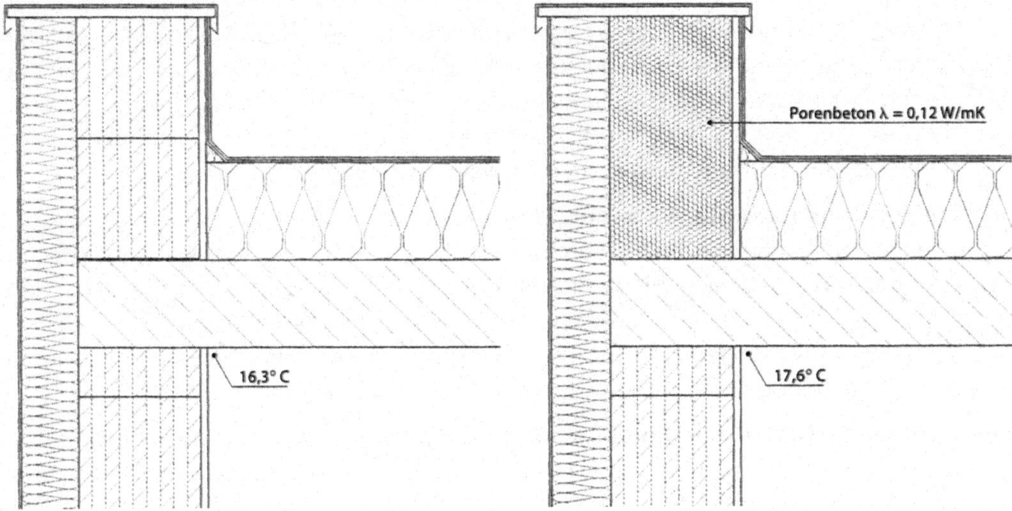


*Bild 7-13: Attikadetails im Vergleich*

*Quelle: Schwarzmüller, E.; Fuhrmann, W.; Wärmebrücken, Luft- und Winddichte, Energie Tirol; Innsbruck*

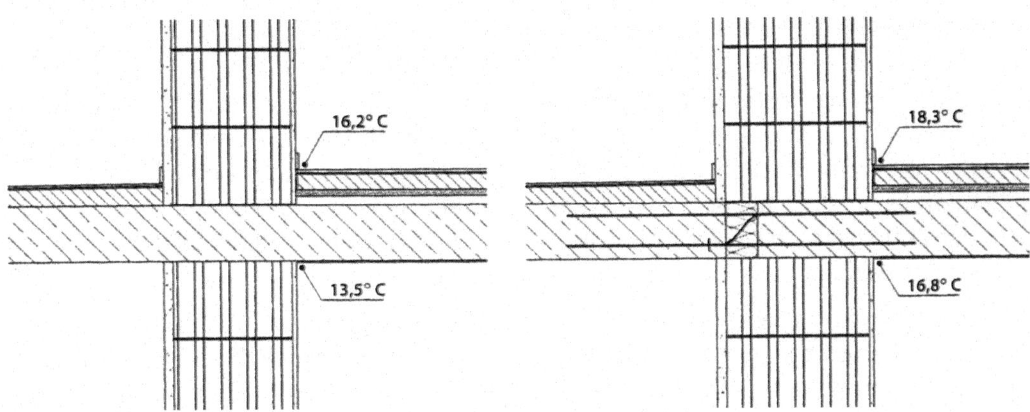


*Bild 7-14: Balkonplattendetails im Vergleich*

*Quelle: Schwarzmüller, E.; Fuhrmann, W.; Wärmebrücken, Luft- und Winddichte, Energie Tirol; Innsbruck*

**Durch Beachtung weniger Regeln können wesentliche Wärmebrücken vermindert werden**

- Vermeidung spitzer Winkel: Jede Vergrößerung der Außenoberfläche im Verhältnis zur Innenoberfläche- bei gleichem beheiztem Volumen erhöht die Wärmebrückenwirkung (geometrische Wärmebrücken).
- Bei Durchstoßung von Bauteilen durch die dämmende Hülle wie z. B. bei Balkonkragplatten muss eine thermische Trennung vom Bauwerk mittels gedämmtem Bewehrungskorb (Isokorb) erfolgen.
- Falls die Durchstoßung der Dämmhülle unvermeidlich ist, kann notfalls ein durchstoßendes Bauteil überdämmt werden.

- Bei Randbauteilen mit Übergängen zu unbeheizten Bereichen wie z. B. Sockel sind mindestens 75 cm Überdämmung zur hinreichenden Wärmebrückenminimierung erforderlich.
- Die Dämmstofflagen verschiedener Bauteile sollen möglichst fugenlos ineinander übergehen oder sich überlappen.

Details gelten als wärmebrückenfrei, wenn ihr auf Außenmaße bezogener Verlustkoeffizient ¥ < 0,01 W/(mK) ist. Bei höheren Verlusten muss der von der Wärmebrücke verursachte zusätzliche Wärmeabfluss in der Energiebilanz berücksichtigt werden.

**Energetische Bilanzierung von Wärmebrücken**

Hinsichtlich der Veränderung des erhöhten Wärmeabflusses wird vergleichbar zum U-Wert eines Bauteils als Maß für die Wärmebrückenwirkung der Begriff des längenbezogenen Wärmedurchgangskoeffizienten Ψ mit der Einheit W/mK verwendet. Der Ψ-Wert hängt von der Qualität der Konstruktion und der verwendeten Abmessungen sowie der U-Werte der ungestörten Bauteile ab.

Für den Effekt der Temperaturabsenkung im Bereich von Wärmebrücken dient zur Kennzeichnung der dimensionslose Temperaturfaktor $f_{Rsi}$ oder auch der Temperaturdifferenzquotient Θ.

Aus feuchteschutztechnischen Gründen sollte die Innenoberflächentemperatur gemäß DIN 4108 nie unter 12,6 °C absinken. Ab einem Temperaturfaktor $f_{Rsi} \geq 0,7$ wird dieses Kriterium erfüllt.

Für energetische Bilanzierungen kommen mehrere Ansätze in Betracht:

- erhöhter pauschaler Standard-Wärmebrückenzuschlag $\Delta U_{WB} = 0,15$ W/m²K (auf die Gebäudehüllfläche bezogen) ohne rechnerischen Nachweis für Gebäude mit normalen Innentemperaturen und überwiegender Innendämmung
- pauschaler Standard-Wärmebrückenzuschlag $\Delta U_{WB} = 0,10$ W/m²K (auf die Gebäudehüllfläche bezogen) ohne rechnerischen Nachweis
- reduzierter pauschaler Standard-Wärmebrückenzuschlag $\Delta U_{WB} = 0,05$ W/m²K (auf die Gebäudehüllfläche bezogen) für Gebäude mit normalen Innentemperaturen bei Gleichwertigkeitsnachweis der Verwendung von Konstruktionen gemäß DIN 4108 Beiblatt 2 Kategorie A (in der Anwendbarkeit bei Sanierungsvorhaben weitgehend nicht erfüllbar).
- reduzierter pauschaler Standard-Wärmebrückenzuschlag $\Delta U_{WB} = 0,03$ W/m²K (auf die Gebäudehüllfläche bezogen) für Gebäude mit normalen Innentemperaturen bei Gleichwertigkeitsnachweis der Verwendung von Konstruktionen gemäß DIN 4108 (neues) Beiblatt 2 Kategorie B (nochmals optimiert und in der Anwendbarkeit bei Sanierungsvorhaben weitestgehend nicht erfüllbar).
- detaillierter Wärmebrückennachweis: Hierbei werden die tatsächlichen Wärmeverluste rechnerisch nach DIN ISO 10211 bilanziert. Für diesen Ansatz muss der Wärmeverlust jeder Wärmebrücke einzeln mit entsprechender Software berechnet oder aus Wärmebrückenkatalogen entnommen werden. Bei dieser Methode werden energetisch effiziente Lösungen mit kleinen Wärmebrückenzuschlägen belohnt und das Risiko für Bauschäden durch eine genauere Konstruktionsprüfung reduziert.

Wenn ein reduzierter Wärmebrückenzuschlag energetisch bilanziert werden soll, müssen alle nachweispflichtigen Wärmebrücken berücksichtigt werden. Bei einem typischen Wohngebäude sind dies meist deutlich mehr als 10 Wärmebrücken. Die Verwendung von Pauschalzuschlägen ist zwangsläufig ungenau und entspricht nicht den aktuellen Energieeffizienzstandards. Zudem muss auch bei Pauschalzuschlägen die Einhaltung der Anforderungen an den hygienischen Wärmeschutz nachgewiesen werden. Für hochwertige Effizienzstandards wird daher die detaillierte Berechnung der Wärmebrücken nach DIN 10211 empfohlen.

## Gleichwertigkeitsnachweis DIN 4108 Beiblatt 2

Wenn Konstruktionen mit minimierten Wärmebrückenverlusten entsprechend dem Beiblatt 2 der DIN 4108 geplant und realisiert werden, kann der reduzierte Wärmebrückenzuschlag von $\Delta U_{WB}$ = 0,05 W/m²K (Kategorie A-Wärmebrücken) verwendet werden. Bei Ausführung der nachweispflichtigen Wärmebrücken gemäß verbesserter Konstruktionen der Kategorie B entsprechend den Details des neuen Beiblatts 2 kann auch eine Reduzierung des Wärmebrückenzuschlags auf = 0,03 W/m²K angesetzt werden. Darüber hinaus lässt die Kreditanstalt für Wiederaufbau für Wärmebrückenbilanzierungen von BEG-Effizienzhäusern noch alternative Verfahren mit abweichenden Pauschalzuschlägen bei Einhaltung festgelegter Randbedingungen zu.

Eine Gleichwertigkeit ist gegeben, wenn eine eindeutige Zuordnung der konstruktiven Grundprinzipien und eine Übereinstimmung der Bauteilabmessungsbandbreiten und Baustoffeigenschaften vorliegen. Weichen nur die Wärmeleitfähigkeiten oder die Abmessungen einzelner Schichten eines Beispieldetails des Beiblatts 2 ab, kann die Gleichwertigkeit noch über den gleichwertigen Wärmedurchlasswiderstand (R-Wert) der einzelnen Schichten nachgewiesen werden. Auch ein Nachweis gleichwertiger Wärmedurchgangskoeffizienten Ψ [W/mK] aus Produktdatenblättern, einem Wärmebrückenkatalog oder einer Softwaresimulation auf Grundlage der DIN EN ISO 10211-1 ist für einzelne Wärmebrücken zulässig, sofern der entsprechende Ψ-Wert des konstruktiven Prinzips aus Beiblatt 2 nicht überschritten wird.

Das neue Beiblatt 2 ist im Wesentlichen für Neubauten entwickelt und bietet trotz der inzwischen auf fast 400 Stück gewachsenen Zahl nur wenige Details, die auf Altbauten übertragbar sind. Bei der energetischen Sanierung von Bestandsgebäuden ist oft schon das konstruktive Grundprinzip nicht vergleichbar oder Referenzgrößen können nicht erfüllt werden. Beispiele dafür sind thermische nicht entkoppelte Balkone und Anbauten, Sockelausbildungen ohne Perimeterdämmung, Dachortgänge ohne Kopfdämmung.

Um dennoch nicht auf den ungünstigen Wärmebrückenzuschlag $\Delta U_{WB}$ = 0,10 W/m²K oder gar 0,15 W/m²K bei der Energiebilanz zurückgreifen zu müssen, besteht unter Umständen die Möglichkeit, die Wärmebrückenverluste detailliert zu berechnen.

## Detaillierter Wärmebrückennachweis

Im Gegensatz zum Gleichwertigkeitsnachweis gemäß Beiblatt 2 der DIN 4108 sind bei der Erstellung eines detaillierten Wärmebrückennachweises sämtliche Wärmebrücken zu betrachten. Auf eine Bagatellregelung für einige Wärmebrückentypen kann beim detaillierten Nachweis nicht zurückgegriffen werden. Nur punktuelle und dreidimensionale Wärmebrücken sind wegen der begrenzten Flächenwirkung im Wärmeschutznachweis vernachlässigbar. Eine Untersuchung hinsichtlich Tauwasserfreiheit ist gegebenenfalls auch für diese Details notwendig.

Um die Wärmebrückenverluste berechnen zu können, müssen auch die jeweiligen Längen bekannt sein. Durch Multiplikation und Aufaddierung kann der Anteil der Wärmebrücken am Transmissionswärmeverlust der thermischen Gebäudehülle berechnet werden.

Mindestinhalte einer Dokumentation eines detaillierten Wärmebrückennachweises nach der DIN 4108-6 und DIN EN ISO 10211:

- Gebäudepläne mit Bemaßung,
- tabellarisches Längenaufmaß der einzelnen Wärmebrücken,
- grafische Darstellung der Wärmebrückendetails,
- U-Werte der flankierenden Flächenbauteile
- Ψ-Werte der nachweispflichtigen Wärmebrücken,
- Zusammenfassung der Wärmebrückenverluste und Berechnung von $\Delta U_{WB.}$

**Beispiel einer Zusammenfassung detailliert ermittelter Wärmebrücken**

| Nr. | Gruppe | Beschreibung der Wärmebrücke | Ψ-Wert [W/mK] | Länge [m] | $F_x$ [-] | $H_T$ [W/K] |
|---|---|---|---|---|---|---|
| 01 | Wand | Kellerinnenwand | 0,31 | 24,80 | 0,6 | 5,87 |
| 02 | Wand | Innenwand | 0,00 | 30,00 | 1,0 | 0,00 |
| 03 | Geschossdecke | Sockel | 0,17 | 48,35 | 1,0 | 8,22 |
| 04 | Geschossdecke | Auflager | 0,01 | 45,19 | 1,0 | 0,45 |
| 05 | Geschossdecke | Balkonanbindung | 0,55 | 4,05 | 1,0 | 2,23 |
| 06 | Dach | Traufe | -0,01 | 20,54 | 1,0 | -0,21 |
| 07 | Dach | Ortgang | 0,08 | 12,40 | 1,0 | 0,99 |
| 08 | Dach | Kehlbalkendecke | 0,00 | 20,54 | 1,0 | 0,00 |
| 09 | Dach | Einschubtreppenlaibung | 0,45 | 2,90 | 1,0 | 1,31 |
| 10 | Fenster/Türen | Eingangstürschwelle | 0,39 | 1,01 | 1,0 | 0,39 |
| 11 | Fenster/Türen | Terrassentürschwelle | 0,49 | 1,77 | 1,0 | 0,86 |
| 12 | Fenster/Türen | Fensterbrüstung | 0,15 | 21,90 | 1,0 | 3,29 |
| 13 | Fenster/Türen | Fenster/Türlaibung | 0,09 | 51,36 | 1,0 | 4,62 |
| 14 | Fenster/Türen | Fenster/Türsturz | 0,16 | 24,68 | 1,0 | 3,95 |
| Summe $H_{T,WB}$ [W/K] = 31,96<br>Hüllfläche $A_{ges}$ [m²] = 715,0<br>Wärmebrückenzuschlag $\Delta U_{WB}$ [W/m²K] = Summe $H_{T,WB}$ / Hüllfläche $A_{ges}$ = 0,045 | | | | | | |

Im Zuge von Nachweisen für BEG-Effizienzhausstandards wurden ein ergänzender Wärmebrückenkatalog und Bewertungsformblätter entwickelt.

- KfW-Formblatt A erweitert die Nachweismöglichkeiten für den reduzierten Wärmebrückenzuschlag 0,05 W/m²K von Neubauten um zahlreiche Nachweis-Konstruktionsdetails.
- KfW-Formblatt B unterstützt die Nachweisführung für den reduzierten Wärmebrückenzuschlag 0,05 W/m²K bei Bestandsgebäudesanierungen. Bis zu sechs Wärmebrücken können ergänzend detailliert berechnet berücksichtigt werden. Hierdurch können Zuschläge zwischen 0,05 W/m²K und 0,1 W/m²K erreicht werden.
- KfW-Formblatt C bietet eine Struktur für detailliert Wärmebrückennachweise.
- KfW-Formblatt D ermöglicht bei Einhaltung vorgegebener Eigenschaften die Abminderung pauschaler Wärmebrückenzuschläge in Abhängigkeit von zu bestätigenden Randbedingungen und Gebäudeparametern.

## 7.5 Wind- und Luftdichte

Die Wärmedämmwirkung beruht auf Einschluss von Luft im Material – dieselbe Wirkung wie bei einer Regenjacke über einem Wollpullover.

Undichte Stellen in der Gebäudehülle verursachen Wärmeverluste infolge Entweichens warmer Raumluft. Sie machen einen beträchtlichen Teil des Gesamtwärmeverlustes aus und können mehr als das Doppelte der sonstigen Wärmeverluste von gut gedämmten Gebäuden betragen.

### Winddichte

Von Winddichte ist die Rede, wenn Außenluft nur insofern am Eindringen gehindert wird, dass sie nicht in die Wärmedämmschicht gelangt, und somit die Dämmeigenschaften des Bauteils nicht beeinträchtigt werden. Die Winddichtebene wird generell an der Außenseite der Außenhülle angebracht oder durch diese gebildet.

Winddichte Sperrschichten sollen präventiv wirken. Sie verhindern das Einströmen kalter Außenluft in die Konstruktion oder gar Durchströmungen. Winddichte Schichten können helfen, Minderpassgenauigkeiten in Anschlussbereichen zu schützen.

Bei Massivbauwerken wird die Winddichtigkeit in der Regel durch fachgerecht aufgebrachten Außenputz realisiert. Bei Leichtbauweisen kommen Unterspannbahnen oder Plattenwerkstoffe zum Einsatz.

### Luftdichte

Unter Luftdichte wird die Verhinderung von Luftströmung in Richtung des Dampfdruckgefälles verstanden, d. h. das Eindringen von Luft in das Bauteil (von innen nach außen). Die Gefahr der Konstruktionsdurchfeuchtung und die daraus resultierende Verschlechterung der Wärmedämmung kann vermieden werden, wenn die Gebäudehülle von innen nach außen luftdicht ausgeführt wird. Die Gebäudeenergiegesetzgebung sowie die Wärmeschutznorm DIN 4108 Teile 2 und 3 fördern eine dauerhaft luftdicht ausgeführte Gebäudehülle: „Wände und Dächer müssen luftdicht sein, um eine Durchströmung und Mitführung von Raumluftfeuchte, die zu Tauwasserbildung in der Konstruktion führen kann, zu unterbinden." Der konstruktive Feuchteschutz ist zu beachten. Der Dampfdiffusion (Transport von molekularem, dampfförmigem Wasser durch Bauteile hindurch) ist nach DIN 4108-3 „Anforderungen an den klimabedingten Feuchteschutz" fachgerecht zu begegnen.

Die luftdichte Schicht wird an der Innenseite von Außenwänden angeordnet. Die sogenannte wasserdampfdiffusionsäquivalente Luftschichtdicke $s_d$ wird aus der Multiplikation des spezifischen Wasserdampfdiffusionswiderstands $\mu$ mit der Schichtdicke s ermittelt.

Die Funktionsschichten werden entsprechend ihren Diffusionseigenschaften eingeordnet:

- diffusionsoffene Schicht: $s_d < 0,5$ m
- diffusionshemmende Schicht: $0,5 < s_d < 1.500$ m
- diffusionsdichte Schicht: $s_d > 1.500$ m.

Die diffusionshemmenden oder -dichten Eigenschaften einzelner Funktionsschichten einer Konstruktion sind genau zu bezeichnen und aufeinander abzustimmen. Das gilt für Sanierungen wie Neubau. Der Dampfdiffusionswert $s_d$ der äußeren Bauteilschichten muss unter Beachtung des Partialdruckgefälles zur Verhinderung von Tauwasserbildung in der Konstruktion immer deutlich unter dem $s_d$-Wert der inneren Bauteilschichten liegen. Es werden mindestens Zehnerpotenzen von Schicht zu Schicht empfohlen. Der Nachweis erfolgt mit einem rechnerischen Tauwassernachweis nach DIN 4108-3.

Im Massivbau wird die luftdichte Ebene i. d. R. durch den Innenputz gewährleistet. Die Übergänge zu anderen Bauteilen wie z. B. der Dachkonstruktion bedürfen zur lückenlosen Herstellung einer dauerhaften Luftdichte zusätzlicher Abdichtungsmaßnahmen.

Für leichte Bauweisen kommen meist Dampfsperren in Form von Folien oder Plattenwerkstoffen mit überklebten und gespachtelten Stößen zur Anwendung. Die Anschlüsse an Öffnungen aller Art, Boden und Decke müssen zusätzlich mit Dichtband überklebt und mechanisch gesichert werden. Montageschäume und Silikon sind allein keine geeigneten dauerhaften Abdichtungsmittel.

Details, bei denen besonders auf die sachgerechte Ausführung der Luftdichte geachtet werden muss, sind in der DIN 4108 beschrieben und hier ergänzt:

- Deckenauflager von hinterlüfteten Konstruktionen
- Deckenaussparungen und Durchbrüche
- Mauerkronen und Brüstungen
- Rollladenkästen
- Vorwandinstallationen, insbesondere in Dachgeschossen
- Dachanschlüsse an Außenwände und Innenwände
- Ortgänge
- Dachflächenfenster
- Durchdringungen von Leichtbauaußenwänden

- Schornsteindurchführungen
- Be- und Entlüftungsdurchführungen
- Fenster und Außentüranschlüsse
- Bodenluken zum unbeheizten Dachraum

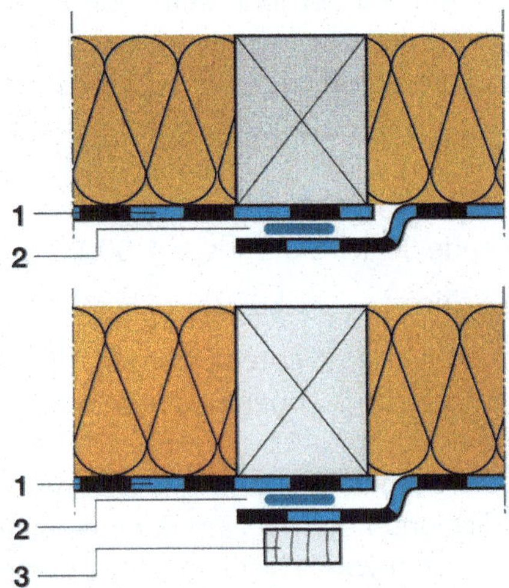


**1** Luftdichtheitsschicht
**2** doppelseitiges Klebeband/Klebemasse
**3** Latte

*Bild 7-15: Überlappung mit doppelseitigem Klebeband oder Klebemasse mit harter Hinterlage*

*Quelle: FLiB e. V.*

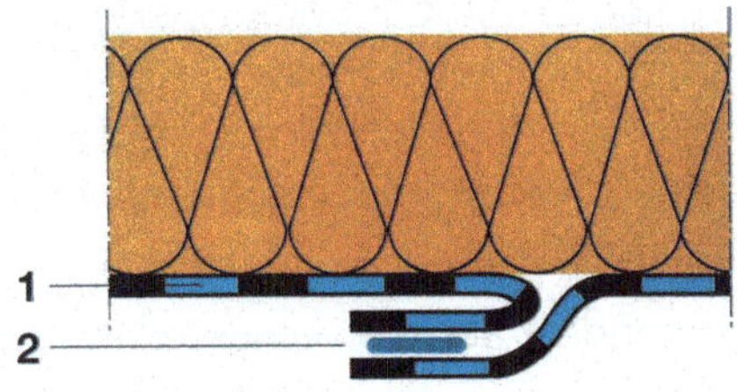


**1** Luftdichtheitsschicht
**2** doppelseitiges Klebeband/Klebemasse

*Bild 7-16: Überlappung mit doppelseitigem Klebeband ohne harte Hinterlage (Querstoß)*

*Quelle: FLiB e. V.*

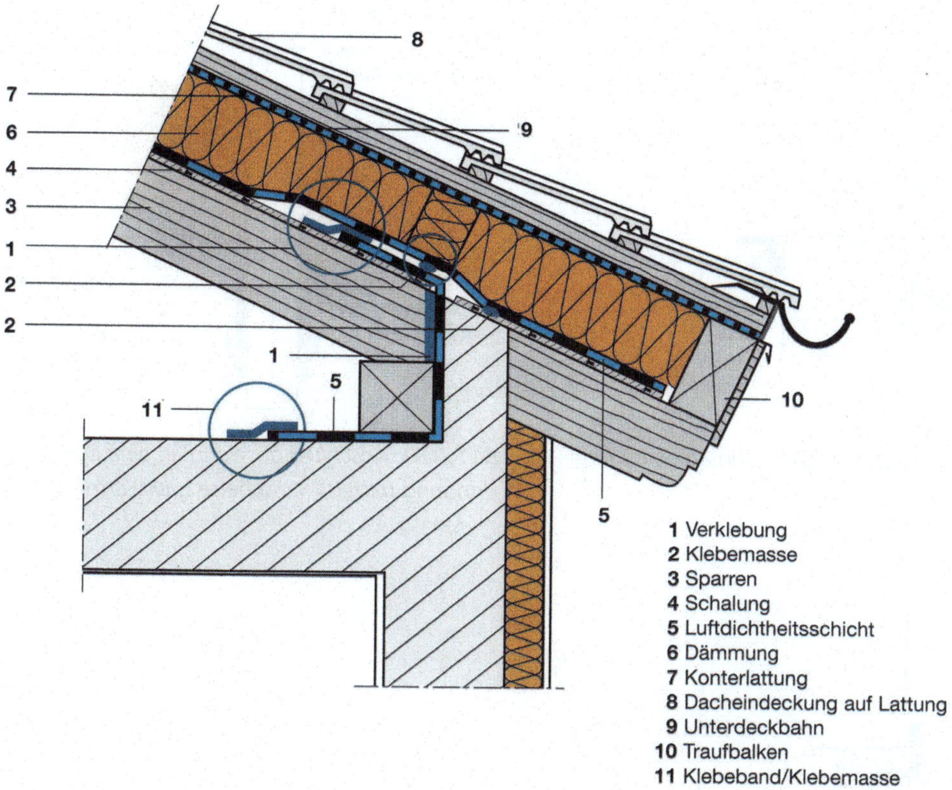

8
7
6
4
3
1
2
2
9
1
5
11
10
5
1 Verklebung
2 Klebemasse
3 Sparren
4 Schalung
5 Luftdichtheitsschicht
6 Dämmung
7 Konterlattung
8 Dacheindeckung auf Lattung
9 Unterdeckbahn
10 Traufbalken
11 Klebeband/Klebemasse

*Bild 7-17: Aufsparrendämmung mit Traufbalkendämmung*

*Quelle: FLiB e. V.*

1 Luftdichtheitsschicht
2 Putzträger z.B. Streckmetall
3 Innenputz
1
2
3

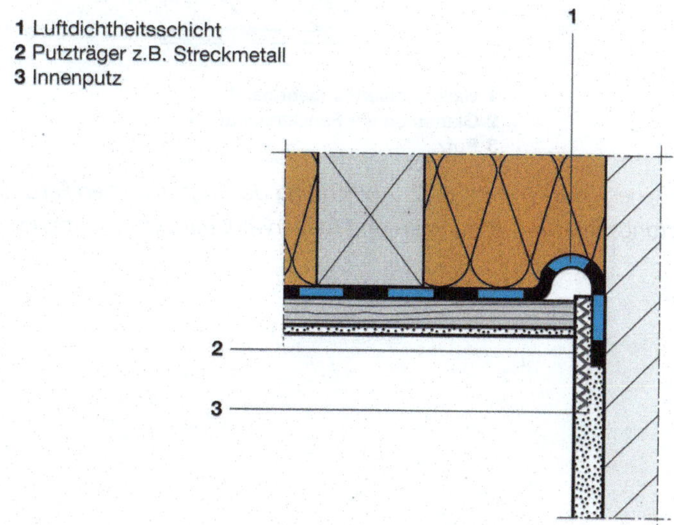

*Bild 7-18: Anschluss der Bahn an Mauerwerk oder Beton durch Einputzen*

*Quelle: FLiB e. V.*

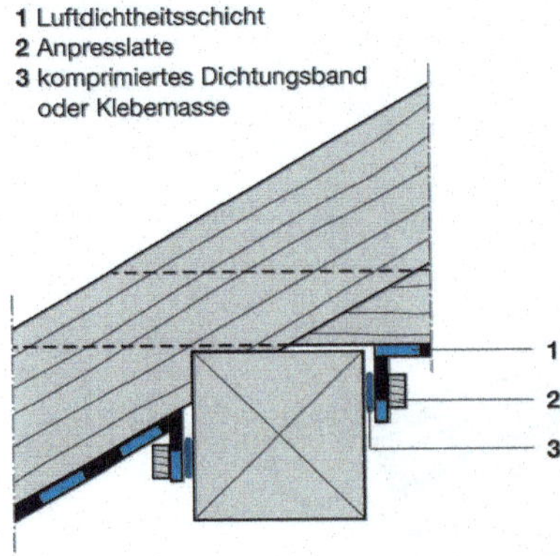


*Bild 7-19: Anschluss der Bahn an eine Pfette*

Quelle: FLiB e. V.

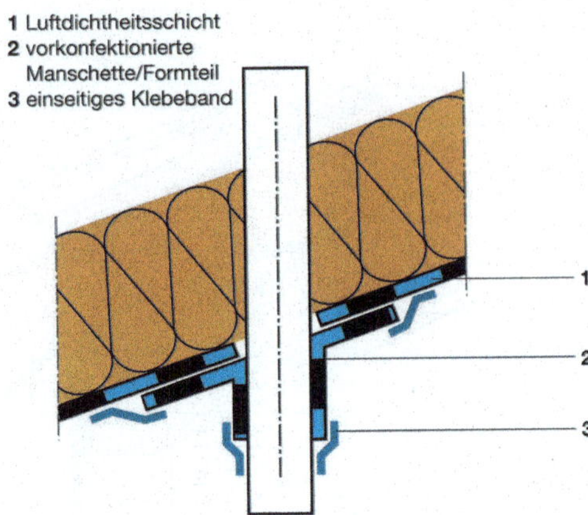


*Bild 7-20: Anschluss der Bahn an eine Durchdringung mittels Manschette oder Formteil*

Quelle: FLiB e. V.

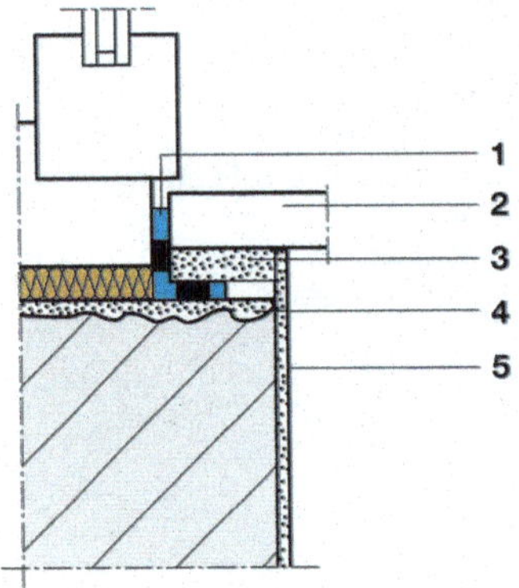


1 armiertes Klebeband
2 Fensterbank
3 Mörtelbett
4 Glattstrich vor Fenstereinbau
5 Putz

*Bild 7-21: Abdichtung der Fuge zwischen Fensterrahmen und Mauerwerk im Brüstungsbereich*

Quelle: FLiB e. V.

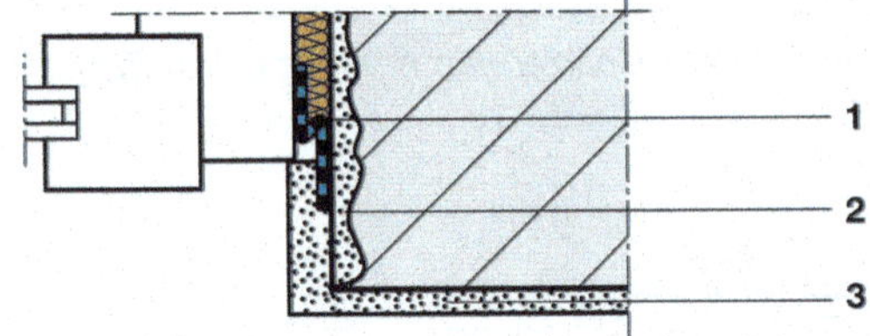


1 vlieskaschiertes Klebeband
2 Glattstrich vor Fenstereinbau
3 Putz

*Bild 7-22: Abdichtung der Fuge zwischen Fensterrahmen und Mauerwerk mit Dichtungsband*

Quelle: FLiB e. V.

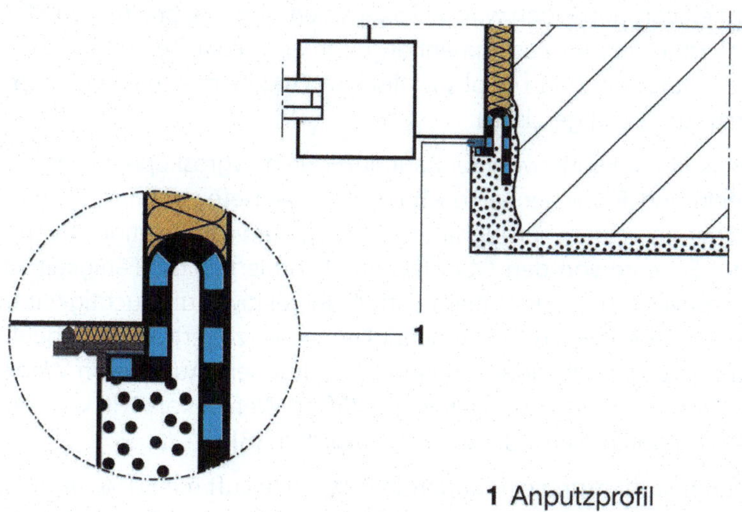


*Bild 7-23: Fensteranschluss mit Profilen im Massivbau (Formteile)*
*Quelle: FLiB e. V.*

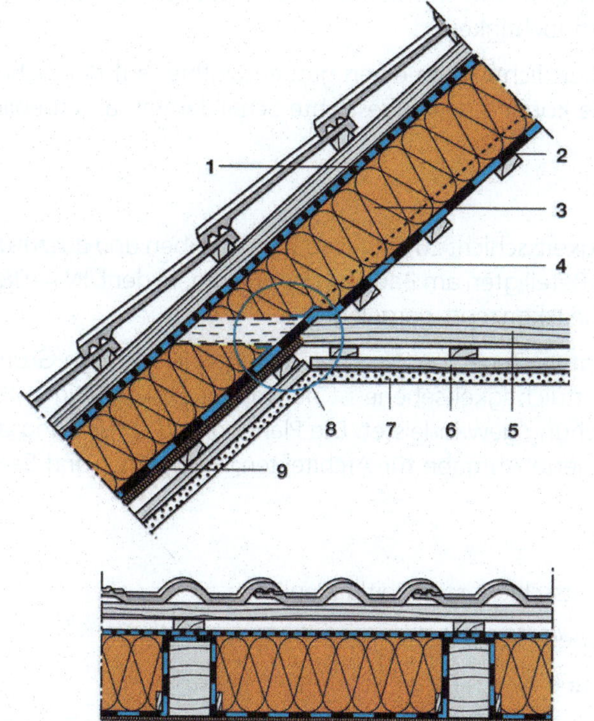


**1** Unterdeckbahn
**2** Luftdichtheitsschicht
**3** Dämmung
**4** Durchgehende Leiste
**5** Zange
**6** Unterkonstruktion
**7** Putz
**8** Verklebung
**9** Dämmplatte als Schutz z.B. gegen vorstehende Nägel

*Bild 7-24: Nachträgliche Wärmedämmung bestehender Steildächer von oben*
*Quelle: FLiB e. V.*

Der Luftdichtigkeit von Gebäuden wird viel Skepsis entgegengebracht. Die Mär von atmenden Wänden wird in diesem Zusammenhang immer wieder bemüht. Häufig wird unter Missachtung der tatsächlichen bauphysikalischen Gegebenheiten Angst vor „Barackenklima" und Erstickungstod geschürt.

Die Luftfeuchtigkeit wird außer von der Raumluft durch hygroskopische Eigenschaften von Wänden, Möbeln und Teppichen lediglich bis zu einer Tiefe von max. 20 mm aufgenommen. In Versuchen mit einem sprunghaften Anstieg der Luftfeuchtigkeit von 40 auf 80 % wurden 2/3 der Feuchte von den Oberflächen absorbiert. Diese Fähigkeit ist als temporäre Pufferung zu verstehen. Sinkt beim Lüften die relative Luftfeuchtigkeit der Raumluft wieder, geben die Oberflächen ihre Feuchtigkeit zeitverzögert an die Innenluft ab. Beim nächsten Lüftungsvorgang gelangt sie dann nach draußen. Auf diesem Weg wird die von Außenwänden absorbierte Feuchtigkeit weggelüftet. Weniger als 1 % können im Regelfall via Dampfdiffusion durch die Außenwand entweichen [8].

Beispiel: Die durch Stoßlüftung eindringende -5 °C kalte Luft mit 80 % rel. Luftfeuchte enthält 3 g Wasser pro m³. Bei Erwärmung auf 20 °C Innentemperatur stellt sich eine relative Luftfeuchtigkeit von 15 % ein. Diese trockene Luft saugt wie ein Schwamm die Feuchtigkeit aus Wänden und Mobiliar und wird beim nächsten Stoßlüften nach draußen transportiert.

Wärmegedämmte und luftdichte Außenwände sind demnach nicht ursächlich für Feuchteschäden in Wohnungen verantwortlich. Die warmen Innenoberflächen verhindern im Gegenteil die Kondensation von Luftfeuchtigkeit.

Ergänzend wird erwähnt, dass die Luftdichte auch einen großen Einfluss auf den Schallschutz hat. Selbst kleinste Luftspalte können das angestrebte Schalldämmmaß erheblich reduzieren.

### Gebäude-Luftdichtekonzepte

Gemäß DIN 4108-7 ist die Luftdichtigkeitsschicht zu planen, auszuschreiben und auszuführen. Die Arbeiten sind zwischen den Beteiligten am Bau zu koordinieren. In der DIN 4108-7 sind die Grundzüge eines Luftdichtheitskonzepts dargelegt.

Zunächst stellt das Luftdichtekonzept im Zuge von Werkplanungen eine wichtige Grundlage dar. Die Dauerhaftigkeit der Luftdichtigkeitsebene ist nur mit einer sorgfältigen Planung, Ausführung und Bauüberwachung gewährleistet. Die Planung und Umsetzung des Luftdichtekonzeptes ist eine qualifizierte Aufgabe für Architekten, Fachplaner und Sachverständige für Wärmeschutz.

Teile der Luftdichtigkeitsplanung:

- In der Regel ist die Luftdichtigkeitsschicht raumseitig zu planen.
- Ein Verspringen der Luftdichteebene ist nach Möglichkeit zu vermeiden.
- Die Länge von Überlappungen und Anschlüssen ist zu minimieren.
- Die Anzahl von Durchdringungen der Luftdichteebene ist gering zu halten. Bei erforderlichen Durchdringungen sind besondere Abdichtungsmaßnahmen vorzusehen.
- Darstellung aller relevanten Details der Außenhülle mit Lage und Benennung der Luftdichteebene. Dabei ist Folgendes zu beachten: handwerkliche Ausführbarkeit, Festle-

gung ggf. erforderlicher Vorarbeiten und Untergrundbehandlungen, Dauerhaftigkeit und spannungsfreie Luftdichteebene, Festlegungen zu erforderlichen Anschlussausführungen (Dichtmanschetten und dgl.), Planung und Darstellung von Montage- und Befestigungsabständen.

- Die für die Luftdichte verantwortlichen Materialien sind planerisch darzustellen und spezifisch zu beschreiben.

**Praxistipp**

Bei Bauteilübergängen handelt es sich in der Regel um Bewegungsfugen, bei denen durch wechselnde Einwirkungen (Klima, Nutzung, Temperatur, Feuchte, Setzung) mit einer Veränderung der Fugengeometrie gerechnet werden muss. Je nach Wandtyp und Einbausituation ergeben sich unterschiedliche Anschlussbedingungen in Abhängigkeit von der zu erwartenden Beanspruchung aus Standort, Einbaulage, Konstruktion und Nutzung. Die auszuwählenden Dichtsysteme müssen für die jeweiligen Beanspruchungen geeignet sein.

Anschlussbereiche unterschiedlicher Werkstoffe sind dauerhaft dicht und funktionssicher herzustellen. Besonders zu beachten sind Versprünge, bei denen es zu einem Wechsel von Ebenen und Bauteilen kommt. In DIN 4108-7 sind dazu funktionssichere Konstruktionen und Werkstoffanforderungen definiert.

Allgemein gelten als dichte Baumaterialien: Verputztes Mauerwerk, Beton, Folien aus Kunststoff, Bleche, Elastomer, Bitumen, gipsgebundene Platten, zementgebundene Platten, dichte Holzwerkstoffplatten. Als undichte Bauwerkstoffe gelten allgemein porige Betonbauteile, Mauerwerk und Faserplatten, gestoßene Schalungen ohne Fugenüberklebung, unverleimte Nadelhölzer (wegen der unvermeidlichen Risse).

Fehlertolerante Konstruktionen sind zu bevorzugen. Aus diesem Grund sollten Konstruktionen, die zur Herstellung einer hinreichenden Luftdichte Folien erfordern, auf das minimal notwendige Maß beschränkt bleiben, da sich gezeigt hat, dass sich gerade bei diesen Konstruktionen Fehler in Ausführung und während der Betriebszeit häufen. Stattdessen sollte, wenn möglich, leichter fehlerfrei zu verarbeitenden mineralischen und/oder plattenartigen Abdichtungslagen der Vorzug gegeben werden.

In Leistungsangeboten bzw. Ausschreibungen muss auf die zu erreichende Luftdichtigkeit hingewiesen werden. Gewerkespezifische Besonderheiten sind zu beachten. Es wird empfohlen, frühzeitig Regelungen zur Kostenverantwortung für ggf. notwendige Nacharbeiten zur Realisierung einer Mindestluftdichte zu treffen. Bei der Leistungsvergabe von Arbeiten an der thermischen Gebäudehülle wird zum Thema Luftdichte festgelegt:

- Bauablauf, Bauzeitenplan mit gewerksbezogener Reihenfolge der Arbeiten (wie z. B. Laibungsglattstrich vor Fenstermontage), Zeitpunkte, Art und Weise der baubegleitenden Überprüfung der luftdichten Ebene (Meilensteinprüfungen),
- firmenbezogene Verantwortlichkeit für die luftdichte Ausführung klären,
- gewerkeübergreifendes Koordinierungsgespräch und Gewerke-Anlaufgespräche, Sensibilisierung und Klärung von Details,

- Gewerke, die die Luftdichtheitsebene überdecken (z. B. Trockenbau im Bereich ausgebauter Dächer), müssen unmittelbar vor Ausführung ihrer Arbeiten die luftdichte Ebene auf Mängel prüfen und ggf. die Bauleitung auf Leckagen hinweisen.

**Ausführung/Montage**

Bei schwierigen Untergründen kann die Verbindungssicherheit durch eine Anpresslatte oder durch Einputzen mit einem Streckgitter erreicht werden. Durchdringungen luftdichter Funktionsschichten sollen mit flexiblen und passgerechten Dichtmanschetten in die Ebene der Luftsperre eingebunden werden.

Klebstoffe und Funktionsschichten müssen für den jeweiligen Verwendungszweck geeignet und aufeinander abgestimmt sein. Klebertyp und Elastizität müssen auf die Oberflächen der zu verklebenden Untergründe angepasst sein. Dabei ist auf Feuchtigkeits-, Oxidations- und UV-Beständigkeit sowie Reißfestigkeit zu achten. Die verwendeten Baustoffe und deren Verbindungen müssen bauübliche Bewegungen aufnehmen können. Gegebenenfalls ist die erforderliche Flexibilität konstruktiv zu lösen, zum Beispiel mit Dehnungsschlaufen. Die Luftdichtheitsschichten und ihre Anschlüsse dürfen während und nach dem Einbau nicht beschädigt werden. Luftdichtheitsbahnen und Klebstoffe dürfen nicht anhaltender UV-Strahlung ausgesetzt werden.

An die Montage der Fenster- und Außentüren werden hohe Dichtigkeitsanforderungen gestellt. Von der RAL-Gütegemeinschaft wurde für die gebotene Abdichtung gegen Schlagregen, Dampfdiffusion und Lüftungswärmeverluste bzw. Eindringen von Tauwasser der Begriff der *3-Ebenendichtung* geschaffen. Die Abdichtung gegen Schlagregen wird bei verputzten Fassaden von geeigneten Putzabschlussprofilen realisiert. Gegen die beiden verbleibenden Lastfälle muss von der Innenseite abgedichtet werden. Einige Multifunktions-Fensterdichtbänder mit mehrlagigen Kompribändern bieten diese Dichteanforderungen, wenn ein Nachweis auf Basis der ift-Richtlinie MO-01/1 – Baukörperanschluss von Fenstern, Teil 1 vorliegt. Die Kompribänder müssen in ihrer Ausdehnungsbandbreite an die Fugenbreite angepasst sein. Bei variierenden Fugenbreiten sind diese Dichtsysteme nicht verwendbar. Da die Einhaltung der in der DIN 4108 geforderten Gebäudeluftdichte ($n_{50}$-Wert) bei Verwendung von Kompribändern im Bereich der Fensterbauteil-Anschlussfuge gefährdet ist, wird hier stattdessen die Verwendung von überputzbaren Fugendichtbändern aus EPDM oder dgl. empfohlen. Das gängige Einschäumen der Fensterrahmen oder die Verwendung von Kompribändern ohne Zulassung als 3-Ebenendichtung stellen keine geeigneten Abdichtungsalternativen dar.

Mehr zum Thema: www.luftdicht.info

## *Exkurs*

**„Gebäude luftdicht einpacken, um eine Lüftungsanlage zu montieren?" Versuch einer Versachlichung des Themas**

Die Gebäudeenergiegesetzgebung und die DIN 4108 bezweckt unter anderem die Minimierung von Lüftungswärmeverlusten durch ungeregelten Fugenluftwechsel. In der Praxis hat sich gezeigt, dass bei „undichten" Gebäuden der hygienisch erforderliche Luftwechsel stark vom Wind abhängt. Bei Windstärke null und geringen Temperaturunterschieden zwischen innen und außen findet kaum Luftaustausch statt, bei hohen Windstärken und Temperaturunterschieden hingegen kann ein Fugenluftwechsel auftreten, bei dem Kerzen ausgeblasen werden. Dies führt zu hohen Heizenergieverlusten und Unbehaglichkeit.

Gern wird übersehen, dass der erforderliche kontinuierliche Feuchteabtransport auch bei undichten Fugen nicht durch Wände erfolgen kann. Typische Wandkonstruktionen, auch ohne Wärmedämmung, tragen nur maximal 2 % zum erforderlichen Feuchte- und Luftaustausch bei. Das bedeutet, dass ohnehin mindestens 98 % des Luftaustauschs durch Fensterlüftung oder Lüftungsanlagen gewährleistet werden müssen. Undichtigkeiten in Außenwänden sind als Bauschäden einzuordnen.

Nun wurde durch die Rechtsprechung festgelegt, dass z. B. einem berufstätigen Paar nicht zuzumuten ist, mehr als dreimal täglich mittels Fensterstoßlüftung einen Raumluftaustausch herzustellen. In der Konsequenz lebt die Mehrheit der Bevölkerung in einem schadstoffgeschwängerten Raumluftmief. Fugenundichtigkeiten oder Fensterkipplüftung tragen bei höheren Windstärken zwar vorübergehend zum Luftwechsel bei, haben im Winter aber leider den Nachteil von ungeregelten Lüftungswärmeverlusten und oft genug Schimmelbildung im Bereich der Fensterlaibungen, Fensterfalzen und Wärmebrücken sowie Algenbildung im Bereich von Fensterstürzen außen.

Gemäß DIN 4108-2 sind Fachplaner, Architekten und auch ausführende Handwerker verpflichtet, den hygienisch notwendigen Mindestluftwechsel planerisch sicherzustellen. Eine Norm (DIN 1946-6) beschreibt die Erstellung eines Lüftungskonzeptes für Neubauten und Sanierungen. Wenn in einem Wohngebäude mehr als 1/3 der vorhandenen Fenster ausgetauscht bzw. mehr als 1/3 der Dachfläche neu abgedichtet wird, muss ein Planer oder ein Verarbeiter (sofern keine Planung vorliegt) festlegen, wie aus Sicht der Hygiene und des Bautenschutzes der notwendige Luftaustausch nutzerunabhängig erfolgen kann. Im Wohngebäudereferenzfall bedeutet das häufig die Montage einer Lüftungsanlage. Im Zusammenhang mit der Forderung nach einer hohen Gebäudeluftdichte klingt das zunächst danach, den Bock zum Gärtner zu machen. In Wirklichkeit soll jedoch eine Lüftungsanlage für einen hygienischen und regelbaren Luftwechsel ohne Abhängigkeit von Windgeschwindigkeiten und Außentemperaturen sorgen und tut dies auch bei entsprechender Auslegung und Wartung zuverlässig. Wenn eine solche Anlage mit einer sogenannten Wärmerückgewinnung ausgestattet ist, lassen sich die Lüftungswärmeverluste auf ein Minimum reduzieren und langfristig Heizkosten sparen, ohne auf Lufthygiene verzichten zu müssen. Auch hier ist für die angestrebte Funktion der Anlage eine gute Gebäudeluftdichte unerlässlich.

Im Zusammenhang mit den Vorbehalten gegenüber modernen Wohnraumlüftungsanlagen erscheint zudem seltsam, dass heute kaum noch jemand einen Neuwagen ohne Klimaanlage kauft.

---

Überprüfungen sollten unter Zuhilfenahme vorgezogener Luftdichtheitsmessung erfolgen. Wenn während dieser Messungen die wesentlichen Undichtigkeiten beseitigt werden, steigt die Wahrscheinlichkeit, dass bei der Abschlussmessung der geforderte Grenzwert eingehalten wird, sofern die Luftdichtheitsschicht nachträglich nicht beschädigt wurde.

Gute Passivgebäude erreichen beim 50-Pa-Drucktest Restundichtigkeiten von 0,2 bis 0,5 Luftwechseln je Stunde.

Zum Vergleich: Beim üblichen Gebäudebestand werden drei bis acht Luftwechsel pro Stunde erreicht.

*Tabelle 7-2: Luftdichtigkeitsanforderungen für Luftdichtigkeitsprüfung nach Fertigstellung einer Baumaßnahme; Neubau oder grundhafte Sanierung mit Fensteraustausch > 1/3 der Fensterflächen oder Dacherneuerung*

| **Haustyp** | **max. n50** [$h^{1}$] **Luftwechsel gemäß DIN 4108-7** | **max. n50** [$h^{1}$] **Luftwechsel MINERGIE-P vor Bj. 2000** | **max. n50** [$h^{1}$] **Luftwechsel Passivhausstandard und MINERGIE-P ab Bj. 2005** |
|---|---|---|---|
| Wohngebäude ohne Lüftungsanlagen | 3 | 1,5 | 0,6 |
| Wohnneubauten mit Lüftungsanlagen | 1,5 | 1,5 | 0,6 |
| Nichtwohngebäude ohne Lüftungsanlagen | 3 | 1,5 | 0,6 |
| Nichtwohngebäude mit Lüftungsanlagen | 1,5 | 1,5 | 0,6 |

Wenn ein Luftdichtheitsnachweis erfolgt, ist er nach DIN EN 13829, Verfahren A, mittels Luftdruckdifferenzmessung durchzuführen. Die Einhaltung der Anforderungen aus DIN 4108-7 an die Gebäudedichtheit wird für die Berechnung von öffentlich-rechtlichen Energienachweisen mit einem reduziert ansetzbaren Luftwechsel bei der Berechnung der Lüftungswärmeverluste honoriert.

## 7.6 Fenster/Außentüren

Fenster und Außentüren gelten als Wärmeenergielöcher. Früher waren Fenster mehr oder weniger transparente Bauteile in Wandlöchern zur Realisierung von etwas Raumbeleuchtung bei Tage. Heute können sie Multitalente mit hochwertiger Ausstattung von Rahmen, Glas und Randeindichtung sein. Durch den Einsatz von Wärmeschutzverglasung können die Verluste reduziert und bei entsprechender Orientierung der Fenster sogar temporäre Energiegewinne erzielt werden. Zweischeiben-Wärmeschutzverglasungen mit Kryptonfüllung und Vakuumverglasungen bieten U-Werte unter 0,7 W/m²K, die mit denen von guten Dreischeibenverglasungen mit Argonfüllung oder Kombinationen von zwei Wärmeschutzfenstern zu einem Kastenfenster vergleichbar sind. Diese Fenstertechnologien sind also auf einem Dämmniveau von Hochlochziegelmauerwerk in einer Stärke von etwa 30 cm. Um die Abstrahlung aufgenommener Wärmeenergie zu vermindern, ohne die Transparenz deutlich zu verschlechtern, wird auf die Glasoberfläche im Scheibenzwischenraum eine hauchdünne Metallschicht (low-e-Beschichtung; meist Silberlegierung) von etwa 10 nm aufgedampft.

Neben geringen Energieverlusten resultiert aus einer guten Wärmedämmwirkung auch ein Komfortgewinn mit verbesserter Behaglichkeit in der Umgebung von Fensterflächen aufgrund höherer Oberflächentemperaturen.

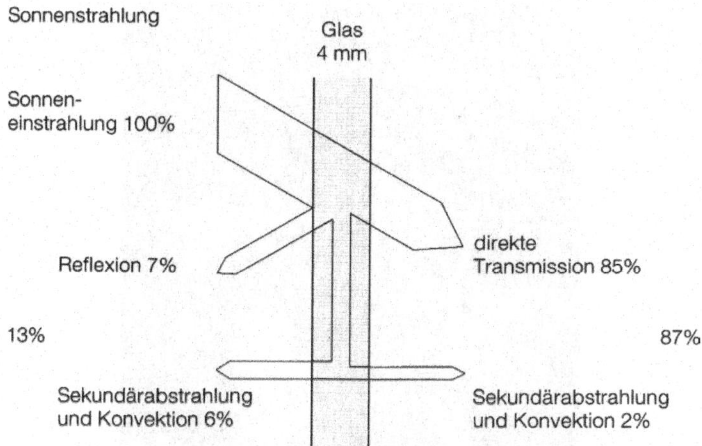


*Bild 7-25: Strahlungsaustausch von transparentem Glas*
*Quelle: Schittlich, Ch. (Hrsg.): Detail Gebäudehüllen*

Wenige physikalisch-technische Größen sind für die energetische Wirkung von Glas entscheidend:

- Der Wärmedurchgangskoeffizient U beschreibt den Wärmestrom je m² Fläche bei einem Temperaturunterschied von 1 Kelvin zwischen beiden Seiten des Bauteils. Je kleiner der U-Wert, desto besser ist die Wärmedämmeigenschaft. Der Kehrwert gibt den Wärmedurchlasskoeffizienten Lambda wieder.
- Die Tageslichttransmission T gibt den prozentualen Anteil an direkt durchgelassener senkrecht einfallender Strahlung in Bezug auf das Helligkeitsempfinden des menschlichen Auges wieder.
- Der Energiedurchlass g setzt sich aus dem direkten Strahlungsdurchlass und der Sekundärenergie der Wärmeabgabe des Glases nach innen zusammen. Je niedriger der g-Wert, desto geringer ist die Nutzung der Sonnenenergie.

Obwohl typischerweise 20 bis 35 % der lichten Wandöffnung auf die Rahmen entfallen, sind diese lange Zeit in ihrer Entwicklung zurückgeblieben. Ungedämmte Fensterrahmen haben Wärmedurchgangskoeffizienten zwischen 1,5 und 3,0 W/m²K. Zusätzliche Wärmeverluste entstehen über das Glasrandprofil. Die Wärmedämmung gedämmter Rahmenprofile mit tiefem Glaseinstand und Kunststoff-Glasabstandhaltern (sogenannte warme Kante) ist vergleichbar mit einer guten Wärmeschutzverglasung.

Der Wärmedurchgangskoeffizient des gesamten Fensters $U_{Window}$ wird errechnet über:

$U_W = (A_g \times U_g + A_f \times U_f + l_G \times \Psi_g) / (A_g + A_f)$

mit: $A_g$ = Glasfläche, $U_g$ = Wärmedurchgangskoeffizient Glas, $A_f$ = Rahmenfläche, $U_f$ = Wärmedurchgangskoeffizient Rahmen, $l_G$ = Glasabwicklungslänge, $\Psi_g$= Wärmebrückenkoeffizient Glasrandverbund

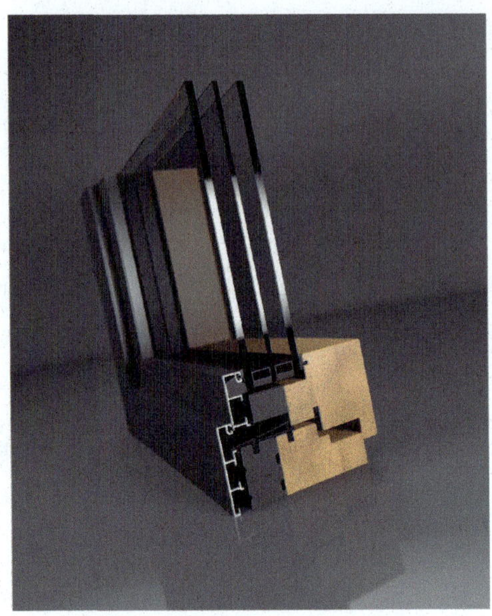

*Bild 7-26: Passivhausfenster mit gedämmtem Rahmen; Anschnitt*
*Quelle: Fa. batimet GmbH*

Beim Einbau von Fenstern, Außentüren und Fassaden sind der sommerliche und winterliche Wärmeschutz (GEG, DIN 4108), der Feuchteschutz (DIN 4108), der Schallschutz (DIN 4109) und Brandschutz (DIN EN 13501-2) zu beachten. Die Nachweisführung ist Aufgabe eines Fachplaners und umfasst auch die feuchtetechnischen Nachweise mit Bestimmung der $f_{RSi}$-Faktoren.

Die anerkannten Regeln der Technik fordern für den Einbau von Fenstern und Außentüren zu beheizten oder gekühlten Räumen eine wärmebrückenarme und luftdichte Montage mit Abdichtung gegen Schlagregen, Wind von außen und Luft von innen. Das Institut für Fenstertechnik Rosenheim e. V. hat zusammen mit der RAL-Gütegemeinschaft einen Montageleitfaden erarbeitet, welcher Anforderungskennwerte, Planungsgrundlagen, Bemessungsdiagramme und Beispieldetails enthält. In Abhängigkeit von Standort, Außenwandtyp, Fensterkonstruktion, Nutzung und Einbausituation ergeben sich differenzierte Anschlussbedingungen, die bei der Auswahl des Dichtsystems berücksichtigt werden müssen. Zur Vorbereitung der wärmebrückenarmen und luftdichten Ausbildung der Anschlüsse muss gegebenenfalls eine Untergrundvorbehandlung der Laibungsflächen vorgenommen werden (Glätten, Schließen von Mauerwerksausbrüchen u. dgl.).

Beim Einbau sollte darauf geachtet werden, dass die Dämmung der Außenwand bzw. der Fensterlaibung weit auf den Blendrahmen geführt wird. Der Wärmedurchgang kann sich hierdurch nochmals um einige Zehntel verbessern und breite Fensterrahmen treten von außen nicht mehr so stark in Erscheinung. Im Idealfall sind die Fenster in der Außenwanddämmebene montiert. Für Massivwände mit WDVS bedeutet dies, die Blendrahmen mit Winkeln direkt vor der Rohbauöffnung zu montieren. Dadurch wird der Wärmebrückeneffekt nahezu ausgeschaltet.

Sind Rahmen und Beschläge von Bestandsfenstern technisch noch voll funktionsfähig, kommt ein reiner Scheibenaustausch in Betracht. Dazu werden die alten Scheiben demontiert und durch eine hochwertige Wärmeschutzverglasung ersetzt. Der Unterschied der Verglasungsstärke darf nicht zu groß sein und die statischen Erfordernisse an ein gegebenenfalls höheres Glasgewicht müssen erfüllt werden können. Moderne gedämmte Fensterrahmen sind zwar deutlich besser gedämmt als alte Rahmen; jedoch bietet ein Scheibenaustausch eine oft sehr kostengünstige Möglichkeit ohne Eingriffe in die Bausubstanz. Für einige Rahmentypen werden inzwischen auch Aufrüstbausätze mit Dämmschalen aus PU-Schaum angeboten. Allerdings schwindet der Kostenvorteil derart ertüchtigter Fenster gegenüber der Variante Komplettaustausch.

### Außentüren

Für Außentüren gilt Gleiches wie für Fenster. Einige Hersteller bieten zu den Fenstern passende Außentüren mit gleichen oder sogar verbesserten Dämmeigenschaften an. Mit selbstabsenkenden Bodendichtungen kann der untere Abschluss zu bodengleichen Schwellen weitgehend winddicht ausgebildet werden. Ein Windfang kann die Schwachstelle Außentür weiter optimieren und vermindert unkontrollierten Luftwechsel während der Öffnung der Tür.

### Tageslicht

Eine der primären Aufgaben der Gebäudekonstruktion ist es, auf die klimatischen Gegebenheiten zu reagieren, um im Gebäudeinneren einen behaglichen Zustand sicherzustellen.

Eine stringente Südausrichtung ist bei gut gedämmten Gebäuden nicht unbedingt erforderlich. Je nach Nutzungs- und Verschattungssituation kann die Ost-West-Ausrichtung durchaus vorteilhaft sein. Die flach stehende Wintersonne dringt bei entsprechender Verschattungsfreiheit tief in die Räume ein. Daher kann die Gebäudeausrichtung an die örtlichen Erfordernisse angepasst werden. Auf der Nordseite wird der Fensterflächenanteil sinnvollerweise auf das notwendige Minimum reduziert, da hier kaum passive Solarenergiegewinne einzufangen sind.

Entsprechend dem Bedarf sollten bei Wohngebäuden die Wohnräume von Süden und/oder Westen belichtet werden können; die Schlafräume vorzugsweise von Osten. Die Besonnungsrichtung der Küche ist in Abhängigkeit von den bevorzugten Nutzungszeiten zu sehen.

Natürliches Licht vermittelt einen Bezug zum Außenraum und ist im Gegensatz zu Kunstlicht erheblich dynamischer und damit stimulierender. Durch die Spektralbreite von Tageslicht sieht man bei einer Lichtstärke von 250 Lux genauso gut wie bei 500 Lux starkem Kunstlicht. Das natürliche Lichtspektrum ist für den menschlichen Stoffwechsel, den Hormonhaushalt und die Vitaminbildung wichtig. Die Veränderung der Lichtstärke und der Lichtfarbe gibt ein Gefühl für die Tages- und Jahreszeit sowie unterbewusste Informationen über das Außenklima. Aufgrund steigender Energiekosten, thermischer und visueller Behaglichkeitsanforderungen sowie eines veränderten Bewusstseins, welches das Wohlbefinden des Nutzers in den Mittelpunkt stellt, kommt der Verwertung natürlichen Lichts eine besondere Bedeutung zu.

Aus energetischer Sicht ist die Tageslichtnutzung in zweifacher Hinsicht von Bedeutung: Es wird Energie für künstliche Beleuchtung gespart. Der Wärmeeintrag von Kunstlichterzeugern kann bei gleicher Lichtausbeute je nach verwendetem Leuchtmittel bis zu zehnmal höher als bei Tageslicht sein.

In Bürogebäuden kann auf eine regelbare temporäre Verschattungsanlage im Normalfall nicht verzichtet werden, zumal Bildschirmarbeitsplätze weitgehend blendfrei belichtet werden müssen. Um ermüdungsarm arbeiten zu können, sollen die visuellen Komfortbedingungen, Beleuchtungsstärke und Blendungsfreiheit, berücksichtigt werden. Die Beleuchtungsstärke für Bürotätigkeit darf 500 Lux nicht unterschreiten, wobei viele Menschen bei Verwendung von Tageslicht auch geringere Beleuchtungsstärken als ausreichend empfinden. Mit der zunehmenden Einführung von Bildschirmarbeitsplätzen wird auch Blendschutz immer wichtiger. Effiziente Beleuchtungssysteme für Arbeitsplätze können mit einer installierten Leistung von unter 8 W/m² betrieben werden.

Oftmals ist es sinnvoll, die Beleuchtung in eine Grundbeleuchtung zur Verkehrssicherung und individuelle Arbeitsplatzbeleuchtung zu differenzieren. Beleuchtungsregelungen mit Präsenzmeldern oder Zeitschaltuhren können die Einschaltdauer herabsetzen. Nimmt die Lichtstärke im Raum ab, kann manuell oder automatisch wieder Kunstlicht übersteuert werden. Bei allen automatischen Kunstlichtanpassungssystemen sind die Dauer der Inbetriebnahme und die adäquate Beleuchtungsstärke von entscheidender Bedeutung für eine hohe Akzeptanz bei den Nutzern.

In Mitteleuropa ist das Tageslichtangebot durch große saisonale Unterschiede geprägt. Daher müssen die Dämmwirkung und der Tageslichteinfall für den Winter maximiert und für blendungsfreies Arbeiten und sommerlichen Wärmeschutz muss ein wirkungsvoller Sonnenschutz geschaffen werden.

Die einfachste und wirtschaftlichste Art, die Tageslichtnutzung zu verbessern, liegt in der Optimierung von Fenstergeometrie und Fensterflächenanteilen. Die Fenster sollten oben möglichst deckenbündig eingebaut werden. Dadurch wird der Raum bis weit in die Tiefe ausgeleuchtet. Verglaste Flächen im Brüstungsbereich sind aus tageslichttechnischer Sicht fast wirkungslos und erhöhen die sommerliche Wärmelast erheblich, sofern sie nicht außenliegend verschattet sind.

Versuche haben ergeben, dass sich bei derzeitig verfügbarer Verglasungsqualität die Vergrößerung der Fensterflächen über das zur Raumbelichtung erforderliche Maß hinaus in der Jahresenergiebilanz negativ auswirkt. Dies gilt auch für die Südfensterflächen. Sollte es in Zukunft möglich werden, Verglasungen mit Wärmedämmeigenschaften herzustellen, die an die Qualität gut gedämmter opaker Bauteile heranreichen, kehrt sich die Schlussfolgerung um. Ein effektiver Sonnenschutz zur Vermeidung von sommerlichen Wärmelasten durch großflächige Verglasungen wird Schwerpunkt gebäudetechnischer Anlagen.

Das Thema Sonnenschutz ist ausführlich im Kapitel *Gebäudetechnische Anlagen* beschrieben.

### Rollläden, Außenjalousie

Rollläden oder Außenjalousie sind prinzipiell auch an hocheffizienten Gebäuden möglich. Zur Vermeidung von Wärmebrücken und Undichtigkeiten sollten vorgesetzte oder hochwärmegedämmte Systeme gewählt werden, die thermisch von der Außenwand getrennt sind. Die Bedienung kann elektrisch oder über luftdichte Durchführungen für Gurte oder Kurbelwellen erfolgen.

# 7.7 Qualitätssicherung, Prüfverfahren für die Gebäudehülle

## 7.7.1 Thermografie

Die Infrarot(IR)-Thermografie stellt ein gängiges Verfahren zur Erfassung thermischer Schwachstellen von Gebäuden dar. Das Prinzip der Thermografie beruht darauf, dass jeder Körper aufgrund seiner Temperatur eine charakteristische Wärmestrahlung abgibt.

Die Thermografie ermöglicht eine Vielzahl von Anwendungen im Bauwesen:

- Erfassung bzw. Erkennung von Wärmebrücken,
- Visualisierung von Durchfeuchtung,
- Visualisierung verdeckter Konstruktionen (z. B. verputztes Fachwerkhaus),
- Auffinden von Wasserleitungen bzw. Fußbodenheizungen,
- Visualisierung von Leckagen in Verbindung mit einer Blowerdoor-Luftdichtigkeitsüberprüfung.

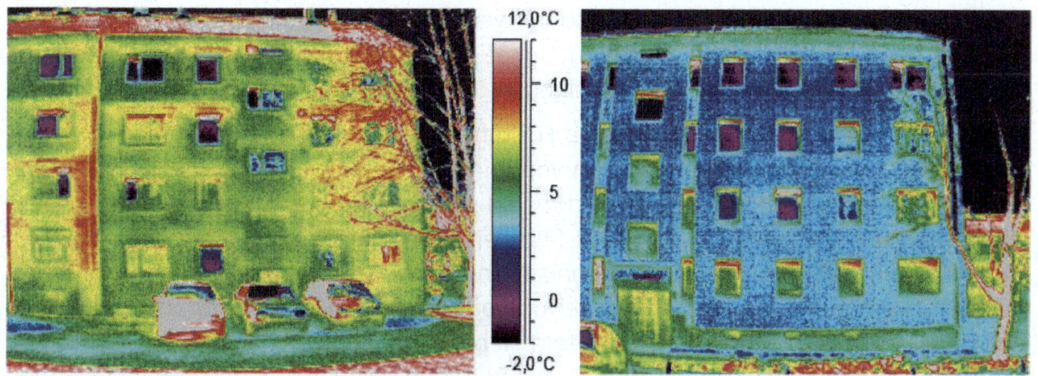


*Bild 7-27: Thermografie eines Mehrfamilienhauses vor und nach der Sanierung*

*Quelle: Energiereferat der Stadt Frankfurt/Main*

Das Grundprinzip der Leckageortung mittels Thermografietechnik besteht darin, Änderungen der Oberflächentemperatur infolge differenzierter Durchströmung der Bauteile sichtbar zu machen. Die Sichtbarkeit von Leckagen kann zur sicheren Ortung mit einem kräftigen Gebläse (z. B. während eines Luftdichtigkeitstests) erhöht werden. Bei Thermografie-Aufnahmen im Inneren von Gebäuden wird ein Unterdruck erzeugt. Die kalte Außenluft strömt durch vorhandene Leckagen in das Gebäude und kühlt die Randbereiche der Leckage ab. Häufig erscheinen die Randbereiche der infolge der Durchströmung entstehenden Änderungen der Oberflächentemperatur im Bild ausgefranst. Ist dies der Fall, kann mit einiger Sicherheit auf vorhandene Leckagen geschlossen werden.

In vielen Fällen ist es anhand einzelner Thermogramme schwierig, zwischen Wärmebrückeneffekten und möglichen Leckagen zu unterscheiden, umso mehr, wenn beide Fälle, insbesondere in Anschlussbereichen oder bei Durchdringungen, vorhanden sind. Durch Aufnahme der kritischen Bereiche mit identischem Ausschnitt bei Unterdruck, bei Überdruck und jeweils von außen und innen kann die Ursache eingegrenzt werden. Änderungen der Oberflächentemperatur werden sichtbar. Dennoch können Fehlinterpretationen erfolgen. Werden Bauteile geringer Dicke, beispielsweise Gipskartonplatten, hinterströmt, kühlen sie ebenfalls aus und sind weder in den Ausgangsthermogrammen noch auf einem Temperaturdifferenzbild zu unterscheiden. Insbesondere Kanten lassen dann keine zuverlässige Aussage mehr dahin gehend zu, ob eine Leckage oder eine Hinterströmung vorliegt. Wärmebrücken müssen von der von Auswirkungen betroffenen Seite analysiert werden.

Bei Gebäuden mit hinterlüftetem Vormauerwerk, im Bereich ausgebauter Dächer und Vorhangfassaden, haben nur die Innenthermografieaufnahmen eine sachdienliche Aussagekraft. Außenthermografie ohne zugehörige Thermografie von innen kann nur zur groben Orientierung herangezogen werden. Ausnahmen stellen Fachwerkthermografie und die Qualitätssicherung von Außenwärmedämmsystemen dar.

Stark reflektierende Objekte, z. B. Fensterglas und metallische Oberflächen, können nicht mittels Thermografietechnik beurteilt werden.

U-Wert-Bestimmungen und Nachweise zur Einhaltung des Mindestwärmeschutzes nach DIN 4108-2 können nur durch Langzeitmessreihen und ergänzenden Messverfahren vorgenommen werden; jedoch selbst diese aufwendigen Methoden sind nicht immer zielführend, da es nicht möglich ist, die Ergebnisse von allen einwirkenden klimatischen und nutzungsbezogenen Faktoren zu bereinigen.

Randbedingungen für Bauthermografie: Für differenzierte Aufnahmen ist eine Temperaturdifferenz zwischen innen und außen von mindestens 15 Kelvin erforderlich. Die Temperatur im Gebäude soll möglichst gleichmäßig sein, was z. B. durch geöffnete Türen und vorbereitende Beheizung von mind. 12 Stunden erzielt werden kann. Sonnenschein auf Außenflächen verfälscht die Messergebnisse und darf, auch in vorausgegangenen Stunden, nicht vorhanden sein. Bei Außenthermografie sollte die Messung vor Sonnenaufgang erfolgen. Bei Regen, Schnee oder dichtem Nebel ist Außenthermografie nicht möglich. Die Windgeschwindigkeit muss unter 2 m/s betragen. Die Gebäudehülle darf nicht von Niederschlag befeuchtet sein. Die Thermografiekamera muss auf den jeweiligen Aufnahmeobjekt-Emissionsgrad geprüft und justiert werden. Weiterhin ist ein sinnvoller Temperaturmessbereich einzustellen.

Bestandteile eines sachgemäßen Protokolls zur Thermografie: allgemeine Angaben, Aufgabenstellung, Objektdaten, Datum und Zeitraum der Messung, Angaben zu Himmelsrichtung und Sonneneinstrahlung, Außen- und Innenluftfeuchte, Außen- und Innentemperaturen, Windgeschwindigkeit, Angaben über das verwendete Thermografiesystem, Baukonstruktionsbeschreibungen, ggf. Flächengrößen, Thermografien mit zugehörigen Normalfotos, Erläuterungen zu den Details, Emissionsgrade, Auffälligkeiten, Auswertung mit Schlussfolgerungen und auf die Aufgabenstellung bezogene Zusammenfassung.

### 7.7.2 Luftdruckdifferenzmessung

Die am häufigsten angewandte Prüfmethode ist der sogenannte Blowerdoor-Test. Dabei wird in eine Außentür oder ein Fenster ein Gebläse fugendicht montiert. Mit dem Gebläse wird im Gebäude ein Über- oder Unterdruck von 50 Pascal [Pa] erzeugt, was etwa Windstärke 6 entspricht. Während des Tests müssen alle Fenster und sonstigen Öffnungen in der

Außenhülle verschlossen werden. Über die Drehzahl des Ventilators kann mit einem geeichten Messgerät der Leckageanteil, bezogen auf das Luftvolumen je Stunde, im Gebäude ermittelt werden. Der so gemessene $n_{50}$-Wert gibt das Wievielfache des inneren Luftvolumens an, das pro Stunde bei dieser Druckdifferenz (50 Pascal) durch Ritzen, Fugen und andere bauliche Undichtheiten nachströmt.

*Bild 7-28: Aufbau zum Messen der Luftdruckdifferenz*
*Quelle: Kind, Steffen: Gebäudeanalytik*

Durch den Einsatz von Nebelgeneratoren können Undichtigkeiten zusätzlich visualisiert werden.

Idealerweise sollte die Druckprüfung im direkten Anschluss an die Fertigstellung der Abdichtungsebene durchgeführt und bei der Gebäudefertigstellung wiederholt werden.

Um die wesentlichen Leckagen zu finden und gezielt abzudichten, kann die sogenannte Opening-a-door-Methode angewendet werden. Dabei wird der jeweils untersuchte Bereich durch Schließen bzw. Öffnen von Zwischentüren eingeschlossen oder ausgegrenzt. Es werden jeweils mindestens zwei Messungen bei unterschiedlichem Türöffnungszustand durchgeführt. Mit der gemessenen Druckdifferenz aus beiden Messungen lassen sich die gesuchten Volumenströme bestimmen.

**Visualisierung einer Leckage-Ortung:**

- Die Ortung von lokal begrenzen Leckagen ist mit Rauchröhrchen möglich. Die ein- bzw. austretende Luftströmung kann durch den Rauch sichtbar gemacht werden.
- Anemometer sind die technische Variante der Rauchröhrchen, wobei hier die exakte Luftgeschwindigkeit am Gerät abgelesen werden kann.
- Die Thermografie ist ein fototechnisches Verfahren zur Leckage-Ortung. Idealerweise wird es während der Durchführung einer Luftdruckdifferenzmessung durchgeführt. Auf den Bildern sind die Schwachstellen farblich sichtbar.

Weitere Ausführungen hierzu auch im Kapitel Wärmebrücken.

## Literaturverzeichnis

*[1] Herstellernachweis: Fa. Caparol GmbH & Co KG*

*[2] Scharf, A.: Sonne in Kapillaren, Deutsche Bauzeitung, 10/00*

*[5] https://database.passivehouse.com/de/components/*

*[7] Fachinformationszentrum Karlsruhe (Hrsg.): Frischluft und Energiesparen*

*[8] Vgl. Meier, C.: Feuchteschäden vermeiden, Bauverlag*

# 8 Gebäudetechnische Anlagen

Übersicht

## Einführung

Technische Anlagen, insbesondere Heizung, Lüftung, Beleuchtung und Sonnenschutz, haben einen wesentlichen Einfluss auf die Energieeffizienz von Gebäuden.

Industrie und Handwerk stellen eine Reihe von erprobten Geräten und Verfahren zur effizienten Energienutzung bereit. Seit der Verschärfung der Grenzwerte in der Wärmeschutzverordnung '95 und der Energieeinsparverordnung fand eine inzwischen stagnierende Weiterentwicklung in diesem Bereich statt.

Durch Zentralisierung der Haustechnik können Anlagenverluste minimiert und Investitions-, Produktions- und Wartungskosten eingespart werden. Notwendige Versorgungsleitungen sollten in gut zugänglichen Installationsschächten und Vorwandmontage ausgeführt werden. Die Vorteile liegen in der verkürzten Montagezeit und der besseren Zugänglichkeit für Reparaturen und Modernisierungen.

Wie in anderen Bereichen auch stehen verschiedene technische Möglichkeiten und Ausführungsvarianten zur Verfügung. Die isolierte Optimierung von Subsystemen führt dabei nicht immer zu nachhaltigen Ergebnissen. Daher ist es sinnvoll, komplexe Gebäudetechnikvarianten interdisziplinär zu planen. Dafür sollten die spezifischen örtlichen Gegebenheiten analysiert werden.

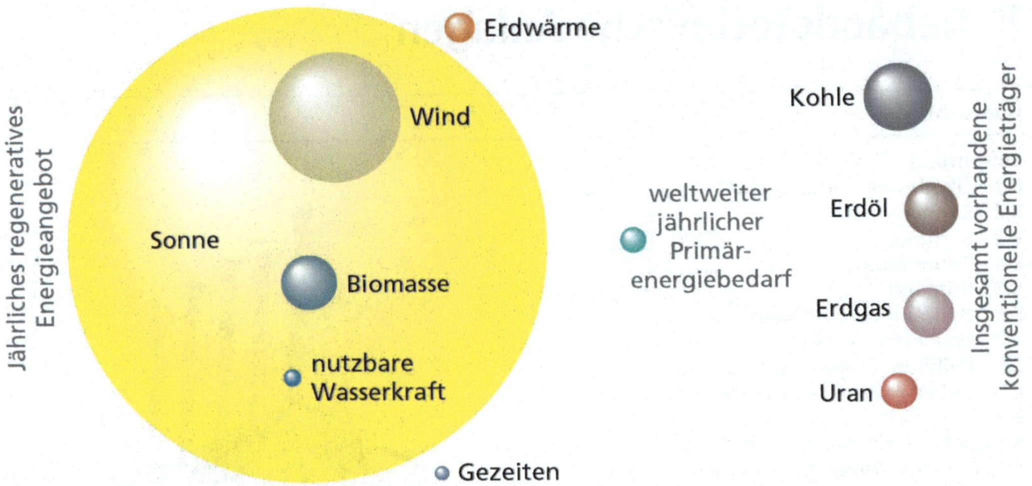


*Bild 8-1: Energiequellen*

*Quelle: Prof. Volker Quaschnig*

## 8.1 Ökodesignrichtlinie und Energielabel

Seit 1998 ist das EU-Energie-Label europaweit im Einsatz und wird schrittweise für verschiedene energieverbrauchsrelevante Produktgruppen eingeführt. Die Kennzeichnungspflicht energieverbrauchrelevanter Produkte fußt auf der EU-Rahmenrichtlinie 30/2010/EU, dem Energieverbrauchskennzeichnungsgesetz (EnVKG) und der Energieverbrauchskennzeichnungsverordnung (EnVKV).

Auf dem EU-Geräteenergielabel werden die Nutzungsgrade in einer Stufeneffizienzskala dargestellt, wie sie bereits von vielen Haushaltsgeräten bekannt ist. Die Klassifizierung soll Verbraucher sensibilisieren und eine Orientierung und Vergleichbarkeit bieten. Ineffiziente Geräte sollen so durch Nachfragewegfall vom Markt verschwinden.

Inzwischen müssen auch folgende Gebäudetechnik-Produktgruppen mit einem Energielabel gekennzeichnet werden:

- Warmwasserbereiter und Raumheizgeräte mit einer Wärmenennleistung bis 70 kW und einem Speichervolumen bis max. 500 Liter. Größere Speicher müssen lediglich einen Grenzwert erfüllen. Für eine komplette Anlage wird ein Paket-Label vergeben.
- Warmwasserbereiter und Raumheizgeräte mit einer Wärmenennleistung von 71 bis 400 kW und einem Behältervolumen bis 2.000 Liter.
- Lüftungsanlagen mit bis zu 1.000 Kubikmeter pro Stunde Luftförderung. Ausgenommen sind Geräte ohne Wärmerückgewinnung unter einer Leistungsaufnahme von 30 Watt je Luftstrom.
- Einzelkomponenten wie Speicher und Heizkessel werden gesondert bewertet. Zusammengesetzte Anlagen werden als Verbundanlagen bezeichnet und bekommen ein Verbundenergielabel.

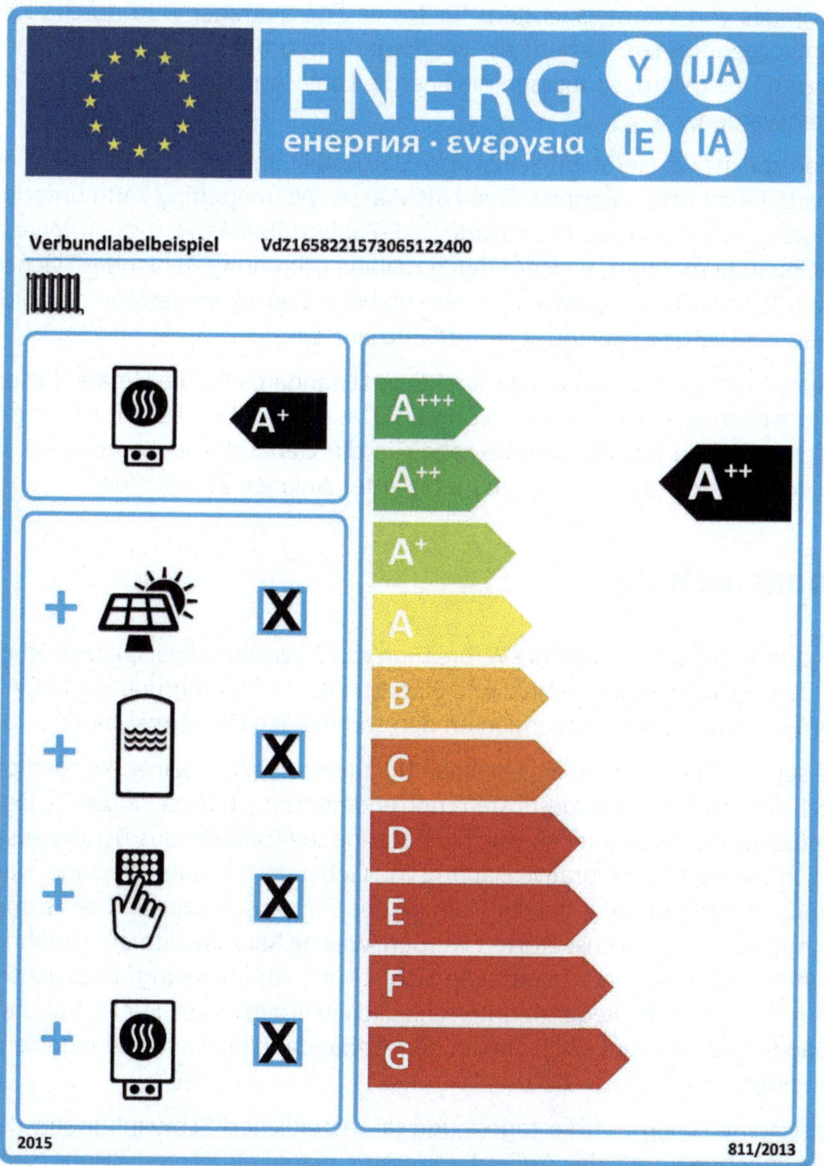


*Bild 8-2: Muster-Label für eine Verbundanlage*

*Quelle: Energie-Label.de*

Die Energie-Label werden von den Herstellern gerätetypbezogen zur Verfügung gestellt. Angeboten sollen ausführliche Produktdatenblätter mit Angabe der Geräteeffizienzklasse beigefügt sein. Die darzustellende Gesamteffizienz kann durch ergänzende Komponenten wie z. B. Solarkollektoren, Speicher und optimierte Regelungstechnik verbessert werden. Vorkonfigurierte Verbundanlagen erhalten sogenannte Verbund-Label. Eine Schwachstelle ist, dass die Einordnung in die Energieeffizienzklasse der Wärmeerzeuger durch Deklaration seitens der Hersteller selbst vorgenommen wird. Lediglich die Zertifizierung des thermischen

Wirkungsgrades von Wärmeerzeugern für fossile Energieträger wird durch akkreditierte Prüfstellen vorgenommen. Bezieht ein Montagebetrieb die Komponenten einer Anlage von mehreren Herstellern, so müssen die Energie-Label-Angaben für das Paket individuell konfiguriert werden.

Im Energie-Label ist die Geräteeffizienzklasse dargestellt. Inwiefern die Effizienz im Betrieb erreicht wird, bleibt offen. Beispiel: Eine Luft/Wasser-Wärmepumpe kann unter optimalen Bedingungen gute Effizienzwerte und gute COP-Zahlen (über 4,5) erreichen. Wird das Gerät in einem Gebäude montiert, welches durch mäßige Dämmung, fehlendes Flächenheizsystem und zusätzliche Trinkwarmwasserbereitung hohe Vorlauftemperaturen erfordert, stellt sich oftmals eine vergleichsweise schlechte Effizienz ein.

Nach einem abgestuften Zeitplan wurden Mindeststandards für die Geräteeffizienz vorgegeben, die weiter verschärft werden könnten. Das Umweltbundesamt hat angeregt, die Produkteigenschaften aus den Geräte-Labels in die Gebäudeenergieausweise aufzunehmen, um einen Anreiz zum Austausch ineffizienter Anlagen zu schaffen.

## 8.2 Sonnenschutz

Erhöhte Komfortbedürfnisse und die Verbreitung von Bildschirmarbeitsplätzen erhöhen auch die Anforderungen an Sonnenschutz und Blendschutz. Seit Einführung der EnEV 2016 gelten zudem verschärfte Anforderungen an den sommerlichen Wärmeschutz.

Ziel sollte sein so weit wie möglich alle beeinträchtigenden Klimaeinwirkungen passiv, also mittels nichttechnischer Gebäudesubstanz und anderer Umgebungseinflüsse zu lösen. Andernfalls müssen sie energieintensiv durch die technische Gebäudeausrüstung ausgeglichen werden. Eine frühzeitige integrative Planung von Gebäudestrukturen, Fassade, Haustechnik und Beleuchtung ist geboten. Bei der Planung des Sonnenschutzes und des sommerlichen Wärmeschutzes muss zunächst erörtert werden, welche Raumqualitäten gewährleistet sein sollen. Differenzierte Anforderungen wie Sichtschutz, Abdunkelung, Einbruchschutz und Blendschutz führen in der Regel zu unterschiedlichen Ergebnissen. Für Nichtwohngebäude und Gebäude mit höherem Glasanteil in den Gebäudehüllflächen sind ingenieursmäßige Verfahren erforderlich.

Fassadensysteme sollen auf die tages- und jahreszeitlichen Schwankungen des solaren Strahlungsangebotes und der Außentemperatur reagieren können. Hohe sommerliche Wärmelasten durch solare Strahlung in Verbindung mit den inneren Wärmelasten gilt es zu begrenzen. Gleichzeitig soll eine ausreichende und ggf. auch blendfreie Versorgung mit Tageslicht und damit die Minimierung des Stromverbrauchs für Kunstlicht erreicht werden.

Die thermische und visuelle Behaglichkeit von Räumen ist von zahlreichen Einflüssen abhängig:

- Verschattung, Art der Verschattung,
- Energiedurchlass von Verglasung und Sonnenschutz,
- Oberflächentemperatur der umgebenen Bauteile,
- Wärmespeicherfähigkeit der Konstruktion,

- Raumtemperatur,
- Solarstrahlung (Sonnenstand, Bewölkung),
- transparente Flächen (Aufbau, Größe, Orientierung),
- Blendungen,
- Luftqualität,
- Lüftungsart und Luftwechsel,
- Raumluftströmungen,
- interne Wärmequellen,
- Raumklimabeeinflussung durch Gebäudetechnik und deren Individualisierbarkeit, ...

Zur Bewertung dienen messbare Einflussgrößen wie operative Temperatur (gewichtetes Mittel aus Lufttemperatur und Wärmestrahlung der raumumschließenden Flächen) sowie die Versorgung mit Licht. Die Sonnenschutzwirkung von Verschattungsvorrichtungen wird als $F_C$-Wert angegeben und bemisst den Anteil der Strahlungsenergie, die von einem Sonnenschutzsystem durchgelassen wird. Bei der Systemwahl muss darauf geachtet werden, dass die Tageslichttransmission nicht so weit herabgesetzt wird, dass häufiger Kunstlicht zugeschaltet werden muss.

Im Hinblick auf die Qualität der Raumbelichtung ist neben der Beleuchtungsstärke die Frage der Blendungsvermeidung oft von großer Bedeutung. Bei der Auswahl des Blendschutzes ist darauf zu achten, dass ein Maximum an Tageslicht in gleichmäßiger Verteilung in den Raum eingebracht wird, gleichzeitig aber Blendungen und unnötige Kühllasten vom Rauminneren ferngehalten werden. Ein effektiver Blendschutz kann oftmals nur durch innen montierte Systeme oder verstellbare winkelselektive Verschattungen geboten werden. Dabei soll noch genügend indirektes und blendfreies Licht in den Raum dringen können.

**Grundsätzlich können drei Sonnenschutzarten unterschieden werden:**

- Außenliegender Sonnenschutz
  - Starre Systeme: feststehende Lamellen und Sonnensegel, Dachvorsprünge, auskragende Bauteile

    Außenliegender Sonnenschutz erzielt hohe Wirkungsgrade, da die in Wärme umgewandelte absorbierte Sonnenstrahlung außerhalb der Gebäudehülle bleibt. Der Sonnenschutz ist den Witterungseinflüssen ausgesetzt. Dadurch ist periodische Reinigung, Wartung und Verwendung witterungsbeständiger Materialien notwendig. Ein weiterer Nachteil bei starren Systemen ist, dass der Solarenergiegewinn im Winter und in der Übergangsperiode beeinträchtigt wird.
  - Bewegliche Systeme: Klapp- und Schiebeläden, Sonnensegel, Lamellensysteme, Rollos

    Die Systeme lassen sich dem Bedarf anpassen. Bei sonnenarmer Witterung kann der Sonnenschutz eingefahren werden, sodass höhere Solarenergiegewinne erzielt werden und Kunstlicht eingespart wird. Einige Lamellensysteme lassen die individuelle Ausrichtung einzelner Lamellensektionen zu. Dadurch kann z. B. Sonnenlicht den oberen Bereich eines Fensters passieren, an der Decke reflektiert werden und für die Grundausleuchtung eines Raums in einer großen Raumtiefe sorgen, während der untere Bereich geschlossen bleibt und den Bereich am Fenster blendfrei hält. Sonnenschutzanlagen in Form von Außenjalousien, die unmittelbar vor der Fassade angeordnet werden, führen allerdings beim Kippen der Fenster häufig zu einem unerwarteten Einströmen von Warmluft. Außenjalousien können je nach Witterung wie Luftleitlamellen zum Innenraum wirken und einen Warmluftschleier an das Fenster drücken. Windanfälligkeit, Klappern und häufiges Auf- und Abfahren bei wechselnder Bewölkung können weitere Nachteile sein. Es empfiehlt sich, eine automatische Sturmsicherung zu integrieren. Berechnungen für Glasfassaden mit Ost- oder Westorientierung haben ergeben, dass der Kühlenergiebedarf beim Einsatz von Außenjalousien um die Hälfte gegenüber sonnenschutzlosen Glasfassaden sinkt. Im Vergleich dazu verringert die Verwendung von Innenjalousien den Kühlungsbedarf nur um 20 % [2].

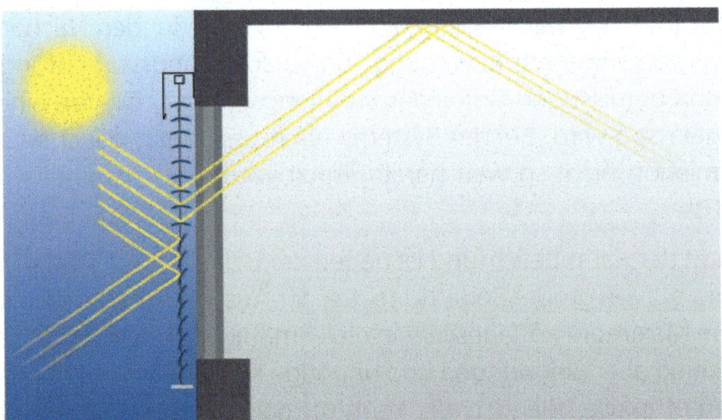

*Bild 8-3: Außenjalousie mit unterschiedlich geneigten Lichtlenklamellen*

*Quelle: Warema GmbH*

- Vegetativer Sonnenschutz: Vegetative Verschattungen durch Bäume vor der Fassade sollten früh laubabwerfend und ohne allzu dichtes Geäst sein. Rankpflanzen vor Glasflächen sollten auf einer eigenen Spalierkonstruktion Halt finden. Fassadenranker mit Nutzpflanzen, z. B. Spalierobst oder Wein, haben eine lange Tradition und können bei entsprechendem Schnitt gezielt auf definierte Fassadenbereiche gelenkt werden (siehe hierzu auch Kapitel *Begrünung*).

- Integrierter Sonnenschutz
  - Zwischenliegender Sonnenschutz

    Fest eingebaute oder bewegliche Lamellen und abrollbare Reflexionsfolien können im erweiterten Scheibenzwischenraum montiert werden. Durch Integration werden Witterungsschäden verhindert und der Reinigungsaufwand wird reduziert. Starre Prismensysteme sind in der Lage, Sonnenstrahlen an die Raumdecke zu reflektieren und sorgen so in größeren Raumtiefen für eine bessere Belichtung. Nachteile: Bei defektem Sonnenschutz muss meist die gesamte Verglasung ausgewechselt werden. Die Lamellenpakete bleiben im hochgezogenen Zustand sichtbar und reduzieren wie die Prismensysteme die transparente Fläche.

- Teiltransparentes Glas

  Um den Strahlungsdurchlass zu vermindern, können Scheiben mit einer Sonnenschutzbeschichtung versehen oder mit einem Raster bedruckt werden. Erst bei einer Beschichtung mit g-Wertreduktion unter 0,3 wird eine Farbänderung sichtbar und die Fassadenaußenflächen beginnen zu spiegeln. Je nach Bedruckungsgrad und struktur ist die Durchsicht bzw. der Außenbezug gegeben. Eine Sonderform stellen Scheiben mit integrierten Solarzellen dar. Nachteilig ist, dass die Lichttransmission bei Anwendung dieser Sonnenschutztechniken dauerhaft herabgesetzt wird. Dadurch muss häufiger Kunstlicht zugeschaltet werden.

- Schaltbare Gläser

  Der Energiedurchlass kann den Erfordernissen im Innenraum angepasst werden. Eine Möglichkeit hierfür bieten schaltbare Verglasungen. Der Schaltvorgang kann durch Wärme (thermochrom), durch Strom (elektrochrom) oder durch ein Gas (gaschrom) ausgelöst werden. Thermochrome Gläser regeln den Strahlungsdurchlass selbstständig in Abhängigkeit von der Scheibentemperatur ab ca. 25 °C, ermöglichen jedoch keine definierte Eingriffsmöglichkeit und die Einfärbung dauert eine gewisse Zeit. Bei elektrochromen und gaschromen Gläsern kann der Energiedurchlass vom Nutzer oder einer Steuerung geschaltet werden. Gaschrome Fenster färben sich auf Knopfdruck binnen einer Minute dunkel. Ermöglicht wird dies durch eine hauchdünne transparente Wolframoxidschicht, die auf den Innenseiten der Mehrfachverglasung aufgetragen ist. Der Scheibenzwischenraum ist mit Wasserstoff gefüllt. Dieser reagiert nun mit der Wolframoxidschicht, die sich dunkelblau färbt. Die Zufuhr von Sauerstoff in den Scheibenzwischenraum macht den Effekt beliebig oft wieder rückgängig. Im eingeschalteten Zustand schränken die Gläser den Ausblick ein. Elektrocrome Verglasungen bestehen aus Verbundglas mit einer ionenleitfähigen Polymerfolie, deren innere und äußere Scheibe elektrisch leitfähig beschichtet ist. Diese dient Ansteuerung. Der Gesamtenergiedurchlassgrad ist in einem Bereich von 9 bis 38 % und der Lichttransmissionsgrad in einem Bereich von 15 bis 50 % steuerbar.

- Innenliegender Sonnenschutz
  - Innenliegender Sonnenschutz bietet eine preiswerte Möglichkeit des Sonnenschutzes mit einfacher Wartung und Reinigung. Bei herkömmlichen Systemen wird ein großer Teil der Strahlungsenergie absorbiert und die Wärme an die Innenluft abgegeben. Der Sonnenschutz wird überwiegend auf Blendschutz reduziert. Die gebräuchlichsten Systeme sind: Textilrollos, Jalousien, vertikale Lamellenstores. Ob nur Licht oder auch Wärme in den Innenraum oder in den Außenraum umgelenkt wird, ist abhängig von der Ausbildung und den Oberflächen des Sonnenschutzes. Die Wirksamkeit von Systemen mit innenliegendem Sonnenschutz kann auch durch den verwendeten Glastyp beeinflusst werden. Es sind annähernd farbneutrale Sonnenschutzverglasungen mit einer relativ hohen Lichtdurchlässigkeit über 65 % und einem g-Wert < 33 % erhältlich. Sogenannte Retrosysteme mit metallischen Oberflächen reduzieren die g-Werte um weitere 50 %. Dadurch ergeben sich g-Werte < 0,17, die damit etwa der Sonnenschutzwirkung von Außenjalousien entsprechen. Retrolamellen

reflektieren durch eine in ein Aluminiumband eingewalzte gezahnte Oberflächen-Mikrostruktur die Sonnenstrahlen und die Wärmestrahlung der Verglasung. Dabei wird die steil angestellte Spiegellamelle auf eine flache Lamelle projiziert. Resultat ist ein guter Sonnen- und Blendschutz bei flacher Lamellenanstellung mit guter Durchsicht. Die sonst übliche Absorption und Wärmestrahlung innenliegender Systeme wird durch die gezielte Lichtausblendung mit Retroreflektoren vermieden.

- Ein weiteres Retroprinzip basiert auf gestuften oder differenziert neigbaren Lamellen. Die auf das erste Teilstück eindringende Sonne wird reflektiert. Die Lamellen ermöglichen es, insbesondere die hohe kräftige Sommersonne gezielt zu reflektieren. Der erforderliche Blendschutz wird im unteren Teil des Behangs durch eine Lamellenkontur geleistet, die die direkte Sonnenstrahlung und das diffuse Tageslicht steil über die Decke in die Raumtiefe leitet. Die flache Lamellenkontur und die horizontale Position der Lamellen verbessern die Durchsicht gegenüber herkömmlichen Innenjalousien.

## 8.3 Lüftung

Die Lüftungswärmeverluste sind in konventionellen Bauten oft der zweitgrößte, in hochwärmegedämmten Wohngebäuden sogar der größte Verlustposten in der Energiebilanz.

Da Menschen in Industrienationen die meiste Zeit ihres Lebens in Innenräumen verbringen, ist der Erhalt einer hohen Innenluftqualität ein entscheidendes Ziel. Dabei ist neben der Versorgung mit Sauerstoff die Verminderung von Kohlendioxid, Staub, Mikroorganismen und überhöhter Raumfeuchte sowohl durch die Nutzer als auch durch Emissionen aus Baustoffen, Inneneinrichtung, Textilien und Geräten das zu lösende Problem. Die Lüftung dient daher primär der Lufthygiene und erst in zweiter Linie der Erhöhung des Sauerstoffgehalts.

Um eine ausreichende Innenluftqualität zu gewährleisten, muss ein Austausch mit der (im Allgemeinen) weniger belasteten Außenluft erfolgen, deren Austauschquantität sich nach der Nutzung richten sollte.

Als Indikator für Luftqualität wurde bereits um die Jahrhundertwende der Kohlendioxidgehalt ($CO_2$) der Luft erkannt. Die überwiegende Mehrheit der Nutzer bewertet die Luftqualität bei $CO_2$-Konzentrationen unter 0,1 % als gut. In den meisten Gebäuden ist der Mensch selbst die entscheidende $CO_2$-Quelle, danach sind etwa 25 bis 30 m$^3$ Frischluft je Stunde und Person erforderlich. Bei besonderen Verhältnissen, wie z. B. verursacht durch Rauchen, liegt der Wert allerdings höher.

Um die Lüftungswärmeverluste niedrig zu halten, sollte die Luftwechselrate (LWR) nicht größer sein als aus lufthygienischer und bauphysikalischer Sicht erforderlich. Für normale Wohn- oder Büronutzung gilt eine Luftwechselrate zwischen 0,5 und 1,0 h$^{-1}$ (0,5- bis 1-facher Austausch der Raumluft je Stunde) zuzüglich Fugenluftwechsel als ausreichend.

In Bezug auf Funktion und Energieeffizienzeigenschaften sind im Wesentlichen zu unterscheiden:

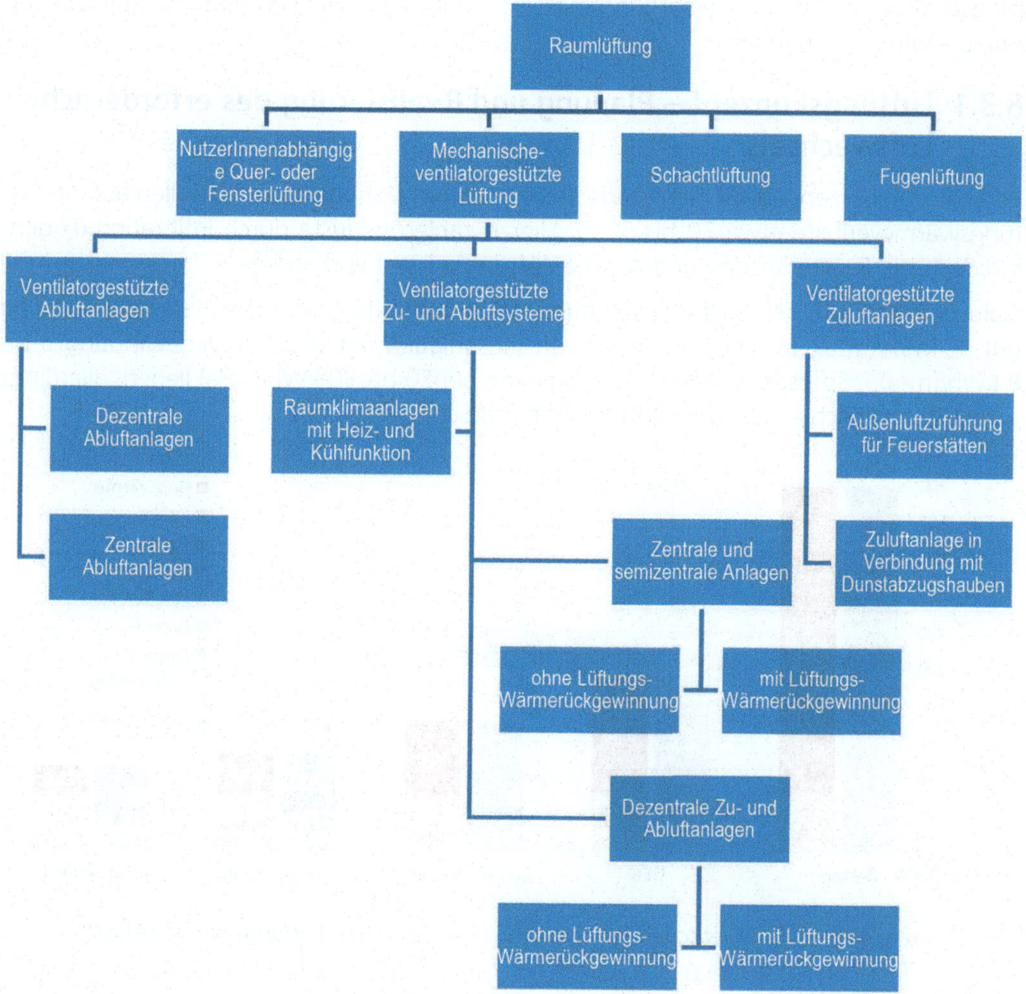


Für Versammlungsstätten und Schulräume mindern hohe $CO_2$-Gehalte und geringe Sauerstoffgehalte die Aufmerksamkeitsleistung und bewirken weitere Befindlichkeitsstörungen. Untersuchungen haben gezeigt, dass die sonst übliche Fensterstoßlüftung, selbst in kontinuierlichen 20-Minuten-Intervallen, nicht zu akzeptablen Ergebnissen führt. Je nach Belegungsdichte wird der in den Arbeitsstättenrichtlinien für $CO_2$ benannte Grenzwert von 1.000 ppm zur gebotenen Durchführung von Lüftungsmaßnahmen oft nach wenigen Minuten überschritten. Die Montage von mechanischen Lüftungsanlagen mit Luftqualitätssensorik bieten hier eine Möglichkeit der komfortablen Bereitstellung guter Luftqualitäten bei gleichzeitig verbessertem Schutz vor Außenlärmeinwirkungen. Ventilatorgestützte Lüftungsanlagen können zudem mit HEPA-Filtern ausgerüstet zu einer deutlichen Reduzierung von Aerosolen, Keimen, Viren und Infektionen beitragen. Die Integration von Wärmerückgewinnungstechniken bewirkt die Minderung winterlicher Lüftungswärmeverluste. Mit mechanischen Lüftungsanlagen kann bei Bedarf auch eine passive sommerliche Kühlung durch Nachtlüftung realisiert werden.

Möglichkeiten der Wärmeversorgung mittels Lüftungstechnologien sind im Kapitel *Erwärmung* explizit beschrieben.

### 8.3.1 Lüftungskonzept – Planung und Realisierung des erforderlichen Luftwechsels

Beim derzeitigen energetischen Mindestniveau neuer Wohngebäude entfallen auf die Lüftungswärmeverluste etwa 30 bis 50 %. Hierzu zählen Verluste durch Infiltration (Fugenluftwechsel), Fensterlüftung und Anlagenlüftung, soweit vorhanden.

Abluftanlagen verlieren über 40 kWh/(m²a) durch den Luftwechsel, wenn sie optimiert sind gut 30 kWh/(m²a), im Vergleich dazu Lüftungsanlagen mit Wärmerückgewinnung 5 bis 8 kWh/(m²a). „Sparsame" Fensterlüftung kann bei 20 bis 30 kWh/(m²a) liegen, allerdings verbunden mit schlechter Raumluftqualität und Schimmelproblemen.

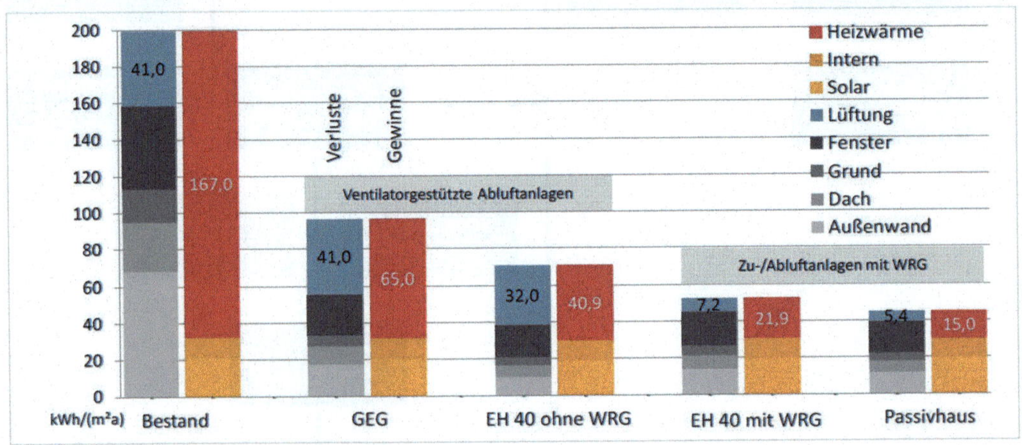


*Bild 8-4: Vergleich der energetischen Bilanzierung mit Blick auf die Lüftungswärmeverluste*

*Quelle: ENVISYS GmbH & Co. KG, Dr. Burkhard Schulze Darup in Gebäudestudie zur Nachhaltigkeit von Gebäuden, 2022*

Aufgrund der gebotenen Gesundheitsfürsorge und der Abwehr von Bauschäden ist es notwendig, die Ermittlung von Luftströmen genau zu erfassen sowie planerisch zu berücksichtigen. In der DIN 1946 (Raumlufttechnik) Teil 6 (Lüftung für Wohnungen) werden konkrete Vorgaben zum Luftwechsel gemacht. Die DIN 1946-6 gilt seit ihrer Veröffentlichung im Mai 2009 als Anerkannte Regel der Technik. Planer bzw. Eigentümer oder Handwerksbetriebe sind für alle neu zu errichtenden Wohngebäude verpflichtet zu prüfen, ob ein Lüftungskonzept erstellt werden muss, und dieses gegebenenfalls zu veranlassen. Bei Modernisierungsvorhaben gelten die Pflichten für den Fall, dass in einem

- Mehrfamilienhaus mehr als ein Drittel der Fenster einer Wohnung ausgetauscht werden.
- Einfamilienhaus mehr als ein Drittel der Fenster ausgetauscht werden oder die Abdichtung von mehr als einem Drittel der Dachfläche erfolgt.

Bei Bestandsgebäuden, welche eine $n_{50}$-Luftdichte < 4,5 $h^{-1}$ ausweisen, können bereits Sanierungsmaßnahmen geringeren Umfangs lüftungstechnisch relevant sein.

Bei erhöhten Anforderungen an Energieeffizienz, Raumluftqualität oder Schallschutz ist im Regelfall eine ventilatorgestützte Lüftungsanlage erforderlich.

Beispiel: In unsanierten Bestandsgebäuden der 1970er Jahre beträgt der erforderliche Lüftungsvolumenstrom zum Feuchteschutz für eine 60 m² große Wohnung etwa 35 m³ je Stunde. Mit einem Wärmeschutz ab Baujahr 1995 wären demgegenüber nur 25 m³ je Stunde sicherzustellen. Mit der in DIN 4108 Teil 7 geforderten Qualität an die Luftdichte bedeutet dies bei alleiniger Fensterlüftung ohne Ventilatorunterstützung unter Umständen die erforderliche Durchführung von Stoßlüftungen alle zwei Stunden für 5 bis 10 Minuten zuzüglich zum nutzerunabhängigen Restfugen-Luftwechsel von 0,2 bis 0,3h⁻¹. Der erforderliche Frischluftbedarf kann deutlich über Normeinheitswerte hinausgehen. Besteht beispielsweise in einem Schlafraum mit zwei Personen ein Frischluftbedarf von 2 × 15 m³/h = 30 m²/h bei 40 m³ Raumvolumen, entspricht dies einem Luftwechsel von 0,75/h statt dem Normwert von 0,5/h.

### Lüftungsstufen

Die Volumenströme der verschiedenen Lüftungsstufen verstehen sich inklusive des spezifisch berechneten Infiltrationsvolumenstroms.

- Die **Mindestlüftung zum Feuchteschutz** bildet die niedrigste Lüftungsanforderungsstufe für Wohngebäude. Die Lüftung zum Feuchteschutz dient in erster Linie der Abwendung feuchtebedingter Bauschäden. Sie ist stets nutzerunabhängig sicherzustellen. Wenn der berechnete Volumenstrom zum Feuchteschutz höher ausfällt als der berechnete Infiltrationsvolumenstrom, sind lüftungstechnische Maßnahmen erforderlich.

  Der erforderliche Luftvolumenstrom zum Feuchteschutz kann DIN 1946-6, Tabelle 5 entnommen werden oder wird wie folgt ermittelt:

  $$Q_{v,ges,NE,FL} = f_{WS} \times (-0{,}001 \times A_{NE}^2 + 1{,}15 \times A_{NE} + 20)$$

  mit

  $f_{WS}$ Faktor zur Berücksichtigung des Gebäudewärmeschutzes (0,3 für Gebäude mind. nach WSschVO 1995, 0,4 für alle anderen Wärmeschutzstandards)

  $A_{NE}$ Fläche der Nutzungseinheit aus der Flächensumme aller direkt und indirekt beheizten Räume (Annahme lichte Raumhöhe = 2,50 m)

- Bei der **reduzierten Lüftung** (entspricht 70 % der Nennlüftung) handelt es sich um eine Lüftung, die die hygienischen Mindestanforderungen inkl. Feuchteschutz unter üblichen Nutzungsbedingungen bei teilweise reduzierten Feuchtelasten (z. B. Nutzerabwesenheit) sicherstellen soll. Diese Lüftungsstufe muss weitgehend nutzerunabhängig gewährleistet sein.
- Als **Nennlüftung** (100 %) wird eine Lüftungsintensität bezeichnet, die zur Sicherstellung der hygienischen Anforderungen und des Bautenschutzes im Fall der Nutzeranwesenheitszeiten erforderlich ist. Gemäß Norm können die Nutzer zur Sicherstellung mit aktiver Fensterlüftung beitragen.
- Die **Intensivlüftung** (entspricht 130 % der Nennlüftung) dient dem Abbau von Lastspitzen. Diese Stufe ist nur zeitweilig zu realisieren. Es ist nicht vorgeschrieben, dass

Lüftungsanlagen den für die Intensivlüftung erforderlichen Volumenstrom erbringen können. Eine Nutzerunterstützung durch Fensterlüftung ist zulässig.

Zur Prüfung der Erfordernis eines Lüftungskonzeptes muss zunächst festgestellt werden, ob der Luftvolumenstrom durch Infiltration den zum Feuchteschutz notwendigen Luftwechsel erreicht. Der Volumenstrom durch Infiltration $q_{v,inf,wirk}$ entsteht durch Fugen und andere Undichtigkeiten, die bei jedem Gebäude in unterschiedlichem Maß vorhanden sind. Der Luftvolumenstrom durch Infiltration wird durch die Dichtequalität je Nutzungsvolumen, den Auslegungsluftwechsel und die Auslegungsdruckdifferenz bestimmt.

Infiltrationsvolumenstrom $Q_{v,inf,wirk} \geq$ Mindest-Feuchteschutzvolumenstrom $Q_{v,ges,NE,FL}$ [m³/h]

$Q_{v,inf,wirk} = f_{wirk,komp} \times H_R \times n_{50} \times (= f_{wirk,Lage} \times \Delta p/50)^n$

mit

| | |
|---|---|
| $f_{wirk,komp}$ | 0,5 (vereinfacht als Querlüftung) |
| $f_{wirk,Lage}$ | 1,0 (vereinfacht als Normallage) |
| $H_R$ | Raumhöhe in Meter |
| $n_{50}$ | Vorgabewert des Auslegungsluftwechsels DIN 1946-6, Tabelle 9 bzw. Messwert bei 50 Pascal Druckdifferenz |
| $\Delta p$ | Auslegungsdruckdifferenz nach Gebäudeart, Höhenlage der Nutzungseinheit im Gebäude und Windlastgebiet aus Anhang H der Norm |
| $^n$ | Druckexponent, entweder $n_{50}$-Messwert oder 2/3 des Tabellenvorgabewertes |

Für den $n_{50}$-Druckdifferenzwert können Messergebnisse oder Normvorgabewerte verwendet werden. Für den Fall von Sanierungsarbeiten an einer eingeschossigen Nutzungseinheit ohne $n_{50}$-Messwert sind 1,5 $h^{-1}$ anzusetzen. Bei höheren $n_{50}$-Werten in mehrgeschossigen Bestands-Nutzungseinheiten sind lüftungstechnische Maßnahmen zu berücksichtigen, wenn das Gebäude an einem windschwachen Standort (siehe Normanhang A) steht oder einen niedrigen Wärmeschutz und eine Fläche von weniger als 75 m² aufweist.

Wenn der erforderliche Luftvolumenstrom zum Feuchteschutz größer ist als der berechnete Infiltrationsluftwechsel, sind lüftungstechnische Maßnahmen erforderlich.

Im nächsten Schritt ist ein Lüftungskonzept mit Auswahl eines Lüftungssystems unter Berücksichtigung bauphysikalischer, lüftungs- und gebäudetechnischer sowie hygienischer Gesichtspunkte zu erstellen. Unter lüftungstechnischen Maßnahmen werden sowohl ventilatorgestützte Anlagen als auch freie (Fenster-)Lüftung verstanden. Die Anforderungen an lüftungstechnische Maßnahmen sind differenziert auf einzelne Nutzungseinheiten zu beziehen. Die Maßnahmen müssen geeignet sein, um einen nutzerunabhängigen Luftwechsel für den Feuchteschutz sicherstellen zu können. Nur so lässt sich vermeiden, dass bei Nutzerabwesenheit Feuchte- und Schimmelschäden entstehen. Dadurch wird auch der scheinbare Widerspruch zwischen luftdichter Bauweise (DIN 4108-7) und notwendigem Luftwechsel (DIN 4108-2, DIN 1946-6) gelöst bzw. werden Berechnungsmethoden vorgegeben und Zuständigkeiten geklärt.

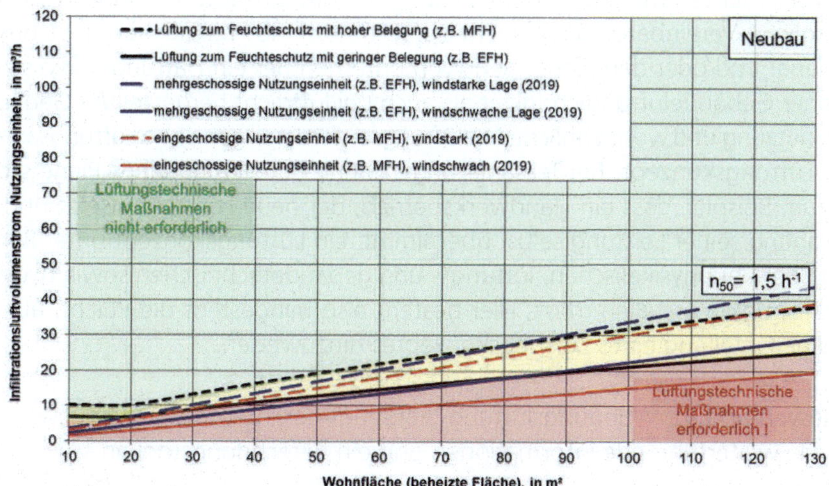


*Bild 8-5: Notwendigkeit lüftungstechnischer Maßnahmen für neu zu errichtende Gebäude nach DIN 1946-6:2019*

*Quelle: www.sbz-online.de, 12/2022*

Eine für die Praxis bedeutende Anforderung der DIN 1946-6 verlangt die nutzerunabhängige Sicherstellung der Mindestlüftung zum Feuchteschutz – auch bei dauerhaft geschlossenen Fenstern. Diese Anforderung an einen definierten Außenvolumenstrom kann unter Berücksichtigung des Gebotes zu luftdichter Ausführung der Hüllkonstruktionen realistisch und sinnvoll nur durch eine witterungs- und nutzerunabhängige ventilatorgestützte Lüftung sichergestellt werden. Lediglich für den Bedarf von Mindest- zu Individuallüftung darf der Nutzer anteilig mit einbezogen werden. Allerdings ist nach DIN 4108-2 die Einhaltung eines Mindestluftwechsels von 0,5 (1/h) als anerkannte Regel der Technik zu vermuten. Ist diese mittels freier Lüftung durch eine Anzahl von Fensterlüftungen, die als allgemein zumutbar gilt, nicht zu realisieren, so verbleibt nur die kontrollierte mechanische Lüftung.

## Exkurs

### Lüftung im Spiegel der Rechtsprechung

Welche Lüftungsmaßnahmen für den Auftraggeber bzw. Nutzer realisierbar sind, entscheidet der BGH nach dem vertraglich vereinbarten oder vorausgesetzten Zweck und der Verkehrssitte. Der Baurechtssenat hat in der Vergangenheit bereits ein zweimaliges Stoßlüften mangels vertraglicher Vereinbarung als besondere und nicht mehr zumutbare Lüftungsmaßnahme gewertet, wenn der Bauherr erkennbar berufstätig und alleinstehend ist. Bei auftretenden Mängeln wird ein suboptimales Lüftungsverhalten des Nutzers kaum im Sinne eines Mitverschuldens gewertet werden, wenn die zur Schadensvermeidung geforderte Lüftungsanzahl oder das Heizverhalten aus vertraglicher Sicht unzumutbar sind. Wenn in Bauten ohne entsprechenden Bestandsschutz Temperaturen der Bauteiloberflächen von unter 10 °C gemessen werden, sodass ein Schimmelpilzbefall nur durch eine gesundheitsbeeinträchtigende Herabsetzung der

Raumluftfeuchte vermieden werden kann, hat dies ein Nutzer – ohne entsprechende vertragliche Vereinbarungen – nicht zu vertreten. Aus rechtlicher Sicht besteht für Bauplaner und/oder den planenden Werkunternehmer ein Haftungsrisiko sowohl bei zu hoher Gebäudeluftundichtigkeit als auch bei luftdicht hergestellten Gebäuden mit Wohnnutzung und wohnähnlichen Belüftungsanforderungen ohne Lüftungsanlage bzw. ohne Lüftungskonzept. Bei Teilsanierungen ohne Beteiligung eines Planers bedeutet dies zum Beispiel, dass ein Handwerksbetrieb, der neue Fenster einsetzt und faktisch die Planung seiner Leistung selbst übernimmt, ein Lüftungskonzept unter Berücksichtigung der bauphysikalischen, lüftungs- und gebäudetechnischen sowie hygienischen Gesichtspunkte erstellen muss. Hier besteht also mindestens die Pflicht, auf die notwendige Erstellung eines Lüftungskonzeptes hinzuweisen.

Der Bundesverband für Wohnungslüftung bietet auf der Internetseite www.wohnungslueftung-ev.de weiterführende Informationen und ein Berechnungstool an.

## 8.3.2 Freie Lüftung und Dauerlüftung

Freie Lüftung durch Fugen und Undichtigkeiten führt je nach Witterung und Windanfall zu einem ständig wechselnden Luftaustausch. An windschwachen Tagen erbringen Fugen keinen ausreichenden Beitrag zur Raumlufterneuerung. Um auch in windarmen Zeiten nennenswert zur Lufterneuerung beizutragen, müssten die Fugen und andere Undichtigkeiten so groß sein, dass bei Wind Zugluft und hohe Lüftungswärmeverluste entstehen. Bei Durchströmung der Fugen mit feuchter, warmer Raumluft kann kondensierende Luftfeuchte die Konstruktion beschädigen.

Noch drastischer verhält es sich mit der Dauerlüftung z. B. durch gekippte Fenster. Während der Heizperiode kommt hier noch erschwerend hinzu, dass die warme (vom Heizkörper aufsteigende) Luft direkt nach draußen entweicht. Übermäßiger Luftwechsel kühlt zudem die Wände unnötig aus. Dadurch wird die Behaglichkeit beeinträchtigt und über die Kondensation von Wasserdampf an den ausgekühlten Bauteilen Schimmelpilzbildung gefördert.

### Fensterstoßlüftung

Effiziente Fensterstoßlüftung setzt bewusstes Lüftungsverhalten durch die Nutzer voraus: Etwa alle zwei bis drei Stunden sollen die Fenster, in Abhängigkeit von der Witterung, für ca. fünf bis zehn Minuten geöffnet und währenddessen die Heizkörper abgestellt werden. Räume mit kurzfristig hohen Feuchtelasten, z. B. Bäder und Küchen, sollen im sofortigen Anschluss an den jeweilig auslösenden Vorgang gut durchgelüftet werden.

Messgeräte für Raumlufttemperatur und Feuchte mit einstellbaren Grenzgrößen und Warnsymbolik können die Entscheidung für einen Lüftungsvorgang unterstützen.

Es ist feststellbar, dass bei vollständig geöffneten Fenstern durch eine Stoßlüftung bei Querlüftung mit gegenüberliegenden Fenstern ein umfassender Luftaustausch zwischen innen und außen bei genügend großem Temperaturunterschied bereits nach etwa drei Minuten erreicht werden kann, während bei Fensterkipplüftung mit geschlossenen Zimmertüren der gleiche Effekt erst nach etwa 20 Minuten eintritt. In dieser Zeit kühlen kaltluftumspülte Bauteile, wie z. B. Fensterlaibungen, stark aus, sodass an diesen Oberflächen nach Schließen des Fensters eine erhöhte Wahrscheinlichkeit der Tauwasserbildung besteht. Kurzes Stoß-Querlüften kühlt Mauern und Möbel dagegen nicht aus. Die Räume erwärmen sich schnell wieder.

Erfahrungen zeigen, dass Nutzer entweder zu wenig lüften, was zu bedenklich hohen Luftschadstoff- und Feuchtegehalten führt, oder Fenster nur gekippt bzw. einen Spalt offenstehen lassen, wodurch ein enorm hoher Lüftungswärmeverlust entsteht. Fugenlüftung und Fensterkipplüftung sind im Wesentlichen unkontrollierte Zufallslüftungen. Die Richtung der Durchströmung ist oft ebenfalls ungünstig: Es kann z. B. unter der Haustür oder durch das gekippte WC-Fenster hereinziehen; vorbelastete Sanitärraumluft strömt durch die Wohnung und tritt durch Undichtigkeiten oder offene Fenster wieder nach außen. In weit oben liegenden Geschossen von Hochhäusern entstehen Zonen mit Überdruck und Windsogbereiche, die zu einer unkontrollierten Gebäudedurchströmung, zu Pfeifgeräuschen und zu hohen Türöffnungskräften führen können. Hier bieten Doppelfassaden Vorteile: Der Sonnenschutz ist geschützt im Zwischenraum angeordnet und kann windunabhängig betätigt werden. Der Winddruck wird abgebaut, sodass Fensterlüftung möglich wird. Der Schallschutz ist auch bei geöffneter Innenfassade noch wirksam. Jedoch ergibt sich das Problem, dass aufgeheizte Luft aus dem Fassadenzwischenraum in die Räume eindringen kann und die Raumtemperatur unerwünscht erhöht. Zudem ist ein direkter Außenkontakt für die Nutzer nur sehr eingeschränkt möglich.

### Automatische Fensterlüftung

Als Mischform zwischen Fensterlüftung und mechanischen Lüftungssystemen bietet sich der Einsatz von automatischen Fensterantrieben an. Optionale Sensoren für Luftqualität, Präsenz, Niederschlag, Wind und Temperatur ermöglichen den nutzungsabhängigen und witterungsgeführten Betrieb. Zur Verbesserung des sommerlichen Wärmeschutzes sollte die automatische Öffnung zur nächtlichen Abkühlung einstellbar sein. Auch schwer erreichbare Fenster können ergänzende Lüftungsfunktionen übernehmen.

Einige Geräte lassen sich mit einem Elektroinstallationsbus in eine Gebäudeautomation integrieren. So könnte z. B. beim Einschalten einer Dunstabzugshaube die Frischluftnachströmung gesichert werden.

Als Lowtec-Variante bieten sich halbautomatische Fensterschließer an. Hier muss das Fenster manuell geöffnet werden. Es wird dann von einem Seilzug-Federelement o. Ä. innerhalb eines kurzen vordefinierten Zeitraums wieder automatisch geschlossen. Die Schließkräfte bieten allerdings nur sehr eingeschränkt einen Einbruchschutz und Luftdichtigkeit. [6]

*Tabelle 8-1: Richtiges Heizen und Lüften – Fensterlüftung vs. Lüftungsanlagen*

| | FENSTERLÜFTUNG (manuelle, „freie" Lüftung) | KOMFORTLÜFTUNG (Zu-/Abluft mit Wärmerückgewinnung) |
|---|---|---|
| Wirksamkeit | Abhängig von Witterung und Lüftungsverhalten | Kontinuierliche und bedarfsgerechte Lüftung |
| Abführen von Schadstoffen | Nur gesichert bei regelmäßiger Querlüftung circa alle zwei Stunden | Regelmäßiges Abführen der Schadstoffe |
| Luftfeuchtigkeit und Schimmelrisiko | Abhängig vom Lüftungsverhalten; falsches Lüften und Baumängel führen zu Schimmelpilzbildung | Bereits eine Grundlüftung vermeidet Schimmelbildung |
| Mögliche Bauschäden durch Feuchtigkeit | Feuchteschäden sind bei vielen unsanierten und schlecht sanierten Gebäuden zu beobachten | Keine Bauschäden durch Feuchtigkeit; nur bei deutlichen bauphysikalischen Mängeln; Lüftungstechnik zur Schadensbehebung möglich |
| Zeitaufwand | Circa alle zwei Stunden Querlüftung für fünf bis zehn Minuten (eigentlich auch nachts) | Kein Zeitaufwand |
| Zugluft | Zugluft nur während des Lüftens | Bei richtiger Planung keine Zugluft |
| Gerüche | Beim Heimkommen oftmals Geruchsbelastung wahrnehmbar, die zunächst fortgelüftet werden muss | Frische Luft beim Heimkommen; stärkere Lüftung ggf. beim Kochen oder anderen geruchsintensiven Betätigungen möglich |
| Wärme und Temperaturverteilung im Raum | Abkühlung durch das Lüften; die Temperaturverteilung im Raum ist von Lüftungsweise und Wärmeschutz des Gebäudes abhängig | Gleichmäßige Verteilung der Wärme in den Räumen |
| Schallschutz | Außenlärmbelastung während des Lüftens | Wenn für Schallschutz geplant, wirksam gegen Außenlärm; hochwertige Anlagen haben nur minimalen Schallpegel von 20 bis 25 dB(A) |
| Einbruchrisiko | Kein Einbruchschutz bei Kipplüftung; keine Lüftung möglich, wenn Bewohner abwesend sind | Einbruchschutz jederzeit erhalten |
| Pollen und Insekten | Beim Lüften gelangen Pollen und Insekten in die Wohnräume | Durch hochwertige Filter (Klasse F7 oder F8) können Pollen und Staub zu großen Teilen abhalten; Insekten bleiben überwiegend draußen |
| Komfort | Hohe Luftqualität erfordert Wissen und ständiges Handeln der Bewohner | Behaglichkeit ohne gesonderten Aufwand |
| Energieeffizienz und Wärmerückgewinnung | Auskühlung der Räume; Lüftungswärmeverluste circa 40 kWh/(m² a) | Lüftungswärmeverluste guter Anlagen mit Wärmerückgewinnung circa 5 kWh/(m² a) |
| Energie- und Wartungskosten (100 m²-Wohnung) | Bis zu 300 € erhöhte Heizkosten pro Jahr im Vergleich zur Komfortlüftung | Circa 70 € Stromkosten und 60 € Wartungskosten; davon sind 50 Prozent dem erhöhten Komfort zuzurechnen |

Vergleich von Fensterlüftung und Komfortlüftung mit Wärmerückgewinnung. Problematische Aspekte sind rot hinterlegt, über gelb geht es zu den günstigen Beurteilungen in den grünen Feldern.

*Quelle: Bayerisches Landesamt für Umwelt, 2018*

## 8.3.3 Mechanische Lüftung

Der freien Lüftung mittels manueller Fensteröffnung steht ein erhöhter Energiebedarf, eine geringere thermische Behaglichkeit, meist höhere Geruchs- und $CO_2$-Konzentrationen und gegebenenfalls unerwünschter Außenlärmeintrag gegenüber.

Raumlufttechnische Anlagen lassen sich in Abluftanlagen, Be- und Entlüftungsanlagen sowie Klimaanlagen einteilen, welche die Luft zusätzlich technisch kühlen und ggf. auch be- und entfeuchten. Der Vorteil von Be- und Entlüftungsanlagen besteht in dem garantierten Mindestluftaustausch, unabhängig von klimatischen Verhältnissen. Die mechanische Bedarfslüftung stellt bei entsprechender Ausführung und Wartung eine hygienisch einwandfreie Lösung zur Sicherung der Raumluftqualität dar. Mechanische ventilatorgestützte Lüftungsanlagen unterscheiden sich in Bezug auf den Installationsaufwand, die Installations- und Betriebskosten, die Höhe der Lüftungswärmeverluste, die Steuerung/Regelung und Sensorik und die Schallemission.

### Vorteile des kontrollierten Luftwechsels durch eine ventilatorgestützte Lüftungsanlage

- Verbesserung der Raumluftqualität durch kontrollierten und erhöhten Luftwechsel
- Reduktion des Wasserdampfes und damit Minderung von Schimmel- und Bauteilproblemen
- Minderung von Lüftungswärmeverlusten
- Linderung von Allergieproblemen, insbesondere beim Einsatz von Allergiefiltern

Eine hohe Luftdichtigkeit der Bauhülle gekoppelt mit einer richtig projektierten Lüftungsanlage kann Lüftungswärmeverluste reduzieren und vermindert das Risiko von Bauschäden. Die Fensteröffnung in energieoptimierten Gebäuden mit mechanischen Lüftungsanlagen außerhalb der Heizperiode ist aus energetischer Sicht unproblematisch. Die kurze Öffnung eines Fensters, z. B. um jemanden im Außenraum etwas zuzurufen, ist auch im Winter ohne nennenswerte Energieverluste möglich.

### Zentrale Abluftanlagen

Die Frischluft strömt in die Zuluftzonen wie Wohn-, Schlaf- und Arbeitsräume über regulierbare Zuluftöffnungen ein. Der Überströmbereich umfasst z. B. Flure. Der Abluftzone sind alle Feuchträume und besonders luftschadstoffbelastete Räume zugeordnet. Die Räume zwischen Zu- und Abluftbereichen müssen ausreichend dimensionierte Überströmöffnungen haben, sodass eine ungehinderte Luftströmung auch bei geschlossenen Innentüren möglich ist. Hierfür bieten sich erhöhte Innentürspalte oder Kanalsysteme in Türblättern an. In dieser Anordnung stellt sich ein gerichteter Luftstrom von den Zulufträumen über die Überströmzone in die Ablufträume ein.

Die Abluftventilatoren für Räume mit erhöhtem Feuchteanfall, also z. B. Küchen, Sanitärräume, Schlafräume, werden zweckmäßigerweise über Feuchtesensoren gesteuert.

Frische Außenluft strömt über Außenluftdurchlässe (ADL) in Wänden oder Fensterrahmen der Wohnräume nach. Diese Zuluftelemente sollten über eine Unterdruckfunktion verfügen, um den Luftdurchlass bei inaktiven Ventilatoren zu verhindern.

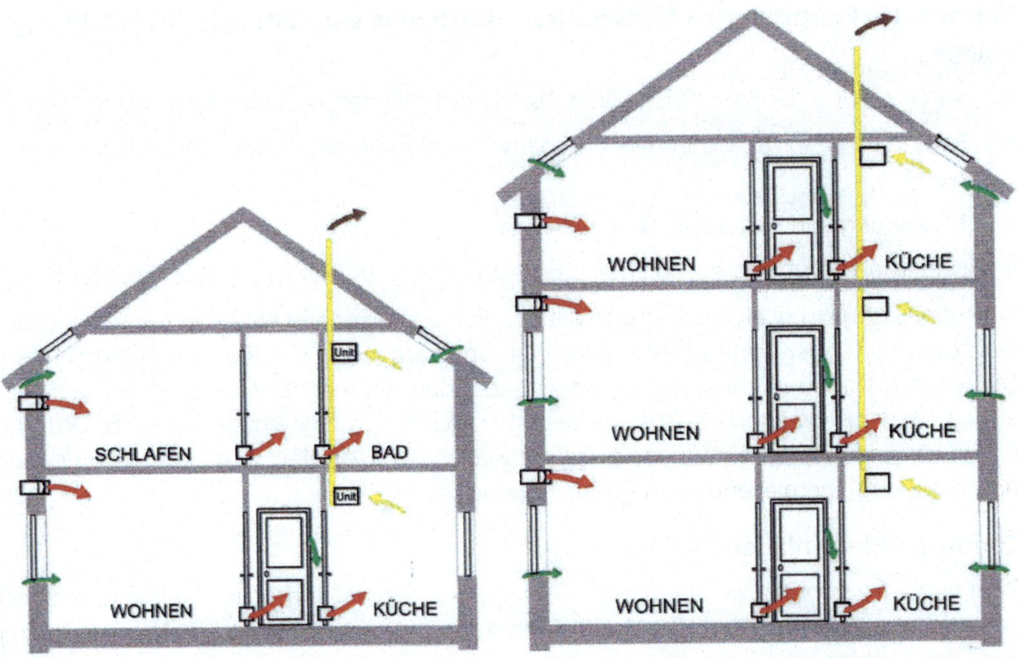


*Bild 8-6: Dezentrale Lüftungsanlagen mit zentraler Abluft und ALD-Nachströmöffnungen im Einfamilienhaus*

*Quelle: Reiners, Berhorst*

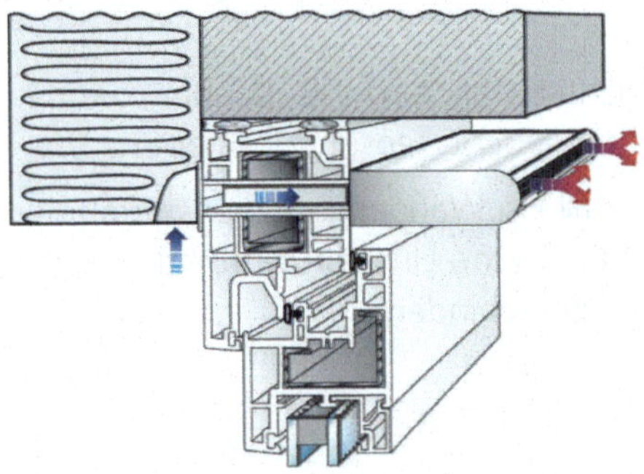

*Bild 8-7: Luftdruckregulierter Außenluftdurchlass am Fensterrahmen*

*Quelle: AEREX HaustechnikSysteme GmbH*

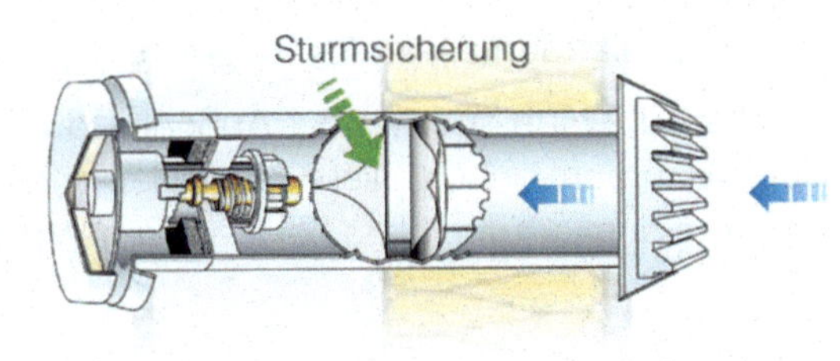


*Bild 8-8: Temperaturregulierter Außenluftdurchlass in Außenwand*

*Quelle: AEREX HaustechnikSysteme GmbH*

*Bild 8-9: Abluftwärmepumpe zur Brauchwassererwärmung und Lüftungsschema mit Abluft/ WW-WP*

*Quelle: Glen Dimplex Deutschland GmbH*

## Planungsregeln für Abluftanlagen

- Die Festlegungen der DIN 1946-6 sind bei der Anlagenauslegung zu beachten.
- Luftkanäle müssen mindestens so groß dimensioniert werden, dass keine störenden Strömungsgeräusche entstehen können und Druckverluste geringgehalten werden.
- Die Strömungsgeschwindigkeit sollte im Normalbetrieb unter 3 m/s liegen. Damit ergibt sich bei einem Volumenstrom von 100 m³/h ein Rohrquerschnitt von 100 bis 150 cm².
- Warme Kanäle, die im Kalten verlaufen, und kalte Kanäle, die im Warmen verlaufen, müssen gedämmt werden.
- Es ist darauf zu achten, dass die Luftgeschwindigkeit den Wert von 0,15 m/s an den Eintrittsöffnungen nicht überschreitet, um Zuglufterscheinungen zu vermeiden [7]. Für Quelllüftungssysteme werden die Austrittsöffnungen deutlich größer dimensioniert; die Strömungsgeschwindigkeiten an den Austrittsöffnungen liegen hier bei etwa 0,05 m/s.
- Die Querung verschiedener Nutzungseinheiten kann den Einbau von Schalldämpfern und Brandschotts erforderlich werden lassen.
- Ab ca. 4 m Kanallänge sollten an geeigneten zugänglichen Stellen Revisionsöffnungen in die Lüftungskanäle eingebaut werden.
- Für Küchenexhauster sollten Laufzeitbegrenzer und Rückschlagklappen zur Vermeidung von Wärmeverlusten außerhalb ihrer Betriebszeit montiert sein oder stattdessen Umluftfilteranlagen verwendet werden.
- Heizverbrennungsanlagen und andere Feuerstätten, die innerhalb des mechanisch entlüfteten Volumens aufgestellt werden, sind zu- und abluftseitig raumluftunabhängig zu betreiben.
- Für Abluftanlagen kann die Zuluft-Nachströmung durch Öffnungen in den Fensterrahmen oder Rollladenkästen realisiert werden. Die Zuluftschlitze sollten mit Sturmklappen und einer Sensorik ausgestattet sein, welche auf Unterdruck und/oder Luftschadstoffgehalte reagiert.
- Zwischen der Zu- und Abluftzone müssen Überströmöffnungen, z. B. in Form von breiten Türblattspalten über dem Fußboden oder Überströmgittern, geschaffen werden. Bei erhöhten Schallschutzanforderungen sind schallgedämmte Überstromöffnungen in die Wände zu integrieren.
- Bei einer Kombination von Lüftungsanlagen und Raumerwärmung durch Heizkörperheiztechnik sollten die Außenlufteinlässe möglichst oberhalb der Heizkörper montiert werden.
- Als erforderliche Luftmengenrichtwerte in Wohnungen für Räume der Abluftzone gelten vereinfacht: Küche 60 m³/h, Bad 40 m³/h, WC 20 m³/h. In Räumen der Abluftzone muss ein 2-facher Luftwechsel möglich sein.

Luftqualitätseinschränkungen durch Rauchen lässt sich auch durch intensives Lüften nicht völlig beseitigen. Hier hilft nur eine systematische Trennung von Raucher- und Nichtraucherbereichen, wobei in den Raucherbereichen eine vergleichsweise hohe Schadstoffkonzentration toleriert werden muss.

*Tabelle 8-2: Kanalsysteme*

| | Material | Vor- und Nachteile |
|---|---|---|
| **Wickelfalz-rohr** | verzinktes Blech | • runder Querschnitt, hydraulisch günstig mit geringen Druckverlusten<br>• handelsüblich<br>• gut reinigungsfähig mittels Bürsten<br>• platzraubende Installation |
| **HT- Rohr** | Kunststoff | • keine großen Querschnitte erhältlich<br>• sonst wie Wickelfalzrohr |
| **Flachkanal** | Kunststoff oder verzinktes Stahlblech-Ovalrohr | • gut integrierbar in Decken und Wände<br>• beständig<br>• geringfügig höherer Druckverlust<br>• wegen statischer Aufladung nicht verwendbar für Abluftwärmepumpen |
| **Flexschlauch** | Kunststoff innen glattwandig | • runder Querschnitt, hydraulisch günstig mit geringen Druckverlusten<br>• wenige Formteile erforderlich<br>• mechanisch wenig belastbar<br>• wegen statischer Aufladung nicht verwendbar für Abluftwärmepumpen |
| **Flexschlauch Flexkanal** | Aluminium | • schlecht zu reinigen und dadurch für den Regelanwendungsfall ungeeignet<br>• preisgünstig<br>• wenige Formteile erforderlich<br>• höherer Druckverlust<br>• mechanisch wenig belastbar |
| **Iso- Kanal** | Polystyrol | • gedämmtes System, daher auch für Verlegung außerhalb der beheizten Räume verwendbar<br>• mechanisch wenig belastbar<br>• schlecht zu reinigen und dadurch nur für gut gefilterte Luft geeignet |

Günstig ist eine möglichst kurze und direkte Führung der Lüftungskanäle. Aus Luftqualitätssicht können alle glattwandigen luftdichten Rohr- und Kanalelemente verwendet werden.

Im Neubaufall können die Lüftungskanäle oft sehr einfach in Filigrandeckenelementen verzogen und eingegossen werden.

## Zentrale Zu- und Abluftanlagen ohne Wärmerückgewinnung

Zentrale Zu- und Abluftsysteme bedürfen gegenüber einfachen Abluftanlagen zusätzlicher Zuluftkanäle. Gegebenenfalls müssen auch Brandschutzklappen zwischen Nutzungseinheiten und Schalldämpfer montiert werden. Ohne integrierte Techniken für Lüftungswärmerückgewinnung ist die Energie- und Kosteneffizienz dieser Anlagen eingeschränkt.

### Abluftanlagen mit Wärmerückgewinnung durch Abluftwärmepumpen

Eine Variante der Abluftsysteme stellen Anlagen dar, bei denen die Wärme der Abluft mittels Wärmepumpe z. B. zur Erwärmung von Brauchwarmwasser genutzt wird. Hierzu müssen die Abluftkanäle an zentraler Stelle am Aufstellort der Wärmepumpe zusammengeführt werden. Die Positionierung und Auslegung der Außenluftdurchlässe sind im Rahmen eines Lüftungskonzeptes nach DIN 1946-6 zu bestimmen.

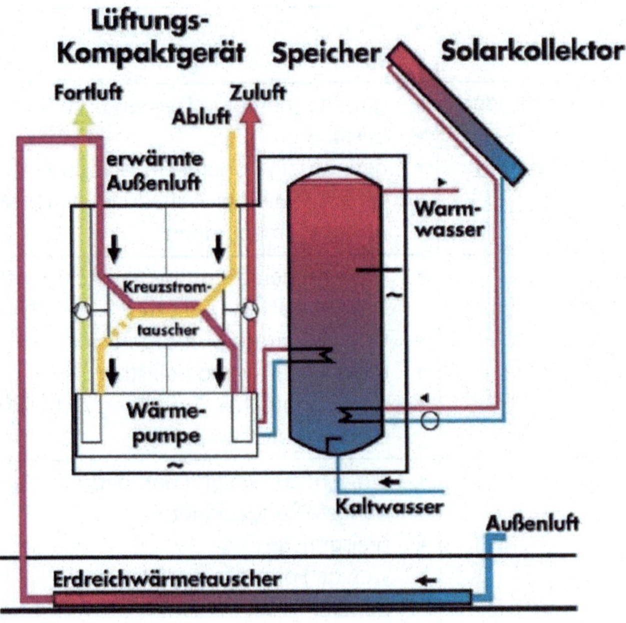


*Bild 8-10: Anlagenschema mit Abluft-Wärmepumpe, Lüftungswärmerückgewinnung und Thermosolaranlage*

*Quelle: Energieagentur NRW.*

### Lüftungsanlagen mit Wärmerückgewinnung

Bei einem durchschnittlichen Frischluftvolumenstrom von 120 m³/h für vier Personen und einer beheizten Fläche von 100 m² kann der Jahreslüftungswärmeverlust > 20 kWh je Quadratmeter betragen. Dies ist weit mehr als der Wärmebedarf eines Gebäudes nach Passivhausstandard. Beispiele zur Verdeutlichung: Der Jahres-Heizwärmebedarf eines Gebäudes nach EnEV-2016 Neubaustandard verdoppelt sich, wenn in der Heizperiode eine Fensterlüftung über drei Stunden täglich erfolgt [9]. Eine Reduzierung der Fenster-Luftwechselrate um 0,1 $h^{-1}$ bewirkt eine Verringerung des Heizenergiebedarfs um etwa 10 %. Wenn eine gute Luftqualität und Entfeuchtung erreicht werden und der Energiebedarf weiter reduziert werden soll, wird eine effiziente Lüftungswärmerückgewinnung unverzichtbar.

Moderne Lüftungswärmetauscher arbeiten mit einem Wirkungsgrad von mindestens 85 %. Durch den Einsatz von Lüftungsanlagen mit Wärmerückgewinnung wird etwa 15-mal mehr Energie eingespart als Ventilatorstrom verbraucht wird.

Kernstück einer Lüftungsanlage mit Wärmerückgewinnung ist die Wärmerückgewinnungsbox. In ihr durchströmt die warme verbrauchte Abluft an der kühlen frischen Zuluft vorbei und gibt ihre Wärme ab. Die Vermischung der Luft und somit auch die Geruchsbelästigung sind durch trennende Membrane zwischen den beiden Medien ausgeschlossen. Die Anlagen werden nach dem erforderlichen maximalen Volumenstrom bemessen, der sich aus der Multiplikation von maximaler Luftwechselrate und belüftetem Volumen errechnet. Größere Gebäude werden oft mit volumenleistungsstärkeren Rotationswärmetauschern ausgestattet.

Um trockener Raumluft in Gebäuden mit Zu- und Abluftanlagen entgegenzuwirken, können Enthalpiewärmetauscher eingesetzt werden. Plattenwärmeübertrager mit diffusionsoffenen Polymermembranen bieten dafür eine optimale Low-Tec-Lösung.

In Gebäuden mit vertikal durchgängigen Installationsschächten lassen sich unter Umständen Schachtkompaktanlagen mit integrierten Wärmetauschern installieren. Die Wärmetauscher umfassen die volle Schachthöhe von der jeweiligen Nutzungseinheit und haben dadurch einen hohen Wirkungsgrad. Bei entsprechend vorhandenem Querschnitt können auch Bestandsgebäude mit Lüftungsschächten gut mit einer Wärmerückgewinnung nachgerüstet werden.

Gebäude mit einer kontrollierten Be- und Entlüftung müssen ausreichend dicht sein, wenn die Lüftung effizient erfolgen soll. Andernfalls geht unnötig Wärme verloren und Frischluft gelangt nicht an die vorgesehenen Stellen. Siehe hierzu auch Kapitel *Wind- und Luftdichte*.

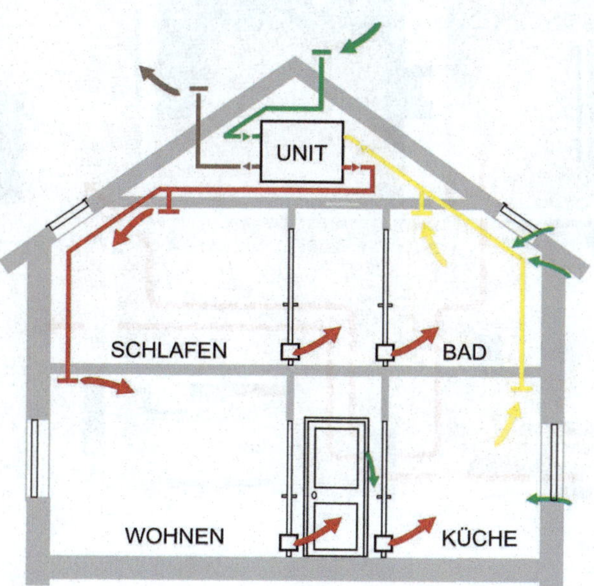


*Bild 8-11: Zentrale Lüftungsanlage mit Zu- und Abluft und Luftwärmerückgewinnung in einem Einfamilienhaus/in einem Mehrfamilienhaus*

*Quelle: Reiners, Berhorst*

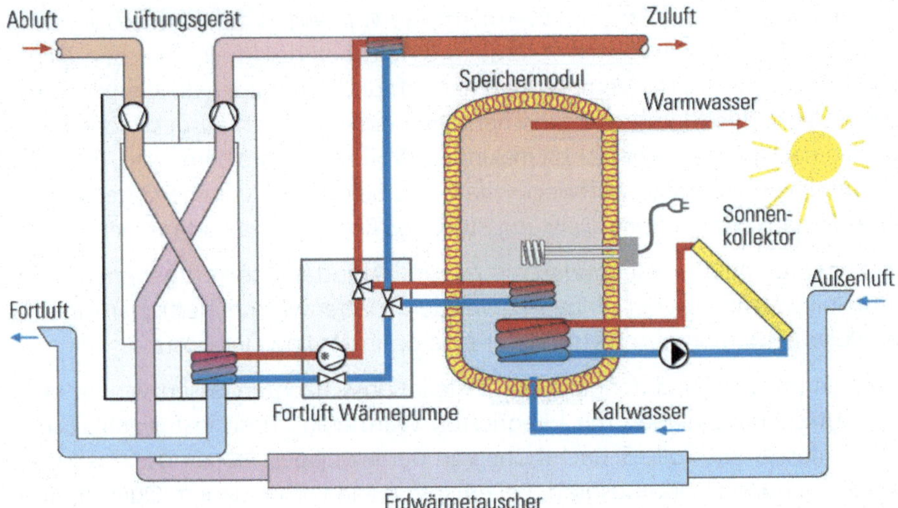


*Bild 8-12: Anlagenschema Lüftungsgerät mit Wärmerückgewinnung und Erdreichwärmetauscher, Wärmepumpe und Speicher*

Quelle: Ingenieurbüro ebök

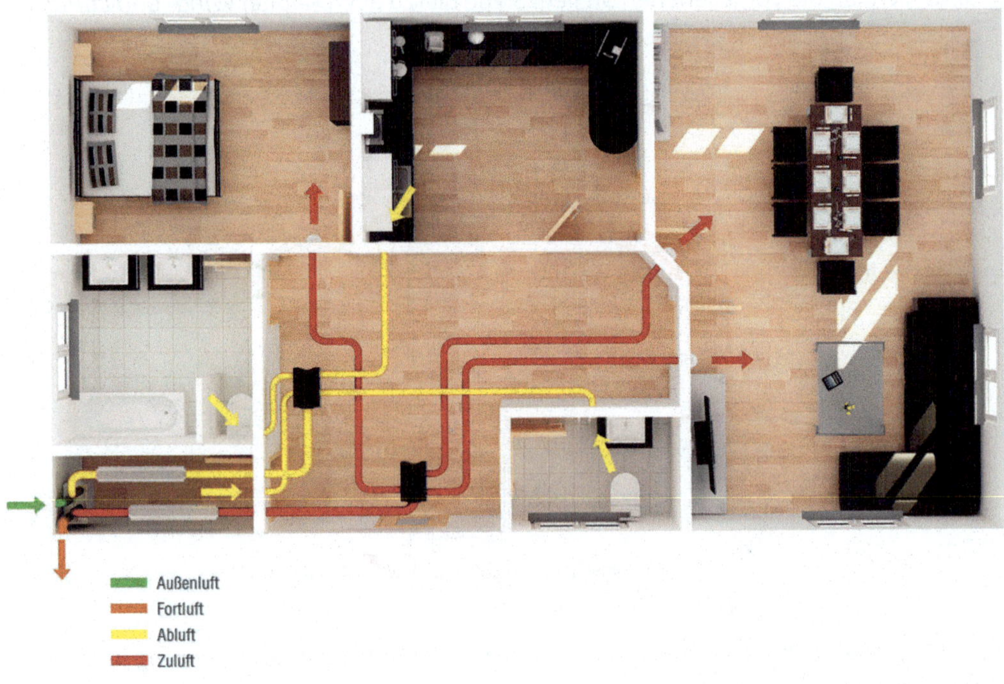


*Bild 8-13: Zentrallüftungsgerät mit Wärmetauscher und Schemazeichnung*

Quelle: AEREX HaustechnikSysteme GmbH

Die Wärmerückgewinnung erfolgt energieeffizient in einer zentralen Box je Nutzungseinheit mit mehreren Räumen, an die die Zu- und Abluftkanäle angeschlossen werden. Die einströmende Frischluft wird über Filter gereinigt, was insbesondere für Allergiker eine große Entlastung bedeutet. Bei zentralen Systemen können dem Zuluftkanal sogenannte Erdreichwärmetauscher vorgeschaltet werden. Hier wird die Luft durch ein erdverlegtes Rohrregister mit einer wirksamen Länge > 70 m winterlich vorerwärmt bzw. sommerlich vorgekühlt. Derartige Anlagen sind im Bestandsbau nur mit relativ hohem Aufwand mit nachträglichen Erdarbeiten zu realisieren.

Die Anlagenintegration in das Gebäude sollte in einem frühen Planungsstadium erfolgen. Zur Gewährleistung der einwandfreien energieeffizienten Funktion ist die fachgerechte Einregulierung der Anlagen, eine Nutzereinführung mit Revisionsunterlagen und Betriebsanleitung sowie die regelmäßige Wartung und Reinigung unbedingt erforderlich.

### Dezentrale Lüftung mit Lüftungswärmerückgewinnung

Sollte die Installation von Lüftungskanälen nicht erwünscht sein oder sind nur wenige Räume zu lüften, ohne dass auf eine Lüftungswärmerückgewinnung verzichtet werden soll, können kompakte Einzelgeräte mit integriertem Wärmetauscher dezentral an Fenstersturz, Brüstung, Rollladenkasten oder in den Außenwänden installiert werden.

Zwei Betriebssysteme sind etabliert

- Monokompaktgeräte mit integrierten Wärmetauschern funktionieren nach dem Prinzip zentraler Anlagen. Die Zu- und Abluftöffnung befindet sich direkt hinter dem Gerät.
- Demgegenüber arbeiten Geräte mit Regenerativ-Wärmetauscher jeweils paarweise und in vier Phasen. In der ersten Phase wird Außenluft durch den Wärmespeicher gesaugt, wobei sie die dort gespeicherte Wärme mit zurück in den Raum nimmt. Nach 80 Sekunden ist der Wärmespeicher entladen (Ende Phase 2). Nun wird die Drehrichtung des Lüfters umgekehrt und die verbrauchte, aber warme Raumluft durch den Wärmespeicher gedrückt. Dabei lädt er sich wieder auf. (Beginn Phase 3). Nach ca. 80 Sekunden ist dieser Ladeprozess abgeschlossen (Phase 4) und die Drehrichtung des Lüfters wird abermals umgekehrt. Die Anlage steht wieder am Ausgangszustand. Um ausreichende Be- und Entlüftung zu gewährleisten, ist diese so programmiert, dass ein Lüfter ansaugt, während der andere ausbläst. Die Lüfterpaare können auch in benachbarten Räumen installiert werden, die durch eine Überströmöffnung verbunden sind.

Die Vorwärmung der Zuluft in einem Erdreichwärmetauscher ist bei beiden Bauarten nicht möglich. Weiterhin bedeutet die Montage zusätzliche Durchdringungen der Außenhülle des Gebäudes. Der von den Anlagen verursachte Geräuschpegel kann in Schlafräumen als störend empfunden werden. Die Investitionskosten liegen flächenbezogen etwa auf dem Niveau zentraler Anlagen. Sie bieten bei Sanierungen oder bei geringer Anzahl zu belüftender Räume eine interessante Alternative.

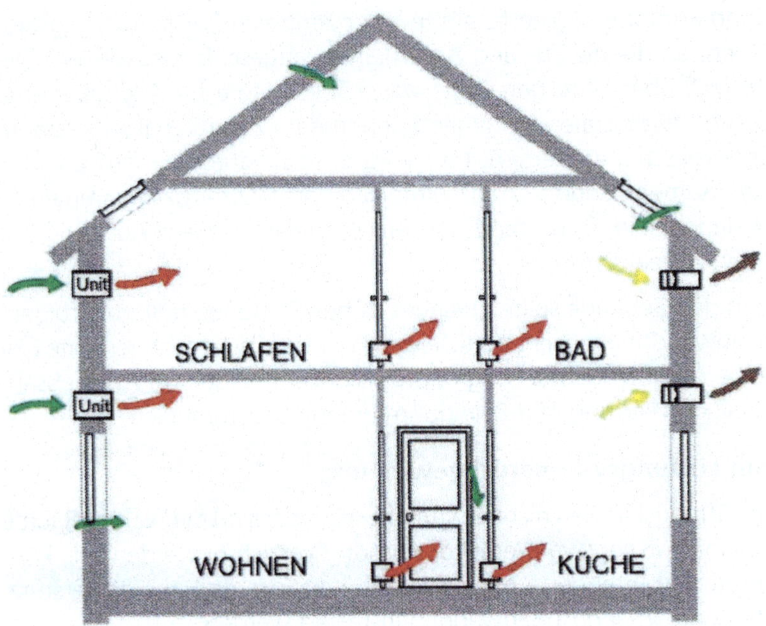


*Bild 8-14: Dezentrale Lüftungsanlagen in einem Einfamilienhaus*
*Quelle: Reiners, Berhorst*

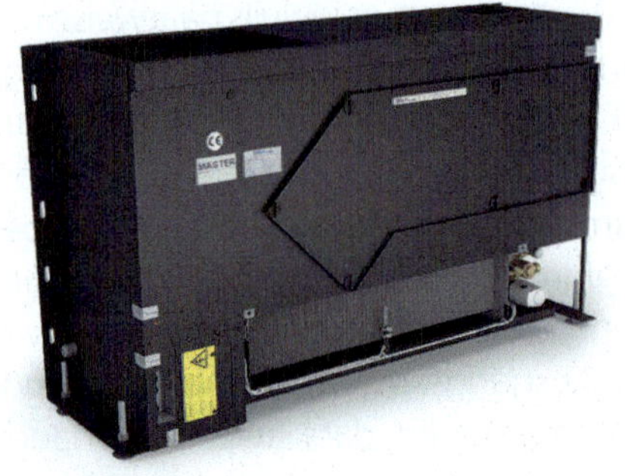

*Bild 8-15: Dezentrales Lüftungsgerät mit Wärmetauscher und integrierter Heizfunktion für den Fensterbrüstungseinbau – Gerät im eingebauten Zustand*
*Quelle: TROX GmbH*

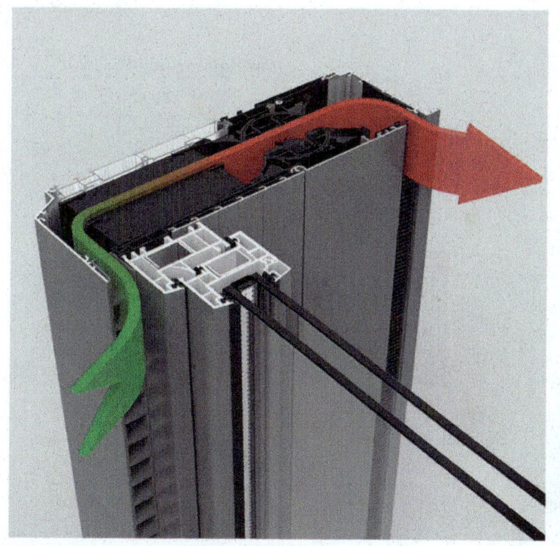

*Bild 8-16: Dezentrales Lüftungsgerät mit Wärmerückgewinnung für den Einbau in Fensterlaibung oder Sturz*

*Quelle: Renson®*

Die Lüfter werden auf dem Fensterprofil vormontiert und sind sowohl für Sanierung als auch für Neubau geeignet.

Filter optional (G3, F7)

Wärmerückgewinnungsgrad: 81 % nach EN13141-8

Automatischer Bypass, Modularer Aufbau, Ecolabel: A/A+

Eine technische Mischform der Lüftung mit Wärmerückgewinnung bietet z. B. ein Gerät der Firma bluMartin aus Weßling. Hier wird das Zentralgerät mit Wärmerückgewinnung in die Außenwand eingebaut und belüftet somit den angrenzenden Raum. Über Kanalanschlüsse kann ein weiterer Raum belüftet (z. B. Schlafraum) und ein Raum entlüftet werden (z. B. Bad).

**Luftqualitätssensorik**

Bei der mechanischen Lüftung werden die Volumenströme meist zentral eingestellt und nach starren Zeitprogrammen geschaltet; die Volumenströme orientieren sich an der maximalen Luftbelastung. Die in der DIN 1946 empfohlenen flächenbezogenen Volumenströme für die mechanische Lüftung orientieren sich an voll belegten Räumen. Daher wird in vielen Gebäuden mit wechselnder Belegungsdichte oft unnötig stark gelüftet. Dies gilt vor allem für Tagungsräume und Hörsäle, Theater, Kinos, Hotels, Kneipen, Restaurants, Sportstätten etc. Dort wird häufig mit großem Energieeinsatz permanent Luft umgewälzt und ggf. ent- oder befeuchtet, obwohl das in diesem Umfang nicht notwendig ist.

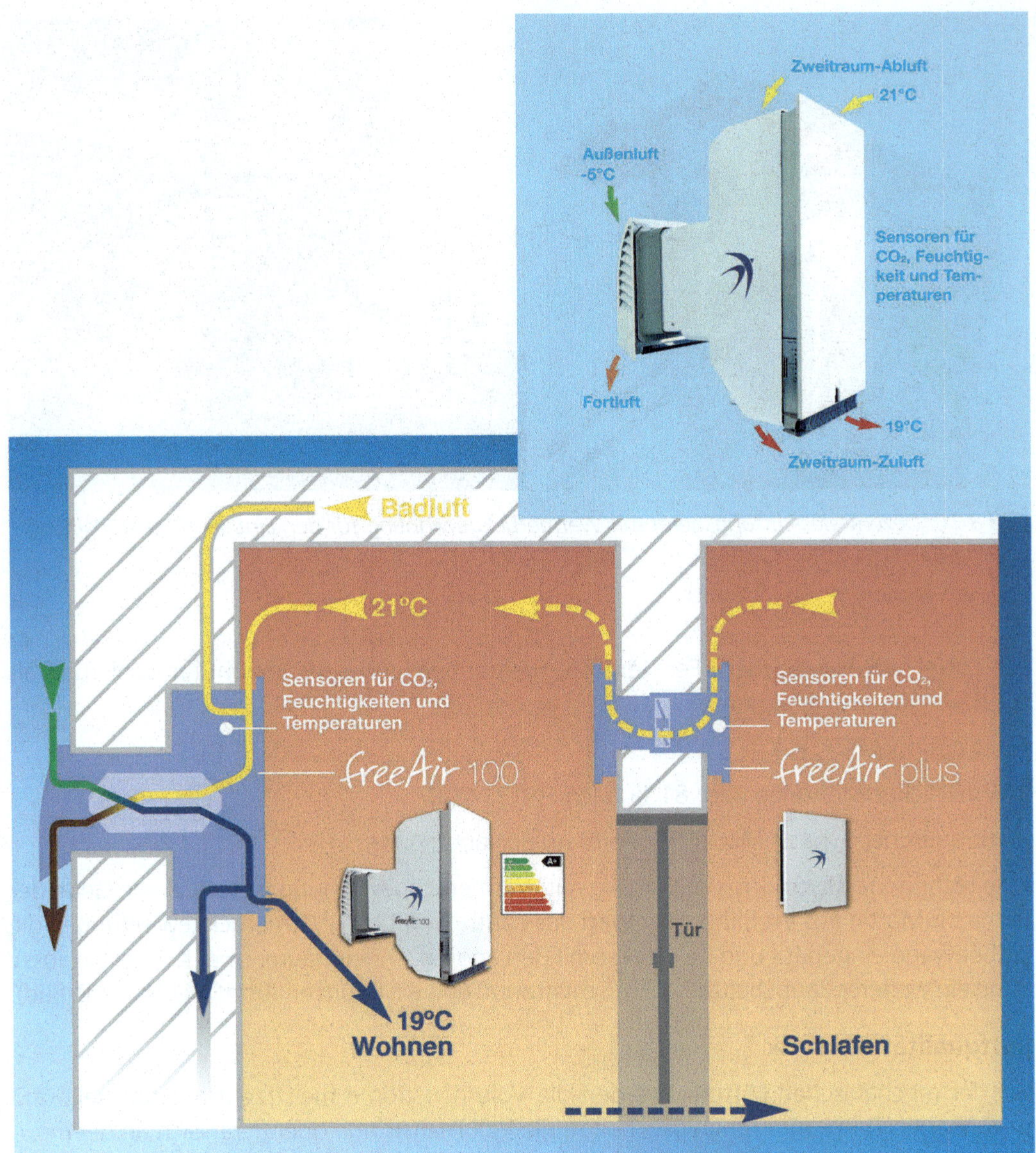


*Bild 8-17: Lüftungsgerät mit Wärmetauscher für den Wandeinbau mit weiteren Möglichkeiten für Lüftungskanalanschluss – Gerät Schemazeichnung*

*Quelle: bluMartin GmbH*

Mit gängigen Kohlendioxid-Sensoren kann zwar verbrauchte Luft erkannt werden, die Ausdünstungen der Büroeinrichtung, von Menschen oder beispielsweise Tabakrauch werden jedoch nicht registriert. Folglich wird die Luft hier nicht in dem Maße ausgetauscht, wie dies aufgrund der besonderen Nutzungssituation nötig wäre. Seit Längerem sind VOC- und Mischgas-Sensoren erhältlich, mit denen ein für die Lüftungsregelung relevantes Spektrum an Gasen und Dämpfen detektiert werden kann. Mischgas-Sensoren können auf Tabakrauch, Ausdünstungen von Menschen, Büroeinrichtung und vieles mehr reagieren. Die

Sensoren können im Raum oder im Abluftkanal eingebaut werden. Das Signal kann auch dazu genutzt werden, immer dann auf Umluftbetrieb umzuschalten, wenn die Luftqualität und Luftfeuchtigkeit dies zulassen. Voraussetzung für bedarfsorientierte Lüftungssysteme sind Luftfilter, regelbare Ventilatoren und Öffnungsklappen mit Anschluss an einen Installationsbus.

Der Stromeinsatz für die Ventilation kann mit luftqualitätsorientierten Regelungsstrategien je nach Raumbelegungs- und Nutzungssituation um 20 bis 60 % reduziert werden. Hinzu kommen Energieeinspareffekte in den Bereichen Heizwärme und Luftaufbereitung.

**Erdreichwärmetauscher (EWT)**

Bei Lüftungsanlagen mit Wärmerückgewinnung (WRG) gibt die Abluft in einem Wärmetauscher einen Großteil ihrer Wärmeenergie (75 bis 95 %) an die frische Zuluft ab. In den Wärmetauschern stellt sich bei tiefen Außenlufttemperaturen unter Umständen Vereisung auf der Fortluftseite ein. Ein Weg, dies sicher zu vermeiden und gleichzeitig den Systemwirkungsgrad zu erhöhen, ist der Einsatz eines vorgeschalteten Erdreichwärmetauschers. Hierzu werden Außenluftleitungen, über die Frischluft angesaugt wird, mit einer effektiven Gesamtlänge von mindestens 70 m im Aushubraum verlegt.

Die Temperaturdifferenz von Erdreich zu Außenluft, die im Winter bis zu 25 Kelvin betragen kann, lässt sich für die Erwärmung der Außenluft nutzen. Dabei wird auch bei niedrigen Außentemperaturen im Winter die Frischluft auf mindestens 6 °C vorerwärmt. Mit dem gleichen System lässt sich im Sommer die aufgeheizte Luft kühlen, bevor sie in das Gebäude geleitet wird.

An der Rohrinnenseite kann es im Frühjahr und Sommer bei Unterschreitung der Tautemperatur zur Bildung von Kondenswasser kommen. Die Rohre sollten daher mit einem dauerhaft wirksamen Gefälle von mindestens 2 % verlegt werden, damit das Kondensat abfließen kann. Für kleine Rohrdurchmesser verwendet man aus Kostengründen PE-HD- oder PP-Rohre, während man für mittelgroße Rohrdurchmesser aus statischen Gründen Betonrohre einsetzt. Rohrdurchmesser > 50 cm sollten wegen entstehender Kernströmung ohne nennenswerte Wärmetauscheffekt nicht eingesetzt werden. Die Strömungsgeschwindigkeit sollte bei max. 2 m/s liegen.

Das Effizienzpotenzial von Erdreichwärmetauschern liegt bei etwa 5 bis 10 % der Lüftungswärmeverluste. [12]

- Bei Außenlufttemperaturen unter 15 °C wird die Zuluft durch den EWT und danach durch den Wärmetauscher der WRG in die Aufenthaltsräume geleitet.
- Bei etwa 15 bis 25 °C wird auch der Wärmetauscher durch einen Bypass umgangen und die Zuluft direkt zugeführt.
- Bei höheren Außenlufttemperaturen wird die Zuluft im EWT vorgekühlt und unter Umgehung des WRG-Gerätes in die Nutzräume geleitet.

*Bild 8-18: Einbau eines Erdreich-Zuluftwärmetauschers*

*Quelle: Niedrig-Energie-Institut, Detmold*

*Bild 8-19: Zuluftvorerwärmung mit Solewärme gespeistem Heizregister (Leitungen noch ungedämmt)*

*Quelle: Niedrig-Energie-Institut, Detmold*

### Luftbrunnen

Im Unterschied zu Rohr-Erdreichwärmetauschern wird die frische Außenluft bei Luftbrunnen durch eine Kiespackung angesaugt. Am Boden der Kiesschicht in mindestens 1,5 m Tiefe werden einfache Drainage-Ansaugrohre als Register mit einem Abstand von etwa 30 cm untereinander verlegt. Als wirksame Rohrlänge werden bei gleicher Vorwärmleistung nur etwa 1/10 der vergleichbaren Rohr-EWT-Fläche benötigt.

Die Kieselsteine speichern die Umgebungstemperatur der Erde und geben sie an die vorbeiströmende Luft ab. Bei diesem Vorgang wird auch der Feuchtigkeitsgehalt der Luft reguliert.

Im Sommer wirkt das Kiesbett kühlend und kann die Einströmtemperatur der frischen Außenluft auf bis zu 16 °C reduzieren. Die Deckschicht mit 5 bis 10 cm lockerem Humus wirkt als biologischer Filter, der Verunreinigungen aus der Luft entfernt, und kann im Rahmen der Schichtstärke extensiv bepflanzt werden. Auch ohne zusätzliche Filter wird die Schadstoffbelastung der Zuluft erheblich reduziert. Je 100 m³ zu belüftendem Volumen mit einfachem Luftwechsel wird ein Kiesvolumen von mindestens 4 m³ in einer frostfreien Einbautiefe benötigt. Es können auch natürlich vorhandene Kiesschichten „angezapft“ werden. Die Gefahr des Einspülens von Bodenpartikeln wird durch Umhüllen der Kiespackung und des Drainagerohrs mit feinem Geotextil vermieden. Für den Betrieb eines Luftbrunnens ist ein sickerfähiger Boden mit konstant niedrigem Grundwasserspiegel unterhalb des Rohrregisters Voraussetzung. Weiterhin darf es auf der Fläche nicht zu stehender Nässe/Feuchtigkeit kommen, um eine Vereisung des Luftbrunnens zu vermeiden.

### Planungsregeln für Lüftungsanlagen mit Zu- und Abluft und Luftwärmerückgewinnung

- Die Festlegungen der DIN 1946-6 sind bei der Auslegung von Wohnungslüftungsanlagen zu beachten.
- Einblas- und Absauggeräusche sollten abweichend von den Anforderungen der DIN das Maß von 25 dB(A) nicht überschreiten. Hierzu kann der Einbau von Schalldämpfern erforderlich sein. Gleiches gilt für die Schallübertragung zwischen Räumen, die an einem Lüftungskanalsystem angeschlossen sind.
- Die Anlage sollte über separat dynamisch geregelte Ventilatoren verfügen. So kann die Volumenstrombalance in Abhängigkeit von den Gegebenheiten ohne mechanische Widerstände gewährleistet werden.
- In Gebäuden mit mehreren Nutzungseinheiten hat sich die Aufteilung der Stränge direkt am Zentralgerät bewährt.
- Die Zuluft-Zuführung sollte bedarfsgerecht regelbar sein. Für die üblichen Anwendungsfälle empfiehlt sich eine mindestens dreistufige manuelle Einstellung der Luftwechselrate: 0,1 $h^{-1}$ (für Zeiten der Abwesenheit), 0,4 $h^{-1}$ (für normale Nutzung), 0,8 $h^{-1}$ (für intensive Nutzung). Für besondere Nutzungsarten wie z. B. Versammlungsräume müssen auch höhere Luftwechselraten ermöglicht werden. Die höchste Stufe sollte sich nach einer definierbaren Zeit selbsttätig eine Stufe zurückschalten. Bei Montage einer sensorgesteuerten Regelung auf der Basis der gemessenen Luftqualität und/oder durch Bewegungsmelder ist die zusätzliche automatische Steuerung möglich.

- Jede Form der zusätzlichen Luftbehandlung (Befeuchtung, Zugabe von Duftstoffen) birgt Risiken.
- Um eine Belastung der Zuluft durch Schimmelpilze und Keime zu vermeiden, sollten Außenluftöffnungen mit hochwertigen Filtern ausgestattet werden. Mindestens 2 m Ansaughöhe über Gelände haben sich bewährt. Großflächige Filter zeichnen sich durch geringe Druckverluste aus. Antibakterielle Filtermatten sind zu empfehlen. Der Einbau von ePM1-Filtern bietet guten Infektionsschutz und bei vielen Allergiearten Entlastung. In Windrichtung des Zuluftbauwerks sollten keine Schadstoffemittenten liegen. An den Abluftventilen genügen Insektengitter. Die Filterüberwachung kann durch eine zeitprogrammierte Erneuerungserinnerung, Differenzdruckanzeige oder einen Sensor erfolgen.
- Kochdämpfe sollten über eine Umluftabzugshaube (mit regelmäßig zu erneuerndem Fettfilter) abgesaugt werden. Der Einbau von Küchenexhaustern ist zwar wirkungsvoller, die Wärmeverluste sind allerdings höher.
- Umluftbetrieb der Lüftungsanlage (mit Ausnahme von Küchenablufthauben) sollte nur bei vorhandener Luftqualitätssensorik mit automatischer Regelung betrieben werden. Auch in diesem Fall ist der Umluftbetrieb aufgrund der Verschmutzungsgefahr der Anlagen nur bedingt zu empfehlen.
- In gut wärmegedämmten Gebäuden mit Anlagen zur Lüftungswärmerückgewinnung spielt die Anordnung der Zuluftöffnungen fast keine Rolle, da sich die erwärmte Frischluft durch die guten Dämmwerte nahezu gleichmäßig ausbreitet. Dennoch sollten die Zuluftöffnungen nicht so eingebaut werden, dass Betten oder Sitzgruppen direkt angeströmt werden.
- Um hohe Temperaturgefälle an den Austrittsöffnungen und Staubverschwelungen im Lüftungssystem zu vermeiden, sollte die Maximaltemperatur von Heizregistern begrenzt werden.
- Anhaltswert für den Strombedarf von Lüftungsanlagen mit Wärmerückgewinnung: < 0,40 Wh pro m³ gefördertes Luftvolumen bzw. < 250 kWh je 100 m² Nutzfläche mit 2,5 m Raumhöhe bei 0,5-fachem Luftwechsel bei einer Jahres-Betriebsannahme von 5.000 Stunden.
- Lüftungsanlagen sollen gemäß DIN 1946/6 mindestens alle zwei Jahre gewartet werden. Hierzu gehört: Erneuerung aller Filter, Überprüfung der Volumenströme an den Zu- und Abluftventilen und am WRG-Gerät, Überprüfung und gegebenenfalls Reinigung der Kanäle und des WRG-Gerätes, Funktionstests.
- Im Übrigen gelten die Empfehlungen für Abluftanlagen sinngemäß.

## 8.4 Erwärmung

Vorgänge zur Erwärmung und Kühlung gehören zu den energieintensiven Prozessen im Gebäudebereich und bedürfen daher der besonderen Beachtung.

Europaweit entfällt in der Immobilienwirtschaft mehr als 55 % des Endenergiebedarfs auf Heizen, etwa 25 % auf Warmwasserbereitung und rd. 18 % für sonstige Energieformen inklusive Strom. In Deutschland beträgt das mittlere Alter der installierten Heizwärmeerzeuger ca. 24 Jahre. [16]

### 8.4.1 Interne Wärmegewinne

Durch die Abwärme von Menschen, Beleuchtung, Geräten, die Essenszubereitung, Duschen u. a. entstehen in Gebäuden interne Wärmegewinne. Dieses Potenzial muss nicht unterschätzt werden. Als Anhaltswerte können für die Abwärme eines Erwachsenen etwa 100 W, für die Abwärme eines PC etwa 200 W und für Leuchtmittel 40 bis 90 % der installierten Leistung angenommen werden.

***Beispielexkurs für interne Wärmequellen eines durchschnittlichen deutschen Vierpersonenhaushaltes [13]:***

- Personen 5,3 kWh/Tag
- Warmwasserversorgung 3,3 kWh/Tag
- Beleuchtung 1,4 kWh/Tag
- Elektroherd/-ofen 0,6 kWh/Tag
- Kühlgeräte 1,8 kWh/Tag
- Geschirrspülmaschine 0,3 kWh/Tag
- Fernseher 0,6 kWh/Tag
- Sonstige Geräte 1,9 kWh/Tag
- **Summe 15,2 kWh/Tag**

Bei einer Heizperiode von 230 Tagen entspricht dies ca. 3.500 kWh Wärmeenergie. Im Sommer liegt eine ähnlich hohe Wärmelast vor. Bei einigen Gebäudearten wie z. B. Versammlungsstätten, Forschungs- und Laborgebäuden kann es im Sommer durch die Abwärme von Beleuchtung, Geräten und Menschen zu einem deutlichen Wärmeüberschuss kommen.

### 8.4.2 Passive Solarenergienutzung

Im Mittel beträgt die in Deutschland auf eine ebene Fläche auftreffende Sonnenenergie pro Tag etwa 2,9 kWh/m², d. h. im Jahr 1.045 kWh/m².

Auf Gebäude auftreffende Sonneneinstrahlung erwärmt die Gebäudehülle. Die Wärme wird zum Teil reflektiert, zum anderen Teil absorbiert. Die Verglasungen durchdringende Sonnenstrahlen erwärmen die innen liegenden Bauteile. Wintergärten nutzen diesen Effekt und können daher als Pufferräume genutzt werden. Die Belichtungssituation verschlechtert sich allerdings in den Räumen hinter dem Wintergarten. Werden Wintergärten mit ihrer großflächigen Verglasung auch während der Heizperiode als vollwertige Wohnräume genutzt, mutieren sie zu teuren Energieschleudern. Daher müssen für eine energetisch sinnvolle Nutzung von Wintergärten einige Grundsätze beachtet werden:

- thermische Trennung des Wintergartens vom beheizten Volumen durch gute Dämmung,
- bedarfsgerechter Luftaustausch in der Heizperiode zwischen Wintergarten und anliegenden Nutzräumen bei ausreichend hoher Wintergartentemperatur durch gezieltes

manuelles Lüften oder eine automatische durch Temperatursensor gesteuerte Belüftungsanlage,

- wirkungsvoller Sonnenschutz zur Vermeidung sommerlicher Überhitzung sowie gute Lüftungsmöglichkeiten und Speichermassen.

### Solare Lufterwärmung

Alternativ zur Installation von Erdreichwärmetauschern kann das energetische Verhalten von Lüftungsanlagen mittels Vorwärmung der Zuluft im Volumen spezieller Luftkollektoren, Doppelfassaden, hinter Vorsatzschalen, in verglasten Treppenhäusern oder anderen geeigneten Klimapuffer-Volumen verbessert werden.

Durch den Einsatz der erforderlichen technischen Ausrüstung und Ventilatorstrom ist die Anwendung solarer Lufterwärmung ein Grenzfall der passiven Solarenergienutzung. Die Luft nimmt beim Durchströmen eines Solarabsorbers Strahlungswärme und Transmissionsverluste auf und gelangt vorgewärmt in einen Lüftungswärmetauscher oder direkt in die Räume des Gebäudes.

In der Lowtec-Variante ohne Lüftungswärmerückgewinnung wird die vorgewärmte Luft direkt den zu belüftenden Räumen zugeführt. Eine einfache Abluftanlage sorgt für den erforderlichen Unterdruck, sodass eine definiert regelbare Frischluftzufuhr besteht. Die Luft wird entweder im Bedarfsfall mittels Klappensteuerung oder permanent durch den Kollektor geführt. Die Anlagen können mit einem Photovoltaik-Modul zur Stromversorgung des Ventilators ausgerüstet werden. Eine Steuerung ist in diesem Fall nicht erforderlich. Die Anlage läuft nur, wenn das PV-Modul Strom liefert, was eine einfache Volumenstromregelung in Abhängigkeit von dem solaren Angebot ermöglicht.

Eine Südfassade mit 10 m² solarem Luftkollektor ist in der Lage, ca. 400 kWh pro Jahr an die durchströmende Zuluft abzugeben. Bei einem Luftstrom von 100 m³/h entsteht ein Lüftungswärmegewinn von 4 kWh/m³. Südorientierte Zuluftfassaden gewinnen etwa doppelt so viel Wärme wie nordorientierte [14].

Konstruktiv einfache Kollektoren reichen in der Übergangsperiode für die Frischlufterwärmung gut gedämmter Gebäude aus. Damit sind Frischluftheizsysteme auch kostengünstig. Nachteilig ist, dass die Systeme durch die nutzungsbedingt festgelegte Frischluftrate in ihrer Leistung begrenzt werden. Für höhere Wärmeleistungen sind daher höhere Luftwechselraten erforderlich. In großen Gebäuden und Hallen kann die Luft deshalb zusätzlich im Umluftbetrieb erwärmt werden. Auf diese Weise kann die Anlage vergrößert und die Leistung erhöht werden.

Die Erwirtschaftung hoher Wärmeerträge erfordert die Montage hochwertiger Luftkollektoren mit Südausrichtung. Eine Variante, die die zeitversetzte Wärmeabgabe ermöglicht, ist die Zuführung der solar erwärmten Luft über Hypokausten- oder Murokaustensysteme, bei denen der Boden oder die Wände hinterströmt werden. Dies ist insbesondere für Gebäude mit hohen passiven solaren Wärmegewinnen bei gleichzeitig großen nutzbaren Massespeichern empfehlenswert.

Der nutzbare Wärmeertrag der Luftkollektoren ist von mehreren Faktoren abhängig:

- vorhandenes Strahlungsangebot der Sonne

- Wärmebedarf des Gebäudes
- Gleichzeitigkeit von Strahlungsangebot und Wärmebedarf im Tagesverlauf
- Absorptionseigenschaften der Kollektoren
- Höhe der Wärmeverluste im Kollektor
- Höhe der direkten passiven Solarenergienutzung durch Fassaden und Fenster (zu Zeiten hoher passiver solarer Wärmegewinne müssen Luftkollektorgewinne in eine Zone ohne solare Wärmegewinne transportiert, abgelüftet oder zwischengespeichert werden)

Solarlufterhitzer können auch bei geringer Sonneneinstrahlung energetisch wirksam sein. Sie sind auf das Zusammenwirken mit einer konventionellen Wärmeversorgung oder mit Lüftungs- und Klimaanlagen angewiesen. Gute Voraussetzungen für eine ökonomische Tragfähigkeit liegen bei Gebäuden mit niedrigen internen und passiven solaren Wärmegewinnen bei gleichzeitig hohem Frischluftbedarf vor, wenn vorhandene Lüftungs- oder Klimaanlagen mit meist einfachen solaren Komponenten ergänzt werden können. In verschiedenen Demonstrationsprojekten konnte gezeigt werden, dass in diesem Fall ein besonders günstiges Kosten/Nutzen-Verhältnis erreicht wird.

Auch in nur zeitweise genutzten Gebäuden, wie z. B. Ferienhäusern, sind solare Luftsysteme sinnvoll einzusetzen. Die Gebäude können so teilweise frostfrei gehalten und durch die solar erwärmte Luft belüftet werden. Eine erhöhte Feuchtigkeit, wie sie sonst bei unbeheizten Gebäuden üblich ist, wird vermieden [15].

Im Gegensatz zu Erdreichwärmetauschern eignen sich die beschriebenen Systeme nicht zur sommerlichen Vorkühlung der Zuluft. Solare Luftsysteme konkurrieren mit Anlagen zur Lüftungswärmerückgewinnung, sie können aber auch mit diesen kombiniert werden.

### 8.4.3 Heiztechnologien

Welches System der Wärmeversorgung eingesetzt werden soll, hängt von den Randbedingungen wie Art und Lage des Gebäudes, Nutzung, Größe des zu beheizenden Volumens, Existenz eines Energienetzes ab. Dabei wird keiner Technologie grundsätzlich der Vorzug gegeben. Kombinationen aus Heizungs- und Lüftungsanlagen sind ergänzend im Kapitel Lüftung erläutert.

Von entscheidender Bedeutung für die Energieeffizienz aller Heizsysteme ist eine bedarfsgerecht einstellbare Regelung. Mit entsprechender Einweisung kann die Betriebsweise an die jeweiligen Bedürfnisse angepasst und fortlaufend optimiert werden. Die gebräuchlichste Art der Regelung ist die außentemperaturabhängige Heizungssteuerung. Standardmäßig ist hier die Einstellung der Beheizungszeiträume, der für das Gebäude erforderlichen Heizkurve und der Temperaturanpassungen des abgesenkten Heizbetriebes möglich. Moderne Heizungssteuerungen sind in der Lage, neben Außen- und Raumtemperatur auch die Vor- und Rücklauftemperatur sowie Speichertemperaturen als Regelgrößen einzubeziehen. Prozessoren können mit dynamischen Rechenverfahren Brenner-Stillstandszeiten durch eine sogenannte gleitende Betriebsweise an typische Nutzungen anpassen.

Eine ähnlich hohe Bedeutung hinsichtlich der Anlageneffizienz kommt der Dämmung wärmeführender Rohrleitungen zu. Der Energieverlust ungedämmter Leitungen kann in einem

Gebäude, welches sonst nach dem Standard der Heizanlagenverordnung ausgeführt wurde, mehr als 50 % der Anlagenverluste ausmachen.

### Wärmenetze

Unter Fernwärme wird der Wärmetransport vom Erzeuger zu Abnehmern mittels Rohrsystemen über Grundstücksgrenzen hinaus verstanden. Als Energieträger wird Wasser oder Wasserdampf verwendet. Der Begriff Fernwärme steht für die Versorgung ganzer Orte oder Ortsteile. Von Nahwärme spricht man, wenn mit dezentralen Wärmeerzeugern kleinere Wohngebiete oder Gewerbeparks mit Wärme aus einer Heizzentrale versorgt werden. Nahwärmenetze weisen vergleichsweise geringe Verteilungsverluste auf. Bei dieser Art der Wärmeverteilung sind verschiedenste Technologien und Energieträger – auch in Kombination – möglich. Oftmals werden mehrere Wärmeerzeuger in Lastkaskade betrieben, bei denen der Grundlasterzeuger Kraft-Wärmekopplungstechnologie (KWK) aufweist.

Je nach Nah- oder Fernwärmeerzeugungsart sind in energetischen Gebäudebilanzierungen spezifische Primärenergiefaktoren in der energetischen Bilanzierung anzusetzen. Dies erfolgt entweder pauschal (mit oder ohne KWK und Brennstoff fossil oder erneuerbar auf Berechnungsbasis des AGFW Arbeitsblatts FW 309-1 durch fp-Prüfgutachter FW 609).

Für die Planung ist die Analyse von Abwärmeangeboten und Wärmedichten mit Darstellung in kommunalen Wärmekatastern zweckdienlich.

Für den wirtschaftlichen Betrieb von konventionellen Nah- und Fernwärmenetzen ist eine minimale Wärmelast je lfd. Leitungslänge erforderlich. Die Lastspreizungen, z. B. aus einer geringen sommerlichen Wärmeabnahme gegenüber winterlichen Heizbetriebsspitzen, darf nicht zu groß sein. Durch verbesserte Gebäudedämmstandards und sinkende Wärmelasten werden konventionelle Wärmenetze oft mit hohen Verlusten bis zu 50 % der eingespeisten Wärme betrieben. Hinzu kommt, dass erneuerbare Energien und gewerbliche Niedertemperaturabwärme keine direkten Einspeisebeiträge in Mittel- und Hochtemperaturwärmenetze leisten können. Wohngebiete mit Einfamilienhäusern in Niedrigstenergiebauweise kommen für die Versorgung über Nah- und Fernwärmenetze aus ökonomischer Sicht und unter Standardbetriebsbedingungen zunächst nur infrage, wenn sie sowieso entlang der Leitungstrasse liegen, Abwärmepotenziale auf hohem Temperaturniveau in räumlicher Nähe einbinden oder als Low-Ex-Netze betrieben werden.

Eine noch junge Form der Wärmeversorgung stellen Low-Ex-Netze (auch kalte Nahwärme KNW genannt) bis 55° Vorlauftemperatur dar. Hier lassen sich gut regenerative Quellen wie z. B. Thermosolarenergie und Abwärme aus Industrieanlagen einbinden. Low-Ex-Netze stellen eine Weiterentwicklung der Fernwärmeversorgung dar. Aufgrund niedriger Temperaturen im Leitungsnetz treten nur geringe Verluste über große Leistungsdistanzen auf. Bei Netzkonfigurationen mit dezentralen Wärmepumpen, mit Leitungstemperaturen etwa auf Erdreichtemperaturniveau müssen die Leitungen nicht gedämmt werden und können sogar Erdwärme aufnehmen.

Dezentral im Tichelmann-System eingebundene Wärmepumpen können die benötigte Wassermenge dem Netz entnehmen und auf das vor Ort benötigte Niveau anheben. Auf große zentrale Pumpen kann verzichtet werden. Wärmepumpen können im Sommerbetrieb sehr effizient Raumkälte bereitstellen und die Überschusswärme über das Low-Ex-Netz in

Saisonalspeicher abgeben. Hierzu werden Bypass-Wärmetauscher integriert, sodass für die Kühlung nur die Umwälzpumpe laufen muss.

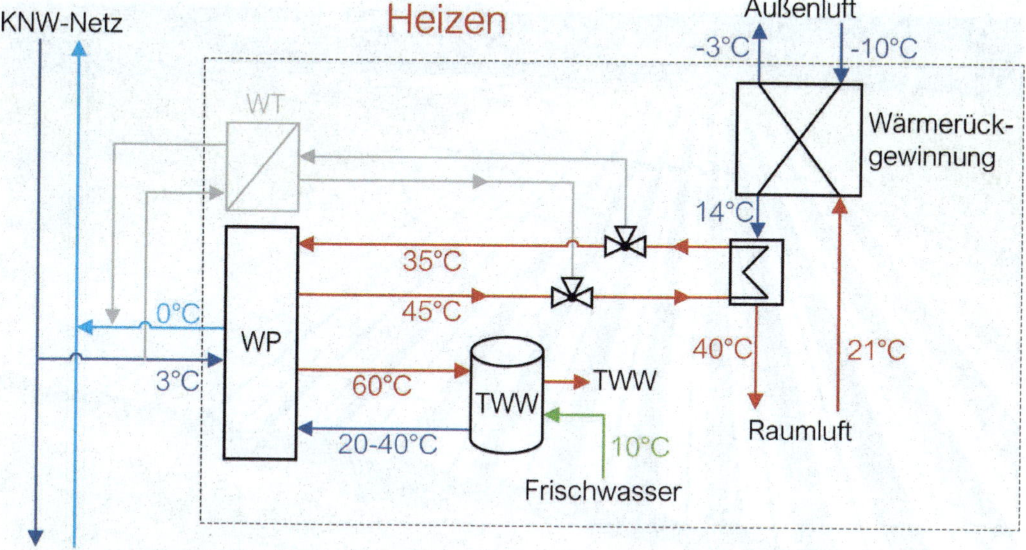


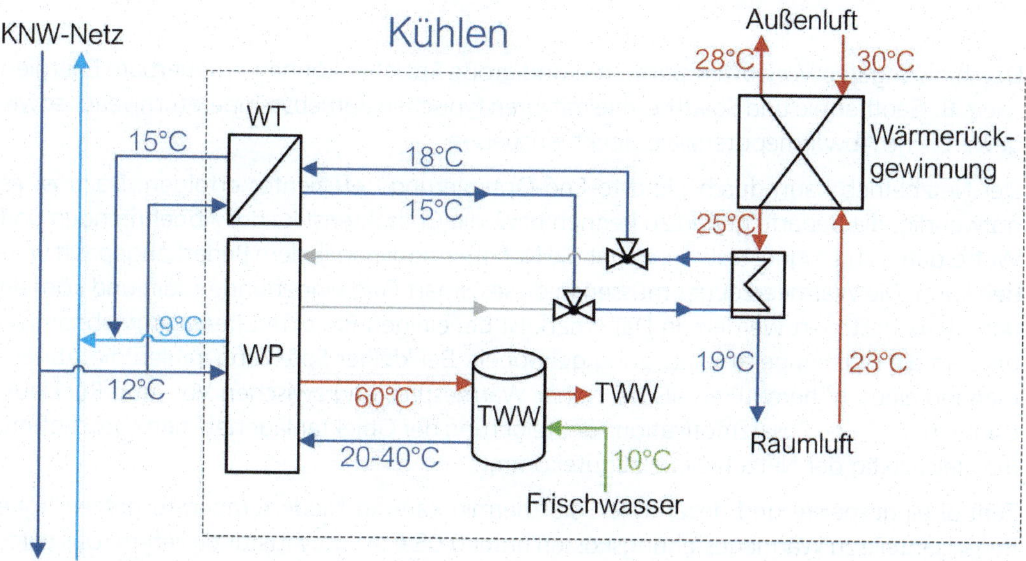


*Bild 8-20: Einbindung von Gebäuden mit geringer Wärmelast in KNW-Netze*

*Quelle: Energie PLUS Concept GmbH*

Zur optimierten Nutzung von Strom für den Wärmepumpenbetrieb kann den Netzbetreibern die Möglichkeit eingeräumt werden, dezentral integrierte Wärmepumpenanlagen intelligent zu vernetzen und während der Freigaberegelzeiten so zu steuern, dass günstiger Nebenzeitenstrom verwendet wird. Dazu müssen dezentrale Speicher montiert werden, um Stillstandszeiten überbrücken zu können.

*Bild 8-21: Solarthermieanlage*
*Quelle: Stadtwerke Greifswald*

Durch niedrigeren Vorlauftemperaturen und große Speicher können erneuerbare Energien wie z. B. Geothermie und Solarthermie mit ihren typischen Betriebstemperaturniveaus sowie gewerbliche Abwärmepotenziale direkt einspeisen.

Der Netzbetrieb kann durch „End-to-End-Optimierung" effizienter erfolgen. Dazu ist es notwendig, die Bedarfe genau zu kennen bzw. die Charakteristika der Abnehmenden und Wetterdaten zu prognostizieren, damit die Netzthermodynamik dem Bedarf angepasst werden kann. Die Wärmeerzeuger müssen in dieses Smart Grid eingebunden sein und können dann flink gesteuert werden. In Dänemark ist bei einigen Projekten der Wärmeabnahmepreis an die Heiztemperaturspreizung gekoppelt. Bei kleiner Spreizung zahlen die Abnehmenden einen höheren Preis als bei hoher Wärmespreizung zwischen Vor- und Rücklauf. Dadurch wird eine Zusatzmotivation zur Steigerung der Objektanlageneffizienz geschaffen, die gleichzeitig der Netzeffizienz zugutekommt.

Zentral eingespeiste und dezentrale Solarthermie kann in Niedertemperaturnetzen hohe Bedarfsanteile zu Wärmegestehungskosten unter 0,05 € je Kilowattstunde liefern. Das europäische Fernwärmenetzwerk Euroheat & Power erwartet bis 2050 einen solarthermischen Anteil in europäischen Nah- und Fernwärmenetzen von 240 TWh.

## Beispielexkurs: Moderne Wärmenetze

Mit regenerativer Wärmeerzeugung – z. B. aus Solarthermie und Wärmenetzen – kann man die Gebäudeheizung dekarbonisieren. In Dänemark wurden bereits zahlreiche Wärmenetze realisiert, die große zentrale Freiflächen-Solarthermieanlagen mit großvolumigen Speichern einbinden. In über 100 Kommunen liefert thermische Solarenergie 15 bis 60 % der Wärme. Im dänischen Gram ist in die Wärmeversorgung ein großer Erdbecken-Wärmepuffer integriert. Dieser wird multivalent über ein Erdgas-BHKW, ein Elektrodenkessel, eine Wärmepumpe, einige Heizkessel und fast 45.0000 m² Solarkollektorfläche erwärmt. In der Summe sind das mehr als 700 MW.

Im schwedischen Vallada-Heberg wird ein Wohngebiet mit hohen Dämmstandards und somit geringer Wärmedichte über ein Nahwärmenetz mit 680 m² dachintegrierte Kollektoren und ein Biomasseheizwerk versorgt. In Graz wird Solarwärme aus 16.000 m² dezentral verteilter Kollektorfläche in das Fernwärmenetz eingespeist. Der Anteil der Solarwärme soll mind. 20 % erreichen. In Wien wurde eine Großwärmepumpe zur Nutzung von Kraftwerksabwärme installiert. Die Wärme wird in Europas größtem Hochdruck-Wasser-Wärmespeicher (11.000 Kubikmeter) eingelagert und ermöglicht, den Wärmebedarf von 20.000 Haushalten bedarfsgerecht anzubieten.

Deutschland zieht nach. Einige Beispiele:

In Frankfurt-Unterliederbach wird das Quartier Parkstadt 100 % regenerativ mit einer Kombination aus Holzpellets und Solarthermie über ein Nahwärmenetz versorgt. Gleiches gilt für Büsingen am Hochrhein und das oberbayerische Moosbach: Die Solarthermieanlagen mit über 1.000 m² Kollektorfläche erbringen über große Pufferspeicher die vollständige Sommerlast, sodass die Biomassekessel nur in der Heizperiode zugeschaltet werden müssen. Auch in der Gemeinde Dollstein im Altmühltal bleibt die Heizzentrale im Sommer komplett ausgeschaltet. Das Niedertemperaturnetz weist dadurch nur 1/15 der Verluste eines sonst vergleichbaren Wärmenetzes mit üblichen Vorlauftemperaturen > 90 °C auf. Im Sommer fließt die Nahwärme mit nur 20 bis 30 °C durch die Leitungen. Diese Wärme liefern 200 m² solarthermische Kollektoren dezentral von den angeschlossenen Gebäudedächern. An den Übergabepunkten der 42 angeschlossenen privaten und öffentlichen Gebäude sorgen Wärmepumpen mit thermischen Leistungen von je 10 kW für Temperaturen von bis zu 70 °C. Die Wärmepumpen werden durch eine intelligente vernetzte Steuerung geregelt. In den angeschlossenen Gebäuden sind Warmwasserspeicher mit je 300 Litern montiert. Diese Puffer sorgen dafür, dass die Wärmepumpen nur tagsüber arbeiten, wenn sie mit PV-Strom versorgt werden können. Längere solare Senken deckt ein BHKW ab. Das Rückgrat des Netzes bilden zwei Wärmespeicher mit 27 und 15 m³ Volumen. Die Aufteilung in einen Sommer- und einen Winterbetrieb macht das Netz rentabel. Zwischen dem 1. Mai und dem 15. Oktober wird eine solare Energieabdeckung von etwa 80 % erreicht. In den Wintermonaten werden ein Erdgas-BHKW und eine elektrische Grundwasserwärmepumpe zugeschaltet. Die Gemeinde Dollstein betreibt das 2 km lange Netz mit allen Komponenten inkl. Übergabestationen. Die beteiligten Bürger müssen lediglich einmalige Anschlusskosten von ca. 1.000 € zahlen und refinanzieren die Investitionen durch die Abnahme der Wärme. Die Stadtwerke Senftenberg binden in ihr Fernwärmenetz 8.300 m² Vakuumröhrenkollektorfläche ein. Diese decken die Wärmegrundlast für mehr als 10.000 Haushalte. Die Spitzenlast wird von einem Erdgasheizwerk bereitgestellt. Im thüringischen Mühlhausen wurde ebenfalls der erste Schritt zur Dekarbonisierung der Fernwärmenetze gegangen. Hier wurden 5.691 m² Kollektorfläche aus 1.320 Solarthermie-Modulen eingebunden. Sie liefern einen Wärmeertrag von ca. 3.300 Megawattstunden pro Jahr. Die Spitzenlasten werden derzeit noch von fossil betriebenen BHKWs breit gestellt.

Der Lagarde Campus in Bamberg wird mit kalter Nahwärme aus Geothermiesonden versorgt. Für das Wärmenetz kommt ein ungedämmtes Kunststoffrohr zum Einsatz. Das Netz versorgt die Gebäude nicht nur mit Wärme zum Betrieb der dezentralen Wärmepumpen, sondern kann auch Kälte zur Raumklimatisierung bereitstellen. Wenn gleichzeitig Wärme- und Kältebedarfe auftreten, können diese durch das Wärmenetz innerhalb des Quartiers effizient ausgeglichen werden.

In Roth an der Our werden alle 45 Gebäude eines Neubaugebietes im Effizienzhausstandard 45 gebaut. Der Heizwärmebedarf darf durchschnittlich 60 Kilowattstunden pro Quadratmeter und Jahr nicht überschreiten. Zur Erzeugung von regenerativem Strom entstand zusätzlich eine 320 m² große Photovoltaikanlage im Bereich des Solarheizkraftwerks mit einem Jahresprognoseertrag von 40.000 kWh.

Ein anderes Einspeisekonzept wurde im Gewerbegebiet „Castroper Straße" in Bochum realisiert. Hier wurden in zwei Betrieben verwertbare Abwärmequellen mit hohen Temperaturniveaus identifiziert. Die Abwärmenutzung über das Fernwärmenetz, das das umliegende Gebiet versorgt, bot sich als technisch und ökonomisch sinnvolle Lösung an. Die verfügbare Abwärmeleistung liegt im Jahresmittel bei 1.000 KWth, die mögliche Jahresenergiemenge bei 7,3 GWhth. Durch die Einbindung der Abwärme in das Fernwärmenetz wird eine jährliche Einsparung von 1.900 Tonnen $CO_2$ erwartet.

Die Fernwärmeversorgung der Stadt Mayen wird vollständig durch Abwärme aus einer Papierfabrik realisiert. Dadurch wird der Ausstoß von schädlichem Kohlendioxid in Mayen beträchtlich reduziert und die Luftqualität in der Region verbessert. Die jährliche $CO_2$-Reduktion beträgt rund 5.400 Tonnen. Aus Abluft und Abgas wird die überschüssige Wärme gewonnen und genutzt, um sie ins Wärmeverteilnetz zu übertragen. Zusätzlich ist ein Speicher mit 300 Kubikmetern für die Nahwärme installiert worden, um die Produktionsabwärmespitzen der Industrie aufzufangen und bei Bedarf zeitversetzt abzugeben. In Haushalten wird die Energie morgens und abends benötigt, in der Industrie fällt sie vor allem tagsüber an. Die „Restenergieversorgung" erfolgt über ein Nahwärmenetz. Die Nahwärmeerzeugung erfolgt aus einem Vakuumkollektorfeld mit 275 m² in Verbindung mit Wärmepumpen und drei Pufferspeichern in Wärmekaskade mit insgesamt 120.000 Liter Warmwasser.

In Hallerndorf/Bayern wurde ein Nahwärmenetz für 120 Wohngebäude und sechs kommunale Gebäude erweitert, um ein Neubaugebiet mit 29 Wohneinheiten anzuschließen. Als Grundlast-Wärmeerzeuger für das Low-Ex-Netz fungiert eine zentrale Solarthermieanlage mit 1.300 m³ Röhrenkollektorfläche und einem 85 m³ großem Pufferspeicher. Fünf Biomassekessel sorgen in Kaskadenschaltung zur Abdeckung von Spitzenlasten. Den Pumpen- und Steuerungsstrom sowie den Strom für eine E-Mobiltankstelle liefert eine PV-Anlage mit Stromspeicher. Stromüberschüsse werden ins Netz eingespeist.

Im Plusenergiehausquartier Geretsried (Bayern) erfolgt die Energieerzeugung über eine Kombination aus Wärmepumpe mit Erdkollektor, Photovoltaikanlage und Blockheizkraftwerk über ein Niedertemperatur-Verteilnetz. Mit Hilfe der Wärme-, Kälte- und Stromspeicher werden Erzeugung und Verbrauch entkoppelt. Je nach Bedarf und Verfügbarkeit erfolgt die Auswahl des Wärmeerzeugers unter Berücksichtigung saisonaler Schwankungen nach wirtschaftlichen und ökologischen Kriterien.

Selbst Altbauensemble lassen sich mit solar unterstützten Wärmenetzen versorgen: Der Bauverein Breisgau ließ in Freiburg 10 Mehrfamilienhäuser mit 92 Wohnungen und zwei Gewerbeeinheiten mit dezentralen Übergabestationen ausrüsten. Die Wärmeerzeugung erfolgt mittels 76 Flachkollektoren auf den Dächern mit zusammen 150 kW und einem BHKW mit 47 kW. Die Wärme wird in 10 Speichern mit je 1.200 bis 1.700 Litern Volumen gepuffert.

Weitere Low-Ex-Netze mit großen Solarthermieanlagen entstehen in den baden-württembergischen Gemeinden Randegg und Liggeringen, an der Nordseeküste in Berklum und im rheinland-pfälzischen Ellern.

Die Stadtwerke Schleswig setzen auf Nahwärmenetze mit einer Grundtemperierung aus Geo- und Solarthermie. Die Rohre werden kostengünstig ungedämmt im Erdreich verlegt. Die Anhebung auf die Gebäudezielvorlauftemperatur erfolgt dezentral mit Wärmepumpen, welche per Anlagen-Contracting mit Vollversorgungsvertrag von den Stadtwerken montiert und gewartet werden. Auf diese Weise sind bereits sechs „kalte Nahwärmenetze" mit niedrigen Wärmekosten für die EndverbraucherInnen entstanden. Zudem ermöglichen die reversiblen Wärmepumpen auch eine sommerliche Kühlung.

Die Stadtwerke Bad Nauheim installieren ein Nahwärmenetz für 400 Wohneinheiten, welches ebenfalls aus oberflächennaher Geothermie gespeist wird. Die Gebäude können über ein Contracting ökostrombetriebene Wärmepumpen erhalten, die die Netztemperatur von 10 °C auf 55 °C anheben. Optional kann der Vorlauf ohne Temperaturanhebung zur sommerlichen Kühlung gebucht werden. Weiterhin wird ein kostenloser Glasfaseranschluss geboten. Das Contracting kann um die Bausteine Photovoltaikanlage und e-Mobil-Wallbox ergänzt werden. Die Stadtwerke garantieren günstige Energiepreise mit langen Laufzeiten, um die Versorgung auch ohne Anschlusszwang attraktiv zu gestalten.

In Landau wird ein Fernwärmenetz vollständig mit Tiefengeothermie betrieben. Die geförderte Thermalwassertemperatur beträgt ca. 159 °C. Dies wird zunächst zur Stromerzeugung genutzt. Damit können ca. 2.600 Haushalten à 3.500 kWh versorgt werden. Für die Bereitstellung von Fernwärme nutzt das Kraftwerk das Prinzip der indirekten Wärmeübertragung, bei dem das geförderte Thermalwasser seine nach dem Stromerzeugungsprozess verbliebene Restwärme von rund 90 Grad Celsius auf das Fernheizwasser überträgt. Das Geothermiekraftwerk hat eine Kapazität von 8 $MW_{th.}$ Damit können bis zu 2.400 Wohneinheiten beheizt werden.

Der Energiepark Hahnennest versorgt Nahwärmenetze in den Orten Hahnennest und Mettenbuch. Von den rund 1000 m³ pro Stunde erzeugten Rohbiogasen werden etwa drei Viertel auf Erdgasqualität aufbereitet und als Biomethan ins Gasnetz eingespeist. Die Aufbereitungsanlage trennt das $CO_2$ vom Rohbiogas ab. Zur Regeneration der Waschlösung benötigt das Verfahren Niedertemperaturwärme. Die Prozesswärme für Fermenterbeheizung und Biogasaufbereitung wird von zwei Blockheizkraftwerken mit 250 kWel bereitgestellt. Zur Abdeckung der Wärmespitzenlast kommt noch ein Biomethan-BHKW mit einer elektrischen Leistung von 200 kW zum Einsatz. Das Biomethan-Blockheizgerät ist von der laufenden Biogasproduktion unabhängig und kann im Störfall der Restanlage den Betrieb aufrechterhalten. Ein Vorzug des Hahnennester Flex-Konzeptes ist die Einbindung der Biogas-Aufbereitungsanlage als zusätzlicher dynamischer Gasspeicher. Die Aufbereitungsanlage ist modulierend steuerbar. Während BHKW-Stillstandszeiten kann die Gasaufbereitung auf Volllast betrieben werden. Dagegen lässt sich bei Betrieb der BHKWs eine größere Menge Rohbiogas zur Stromerzeugung leiten. In Zeiten hoher Nahwärmenetzlast wird die Gasaufbereitung reduziert. Im Sommer kann die Biogas-Einspeisungsleistung erhöht werden.

Mehr Projekte unter www.solare-waermenetze.de

## KWK-Blockheizkraftwerke

Ein modernes Großkraftwerk auf Steinkohlebasis erreicht einen Wirkungsgrad von ca. 45 %. Rund 55 % der Energie entweichen als Abwärme. Selbst wenn diese Abwärme zum Teil als Fernwärme über aufwendige Rohrleitungsnetze zum Endverbraucher geleitet wird, sind Transportverluste von 10 bis 15 % zu verzeichnen. Auch durch Umspannen und Transport des erzeugten Stroms geht ca. 2 bis 5 % der Energie verloren.

Dezentrale Blockheizkraftwerke (BHKW) mit Kraft-Wärme-Kopplung (KWK) haben im Vergleich zu herkömmlichen Kraftwerken den Vorteil eines wesentlich höheren Gesamtwirkungsgrades von 85 bis 90 %. Dieser beruht darauf, dass die Abwärme als Nahwärme verwendet wird und auch der Strom verlustarm zum Verbraucher gelangen kann. Je nach Antriebsmaschine kann ein elektrischer Wirkungsgrad zwischen 20 bis 40 % erreicht werden. Die thermische Energie wird gleichzeitig zur Erzeugung von Warmwasser oder Sattdampf genutzt. Hier kann ein thermischer Wirkungsgrad von 40 bis 50 % erreicht werden.

Die Masse der BHKW-Anlagen arbeitet mit Verbrennungsmotoren, deren Wärme aus dem Abgas und dem Motor-Kühlwasserkreislauf zur Aufheizung von Heizungswasser verwendet wird. Der Motor treibt einen angeschlossenen Stromgenerator an. Inzwischen werden auch Systeme wie Stirling-Motor, Brennstoffzelle, Mikrogasturbinen und Freikolbendampfmaschinen in BHKW-Anlagen eingesetzt.

Das Einsatzspektrum ist nicht auf gewöhnliche Heizzwecke in Verbindung mit Stromgeneratoren beschränkt. Die Erzeugung von Dampf, Heizluft und Thermoöl ist ebenfalls möglich. Durch Anschluss an eine Absorptionswärmepumpe kann darüber hinaus die Abwärme der BHKW-Anlage zur Kälteerzeugung genutzt werden. Wenn ein Kühlbedarf vorliegt, kann auf diese Weise ein BHKW ganzjährig betrieben werden. Das Ergebnis einer Vollkostenbilanzierung kann Aufschluss über Alternativen geben.

Als Kraftstoffe kommen vorwiegend Erd- bzw. Biogas, Heizöl und Biodiesel zum Einsatz. Mit Dampfkraftanlagen bzw. Stirling-Motoren können auch Festbrennstoffe wie Holzpellets und Holzhackschnitzel eingesetzt werden.

Der dezentrale Einsatz von KWK-Technik ist nicht an ein ausgedehntes Leitungsnetz gebunden. Den BHKW-Kosten (Investition, Brennstoff, Wartung) stehen verringerte Fremdbezugskosten für Elektrizität und die gesetzliche Strom-Einspeisevergütung aus dem Gebäudeenergiegesetz GEG (vormals aus dem Erneuerbare-Energien-Gesetz EEG) gegenüber. KWK-Anlagen werden derzeit meist mit Erdgas betrieben, der Einsatz fossiler Brennstoffe ist als kritisch anzusehen. Die Technik sollte daher geeignet sein, mit regenerativ erzeugtem Wasserstoff oder Biofuels betrieben zu werden.

KWK-Blockheizkraftwerke können überall dort sinnvoll eingesetzt werden, wo erzeugernah Wärme und Strom möglichst gleichzeitig und kontinuierlich gebraucht werden. Zur Erzeugung von Niedertemperaturwärme für Heizzwecke bei gleichzeitig gesicherter Stromabnahme ergeben sich hohe Nutzungsgrade und wirtschaftliche Einsatzmöglichkeiten. Dies gilt vor allem in Einrichtungen mit kontinuierlichem Wärmebedarf wie Industrie, Hallenbäder, Sportzentren, Schulen, Krankenhäuser, aber auch in Wohnquartieren. Der Zusammenschluss mehrerer Wärmeenergieabnehmer bietet sich oft als gute Lösung zur Bildung einer energieeffizienten Nahwärmeversorgung mit einem BHKW an. Die Senkung der Strombezugskosten fördert die Anwendung von KWK. Weiterhin kann die Technik zur Absicherung gegen Netzausfallzeiten eingesetzt werden, was z. B. in Kühlhäusern oder für betriebliche EDV-Anlagen von hoher Bedeutung ist. KWK-Anlagen eignen sich zum Aufbau bzw. für die Erweiterung vorhandener Heizwerke mit angeschlossenen Wärmenetzen bei gleichzeitigem Ausbau der Eigenstromerzeugung.

Die KWK-Technik ist zwar für die Gebäudebeheizung und die Erzeugung von Niedertemperatur-Prozesswärme (bis ca. 110 °C) geeignet, kaum aber für Wärmeprozesse oberhalb dieses Temperaturniveaus. Wärmebedarfsschwankungen können bedingt durch Wärmespeicher ausgeglichen werden. Einige BHKWs ermöglichen eine Leistungsmodulation, allerdings in einer bescheidenen Leistungsbreite. Spitzenlasten werden aus Wirtschaftlichkeitsgründen oft im Kaskadenbetrieb von weiteren Wärmeerzeugern abgedeckt. Fehlen solche Ausgleichsmaßnahmen, kommt es zu häufiger An- und Abschaltung der BHKW-Anlage, was ihre Effizienz, Wirtschaftlichkeit und Lebensdauer vermindert.

Blockheizkraftwerke werden im Allgemeinen nach dem Wärmebedarf der zu versorgenden Objekte dimensioniert. Sie werden meist auf 25 bis 30 % der benötigten Spitzenheizlastleistung ausgelegt und sorgen so für die Bereitstellung der Grundlast. Für die Wirtschaftlichkeit einer wärmegeführten BHKW-Anlage mit den derzeitigen Strom-Einspeisevergütungen ist ein kontinuierlicher Betrieb mit mindestens 4.000 Vollbenutzungsstunden (Orientierungswert) pro Jahr entscheidend. Dazu ist es erforderlich, den Jahresverlauf des Wärmebedarfs zu analysieren und eine geordnete Jahresdauerlinie zu erstellen. Im Bereich der Wohnnutzung ist eine jahreszeitliche Schwankung des Wärmebedarfs zwischen Sommer und Winter im Verhältnis von 1:10 nicht ungewöhnlich. Außerhalb der Heizperiode besteht oft nur zur Brauchwassererwärmung ein Wärmeleistungsbedarf.

Der Strom als Führungsgröße für Auslegung und Betrieb kommt immer dann infrage, wenn nur eine begrenzte elektrische Leistung erzeugt werden soll, die Wärme hingegen kontinuierlich abgenommen wird. Dazu sollten als Auslegungsgröße die Lastkurven des Strombedarfs ausgewertet, die tägliche Laufzeit jedes Motors ermittelt und die jährlichen Laufzeiten errechnet werden.

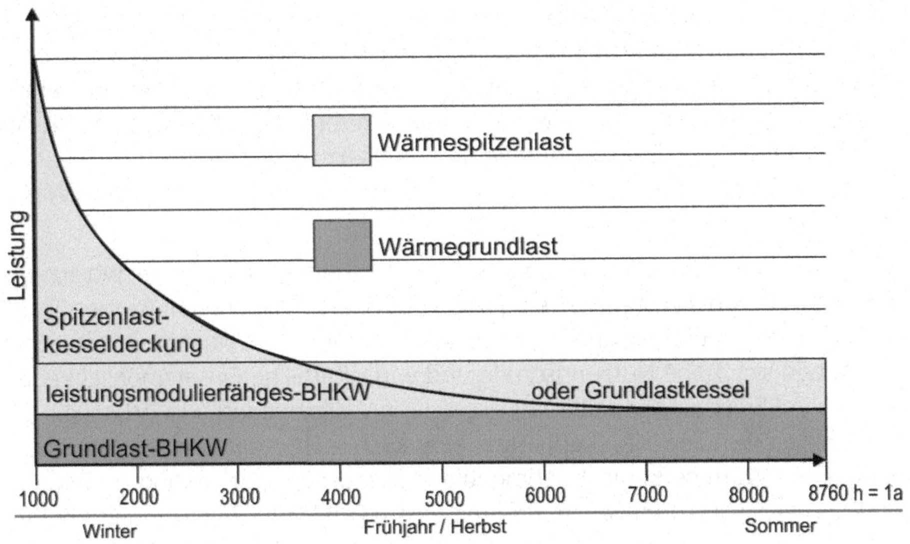


*Bild 8-22: Wärmeerzeuger-Kaskadenauslegung mit maximierter BHKW-Laufleistung*

*Quelle: Verfasser*

Bedingt durch den zunehmenden Anteil klimaabhängiger regenerativer Quellen wie Wind- und Solarenergie sind KWK- BHKWs als Bedarfslückenfüller mit hohem Wirkungsgrad gefragt. Als sogenannte virtuelle Kraftwerke kann auch eine Vielzahl kleiner dezentral aufgestellter BHKWs zentral gesteuert zur Strom-Spitzenlastabdeckung genutzt werden. Voraussetzungen für die sogenannten Schwarmstrom-BHKWs sind relativ große Wärmespeicher zur Abdeckung der Wärmelast während der BHKW-Stillstandszeiten außerhalb der Spitzenstromnachfrage und eine gute Motorstandfestigkeit bezüglich der vergleichsweise hohen Kaltstartanzahl.

**Ein BHKW setzt sich aus den folgenden Hauptelementen zusammen:**

- Motor,
- Generator zur Stromerzeugung,
- Wärmetauschersystem zur Nutzung der Wärmeenergie aus Motorabwärme,
- Abgasanlage,
- Schalt- und Steuereinrichtungen,
- Einrichtungen zur Wärmeverteilung,
- Stromeinspeisung mit Zähleinrichtung,

Kleine BHKWs eignen sich für den bivalenten Betrieb von großen Mehrfamilienhäusern in Verbindung mit einem Spitzenlastwärmeerzeuger. Zur Deckung des Heizenergiebedarfs gedämmter Einfamilienhäuser sind die hohen Investitionskosten für eine sinnvoll und wirtschaftlich einzusetzende Bivalenttechnik im Vergleich zu konkurrierenden Technologien kaum gerechtfertigt.

### Biomassekessel

Wenn eine nachhaltige Waldwirtschaft betrieben wird, also nicht mehr Holz geerntet wird als nachwächst, ist Holz ein erneuerbarer Energieträger. Exakt die bei der Verbrennung freiwerdende Menge an Kohlendioxid wird während des Wachstums der Bäume aus der Atmosphäre aufgenommen. Es entsteht also im Unterschied zum Einsatz fossiler Brennstoffe kein zusätzliches $CO_2$. Zurzeit verrotten in deutschen Wäldern jedes Jahr mehr als 5 Mio. Festmeter Holz. Das entspricht einem Heizwert von 1,3 Milliarden Litern Heizöl.

Auch wenn die in vorgelagerten Prozessketten – also beim Häckseln und Transport des Holzes – anfallenden $CO_2$-Emissionen berücksichtigt werden, so fällt bei der Holzverbrennung nur etwa ein Zehntel des Kohlendioxidausstoßes der Verbrennung von Öl oder Erdgas an [17]. Die relativen Verbrennungswerte liegen für Kohlenmonoxid allerdings mehrfach über denen einer modernen Ölheizung. Auch Staub und Kohlenwasserstoffe werden vermehrt ausgeworfen, wenn auch im geringeren Maß als bei Kohleöfen. Der Ausstoß von Schwefeldioxiden und Stickoxiden ist dagegen gering.

Bei der Planung von Heizungsanlagen mit Verbrennungsöfen sollte frühzeitig der zuständige Bezirksschornsteinfeger beratend hinzugezogen werden.

Seit dem 1. Januar 2015 gilt die 2. Stufe der novellierten Kleinfeuerungsanlagenverordnung (1. BImSchV)

| **Anlagentyp** | **Grenzwerte** der 2. Stufe der 1. BImSchV für **Kohlenmonoxid (CO)** | **Grenzwerte** der 2. Stufe der 1. BImSchV für **Staub** |
|---|---|---|
| **Holzzentralheizungen ab 4 kW** | 400 mg/m³ | 20 mg/m³ |
| **Pelletkaminöfen mit Wassertasche** | 250 mg/m³ | 20 mg/m³ |
| **Pelletkaminöfen ohne Wassertasche** | 250 mg/m³ | 30 mg/m³ |
| **Alle anderen Einzelraumfeuerungen** | 1.250 bis 1.500 mg/m³ | 40 mg/m³ |

Einzelraumfeuerungen ab 15 kW, die am 21.03.2010 bereits installiert waren, müssen die Grenzwerte einhalten, die bis 2010 für alle Holzfeuerungen galten:

| **Schadstoff** | **Grenzwert für Einzelraumfeuerungen** |
|---|---|
| **Staub** | 150 mg/m³ |
| **Kohlenmonoxid (CO)** | 4.000 mg/m³ |

Können sie diese Grenzwerte nicht einhalten, müssen sie nachgerüstet oder stillgelegt werden. Ausnahmen bestehen für Einzelraumfeuerungen in Wohnungen, deren Wärmeversorgung nur durch diese erfolgt; vor dem 1.1.1950 errichtete Einzelraumfeuerungen; offene Kamine; Grundöfen; private Herde u. Backöfen (unter 15 kW).

Für Bestandsbiomassekessel in Zentralheizungsanlagen entsprechen die Grenzwerte für die bis zum 21.3.2010 installierten Altanlagen den Grenzwerten der 1. Stufe nach Anlagentyp:

| Schadstoff | Kesselleistung | Grenzwert |
|---|---|---|
| Staub | ab 4 kW | 60 mg/m³ |
| Kohlenmonoxid (CO) | ab 4 bis 500 kW | 800 mg/m³ |
| Kohlenmonoxid (CO) | größer 500 kW | 500 g/m³ |

Nachweise erfolgen per Prüfstandsmessbescheinigung des Herstellers oder Messung durch Bezirksschornsteinfeger.

Festbrennstoffkessel, die die Grenzwerte der 1. Stufe nicht einhalten, müssen außer Betrieb genommen oder so nachgerüstet werden, dass sie die Werte bei einer Messung einhalten. Zusätzlich müssen die Kessel die Grenzwerte der 1. Stufe alle zwei Jahre bei wiederkehrenden Überprüfungen einhalten.

Zur Verringerung des Feinstaubausstoßes können Biomassekessel mit Feinstaubpartikelabscheidern nachgerüstet werden. Elektrostatisch können bis zu 90 % der Partikel abgeschieden werden.

Bei Kesselaufstellung in Gebäuden mit mechanischen Lüftungsanlagen soll die Verbrennung raumluftunabhängig erfolgen, d. h., Verbrennungsluft sollte gesondert von außen zugeführt werden. Der raumluftabhängige Betrieb von offenen oder geschlossenen Feuerstellen in Gebäuden mit Abluftanlagen erfordert Maßnahmen, die verhindern, dass Verbrennungsabgase in Aufenthaltsräume zurückgesaugt werden. Darüber hinaus sollten sie eine sichere Abführung der Abgase gewährleisten. Zwischen Schornstein und Feuerstelle muss nach DIN 3440 ein geprüftes Rauchgasthermostat montiert sein, das die Lüftungsanlage außer Betrieb setzt, solange die Feuerstelle brennt. Weiterhin muss das zur Verfügung stehende Luftvolumen für den störungsfreien Betrieb der Anlage ausreichen. Die Luftzuführung muss gegenüber Räumen ohne raumluftabhängige Verbrennung leistungsfähiger ausgeführt werden. Die Lüftungswärmeverluste sind daher größer.

### Holzscheit- und Holzhackschnitzelbeheizung

Moderne Holzscheitöfen zur Wohnungsaufstellung eignen sich zur alleinigen Raumerwärmung gut gedämmter Wohnungen, als Notheizung, Zusatzheizung oder als Wärmequelle von Gebäuden in der Übergangszeit. Eine schwere Bauweise, z. B. mit Specksteinverkleidung verbessert die Wärmespeicherfähigkeit. Eine weitere Steigerung des Wirkungsgrads kann durch die Ausbildung als Kachelofen mit mäandrierender Führung der Verbrennungsluft erreicht werden. Der Abluftmäander wirkt dabei wie ein Wärmetauscher, der der Abgasluft einen Teil der Wärme entzieht. Weitere Accessoires wie Warmhaltefach für Speisen und Sichtscheibe erhöhen zusätzlich zur angenehmen langwelligen Wärmeabstrahlung den Komfort.

Zur Aufstellung in Heizungsräumen sind auch Scheitholzgeräte mit teilautomatisierter Beladung erhältlich.

Holzhackschnitzelöfen ähneln technisch den Holzpelletkesseln. Einige Produkte sind in der Lage, beide Brennstoffe zu verfeuern.

Ein Kamin sollte nicht durch Drosselung der Luftzufuhr geregelt werden, da eine verminderte Sauerstoffzufuhr durch die schlechte Verbrennung einen hohen Schadstoffanstieg bewirkt. Besser ist es, nur so viel Holz nachzuführen, wie benötigt wird. Dabei darf das

Holz nicht mit den Feuerraumwänden in Berührung kommen, da auch hier durch geringere Sauerstoffaufnahme die Schadstoffbildung erhöht wird.

*Bild 8-23: Holzpelletlieferung*
*Quelle: Verfasser*

**Holzpelletkessel/Pelletöfen**

Pellets sind zylinderförmige Presslinge aus getrocknetem Restholz wie Sägemehl, Hobelspäne und Waldrestholz mit einem Durchmesser von zirka sieben Millimeter und einer Länge von 10 bis 30 Millimeter. Sie werden von Pelletierpressen unter hohem Druck ohne Zugabe von Bindemitteln hergestellt. Für die Herstellung der Presslinge wird nur 1,0 bis 1,5 % der in ihnen enthaltenen Energie verbraucht.

Holz ist ein nachwachsender Brennstoff. Der Preis von Holzpellets entwickelt sich weitgehend unabhängig von Gas- und Ölpreisen, die im Zuge knapper werdender Ressourcen weiter steigen werden. Pellets können hinsichtlich des Brennstoffpreises eine echte Alternative zu fossilen Brennstoffen darstellen. Die Anlagenaufwandszahlen von Pelletheizungen betragen 1,36 bis 1,75.

Ein Kilogramm Pellets hat ein Heizwert von ca. 4,9 kWh und liefert etwa so viel Energie wie ein halber Liter Heizöl oder ein halber Kubikmeter Gas. Bei der Verbrennung verbleibt nur etwa 1 % als Asche. Diese kann im Hausmüll entsorgt werden. Wie alle Holzbrennstoffe setzen Pellets im Vergleich mit Öl- oder Gaskesseln beim Verbrennen geringfügig höhere Mengen an Stickoxid ($NO_x$), Feinstaub und Kohlenmonoxid (CO) frei. Im Vergleich dazu emittieren offene Kamine, Kohleöfen und einfache Scheitholzöfen bei einem Wirkungsgrad von nur 50 bis 75 % nicht selten die zehnfache Feinstaubmenge.

Die Rieselfähigkeit der Pellets und die Normierung der Pelletgröße ermöglichen einen einfachen Transport, Handhabung sowie den Einsatz automatischer Fördersysteme. Dadurch können die Pellets mit einem Tankwagen geliefert, in den Vorratsraum gepumpt und von dort automatisch zum Brenner befördert werden.

Die Pellet-Heiztechnologie bietet sich insbesondere für Gebäude mit einem Warmwasserheizsystem und mittleren bis hohen Heizungsvorlauftemperaturen an. Der Bedienungs- und Wartungskomfort steht, bei entsprechender Anlagenausstattung, dem Komfort von Gaskesseln kaum nach.

Die Leistung von Primäröfen ohne Wassertasche ist auskömmlich, um kleine Nutzungseinheiten mit gutem Wärmedämmstandard vollständig mit Wärme zu versorgen.

Pelletöfen und Pelletkessel sind in unterschiedlichsten Ausführungen und auch mit Sichtscheibe zum Brennraum erhältlich. Wandhängende Kompaktgeräte ergänzen das Angebot.

Bei einer Aufstellung eines Pelletkessels im Wohnbereich wird ein Teil der Wärme (10 bis 25 %) direkt an den Aufstellraum abgegeben. Der verbleibende Anteil wird über die Wassertasche in ein zentrales Heizungssystem hydraulisch eingebunden.

Bei Pelletkesseln wird die Kombination mit einer thermischen Solaranlage empfohlen, um die Kesselbetriebszeit herabzusetzen, die Lebensdauer zu verlängern und die Betriebsbereitschaftsverluste zu minimieren. Wenn das Strahlungsangebot nicht ausreicht, schaltet sich der Pelletkessel automatisch ein. So kann das ganze Jahr warmes Wasser aus regenerativen Energiequellen bezogen werden. Für Pelletkessel sind Förderanlagen erhältlich, die geeignet sind, die Kessel aus Pelletlagern für ganze Heizperioden automatisch über Förderschnecken oder Saugzuggebläse zu beschicken. Zündung und thermische Steuerung funktionieren wie bei herkömmlichen Heizanlagen automatisch. Die Wärme gelangt über einen integrierten Wärmetauscher ins Heizwärmeverteilsystem.

*Bild 8-24: Holzpellets*

*Quelle: Bau-Sachverständigenbüro projektRAUM*

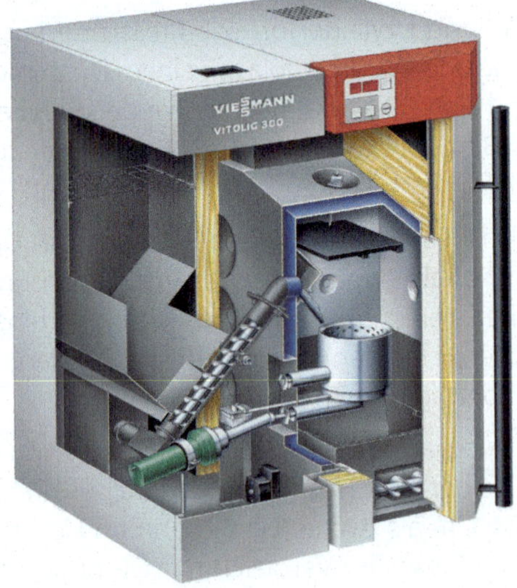


*Bild 8-25: Pellet-Kombikessel für Heizung und Brauchwassererwärmung zur Heizraumaufstellung mit automatischer Beschickung*

*Quelle: Viessmann GmbH & Co KG*

Als Faustregel für die Berechnung des benötigten Lagerraumvolumens für eine Heizsaison mit Reserve gilt:

1 kW Heizlast = 0,4 $m^3$ Saisonallagervolumen

1 Tonne Holzpellets entspricht ca. 1,5 $m^3$

Für Sanierungen von Ölheizanlagen in Gebäuden mit mäßigem Wärmedämmstandard und ohne Flächenheizsystem bietet sich die Erneuerung durch einen Pelletkessel an, weil der ohnehin vorhandene Lagerraum weiterverwendet werden kann. Ein weiterer Vorteil der Technologie ist, dass auch in Verteilsystemen mit höheren Vorlauftemperaturen gute Wirkungsgrade erzielt werden können.

Anlagenbestandteile:

- stufenlos drehzahlgeregeltes Gebläse für modulierenden Betrieb,
- Kesselschaltfeld mit Funktionskontrolle,
- prozessorgesteuerte Verbrennungsregelung mit Brennkammer-Temperaturfühler,
- Pellet-Tagesbehälter,
- Brennerschale,
- Pelletdosierschnecke,
- automatische Brennerschalenentaschung,
- Zündlanze oder Heißluftgebläse für automatische Zündung,
- Abgasanlage.

**Brennwertkessel**

Der Brennwert (auch oberer Heizwert $H_o$) eines Brennstoffes ist die Energie, die bei einer vollständigen Verbrennung abgegeben wird. In der Heizungstechnik beinhaltet der Brennwert den Heizwert (genauer den unteren Heizwert $H_u$) plus die durch Kondensation des entstandenen Wasserdampfes frei werdende Energie (die Kondensationswärme).

Bei der Verbrennung entsteht Wasserdampf. Dieser enthält Wärme, die normalerweise ungenutzt durch den Schornstein entweicht. Ein Wärmetauscher in Brennwertgeräten entzieht den Rauchgasen ihre Wärme, sodass der darin enthaltene Wasserdampf bereits im Kessel auskondensieren kann und dabei seine Kondensationswärme abgibt. Besonders bei den $CO_2$-Emissionen wird eine erhebliche Verringerung gegenüber herkömmlichen Verbrennungstechniken erzielt. Bezogen auf den unteren Heizwert $H_u$ erreichen Brennwertgeräte Wirkungsgrade über 100 %.

Der Einsatz von Brennwert- statt Niedertemperaturkesseln bewirkt die Reduzierung des Heizenergiebedarfs bei Zugrundelegung identischer U-Werte für die thermische Gebäudehülle um 6 bis 13 %. Wenn Brennwerttechnik allerdings mit hohen Temperaturspreizungen (> 55 °C/ > 45 °C Vorlauf/Rücklauf) betrieben wird, ist die Einsparung sehr gering.

*Bild 8-26: Pelletkessel mit Brennwerttechnik*

*Quelle: Ökofen*

## Wärmepumpen

Wärmepumpen sind Anlagen, die einem Medium wie Luft, Abluft, Wasser, Abwasser oder dem Erdreich Wärme entziehen, um das Temperaturniveau über einen thermodynamischen Prozess zu Heiz- oder Kühlzwecken nutzbar zu machen. Dabei wird dem Medium mit einem Wärmetauscher Wärme durch Verdunstung eines Kältemittels im geschlossenen Kreislaufsystem entzogen. Anschließend wird dieses Gas durch motorische Kompression verdichtet und dadurch auf ein höheres Temperaturniveau gehoben. In einem zweiten Wärmetauscher wird dem verdichteten Kältemittelgas Wärme entzogen und diese an das Heizsystem transferiert. Anschließend wird das Kältemittel durch Druckentlastung verflüssigt und der Kreislauf beginnt von vorn. Wichtigste Eigenschaft von Kältemitteln ist, dass sie auch bei niedrigen Temperaturen leicht verdampfen. Einige Geräte lassen die Prozessumkehrung zu, sodass diese (reversiblen) Wärmepumpen auch zur Kühlung eingesetzt werden können.

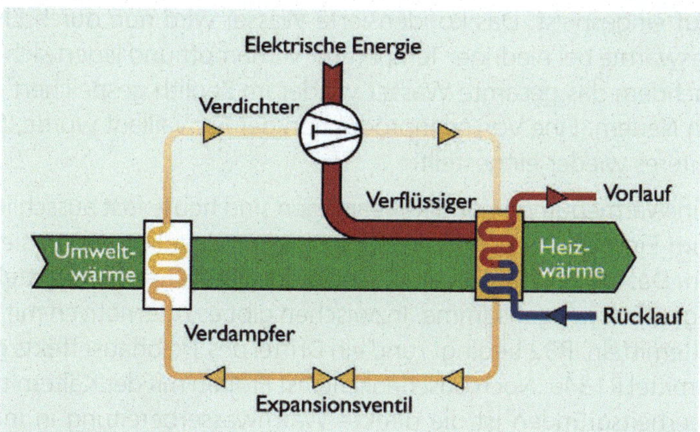


*Bild 8-27: Wärmepumpenprinzip*
*Quelle: Stiebel Eltron/Holzminden*

Kompressions-Wärmepumpen können mit Öl-, Gas- oder Elektromotoren betrieben werden.

Absorptions-Wärmepumpen nutzen z. B. Abwärmepotenziale oder Solarwärme mit Temperaturen > 70 °C. Daneben existieren noch weitere Verfahren wie die Diffusions-Absorptions-Wärmepumpen. Für dezentrale Nutzungen bis 100 kW Leistung dominieren strombetriebene Kompressionswärmepumpen.

Gaswärmepumpen werden differenziert in gasmotorische Wärmepumpe, Gasabsorptionswärmepumpen und Gasadsorptionswärmepumpen:

- Gasmotorische Wärmepumpen, auch als Kompressions-Gaswärmepumpen bekannt, treiben per Verbrennungsmotor statt Strommotor den Prozess aus Verdichtung, Verflüssigung, Entspannung und Verdampfung an. Im Vergleich der Antriebsenergien arbeitet eine Gaswärmepumpe effizienter als eine Elektro-Wärmepumpe mit Netzmixstrom, da sich die entstehende Abwärme des Motorbetriebs wiederum in das Heizsystem einspeisen und verwenden lässt.
- In drei Kreisläufen erhitzen Gasabsorptionswärmepumpen mit Unterstützung von Umweltwärme eine in der Gaswärmepumpe enthaltene Trägerlösung. Der Prozess der Aufnahme eines Gases in eine Flüssigkeit wird als Absorption bezeichnet. Dabei entsteht Wärme. Diese Energie nutzt die Absorptionsgaswärmepumpe zur Erwärmung, sie kann aber auch zur Kühlung oder Entfeuchtung eingesetzt werden. Anders als bei einer Elektrowärmepumpe ermöglicht die Funktionsweise einen Verzicht auf bewegliche Teile im Innern des Geräts. Absorptionsgaswärmepumpen sind dadurch sehr ausfallsicher und wartungsarm.

- Adsorptionswärmepumpen auf Zeolith-Basis arbeiten mit einem Material aus Aluminium- und Siliziumoxid. Innerhalb der Wärmepumpe erfolgt die Erzeugung von Wärme in zwei Phasen abwechselnd. Zunächst wird Wasser in einem indirekten Wasserkreislauf von einem Brennwertgerät erwärmt. Der Zeolith saugt den Wasserdampf auf und kondensiert auf hohem Temperaturniveau. Die Kondensationswärme wird in den Heizkreislauf eingespeist. Das kondensierte Wasser wird nun durch Einkopplung von Umgebungswärme bei niedriger Temperatur verdampft und lagert sich wieder im Zeolith ein. Nachdem das gesamte Wasser wieder im Zeolith gespeichert ist, beginnt der Prozess von Neuem. Eine Vorserienproduktion der Fa. Vaillant wurde, Stand 11/2022, bis auf Weiteres wieder eingestellt.

Als Kältemittel in Wärmepumpen und Kälteanlagen sind heute fast ausschließlich fluorierte Treibhausgase im Einsatz. Diese Mittel sind sehr klimaschädlich, wenn sie aus den Anlagen entweichen. Das Umweltbundesamt beziffert die jährlichen Kältemittelverluste auf rd. 2,5 % der Anlagen-Füllmengensumme. Inzwischen gibt es Alternativen mit geringer klimaschädlichen Kältemitteln. R32 bedingt rund ein Drittel des Treibhauseffekts gegenüber dem gängigen Kältemittel R134a. Noch unschädlicher ist Propan mit der Kältemittelbezeichnung R290. Aus Sicherheitsgründen ist die direkte Warmwasserbereitung in Innenräumen bei der Verwendung brennbarer Kältemittel, wie z. B. Propan, allerdings nur mit etwas höherem sicherheitstechnischen Aufwand realisierbar.

**Die Leistungsfähigkeit einer Wärmepumpe wird durch Leistungszahl und Jahresarbeitszahl beschrieben**

- Mit den COP-Leistungszahlen wird das Verhältnis von Heizwärmeleistung zu Leistungsaufnahme der Anlage in einem definierten Betriebszustand angegeben. Sie ist abhängig von der Temperaturdifferenz zwischen der Wärmequelle, der Vorlauftemperatur und der Geräteeffizienz. Die COP-Zahlen sind auf das Wärmepumpengerät bezogen. Energie für externe Geräte, wie z. B. Förderpumpen oder Ventilatoren, fließt nicht in die Berechnung ein. Die Gerätehersteller geben häufig die COP-Zahlen für optimistisch niedrige Temperaturverhältnisse im wärmeabgebenden Sekundärkreislauf an.
- Aus dem Verhältnis der pro Jahr gelieferten Heizwärme Q zur investierten Antriebsenergie W ergibt sich die System-Jahresarbeitszahl S-JAZ = Q/W. Die Jahresarbeitszahl ist abhängig von der Anlagenqualität, der technischen Geräteabstimmung, dem Temperaturniveau, der Wärmeverteilung, dem Anteil der Warmwasserbereitung und dem Nutzerverhalten.

**Systembetriebsweisen von Wärmepumpen**

- Monovalent

  Die Wärmepumpe ist alleiniger Heizwärmeerzeuger im Gebäude. Diese Betriebsart ist geeignet für Systeme mit niedrigen Vorlauftemperaturen ohne Warmwasserbereitung.
- Bivalent-parallel

  Diese Betriebsweise lässt für höhere Leistungsabnahme auch den gleichzeitigen Betrieb mehrerer Wärmeerzeuger zu. Bis zu einer bestimmten Bivalenz-Außentemperatur erzeugt allein die Wärmepumpe die notwendige Wärme. Sinkt die Wärmequelltemperatur (z. B. Außenluft) unter diesen Wert, so schaltet sich ein zweiter Wärmeerzeuger zu. Reicht die Vorlauftemperatur der Wärmepumpe nicht mehr aus, wird diese abgeschaltet. Der zweite Wärmeerzeuger übernimmt die volle Heizleistung.

- Monoenergetisch

  Die Wärmepumpe wird durch elektrisch betriebene Heizstäbe bei Spitzenlasten und Warmwasserbereitung unterstützt (teuerste und primärenergetisch ungünstigste Variante).

Laut der Deutschen Energieagentur (dena) muss die System-Jahresarbeitszahl bei Elektrowärmepumpen größer als SJAZ = 3,0 sein, um sie als „energieeffizient", und größer als SJAZ = 3,5 sein, um sie als „nennenswert energieeffizient" bezeichnen zu können. Unter günstigen Bedingungen lassen sich mit optimal ausgelegten Anlagen System-Jahresarbeitszahlen über 4,0 erreichen. Das heißt, aus einer eingesetzten Kilowattstunde für Anlagenenergie werden 4 Kilowattstunden Nutzwärme erzeugt. Ein wichtiges Kriterium in der ökologischen Bewertung einer Elektrowärmepumpe ist die Primärenergiebilanz. In dieser Bewertung ist die Wärmepumpe an die Energiebilanz der Stromerzeuger gekoppelt. Geht man vom durchschnittlichen Wirkungsgrad im Netzmix von 36 % und einer Jahresarbeitszahl von 3,5 aus, erreicht eine Wärmepumpe einen Wirkungsgrad bezogen auf Primärenergie von 126 %. Der Einsatz von Elektrowärmepumpen lässt sich im Vergleich mit anderen modernen Technologien unter Berücksichtigung des Primärenergiefaktors bei Nutzung regenerativ gewonnenen Stroms als Pumpenantrieb besser rechtfertigen. Auch Wärmepumpen mit Verbrennungsmotor können aus primärenergetischer Sicht mit strombetriebenen Wärmeerzeugungstechnologien konkurrenzfähig sein.

Wärmepumpen eignen sich für Niedertemperatursysteme wie Fußbodenheizungen (bis ca. 42 °C Vorlauftemperatur) und geringem Wärmeleistungsbedarf. Vorlauftemperaturen von 60 °C, die eine gleichzeitige Warmwasserbereitung erlauben, sind meist erreichbar. Jedoch gilt: Je höher das Temperaturniveau, desto schlechter ist die Effizienz. Um etwa 20 K niedrigere Vorlauftemperaturen können die SJAZ um bis zu 0,4 Arbeitszahlpunkte verbessern [32]. Das entspricht einer Stromeinsparung von bis zu 20 %. Wenn ein Warmwasserbedarf vorhanden ist, sollte dieses Temperaturniveau mit einem zweiten Wärmepumpenkreislauf auf das höhere Temperaturniveau angehoben werden. Alternativ kann eine solare Vorerwärmung mit Solarkollektoren erwogen werden. Die Wärmepumpe übernimmt in diesem Fall nur bedarfsweise die Anhebung auf die Solltemperatur.

Um noch höhere Nutztemperaturen zu erreichen, z. B. für Produktionsprozesse, können Wärmepumpen in Wärmekaskaden zusammengeschaltet werden und so Temperaturniveaus bis 95 °C bereitstellen. Dabei werden häufig unterschiedliche Kältemittel, je nach Temperaturniveau, verwendet. In diese Kaskaden lassen sich auch Abwärmepotenziale und andere Wärmequellen einbinden. Zwischengeschaltete Speicher sorgen für eine zeitliche Entkopplung von Angebot und Nachfrage. Noch effizienter wird das Gesamtsystem, wenn neben Wärme gleichzeitig Kälte erzeugt wird – wie es z. B. in der Lebensmittelproduktion häufig der Fall ist. In diesem Fall kann ggf. die Sekundärkälte von Niedertemperatur-Wärmepumpen „recycelt" werden und dient in angeschlossenen Kältemaschinen als vorgekühlte Primärquelle.

Für die Funktionsoptimierung von Wärmepumpenanlagen zur Raumerwärmung können Empfehlungen abgegeben werden:

- Wärmepumpensystem: Komplexität verringern – Pumpen und Ventilanzahl minimieren, dadurch weniger Regelungsprobleme und Hilfsenergien,
- Inventerpumpen mit elektronisch gesteuerter Drehzahl/variabler Verdichterleistung wählen,
- Leistungsauslegung auf die örtliche Norm- Außentemperatur und DIN 12831 Heizlast optimieren, da eine zu hohe Nennleistung zu einem ungünstigen Taktbetrieb und eine zu geringe Leistung zum vermehrten Einsatz von Notheizsystemen führt; unkontrollierte Aktivierung elektrischer Direktheizungen muss sicher verhindert werden,
- Sicherstellung der Entzugsleistung auf der Primärseite auf der Basis des Wärmebedarfs,
- fachgerechte Auslegung und Abstimmung der einzelnen Komponenten der gesamten Anlage; Nebeneffekt: Minimierung der Betriebszeiten von Notheizsystemen,
- Heizflächenauslegung auf max. Vorlauftemperaturen 45 °C dimensionieren; dafür sind evtl. thermische Gebäudehüllen zu ertüchtigen und Flächenheizsysteme zu montieren,
- witterungsgeführte Vorlauftemperaturregelung mit Raumtemperaturkompensation einsetzen (selbstadaptiv),
- Kältemittel der Wärmepumpe auf die voraussichtliche Heizwassertemperatur abstimmen (möglichst klimaschonende Kältemittel verwenden),
- Heizungspufferspeicher möglichst vermeiden (bei Fußbodenheizung nicht notwendig); Kombispeicher (Heizung und Brauchwasser) sind kritisch zu bewerten, weil wegen des integrierten Warmwasserboilers die mittlere Temperatur des Speichers zu hoch ist; bei einer solarunterstützten Wärmepumpenanlage gilt diese Aussage jedoch nicht,
- Komponenten: Bei Luft-WP großen Wärmetauscher wählen und max. Schallemissionen berücksichtigen, Bivalenzpunkt zwischen -12 und -6 C wählen, Inverterbivalenzpunkt > 6 °C,
- bei Grundwasser-WP ausreichend großen Durchmesser der Förder- und Schluckbrunnen vorsehen, um geringere Leistung der Förderpumpe zu ermöglichen; bei Erdreich-WP die Sondenlänge großzügig bemessen,
- Sicherstellung der optimalen Volumenströme auf Primär- und Sekundärseite,
- Planung und Regelung von Speicher-Beladungsstrategien, insbesondere bei Kombispeichern,
- dicht schließende 3-Wege-Ventile verwenden und regelmäßig prüfen,
- bedarfsangepasste Einstellung der Spreizungen, Heizkurven, Warmwasserladetemperatur, Ladezeitfenster; längstens nach jeder Heizperiode überprüfen,
- bei Raumheizungsanlagen mit Einzelraumregelung Überstromventil installieren,
- sorgfältige und lückenlose Dämmung der Rohrleitungen und anderer Komponenten,
- flache Heizkurve wählen,
- hydraulischen Abgleich der Heizstränge durchführen und dokumentieren,
- regelmäßige Reinigung der Ansauggitter bei Luft- und der Filter bei Wasser-Wasser-Wärmepumpen.

Für die Trinkwassererwärmung mittels Wärmepumpen werden folgende Empfehlungen gemacht:

- Massenstrom für die Trinkwasser-Speicherbeladung genügend groß dimensionieren ($\Delta T$ ca. 5 K); Heizregister mit mind. 0,35 m²/kW Heizleistung,
- wenige Ladezeitfenster vorgeben für Wohnnutzung abends und nachts, damit der Speicher am Morgen aufgeladen ist,
- Thermosyphon am Speicher einbauen, damit keine unkontrollierte Zirkulation entsteht,
- Nacherwärmung (z. B. mittels Elektroregister) mit Ladezyklus der Wärmepumpe abstimmen; es muss vermieden werden, dass eine elektrische Direktheizung die Vorerwärmung mit übernimmt,
- Vorschriften zur Sicherstellung der Warmwasserhygiene beachten (Legionellenschaltung).

**Feldtestergebnisse Luft-Wasser-Wärmepumpeneffizienz [32]**

In einem zweijährigen „Feldtest Elektro-Wärmepumpen" untersucht die Agenda-21-Gruppe Energie Lahr in Kooperation mit der Ortenauer Energieagentur den aktuellen Stand der Wärmepumpentechnik. Die Messwerte zeigen, dass es erhebliche Unterschiede zwischen den Ergebnissen von Leistungszahlen auf den Testständen bzw. Werbeaussagen auf der einen Seite und der realen Welt der Jahresarbeitszahlen auf der anderen Seite gibt: Die Hersteller messen die COP Leistungszahlen (Coefficient of Performance) auf den Testständen unter günstigen Rahmenbedingungen und ohne angeschlossene Hydraulik, was in der Praxis nicht anzutreffen ist.

Bei den Luftwärmepumpen lagen die System-Jahresarbeitszahlen bei den Anlagen mit Heizungs- und Warmwasserbereitung im Mittel nur bei 2,25. Nur eine der geprüften zwölf Anlagen erreicht 3,0. Der Unterschied zwischen den Verteilsystemen Fußbodenheizung und Heizkörpern betrug 0,1 bis 0,4 System-Jahres-Arbeitszahlpunkte. Ein Monitoring des Fraunhofer IBP ermittelte bei acht Luftwasserwärmepumpen eine Durchschnitts-Jahresarbeitszahl von 2,6.

Außenluftwärmepumpen können somit unter primärenergetischen Gesichtspunkten allenfalls im Wechsel mit einem zweiten Wärmeerzeuger (bivalente Betriebsweise) bei Außentemperaturen oberhalb 5 °C sinnvoll eingesetzt werden. Die primärenergetische Situation verbessert sich durch Einsatz von regenerativ erzeugtem Strom.

Auch die Berechnung der Jahresarbeitszahl mithilfe der VDI Richtlinie Nr. 4650 bildet die Wirklichkeit nicht ganz vollständig ab. Als weitere Einflussgrößen auf die Anlageneffizienz wären zu berücksichtigen:

- die Abstimmung der Komponenten Kaltquellen, Wärmepumpen und Wärmesenken und deren Einbindung in die Haustechnik,
- Variabilität der Volumendurchsätze auf der Kaltseite,
- instationäre Betriebsweisen: Teillasten und Takten,
- Pufferspeicherverluste,
- hydraulischer Abgleich des Heizkreises,
- Wartungszustand/Verschmutzungen.

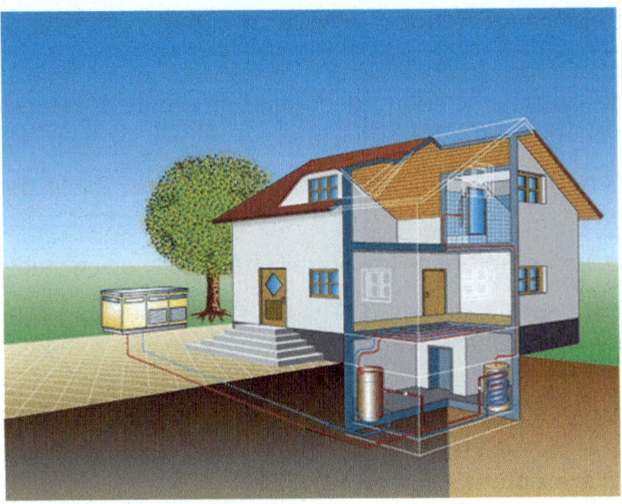

*Bild 8-28: Luftwärmepumpe*
*Quelle: Bundesverband Wärmepumpe e. V.*

**Schallemissionen von Luft-Wasser-Wärmepumpen**

Übliche Luft/Wasser-Wärmepumpen haben eine große Bandbreite der Schalldruckpegel von 30 bis 70 dB. Die Schallmessung erfolgt in der Regel in 5 m Entfernung zum Gerät. Subjektiv werden 10 dB Pegelunterschied als Verdoppelung bzw. Halbierung der Lautstärke empfunden. Ansaug- und Ausblasgeräusche können erhebliche Schallemissionen verursachen. Zum Vergleich: Atmen 10 dB, Unterhaltung 50 dB, Verkehrslärm 60 bis 90 dB, Schreien 90 dB, laute Autohupe 100 dB, startendes Flugzeug 120 dB, Presslufthammer 130 dB. Die Ansaug- und Ausblasöffnungen sollten daher richtig dimensioniert sein, über verwirbelungsarme Schutzgitter verfügen und nicht in unmittelbarer Nähe zu Nachbargrundstücken, Schlafraumfenstern und dgl. liegen.

In Abhängigkeit von der Lage und dem Landesbaurecht bestehen Grenzwerte für Schallemissionen und gegebenenfalls Mindestabstände zu Nachbargrundstücken.

Bei der Montage sollte die Wärmepumpe schallentkoppelt aufgestellt werden, um Körperschallübertragung zu verhindern.

**Feldtestergebnisse der Grundwasser-Wärmepumpen [32]**

Bei den Grundwasser-Wärmepumpen wurden von der Agenda-21-Gruppe Energie Lahr in Kooperation mit der Ortenauer Energieagentur im Mittel System-Jahres-Arbeitszahlen von 3,1 gemessen. Bei reinem Heizbetrieb liegen die System-Arbeitszahlen etwas höher. Ein Monitoring des Fraunhofer IBP ermittelte bei acht Grundwasser-Wärmepumpen eine Durchschnitts-Jahresarbeitszahl von 3,2.

Gründe für die bescheidenen Effizienzergebnisse sind:

- Grundwasser-Wärmepumpen verfügen auf der Kaltseite über einen sogenannten offenen Kreislauf. Die Druckhöhe und damit der Durchfluss sind deshalb variabel; ein Arbeiten im optimalen Punkt ist nur selten möglich.

- Die Durchmesser der Bohrlöcher der Förderbrunnen sind in vielen Fällen nicht ausreichend, sodass nicht schnell genug Wasser nachströmen kann.
- Die Schmutzfänger werden in der Praxis häufig nicht regelmäßig gereinigt.
- Grundwasser-Förderpumpen haben im Vergleich zu einer sogenannten Erdreich-Solepumpe eine rund dreimal so hohe Leistungsaufnahme.

Diese Gründe verschlechtern die Jahresarbeitszahlen unter real existierenden Betriebsbedingungen gegenüber Erdreich-Wärmepumpen – auch bei etwas höherer Kaltquellentemperatur.

Der S-JAZ-Spitzenwert lag bei 4,2 und stammt von einer Anlage, die das Grundwasser aus einem offenen Brunnen mit einem Durchmesser von zwei Metern bezieht.

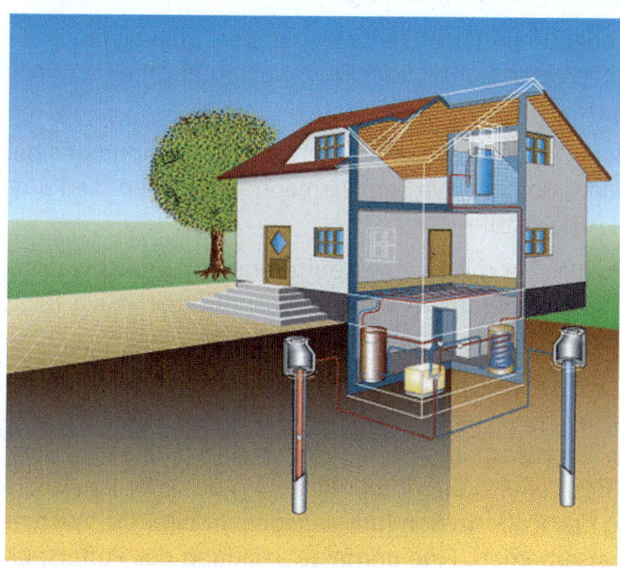

*Bild 8-29: Grundwasser-Wärmepumpe*

*Quelle: Bundesverband Wärmepumpe e. V.*

### Feldtestergebnisse der Erdreich-Wärmepumpen [32]

Die wurden von der Agenda-21-Gruppe Energie Lahr in Kooperation mit der Ortenauer Energieagentur gemessenen S-JAZ-Werte lagen bei den Anlagen mit Heizungs- und Warmwasserbereitung im Mittel bei 3,25. Der Spitzenwert lag bei 4,4. Ein Monitoring des Fraunhofer IBP ermittelte bei elf Erdreich-Wärmepumpen eine Durchschnitts-Jahresarbeitszahl von 3,2. Signifikante Unterschiede zwischen vertikalen Erdsonden und horizontalen Erdregistern wurden nicht festgestellt. Besonders gute Ergebnisse wurden bei einigen Anlagen mit neuen Technologien erzielt: Eine Anlage mit Erdkollektor und Direktverdampfung des Wärmepumpen-Kältemittels erreichte eine JAZ = 4,7, eine Sole-Wärmepumpe mit $CO_2$-Erdsonde 5,1 und eine Anlage mit solarunterstütztem Erdkollektor sogar 5,8!

Erdreich-Wärmepumpen ersparen der Umwelt im Mittel knapp 30 % $CO_2$ gegenüber Erdgas-Brennwertkesseln ein; im Spitzenbereich sind es über 50 %.

Erdkollektorrohre sollten in einem Abstand von etwa 75 cm verlegt werden. Bei Verlegung von Kapillarrohrsystemen können geringere Abstände gewählt werden. Es wird eine Fläche benötigt, die etwa 1,5- bis 2-mal so groß ist wie die zu beheizende Fläche. Sole-Wärmepumpen nutzen die Erdwärme aus einzelnen Solebohrungen in Tiefen von 50 bis 400 Meter je nach geologischer Beschaffenheit. Im Falle einer Tiefengründung können die Massivabsorber oft kostengünstig in die Fundamentpfähle integriert werden (siehe auch Kapitel Gebäudetechnische Anlagen: Kühlung). Durch richtige Dimensionierung und Ausführung wird die Vereisung der Wärmeentzugstechnik mit einhergehender Minderung des Wärmeentzugs vermieden.

Im Wärmepumpen-Monitoring des Fraunhofer-Instituts für Solare Energiesysteme ISE wurden bei mehreren Anlagen folgende Probleme festgestellt [33]:

- Pumpen: nicht gezielt laufende Ladepumpen bzw. Heizkreispumpen. Ständig laufende Pumpen verursachen in der Summe einen hohen Stromverbrauch und oft eine unnötige Entladung von Pufferspeichern.
- Überdimensionierte Primärpumpen. Das Problem betrifft meist die Brunnenpumpen bei den Wasser-Wasser-Wärmepumpen. Bei Sole-Wasser-Wärmepumpen liefen die Pumpen zum Teil auf einer zu hohen Arbeitsstufe.
- Suboptimale Beladung der Kombispeicher mit Heizungspufferung und Brauchwasserspeicher mit unnötig hohen Vorlauftemperaturen im Heizungspufferteil. Auch reine Pufferspeicher wurden zum Teil mit zu hohen Temperaturen beladen.
- Bei nicht vollständig schließenden 3-Wege-Ventilen kommt es zu unnötigen Wärmeverlusten oder zur Entladung des Brauchwasserspeichers. Die Beladung des Brauchwasserspeichers erfolgt mit höheren Temperaturen als die Beladung des Pufferspeichers. Deswegen verursacht ein undichtes Ventil während der Beladung des Pufferspeichers in der Heizperiode die Entladung des BWS. Im Sommer dagegen arbeitet die Wärmepumpenanlage nur im Brauchwasserbetrieb. Eine unnötige Beladung des Pufferspeichers durch ein undichtes Ventil führt zu Verlusten.

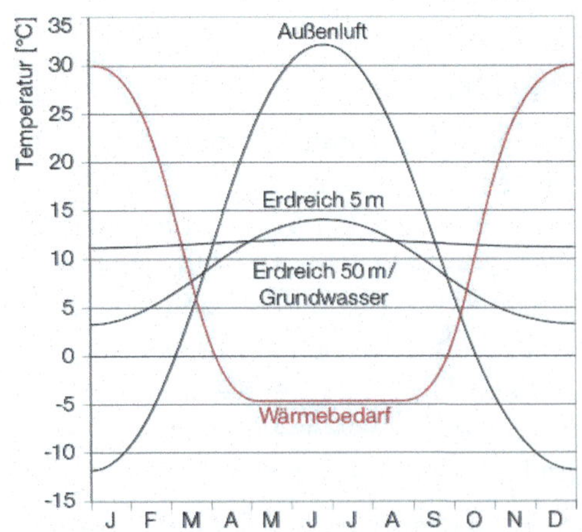


*Bild 8-30: Temperaturverlauf ungestörter Wärmequellen*

*Quelle: Energieatlas Edition Detail, Prof. Hegger*

*Tabelle 8-3: Übersicht der spezifischen Entzugsleistung von unterschiedlichen Bodenarten nach VDI-Richtlinie 4640*

| Bodenart | Wärmeleitfähigkeit | Gesättigter Boden (1.800 h/a) | Trockener Boden (1.800 h/a) | Gesättigter Boden (2.400 h/a) | Trockener Boden (2.400 h/a) |
|---|---|---|---|---|---|
| Torf | 0,2 bis 0,7 W/(mK) | 40 W/m | | 30 W/m | |
| Ton | 0,4 bis 1,0 W/(mK) | 40 W/m | | 35 W/m | |
| Schluff | 0,4 bis 1,0 W/(mK) | 50 W/m | | 35 W/m | |
| Sand | 0,3 bis 0,8 W/(mK) | 70 W/m | 25 W/m | 60 W/m | 20 W/m |
| Kies | 0,4 bis 0,5 W/(mK) | 80 W/m | 25 W/m | 65 W/m | 20 W/m |
| Steine | 0,4 bis 0,5 W/(mK) | 75 W/m | 25 W/m | 65 W/m | 20 W/m |
| Sandstein | 1,3 bis 5,1 W/(mK) | 80 W/m | 40 W/m | 70 W/m | 30 W/m |
| Tonstein | 1,1 bis 3,5 W/(mK) | 70 W/m | | 60 W/m | |
| Kalkstein | 2,5 bis 4,0 W/(mK) | 65 W/m | | 60 W/m | |
| (Hart-) Braunkohle | 0,2 bis 0,7 W/(mK) | 45 W/m | | 35 W/m | |
| Mudde | 0,4 bis 0,9 W/(mK) | 40 W/m | | 30 W/m | |
| Mergel | 1,5 bis 3,5 W/(mK) | 45 W/m | | 35 W/m | |
| Tonmergel | 1,5 bis 3,5 W/(mK) | 45 W/m | | 35 W/m | |
| Lehm | 0,4 bis 1,0 W/(mK) | 45 W/m | | 35 W/m | |
| Geschiebelehm | 0,4 bis 1,0 W/(mK) | 45 W/m | | 35 W/m | |
| Geschiebemergel | 0,4 bis 1,0 W/(mK) | 45 W/m | | 35 W/m | |
| Feinstsand | 0,3 bis 0,8 W/(mK) | 65 W/m | 25 W/m | 55 W/m | 20 W/m |
| Feinsand | 0,3 bis 0,8 W/(mK) | 70 W/m | 25 W/m | 60 W/m | 20 W/m |
| Mittelsand | 0,3 bis 0,8 W/(mK) | 75 W/m | 25 W/m | 65 W/m | 20 W/m |
| Grobsand | 0,3 bis 0,8 W/(mK) | 75 W/m | 25 W/m | 65 W/m | 20 W/m |
| Feinkies | 0,4 bis 0,5 W/(mK) | 80 W/m | 25 W/m | 65 W/m | 20 W/m |
| Mittelkies | 0,4 bis 0,5 W/(mK) | 80 W/m | 25 W/m | 65 W/m | 20 W/m |
| Grobkies | 0,4 bis 0,5 W/(mK) | 80 W/m | 25 W/m | 65 W/m | 20 W/m |
| Steine, fein | 0,4 bis 0,5 W/(mK) | 80 W/m | 25 W/m | 65 W/m | 20 W/m |
| Geröll | 0,4 bis 0,5 W/(mK) | 70 W/m | 25 W/m | 60 W/m | 20 W/m |
| Kalkmergelstein | 0,4 bis 1,0 W/(mK) | 60 W/m | | 55 W/m | |
| Schreibkreide | 0,4 bis 1,0 W/(mK) | 45 W/m | | 35 W/m | |

Die Werte vor Ort können durch Grundwassereinfluss u.Ä. stark abweichen. Die Werte der horizontalen und der vertikalen Erdwärmetauscher sind nicht miteinander vergleichbar.

### Empfehlungen für Sole-Wärmepumpenanlagen

- Erdwärmesonden-Entzugsleistung mind. 35 W/m (nach SIA-Norm 384/6);
- möglichst tief bohren, um lange Erdwärmesonden und höhere Erdreichtemperaturen nutzen zu können (ab 100 m Bohrtiefe gilt Bergrecht);
- Abstand zwischen den Erdwärmesonden 7,5 bis 10 m;
- Sondenquerschnitte dimensionieren: DN 32 mm bis zu einer Länge von 150 m, DN 40 mm bis 250 m;
- Ringrohrsonden bieten eine bessere Wärmeübertragung als herkömmliche Doppel-U-Rohrsonden;
- soweit möglich, als Wärmeträger statt Sole/Wassergemisch reines Wasser oder $CO_2$ wählen, um einen höheren Wirkungsgrad zu erreichen; wenn Frostschutz erforderlich ist, Solekonzentration möglichst gering wählen.

### Beispiele für eine Mindestwärmeentzugsleistung von 10 kW

| Bodenart | Jahresbetriebs-stunde | Spezifische Entzugsleistung | erforderliche Sondenlänge |
|---|---|---|---|
| Kalkstein | 2400 h | 50 W/m | 10000 Watt / 50 (W/m) = 200 m |
| Feuchter Ton / Lehm | 2400 h | 35 W/m | 10000 Watt / 35 (W/m) = 286 m |
| Wasserführender Kies/ Sand | 1800 h | 70 W/m | 10000 Watt / 70 (W/m) = 144 m |
| Wasserführender Kies/ Sand | 2400 h | 60 W/m | 10000 Watt / 60 (W/m) = 168 m |

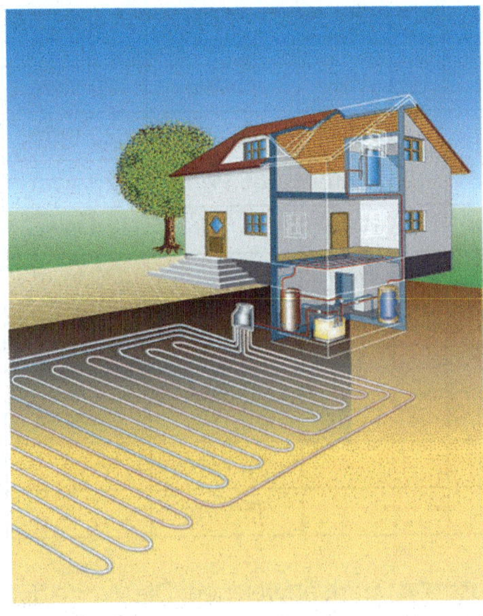

*Bild 8-31: Geo-Wärmepumpe (Erdkollektor)*
*Quelle: Bundesverband Wärmepumpe e. V.*

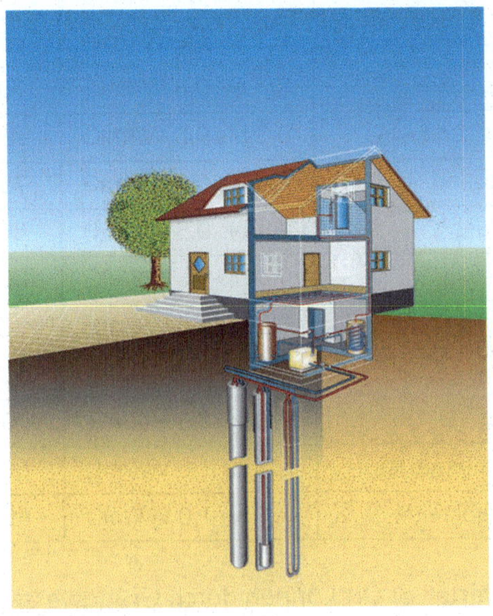

*Bild 8-32: Geo-Wärmepumpe (Erdsonden)*
*Quelle: Bundesverband Wärmepumpe e. V.*

*Bild 8-33: Erdsondenbohrung*
*Quelle: Bau-Sachverständigenbüro projektRAUM*

## Weitere Wärmequellen

Gute Bedingungen können durch die Nutzung der Wärme aus Abwasser geschaffen werden. Die Wärme des Abwassers macht einen der größten Verlustposten von Gebäuden aus. In Stuttgart wurde im Rahmen einer Studie festgestellt, dass das Abwasser mit mind. 12 °C und 1.300 L/s in die Hauptkläranlage strömt. Das entspricht einer entziehbaren Heizleistung von rund 11 MW. Jährlich könnten in Stuttgart rund 17 GWh Wärme aus dem Abwasser gewonnen werden.

Durch den Einbau von Wärmetauschern in zentrale Abwasserkanäle wird ein großes Wärmepotenzial erschlossen, das sonst verloren gehen würde. Zahlreiche ausgeführte Anlagen in Deutschland und der Schweiz zeigen, dass die Wirtschaftlichkeit für größere Anschlussleistungen (ab ca. 200 kW) bei entsprechend günstiger Lage in der Nähe eines geeigneten Abwasserkanals gegeben ist. Voraussetzung für die Nutzung ist die Genehmigung des Abwasserkanalbetreibers und im Minimum 15 L/s Abwasserdurchflussmenge.

Beim Kanalneubau bietet es sich an, die Wärmetauscher in Betonrohrsegmente zu integrieren. Bestehende Leitungen können mit Einschubwärmetauschern im Bereich der Rohrsole ausgerüstet werden. Druckleitungen erhalten umlaufenden Spiralrohrwärmetauscher oder ein Zusatzaußenrohr. Im Zwischenspalt zirkuliert hier Wasser als Übertragungsmedium für den Wärmetauscher und die Wärmepumpe. Um den Abwasserwärmeentzug zu maximieren, jedoch auf maximal 2 °C zu begrenzen, muss die Wärmetauscherlänge genau ermittelt werden. So werden biologisch aktivierte Klärprozesse nicht beeinträchtigt.

In Kombination mit einer Lüftungsanlage und einer optimal gedämmten, abgedichteten Gebäudehülle kann ebenfalls ein guter Gesamtwirkungsgrad erreicht werden, indem die Wärmepumpe die Abluft als Medium anzapft. Die Leistungsaufnahme einer Anlage mit (Zu- und Abluft mit Wärmerückgewinnung und Wärmepumpe) liegt bei etwa 0,8 W pro $m^3$/h, woraus bei 2.750 Vollbetriebsstunden und einer Belegung von 1 Person je 10 $m^2$ ein Jahresstromverbrauch von 2 bis 9 kWh/$m^2$ resultiert.

Ein sehr großes Potenzial liegt in der Nutzung gewerblicher Abwärme. Diese fällt in vielen Betrieben kontinuierlich an. Nicht selten liegt im Betrieb gleichzeitig ein Wärmebedarf auf einem Temperaturniveau vor, welches ideal von Wärmepumpen bereitgestellt werden kann.

## Beispielexkurs Abwärmenutzung in der Ruhr-Uni Bochum

Durch Auslagerung spezifischer Temperaturniveaus als kaskadierte Abwärme für die thermischen Prozesse in der Ruhr-Uni wurde ein hoher Nutzungsgrad erreicht. Mit 1 kWh Strom werden im Durchschnitt 7,7 kWh thermische Arbeit bereitgestellt. Durch Kopplung der Wärme- und Kälteversorgung mittels Erd-Wärmepumpentechnik wurde ein erheblicher Beitrag zur Energieeinsparung (rd. 950 MWh/a und THG-Einsparung, rd. 243 Tonnen $CO_{2\text{-Äq}}$) im Universitätsbetrieb geleistet.

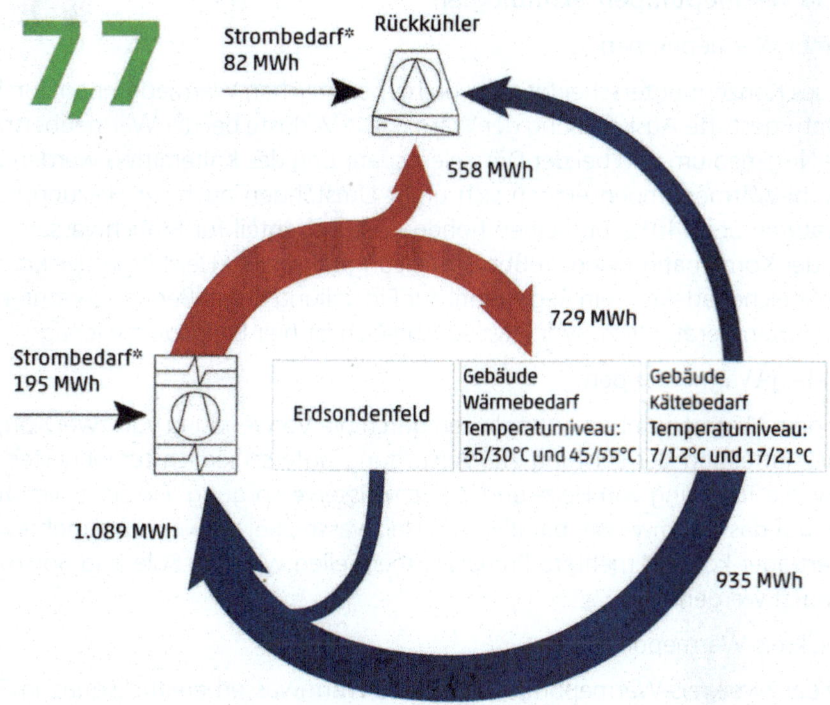


*Bild 8-34: Wärmepumpenprozess der Ruhr-Uni Bochum*

*Quelle: Dipl.-Ing. Jürgen Holzenkamp*

*Tabelle 8-4: Kenndaten wichtiger Wärmequellen für Wärmepumpenanlagen im privaten Wohnungsbau unter mitteleuropäischen Klimabedingungen.*

| | **Erdwärme-kollektor** | **Erdwärme-sonde** | **Grund-wasser** | **Luft** | **Massiv-absorber*** |
|---|---|---|---|---|---|
| Örtliche Verfügbarkeit | überall | überall | nicht überall | überall | nur für Neubau |
| Platzbedarf | hoch | gering | gering | gering | gering |
| Durchschnittstem-peratur im Winter | -5° bis +5 °C | 0° bis +10 °C | +8° bis +12 °C | -25° bis +15 °C | -3° bis +5 °C |
| Wasserrechtlich genehmigungspflichtig | nein | fast immer | immer | nein | nein |
| Typische mittlere Jahresarbeitszahl | bis 4 | bis 4,5 | bis 4,5 | bis 3,3 | bis 4,0 |

* Massivabsorber sind z. B. erdberührende Betonteile (z. B. Gründungspfähle), in die ein Wärmetauscher eingelassen ist.

*Quelle: Fachinformationszentrum Karlsruhe; basisEnergie 10*

**Spezielle Wärmepumpentechnologien**

- Kombi-Wärmepumpen

  Dieses Konzept unterscheidet sich von herkömmlichen Wärmepumpen durch die temperaturgestufte Auskopplung der Wärme. Die Verluste bei der Wärmeübertragung auf das Nutzmedium und bei der Drosselentspannung des Kältemittels werden verringert. Kombi-Wärmepumpen eignen sich unter Umständen auch für Heizungsvorlauftemperaturen über 40 °C und einen hohen Leistungsanteil für Brauchwassererwärmung. Bei der Kombination einer Fußbodenheizung mit einem Heizkörperheizkreis erfordert der Speicherladekreis ein Regelventil zur Einstellung der außentemperaturabhängigen Vorlauftemperatur. Der hydraulische Abgleich ist hier besonders wichtig.

- Tandem-Wärmepumpen

  Tandem-Wärmepumpen ermöglichen durch die Verwendung von zwei Kompressoren eine Aufteilung der Leistung zur Versorgung unterschiedlich temperierter Heizkreise bzw. die Trennung von Heiz- und Brauchwasserversorgung. Ein spezieller Verflüssiger erzeugt das Warmwasser parallel zum Heizwasser. Bei Verwendung mehrerer Wärmeübertrager können mehrere Primärwärmequellen wie z. B. Sole und Solarkollektoren genutzt werden.

- Zweikreis-Wärmepumpe

  Bei der Zweikreis-Wärmepumpe erfolgt die Warmwasserbereitung quasi im Prinzip des Durchlauferhitzers – vom Kältemittel auf das Trinkwasser. Bei gleicher Kältemitteltemperatur sind höhere Warmwassertemperaturen zu erzielen. Im zweiten Kreis arbeitet die Wärmepumpe nach dem herkömmlichen Verdichterprinzip. Das Gesamtsystem ist einfach und kostengünstig. Es ist besonders für Heizungsvorlauftemperaturen unter 40 °C und parallele Warmwasserbereitung geeignet. Gute Systemarbeitszahlen sind jedoch nur mit (solar) vorerwärmtem Brauchwasser erreichbar. Unabhängig davon besteht bei hohen Temperaturen mit kalkreichem Trinkwasser die erhöhte Gefahr der Verkalkung des Wärmeüberträgers im zweiten Heizkreis.

### 8.4.4 Brauch- und Prozesswassererwärmung

Entsprechend dem DVGW-Arbeitsblatt W 551 für die Errichtung und den Betrieb von Trinkwassererwärmungs- und Trinkwasserleitungsanlagen gilt, dass am Austritt von Warmwassererzeugungsanlagen ständig eine Temperatur von mindestens 60 °C gehalten werden muss. Bei Anlagen mit Zirkulationsleitungen darf die Warmwassertemperatur im System nicht um mehr als 5 °C gegenüber der Austrittstemperatur absinken. Somit soll die Rücklauftemperatur der Zirkulation, sofern vorhanden, in den Warmwasserbereiter mindestens 55 °C betragen. Außerdem soll Trinkwasser (kalt) möglichst kühl gehalten und vor unerwünschter Erwärmung, z. B. durch Sonneneinstrahlung oder nahegelegene Heizungsleitungen, geschützt werden. Diese Anforderungen gilt es auch beim Einsatz von Solarthermie und Wärmepumpen zur Brauchwassererwärmung technisch umzusetzen.

Der Warmwasserbedarf ist stark von der individuellen Nutzung geprägt und weist keine besondere Abhängigkeit vom Baustandard auf. Er ist weitgehend konstant, mit einer geringen Absenkung im Sommerhalbjahr. Der durchschnittliche tägliche Warmwasserbedarf für den Wohnungsbau liegt in Nordwesteuropa bei etwa 40 Liter/Person. Bei einer Brauchwassertemperatur von 60 °C werden umgerechnet etwa 28 kWh/m²a beziehungsweise 2,7 kWh pro Tag und Person zum Erwärmen des Wassers aufgewendet.

In Geschäftsgebäuden liegt der Warmwasserbedarf je Nutzer im Allgemeinen deutlich unter dem des Wohnungsbaus; im Gewerbe hängt der Bedarf an Prozesswarmwasser sehr stark von den jeweiligen Betriebsprozessen ab.

Die Brauchwasserbereitstellung kann in zentrale und dezentrale Methoden unterschieden werden. Zentral werden häufig indirekt beheizbare Speicherwasserwärmer eingesetzt. Auch sogenannte Kombithermen werden zur zentralen Bereitstellung verwendet. Dezentral kommen vor allem elektrisch betriebene Durchlauferhitzer und Frischwasserstationen mit Wärmetauscher und Anschluss an das Heizsystem zum Einsatz.

In herkömmlichen Warmwasser-Heizungssystemen wird in der Regel das Brauchwasser indirekt durch ein Heizgerät erwärmt. Für den Sommerfall bedeutet dies, dass zur Abnahme einer vergleichsweise geringen Leistung ein hoher technischer Aufwand betrieben wird.

Aus Komfortgründen werden bei zentraler Brauchwasserversorgung bei Leitungswegen ab 10 m oft Zirkulationsleitungen vorgesehen, die jedoch auch bei gedämmten Leitungen zu Wärmeverlusten führen. Wenn die Leitungen durch unbeheizte Räume geführt werden, beträgt der jährliche Verlust > 35 kWh je Leitungsmeter. In beheizten Räumen kommen die Verluste in der Heizperiode der Gebäudeerwärmung zugute. Dadurch treten in diesem Fall primär im Sommer bilanzierte Zirkulationsverluste auf. Hier muss zwischen erhöhten Wasserverlusten der ersten kalten Meter und den Zirkulationsleitungs-Wärmeverlusten abgewogen werden.

Einige Geräte, wie z. B. Geschirrspüler und Waschmaschinen, erzeugen das benötigte Wasser typischerweise elektrisch mit integrierten Durchflusserhitzern. Sofern der dafür verwendete Strom nicht aus regenerativen Quellen stammt, wäre der alternative Anschluss an eine Warmwasserleitung über T-Stücke möglich und zu empfehlen. In der Regel haben die Geräte Temperaturfühler, sodass bei Durchströmung mit Warmwasser die elektrische Erwärmung nicht zugeschaltet wird. Etwas mehr Komfort bieten Haushaltsgeräte, die bereits zur Verwendung für Warmwasseranschlüsse vorbereitet sind. Hier muss für Kaltwaschgänge nicht zurückgeschaltet werden. Wenn das Warmwasser der zentralen Gebäudeversorgung herkömmlich mit Netzmixstrom erwärmt wird, sind diese Alternativen allerdings wenig zweckmäßig.

*Bild 8-35: Frischwasserstation am Heizungspufferspeicher*
Quelle: Junkers-Bosch Thermotechnik GmbH

*Bild 8-36: Frischwasserstation mit Plattenwärmetauscher*
Quelle: Junkers-Bosch Thermotechnik GmbH

## 8.4.5 Thermische Solarkollektoren

Von den geeigneten Flächen auf und an Gebäuden werden in Deutschland unter 0,5 % für solarthermische Anlagen genutzt. Der erforderliche Raumwärmebedarf könnte bei Ausnutzung aller geeigneten Flächen inkl. Warmwasserbereitung dreimal solarthermisch gedeckt werden.

Solarthermische Kollektoren nutzen die jährlich auf einen Quadratmeter einstrahlende Solarenergie von rd. 1.000 kWh je nach Kollektorbauart zu 350 bis 700 kWh. Mit Photovoltaikmodulen werden vergleichsweise etwa 100 bis 200 kWh in Elektrizität umgewandelt. Somit steht die Solarthermie in puncto Flächeneffizienz zu Unrecht im Abseits.

Voraussetzung für die solare Warmwasserbereitung ist ein zentrales Warmwassernetz. In einigen Gebäuden ist dies jedoch aufgrund der geringen Abnahmedichte, wie z. B. bei Büronutzung, selten. In Solarkollektoren heizt sich der aus einem schwarzen Blech bestehende Absorber durch die Sonneneinstrahlung auf. Das durch den Absorber zirkulierende flüssige Wärmeträgermedium erwärmt sich und wird zu einem Speicher gepumpt. Dort gibt sie in einem Wärmetauscher die Wärme an das Brauchwasser- bzw. Heizungssystem ab. Eine Regelung schaltet die Umwälzpumpe ein, wenn die Absorbertemperatur höher als die des Speichers ist. Wenn der Bedarf das Solarwärmeangebot übersteigt, muss von einem externen System nachgeheizt werden.

Flachkollektoren sind unten und seitlich in eine Wärmedämmung eingebettet. Viele Produkte lassen sich in die Dachhaut integrieren, sodass Wärmeverluste und ästhetische Beeinträchtigungen weiter minimiert werden.

Flachdächer mit aufgeständerten Solarmodulen können zur Verbesserung des Kleinklimas und Schutz der Dachhaut extensiv begrünt werden. Die Module sollten in diesem Fall allerdings mindestens 25 cm Abstand zur Substratoberkante aufweisen, um Verschattung durch Aufwuchs zu vermeiden.

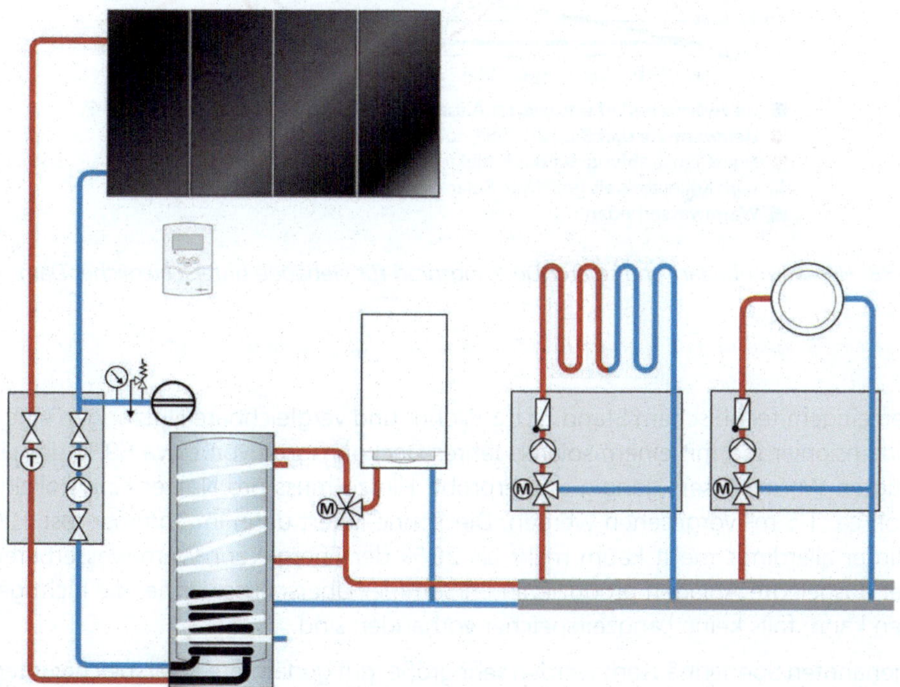

*Bild 8-37: Anlagenschema Brennwerttherme mit solarer Brauchwasser- und Heizungsunterstützung, Kombispeicher, Flächenheizung und HK-Heizkreis*

Quelle: Viessmann GmbH & Co KG

Der Einsatz spezieller Antireflexschichten entspiegelt das Glas der Kollektorabdeckung und verbessert die Lichtdurchlässigkeit um bis zu 15 % [25].

Bei Vakuumröhrenkollektoren werden die Absorber in Glasröhren geführt. Die Dämmung wird durch einen Unterdruck innerhalb der Röhre realisiert. Viele Röhrenkollektoren erlauben die Verdrehung der Glasröhren im Halterahmen. Hierdurch kann eine ungünstige Ausrichtung des Kollektors etwas kompensiert werden, wodurch z. B. die vertikale Montage an einer Außenwand oder als Balkongeländerfüllung ermöglicht wird. Vakuumröhrenkollektoren arbeiten mit einem höheren Wirkungsgrad bezogen auf die Absorberfläche als Flachkollektoren.

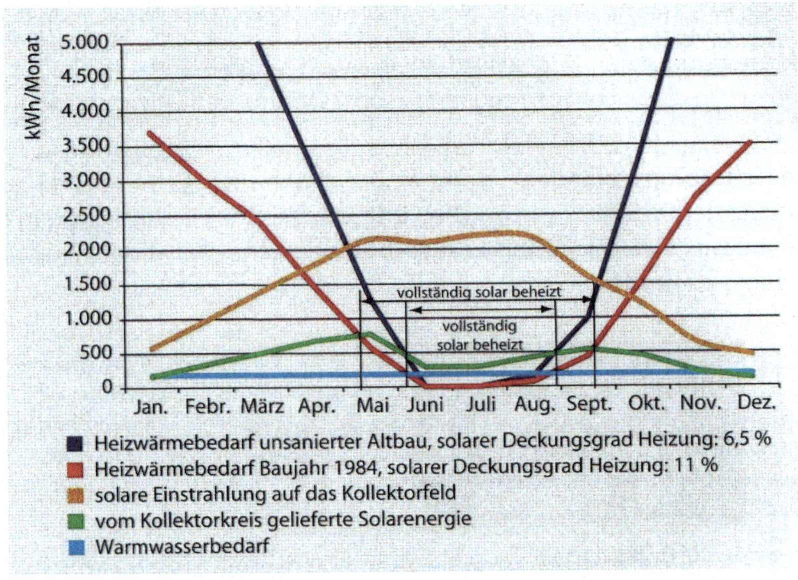


*Bild 8-38: Heizwärmebedarf und solarer Deckungsgrad für Gebäude unterschiedlicher Dämmstandards*

*Quelle: Heinz P. Janssen, Energieberatung für Gebäude; Rudolf Müller Verlag*

Bei derzeitigem technischem Stand ist für Wohn- und vergleichbare Nutzungen eine Anlagendimensionierung mit einem solaren Jahres-Deckungsgrad von etwa 60 % des jährlich benötigten Warmwassers gängig und erprobt. Hierzu muss pro Nutzer eine Kollektorfläche von ca. 1,5 m² vorgesehen werden. Die Sonne liefert dann im Sommer fast 100 % – im Winter allerdings meist kaum mehr als 20 % der Energie zur Warmwasserbereitung. Größer ausgelegte Anlagen produzieren im Sommer Überschusswärme, die nicht genutzt werden kann, falls keine Langzeitspeicher vorhanden sind.

In sogenannten Sonnenhäusern werden sehr große, gut gedämmte Solarspeicher integriert. Mit Speichervolumina > 8.000 L je Wohneinheit mit bis zu fünf Personen kann es gelingen, auch längere winterliche Solarsenken zu überbrücken und sehr hohe solare Deckungsgrade für Heizung und Brauchwasser zu erreichen, sofern die Gebäudehülle energetisch optimiert ist.

*Tabelle 8-5: Überschlägige Auslegung einer Brauchwasser-Solarthermieanlage in Mitteleuropa für einen Bedarf von ca. 30 L Warmwasser/Pers und einer Warmwasser-Sommersolar-Deckungsrate von ca. 90 % und Jahresdeckungsgrad von 60 %, Erfahrungswerte auf der Basis marktgängiger Anlagen*

| Anzahl der Personen | 3 | 4 | 5 | 6 | 7 | |
|---|---|---|---|---|---|---|
| Brauchwasserspeicher-volumen [Liter] | 400 | 500 | 600 | 700 | | |
| Flachkollektor [m²] | 5 | 6 | 7 | 8 | 9 | 10 |
| Vakuumröhrenkollektor [m²] | 3 | 4 | 5 | 6 | 7 | |

„Die Kollektoren sollten in möglichst großen, zusammenhängenden Feldern angeordnet werden. Die Dachneigung sollte mindestens 15° betragen, optimal sind 45°. Abweichungen von der Südrichtung über Südwest und Südost hinaus führen zu deutlichen Ertragseinbußen." [17]

Der Solarkreislauf besteht aus den Kollektoren, dem Rohrsystem, Mess- und Regeleinrichtungen, Ausdehnungsgefäß, Solarkreislaufpumpe und dem Wärmetauscher. Durch den Einsatz von Mikroperlabscheidern kann auf Handentlüftung verzichtet werden. Die Entlüftungsventile lassen sich bei vielen Anlagen ohnehin häufig nicht optimal am obersten Anlagenpunkt installieren.

Der Herstellungsenergieaufwand für thermische Solaranlagen beträgt lt. Institut Wohnen und Umwelt etwa ein Fünftel bis ein Zehntel des Nutzpotenzials.

- Solare Heizungsunterstützung

  Wenn zusätzlich zur Brauchwassererwärmung die Raumbeheizung solar unterstützt werden soll, muss die erforderliche Kollektorfläche an den Bedarf angepasst werden. Bekanntlich fällt der größte Heizenergiebedarf in die Zeit mit der geringsten Sonneneinstrahlung. Der Anteil an der Heizenergieerzeugung kann bei klarem Wetter und ertragsoptimierten Anlagen etwa ein Viertel betragen. Bei herkömmlichen Anlagen ist eine Angabe von mehr als 10 % solarer Heizungsunterstützung bereits als optimistisch anzusehen.

  Der zusätzliche Installationsaufwand bei vorhandener solarer Trinkwasserbereitung besteht letztlich aus einer intelligenten Speicherlösung, wie sie bei den meisten Heizungsanlagen sowieso vorhanden sein sollte, und einer deutlich größeren Kollektorfläche.

*Tabelle 8-6: Überschlägige Auslegung einer Solarthermieanlage für Brauchwassererwärmung und Heizungsunterstützung in Mitteleuropa mit einer Warmwasser-Sommersolar-Deckungsrate von ca. 95 % und einer anteiligen Heizungsdeckung von ca. 15 %, Erfahrungswerte auf der Basis marktgängiger Anlagen*

| Anzahl der Personen | 3 | 4 | 5 | 6 | 7 |
|---|---|---|---|---|---|
| Kombi-Speichervolumen für WW + Heizpuffer [Liter] | 600 | 800 | 1000 | 1200 | |
| Flachkollektor [m²] | 8 | 11 | 14 | 17 | 20 |
| Vakuumröhrenkollektor [m²] | 6 | 8 | 10 | 12 | 14 |

- Low-Flow-Beladung

  Bei Low-Flow-Beladungstechnik durchfließt das Medium den Kollektor langsamer und kann so in einem Durchlauf mehr Energie aufnehmen. Der Bereitschaftsteil im Speicher kann so schneller die Nutztemperatur erreichen. Bei thermischen Solaranlagen im Low-Flow-Prinzip ist ein Wärmespeicher mit optimaler thermischer Schichtung der eingespeisten Solarwärme notwendig. Die Volumenströme der Wärmetauscher werden auf der Primär- und Sekundärseite im Verhältnis von ca. 1:1 eingeregelt. Sie sollten zur Vermeidung logarithmischer Temperaturdifferenzen im Gegenstrom betrieben werden.

- Schwimmbadbeheizung

  Anders als beim Gros der Gebäudearten fällt die Nutzungszeit von Freibädern in die Zeit des größten Strahlungsangebots. Der Einsatz thermischer Solaranlagen bietet sich daher an. Es können sehr einfache und preiswerte Absorber verwendet werden. Die Größe der Absorberfläche sollte hierzu mindestens 50 % der Wasseroberfläche betragen. Auf eine konventionelle Nachheizung kann zum Erhalt durchgängiger Komfortwassertemperaturen bei längeren Schlechtwetterperioden nicht ganz verzichtet werden.

  Durch Pool-Abdeckungen wird die Nachtauskühlung über die Wasseroberfläche deutlich minimiert. Dies gilt auch für Schwimmbecken ohne Kollektorheizung.

*Bild 8-39: Schwimmbadabsorber*

*Quelle: Bau-Sachverständigenbüro projektRAUM*

### 8.4.6 Wärmespeicher

Wärmespeicher in Gebäuden für nichtproduktive Zwecke werden zunächst in Brauchwasserspeicher, Heizungspufferspeicher und Kombispeicher (als Kombination aus Heizungspuffer- und Brauchwasserspeicher) unterschieden. Die verschiedenen Speicher können deutliche Unterschiede im Volumen und den Wärmeübertragungstechnologien aufweisen.

Bei Einbindung von Solarenergienutzung sind je nach gewünschter Solarflauten-Überbrückungszeit größere Speichervolumina erforderlich.

Als Speichergröße muss mind. der jeweilige Spitzenwert vorgehalten werden können (z. B. im Einfamilienhausbau: eine Badewannenfüllung). In größeren Nutzungseinheiten tritt durch den geringen Gleichzeitigkeitsfaktor eine Homogenisierung des Warmwasserbedarfs ein, sodass keine Addition der einzelnen Spitzenwerte vorgenommen werden muss. Hier werden die Speichergrößen anhand von Tabellenwerten oder expliziten Berechnungen dimensioniert.

Die Sonne liefert in Deutschland etwa 2/3 der Solarenergie in den Monaten Mai bis September. Der Hauptanteil des Gebäudewärmeenergiebedarfs besteht jedoch in der Heizperiode von Oktober bis April. Das Sonnenhauskonzept (Kapitel Gebäude-Energiestandards) berücksichtigt diesen Effekt mit großen Saisonal-Wärmespeichern, um temporäre Überschüsse zu puffern und für sonnenarme Perioden nutzbar zu machen.

Um hohe Anteile nicht erneuerbarer Energien mittels solarer Wärme zu substituieren und ggf. in Nah- und Fernwärmenetze einzubinden, werden Großbehälter-Wärmespeicher > 1.000 m³ Speichervolumen benötigt. Heißwasser-Wärmespeicher können im Temperaturbereich bis 95 °C eingesetzt werden. Das Speichervolumen wird in der Regel durch einen Stahl- oder Betonbehälter gebildet. Die notwendige Wasserdampfdiffusionsdichtigkeit von Betonspeichern wird durch spezielle Dichtungsadditive oder eine zusätzliche innere Auskleidung erzielt. Dieser Speichertyp kann ins Erdreich eingegraben und konventionell von außen gedämmt werden. Die Speicherkapazität beträgt 60 bis 80 kWh/m³. Bei Kies-Wasser-Wärmespeichern wird ein Gemisch dieser Materialien als Speichermedium genutzt. Zu diesem Zweck wird eine mit Teichfolie (HD-PE oder PP) abgedichtete Grube mit dem Speichermedium gefüllt und abgedeckt. Die maximalen Speichertemperaturen sind durch die Temperaturfestigkeit der Abdichtung auf etwa 80 °C begrenzt. Eine tragende Deckenkonstruktion ist aufgrund des statisch tragenden Speichermediums nicht unbedingt erforderlich. Auch Überbauungen sind unter Umständen möglich. Der Speicher sollte allseitig gedämmt werden. Die Be- und Entladung des Speichers kann direkt durch den Austausch von Speicherwasser oder durch eingelegte Rohrschlangen erfolgen. Bedingt durch die geringere Wärmespeicherfähigkeit des Kieses wird im Vergleich zum Heißwasser-Wärmespeicher ein etwa 50 % größeres Volumen benötigt, um dieselbe Wärmemenge zu speichern (siehe auch saisonale Wärmespeicher im Kapitel „Ausblick").

Die Belade-Wärmetauscher sollten weit in den Eintrittsbereich des Kaltwassers hinuntergezogen werden, um niedrige Rücklauftemperaturen zu ermöglichen. Diese sind entscheidend für die Energieeffizienz und die Speicherladezeit. Entladewärmetauscher müssen eine ausreichend große Wärmeübertragungsfläche haben, damit jederzeit zufriedenstellende Warmwassertemperaturen gezapft werden können.

Die Brauchwassertemperatur herkömmlicher gebäudeintegrierter Speicher sollte im Bereich von 45 bis 70 °C liegen. Zwar besteht bei Temperaturen unter 50 °C die Gefahr der Legionellenbildung, jedoch ist bei kleinen Speichern kaum damit zu rechnen, dass Warmwasser über einem längeren Zeitraum lagert. Eine Alternative stellen hier Heißwasser-Pufferspeicher in Verbindung mit thermischen Durchlauferhitzern bzw. Durchlaufwärmetauschern dar. Wenn große Speicher unvermeidbar sind, können Legionellen mit einer sogenannten Legionellenschaltung durch gelegentliche kurzfristige Erwärmung über 80 °C abgetötet werden. Oberhalb 65 °C steigt die Gefahr von Verbrühungen sowie der Verkalkung der Behälterinnenwände und Wärmetauscherflächen.

Aus Sicht der Speicherverlustreduzierung wäre ein Standort innerhalb des beheizten Volumens zu wählen. Die Speicherverluste kommen so der Nutzraumerwärmung zugute. Es können sich allerdings ungewollte sommerliche Wärmelasten ergeben. Wenn im Gebäude kein geeigneter Aufstellort zur Verfügung steht, lässt sich ein gedämmter Speicher – ähnlich einer Zisterne – gebäudenah im Erdreich unterbringen. Rechnet man die eingesparten Quadratmeter Nutzfläche gegen, dann kann diese Variante auch wirtschaftlich attraktiv sein.

Die Speicherform sollte möglichst hoch und schlank gewählt werden, weil so eine differenziertere Temperaturschichtung erfolgt. Gute Schichtenspeicher sind so konstruiert, dass sie bei der Befüllung die Schichtung weitgehend beibehalten – eine Vermischung durch den Zulauf wird durch temperaturgerechte Einlagerung z. B. über ein Membranklappenrohr weitgehend unterbunden. Auch bei partieller Beladung des Speichers können im oberen Teil hohe Temperaturen aufrechterhalten werden.

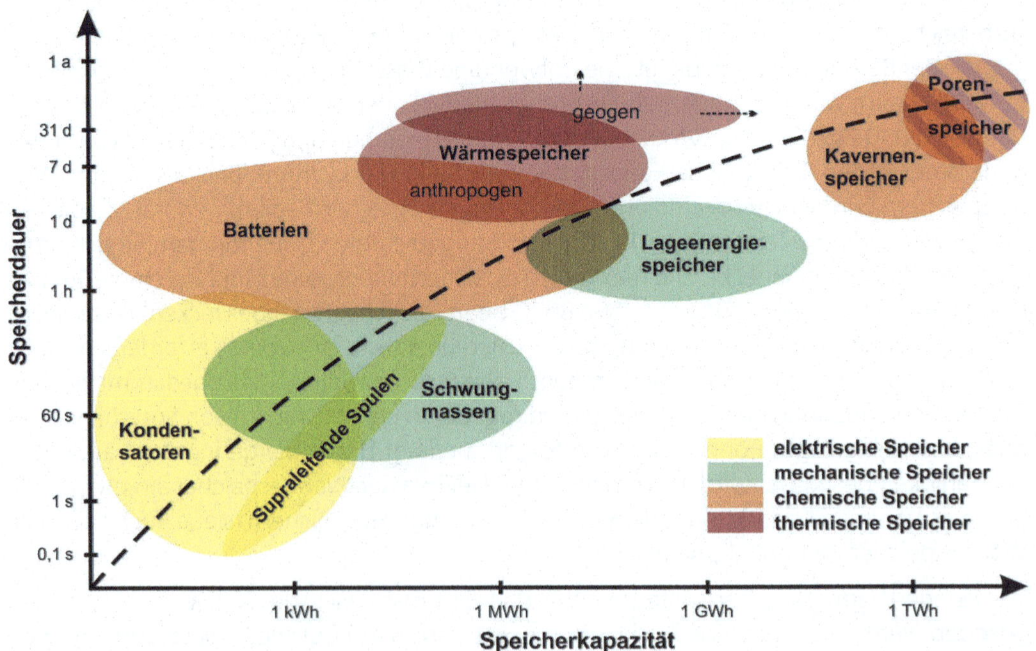


*Bild 8-40: Energiespeicher*

*Quelle: Marcus Meisel, Jena Geos*

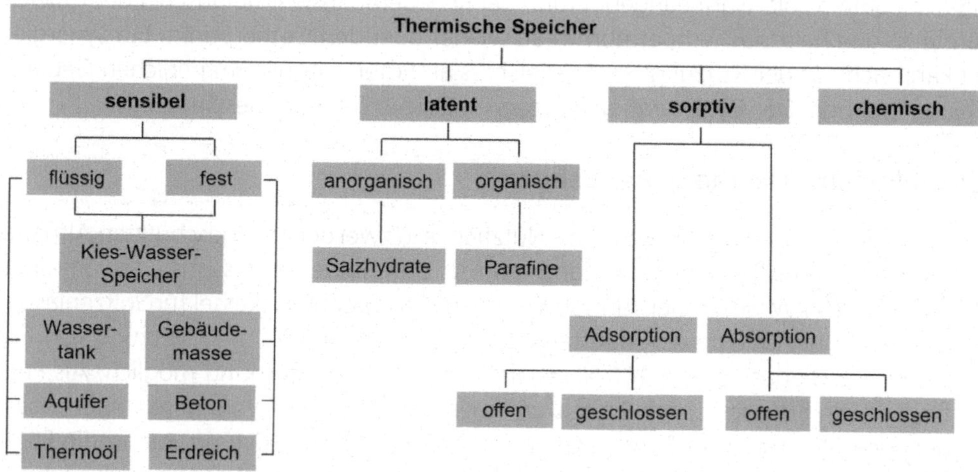


*Bild 8-41: Thermische Speicher*

*Quelle: Verfasser; Datenbasis Energieeffizienz in Gebäuden, VME 2010*

Bei der Auslegung sollte man sich, wenn möglich, auf einen Speicherbehälter beschränken. Größere Einzeltanks haben eine geringere Oberfläche in Relation zum Volumen.

Bei Wärmespeichern, die gleichzeitig zur solaren Heizungsunterstützung dienen, kann das Brauchwasser über eine Frischwasserstation bereitgestellt werden. Dabei wird entsprechend dem Brauchwasserbedarf frisches Kaltwasser zugeführt, das sich auf dem Weg durch einen Wärmetauscher aufheizt. Die Wärme entzieht dieser dann aus dem Pufferspeicher. Das hat den Vorteil, dass das erhitzte Trinkwasser selbst nicht in großen Mengen gespeichert werden muss.

Um das schwankende Solarwärmeangebot, insbesondere im Winter, als Umweltenergie für Wärmepumpen nutzbar zu machen, bedarf es einer Speichertechnologie, die die thermische Phasenwechselenergie um den Wassergefrierpunkt optimal nutzt und geringe Speicherverluste aufweist. Beim Phasenwechsel des Speicherwassers fest-flüssig wird dieselbe Energiemenge freigesetzt, die benötigt wird, um einen Liter Wasser von 0 auf 80 °C zu erwärmen. Das bedeutet, dass ein Eisspeicher mit einem Volumen von fünf Kubikmetern die gleiche Energiemenge liefert wie die Verbrennung von 55 Litern Heizöl. Eisspeicher ermöglichen es Solaranlagen, auch winterliche Niedertemperaturwärme zu sammeln und über eine Wärmepumpe auf Heiztemperatur anzuheben. Als Eisspeicher können einfache Betonzisternen ebenso verwendet werden wie Kies-Wasserbehälter. Der Speicher wird zweckmäßigerweise im Erdreich eingelassen und temperiert sich bereits durch das umgebende Erdreich. Die Speicherdämmung kann auf die obere Abdeckung beschränkt bleiben. Da sich die Speichertemperaturen kaum von den Umgebungstemperaturen unterscheiden, entstehen nur geringe Speicherverluste. Im Inneren werden Entzugswärmetauscher und Regenerationswärmetauscher-Leitungsspiralen installiert. Indem das Wasser seine Wärme an den Entzugswärmetauscher abgibt, sinkt die Speichertemperatur und gefriert allmählich. Eine Möglichkeit, kostengünstig Umweltwärme einzubinden, sind solare Luftkollektoren. Diese nutzen sowohl die Energie aus der Umgebungsluft als auch die der Sonnenstrahlung. In

Zeiten mit gutem Solarwärmeangebot führt der Regenerationswärmetauscher dem Speicher Wärme zu und hebt das Temperaturniveau wieder über den Gefrierpunkt. Ein Synergieeffekt kann sich aus der Nutzung des Eisspeichers als Potenzial zur sommerlichen Gebäudekühlung ergeben: Der Regenerationsprozess im Eisspeicher wird beschleunigt.

**Beispielexkurs Kreishaus Rendsburg**

Die Wärmeversorgung für 8.500 m² Nutzfläche in zwei denkmalgeschützten Altbauten wird in Leistungskaskadenschaltung mit drei elektrischen und sechs Gaswärmepumpen mit 470 kW Gesamtleistung sowie einem Gas-Brennwertkessel für Spitzenlastfälle realisiert. Die Auslegungsvorlauftemperatur beträgt 55 °C. Durch Nutzung von Ökostrom und Biogas ist eine 100 % regenerative Wärmeversorgung möglich. Als Puffer fungiert ein Eisspeicher mit 14 m Durchmesser und 560 m³ Volumen. Dieser regeneriert sich über Solarluft-Energiezäune mit 145 kW Spitzenleistung, die in die Freiflächengestaltung integriert wurden. Ein Teil der Gebäude wird sommerlich technisch gekühlt. Dazu wird der Speicher sommerlich als Kaltwassersatz genutzt und regeneriert sich schneller. Die Speichervereisung muss also nicht zwangsläufig eintreten. An erster Stelle der Wärmeverwendung steht die direkte Nutzung im Falle hohen Solarwärmeangebotes. An zweiter Stelle steht die Nutzung von gutem Solarwärmepotenzial mittels Wärmepumpen. Nur solare Überschüsse werden im Eisspeicher eingelagert bzw. dienen der Regeneration. Bei Wärmeanforderung ohne solares Angebot wird dem Speicher Wärme entzogen.

### 8.4.7 Multivalente Wärmeerzeugung

Wärmeerzeuger lassen sich fast grundsätzlich miteinander zu Hybridanlagen kombinieren. Dadurch kann die Versorgungssicherheit erhöht werden. Je nach Kombination sind verschiedene Primärenergiequellen mit ihren jeweiligen Vorteilen nutzbar und ggf. auch erneuerbare Energie einzubinden. Als weit verbreitete Beispiele dienen Öl- und Gaskessel mit Thermosolaranlagenkombination oder Blockheizkraftwerke, in denen KWK-Anlagen mit Spitzenlastkesseln in Kaskade geschaltet sind. Diese Hybridanlagen werden an dieser Stelle nicht explizit betrachtet, weil sie bereits als hinreichend bekannte technische Standards bewertbar sind und die Nutzung fossiler Brennstoffe als Auslaufmodell gilt.

Wärmeerzeuger können monovalent betrieben werden. Das bedeutet, dass der Wärmeerzeuger alleinig zur Objektwärmeversorgung dient. Nachfolgend werden weitere Betriebsweisen für Wärmeerzeuger beschrieben:

- Monoenergetisch

  Zwei oder mehrere Wärmeerzeuger werden mit einer Energieform betrieben, wie dies z. B. bei strombetriebenen Luft-Wasser-Wärmepumpen der Fall ist. Wenn die Außenlufttemperatur gering ist, schaltet sich i. d. R. ein Elektroheizstab ein. Elektroheizstäbe sollten nur manuell-temporär aktiviert werden können, sodass Sie als Notheizsystem statt für langanhaltenden Regelheizbetrieb genutzt werden. Der Strom für den E-Heizstab sollte gesondert gemessen werden und nicht mehr als 2 % des Wärmepumpenstromverbrauchs ausmachen.

- Bivalent-parallel

  Zwei Wärmeerzeuger werden mit unterschiedlichen Energieträgern parallel betrieben. Für multi-parallelen Betrieb werden auch mehr als zwei Wärmeerzeuger parallel betrieben.
- Bivalent-teilparallel

  Ein weiterer Wärmeerzeuger schaltet sich bei Bedarf zu, sobald eine Regelgröße wie z. B. die Außentemperatur einen bestimmten Wert erreicht, welcher Bivalenzpunkt genannt wird.
- Bivalent-alternativ

  Zwei Wärmeerzeuger werden in Abhängigkeit von einer Regelgröße alternativ betrieben. Zum Beispiel wird bei tiefen Außentemperaturen ein Biomassekessel aktiv und bei Außentemperaturen über dem Bivalenzpunkt eine Luft-Wasser-Wärmepumpe.

Als verknüpfendes Element aller Hybridanlagen dienen Anlagensteuerungen, mit denen sowohl die Erzeugerseite als auch die zielgerichtete Verwendung in Abhängigkeit der verschiedenen Regelgrößen, z. B. Klimadaten, Bivalenzpunkten, Wärmelasten, Energiepreisen und dergleichen, übersichtlich berücksichtigt werden.

Als Kriterien der Kombination zu Hybridanlagen aus unterschiedlichen Wärmeerzeugertechnologien dienen:

- Wärmelastgang, Eignung für Grundlastbereitstellung bzw. Spitzenlastbereitstellung,
- Primärenergieträgerverfügbarkeit,
- Angebot an erneuerbaren Energien,
- Platzbedarf, ggf. Lagerraumverfügbarkeit,
- Versorgungssicherheitsziele,
- Autarkieziele,
- Technologiestandfestigkeit,
- Lebenszykluskosten aus Investition, Energieträger- und Betriebskosten,
- Bedienbarkeit,
- ggf. Stromlastgang; Ziel der Verwendung von KWK- oder regenerativem Strom bzw. Ziel der gleichzeitigen Erzeugung von KWK-Strom.

**Wärmepumpen zur Nutzung mehrerer Wärmeentzugsquellen – Integration thermischer Solaranlagen**

Die Hybridkombination einer Wärmepumpe mit einer Solarwärmeanlage zielt in erster Linie auf die Steigerung der Energieeffizienz und der Umweltschonung ab, da die Solarthermie die Wärmeversorgung mit $CO_2$-freier Wärme unterstützt.

In wirtschaftlicher Hinsicht ist eine Solar-Hybrid-Wärmepumpe zunächst mit Einschränkungen verbunden: Kombiniert man eine Solarthermie-Anlage mit einer Wärmepumpe, so verringert das deren Betriebsdauer. Dies hat zwar den Vorteil, dass auch die Wärmepumpe einen geringeren Verschleiß aufweist, jedoch verlängert sich in Folge der höheren Investitionskosten die Anlagenamortisation. Ein Zusatznutzen für Erdwärmepumpen kann geschaffen werden, wenn die im Sommer von der Solarthermie-Anlage erzeugte überschüssige Solarwärme mittels Erdwärmesonden in das Erdreich abgeführt wird und so zur schnelleren Regeneration des Erdwärmetauschers beiträgt. So stehen der Erdwärmepumpe zu Beginn der Heizperiode höheren Quellentemperaturen zur Verfügung, was zu einer Erhöhung der JAZ der Wärmepumpe und einem verbesserten Nutzungsgrad der Solarthermie-Anlage führt. Bei einer Kombination einer Luftwärmepumpe mit einer Solarthermieanlage kann sich hingegen die Jahresarbeitszahl verschlechtern, da die Luftwärmepumpe gerade in Monaten mit hohen Außenlufttemperaturen effizient läuft und diese Wärmeproduktion nun vorrangig von der Solarthermie-Anlage abgedeckt wird. Um das schwankende Solarwärmeangebot einer Wärmepumpe, insbesondere im Winter, als nutzbare Umweltenergie zur Verfügung zu stellen, bedarf es einer Speichertechnologie, die auch das geringe winterliche Solarangebot nutzbar macht. Dies kann z. B. mittels Eisspeichern in Kombination mit Solarluftkollektoren realisiert werden.

Entscheidend für ein wirksam-effizientes Anlagenzusammenspiel ist eine gute Anlagensteuerung, die die jeweils optimalen Medium-Quelltemperaturen misst und in der Regelung berücksichtigt.

Hybridsysteme mit Wärmepumpen sind bevorzugt geeignet für Gebäude mit gutem Wärmeschutz und Flächenheizsystem.

- Vorteile: hoher Anteil regenerativer Energien, erprobte Technologien, bei Verwendung reversibler Wärmepumpen nutzbar für sommerliche Gebäudekühlung,
- Nachteile: Komplexität, Montageaufwand.

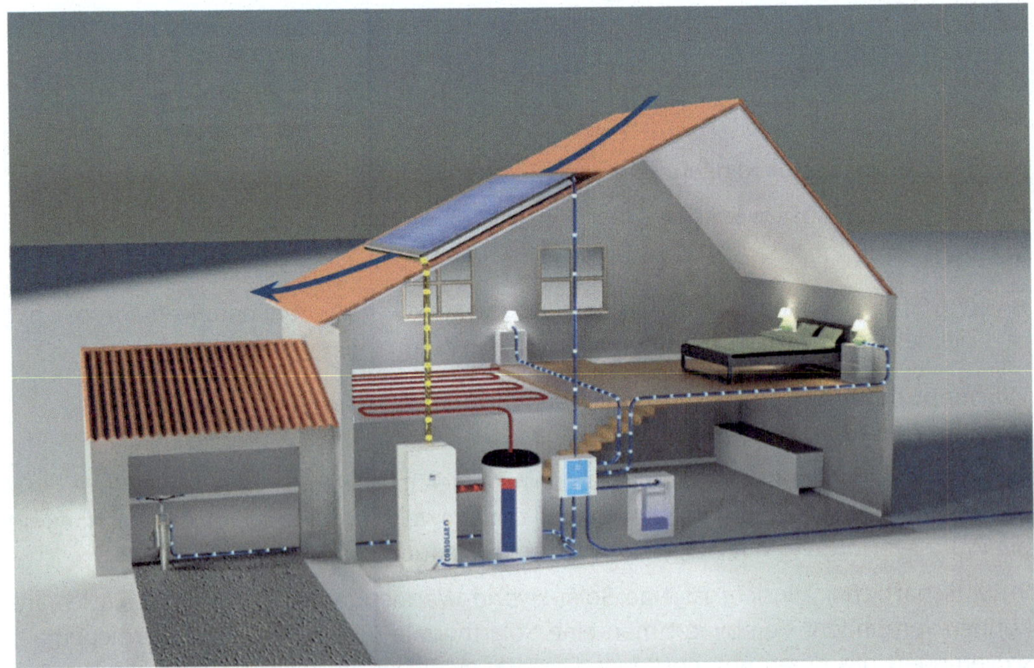

*Bild 8-42: PVT-Module, Eisspeicher, Wärmepumpe*

*Quelle: Consolar Solare Energiesysteme GmbH*

Solar-Hybridmodule erzeugen PV-Strom; dabei werden sie von Außenluft angeströmt und arbeiten gleichzeitig als Luftwärmetauscher für die angeschlossene Luft-Wasserwärmepumpe oder hydraulische Kollektoren in Verbindung mit Solewärmepumpen. Durch die direkte Anströmkühlung und Abkühlung der Wärmepumpenentnahme erhöht sich sowohl der Wirkungsgrad der PV-Anwendung als auch der Wärmepumpe. Mithilfe der Wärmepumpe kann Schnee und Eis von den Hybridmodulen abgetaut werden.

Durch die Kombination der Hybridmodule mit Wärmepumpe und Eisspeicher prognostiziert Fa. Consolar System-Jahresarbeitszahlen deutlich über 4,0.

### Wärmepumpe – Photovoltaik – Solarstromspeicher

Strombetriebene Wärmepumpen mit Solarstromanlagen zu kombinieren, erscheint auf den ersten Blick als perfekte Lösung für eine 100 % regenerative Wärmeversorgung. Allerdings wäre festzustellen, dass die größten Wärmelasten in Zeiten entstehen, in denen, zumindest in der hiesigen Klimazone, über Monate nur ein sehr geringes Solarangebot besteht. Auch durch Integration von Solarstromakkus können derzeit noch nicht wirtschaftlich mehrere Heiztage mit bedecktem oder dunklem Himmel überbrückt werden. Zur Abdeckung sommerlicher Grundlast für die Warmwasserbereitung ist diese Kombination allerdings sehr gut geeignet.

Bei modulierbaren Wärmepumpen mit großem Speichervolumen kann eine KI-Betriebsführungssoftware die Wärmeleistung in Abhängigkeit von der Nutzung und vom solaren Angebot regeln und dadurch den Eigenversorgungsgrad erhöhen.

Nachrichtlich: Um Wärmepumpen ganzjährig mit regenerativem Strom zu versorgen, kann zertifizierter Ökostrom bezogen werden.

Dieses Hybridsystem ist bevorzugt geeignet für Gebäude mit niedrigem Wärmebedarf, für Flächenheizsysteme und zur Abdeckung sommerlicher Wärmelasten sowie für Plusenergiehäuser.

- Vorteile: hoher Anteil regenerativer Energien, erprobte Technologien,
- Nachteil: Investkosten.

### L/W-Wärmepumpe – Gas- oder Öl-Brennwertkessel

Bei Luft-Wasser-Wärmepumpen kommt häufig ein elektrischer Heizstab zum Einsatz, wenn die Primärwärmeentzugsquelle der Wärmepumpe erschöpft ist. Im Vergleich zum Gaseinsatz können die Betriebsenergiekosten für die Spitzenlastbereitung um das Drei- bis Vierfache ansteigen! Wenn das Wärmepumpensystem nicht geeignet ist, die Spitzenlasten monovalent abzudecken, sollte im ersten Schritt versucht werden, die Spitzenlasten zu senken, z. B. indem winterliche Heizwärmebedarfe durch Dämmung und Verbesserung der Luftdichte reduziert werden. Wenn das noch nicht zum gewünschten Erfolg führt oder bereits optimiert wurde, könnte ein Brennwertgerät zur Abdeckung der Wärmelastspitzen installiert werden. Als Kopplungselement ist hier unbedingt ein richtig dimensionierter Wärmespeicher erforderlich. Die Regelung der hybriden Wärmepumpe erfolgt entweder über den Temperatur-Bivalenzpunkt bzw. die Außentemperatur, sodass der Wärmepumpen-Brennwertkesselhybrid optimiert betrieben werden kann. Bei sehr niedrigen Außentemperaturen versorgt das Brennwertgerät dann die Heizung und die Luft-Wasser-Wärmepumpe schaltet sich ab. Bei Außentemperaturen, die das Erreichen der voreingestellten Arbeitszahl sicherstellen, ist nur die Luftwärmepumpe in Betrieb. Alternativ kann die Regelung über eine $CO_2$-Emissionsmessung erfolgen, sodass die Hybrid-Wärmepumpe so klimafreundlich wie möglich betrieben werden kann.

Dieses Hybridsystem ist bevorzugt geeignet für Luft-Wasser-Wärmepumpen mit stark schwankenden Wärmelasten.

- Vorteile: Hohe Versorgungssicherheit, geringer Primärenergiebedarf,
- Nachteile: Komplexität, Investkosten.

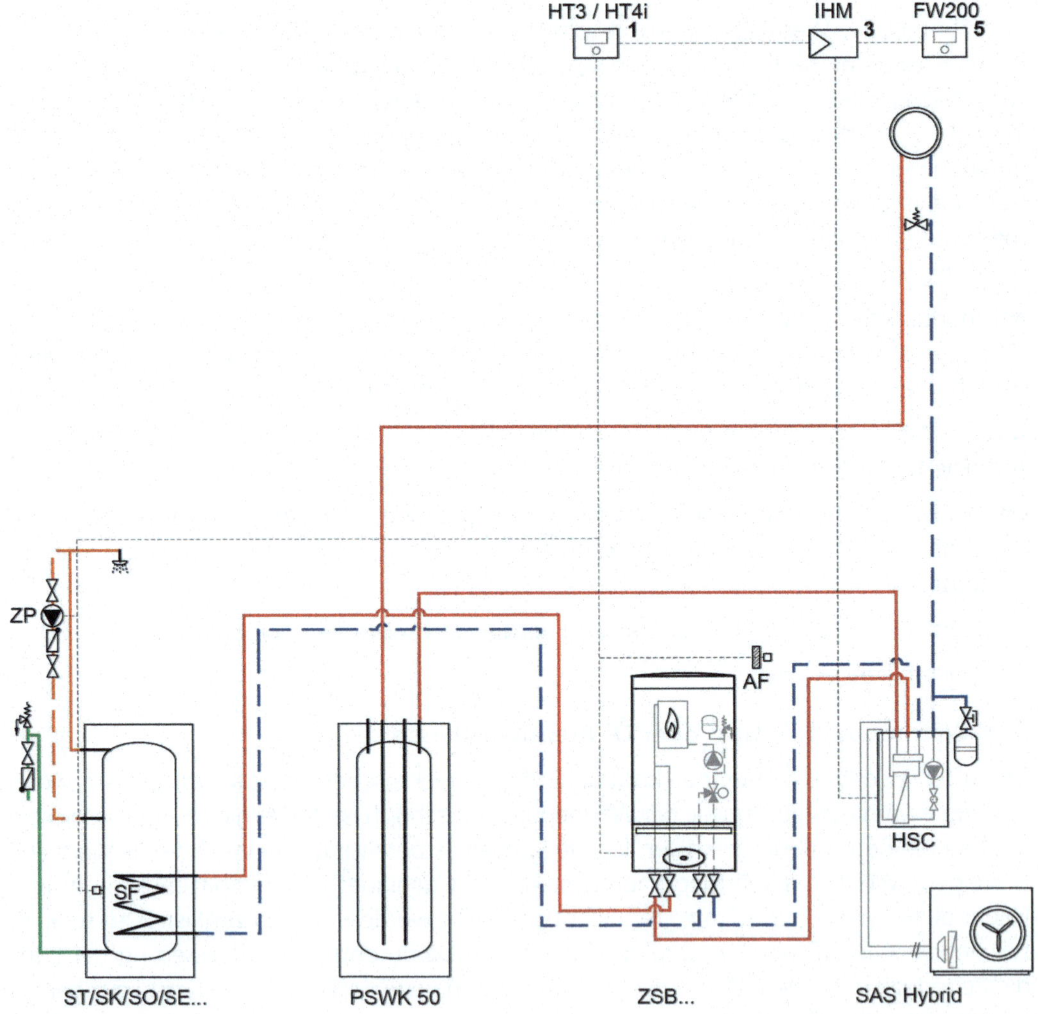


*Bild 8-43: Anlagenschema Gas-Brennwerttherme, Luft/Wasser-Wärmepumpe, Heizungspuffer und Brauchwasserspeicher*

*Quelle: Junkers-Bosch Thermotechnik GmbH*

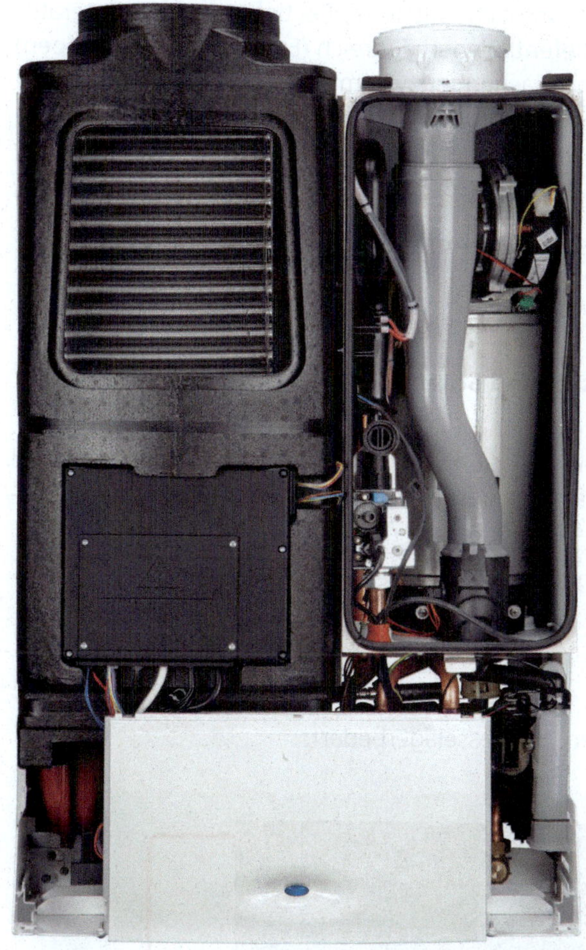

*Bild 8-44: Gas-Brennwerttherme mit integrierter Luft/Wasser-Wärmepumpe*
*Quelle: Junkers-Bosch Thermotechnik GmbH (wird nicht mehr produziert)*

**Hybridgeräteauswahl** etablierter Heizgerätehersteller (ohne Anspruch auf Vollständigkeit):

- Junkers (Supraeco SAS)
- Viessmann (Vitocaldens 222-F)
- Remeha (Hybrid-System CaletaHP)
- MHG-Heiztechnik (ProCon Streamline Hybrid)

### Wärmepumpe – Biomassekessel

Die Kombination von Biomassekesseln mit der Wärmepumpentechnologie verbindet die verschiedenen Vorteile der Nutzung von Umweltwärme und nachwachsenden Rohstoffen. Wie bei den vorgenannten Hybridsystemen aus Wärmepumpen mit Gas-/Öl-Brennwertkesseln bietet ein Biomassekessel immer dann eine abrufbare und wirtschaftlich zu erzeugende Wärme an, wenn die Wärmepumpe bei Spitzenlasten aussteigen muss, weil die Temperatur des Primäraustauschmediums nicht ausreicht. Bei tiefen Außentemperaturen (Luft-Wasser-Wärmepumpen) bzw. tiefentladenem Erdreich (Erdreich-Wärmepumpen) und mäßig gedämmten Gebäuden ohne Flächenheizsystem kommt der Biomassekessel zum Einsatz. Die Steuerung für den monovalent alternativen Betrieb kann über Temperatur-Bivalenzpunkte oder $CO_2$-Emissionskennwerte erfolgen.

Dieses Hybridsystem ist bevorzugt geeignet bei Wärmelasten mit starken Schwankungen.

- Vorteile: hohe Versorgungssicherheit, hoher Anteil an Umweltwärme und regenerativen Energien,
- Nachteile: Komplexität, Investkosten, Biomasselagerbedarf.

### Gas-Brennwertkessel – Biomassekessel und Solarthermie

Die Kombination von Gas-Brennwertkessel und Biomassekessel drängt sich kaum auf. Allenfalls wäre dieser Hybrid interessant, um die Versorgungssicherheit zu erhöhen und einzelne Heizkreise mit höheren Vorlaufsolltemperaturen über den Biomassekessel bedienen zu können.

Dieses Hybridsystem ist bevorzugt geeignet bei Heizkreisen mit unterschiedlichen Vorlaufsolltemperaturen.

- Vorteile: hohe Versorgungssicherheit, hoher Anteil an Umweltwärme und regenerativen Energien,
- Nachteile: Komplexität, Investkosten, Biomasselagerbedarf.

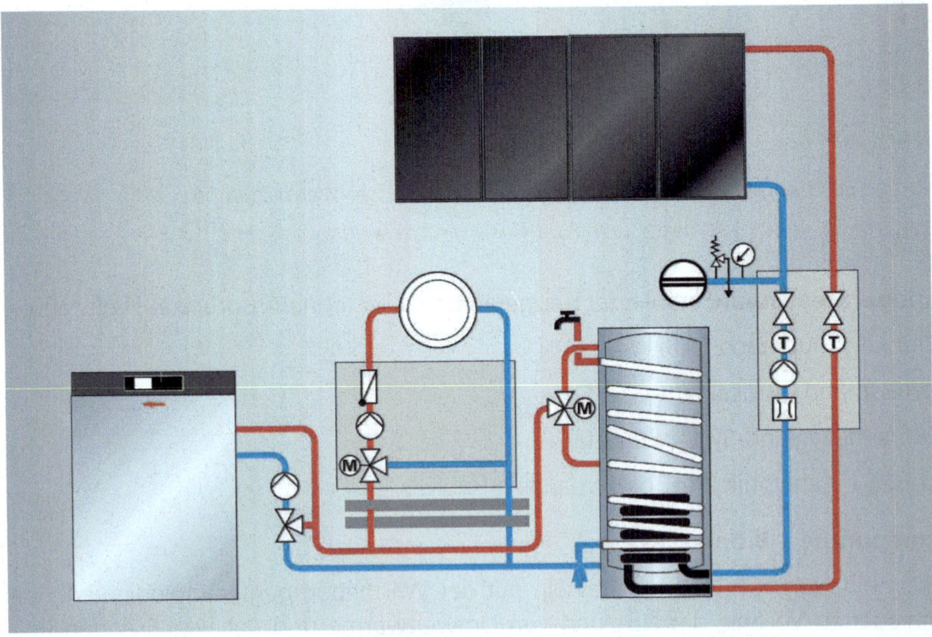

*Bild 8-45: Hydraulikschema bivalente Wärmeerzeugung mit Pelletkessel und Heizungsunterstützung*

*Quelle: Viessmann GmbH & Co KG*

### Wärmepumpe – KWK-BHKW

Diese Hybridanlagen müssen zunächst weiter differenziert werden in Kombinationen mit gasbetriebenen Wärmepumpen und Elektro-Wärmepumpen sowie jeweils noch in die verschiedenen Entzugswärmequellen für die Wärmepumpen (Erdreich, Wasser, Abwasser, Außenluft, Abluft).

Diese Hybridanlagen konkurrieren im Wesentlichen um die Abdeckung von Grundlasten. Zur wirtschaftlichen Abdeckung von Spitzenlasten würde noch ein weiterer Spitzenlasterzeuger benötigt, der dafür sorgt, dass das KWK-Gerät mit einer hohen Betriebsstundenanzahl die Grundlastabdeckung behält. Somit kommt die Systemergänzung um eine Wärmepumpe nur in Betracht, wenn nur geringe Wärmelastschwankungen vorliegen und das KWK-Gerät zur Grundlastabdeckung zu klein ausgelegt ist.

Dieses Hybridsystem ist somit bevorzugt geeignet für Anlagenerweiterungen, sofern das KWK-Gerät selbst zur Grundlastabdeckung zu klein ausgelegt ist.

- Vorteile: hohe Wärme-Versorgungssicherheit; bei bivalenter Gleichzeitigkeit kann die Stromwärmepumpe mit eigenem KWK-Strom betrieben werden; gebäudenahe Stromerzeugung,
- Nachteile: Komplexität, hohe Invest- und Wartungskosten.

### Gas-Brennwertkessel mit Stirling-KWK

Diese Wärmeerzeuger ergänzen sich insofern gut, als die KWK-Technik wirtschaftlich mittlere und hohe Wärme-Grundlasten bereitstellen kann und Gas-Brennwertkessel gut geeignet sind, Spitzenlasten bis zu 450 kW bzw. in Mehrgerätekaskade auch höhere Leistungen abzudecken. Der Zusatznutzen der Kraft-Wärme-Kopplung wird durch die Stromerzeugung und den guten Wirkungsgrad komplettiert.

Wird für die Kraft-Wärme-Kopplung ein Stirlingmotor eingesetzt, bei dem die Wärmezufuhr von außen auf den Kolbenhubraum einwirkt, kann z. B. auch Biomasse als Brennstoff eingesetzt werden.

Dieses Hybridsystem ist bevorzugt geeignet für Gebäude mit mittlerem und hohem ganzjährigem Wärmebedarf.

- Vorteile: hohe Wärme-Versorgungssicherheit, Anteil regenerativer Wärmeerzeugung, gebäudenahe Stromerzeugung,
- Nachteile: Komplexität, höhere Invest- und Wartungskosten (sofern die Gerätetechnologie überhaupt am Markt verfügbar ist).

### KWK-BHKW – Biomassekessel

Diese Wärmeerzeuger ergänzen sich insofern gut, als die KWK-Technik wirtschaftlich mittlere und hohe Grundlasten bereitstellen kann und Biomassekessel gut geeignet sind, Spitzenlasten bis zu 100 kW bzw. in Mehrgerätekaskade auch höhere Leistungen abzudecken. Durch den Biomassekessel wird der Anteil regenerativer Energienutzung im Sinne der Verwendung nachwachsender Rohstoffe erhöht. Der Zusatznutzen der Kraft-Wärme-Kopplung wird durch die Stromerzeugung und den guten Wirkungsgrad komplettiert.

Wird für die Kraft-Wärme-Kopplung ein Stirlingmotor eingesetzt, bei dem die Wärmezufuhr von außen auf den Kolbenhubraum einwirkt, kann z. B. auch Biomasse als Brennstoff eingesetzt werden. Dadurch kann das Gesamtsystem zu 100 % mit regenerativer Energie versorgt werden.

Dieses Hybridsystem ist bevorzugt geeignet für Gebäude mit mittlerem ganzjährigem Wärmebedarf.

- Vorteile: hohe Wärme-Versorgungssicherheit, Anteil regenerativer Wärmeerzeugung, gebäudenahe Stromerzeugung,
- Nachteile: Komplexität, hohe Invest- und Wartungskosten, Biomasselagerbedarf.

*Bild 8-46: Pellematic Condense mit Biomasse-Stirlingmotor; thermische Leistung 9 bis 16 kW, elektrische Leistung 0,6 kW*

*Quelle: ÖkoFEN*

### KWK-BHKW – PV-Anlage mit Speicher

Bei Objekten, in denen der sommerliche Strombedarf im jahreszeitlichen Verlauf dominiert und eine hohe Stromautarkie gefragt ist, kann die Kombination einer Photovoltaikanlage mit Stromspeicher und einem stromgeführten KWK-Blockheizkraftwerk ein sinnvoller Hybrid sein. Während die PV-Anlage vorwiegend in den Sommermonaten Strom produziert, kann das KWK-Blockheizkraftwerk in den verbleibenden Monaten, in denen ebenfalls eine Heizwärmeabnahme besteht, den Strombedarf decken. Der Strom-Eigenerzeugungsanteil kann auf diese Weise nahe 100 % betragen. Im Gegensatz zu wärmegeführten KWK-Anlagen wird die Leistung von stromgeführten KWK-Anlagen auf die Stromgrundlastabdeckung dimensioniert.

Bevorzugt geeignet ist dieses Modell zur Erreichung eines hohen Stromeigenerzeugungsanteils.

- Vorteile: hohe Stromversorgungssicherheit, hoher Anteil regenerative Energie
- Nachteile: Komplexität, hohe Invest- und Wartungskosten.

**Brennstoffzelle – Hybrid X**

Brennstoffzellen sind ähnlich der Anlagen mit Kraft-Wärme-Kopplung Anlagen bereits in sich Hybride, da sie sowohl Wärme als auch Strom produzieren. Bei Brennstoffzellen liegt der primärenergetische Wirkungsgrad etwa 25 % höher als bei verbrennenden KWK-Anlagen. Das Verhältnis von Strom und Wärmeerzeugung liegt bei Brennstoffzellen etwa bei 2/3 zu 1/3 – also genau umgekehrt zu KWK-Blockheizkraftwerken. Brennstoffzellen werden idealerweise mit „grünem Wasserstoff" aus regenerativ erzeugtem Strom betrieben. Da noch keine flächendeckende Wasserstoffversorgung zur Verfügung steht, wird ersatzweise häufig Erdgas mittels Reformern zu „grauem Wasserstoff" umgewandelt. In einem elektrochemischen Prozess wird aus dem im Erdgas enthaltene Hauptbestandteil Methan ($CH_4$) Wasserstoff herausgelöst und in einem Brennstoffzellenstapel, dem „Stack", in Strom und Wärme umgewandelt. Durch Vermeidung einer offenen Verbrennung wird die Bildung von Stickoxiden fast vollständig unterdrückt. Die verschiedenen Typen unterscheiden sich durch die Art der verwendeten Elektrolyte. Für die Beheizung von Gebäuden ist die PEM(Polymer-Elektrolyt-Membran)-Brennstoffzelle am gebräuchlichsten. Sie erzeugt Betriebstemperaturen zwischen 60 und 90 °C.

Brennstoffzellen eignen sich zur Bereitstellung von Strom- und Wärmegrundlasten. Für die Spitzenlasten können weitere Erzeuger kombiniert und aufgeschaltet werden. Verbindendes Element der Wärmebereitstellung stellen Speicher mit entsprechenden Anschlussmöglichkeiten und Wärmetauschern dar. Eine passende Kombinationsvariante wäre ein Anlagenhybrid aus Brennstoffzelle für die Grundlasten und ein Gasbrennwert- oder Biomassekessel für die Wärmespitzenlast. Dieses Hybridsystem ist bevorzugt geeignet für Objekte mit dominierendem Strombedarf und ganzjährigem Wärmebedarf ohne große tageszeitliche Schwankungen.

Die Brennstoffzellentechnologie ist noch kein Massenprodukt. Bislang bildeten die Standfestigkeit der Zellenstacks und die vergleichsweise hohen Anlagenpreise den Flaschenhals für eine breitere Marktdurchdringung.

- Vorteile: geräuscharm, innovativ, gleichzeitige Strom- und Wärmeerzeugung,
- Nachteile: Komplexität, bedingte Standfestigkeit, hohe Invest- und Wartungskosten.

Eine ganzjährig regenerative und weitgehend autarke Energieversorgung lässt sich mit der Kombination aus einer großen Photovoltaikanlage, Pufferakku, Brennstoffzelle und einem saisonalspeichertauglichen Wasserstofftank realisieren. Die Firmen Proton Motor Fuell Cell

GmbH Puchheim, Wasserstoff-Energie-Zentrale 93464 Tiefenbach, drexel reduziert GmbH Bregenz und Home-Power-Solutions GmbH Berlin haben bereits funktionsfähige Pilotanlagen montiert. Die Jahres-Anlagengesamtkosten liegen laut einer Studie im Auftrag des Umweltbundesamtes[1] allerdings noch mindestens 80 % über Konzepten mit Wärmepumpe und Photovoltaik-Dachanlage.

*Bild 8-47: Remeha Brennstoffzellensystem eLecta 300 mit integriertem Gas-Brennwert-Spitzenlastkessel*

*Quelle: Remeha GmbH; thermische Leistung 4,8–20 kW, elektrische Leistung 0,75–1,1 kW*

**Hybridgeräteauswahl** etablierter Heizgerätehersteller (ohne Anspruch auf Vollständigkeit):

- Viessmann Vitovalor: elektrische Leistung: 0,75 kW, thermische Leistung: 1 kW, Gas-Brennwert-Spitzenlastkessel mit 5,5 bis 25 kW
- Freudenberg Elcore Energiesystem: elektrische Leistung: 0,3 bis 0,7 kW; thermische Leistung: 0,6 kW; Gas-Brennwert-Spitzenlastkessel bis 21 kW
- Remeha eLina: elektrische Leistung 2 kW, thermische Leistung: 5,2 kW; eLina 4.0: elektrische Leistung 4 kW, thermische Leistung: 8,8 kW; bivalenter Spitzenlastkessel in freier Auswahl

1 Energieaufwand für Gebäudekonzepte im gesamten Lebenszyklus; Steinbeis Transferzentrum und des Fraunhofer IBP im Auftrag des Umweltbundesamtes; 2019

- Senertec Dachs Innogen: elektrische Leistung: 0,7 kW; thermische Leistung: 0,96 kW; Gas-Brennwert-Spitzenlastkessel 4,8 bis 20 kW
- Solidpower Bluegen: elektrische Leistung: 0,5 bis 1,5 kW; thermische Leistung: bis 0,85 kW; bivalenter Spitzenlastkessel in freier Auswahl

### 8.4.8 Heizung und Brauchwassererwärmung für kleine effiziente Objekte bzw. als dezentrale Einheiten

Der Heizleistungsbedarf in Passivhäusern beträgt maximal 10 Watt je Quadratmeter (bei Raumhöhen bis 3,0 m). Dies bedeutet z. B. für einen Raum mit 20 $m^2$ eine Heizleistung von 300 Watt – vergleichbar mit der Leistung eines Toasters oder der Wärmeabgabe von vier Erwachsenen. Ein konventionelles Heizsystem wäre unter diesen Bedingungen überdimensioniert und unwirtschaftlich. Interessant wird der Passivhausstandard gerade dadurch, dass auf eine konventionelle Heizung verzichtet werden kann. Die Heizlast ist derart gering, dass einige Technologien nicht sinnvoll einsetzbar sind. Eine Lösung kann die „Zusammenschaltung" mehrerer derartiger Objekte in Low-Ex-Nahwärmenetzen sein. Der Primärenergiebedarf sinkt bei regenerativ gespeisten Wärmenetzen.

Bei einer Heizlast von 10 W/$m^2$ in der Heizperiode ergeben sich für Einheiten mit 120 $m^2$ Nutzfläche insgesamt 1.200 Watt. Bei einem stündlichen Luftwechsel von 0,4 (ohne Infiltration) ergibt sich eine Zuluftmenge von rd. 120 $m^3$/h im Normalbetrieb. Mit dieser Zuluft (mit der Wärmekapazität der Luft von 0,34 Wh/$m^3$K) lassen sich bei einer Temperaturerhöhung um 30 Kelvin die zur Raumtemperierung erforderlichen 1.200 Watt transportieren. Ein zusätzliches Wärmeverteilsystem, Umluft oder Heizflächen erübrigen sich. Die Deckung des Wärmebedarfs ist allein über das ohnehin erforderliche Lüftungssystem möglich. Der Wärmeeintrag in die Zuluft kann z. B. über Heizregister erfolgen.

**Überblick gängiger Heizsysteme für kleine Objekte mit sehr gutem Dämmstandard**

- Gas-Katalytöfen stellen eine sehr kostengünstige Möglichkeit zur Raumbeheizung dar. Die mobilen Geräte eignen sich zur Lufterwärmung und werden über einen Raumthermostat gesteuert. Als Standard ist ein Flüssiggasbetrieb aus (bordeigenen) Flaschen vorgesehen. Für die Brauchwassererwärmung sind zurzeit noch keine Kombigeräte erhältlich. Daher muss das Wasser mit einem zweiten System, z. B. einer Kollektoranlage mit bedarfsweiser Nacherwärmung in elektronischen Durchlauferhitzern, erwärmt werden. Den niedrigen Investitionskosten steht allerdings ein bescheidener Beheizungskomfort gegenüber. Die Verwendung in Innenräumen ist nur bedingt zulässig.
- Pellet-, und Scheitholzöfen sind insbesondere dann eine Alternative, wenn der Anschluss an ein Wärmenetz oder die Installation von Wärmepumpen nicht möglich ist. In der Regel ist die Leistung jedoch größer als der Wärmebedarf von kleinen Passivhäusern, sodass bei Aufstellung der Öfen in den zu beheizenden Räumen deren Überheizung die Folge ist. Die Aufstellung in einem gesonderten Heizraum, kombiniert mit automatischer Zündeinrichtung, Beschickung und Wärmetauscher schafft hier Abhilfe. Alternativ kann die Warmwasserbereitung mit einem Zweitsystem, z. B. einer kleinen Brauchwasserwärmepumpe, erfolgen. Dann kann der Pelletkessel außerhalb der Heizperiode abgeschaltet werden.

- Eine weitere Möglichkeit ist die Wärmebereitstellung mittels einer effizienten Wärmepumpe in einem Abluft-Integralsystem mit Lüftungswärmerückgewinnung. Als Energiequelle für die Wärmepumpe dient die Restwärme der Abluft nach Wärmeentzug in einem Lüftungswärmetauscher. Neben der vergleichsweisen hohen Temperatur dieses Mediums enthält die Fortluft die gesamte latente Wärme des im Haus freigesetzten Wasserdampfes. Damit wird bei einem einfachen System für die Wohnungslüftung die gleichzeitige Deckung des Restwärmebedarfs möglich. Die Wärmeabgabe des Kondensationsanteils erfolgt über einen Pufferspeicher an ein Zuluft-Heizregister. Die Zuluft kann optional in einem Erdwärmetauscher sowohl für den Heizfall als auch für den Sommerfall vortemperiert werden. Mit diesem System kann in einem Passivhaus ein Heizstromverbrauch erreicht werden, der nicht wesentlich über dem Hilfsstromverbrauch konventioneller Heizungen liegt. Wenn der erforderliche Anlagenstrom regenerativ erzeugt wird, entsteht ein nahezu $CO_2$-freies System. Erdreichwärmetauscher bzw. Luftbrunnen können die Effizienz des Systems weiter erhöhen.

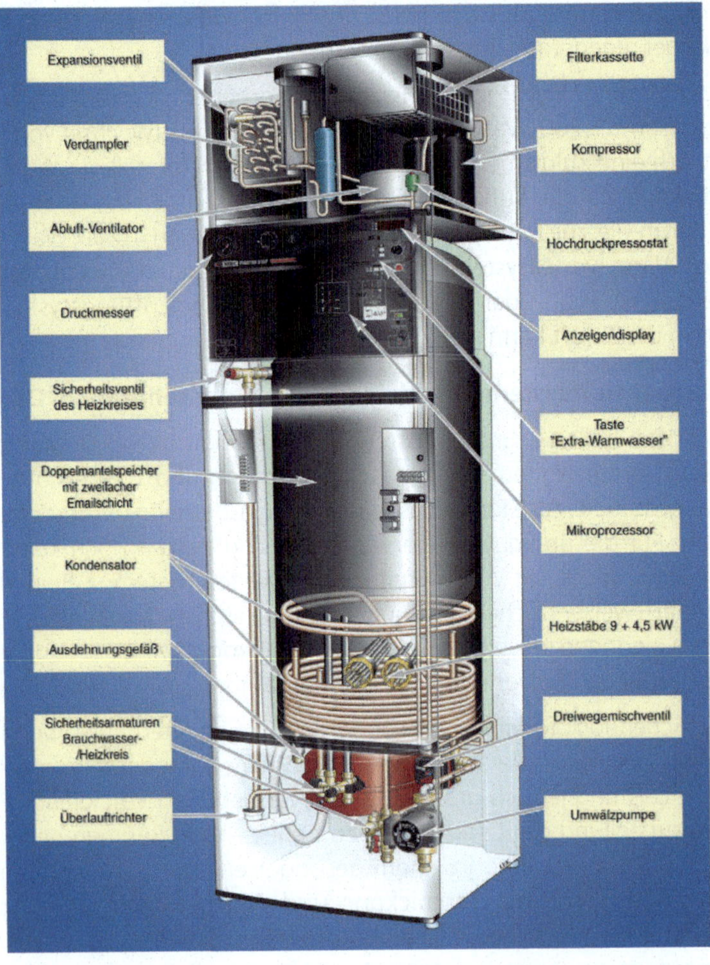


*Bild 8-48: Lüftungskompaktgerät mit integrierter Abluft-Wärmepumpe und Kombispeicher*
*Quelle: NIBE Systemtechnik GmbH*

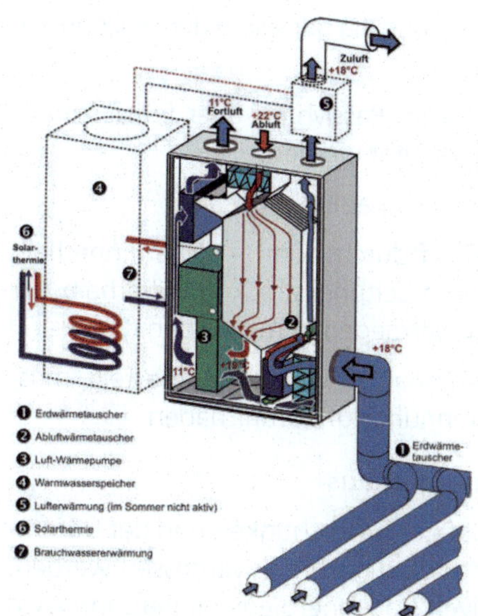


*Bild 8-49: Lüftungskompaktgerät mit integrierter Abluft-Wärmepumpe, Sommerbetrieb*

*Quelle: Paul Wärmerückgewinnung GmbH, Mülsen*

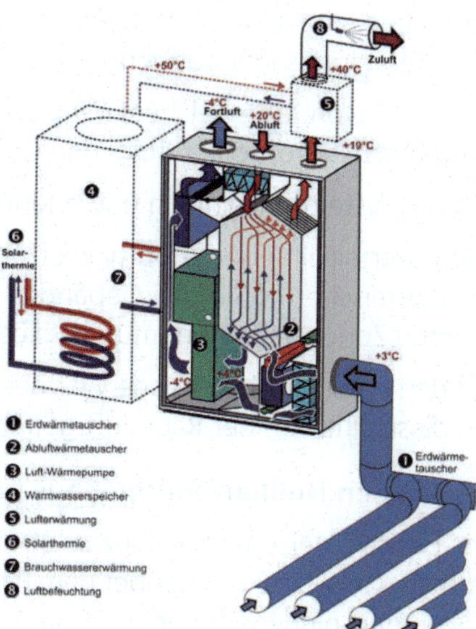


*Bild 8-50: Lüftungskompaktgerät mit integrierter Abluft-Wärmepumpe, Winterbetrieb*

*Quelle: Paul Wärmerückgewinnung GmbH, Mülsen*

- Das vorgenannte Abluft-Integralsystem lässt sich im Falle einer bereits montierten hydraulischen Flächenheizung noch vereinfachen. Hier besteht keine Notwendigkeit, die Restwärme über ein Zuluftsystem zu transportieren. Es werden lediglich eine einfache Abluftanlage und Frischluftnachströmöffnungen benötigt. Die Abluftwärmepumpe entzieht der Fortluft die vollständige Wärme, ohne vorherige Lüftungswärmerückgewinnung, mit hohen Leistungszahlen. Die Heizwärme wird statt in ein Zuluftheizregister in einen Pufferspeicher und von dort direkt in das Flächenheizsystem gespeist. Als Nachteil gilt während der Heizperiode die allgemein als unbehaglich empfundene Kalt-Frischluft im Bereich der Nachströmöffnungen und die Folge, dass bei diesem System keine Zuluftvorkühlung über einen Erdreichwärmetauscher für den Sommerfall möglich ist.
- Wenn Vorbehalte gegen eine Zuluftanlage bestehen, bietet sich wiederum die gesonderte Erzeugung von Heizwärme und Warmwasserbereitung an: Die Heizwärmebereitung kann z. B. mit einem Pellet-Primärkessel erfolgen. In den Sanitärräumen und sonstigen luftschadstoffbelasteten Räumen wird eine einfache Abluftanlage mit zentraler Fortluft installiert. Der Fortluft wird mit einer Abluftwärmepumpe die erforderliche Energie für die Brauchwasserbereitung entzogen. Aufgrund der hohen Fortlufttemperatur kann die Wärmepumpe mit einem vergleichsweise hohen Wirkungsgrad arbeiten.

In vielen Fällen kann die Brauchwassererwärmung durch eine solarthermische Kollektoranlage unterstützt werden. Die solare Deckung der Brauchwassererwärmung kann in Sommerabschnitten nahezu 100 % erreichen und verkürzt in den Übergangszeiten die Betriebszeit des solarunabhängigen Brauchwassererwärmungssystems erheblich. Die zusätzliche Nutzung der Kollektoren zur Unterstützung des Raumheizungssystems setzt eine Warmwasserheizung und eine deutlich größere Kollektorfläche voraus, da gerade in der Heizperiode das solare Strahlungsangebot gering ist.

Unabhängig davon, auf welchem Weg die Restwärme im Passivhaus oder Effizienzhaus Plus aufgebracht wird, sollten folgende Grundsätze beachtet werden:

- Das Heizsystem soll einfach und dadurch kostengünstig aufgebaut sein.
- Wärmeverteilleitungen – ob wasserführend oder luftdurchströmt – sollten innerhalb der thermischen Hülle des Gebäudes liegen. Wenn Leitungsstrecken außerhalb der warmen Zonen verlaufen, müssen diese sehr gut wärmegedämmt werden.
- Werden brennstoffbetriebene Wärmeerzeuger innerhalb des Hauses aufgestellt, müssen diese eine von der Raumluft getrennte Verbrennungsluftzufuhr haben.

### Haustechnik im Nullheizenergiehaus und Plusenergiehaus

Um eine positive Heizenergiebilanz zu erreichen, muss die Luftdichtigkeit und der Dämmstandard des Gebäudes gegenüber dem Passivhausstandard nochmals verbessert werden. Das Zusammenspiel von kompakter Bauform, passiven Solarenergiegewinnen, internen Wärmeenergiegewinnen und Anlagentechnik muss sorgfältig aufeinander abgestimmt werden.

Der geringe Restwärmebedarf wird in der Regel direkt aus regenerativen Energiequellen erwirtschaftet oder aus saisonalen Langzeitspeichern gedeckt, die im Sommer durch Solarkollektoren aufgeladen werden. Der Einbau einer Lüftungsanlage mit Wärmerückgewinnung ist zur Erreichung des Nullheizenergiestandards unverzichtbar. Im Übrigen gelten die Bedingungen des Passivhausstandards.

In einem ganzheitlichen Solarenergie-Wohn- und Mobilitätskonzept können Nullheizenergiehäuser sogar zu Plusenergiehaushalten ausgebaut werden. Mit Photovoltaik erzeugter Strom dient dem Eigenverbrauch, Überschüsse werden ins Netz eingespeist oder mittels Brennstoffzellen in Wasserstoff umgewandelt. Die Speicher strombetriebener Kraftfahrzeuge können als Energiezwischenspeicher dienen. Die Lüftungsanlage nutzt Zuluft, welche solar durch Hinterströmung der PV-Paneele vorerwärmt wird. Gleichzeitig werden die PV-Module gekühlt und generieren einen höheren Stromerzeugerwirkungsgrad. Die erforderliche Restwärme wird in thermischen Kollektoren erzeugt. Thermische Überschüsse werden in Langzeitwärmespeichern eingelagert oder in ein Nahwärmenetz eingespeist.

## *Beispielexkurs*

### Dezentrale Mikro-Wärmepumpen im Effizienzhotel

Im Münchener Living-Hotel erfolgt die Wärme- und Kälteversorgung über dezentrale Technikmodule mit reversiblen Mikrowärmepumpen für jedes Hotelzimmer bzw. Apartment. Dafür sind jeweils 160 Liter Pufferspeicher und Heiz-Kühldecken installiert.

Zunächst wurde der Gebäudewärmebedarf deutlich gesenkt, indem eine energetische Sanierung mit einer sehr guten Dämmung und dreifach verglasten Fenstern durchgeführt wurde. Durch Monitoring konnte ein elektrischer Endenergieverbrauch für Wärme und Trinkwarmwasser von 28–31 kWh/m²a belegt werden. Eine Querschnittsanalyse der Bergischen Universität Wuppertal zeigt, dass Hotels mit vergleichbarem Standard in Deutschland einen Endenergieverbrauch von durchschnittlich 150 kWh/m²a aufweisen.

Ein Zweileitersystem, der Neutralleiter mit einem Temperaturniveau von 11 bis 17 °C, vernetzt alle Technikmodule miteinander. Dieses System dient den Wärmepumpen je nach Bedarf als Wärme- bzw. Kältequelle. So sorgt der Warmwasser- und Heizungsbedarf in einem Zimmer gleichzeitig für die Kühlung in einem anderen Zimmer. Der Neutralleiter ist mit einem zentralen Wärme- und einem zentralen Kältespeicher verbunden. Dieses Konzept ist dem VRF/VRV-Kälteanlagenkonzept sehr ähnlich und stellt hohe Qualitätsanforderungen an die Regelungstechnik.

## 8.5 Kühlung

Wie bei der Erwärmung von Gebäuden können auch für die Gebäudekühlung passive Technologien eingesetzt werden. Passiv wirksame Maßnahmen sind:

- nutzungsangepasste Zonierung eines Gebäudes,
- Reduzierung transparenter Flächen nach Beleuchtungsanforderungen,
- optimierte Anordnung der Glasflächen nach Größe, Ausrichtung, Art der Verglasung und Raumnutzung,
- Reduzierung interner Wärmequellen,
- wirksamer sommerlicher Wärmeschutz/regelbare Verschattungseinrichtungen,
- hohe nutzbare Gebäudespeichermasse.

Die Möglichkeit der Montage klimatechnischer Anlagen ist keine Rechtfertigung für den Verzicht auf passive Sonnenschutzmaßnahmen oder einen reduzierten sommerlichen Wärmeschutz, wie er gemäß DIN 4108 Teil 2 für Gebäude ohne solche Anlagen als Mindestanforderung beschrieben ist. Für hohe Nutzeranforderungen reicht die sommerliche Temperaturregulierung durch passive Technologien jedoch oft nicht aus. Bei einigen Gebäudetypen wie Kaufhäusern, Konferenzräumen, Industriegebäuden mit Prozesswärme emittierenden Anlagen oder den Kraftwerken selbst treten insbesondere in den Sommermonaten hohe Wärmelasten auf. Hier sollen zunächst die Wärmequellen auf Effektivität untersucht werden. So können z. B. in Bürogebäuden Abwärme und Betriebskosten der Anlagen (hier überwiegend Computer und Beleuchtung) deutlich herabgesetzt werden, indem beim Kauf auf einen geringen Energiebedarf und Einrichtung von Energiesparfunktionen der Geräte geachtet wird. In Industrieanlagen kann die Abwärme oftmals als Prozesswärme für die Produktion wiederverwendet werden, wenn dazu die entsprechenden Voraussetzungen wie z. B. die Vorhaltung von Kühlkreisläufen mit Wärmetauschern und effektiver Nachbereitung gegeben sind.

Wenn die Möglichkeiten zur Vermeidung der Wärmelast an deren Quelle ausgeschöpft sind, stellt die Einspeisung der Abwärme in ein Nah- oder Fernwärmenetz oder eine direkte Übergabe der Wärme an Großwärmeverbraucher, z. B. Freibäder, eine gute Ergänzung dar. Falls erforderlich, kann die Abluftwärme mittels Wärmepumpe auf eine netzkonforme Medientemperatur angehoben werden.

Die Kosten je Kilowatt technisch erzeugter Kälte liegen oft höher als die für Wärmeerzeugung. Daher ist für Kälteenergienutzer eine hohe Anlageneffizienz von besonderer Bedeutung.

**Kühlung/Kälteerzeugung allgemein**

Kühlung kann energieeffizient über eine Lüftungsanlage mit vorgeschaltetem Erdreichwärmetauscher erfolgen (siehe Kapitel Lüftung) oder mit einer Baukerntemperierung ähnlich einer Fußbodenheizung erreicht werden. Wenn Kälte in größerem Umfang benötigt wird, können solar unterstützte Adsorptions-Kälteanlagen zum Einsatz kommen. Weiterhin lassen sich einige Wärmepumpen zur Erzeugung von Kälte in ihrem Kreislaufprozess umkehren.

**Bauteilaktivierung**

Die Beheizung und Kühlung von Gebäuden mit Büro- oder vergleichbarer Nutzung erfolgt in der Regel über separate Systeme, wie zum Beispiel Klima- und Lüftungsanlagen und kombinierte Heiz-Kühldecken.

Als Austauschmedium bietet sich bei geeigneten geologischen Verhältnissen Grundwasser an. Mithilfe von Brunnenbohrungen kann die Quelle über Wärmetauscher angezapft werden. Durch Zuschaltung einer Wärmepumpe kann dasselbe Medium in der Heizperiode zur Erwärmung genutzt werden. Bei Tiefengründungen ist die geothermische Nutzung der Erdtemperatur als Kälte- und Wärmequelle eine interessante Möglichkeit zur wirtschaftlichen Raumklimatisierung, indem Wärmetauscherrohre direkt in die Gründungspfähle integriert werden. Bis auf die Pumpenantriebsenergie wird keine weitere Energie benötigt, um raumklimatische Kälte bereitzustellen.

Sommerliche Kühlung und Beheizung im Winter lassen sich mit einem System realisieren, wodurch Investitionskosten reduziert werden können.

Für die Bauteiltemperierung von Decken gibt es vier prinzipielle Aufbauten:

- Temperierung des Estrichs bei thermischer Abkopplung (Trittschall- oder Wärmedämmung) von der Betonkonstruktion (entspricht einer Fußbodenheizung bzw. Kühlung),
- Temperierung der Geschossdeckenunterseite (unterhalb einer Trittschalldämmung),
- Temperierung des gesamten Deckenaufbaus nach oben und unten durch Verlegung von Rohrlagen beidseits einer Trittschalldämmung,
- Temperierung des gesamten Deckenaufbaus nach oben und unten durch Verlegung einer Rohrlage bei Verzicht auf eine deckenintegrierte Trittschalldämmung.

Da bei der Baukerntemperierung ein Wärmestrom von den wasserführenden Leitungen zur Fußboden- und Deckenoberfläche (Heizfall) bzw. in umgekehrter Richtung (Kühlfall) vorliegt, erweisen sich alle Schichten mit hohen Wärmewiderständen als Einschränkung der Leistungsfähigkeit. Hohe Wärmedurchgangswiderstände resultieren aus abgehängten Decken, aus Teppich- oder Parkettböden und aus Trittschalldämmung. Zur Verwirklichung niedriger Wärmedurchgangswiderstände kann eine akzeptable Raumakustik statt mit abgehängten Decken z. B. auch mit lokal aufgehängten Akustikpaneelen erreicht werden.

Die Temperierung des Bauteilkonstruktionskerns reagiert sehr träge. Etwas flinker ist die Integration der Heiz- bzw. Kühlflächen in die Bauteilrandbereiche, wie zum Beispiel in einen Wand- oder Deckenputz.

Ist die temperierte Schicht an eine große Konstruktionsmasse gekoppelt, wirkt diese zur thermisch-zeitlichen Phasenverschiebung. Als Regelgröße für die Vorlauftemperaturhöhe wird im Kühlfall die Rücklauftemperatur herangezogen. Liegt die Lufttemperatur auf gleichem Niveau wie die Bauteiloberfläche, wird keine Wärme mehr an den Raum abgegeben.

## Solarbetriebene Kältemaschinen

In Deutschland werden jährlich rd. 80 Mrd. kWh für technische Kälteerzeugung aufgewendet. Das entspricht fast 6 % des Primärenergieverbrauchs mit stark steigender Tendenz. Über 90 % der Kälteerzeugung weltweit erfolgen mit relativ ineffizienten Kompressionskältemaschinen (KKM). Zur Minderung der Stromverbräuche sollte gebäudenah erzeugter Photovoltaikstrom verwendet werden. Im Gebäudebereich deckt sich zeitlich oftmals der Kühlbedarf mit einem hohen solaren Energieangebot.

In der Kühlanlagentechnik werden weitere Möglichkeiten zur energieeffizienten Einbindung der Solarenergie bereitgestellt. Thermisch arbeitende Systeme können im Großeinsatz wirtschaftlicher sein. Sorptionskältemaschinen mit flüssigen Sorptionsmitteln und den Stoffpaarungen Ammoniak/Wasser oder Lithiumbromid/Wasser sind Vertreter der thermischen Technik. Diese Maschinen sind für Kälteleistungen oberhalb 100 kW marktgängig. Sorptionskältemaschinen mit festen Sorptionsmitteln wie Silicatgel oder Zeolith werden auch in kleineren Leistungsklassen ab 15 kW angeboten. Sorptive Systeme arbeiten mit Wasser in einem offenen Prozess. Diese DEC-Technologie (Desiccant Evaporative Cooling) nutzt die Kühlwirkung von verdunstendem Wasser mithilfe von Wärmerückgewinnung und Lufttrocknung.

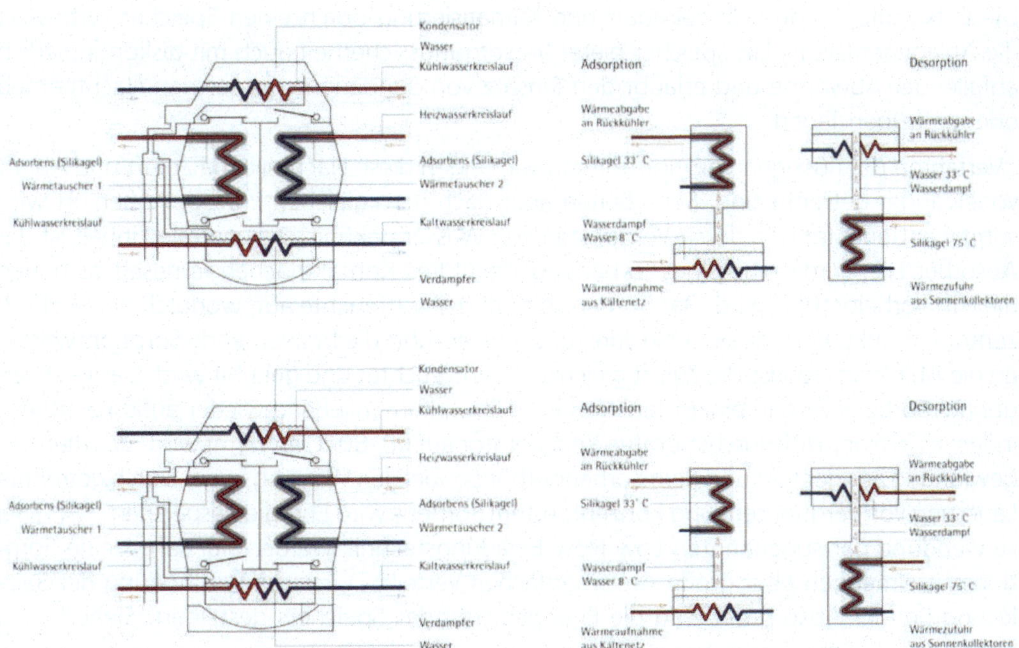


*Bild 8-51: Adsorptionskältemaschine*

*Quelle: Hausladen, G.; Innovative Gebäude-, Technik- und Energiekonzepte; Oldenbourg Verlag*

Außenluft wird angesaugt und dann mithilfe von Sorptionsmitteln getrocknet. Die trockene Luft wird anschließend wieder befeuchtet, wobei Verdunstungskälte entsteht. So gekühlte Luft wird in die Räume geblasen. Das vollgesogene Sorptionsmittel wird nun durch einen warmen Luftstrom getrocknet, um es für weitere Kühlzyklen nutzbar zu machen. Die Erwärmung der Luft kann solar erfolgen. 10 Quadratmeter Solarkollektoren reichen bei guter Solareinstrahlung aus, um pro Stunde 1.000 Kubikmeter Luft auf eine angenehme Raumtemperatur zu kühlen.

Die Wirtschaftlichkeit der Gesamtanlage wird deutlich erhöht, wenn die Solarenergie auch im Winter, z. B. zur Unterstützung der Raumbeheizung, Brauchwassererwärmung oder für Prozesswärmeerzeugung, einen Beitrag leisten kann. Abwärme von Blockheizkraftwerken oder Überschusswärme aus Fernwärmenetzen sind aus primärenergetischen Gesichtspunkten gute Alternativen zur solaren Trocknung des Sorptionsmittels.

„Das am weitesten verbreitete Verfahren verwendet feste Sorbentien in Sorptionsrotoren. Die Sektoren des Rotors durchlaufen mit einer langsamen Drehung abwechselnd die Zuluftseite, auf der die angesaugte Außenluft entfeuchtet wird, und die Abluftseite, auf der das angelagerte Wasser unter Zufuhr von warmer Luft wieder desorbiert wird. Das Sorptionsrad koppelt Entfeuchtung und Regeneration unmittelbar aneinander. Deshalb muss auch gleichzeitig regeneriert werden, wenn entfeuchtete Luft zur Klimatisierung benötigt wird. Eine Speicherung ist hier nicht möglich. Ein Prinzip bedingter Nachteil ist die mögliche Übertragung von Gerüchen aus der Fortluft in die Zuluft. Verunreinigungen können sich an den großen Oberflächen der Sorbentien anlagern und gelangen nach einer halben Drehung wieder in den Zuluftstrom, wo sie desorbiert und ins Gebäude zurückgelangen können." [41]

Die Entkopplung von Wärmebedarf und Klimatisierung durch einen Speicher verbessert die Anlageneffizienz. Ein Speicher bietet Versorgungssicherheit auch mit diskontinuierlich anfallender Abwärme und erlaubt den Einsatz von Sonnenenergie für den Nachtbetrieb oder an trüben Tagen.

„Verfahren mit flüssigen Sorptionsmitteln vermeiden diese Nachteile, da Zuluft und Abluft voneinander getrennt sind. Sie arbeiten aber nach dem gleichen Prinzip: Außenluft wird sorptiv entfeuchtet und durch Verdunsten von Wasser gekühlt. Die zentrale Einheit ist der Absorber. Hier wird ein flüssiges Sorbens auf gekühlten Kontaktflächen verrieselt, an denen die Luft vorbeigeführt wird. Das Sorbens nimmt die Luftfeuchte auf, wodurch die Salzkonzentration sinkt. Ein indirekter Verdunstungskühler führt die freiwerdende Sorptionswärme an die Abluft ab, sodass die Zuluft gleichzeitig entfeuchtet und gekühlt wird. Das jetzt verdünnte Sorbens wird in einem Tank gesammelt und anschließend wieder aufkonzentriert, indem es in einem luftdurchströmten Regenerator auf 60–80 °C erwärmt wird. Wärmerückgewinnung aus der Luft und dem Sorbens erhöht dabei den Wirkungsgrad. Durch getrennte Lagerung von verdünntem und konzentriertem Sorbens wird Energie gespeichert." [41] Bei Anwendung der sogenannten Low-Flow-Beladungstechnik werden nur sehr kleine Sorptionsmittelmengen über große Absorberflächen verteilt. Durch die Verdünnung der Salzlösung bei der Absorption wird die Energiedichte des Speichers gesteigert. Siehe hierzu auch Kapitel „Energiespeicherung".

Im Freiburger Universitätsklinikum ist seit 1999 eine Anlage installiert, die durch die Wärme aus 90 Quadratmetern herkömmlicher Solarkollektoren gespeist wird. Statt einer elektrischen Leistung von 25 kW, wie sie für eine konventionelle Kühlanlage dieser Dimension erforderlich wäre, werden dank Solarenergie nur noch 400 W für die Pumpen benötigt. Dadurch spart die Klinik jährlich die Kosten für ca. 150.000 kWh Strom [27].

Da zur Regeneration des Trocknungsmittels Temperaturen von 60 °C ausreichen, können alternativ zu solaren Warmwasserkollektoren auch kostengünstigere Luftkollektoren eingesetzt werden.

**Solarbetriebene Dampfdruckkältemaschinen**

In Dampfdruckkältemaschinen wird im Gegensatz zu Kompressionskältemaschinen nicht mechanisch verdichtet, sondern das Kältemittel bei niedrigem Dampfdruck von einem Lösungsmittel aufgenommen. Durch Wärme wird das Kältemittel wieder ausgetrieben, mit Kühlwasser verflüssigt und anschließend entspannt. Leitet man es durch den Verdampfer, kann es wieder Wärme aus dem zu kühlenden Medium aufnehmen.

Je nach Aggregatzustand des verwendeten Sorptionsmittels handelt es sich um einen Absorptions- (flüssig) oder Adsorptionsprozess (fest).

Der energieeffiziente Einsatz von Solarenergie für Dampfstrahlkältemaschinen kann durch Parabolrinnenkollektoren realisiert werden. Bei hohen Wirkungsgraden werden diese Kollektoren direkt zur Erzeugung des erforderlichen Heißdampfs mit 5 bis 15 bar Druck eingesetzt.

Bei niedrigem Kühlbedarf kann der Dampfverbrauch gesenkt und die Sonnenenergie gespeichert oder über Dampfturbinen zur Stromerzeugung verwendet werden. Die Kälte kann auch direkt gespeichert werden. So können Lastspitzen über die Speicher abgefangen werden.

**Kälteanlagen mit variablen Kältemittelstrom – VRF Variable Refrigerant Flow bzw. VRV Variable Refrigerant Volume**

Bei VRF/VRV-Anlagen handelt es sich um eine Weiterentwicklung von Wärmepumpen-Multisplit-Klimasystemen. Multisplit bedeutet, dass an ein außen aufgestelltes Gerät für die Wärmeabgabe mehrere kühlende Innengeräte angeschlossen sind.

Mit VRF- bzw. VRV-Anlagen können einzelne Räume individuell klimatisiert werden. An eine Außeneinheit können mehr als 50 Innengeräte mit geringem Platzbedarf angeschlossen werden. Abhängig von der Raumtemperaturanforderung kann der jeweilige dem Innengerät zugeführte Kältemittelvolumenstrom angepasst werden. Die Anlagen sind für die Kühlung und Beheizung von Gebäuden vorgesehen. Mit reversiblen Wärmepumpen kann eine Außeneinheit variabel einen Teil der dezentralen Inneneinheiten zum Heizen, einen anderen Teil gleichzeitig zum Kühlen verwenden. Die Abwärme der zu kühlenden Räume kommt zum Teil den zu beheizenden Räumen zugute. Damit wird eine hohe Anlageneffizienz ermöglicht. Durch Ausstattung mit Verteilerkonvertern mit Ventilsatz und Wärmetauschern können die Inneneinheiten auch über Zweileiter-Systeme mit Wasser betrieben werden. Bei Nennleistungsbedingungen für gleichzeitigen Heiz- und Kühlbetrieb können mittlere Leistungszahlen (COP/EER) um 4,0 und im Teillastbetrieb auch deutlich darüber hinaus erreicht werden.

Eine effiziente Anwendung finden VRF/VRV-Anlagen in Gebäuden mit gleichzeitigen Heiz- und Kühllasten.

### Inspektionen von Anlagen der Kühl- und Raumlufttechnik

Durch nationale Umsetzung der EU-Richtlinie über die Gesamtenergieeffizienz von Gebäuden wurden Pflichten zu Inspektionen von Klimaanlagen eingeführt. Die Inspektionen müssen eine Prüfung des Wirkungsgrades wesentlicher Anlagenkomponenten und Prüfungen der Anlagendimensionierung im Verhältnis zum Gebäudekühlbedarf umfassen. Im Inspektionsbericht sollen geeignete Optimierungsvorschläge gemacht werden. Das GEG regelt in Abschnitt 3 die Inspektionspflichten. Der Anwendungsbereich erstreckt sich auf Anlagen der Kühl- und Raumlufttechnik mit einer Nennleistung von mehr als 12 kW. Eine Inaugenscheinnahme der Anlagen und Begehung der versorgten Bereiche ist in jedem Fall notwendig, um den Anlagenzustand zu prüfen und eventuelle Abweichungen vom Sollzustand festzustellen. Es sind Einflüsse zu bewerten, die für die Anlagenauslegung verantwortlich sind, insbesondere Raumnutzungsparameter, Nutzungszeiten, innere Wärmequellen, relevante bauphysikalische Gebäudeparameter, geforderte Soll-Luftmengen, Lufttemperaturen, Luftfeuchte sowie Toleranzbereiche.

Die Betreiber von prüfpflichtigen Anlagen der Kühl- und Raumlufttechnik sind längstens im zehnten Jahr nach der Errichtung bzw. Erneuerung verpflichtet, eine Inspektion durchführen zu lassen. Zur Unterstützung der Inspektionstätigkeiten dient die EN 15240 mit verschiedenen Arbeitshilfen und Verfahren zur Ermittlung kombinierter Energiekennwerte. Das Deutsche Institut für Bautechnik führt eine Registrierungsstelle für die Inspektionsberichte und vergibt Prüfberichtsnummern.

## 8.6 Hydraulischer Abgleich [37]

Der hydraulische Abgleich soll zu ausgeglichenen Druckverhältnissen in Heiz- und Kühlungssystemen zur Sicherstellung spezifischer Zuflussmengen, Reduzierung von Pumpenleistungen und Minimierung von Vorlauftemperaturen führen. Dadurch wird die Effizienz hydraulischer Anlagen deutlich verbessert.

Wenn Heizkörper bzw. Heizflächen bei gleicher Thermostateinstellung unterschiedlich warm werden, der Stromverbrauch der Umwälzpumpen und die Vorlauftemperatur hoch sind, wenn Raumtemperaturen schwanken, Heizflächen in Pumpennähe überversorgt heiß sind, während Heizflächen, die weit von der Umwälzpumpe entfernt sind, kaum warm werden, die Heizung Strömungsgeräusche verursacht, ein Heizkessel häufig taktet, Thermostate nicht richtig schließen, keine Rohrnetzberechnung oder kein differenziertes Einregulierungsprotokoll vorliegt, wurde sehr wahrscheinlich kein hydraulischer Abgleich der Heizungsanlage vorgenommen.

Unterschiedliche Heizkreise mit unterschiedlichen Rohrlängen und Heizflächen setzen der Heizwasserströmung differente Widerstände entgegen. Die Volumenströme durch die einzelnen Heizkreise verhalten sich umgekehrt proportional zu den Widerständen im Leitungssystem. Damit das Wasser nicht nur durch die Heizkreise mit den geringsten Widerständen fliest, müssen alle Heizkreise mit Stellventilen so aufeinander abgestimmt werden, dass eine gleichmäßig verteilte Durchströmung gewährleistet ist. Jeder Heizkörper soll genau die Heizwassermenge bekommen, die der Heizlast je nach Außentemperatur bzw. Wärmeentzug entspricht. Das setzt natürlich voraus, dass die Heizkörper bzw. Heizflächen nach der Raumheizlastberechnung und Rohrnetzberechnung ausgelegt wurden.

Der Abgleich der Heizflächen untereinander erfolgt mittels Thermostatventilen mit Voreinstellmöglichkeit und/oder Rücklaufverschraubungen sowie durch Strangregulierventile oder Differenzdruckregler im Rohrleitungssystem. Die erforderlichen Werte müssen berechnet werden. Der hydraulische Abgleich ist eine ökonomische und ökologische Notwendigkeit. Das Honorar für die planerischen Vorbereitungen, die entsprechenden Einregulierungen und die Dokumentation amortisiert sich durch die verbesserte Anlageneffizienz in wenigen Heizperiodenmonaten.

Die Praxis sieht leider oft anders aus: Ohne hydraulischen Abgleich wird die Effizienz durch häufige Brennerstopps mit Abkühlung des Brennraums, Spülung mit kalter Zuluft, ungenutzten Restabbrand bei Biomassekesseln sowie unvollständige Verbrennung in den ersten Minuten der Brenneranlaufphase verschlechtert. Einzelne Heizkörper werden nicht richtig durchströmt und erreichen damit nicht die Auslegungsleistung. In der Folge werden oft die Vorlauftemperatur und die Pumpenleistung erhöht, was zu unwirtschaftlicher Betriebsweise der Anlagen führt. Einige Heizkörper werden überversorgt.

Die durch fehlenden hydraulischen Abgleich resultierenden Anlagenverluste werden in einigen Veröffentlichungen auf über 25 % zuzgl. Pumpenstrom geschätzt. Laut Bundesverband der Verbraucherzentralen fehlt bei mindestens ¾ der Heizungsanlagen ein fachgerechter hydraulischer Abgleich. Mit vollständig einregulierten Warmwasserheizungen ließen sich ca. 1,6 Mrd. € Heizkosten und ca. 5,6 Mio. Tonnen $CO_2$-Emissionen einsparen.

Probleme bei der Umsetzung in der Praxis:

1. Unter den Auftraggebern sind kaum Kenntnisse über die Bedeutung des hydraulischen Abgleichs, die Wirtschaftlichkeit und die Höhe des Effizienzpotenzials vorhanden.
2. Fehlende vertragliche Vereinbarungen zur planerischen Vorbereitung und Durchführung des hydraulischen Abgleichs.
3. Teilweise fehlendes oder verloren gegangenes Know-how der Montagebetriebe für die erforderlichen planerischen Vorleistungen. Heizlastberechnungen basieren im Kern auf bauphysikalische Grundlagen, vor denen sich Heizungsinstallateure teilweise scheuen.
4. Konkurrenzsituation unter den Montagebetrieben/Preisdruck: infolgedessen lückenhafte Angebote, häufige Verletzung von Hinweispflichten und hydraulischen Einregulierungen.
5. Für alte Bestandsheizkörpertypen sind teilweise keine einstellbaren Heizkörperventile ohne Adapter lieferbar.

Im von der Deutschen Bundesstiftung Umwelt geförderten Forschungsprojekt Optimus wurden anlagentechnische Effizienzpotenziale bei 92 Wohngebäuden im Raum Norddeutschland ermittelt. Die Optimierungsmaßnahmen waren mit Aufwänden von 2 bis 7 € je m² Wohnfläche (Preisstand 2003) vergleichsweise kostengünstig und weisen kurze Amortisationszeiten auf. Durchgeführt wurden:

- hydraulischer Anlagenabgleich,
- Einstellungen der Heizungsumwälzpumpen auf geringere Leistungen,

- Einstellung der Heizungsregelungen (Heizkurven, Auslegungs-Vorlauftemperatur, Absenkzeiten).

Auf die gesamte Bundesrepublik Deutschland hochgerechnet würde sich allein durch diese niedriginvestiven Maßnahmen laut Optimusstudie ein Einsparungspotenzial an Heizenergie zwischen 20.000 und 28.000 GWh pro Jahr ergeben.

### Der hydraulische Abgleich im Spiegel technischer Regelwerke

Als anerkannte Regeln der Technik mit Relevanz für den hydraulischen Abgleich gelten neben der Gebäudeenergiegesetzgebung und der Heizanlagenverordnung HeizAnlVO weitestgehend unbestritten:

- VOB Teil C mit DIN 18380
- DIN 4701 Teil 10
- DIN 12828
- DIN 12831
- DIN EN 14336, Abschnitt 7
- VDI 2073
- VDI-Richtlinie 2077 Ziffer 6.1
- VDMA 24199 Blatt 2
- DIN V 18599

Für den Fall der Verwendung von Mitteln der Bundesförderung für effiziente Gebäude ist die fachgerechte Vorbereitung und Durchführung des hydraulischen Abgleichs Förderbedingung für den Betrieb von wasserführenden Heizanlagen und gehört auch zu den erweiterten Prüfpflichten der Sachverständigen in Vorbereitung der Durchführungsbestätigung.

Nachrichtlich: Die genannten Normen und technischen Regeln gelten auch ohne zusätzliche gesetzliche Grundlagen oder Vereinbarung der VOB als *Anerkannte Regeln der Technik*. Mitgliedsbetriebe der Handwerkerinnungen unterwerfen sich satzungsgemäß den Ausführungsqualitäten der *Anerkannten Regeln der Technik*. In den Landesbauordnungen gelten die *Anerkannten Regeln der Technik* für alle bauordnungsrechtlich relevanten Projekte als Qualitätsstandard. Aus [37] wurde abgeleitet, dass der *hydraulische Abgleich von warmwasserführenden Rohrsystemen* spätestens mit Inkrafttreten des Einigungsvertrags am 03.10.1990 zur *Anerkannten Regel der Technik* in Gesamtdeutschland wurde. Als einzige Einschränkung bis zur Veröffentlichung der DIN 18380-1996 im VOB-Ergänzungsband 1996 wird auf die weitverbreitete Beschreibung des *hydraulischen Anlagenabgleichs* als *Anlageneinregulierung* hingewiesen. Die dafür erforderlichen Leistungen stimmen jedoch in Gänze mit dem *hydraulischen Abgleich von warmwasserführenden Rohrsystemen* überein. Dies gilt sowohl für die Planungsleistungen als auch für die praktische Umsetzung mit den erforderlichen Bauteilen und der zugehörigen Dokumentation. Der *hydraulische Abgleich* muss somit durch die ausführenden Montagebetriebe im Falle Anlagenneumontage oder Wärmeerzeugeraustausch bereits seit mehr als 30 Jahren durchgeführt werden! Auch im Sanierungsfall musste und muss bei jeder Kesselerneuerung oder erheblichen Änderung der Heizlast der *hydraulische Abgleich* überprüft, dokumentiert und ggf. erneuert werden.

Noch einige Jahre älter sind die Erstellungspflichten zur rechnerischen Ermittlung raumweiser Heizlasten für den Fall der Montage einer neuen Heizungsanlage mit wasserführenden Heizflächen. Als maßgebliche technische Regel galt ab diesem Zeitpunkt die DIN 4108 und die 4701 in Verbindung mit der VOB 1979.

Die Verantwortlichkeiten für die verschiedenen Leistungen zur Erbringung des hydraulischen Abgleichs sollten bereits zur Auftragserteilung für den Bau oder die Erneuerung einer Heizungsanlage geklärt werden. In Sachen Abrechnung handelt es sich um Sowiesokosten, ggf. als besondere Leistung. Dies betrifft sowohl den praktischen Teil als auch die planerische Vorbereitung der Leistung. Sofern dem Montagebetrieb zum Auftragszeitpunkt keine Planungsgrundlagen zur Verfügung gestellt werden, entsteht mindestens eine Hinweispflicht bezüglich des angezeigten Erfordernisses.

### Praktische Durchführung, Voraussetzungen und Ablauf des hydraulischen Abgleichs

- Raumspezifische Heizlastberechnung: Dabei wird für eine Norm-Auslegungs-Außentemperatur der Wärmebedarf der einzelnen Räume gemäß DIN 12831 ermittelt;
- Spezifische Heizflächendimensionierung: Bei Heizkörperheizungssystemen erfolgt die Bauart- und Leistungswahl entsprechend der raumweisen Heizlastberechnung. Die Rohrabstände und Wasserdurchflussmengen von Fußbodenheizungen werden nach DIN 4725 berechnet;
- Rohrnetzberechnung mit Querschnittsdimensionierung und Darstellung der Ventilvoreinstellungen;
- Pumpenauslegung: spezifische Auslegung der Heizungspumpe mit Volumenstrom und Förderhöhe. Der notwendige Drucksprung, den die Pumpe leisten muss, ergibt sich aus der Summe der Druckverluste der Teilstrecken über den ungünstigsten Strömungsweg/Leitungsweg, über den der ungünstigste Verbraucher (Heizfläche) versorgt wird;
- Anlagenbefüllung und Anlagenspülung;
- Anlagenentlüftung;
- Einregulierung der Heizflächenventile und der Strangregulierungsventile entsprechend den Ergebnissen der Rohrnetzberechnung;
- Einregulierungsprotokoll und ggf. VdZ-Formular;
- Ggf. Nachjustierung im Zuge der Wartung auf der Basis von übereinstimmenden Nutzerangaben, wobei darauf geachtet werden muss, dass bei Erhöhung von Volumenströmen einzelner Heizflächen bzw. Heizkreise äquivalent die Volumenströme der verbleibenden Heizflächen bzw. Heizkreise zum Abgleich der Druckverhältnisse abgesenkt werden sollen.

*Bild 8-52: Strangregulierungsventil*

Quelle: Sachverständigenbüro projektRAUM

*Bild 8-53: Heizkörperthermostatmodell voreinstellbar*

Quelle: Sachverständigenbüro projektRAUM

### Nachträgliche Durchführung des hydraulischen Abgleichs im Anlagenbestand

Der *hydraulische Abgleich* bzw. die fachgerechte *Anlageneinregulierung* ist auch für Bestandsheizungsanlagen nachträglich durchführbar – dann allerdings mit Mehraufwand verbunden. Die Rohrleitungslängen und Querschnitte sowie die Heizflächenleistungen müssen bekannt sein oder aufgemessen werden. Teilstrecken, für die keine Zugänglichkeit gegeben ist, können geschätzt werden, wenn deren Umfang in der Summe gering ist. Die Aufnahme der Netzkennlinie kann mit einer Messpumpe erfolgen. Im Anschluss an das Leitungsaufmaß und die raumspezifische Heizlastberechnung können die Rohrnetzberechnung und die Einregulierung erfolgen. Oftmals müssen dazu die Ventile gegen moderne voreinstellbare Heizkörperthermostatventile ausgetauscht werden. Da Heizkörperventile eine typische Lebensdauer von 10 bis 20 Jahren haben, ist dies meist eine Sowieso-Wartungsleistung.

Als gleichwertige Lösung für den hydraulischen Abgleich ist die Montage von dezentralen Micro-Heizkörperpumpen möglich. Diese benötigen allerdings an jedem Heizkörper einen Niederspannungsanschluss und ein Elektroinstallationsbussystem. Die Pumpen reagieren dezentral bedarfsweise und regulieren sich automatisch auf die Heizflächenleistung ein.

Alternativ bieten sich elektronische Mess- und Einregulierungsverfahren an.

- Die Thermostatköpfe werden für die *Einregulierung* zunächst gegen Funk-Stellantriebe ausgetauscht. Diese melden die Durchflussmengen und Vorlauftemperaturen an eine Software mit Datenloggerauswertung. Nach Beendigung der automatisch durchgeführten Messungen werden die berechneten Voreinstellungen für jedes Thermostatventil sowie die benötigten Einstellungen für Umwälzpumpe und Heizkurve angezeigt. Schließlich müssen nur noch die Funk-Stellantriebe abgenommen, die vom Programm ausgegebenen Voreinstellwerte eingestellt und die Thermostatköpfe wieder aufgesetzt werden. Die Raumheizlasten und Heizflächenleistungen müssen auch für dieses Verfahren bekannt sein bzw. mittels Berechnung nach DIN EN 12831 ermittelt werden.

- Mit geeigneten Durchflussmessgeräten wird der IST-Durchfluss bei Regeleinstellung gemessen. Per Ventileinstellung kann dann an den spezifischen Solldurchfluss angepasst werden. Die Methode erfordert eine Berechnungsgrundlage für die heizflächenbezogenen Auslegungsdurchflussmengen und mehrere iterative Mess- und Anpassungsprozedere bei vergleichbaren Raumklimaverhältnissen um eine gute Näherung an die Sollwerte zu erreichen.
- Grundfos bietet für die Mess- und Analysefunktion der Alpha-Pumpenbaureihe ebenfalls eine Möglichkeit für den hydraulischen Abgleich von Bestandsanlagen: Ein etwa daumengroßes Gerät „Grundfos Alpha Reader" wird während des Abgleiches auf dem Display befestigt und überträgt die relevanten Betriebsdaten per Bluetooth-Schnittstelle in die Smartphone-App „GO-Balance". Die App rechnet bei einem iterativen Durchlauf der Ventilvoreinstellungen die optimalen Voreinstellungen aus.

Unter Umständen können (z. B. bei mehrfach umgebaute Bestandsanlagen mit überwiegend unter Putz verlegten Leitungen) die Einstellwerte für Heizkörperventile mittels Datenschiebern von Heizkörperherstellern vorgenommen werden. Allerdings gelten hierzu typischerweise zahlreiche Vorbedingungen:

- Die spezifische Heizlast passt plausibel zum Baujahrs-Tabellenwert und muss über Verbrauchsdaten verifizierbar sein,
- Heizkörpertypen: Radiatoren und Flachheizkörper tlw. aus einer eingeschränkten Baualtersklasse,
- eingeschränkte Heizkörperbauhöhe,
- zulässige Spreiztemperaturen, z. B. 70/55 °C,
- eingeschränkte Auslegungsdifferenzdruck an den Ventilen z. B. 50 mbar,
- Anforderungen an Differenzdruckregler für Pumpenförderhöhen.

Die Summe dieser Vorbedingungen ist nur bei wenigen Bestandsanlagen vorzufinden. Weiterhin muss die *Einregulierung,* genau wie bei berechneten Einstellwerten, nachprüfbar dokumentiert werden. Die Berechnung von Strangregulierungsventilen im Falle mehrerer Heizkreise und Pumpenauslegung sind auch bei der Wahl dieses Hilfsverfahrens nicht obsolet. Alle Schritte müssen nachvollziehbar dokumentiert werden. Somit unterscheidet sich der Aufwand kaum vom Aufwand eines hydraulischen Abgleichs auf berechneten Grundlagen.

### Hydraulischer Abgleich für Fußbodenheizsysteme mit Rücklaufsammlern

Für die grundsätzliche Anlagenauslegung müssen zunächst die raumweisen Heizlasten mittels Berechnung nach DIN EN 12831 ermittelt werden, ebenso muss eine Rohrnetzberechnung für die Querschnittsberechnung und Pumpendimensionierung erstellt werden. Die Verlegeabstände richten sich nach der Heizlastberechnung und der Rohrnetzberechnung bzw. kann bei bekannten ggf. mittels Thermografie festgestellten Verlegeabständen auch nachträglich eine Rohrnetzberechung – im Ergebnis mit Ventilvoreinstellwerten – erfolgen. Mit zusätzlichen thermostatischen Rücklauftemperaturbegrenzern (RTB) der einzelnen Fußbodenheizkreise lässt sich die Hydraulik optimiert auf die Leistung der Heizfläche einregulieren. Wenn Außen- und Raumtemperatur fallen, öffnen die Raumthermostatventile je nach Temperatureinstellung. Durch Montage der RTBs erhöht sich die Durchflussgeschwindigkeit nur, wenn auch die Rücklauftemperatur die Tendenz hat zu sinken. Den Heizkreisen mit geringerer Wärmeanforderung wird dadurch kein Heizwasser vorenthalten, da auch deren RTBs dynamisch reagieren.

### Hydraulischer Abgleich von Einrohrheizsystemen

Um eine Einrohranlage nachträglich *hydraulisch abgleichen* zu können, müssen zunächst die erforderlichen Bestandsanalysen und Planungsleistungen (ggf. nachträglich) erbracht werden. Durch Montage von teilautomatisierten Volumenstrom-Regelventilen mit Bypass, einer elektronischen Umwälzpumpe sowie Sollwertregler und Sollwertsteller können die spezifischen Volumenströme eingestellt werden. Diese Ventile beeinflussen sich nicht gegenseitig und sorgen für einen konstanten Durchflusswert auch bei wechselnden Druckverhältnissen. Mit einem Messgerät für Durchflussmessungen wird anschließend der Differenzdruck in den Heizleitungen gemessen. Der Soll-Durchfluss wird berechnet und eingestellt. Durch Montage und Regulierung der genannten Bauteile findet auch innerhalb von Einrohrheizkreisen ein *hydraulischer Abgleich* statt, der der Abgleichgüte von Zweirohrsystemen nahekommen kann. Im Einzelfall kann jedoch der Umbau zum Zweirohrheizsystem wirtschaftlicher sein.

### Durchführungsbestätigung und Dokumentation

Die Durchführung des hydraulischen Abgleichs kann in der Fachunternehmererklärung und mit dem Formular des VdZ-Forums für Energieeffizienz in der Gebäudetechnik e. V. bestätigt werden. Zum VdZ-Nachweisformular gelten noch Fachregeln für die Optimierung von Heizungsanlagen im Bestand. In den Fachregeln wird ausgeführt, welche Einschränkungen und Bedingungen für die Anwendbarkeit des vereinfachten Verfahrens A (mit Heizlastabschätzung statt Heizlastberechnung) bestehen. Die Durchführung von Verfahren A ist nicht möglich bei:

- Anlagenneuinstallationen,
- Heizsystemen mit Wärmepumpe oder BHKW oder solarer Heizungsunterstützung,
- Sanierung zum Effizienzhaus,
- Einrohrheizungen.

In Punkt 4.1.3 des VdZ-Formulars wird angemerkt, dass für beide Verfahren die Strangvolumenströme aus der Summe der Heizkörpervolumenströme gemäß Herstellerdaten für einen Heizkreis-Differenzdruck von 150 mbar zu ermitteln sind. In Punkt 8 wird angemerkt, dass die Dimensionierung der Druckhaltung in beiden Verfahren nach DIN EN 12831 erfolgen soll.

Subsumierend bleibt festzustellen, dass es gemäß VdZ-Fachregeln nicht zulässig ist, den hydraulischen Anlagenabgleich ohne vorbereitende Berechnungen durchzuführen. Weiterhin garantiert die Durchführung des Verfahrens A noch nicht die Zulässigkeit gemäß den Anerkannten Regeln der Technik.

Zum Bestandteil einer mangelfreien Installateurs-Werkleistung einer neuen oder umgebauten Heizungsanlage gehören vollständige Revisionsunterlagen mit Heizlastberechnung,

Rohrnetzberechnung, Anlagenwartungsbeschreibung, Systemschema und Einregulierungsprotokoll. Die Revisionsunterlagen müssen spätestens zum Schlussabnahmetermin an den Auftraggeber übergeben werden. Wenn für eine Heizungsanlage keine vollständige Anlagendokumentation samt Revisionsunterlagen mit Berechnungsunterlagen und Einregulierungsprotokollen vorliegen, sind dies klare Indikatoren für einen fehlenden hydraulischen Abgleich.

**Plausibilitätsprüfungen** im Hinblick auf Förder-Durchführungsbestätigungen und Nachweise:

- Heizlastberechnung nach DIN 12831,
- Rohrnetzberechnung, Liste mit berechneten Ventileinstellungen,
- Einregulierungsprotokoll des hydraulischen Abgleichs,
- VdZ-Formular zur Bestätigung des hydraulischen Abgleichs für ein KfW-Effizienzhaus,
- stichprobenhafte Prüfung von Ventileinstellungen,
- Anpassung/Prüfung der Heizkurve und von Absenkzeiteinstellungen.

Weitere Erläuterungen:

- www.hydraulischer-abgleich.de
- www.bosy-online.de

## 8.7 Wasser/Abwasser

Die Einsparung oder der Ersatz von Trinkwasser ist aus ökologischen und ökonomischen Gründen eine zwingend notwendige Maßnahme und gewinnt zunehmend an Bedeutung.

Es bestehen bereits vielerorts erhebliche Probleme durch verunreinigtes Wasser. Ursachen sind Altlasten, Verkehrsanlagen, undichte Kanäle, Überdüngung landwirtschaftlicher Flächen, saurer Regen und der teilweise achtlose Umgang mit wassergefährdenden Stoffen.

Der durchschnittliche tägliche Wasserbedarf beträgt in Deutschland ca. 130 Liter pro Person. Selbst bei Nutzung wassersparender Geräte wie Sparspülkästen beträgt der Durchschnittsverbrauch noch ca. 100 Liter täglich pro Person.

Wer den Gebrauch von Trinkwasser näher betrachtet, stellt fest, dass Trinkwasser oft für Zwecke verwendet wird, für die eine geringere Wasserqualität ausreichend wäre. Fast die Hälfte des täglichen Wasserbedarfs wird für die Toilettenspülung, Wäschewaschen und Gartenbewässerung genutzt.

**Grundsätze für den nachhaltigen Umgang mit Wasser**

- Schutz vor Verschmutzungen,
- getrennte Behandlung unterschiedlicher Abwasserqualitäten/Teilstrombehandlung,
- Versickerung gering bzw. nicht verschmutzten Regenwassers,
- Reduzierung des Trinkwasserverbrauchs u. a. durch:

- wassersparende Wasch- und Spülmaschinen,
- wassersparende Armaturen,
- WC-Unterbrechertaste und wassersparende Bidets, Urinale und Toiletten,
- Regenwassernutzung,
- Abwasserrecycling.

## 8.7.1 Regenwassernutzung und Grauwasserrecycling

Regenwassernutzung reduziert nicht nur den Trinkwasserverbrauch und die damit verbundenen Kosten, sondern es werden auch Grundwasservorräte geschont und Kläranlagen entlastet. Die Gefahr eines Kläranlagenüberlaufs bei Starkregen kann reduziert werden.

**Auswirkungen der konventionellen Niederschlagsableitung [28]**

- Unterbrechung des natürlichen Wasserkreislaufes,
- Beeinträchtigung der Grundwasserneubildung und Absinken des Grundwasserspiegels
- überproportionale Erhöhung des Abflussvolumens sowie des Abflussscheitels und Verschärfung der Hochwassergefahr,
- ökologische und morphologische Schäden an den Gewässern durch stoßartige Regenschwallbelastung,
- hohe Kosten für Bau, Betrieb und Sanierung von Kanalnetzen und Kläranlagen,
- hohe Betriebskosten von Kläranlagen bei Mischsystemen,
- hohe volkswirtschaftliche Kosten, z. B. durch Absenkung des Grundwassers.

Wird das Wasser von einem 100 m² großen Dach gesammelt, können damit 50 % des Wasserbedarfs einer vierköpfigen Familie gedeckt und damit mehr als 80.000 Liter Trinkwasser jährlich eingespart werden. Weiterhin ist es für Gartenbewässerung und Haushaltsreinigung geeignet. Dank seiner geringen Härte eignet sich Regenwasser auch sehr gut zum Waschen. Waschmittel und Enthärter werden eingespart. Der Säuregehalt ist für das Waschen von untergeordneter Bedeutung. Wie das Beispiel der Großwäscherei Coburg zeigt, eignet es sich auch für die hohen hygienischen Anforderungen der Wäsche aus Arztpraxen und Krankenhäusern. Zu diesem Zweck werden dem Wasser geringe Mengen Chlor zugesetzt. Auf die sonst übliche Wasserenthärtung mit Regeneriersalz kann ganz verzichtet werden. In Kombination mit einem den Erfordernissen angepassten Brauchwasserrecycling erwirtschaftet die Wäscherei auf diese Weise 75 % Trinkwassereinsparung.

Das qualitativ beste Regenwasser liefern geneigte Dächer mit harter Dachhaut aus Ziegel, Dachsteinen, Schiefer, Zink- oder Edelstahlblech. Regenwasser von Bitumendächern ist oft gelblich verfärbt und fürs Wäschewaschen ungeeignet. Asbestzementdächer sind wegen der Faserfreisetzung ebenfalls ungeeignet. Zur Nutzung von Regenwasser wären diese Flächen zunächst zu sanieren. Gründächer vermindern den Wasserertrag stark und färben das Wasser bräunlich ein. Auch Ablaufwasser von besonders verschmutzten Dachflächen (Taubenkot) sollte keiner Regenwassernutzungsanlage zugeführt werden.

Bevor das Wasser gespeichert wird, muss es gefiltert werden. Anforderungen an die Leistung eines Filtersystems sind:

- Entfernen von Feststoffen
- Dauerhaft gute Filterwirkung bei geringen Wasserverlusten,
- sichere Gebäudeentwässerung auch im Havariefall,
- einfache Handhabung/Reinigung bei langen Wartungsintervallen.

Das Regenwasser sollte möglichst dunkel und kühl gelagert werden. Erdspeicher sind hier von Vorteil. Innenspeicher sollten nur gewählt werden, wenn Erdspeicherung nicht möglich ist.

Geeignet sind nachstehende Speichertypen:

- Betonzisternen, monolithisch oder aus Betonschachtringen (bei sorgfältiger Montage),
- Kunststofftanks aus recycelten PE-Kunststoff als Erdspeicher oder für Innenaufstellung,
- gereinigte Heizöltanks (Stahltanks bedürfen einer lösungsmittelfreien Kunststoffbeschichtung),
- gereinigte Abwassergruben.

Regenwasser ist leicht sauer. Wenn keine gesonderten Maßnahmen zur Neutralisation ergriffen werden (z. B. Kalkschotter in den Speicher eingebracht wird), bleibt das Wasser bei der Verwendung von Kunststoffspeichern sauer. Betonbehälter sind in der Lage, das saure Regenwasser weitgehend zu neutralisieren. Durch eine Neutralisation ist es möglich, das Betriebswassernetz mit Kupferrohren auszuführen. Ansonsten ist die Installation mit Edelstahl- oder Kunststoffrohren erforderlich. PVC-Rohre bereiten in der Anwendung keine Probleme. Sie sind aber wegen der mangelhaften Umweltverträglichkeit bei ihrer Herstellung und Entsorgung grundsätzlich infrage zu stellen. Bewährt haben sich Rohre aus PE (Polyethylen), PP (Polypropylen) und PB (Polybutylen).

### Ermittlung der Größe von Regenwasserzisternen für Wohnnutzung

Der Regenertrag ermittelt sich aus: Auffangfläche × Niederschlag × Verlustfaktor.

Je nach Dachmaterial geht ein Teil des Regens durch Verdunstung verloren. Der Verlustfaktor beträgt bei:

- Kiesdächern 0,6
- Ziegeldächern 0,75
- Metalldächern 0,9

*Tabelle 8-7: Haushalts-Betriebswasserbedarf*

| Betriebswasserbedarf | m³/Jahr | Personen | |
|---|---|---|---|
| Toiletten | 8 | x ....... | = ........ m³/Jahr |
| Waschmaschine | 6 | x ....... | = ........ m³/Jahr |
| Gartenbewässerung pro 100 m² Nutzgarten | 6 | x ....... | = ........ m³/Jahr |
| Summe Betriebswasserbedarf | | | = ........ m³/Jahr |

**Zisternengröße**

- Wenn der Betriebswasserbedarf dem Regenertrag entspricht (Abweichung weniger als 20 %), dann gilt: Regenertrag × 0,05 = Tankgröße.
- Wenn der Betriebswasserbedarf stark vom Regenertrag abweicht (mehr als 20 % nach oben oder unten), dann gilt: Regenertrag × 0,03 = Tankgröße.

In den meisten Fällen kann nach dieser Berechnung der Wasserbedarf bei Wohnnutzung zu etwa 85 % gedeckt werden. Auch durch erhebliche Vergrößerung des Tanks ist nur eine geringe Verbesserung des Deckungsgrads zu erreichen. Überschlägig können bei Wohnnutzung je Bewohner 800 Liter Tankvolumen angenommen werden.

Bei der Wahl eines zu großen Speichervolumens ist nicht mehr gewährleistet, dass der Speicher mehrmals im Jahr überläuft und dabei Restverunreinigungen auf der Oberfläche (Blütenpollen ...) abgeschwemmt werden.

Überschüssiges Regenwasser kann einer Versickerungsanlage zugeführt werden. Bei Ableitung der Hausabwässer in die Kanalisation wird die Einleitung des überschüssigen Regenwassers in die Grundleitung, möglichst noch oberhalb der Abwassereinleitungen, empfohlen, um diese von Zeit zu Zeit freizuspülen.

**Hinweise zur Regenwasser-Anlagensteuerung und Pumpenanlage** [30]

- Die Anlagensteuerung muss die VDE-Normen erfüllen.
- Das von dem System angewandte Messverfahren zur Bestimmung des Wasserstands im Speicher muss ohne Zusatzwartung dauerhaft funktionieren. Einfachen und robusten Messverfahren ist der Vorzug zu geben.
- Die wasserberührenden Teile sollten nur im Bereich der Schutzkleinspannung (12 bis 24 V) oder ohne Strom arbeiten.
- Die Steuerung sollte aus korrosionsfreien und umweltfreundlichen Materialien gefertigt sein.
- Die Steuerung sollte dafür sorgen, dass die Menge des nachgespeisten Trinkwassers möglichst geringgehalten wird, um nach einem Regen sofort wieder Regenwasser nutzen zu können.
- Der Energieverbrauch der Steuerung sollte niedrig sein.
- Die Pumpleistung der Hauswasserstation ist den Erfordernissen entsprechend auszuwählen.
- Die Pumpe ist so aufzustellen, dass die Saughöhe möglichst gering ist. Eine selbstansaugende Pumpe ist zu bevorzugen. Um Lufteinschlüsse zu verhindern, muss die Saugleitung vom Speicher aus zur Pumpe hin stetig steigend verlegt werden. Ein Rückschlagventil in der Saugleitung sorgt für eine stets gefüllte Leitung und vermeidet längere Ansaugzeiten. Die Saugleitung sollte nicht länger als 12 Meter sein.
- Die Pumpe muss staubarm und kühl, aber frostfrei aufgestellt werden.
- Druckfeste Gummischläuche zum Anschluss der Pumpe an das Betriebswassernetz und eine schallgedämmte Aufstellung der Pumpe (z. B. Gummifüße) vermeiden die Über-

tragungen von Vibrationen auf das Rohrsystem und schützen die Pumpe vor Beschädigungen.

- Zum Schutz der Pumpe vor Trockenlauf ist entweder ein Schwimmerschalter im Speicher zu montieren oder eine Pumpe mit eingebautem Trockenlaufschutz zu wählen.
- Es sollten hochwertige Hauswasserstationen mit Durchflussreglern verwendet werden. Ausgleichsbehälter mit Gummimembranen erfordern ständige Wartung und haben sich auf Dauer nicht bewährt.

Den Wasserversorgern ist der Bau einer Regenwasseranlage vor Inbetriebnahme anzuzeigen und darzulegen, dass von der Regenwasseranlage keine Rückwirkungen auf das öffentliche Netz ausgehen. Bau und Betrieb von Regenwasseranlagen dürfen nicht verboten werden, wenn die Anlagen die einschlägigen Vorschriften (z. B. die entsprechenden DIN) einhalten.

Untersuchungen haben gezeigt, dass sorgfältig geplante Regenwasseranlagen eine Wasserqualität erreichen, die höher als die gesetzlich geforderte Qualität für Badegewässer ist. Weil Verunreinigungen des Regenwassers jedoch nicht völlig auszuschließen sind, ist sicherzustellen, dass in Bereichen, in denen Wasser zur Körperreinigung oder für die Zubereitung von Speisen verwendet wird, ausschließlich Trinkwasser zum Einsatz kommt. Regenwasserleitungen und Entnahmestellen müssen daher deutlich unterscheidbar von Trinkwasserleitungen gekennzeichnet werden.

Die Regenwassernutzung und das Grauwasserrecycling sind Beiträge zum nachhaltigen Umgang mit der Ressource Wasser. Beides dient sowohl der Umweltschonung als auch der Wasser-Ver- und Entsorgungskostensenkung.

## 8.7.2 Abwasserbehandlung

### Konventionelle Abwasserbehandlung

Sammelkläranlagen dienen der Aufnahme und Reinigung der Abwässer aus größeren menschlichen Ansiedlungen und Industriebetrieben. Sie reinigen das Abwasser mechanisch, chemisch und biologisch und beseitigen den Schlamm teilweise maschinell, bevor das Wasser dem Vorfluter zugeführt wird.

Bei der häufig anzutreffenden Mischkanalisation wird das Schmutzwasser zusammen mit dem Regenwasser der Kläranlage zugeführt. Dies kann bei stärkeren Regenfällen zu einer Überflutung der Reinigungsbecken führen. Abwässer können so ungereinigt in Vorfluter und Flüsse gelangen.

### Grauwasserrecycling

Haushaltsabwasser ohne Fäkalienanteile wird als Grauwasser bezeichnet. Die üblicherweise enthaltenen Verunreinigungen lassen sich mit relativ einfachen Filtermethoden und wenigen Aufbereitungsschritten weitgehend entfernen, sodass das Wasser geruchsneutral und keimfrei für einfache Zwecke wie Toilettenspülung, haushaltsübliche Reinigungszwecke, Waschmaschine und Gartenbewässerung verwendet werden kann. Das Herzstück der Grauwasseraufbereitung ist ein mechanisch-biologisches Membran-Belebungsverfahren mit Filtration.

## Pflanzenkläranlagen

Pflanzenkläranlagen als älteste und natürlichste Form der Abwasserbehandlung gewinnen aufgrund der sehr guten Reinigungsleistung und geringer Betriebskosten sowohl im Wohnungsbau als auch im Gewerbebau weiter an Verbreitung.

Vor allem in ländlichen Gebieten werden bundesweit inzwischen einige Tausend Pflanzenkläranlagen betrieben. Sie eignen sich insbesondere für den Wohnungsbau, Gehöfte, Forsthäuser oder Campingplätze ohne Anschluss an zentrale Kläranlagen. Mittlerweile tritt auch die Reinigung gewerblicher Abwässer in breiterem Maße in den Vordergrund.

Ein großer Vorteil liegt in den geringen Kosten für den Betrieb, die Pflege und Wartung der Anlage. Diese liegen einschließlich Energie für eine Pumpe jährlich bei etwa 5 bis 50 Euro pro angeschlossenem Einwohner [31] bzw. vergleichbarer Anschlusseinheit und damit meist unter den Kosten konventioneller Anlagen.

Schrittweise werden im Wurzelwerk die festen Bestandteile gesammelt und durch Mikroorganismen die Schadstoffe abgebaut. Die erzielbare Reinigungsleistung entspricht denen einer technischen Anlage mit drei Reinigungsstufen. Ein besonders hoher Wirkungsgrad besteht hinsichtlich Stickstoff-/Phosphor-Eliminationen sowie der Keimreduktion.

Pflanzenkläranlagen sind harmonisch in die bestehende Landschaft integrierbar und geben die Kläranlage nicht vordergründig als solche zu erkennen. Sie arbeiten selbsttätig in einer Kombination aus physikalischer, biologischer und chemischer Wasseraufbereitung.

Eine Pflanzenkläranlage ist ein überwiegend natürliches System aus Pflanzen, Mikroorganismen (Bakterien, Pilzen, Algen) und Filterkörpern, bei dem die einzelnen Komponenten miteinander vernetzt sind, was dem Gesamtkomplex ähnlich einem Ökosystem die Fähigkeit zur Selbstregulation verleiht.

Ein Hauptproblem bei Kläranlagen der Größenklasse 1 (unter 1.000 EW) sind relativ große Schwankungen der Abwasserbeschaffenheit und -menge. Bei Verzicht auf Fäkalieneinleitung, z. B. durch die Verwendung von Trockentoiletten/Komposttoiletten, sind Pflanzenkläranlagen bei gleichzeitiger Verbesserung der Prozessstabilität und der Ablaufwasserqualität kleiner dimensionierbar und dabei kostengünstiger. Dennoch funktionieren Pflanzenkläranlagen nicht völlig wartungsfrei, da sowohl die Pflanzenbecken als auch die technischen Bauteile regelmäßiger Pflege bedürfen, die jedoch nicht den bei technischen Anlagen üblichen Rahmen übersteigt.

Die Abwasserableitung und -reinigung unterliegt grundsätzlich zunächst der öffentlichen Hand und ist damit eine kommunale Aufgabe. Jede Gemeinde hat die Pflicht, das auf ihrem Territorium anfallende Abwasser biologisch zu behandeln. Sofern sie sich dazu nicht allein in der Lage fühlt, kann die Abwasserbeseitigungspflicht auch auf Abwasserzweckverbände bzw. private Dritte übertragen werden.

Existiert im jeweiligen Gemeinde- oder Verbandsgebiet eine kommunale Kläranlage, besteht für alle Bewohner in diesem Gebiet Anschluss- und Benutzungszwang. Ist jedoch von Seiten der Gemeinde bzw. des Verbandes keine zentrale Abwassererschließung geplant, besteht die Möglichkeit zur Freistellung vom Anschluss- und Benutzungszwang – in der Regel für einen Zeitraum von zehn Jahren. Diese zeitlich befristete Freistellung wird dann gegeben, wenn der Zweckverband kurzfristig keine Investitionen tätigen oder die Erschließung nur mit einem unvertretbar hohen finanziellen Aufwand verbunden ist. Eine Kommune kann für ihr Gebiet auch beschließen, dass die Abwasserbehandlung durch die Grundstückseigentümer zu erfolgen hat. Damit wird unbefristet die Pflicht zur ordnungsgemäßen Abwasserbehandlung auf die Grundstückseigentümer übertragen. Wer die Freistellung erwirken kann, hat weitestgehende Gestaltungsmöglichkeiten bei der Realisierung einer abwassertechnischen Lösung, falls sich das zu entsorgende Grundstück nicht in einem Gebiet mit besonderem Schutzstatus (z. B. Trinkwasserschutzzone III oder dergleichen) befindet.

Die Einleitung von gereinigtem Abwasser in ein natürliches Gewässer (Oberflächengewässer, Vorfluter) oder in das Grundwasser bedarf prinzipiell der wasserrechtlichen Erlaubnis durch die Untere Wasserbehörde des jeweiligen Landkreises. Soweit Grundstückseigentümer über eine Befreiung vom Anschluss- und Benutzungszwang verfügen und den Bau einer Kleinkläranlage planen, müssen sie beim zuständigen Amt einen Antrag auf Erteilung einer wasserrechtlichen Erlaubnis stellen.

Die Errichtung von Pflanzenkläranlagen muss den Vorgaben für den Aufbau und die Bemessung sowie dem länderspezifischen Baurecht genügen.

Folgende Vorgaben müssen beachtet werden:

- Standort

  Schilfpflanzen bevorzugen einen sonnigen Standort. Das natürliche Gefälle des Grundstücks sollte genutzt werden, um die Ableitung des gereinigten Abwassers ohne zusätzlichen Pumpaufwand zu gewährleisten. Dem landschaftsgestalterischen Wert der Anlage ist besondere Aufmerksamkeit zu schenken. Der Abstand zur nächsten Wohnbebauung muss mindestens 15 m betragen. Das Grundstück sollte nicht mehr als 500 m über dem Meeresspiegel liegen.

- Vorklärung

  Regenwasser, Drainwasser, gewerbliches und landwirtschaftliches Abwasser dürfen nicht eingeleitet werden. Der Pflanzenkläranlage muss eine mechanische Vorklärung gemäß DIN 4261 vorgeschaltet werden. Dazu gehören ein- oder mehrschächtige Mehrkammerabsetzgruben. Auch Rottebehälter haben ihre Berechtigung, da hierdurch eine ansonsten jährlich anfallende Fäkalschlammentsorgung überflüssig wird. Jedoch sind diese aufgrund erhöhter Investitionskosten erst ab einem Anschlusswert von mindestens zehn Einwohnern in Betracht zu ziehen. Bei der Bemessung der Vorklärung müssen pro angeschlossenen Einwohner 1.500 l (bis 10 Einwohner) angesetzt werden. Die Mehrkammergrube muss ein Mindestvolumen von 6 $m^3$ aufweisen.

- Flächenbedarf des Schilfbeetes

  Es ist je nach Anlagentyp (vertikal, horizontal) von 3 bis 5 $m^2$ je angeschlossenem Einwohner auszugehen. Die Genehmigungspraxis unterscheidet sich in den einzelnen Bundesländern.

- Ableitung bzw. Nutzung des gereinigten Abwassers

  Die Ableitung in ein Fließgewässer genießt in jedem Fall Vorrang. Wenn für die Einleitung des gereinigten Abwassers kein Vorfluter existiert, muss neben der Fläche für das Beet zusätzlich auch eine Verrieselungsstrecke, Sickerblöcke, Sickerschächte oder eine Fläche für den Schönungsteich eingeplant werden. Die Bemessung sowie die zugelassenen Verfahren für eine Ableitung differieren zwischen den Bundesländern. Bei Nutzung des geklärten Abwassers auf dem Grundstück sind die Bedingungen für *abwasserfreie Grundstücke* zu beachten.

- Abstandsregelungen

  Die Behörden schreiben einen Mindestabstand von 25 m zwischen der Kläranlage und dem nächstgelegenen Wohngebäude vor, obwohl Geruchsprobleme oder hygienische Belastungen bei Pflanzenkläranlagen mit mechanischer Vorreinigung und unterirdischem Beschickungssystem ausgeschlossen werden können. Den Pflanzenkläranlagen wurde im Vergleich zu den technischen Kläranlagen vom Umweltbundesamt Unbedenklichkeit in Bezug auf hygienische Anforderungen bescheinigt.

  Werden lediglich die häuslichen Abwässer betrachtet, so sind sowohl Einzel- als auch Gruppenlösungen in Anschlussgrößen von 4 bis 1.000 EW realistisch. [33]

- Bepflanzung

  Die Bepflanzung besteht hauptsächlich aus Schilf (*Phragmites communis*), Binsenarten (*Schoenoplectus lacustris*, *Juncus effusus*, *Beocharis palustris*) und Iris (*Iris pseudacorus*). Pro Quadratmeter sollte ein Bewuchs von 4 bis 7 Pflanzen erreicht werden. Der Boden besteht aus nicht bindigem Material.

Das abfließende Wasser kann einem künstlichen Feuchtbiotop oder der Straßenentwässerung zugeführt werden. Im Sommer kann es bei kleinen Pflanzenkläranlagen aufgrund der Verdunstung durch die Pflanzen sogar vorkommen, dass gar kein Wasser abfließt.

Bei Einsatz von Trockentoiletten können vom zugeordneten Schmutzwasser-Mengenansatz 30 bis 60 % der jeweils angeschlossenen Nutzungseinheit abgezogen werden. Grauwasser ist ohne Toilettenspülwasser nur gering verschmutzt. Eine Vorreinigung in Kammerabsetzgruben und die Schlammentsorgung kann entfallen.

**Es gibt zwei wesentliche Verfahrensrichtungen** [40]**:**

In vertikal durchflossenen Anlagen strömt das Abwasser in der Bodenfilterebene mit einem Kies-Sandgemisch ein, verteilt sich gleichmäßig und sinkt dabei nach unten. Dort sammelt es sich gereinigt in einem Schacht und kann abgepumpt werden bzw. ablaufen. Je angeschlossenem Nutzer sind 4 m² Oberfläche erforderlich. Die Beckentiefe beträgt ca. 1,30 m.

In horizontal durchflossenen Anlagen strömt das Abwasser am Pflanzbeetrand oberflächennah in das Becken und durchströmt es in Längsrichtung. Zu- und Ablaufschächte liegen außerhalb des Pflanzbeckens. Bei ausreichendem Gefälle werden keine Pumpen benötigt. Je angeschlossenen Nutzer sind 6 m² Oberfläche erforderlich. Die Beckentiefe beträgt ca. 0,80 m.

## 8.8 Building Integrated Photovoltaics (BIPV)

Die auf eine ebene Fläche auftreffende Sonnenenergie beträgt in Deutschland im Mittel pro Tag etwa 2,9 kWh/m², d. h. im Jahr 1.045 kWh/m². Der Wert optimal zur Sonne ausgerichteter Flächen beträgt im Mittel 1.180 kWh/m² und variiert je nach Region um etwa 10 %.

Bereits mittelfristig sollen Neubauten und zunehmend auch Bestandsgebäude zu Energieproduzenten werden. Der Photovoltaik wird dabei eine große Rolle zukommen, da sie sich ideal integrieren bzw. adaptieren lässt und die technischen Voraussetzungen bereits heute ausgereift sind. Dächer können zum Ende des fossilen Zeitalters eine Schlüsselrolle spielen. Heute stehen Technologien zur Verfügung, mit denen klassische Dachhautmaterialien vollständig durch Photovoltaikmodule ersetzt werden können, wobei sie gleichzeitig die Wetterschutzfunktion erfüllen können. Gleiches gilt für Vorhangfassadenmaterialien. Bei Montage von PV-Modulen auf allen geeigneten Flächen an Gebäuden in Deutschland (Building Integrated Photovoltaics BIPV) könnte der derzeitige Strombedarf vollständig gedeckt werden. Zurzeit wird lediglich ein Bruchteil des vorhandenen Flächenpotenzials genutzt.

Das Basismaterial für die marktüblichen Solarzellen ist Quarzsand, der zu Silizium verarbeitet wird. Zellen aus mono- und polykristallinem Silizium werden in Schichtdicken von 0,16 bis 0,3 mm hergestellt, während sogenannte CIS-Zellen und amorphe Siliziumzellen Schichtdicken von nur ca. 0,001 mm aufweisen. Die Leistung wird in erster Linie durch die Strahlungsintensität, die Flächengröße und die Zelltemperatur bestimmt. Je höher die Zellentemperatur, desto stärker sinkt der Wirkungsgrad der Solarzellen. Aus diesem Grund sollten die Module bei vollflächig integrierter Montage hinterströmt werden oder per Aufdachmontage luftumspült sein. Einige Anbieter haben Systeme entwickelt, welche als stromerzeugende Dachhaut statt Ziegel o. Ä. montiert werden können und zusätzlich zur PV-Stromproduktion noch als thermische Kollektoren arbeiten (PVT-Module). Die Minderleistung der PV-Stromproduktion lässt sich durch die Kombination mit thermischer Solartechnik mehr als kompensieren.

Photovoltaikanlagen können dazu beitragen, einen großen Teil der negativen Gebäudeumweltwirkungen auszugleichen. Besonders effiziente Gebäude, die zu hohen Anteilen aus nachwachsenden Rohstoffen errichtet sind, können im Lebenszyklus mit einer gebäudenah ergänzten Photovoltaikanlage ihr Gobal Warming Potential (GWP) egalisieren und gelten als klimaneutral.

Flachdächer mit aufgeständerten Modulen können zur Verbesserung des Kleinklimas und Schutz der Dachhaut extensiv begrünt werden. Die Module sollten in diesem Fall mindestens 25 cm Abstand zur Substratoberkante aufweisen, um Verschattung durch Aufwuchs zu vermeiden. Die Verdunstungsleistung der Biomasse kann dazu beitragen, die Aufheizung der Solarmodule abzumildern und PV-Erträge zu steigern.

*Bild 8-54: Fassadenintegrierte PV*

*Quelle: Verfasser*

*Bild 8-55: Dachbegrünung und PV MTZ*

*Quelle: Zinco GmbH*

- **Solarzellentypen**
  - Monokristalline Siliziumzellen haben eine sehr reine, vollständig gleichmäßige Kristallgitterstruktur und sind aufwendig in der Herstellung. Sie erreichen hohe Wirkungsgrade.
  - Polykristalline Siliziumzellen werden durch geringere Reinheit des Materials und eine ungleichmäßige Kristallgitterstruktur charakterisiert. Sie sind kostengünstiger herstellbar und erreichen mittlere Wirkungsgrade.
  - Bifaziale Solarzellen wandeln sowohl auf der Vorder- als auch auf der Rückseite einfallendes Licht in elektrischen Strom um. Sie sind mit n-Typ-Silizium um bis zu 30 % leistungsfähiger als herkömmliche Siliziumzellen, die nur die Vorderseite nutzen. Die Herstellung doppelseitiger Solarzellen wird durch neu entwickelte Dotierungsverfahren einfacher und kostengünstiger.
  - Amorphe Siliziumzellen und Dünnschichtzellen haben eine ungeordnete Kristallstruktur. Sie sind kosten- und materialsparend herzustellen, erreichen jedoch nur geringe Wirkungsgrade. Dieser Zellentyp eignet sich besonders für großflächige Beschichtungen.
  - CIS-Zellen bestehen überwiegend aus Kupfer, Indium und Selen. Mit geringem Materialbedarf können ebenfalls großformatige Flächen und Formen bedampft werden. Sie erzielen ebenfalls nur verhältnismäßig geringe Wirkungsgrade.

*Bild 8-56: PV-Dachziegel*

*Quelle: Nelskamp GmbH*

Eine PV-Anlage benötigt in Mitteleuropa je nach Typ 2 bis 3 Jahre, bis sie die Energiemenge produziert hat, die dem energetischen Aufwand für Produktion, Betrieb und Entsorgung entspricht. Bei einer Lebensdauer zwischen 25 und 35 Jahren ergeben sich somit deutlich positive Energiebilanzen. Das Recycling von Solarmodulen gewinnt mit zunehmender Verbreitung an Bedeutung. Dafür muss zunächst das Materialgemenge der Module getrennt werden, um die einzelnen Komponenten wieder verwerten zu können. Wiederverwertungsquote von über 80 % für die Bestandteile Glas und Aluminium sind erreichbar.

Zur Gewinnung einer typischen Jahreshaushaltsstrommenge von etwa 3.500 kWh würde man für eine Nullbilanzsumme bei derzeitigem PV-Wirkungsgrad und optimaler Aufstellung eine Modulfläche von 15 bis 20 $m^2$ (Normeinstrahlung BRD) benötigen.

Idealerweise werden die Module mit einer Neigung von 10 bis 30° und Südausrichtung montiert. Der Energieertrag kann durch Verschattung umstehender Gebäude, Dachgauben, Bäume, ungünstige Topografie u. Ä. erheblich verschlechtert werden.

Die Anlagen werden im Regelfall über elektronische Wechselrichter an das öffentliche Stromnetz angeschlossen. Ein Teil des PV-Stroms kann vor Ort genutzt werden und reduziert in diesem Maß den Stromkauf aus dem Netz. Bei geringer PV-Anlagenleistung wird der Bedarf über das öffentliche Netz ergänzt. Für Wohnnutzungen ohne PV-Speicher sind 25 bis 35 % Eigenstromerzeugung realistisch.

Bei geeigneter Anordnung können Solarmodule zusätzliche Funktionen übernehmen. Beispielsweise können sie als Dachdeckung fungieren oder in entsprechenden Fassadenelementen zugleich Wetter- und Schallschutzfunktion übernehmen. In bewegliche Fensterläden oder in Glasdächer integrierte Module sind gleichzeitig Sonnenschutzelemente, die bei entsprechender motorischer Ausstattung nach Bedarf und Witterungsverhältnissen positioniert werden können. Mit unterschiedlichen Typen, Lochstanzungen und Oberflächenbehandlungen sind viele visuelle Wirkungen realisierbar. Weitere Effekte lassen sich durch farbige oder texturierte Rückseitenfolien, Teilverspiegelung des Glases und die Verschraubungsart erreichen. Außerdem können Lichtdurchlässigkeit und visuelle Wirkung von semitransparenten Modulen variiert werden. Das mögliche Farbspektrum von Solarzellen reicht inzwischen von der Farbe Anthrazit über Smaragdgrün, Blau und Goldfarben bis Grün, Violett und Oxidrot. Optimale Wirkungsgrade erreichen allerdings nur die dunklen Solarzellen.

Auch an Orten, an denen die Ankopplung an das Stromnetz aufwendig ist, haben Photovoltaik-Systeme entscheidende Vorteile. Für fast jede Art von Elektrogeräten können dezentrale Stromversorgungsmöglichkeiten realisiert werden. Prinzipiell sind alle Geräte geeignet, die mit wenig Strom auskommen oder ausreichend lange Stillstandszeiten haben, um die für den Inselbetrieb notwendigen Speicher wieder aufzuladen. Zu den möglichen Einsatzgebieten gehören Notrufanlagen, Fernüberwachung von Verkehrs- und Betriebsprozessen oder auch Geräte des alltäglichen Bedarfs wie Notebooks oder elektrische Fensterrollladen. Als Energiepuffer können in Kleingeräten Kondensatoren oder Akkus mit geringer Selbstentladung eingesetzt werden.

*Bild 8-57: Gebäudeintegrierte Solarenergienutzung der AS-Solar GmbH*
*Quelle: AS-Solar GmbH, Tom Baerwald*

## Solarstromspeicher

Die Integration der dynamisch wachsenden, aber schwankungsintensiven regenerativen Elektrizitätserzeugungsquellen muss ausbalanciert und dem Verbrauch angepasst werden, um die Stromversorgung zu stabilisieren. Neben der Windkraft ist die photovoltaische Stromproduktion besonders betroffen. Der Bedarf an kurzfristiger Stromspeicherung wird stark anwachsen. Die schwankenden Verbrauchsspitzen erfordern abrufbare Kapazitäten, um künftige Engpässe zu vermeiden. Eine Stromspeicherung in großmaßstäblichem Stil erlauben Pumpwasserspeicher-Kraftwerke und die sogenannte Power-to-Gas- bzw. Power-to-Liquid-Technologie, bei der aus Stromüberschüssen Wasserstoff bzw. durch Versatz mit $CO_2$ synthetisches Methan, Ethanol, Propanol oder Butanol erzeugt wird.

Im Wohngebäudebereich liegt die Speicherung überproduzierten Stroms in Akkumulatoren im Trend, da durch die sinkende Vergütung für Einspeisung ins öffentliche Netz der Fokus auf die Steigerung des Eigenverbrauchsanteils gerichtet ist. Die Speicherung der elektrischen Energie ist ein probates Mittel, um Stromüberschüsse zeitnah aufzufangen und wieder bereitzustellen, wenn die Nachfrage dies erfordert. Eine leistungsstarke Photovoltaikanlage kann in Kombination mit einem PV-Stromspeicher ein Schritt auf dem Weg zu einer unabhängigeren Energieversorgung sein. Produktionsspitzen von Solarstrom können in sonnenreichen Zeiten zwischengespeichert werden, sodass diese auch in Dunkelphasen genutzt werden können. Darüber hinaus bieten sich Stromspeichersysteme mit entsprechender Ausrüstung zur Notstromversorgung an.

Bei typischen Wohngebäudenutzungen fällt der Strombedarf häufig in Zeiten außerhalb maximaler Sonneneinstrahlung. Hier gilt als Faustformel: Um den Eigenverbrauchsanteil von etwa 30 % Solarstrom auf mindestens 60 % zu steigern, wird eine Speicherkapazität in kWh benötigt, die etwa der PV-Anlagen-Spitzenlast in kWp entspricht. Der Speichernutzen stellt keine lineare Funktion dar: Eine Verdopplung der Speicherkapazität darüber hinaus würde die Erhöhung des Eigenanteils nur um weitere 15 % erwirken. In einem Beispielwohngebäude mit einem Jahresstromverbrauch von 5.000 kWh und einer zugehörigen PV-Anlage mit 5 kWp kann die PV-Strom-Eigennutzung von etwa 30 % mit einem PV-Stromakku mit 5 kWh Kapazität auf etwa 60 % angehoben werden.

PV-Akku-Speichersysteme mit Speicherwirkungsgraden über 95 % innerhalb 12-Stundenzyklen sind in der Entwicklung. Lithium-Ionenakkus, die z. B. auch in Handys und Notebooks eingesetzt werden, haben eine längere Lebensdauer, sind effizienter als Bleiakkus und benötigen weniger Platz. Weiterhin könnten sich Vanadium-Redox-Akkus als zukunftsträchtig erweisen. Mit der zunehmenden Marktnachfrage und Stückzahlerhöhung werden diese Systeme wirtschaftlich interessanter. Zur Schließung aktueller Wirtschaftlichkeitslücken stehen für viele Fälle Förderprogramme zur Verfügung.

Alternativ zu den stationären Stromakkus bietet sich die Zwischenspeicherung in den Akkus von Elektromobilen an. Hierdurch werden auch die Sektoren Energieerzeugung und Verkehr gekoppelt. Allerdings müssen auch die Gleichzeitigkeitsfaktoren in der Nutzung berücksichtigt werden. Der Fall, dass ein Akku eines Elektromobils zwar geladen, aber unterwegs ist, wird durchaus keine Seltenheit sein – zumindest subjektiv wahrgenommen besonders gerade dann, wenn durch eine Senke der Solareinstrahlung Bedarf, also Leistungslast, zu verzeichnen wäre. Umgekehrt kann eine E-Mobil-Speicherentladung durch Gebäudeanwendungen zu einer ungewünschten Einschränkung der E-Mobilreichweite führen.

Im Gebäudebereich ist es geringinvestiv möglich, mit temporären Stromüberschüssen einen Warmwasserspeicher aufzuladen. Diese Art der Speicherung steht dann in Konkurrenz zur Akkuspeicherung und zur thermischen Solarenergiegewinnung mittels Solarkollektoren. Für Inselanlagen ohne Stromeinspeisemöglichkeit, jedoch mit sommerlichem Warmwasserbedarf kann die Aufladung von Warmwasserspeichern mittels PV-Strom eine konkurrenzfähige Lösung sein.

Ein häufig zu beobachtendes Phänomen der gebäudenahen Erzeugung regenerativer Energie ist der sogenannte Rebound-Effekt. Da die Energieerzeugung zum Teil umweltfreundlich erfolgt, sinkt teilweise die Motivation für den bewussten und gemäßigten Energieverbrauch. Dabei wären die Eigenanteile für den Einsatz regenerativer Energien steigerungsfähig, je niedriger die Gesamtverbräuche ausfallen.

## *Beispielexkurs*

Für Gewerbe und Industrieimmobilienbetreiber mit überwiegendem Anlagenbetrieb tagsüber besteht bereits eine gute Gleichzeitigkeit von Sonnenstromangebot und Stromlast, sodass die Investition in Stromspeicher derzeit nur bei sehr volatilen Stromlastgängen wirtschaftlich ist. In der Forschungsgruppe ETA (Energietechnologien und Anwendungen in der Produktion) der Uni Stuttgart wird zur Speicherung ein Schwungrad eingesetzt, welches leistungsstarke Spitzen im Bereich von einigen Millisekunden bis zu drei Sekunden ausgleicht. Kinetische Energiespeicher können derartige Lastgangglättungen und die Reduzierung von Leistungsabnahmespitzen bewirken. Dies trägt dazu bei, die Effizienz auf Netzebene zu steigern.

Das Bremer Energieversorgungsunternehmen swb setzt ein Hybridspeicher aus Batteriesystem und elektrisch beheiztem Wärmespeicher als Power-to-Heat-System mit 15 MW Primärregelleistung ein, um den erforderlichen bidirektionalen Energiefluss zu gewährleisten und damit die Frequenz anzugleichen. Pufferüberschüsse werden zur Unterstützung der Fernwärmebereitung genutzt.

## 8.9 Gebäudenahe Windenergienutzung

Windräder wandeln die kinetische Energie der Luft in mechanische Energie um. Die im Wind verfügbare Leistung ($P_w$) ist abhängig von der überströmten Fläche (A), der Dichte der Luft ($\rho$) und der Strömungsgeschwindigkeit (v).

$$P_w = 0{,}5 \times A \times \rho \times v^3$$

Die doppelte Windgeschwindigkeit führt zu einer achtfachen Windleistung. Um die Windleistung zu nutzen, muss die Windenergieanlage der Strömung Energie entnehmen. Dabei entsteht über dem Rotor ein Druckunterschied zwischen zuströmender und abströmender Luft. Dieser Druckunterschied führt wegen Impuls- und Massenerhaltungsgesetzen zu einer Aufstauung der Luft vor dem Rotor, damit zu einer Aufweitung des Strömungsfeldes. Die Leistung am realen Rotor wird weiter durch Luftreibung und Verwirbelung, mechanische Reibung sowie elektrische Verluste in Generator und Umrichter und abnehmender Nennwindgeschwindigkeit reduziert.

Windkraft trägt im wachsenden Umfang zur Versorgung mit erneuerbarem Strom bei und steht gleichermaßen bundesweit in der Kritik. Nicht immer ist die Kritik verhältnismäßig. Beispielsweise stehen den rd. 30.000 Windstrommühlen in Deutschland etwa 280.0000 Hochspannungs-Freileitungsmasten gegenüber. Dem Verfasser ist dennoch nicht bekannt, dass die Montage von Hochspannungs-Freileitungsmasten aufgrund ästhetischer Belange derart kritisiert wurde wie WKA. In Deutschland kommen an Fensterglasscheiben und im Straßenverkehr jedes Jahr Vögel im zweistelligen Millionenbereich um. Durch Windstrommühlen sind es 15.000 bis 150.000. Dennoch ist dem Verfasser nicht bekannt, dass ernsthaft gefordert wird, aus diesem Grund den Straßenverkehr oder die Montage von Fensterglas einzustellen.

*Bild 8-58: Dach-Windkraftanlage Berlin*

*Quelle: Bau-Sachverständigenbüro projektRAUM*

Wind steht neben Sonne als regenerativer Energieträger an vielen Standorten zur Verfügung. Eine lokale Nutzung liegt daher nahe. Windkraft lässt sich gut in lokale Gebäudeenergiesysteme integrieren. Kleinwindkraft bietet die Möglichkeit, speziell auch in den Wintermonaten und nachts regenerative Energie zu gewinnen, wenn kein Photovoltaikstrom erzeugt wird. Anlagen mit Rotordurchmessern von bis 5 m können in Gebäudenähe gebaut oder direkt in die Gebäudestruktur integriert werden. Eine Windkraftanlage bietet gute Möglichkeiten, regenerative Energie gebäudenah sichtbar und erlebbar zu machen.

Anders als bei PV-Anlagen kann der Ertrag nicht pauschal aus der Anlagenleistung abgeleitet werden. Eine 3-kW-Kleinwindmühle kann an einem windreichen Standort durchaus 3.000 kWh Strom per anno erzeugen und an einem schlechten Standort nur 500 kWh. Daher sind für den wirtschaftlichen Betrieb neben günstigen Investkosten Standort-Windmessungen angeraten. Für Binnenlandstandorte bis 15 Meter Höhe liegen die Jahresgeschwindigkeiten selten über 4 Meter pro Sekunde und sollten nicht höher in die Ertragskalkulation einfließen.

**Bauformen von Kleinwindenergieanlagen [42]**

Ein hoher Widerstandsanteil führt zu gutem Anlaufverhalten und ein hoher Auftriebsanteil zu einem hohen Wirkungsgrad im Arbeitsbereich.

Um die Leistung aus der Windströmung zu gewinnen, gibt es drei gebräuchliche Bauformen:

*Bild 8-59: Rotor mit horizontaler Achse mit 3–5 Flügeln*

*Quelle: EA Architektur Dresden, René Ungerv*

*Bild 8-60: Darrieus-H-Rotor mit vertikaler Achse*

*Quelle: EA Architektur, Dresden, René Unger*

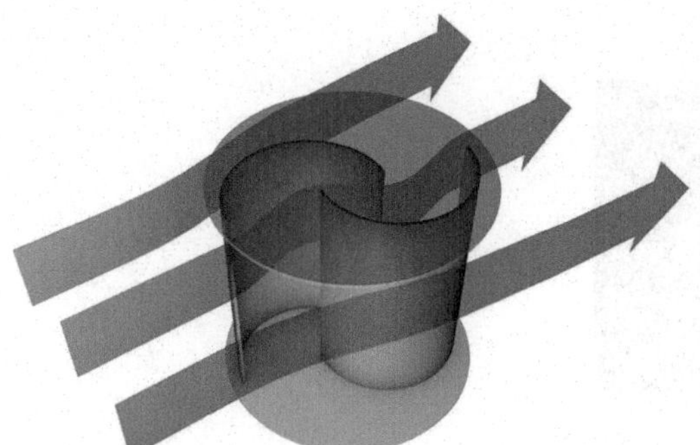

*Bild 8-61: Sovoniusrotor*

*Quelle: EA Architektur, Dresden, René Unger*

Dreiflügelige Rotoren haben sich bei Großanlagen durchgesetzt, weil sie einen guten Kompromiss zwischen Wirkungsgrad, Materialaufwand und Geräuschentwicklung bilden. Auch im Kleinwindkraftbereich sind sie stark verbreitet. Mit dieser Bauform sind Wirkungsgrade nahe am Betz'schen Maximum möglich. Die höchsten Leistungen, aber auch die größten mechanischen Belastungen werden bei wenigen Flügeln erreicht. Eine größere Flügelanzahl hat dagegen Vorteile im Anlaufverhalten bei wenig Wind und zur Betriebsgeräuschminderung.

Darrieusrotoren: Eine vertikale Anordnung der Rotationsachse senkrecht zum Boden mit den Flügelflächen parallel zur Rotationsachse wird Darrieusrotor genannt. Da diese Struktur von allen Seiten angeströmt werden kann, ist keine gesonderte Drehvorrichtung notwendig. Ein weiterer Vorteil ist die relative Unempfindlichkeit gegenüber Verwirbelungen, wie sie in bodennahen Winden häufig auftreten. Darrieusrotoren haben einen sehr hohen Auftriebsanteil. Nachteilig ist jedoch, dass ein Flügel bauartbedingt durch den Wirbel des vorangegangenen Flügels läuft. Dadurch entstehen mechanische Belastungen und Geräusche. Weiterhin sind die Flügelmassen weit von der Drehachse entfernt, sodass große Fliehkräfte und Trägheitsmomente auftreten. Dadurch kann der Rotor schnellen Änderungen der Windgeschwindigkeit nicht folgen. Ein weiteres Problem ist das schlechte Anlaufverhalten, welches durch spiralförmig gebogene Blätter jedoch verbessert wird. Einige Nachteile konnten inzwischen durch moderne Bauformen und Faserverbundwerkstoffe kompensiert werden.

Savoniusrotoren sind hauptsächlich Widerstandsläufer. Dadurch erreichen sie nur geringe Drehzahlen und Wirkungsgrade. Ähnlich Darrieusrotoren können sie senkrecht stehend aufgestellt werden und werden damit richtungsunabhängig. Wegen der niedrigen Drehzahlen werden für den Einsatz jedoch Getriebe oder Spezialgeneratoren benötigt. Entsprechend ist die Kosten-Nutzen-Bilanz oft schlechter als bei den oben genannten Konzepten. Nutzungspotenzial bietet der Einsatz parallel zu Gebäudekanten.

Darüber hinaus existiert eine Vielzahl eher experimenteller Bauformen.

Die Wellenleistung wird im Kleinwindkraftbereich meist über permanent erregte Synchronmaschinen und Frequenzumrichter in elektrischen Strom gewandelt. Die folgende Abbildung zeigt den typischen Aufbau:

*Bild 8-62: Dach-Kleinwindkraftanlage*

*Quelle: EA Architektur, Dresden, René Unger*

Systemkomponenten

- Der Generator erzeugt Drehstrom mit einer Frequenz proportional zur Drehzahl;
- die Abschaltvorrichtung: Bei der Beispielanlage wird der Generator per Kurzschluss z. B. im Sturmfall sehr stark gebremst. Für Wartungsarbeiten muss zusätzlich immer noch mechanisch gesichert werden;
- Gleichrichter: wandelt in eine drehzahlproportionale Gleichspannung;
- Überspannungsschutz: Durch einen zuschaltbaren Bremswiderstand werden zu hohe Spannungen (bei Überdrehzahl) an der Leistungselektronik vermieden;

- Hochsetzsteller und Wechselrichter (meist als Baueinheit): Erzeugen den netzkonformen Einspeisestrom. Über die eingespeiste Leistung wird gleichzeitig das Wellenmoment am Generator auf die optimale Betriebskennlinie der Anlage geregelt.

*Bild 8-63: Dach-Kleinwindanlage in Dresden*

*Quelle: EA Architektur, Dresden René Unger*

Für eine gute Ausbeute ist es wichtig, dass die Anlage auf ihre ideale Schnelllaufzahl eingeregelt wird. Die Schnelllaufzahl λ ist dabei das Verhältnis der Umfangsgeschwindigkeit der Laufradspitzen zur Windgeschwindigkeit. Ungünstige Anlagenkennlinien verringern den Ertrag deutlich. Daher empfiehlt es sich, ein Windrad zusammen mit einem fertig parametrierten Wechselrichter zu beziehen.

Das für den sicheren Betrieb wichtigste Bauteil ist die Leistungsbegrenzung. Diese sorgt dafür, dass bei starkem Wind die Anlage nicht überhitzt, überdreht oder sich in ihre Bestandteile auflöst. Diese Gefahr besteht speziell bei Auftriebsläufern, da deren Flügelspitzen bei Sturm ungebremst Schallgeschwindigkeit erreichen können. Eine Variante der Drehzahlbegrenzung ist der Generatorkurzschluss, welcher die Kennlinie in einen sehr ineffizienten Bereich verschiebt. Eine weitere Möglichkeit ist die Flügelverstellung oder eine Kippvorrichtung, die die Anlage aus dem Wind dreht. Eine dritte Variante sind Bremsvorrichtungen, welche beim Überschreiten einer Grenzdrehzahl auslösen.

**Freistehende Anlagen** sind unterhalb des Generators drehbar gelagert. In der Gebäudeanwendung ist die Drehbarkeit nicht immer realisierbar. Speziell in Verbindung mit einer Umhausung wird oft auf die Anlagendrehbarkeit verzichtet.

Durch ein Gehäuse kann die Leistung gesteigert werden. Durch ein strömungsoptimiertes Gehäuse werden zusätzliche Druckunterschiede über der Rotorfläche induziert und damit wird die Leistung erhöht. Dieser Effekt kann auch an Gebäudekanten und Dächern ausgenutzt werden.

### Kleinwindkraft am Gebäude

Hochhäuser, Gebäudedächer am Stadtrand und speziell auf Industriehallen bieten häufig interessante Standorte für Kleinwindenergieanlagen. Zum einen entstehen durch die

Gebäudestruktur oft lokale Geschwindigkeitsüberhöhungen, zum anderen ist der Strom gleich da, wo er benötigt wird. Auf der anderen Seite ist bei gebäudeintegrierten Anlagen besonderes Augenmerk auf mechanische Festigkeit und Auflagerung zu legen, um die hohen Anforderungen an Sicherheit und Schallschutz zu erfüllen.

Architekten und Statiker sind bei der Planung gebäudeintegrierter Kleinwindkraft die wichtigsten Ansprechpartner. Ein Windrad, egal welcher Größe, greift als bewegtes Objekt in das Gebäudedesign ein. Im Sturmfall können Kräfte im Bereich mehrerer Tonnen auftreten. Sind diese Herausforderungen gelöst, sind die Rahmenbedingungen mit den zuständigen Baubehörden zu klären. Bis heute existieren in den Bauordnungen unzureichende Vorschriften für Kleinwindkraft. Schnell gelten für eine 3,5-kW-Anlage die gleichen Bestimmungen wie für den 200-MW-Windpark. Zur Planung sind die Hauptwindrichtung, die Aufstellhöhe und die umgebende Bebauung von hoher Bedeutung. Diese sollte deutlich kleiner sein als das betreffende Gebäude. Ebenfalls wichtig sind Abstandsflächen, da jeder Zentimeter Entfernung von der Gebäudekante mehr Windschatten und damit Leistungseinbußen bringt. Auch die Gebäudeform ist für die optimale Anströmung wichtig.

Sind diese Kriterien beachtet, sollte eine Windmessung durchgeführt werden. Durch die starken Wechselwirkungen zwischen Umgebung, Gebäude und Wind sind Windkarten hier nicht zielführend. Zum einen ist der Wind durch die gebäudeinduzierten Wirbel wesentlich böiger, zum anderen gibt es lokale Verstärkungsgebiete, die ausgenutzt werden können. Die Leistungswerte der Aufstellstandorte können an einem Gebäude mit dem Faktor 4 oder höher auseinanderliegen. Genaue Aussagen liefert nur eine Langzeitmessung mit einem Datenloggeranemometer. Der Logger ordnet den Wind nach Geschwindigkeitsklassen. Über dieses Windprofil kann eine grobe Prognose für den Ertrag gegeben werden. Eine genauere Aussage liefern moderne Ultraschallmessgeräte und eine zusätzliche Klassifizierung nach Windrichtung. Eine solche Messung ist aber auch mit höheren Kosten verbunden. Weiterhin sollte die Böigkeit bei der Auswahl der Anlage beachtet werden. Beim gleichen Standort wie oben sinkt der Ertrag um ca. 20 %, wenn anstelle eines 5s-Mittelwertes 60s-Mittelwerte verwendet werden. In Gebäudenähe werden für maximalen Ertrag Anlagen benötigt, die sich schnell auf eine Windböe einstellen. Dabei sollte gleichzeitig bedacht werden, wie die stark schwankende Leistung lokal genutzt werden kann. So kann die Anlage innerhalb einer Minute mehrfach von Nennleistung auf null und zurück regeln. Im nächsten Schritt müssen das Umfeld, Schallschutzanforderungen, Bauvorschriften und nicht zuletzt Umweltschutzbelange geklärt werden. Bei der Dachaufstellung sind weiterhin die Kräfte auf und die Anbindung an das Gebäude zu prüfen. Zuletzt, aber dennoch wichtig sind die Anmeldung der Anlage beim lokalen Energieversorger und die Versicherung, da Kleinwindkraftanlagen häufig nicht über die Haftpflicht abgedeckt werden.

## Schallabstrahlung

Eines der wichtigsten Themen bei Gebäudewindkraft ist die Schallabstrahlung. Von einer Windenergieanlage wird Luftschall ähnlich einem Lautsprecher an die Umgebung und Körperschall, d. h. niederfrequente mechanische Schwingungen, ans Gebäude abgegeben.

Wegen des Luftschalls werden für die Installation von Anlagen im Wohn- oder gemischten Bebauungsgebiet häufig Sondergenehmigungen im Rahmen der TA-Lärm notwendig.

Moderne Anlagen sind zwar, gemessen am Umgebungsgeräusch bei Wind, relativ leise, für die Grenzpegel in Wohngebieten dennoch oft noch zu laut. Quelle des Luftschalls sind meist vibrierende Oberflächen, z. B. Flügel oder lokale Strömungsabrisse an den Flügeln. Schallvermeidung stellt daher hohe Anforderungen an die Auslegung und Fertigung der Anlage. Hier empfiehlt es sich unbedingt, vorhandene Schallmessungen beim Hersteller anzufordern oder eine Anlage vorher in Betrieb zu erleben. Weiterhin können auf dem Dach oder in der Umgebung dämpfende Maßnahmen wie Umhausung oder schallabsorbierende Beschichtungen wie Gummischrotmatten oder eine Dachbekiesung helfen.

Schwingungsübertragungen in die Gebäudestruktur sind ein Grund, warum leider einige gebäudeintegrierte Kleinwindkraftanlagen vom Besitzer selbst wieder demontiert werden. Typische Schwingungsquellen sind Unwuchten am Laufrad und das Brummen des Generators. Die Ausbreitung des Körperschalls im Gebäude ist sehr komplex und kann nur sehr schwer vorhergesagt werden. Es ist dabei durchaus möglich, dass im Büro direkt unter dem Windrad nichts zu spüren ist, dafür aber drei Etagen tiefer an einem Türrahmen. Bei der Prüfung der Gebäudestatik ist daher unbedingt eine entsprechende Entkopplung und Dämpfung vorzusehen. Die vielfältigen Lösungen sind gebäudespezifisch und reichen von Auflastung, Viskolagerung bis hin zur vollständig vom Gebäude getrennten Tragstruktur.

Weitere Hinweise und Herstellerlisten finden sich u. a. beim Bundesverband Kleinwindanlagen e. V.

## 8.10 Kunstlicht

Neben der nutzungsspezifischen Lage und Größe von Fensteröffnungen und Verschattungseinrichtungen hat auch die Beleuchtungsversorgung durch Kunstlicht erhebliches Effizienzpotenzial. Primär handelt es sich dabei um die Kunstlichttechnik selbst.

Der Farbwiedergabeindex Ra beschreibt, wie gut ein Lampentyp das Farbspektrum des Sonnenlichts (Ra = 100) wiedergeben kann. Lampen mit Ra kleiner als 100 weisen Lücken im Spektrum auf.

*Tabelle 8-8: Leuchtmittelvergleich*

| **Leuchtmittel** | Lichtausbeute Lumen/Watt | Lichtspektrum Ra | Startverhalten | Lebensdauer [h] |
|---|---|---|---|---|
| Natrium-Drucklampe | 80–180 | 25–40 | sehr langsam | 12.000–18.000 |
| Halogen-Metalldampflampe | 70–100 | ca. 90 | sehr langsam | 9.000–15.000 |
| Röhrenleuchtstofflampe | 60–120 | 80–95 | schnell | 8.000–20.000 |
| Kompaktleuchtstofflampe | 40–80 | 80–95 | schnell | 8.000–10.000 |
| Leuchtdioden LED | 60–180 | ca. 90 | sofort | bis 100.000 |
| Halogen | 15–25 | > 80 | sofort | 1000–2000 |
| Glühlampen | 5–15 | > 90 | sofort | 750–1000 |

Weiteres Effizienzpotenzial bietet die Steuerungstechnik für das Kunstlicht. Vier wesentliche Regelgrößen können das Potenzial bergen:

- zeitabhängige Steuerung,
- präsenzorientierte Steuerung über Präsenzmelder oder Zutrittskontrollen,
- tageslichtabhängige Steuerungen,
- Kombination aus den vorgenannten Steuerungen.

In Abhängigkeit von den Regelgrößen kann eine stufenweise Schaltung von Beleuchtungsszenarien differenzierter Stromkreise erfolgen.

Zur Erhöhung der Nutzerakzeptanz ist es sinnvoll, eine bedingt zeitgesteuerte manuelle Vorrangschaltung und eine stufenweise Abschaltung einzubauen. Im Falle individueller Arbeitsplatzbeleuchtung können die lokal genutzten Leuchten von der Steuerung ausgenommen werden.

## 8.11 Smart Grid, Smartmeter

Smart steht an dieser Stelle für intelligent. Mit Grid ist das Netz und mit Metering die Messung, Zählung bzw. Erfassung gemeint.

Die Leistungsbereitstellung außerhalb der Spitzenabnahmezeiten (etwa zu den Mahlzeiten) könnte in den Industrieländern mit weniger als der Hälfte der Kraftwerke gedeckt werden. Neben einigen Kraftwerken, die zur Abdeckung der Leistungsspitzen zugeschaltet werden, z. B. Pumpspeicherwerke und Gasturbinenkraftwerke, werden viele Kraftwerke in den Nebenzeiten insbesondere nachts im Leerlauf betrieben. Kohle- und Kernkraftwerke können nicht entsprechend der Leistungsabnahme mehrmals wöchentlich oder gar täglich an- und ausgeschaltet werden. Einige werden dennoch als Versorgungs-Backup zu hohen Kosten als Leistungsreserve in ständiger Bereitschaft gehalten.

Das europäische Verbundstromnetz wurde für den Transport von wenigen großen zentralen Kraftwerken zum Verbraucher ausgelegt. Inzwischen wird jedoch ein wachsender Anteil dezentral in das Netz eingespeist. Besonders bei divergenter Angebots-Nachfrage-Situation kann dies zur Netzüberlastung oder Spannungsabfall führen. Eine Teillösung des Problems besteht im Ausbau des bestehenden Stromnetzes, um z. B. den Strom aus Offshore-Windparks in windstarken Zeiten zu entfernt gelegenen Netzabnehmern zu transportieren.

Große Windkraftanlagen lassen sich je nach Standort gut mit dezentralen Pumpspeicherkraftwerken kombinieren. In den Fundamentvolumina können große Wassermengen eingelagert und mit Turbinen im Tal verbunden werden. So können Lastspitzen in windarmen Zeiten aus den Wasserturbinen bedient werden und tragen zur Netzstabilität bei. In windreichen, stromlastarmen Zeiten wird der Windstrom für die Wasserspeicherladepumpen verwendet (Pilotanlage in Gaildorf/ Baden-Würtemberg).

Damit das Netz auch zukünftig mit kleinen dezentral gelegenen Kraftwerken im Gleichgewicht gehalten werden kann, muss das Zusammenspiel von Verbrauchern und Erzeugern regulierbar sein, indem die Erzeugeranlagen über ein Smart Grid kommunizieren und steuerbar gemacht werden. Dadurch ist es möglich, einen Verbund mehrerer dezentraler Stromerzeuger zu einem virtuellen Kraftwerk zusammenzuschließen, sodass je nach Nachfrage und Wetterlage diese oder jene Energiequelle bedarfsgerecht und zuverlässig Strom liefert. Ein erweitertes Ziel ist, auch die zentralen und dezentralen Energiespeicher, z. B. Pumpspeicherwerke und Solarstrombatterien, im Verbund des Smart Grid zu steuern. So gehen Erzeugungsüberschüsse nicht verloren, sondern dienen dem Netzlastausgleich.

Eine wichtige Voraussetzung für ein Smart Grid ist die Verbreitung und Montage von „intelligenten Energiezählern" auch Smartmeter genannt. Diese sind mikroprozessorgesteuert in der Lage, den jeweils aktuellen Energieverbrauchswert mit der zugehörigen Leistung und Nutzungszeit anzugeben. Um dezentrale Energieerzeugungsanlagen logisch im Stromnetz einzubinden, müssen die Netzbetreiber Bedarfsdefizite einzelner Versorgungscluster frühzeitig erkennen und prognostizieren können. Dafür muss die Nachfragesituation zielgerichtet gesteuert werden.

In einem Smart Grid sind temporär-spezifische Verbrauchsdaten aus Smartmetern mit der Steuerung von Stromerzeugern, Speichern und Netzbetriebsmitteln kommunikativ vernetzt. Diese Vernetzung ermöglicht eine Überwachung und Optimierung der Energienetze mit dem Ziel der Sicherstellung der energie- und kosteneffizienten sowie zuverlässigen Energieversorgung. Modellabhängig können Smartmeter die erhobenen Daten in Echtzeit automatisch an das Versorgungsunternehmen oder einen anderen Informationsempfänger übertragen. Damit zusammenhängend wird auch die Problematik des Datenschutzes diskutiert. Wenn sich künftig, ähnlich wie bei den Telefontarifen, die Verbrauchspreise stärker am Angebot orientieren, können sekundengenau in Spitzenzeiten höhere und in Niedriglastzeiten geringere Preise berechnet werden. Dadurch kann ein bewusster Umgang mit dem Energieträger Strom einsetzen. Viele Waschmaschinen und andere Abnehmer würden erst am späten Abend in einer angebotsreichen und damit kostengünstigen Zeit aktiviert. Je mehr Spitzenlasten gekappt werden, desto homogener gestaltet sich die Netzcharakteristik und desto niedriger ist der Primärenergieaufwand. Smartmeter schaffen die technische Voraussetzung für den gezielten Einsatz der Geräte zu günstigen Tarifzeiten. Smartmeter bieten im Allgemeinen keine Steuerungsfunktionen, sind jedoch sinnvolle Bestandteile in Gebäudeautomatisierungssystemen.

## Exkurs

### Ökostrombezug, Geräteauswahl und Anwendung

Der Bezug von Strom aus regenerativen Energiequellen stellt einen einfach zu realisierenden Beitrag zum Klimaschutz dar. Die Bezugskosten liegen kaum noch über den Preisen fossiler Anbieter. Preisvergleiche können über verschiedene Internetportale erstellt werden. Mit dem Bezug von zertifiziertem Ökostrom wird gleichzeitig der Ausbau regenerativer Energiequellen gefördert. Gerade weil der Stromanbieterwechsel inzwischen einfach ist, überrascht es, wie überschaubar die Zahl der Ökostromkunden selbst in aufgeklärten Kreisen ist. Dagegen fast schon archaisch wirkt die Information, dass der Stromverbrauch durch die Anzahl der elektrischen Geräte, ihren spezifischen Stromverbrauch und ihre Betriebszeit bestimmt wird. Einsparpotenziale sind demnach nicht nur vom Hersteller und einer Gebäudeautomatisierung, sondern auch durch eine energiebewusste Auswahl der Geräte und durch ihren sparsamen Einsatz durch die Nutzer zu realisieren. Knapp 20 Milliarden Kilowattstunden entfallen z. B. auf den Energiebedarf von Geräte-Standby-Schaltungen [35]. Sparsame Geräte können im Laufe ihrer Lebensdauer durch eingesparte Energiekosten ein Vielfaches ihrer Anschaffungsmehrkosten erwirtschaften. Elektronisch leistungsgesteuerte Umwälzpumpen für Heizungsanlagen sowie Kühlgeräte mit niedrigem Energiebedarf sollten zum Standard gehören, da sie durch ihre lange Betriebszeit zu den Großverbrauchern zählen. Einer Untersuchung der TU München zufolge könnten z. B. durch verbesserte Elektromotoren bundesweit 28 Milliarden Kilowattstunden eingespart werden. Umgerechnet entspricht dies dem Stromverbrauch von etwa 6 Mio. Haushalten à vier Personen. Unter www.energiesparende-geraete.de veröffentlicht die Berliner Energieagentur eine Datenbank energiesparender Haushaltsgeräte. Man sollte jedoch nicht in jedem Fall funktionstüchtige Altgeräte durch neue mit geringfügig geringerem Stromverbrauch ersetzen, da in die Gesamtenergiebilanz natürlich auch ein erheblicher Geräteherstellungsaufwand eingeht.

## 8.12 Smart Building, Gebäudeautomatisierung

Smart Buildings sind Gebäude, in denen viele Geräte untereinander vernetzt sind und auf äußere und innere Einflüsse wie z. B. Nutzungsprogrammierung, Klima und Stromlastgang automatisch reagieren können. Sensoren übermitteln analoge oder digitale Informationen in Form festgelegter Datentelegramme, welche von den Aktoren verarbeitet und in Aktionen umgesetzt werden. Im Industrie- und Objektbereich werden die angeschlossenen Geräte oft mit Hard- und Software für Gebäudeleittechnik analysiert und gesteuert.

Lt. Richtlinie über die Gesamtenergieeffizienz von Gebäuden EPBD (Energy Performance of Building Direktive) soll eine Mindest-Gebäudeautomation, zunächst für Nichtwohn-Neubauten, Pflicht werden. Die DIN EN 15232 „Energieeffizienz von Gebäuden – Einfluss der Gebäudeautomation und Gebäudemanagement" benennt Anforderungsvorgaben, Bewertungsgrundlagen und Textvorschläge für Funktionalbeschreibungen in HOAI-Leistungsphase 3. Die Bewertungsgrundlagen finden sich größtenteils auch im Teil 11 der DIN V 18599 „Energetische Bewertung von Gebäuden" wieder.

Im Rahmen der Bundesförderung energieeffiziente Gebäude BEG kann „Efficiency Smart Home" gefördert werden. Zu den förderfähigen Maßnahmen zählen u. a.: Fenster- und Türsensoren, Luftqualitätssensoren, intelligente Gebäudeverschattung, Wassermelder, Lichtsteuerung, Smarthome-Controller z. B. für smarte Heizungssteuerung, Lüftungssteuerung und Energiemanagementsoftware. Im Bereich der Förderung für Nichtwohngebäude wird darauf hingewiesen, dass alle Maßnahmen förderfähig sind, die zur Realisierung eines Gebäude-Automatisierungsgrades der Klasse B nach DIN EN 15232 führen.

*Tabelle 8-9: Bedeutung der Gebäudeautomatisierungsklasse B gemäß DIN EN 15232*

| | |
|---|---|
| Wärme- und Kälte | • Einzelraumregelung mit Kommunikation zwischen den Reglern und dem Erzeuger<br>• Temperaturen für Vorlauf/Rücklauf sowie Erzeugung bedarfsgeführt (Präsenz, Last, Zeit)<br>• Umwälzpumpen differenzdruckgeregelt<br>• Prioritätensetzung und Verriegelung zwischen den Erzeugern |
| Lüftung | • Regelung von Volumen, Temperatur, Feuchte bedarfsgeführt (u. a. $CO_2$, Präsenz)<br>• Vermeidung von Überhitzung und Vereisung<br>• Freie Kühlung (Nutzung kühler Außenluft) |
| Beleuchtung u. Verschattung | • Automatische Ein- und Ausschaltfunktionen der Beleuchtung und Verschattungseinrichtungen (u. a. basierend auf Tageslicht, Präsenz, Temperatur) |
| Automation u. Energiemanagement | • Automatische Optimierung der TGA-Betriebsparameter<br>• Automatische Erfassung und Auswertung von Energieverbrauchsdaten<br>• Automatische Erfassung und Meldung von Fehlern/ Betriebsstörungen |

Die Digitalisierung schreitet in allen Lebensbereichen rasant voran. Smartbuilding-Technik ist keine Zukunftsvision, sondern wird schon jetzt immer häufiger eingesetzt. Die Installation moderner Gebäude ist eng an die gestiegenen Anforderungen an Komfort, Wirtschaftlichkeit, Effizienz und Sicherheit gekoppelt. Sowohl in Nichtwohn- als auch in Wohngebäuden gewinnen Erfassung, Meldung und Anzeige von Betriebszuständen immer mehr an Bedeutung. Smartbuilding-Anwendungen können oft um Funktionen zur Zählung, Darstellung und Auswertung von Energie- und Stoffströmen erweitert werden. Die Grenzen zur Gebäudeleittechnik mit Energiemanagement-Programmen und zum *Internet der Dinge* sind fließend und verschwimmen zunehmend. Durch moderne Mess-, Steuer- und Regeltechnik in Verbindung mit differenzierten Verbrauchsanalysen und intelligenter Vernetzung können erhebliche Energieeinsparungen erzielt werden. Beleuchtung, Heizung, Lüftung, Sonnenschutzanlagen u. Ä. können optimal untereinander und auf die jeweilige Nutzung abgestimmt werden. Zur Visualisierung und Steuerung der Systemvorgänge können einfache Betriebsanzeigen, herkömmliche Computer oder auch fest installierte und mobile Tablets verwendet werden.

Als Einsatzgebiete mit Energiebezug bieten sich an:

- Sensorik, wie z. B. Raumlufttemperatur, Raumluftfeuchte, $CO_2$- und Mischgasgehalte, Windstärkesensorik, Regenwächter, Präsenzmelder, Tageslichtsensoren,
- Heizungssteuerung, ggf. mit Aufschaltung zum Wartungsbetrieb,
- Lüftungsanlagensteuerung, ggf. mit Aufschaltung zum Wartungsbetrieb,
- Raumklimaregelung,

- motorische Fensterantriebe,
- Beleuchtungssteuerung, z. B. Steuerung von Lichtszenarien und Außenbeleuchtung,
- Jalousiesteuerung,
- Steuerung von Saug- und Mährobotern,
- Steuerung von Solartechnik,
- Lademanagement für Energiespeicher,
- Lastmanagement zur Anteilsnutzungserhöhung erneuerbarer Energien,
- Steuerung von elektromechanisch zu öffnenden Fensterflügeln,
- Fernüberwachung/Übersicht und Steuerung von Betriebszuständen an zentraler Stelle,
- Energie-Monitoring und Lastmanagement.

Die Technik bietet die Möglichkeit, umweltrelevante Daten, z. B. Wasserverbrauch, Heizenergiebedarf, Strombedarf, Luftqualität, Schadstoffausstoß u. a., als momentane oder zeitlich definierte Größen zu analysieren und den Nutzern ständig sichtbar zu machen. Dies kann zum besseren Verständnis des eigenen Handelns im Gebrauch von Gebäuden beitragen. Nur wer einen differenzierten Überblick über Energie- und Stoffströme hat, kann gezielt einsparen. Vergleiche mit vorangegangenen Zeiträumen erlauben die Überprüfung geänderten Verhaltens und der Wirksamkeit von Energieeffizienzmaßnahmen.

Angeschlossene Haustechnik ist über einen PC, Tablet oder ein Smartphone (fern-)bedienbar; auf einem Display lassen sich Betriebszustände darstellen, z. B. „Licht an" oder „Jalousien unten" bzw. Heizungsfunktionen und Klimadaten.

## *Beispielexkurs*

### Smart Building im Effizienzhaus

Ein Raumtemperaturfühler meldet das Erreichen der Solltemperatur, woraufhin ein Stellmotor die Wärmezufuhr unterbricht. Fensterkontakte und Fensterstellmotoren können bei Lüftungsvorgängen Thermostate schließen oder bei geeigneten Temperaturen für eine sommerliche Nachtauskühlung sorgen und so den Einsatz von Kälteanlagen an heißen Tagen obsolet machen. Adaptiert man die Anlage mit Luftqualitätssensorik, kann eine bedarfsgerechte Lüftung automatisch und teilweise hinreichend effizient über die Fenster erfolgen, sofern im Gebäude genügend innere Thermik, z. B. durch motorisch angetriebene Dachfenster, vorhanden ist. Das integrierte Lastmanagement sorgt dafür, dass Waschmaschinen, Trockner, E-Mobilspeicher u. Ä. nur bei genügend hohem regenerativem Energieangebot aktiviert werden. Dämmerungsschalter und Zeitschaltuhren tragen dazu bei, Betriebszeiten von Leuchtmitteln zu verkürzen. Mit individualisierbarer Programmierung lassen sich Lichtquellen beim Verlassen des Gebäudes automatisch ausschalten und gleichzeitig eine Alarmanlage und Fensterkontakte aktivieren. Im Einbruchsfall reagiert die „Wächterschaltung" und erleuchtet den Bau taghell. Gleichzeitig kann über Funk oder Telefonnotrufaufschaltung eine Meldung auf ein Smartphone oder einen Wachdienst abgesetzt werden.

Mit ihrer hohen Flexibilität bietet sich die Elektroinstallations-Bus-Technik besonders für gehobene Ausstattungsstandards und Effizienzoptimierungen an. Bisherige Insellösungen werden überwunden; Funktionen können beliebig vernetzt und ausgetauscht werden.

Bei Bussystemen sind relevante Geräte mit steuerbaren Aktoren ausgestattet und per Funk oder Kabel mit Bedienelementen, Schaltern bzw. Sensoren und der Steuersoftware verbunden. Leitungsgebundene Busnetze können in Linien-, Stern- oder Baumstruktur im Gebäude aufgebaut werden. Alle Busteilnehmer (Bedienungselemente, Sensoren, Aktoren usw.) werden an eine Busleitung angeschlossen, auf welcher Signale zum Schalten, Steuern, Regeln und Überwachen ausgetauscht werden. Die Verknüpfung aller Ein- und Ausgabegeräte – der gesamten Elektroinstallation – erfolgt durch eine Programmierung. Die an Datenleitungen gebundenen Vernetzungssysteme wie KNX, EIB, LCN und LON kommunizieren über spezifizierte Datenschnittstellen. Eine Sonderform, speziell für die Nachrüstung, ist der netzaufgeschaltete Elektroinstallationsbus, bei dem die Steuerinformationen als Mittelfrequenzsignale über das vorhandene 220-V-Leitungsnetz ausgetauscht werden. So wird die Steuerung der Haustechnik ohne zusätzliches Verlegen einer Steuerleitung möglich. Die Funktionen sind gegenüber der klassischen E-Busvariante mit Steuerleitung allerdings weniger umfangreich.

Schnelle Marktakzeptanz, insbesondere im Wohngebäudebereich, finden Funk- oder WLAN-gestützte Systeme. Hier kann auf sehr einfache Weise eine begrenzte Geräteanzahl mit elektronischen Zwischensteckern oder integrierten WLAN-Modulen über Internetrouter mit integrierter Smartbuildingsoftware und teilweise auch per Sprache gesteuert werden. Das „Netz der Dinge" kann über PC, Tablets oder Smartphone und zum Teil auch bereits mittels intelligenter elektronischer Helfer wie Alexa, Siri, Cortana, Google Assistent und Co. erfolgen. Digital Natives, für die diese Anwendungen selbstverständlicher Teil des Alltags sind, kommt das sehr entgegen. Der Daten- und Funktionsschutz von Systemen, die mit dem Internet und einer Datencloud verbunden sind, ist allerdings als kritisch anzusehen. Weiterhin kann es problematisch sein, wenn wichtige Funktionen ausschließlich per Bildschirmanwendungen oder über andere nicht von jedermann intuitiv erfassbare Bedienelemente gesteuert werden. Objektfremde und ältere Menschen können leicht frustriert sein und sich von der Teilhabe ausgeschlossen fühlen. Ablehnung oder Fehlbedienung sind die Folge, sodass die eigentlichen Zweckbestimmungen wie Komfort und Effizienz verfehlt werden können.

## 8.13 Druckluft

Druckluft ist Umgebungsluft, die mit Verdichtungsmaschinen komprimiert wurde. Druckluft gehört wie Kunstlicht-Beleuchtung, Prozesswärme, Prozesskälte, technische Trocknung, Pumpen, Lasertechnik, Vacuumtechnik und elektrischen Antriebe zu den sogenannten Querschnittstechnologien mit vielfältigen Anwendungen in Industrie und Gewerbe. Sie wird in verschiedenen Produktions- und Transportprozessen eingesetzt, um Arbeit zu verrichten. Ein Vorzug der Druckluftanwendungen liegt in der weitgehenden Gefahrenfreiheit des Energieträgers, der Schnelligkeit und Präzision der Druckluftantriebe und der hohen Arbeitsleistung im Vergleich zum Gewicht der Druckluftwerkzeuge. Zu den großen Nachteilen der Druckluftanwendung gehören neben der aufwendigen und wenig flexiblen Energieverteilung die hohen Energiekosten. Aus 100 % Strom werden teilweise nur 20 % in mechanische Energie umgesetzt.

Durch die Komplexität der Druckluftanlagen ist die Kostenstruktur vielen Anlagenbetreibern nicht bekannt. Allgemein entfallen etwa 3/4 der Gesamtkosten einer Druckluft-Anlage über den Lebenszyklus auf den Energieverbrauch. Der Anschaffungspreis der Anlage spielt demgegenüber nur eine untergeordnete Rolle [39].

Eine Druckluftstudie der Europäischen Union ergab, dass der Stromverbrauch für die Drucklufterzeugung in der EU etwa 80 Milliarden kWh beträgt. Die dabei zum Einsatz kommenden Technologien müssen teilweise als archaisch bezeichnet werden. Allein in Deutschland werden für den Betrieb der rd. 62.000 Druckluftanlagen ca. 14 Milliarden kWh benötigt. Das entspricht in etwa der jährlichen erzeugten Strommenge eines großen Atomkraftwerkes bzw. dem Stromverbrauch der Deutschen Bahn. Bei einem realistischen Einsparpotenzial im Bereich der Drucklufterzeugung von 30 % würde das für Deutschland eine Verringerung des Stromverbrauchs bis zu 5 Milliarden kWh Strom und einer Emissionsminderung von 2,9 Millionen Tonnen $CO_2$ entsprechen.

Die Leckageverluste in älteren Druckluftsystemen liegen nicht selten bei über 50 %. Ein ähnliches Ergebnis zeigt sich bei den Leerlaufverlusten der Kompressoren.

Druckluftanlagen sind komplexe Systeme aus verschiedenen Komponenten. Die Effizienzpotenziale hängen vom Zusammenspiel und den folgenden Aspekten ab:

- Verantwortlichkeiten für regelmäßige Wartung und Reparaturen zuordnen,
- Montage und Monitoring (digitaler) Messinstrumente für Druckhöhe und Stromverbrauch,
- Montage und Monitoring von Betriebsstundenzählern für Last- und Leerlaufzeiten,
- Laufzeiten des Kompressors auf der Basis des Energiemonitorings anwendungsbezogen minimieren, Vor- und Nachlaufzeiten minimieren,
- Optimierung der Druckluftanwendung durch Wahl effizienterer Technologien,
- Montage von Ringleitungssystemen/Minimierung von Leitungslängen flexibler Schläuche,
- Wahl hochwertiger Rohrsysteme und Schläuche,
- Wahl hochwertiger Geräte mit gut abgedichteten Anschlüssen,
- pneumatischer Abgleich/Anpassung von Rohrquerschnitten/Minderung pneumatischer Widerstände,
- anwendungsgerechte Auswahl und Auslegung von Kompressoren,
- Wahl von drehzahl- oder frequenzgeregelten Kompressoren,
- Optimierung von Umgebungsbedingungen: optimale Umgebungstemperatur = 10 bis 20 °C, Ansaugöffnungen im luftschadstoffarmen Bereich,
- Auswahl und Auslegung von energieeffizienten Trocknern (evtl. Einbindung der Lufttrocknung in eine bereits vorhandene Klimatechnik),
- Leckageminimierung am Kompressor, im Leitungssystem und an den Geräten (max. Druckverlust zwischen Kompressor und Geräten: 0,1 bar),
- Druckhöhenmanagement für den Betriebsdruck.

Hinsichtlich der Kosteneffizienz sind im ersten Optimierungsschritt Minimierungsmaßnahmen des Druckluftbedarfs auf das nutzenergetisch notwendige Maß priorisiert.

Im zweiten Schritt sollten Optimierungen der Drucklufterzeugung und Verteilung erfolgen, z. B. Austausch der Elektromotoren durch primärenergetisch effizientere drehzahlgesteuerte Verbrennungsmotorkompressoren.

Im dritten Schritt stehen Energierückgewinnungsmaßnahmen, insbesondere aus der Kompressorabwärme, im Fokus.

Bei gleichzeitigem Bedarf von Druckluft und Wärme lässt sich die Druckluftbereitung ideal mit Anlagen der Kraft-Wärme-Kopplung kombinieren. Durch Ergänzung einer Sorptionsanlage ist auch eine Kälterzeugung realisierbar.

**Literaturverzeichnis**

*[1] Unger, René, EA Energie Architektur GmbH: Informationsmaterial Windkraft, 2012*

*[2] Vgl. Institut für Fenstertechnik e. V. (Hrsg.): Intelligente Gebäudehüllen, 1/2003*

*[6] Herstellernachweis: Gustl Pürsch GmbH/Augsburg*

*[7] Vgl. Lang, W.: Gebäudehüllen, Birkhäuser Verlag*

*[9] Vgl. Hauser, G.; Höttges, K.; Otto, F.; Stiegel, H.: Energieeinsparung im Gebäudebestand, GRE (Hrsg.), Baucom Verlag*

*[12] Vgl. Fachinformationszentrum Karlsruhe (Hrsg.): Raumluftkonditionierung mit Erdreichwärmetauschern*

*[13] Daten: Fachinformationszentrum Karlsruhe (Hrsg.): Niedrigenergiehäuser, Reihe 1, Teil 3, Folge 2*

*[14] Vgl. Hauser, G.; Heibel, B.: Bauphysik der Außenwände, Fraunhofer IRB Verlag*

*[15] Vgl. Fachinformationszentrum Karlsruhe (Hrsg.): Solare Luftsysteme*

*[16] Vgl. Techem aus www.haustechnikdialog.de*

*[17] Lutz, A.: Energiekonzepte für Neubaugebiete, KEA Schriftenreihe Karlsruhe*

*[23] Vgl. Hauser, G.; Höttges, K.; Otto, F.; Stiegel, H.: Energieeinsparung im Gebäudebestand, GRE (Hrsg.), Baucom Verlag*

*[27] Vgl. Frankfurter Rundschau; 06.08.2002, Kühlen mit der Sonne, 2002*

*[28] Schauber, U.: Konzepte zum nachhaltigen Umgang mit Wasser, BU Weimar, Lehrstuhl Ökologisches Bauen*

*[31] Vgl. Andritschke, N.; Höppner, M.: Pflanzenkläranlagen zur Abwasserbehandlung, DAB 9/2002*

*[32] Vgl. Auer, F.; Schote, H.: Schlussbericht Feldtest Wärmepumpen am Oberrhein, www.agenda-energie-lahr.de, 1/2009*

*[33] Marek, Miara: Fraunhofer-Institut für Solare Energiesysteme ISE, 2009*

*[35] Asendorf, D.: Billige Stromschlucker im Gehäuse, Die Zeit, 14.02.2002*

*[37] Vgl. Drusche, V., Der hydraulischen Abgleich von warmwasserführenden Heizungsanlagen, Bauen+ 2017, Heft 3, S. 33 ff.*

*[39] Bayrisches Landesamt für Umweltschutz: Untersuchung von Druckluftanlagen in Handwerksbetrieben, 2004*

*[40] Büro Holzapfel: Ökologische Abwasserkonzepte Kirchheim, 2009*

*[41] Fachinformationszentrum Karlsruhe, projektinfo 02/2009*

*[42] Unger, René, EA Energie Architektur GmbH: Informationsmaterial Windkraft, 2012*

# 9 Maßnahmen für den Gebäudebestand

**Übersicht**

## Einführung

Etwa drei Viertel des Gebäudeenergiebedarfs in Deutschland werden für Wohngebäude aufgewendet, die vor 1995, also vor der letzten Fassung der Wärmeschutzverordnung, errichtet wurden. Bis auf den Bereich der Fenstermodernisierung sind diese Häuser überwiegend in einem energetisch unzulänglichen Zustand. Bis in die 1960er Jahre hinein wurden Gebäude errichtet, die teilweise einen Heizenergiebedarf je m² von über 350 kWh/m² im Jahr haben. Dies entspricht etwa dem Fünffachen des unter damaligen Bedingungen technisch realisierbaren Wertes und dem Zwanzigfachen des unter heutigen technischen Bedingungen ohne unverhältnismäßigen Aufwand realisierbaren Wertes. Letzteres kann an vielen der inzwischen deutlich über 30.000 in Deutschland gebauten Passivhäuser und einer noch höheren Anzahl hochwertiger Sanierungen zu KfW-Effizienzhäusern 40 nachvollzogen werden. Besonders bei industriell errichteten Wohngebäuden ist aufgrund ihrer schlechten Dämmung und zahlreicher Bauschäden eine energiegerechte Sanierung notwendig. Ähnlich verhält es sich mit dem Bestand der Büro-, Industrie- und Gewerbebauten.

Im bundesdeutschen Gebäudebestand liegt ein riesiges Potenzial zur Steigerung der Energieeffizienz brach: Zieht man das Anforderungsniveau der Energieeinsparverordnung 2007 als Bemessungsgrundlage heran, sind 385 Milliarden Kilowattstunden Heizenergie (analog 38,5 Milliarden Liter Heizöl oder 92 Millionen Tonnen $CO_2$) pro Jahr disponibel. Konzepte zur energetisch-optimierten Bestandserneuerung sind daher unverzichtbar.

Bezogen auf den Bestand von 1995 wurde nach einer Analyse des Bremer Energieinstituts eine jährliche Wohnungsneubaurate im bundesdeutschen Mittel von 22,5 Mio. m³ umbautem Raum bzw. 0,9 % des Bestands prognostiziert. Der mittlere jährliche Abriss wird bis 2020 etwa 10 Mio. m³ (0,4 %) und danach etwa 16 Mio. m³ (0,6 %) betragen. Im Jahre

2050 werden voraussichtlich noch ca. 75 % der Wohnbausubstanz von 1995 vorhanden sein. Bei Fortschreibung dieser Abrissraten wäre der Bestand rein theoretisch in ca. 200 Jahren verschwunden. Im Nichtwohnungsbau werden die Veränderungen der Analyse zufolge stärker sein. Hier beträgt der mittlere Zubau bis 2050 rund 1,3 % pro Jahr und der Abriss 1,1 % pro Jahr (bezogen auf 1995). Demnach wären 2050 noch 38 % des Bestands von 1995 vorhanden [1].

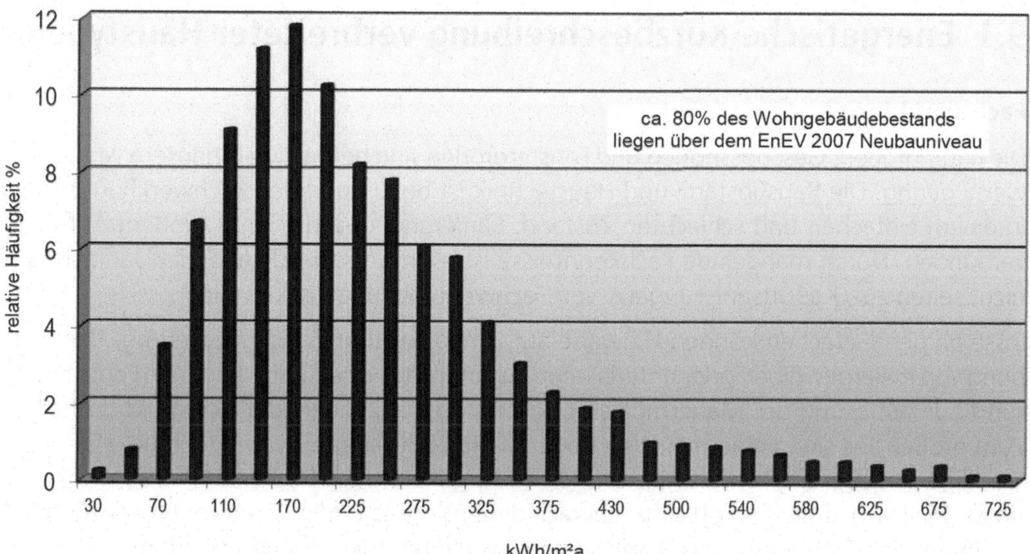


*Bild 9-1: Durchschnittlicher flächenbezogener Endenergieverbrauch für Heizung und Warmwasserbereitung im bundesdeutschen Wohngebäudebestand*
*Datenquelle: dena, IWU*

Positiv kann vermerkt werden: Je höher der relative Energiebedarf eines Gebäudes ist, desto leichter und wirtschaftlicher lässt er sich reduzieren. Untersuchungen haben gezeigt, dass im Gebäudebestand mit heutigen Technologien Energieeffizienzsteigerungen mit Energiekostenreduktion von 70 bis 80 % möglich sind. Das unter wirtschaftlichen Gesichtspunkten zu vermindernde Potenzial beträgt etwa 50 % [5].

Erst seit 1995 existiert in Deutschland eine ernst zu nehmende Gesetzgebung für einen Mindest-Gebäudeenergie-Bedarfsstandard. Um die Ziele zur $CO_2$-Reduzierung einhalten zu können, müssen energie- und umweltgerechte Maßnahmen vor allem im Gebäudebestand greifen.

Energieeffizienzmaßnahmen an Bestandsgebäuden erfordern in noch höherem Umfang als bei Neubauten eine umfangreiche Vorplanung, deren wesentliche Bausteine nachstehend aufgeführt sind:

- Bestandsaufnahme der örtlichen Gegebenheiten, Konstruktion, Haustechnik
- Analyse der Schwachstellen
- Formulierung der Zielgrößen

- Entwicklung von Lösungsvarianten mit Prognose der Einsparpotenziale und Wirtschaftlichkeit
- Detaillierung des Vorzugskonzepts
- Gezielte Information der Ausführungsbetriebe durch genaue Beschreibungen in den Vergabeunterlagen, Vorgesprächen und der Bauüberwachung.

## 9.1 Energetische Kurzbeschreibung verbreiteter Haustypen

### Fachwerkhäuser

Die Raumgrößen, Geschosshöhen und Fenstergrößen sind bei Fachwerkhäusern vergleichsweise gering. Die Bausubstanz und Haustechnik ist bei unsanierten Fachwerkhäusern oft in einem einfachen und schlechten Zustand. Sanierungen sind oft mit großem Aufwand verbunden. Durch mangelnde Fachkenntnisse ist es in den zurückliegenden Jahrzehnten nicht selten zu „Kaputtsanierungen" von Fachwerkgebäuden gekommen.

Risse an den Gefachen können Hinweise auf Fundamentunterdimensionierung, Verschiebung von Kellergewölben oder unterlassene Instandhaltung sein. Aufsteigende Feuchtigkeit führt zur Auflösung des Mauermörtels und Zerstörung aufliegender Konstruktionshölzer. Zum großen Teil sind keine massiven Bodenplatten vorhanden, was jedoch bei einer notwendigen Erneuerung von Grundleitungen und Ergänzung von Bodendämmung eher günstig ist. Die Dachstühle sind oft sehr schwach dimensioniert und müssen vor Erneuerung der Dachhaut und Einbringen von Dämmmaterial verstärkt oder erneuert werden.

Fachwerkwände haben hohe Transmissionswärmeverluste. Zugluft durch zahlreiche Undichtigkeiten bedingt zusätzliche Lüftungswärmeverluste und hat negative Auswirkung auf die Behaglichkeit. Ein weiteres Problem von Sichtfachwerk ist, dass Schlagregen leicht in die Wand eindringt, denn die Fuge zwischen Holzkonstruktion und Ausfachung lässt sich nicht dauerhaft sicher abdichten.

Soll die Fachwerkfassade nicht verändert bzw. Sichtfachwerk hergestellt werden, ist die Innendämmung eine Möglichkeit zum erhöhten Wärmeschutz. Innendämmungen sollten so ausgeführt werden, dass die Tauwasserbildung bis zur Grenzschicht zwischen Holzkonstruktion der Außenwand und der Innendämmung begrenzt wird und nach Niederschlägen das Austrocknen der Wand möglichst auch nach innen gewährleistet ist. Inzwischen stehen dafür geeignete kapillaraktive Dämmsysteme zur Verfügung. Die Gefache von Sichtfachwerk sind Bauteile mit hohem Instandhaltungsbedarf. Der Witterung ausgesetzte Holzteile bedürfen regelmäßiger Kontrolle. In früheren Zeiten wurden die Fassaden der Wetterseiten oft verkleidet, um den Wartungsaufwand zu reduzieren. Bei Herstellung oder Erneuerung derartiger Fachwerkverkleidungen sollte immer eine zwischenliegende Dämmschicht angeordnet werden.

### Das städtische Haus aus der Zeit vor dem 1. Weltkrieg

In der Regel wurden diese Gebäude in Massivbauweise oder als verputztes Fachwerkhaus bzw. in Mischbauweise errichtet. Sehr verbreitet sind ausgemauerte Fachwerkobergeschosse auf verputzten Ziegel- oder Natursteinmauerwerkswänden mit einer Stärke von 24 bis 50 cm. Die Häuser haben Holzbalkendecken und häufig eine stark ornamentierte

Fassade. Der Dachraum ist ursprünglich nicht ausgebaut. Im Original werden die Fassaden durch große mehrflügelige Einfach- oder Kastenfenster aus Holz regelmäßig gegliedert. Die Gebäude besitzen große Geschosshöhen. Die Wohnungszuschnitte sind weitgehend großzügig, allerdings wurde den Sanitärbereichen wenig Fläche zugeordnet. Teilweise befinden sich an den Treppenhauspodesten Toiletten. Typisch für den Baustil sind außerdem dünne Ortbetondecken, Gewölbe- oder Kappendecken über dem Keller.

Häufige Mängel sind: feuchte Keller- und Sockelmauern in Verbindung mit Salzausblühungen am Mauerwerk, verfaulte Holzbalkenköpfe am Übergang zwischen Mauerwerk und Holzwerk, schadhafte Dacheindeckung und Fenster, Verwitterung der Fassaden, Minderdämmqualität vieler Bauteilen der thermischen Gebäudehülle sowie schlechter Schallschutz von Trennwänden und Decken.

Der Anteil denkmalgeschützter Fassaden liegt relativ hoch, sodass geschützte Fassaden oft nur von innen gedämmt werden dürfen. Die gesamte Haustechnik ist in der Regel stark erneuerungsbedürftig.

**Das städtische Haus zwischen den Weltkriegen**

Kennzeichnend für die Stadthäuser der späten *1920er und 1930er Jahre* ist eine relativ schlichte Bauweise mit einer einfachen äußeren Erscheinung. Je nach Region sind dünne meist verputzte Außenwände aus Ziegel-, Schlacke-, Bimsmauerwerk oder ausgemauertes Fachwerk vorherrschend. Diese werden oft nur durch gesprosste Holzfenster als Einfach- oder Kastenfenster gegliedert.

Diese Gebäude weisen, durch ihre Lage und beschränkten Fenstergrößen bedingt, oft eine eingeschränkte Belichtung auf.

Das meist steile Dach wurde teilweise als Wohnraum/Schlafkammern genutzt, insbesondere wenn es sich um Arbeiterwohnungsbau handelt.

Als Decken- und Dachkonstruktionen kamen neben den Konstruktionen der Jahrhundertwendebauten erstmals Stahlbetondecken mit sehr dünnen Querschnitten zum Einsatz.

Die anzutreffenden Mängel unterscheiden sich nur wenig von den Vorläufergebäudetypen. Hinzu kommen aufgrund von teilweise überreizten Materialeinsparungen statische Probleme wie Rissbildungen.

Die Haustechnik ist in der Regel stark erneuerungsbedürftig.

**Gebäude der Wiederaufbauzeit nach dem Zweiten Weltkrieg**

Nachkriegsbauten wurden fast ausschließlich in Massivbauweise mit gemauerten Wänden aus Lochziegeln, Leichtbetonhohlsteinen oder Bimssteinen errichtet.

Keller und Geschossdecken bestehen häufig aus Stahlbeton. Die Dächer wurden weiterhin in einfachster Form und ohne wirkungsvolle Dämmebenen ausgeführt. Bei Dachausbauten waren Leichtbauplatten aus Holzwolle mit 3 bis 5 cm Stärke üblich.

Als Fenster wurden meist Holzrahmen-Verbundfenster eingesetzt.

Ein Merkmal dieser Häuser ist der hohe Heizenergieverbrauch durch rückschrittliche Dämmqualitäten. Im Bereich des individuellen Wohnungsbaus wurden zahlreiche Gebäude mit einem ungünstigen Verhältnis von Oberfläche zu Volumen realisiert. Zur Zeit der Erbauung waren Umweltfragen kaum öffentliches Thema und Technologien zur Dämmung bzw. Energieeffizienz noch nicht allgemein verbreitet.

Auf den Innenseiten der Außenwände tritt oftmals Schimmel auf, insbesondere im Bereich geometrischer und konstruktiver Wärmebrücken. In Gebäuden mit später erneuerten Fenstern ohne flankierende Außenwanddämmung treten diese Probleme verstärkt auf.

Modernisierungsbedürftig sind zumeist auch die Heizungsanlagen inkl. Wärmeverteilung.

### Gebäude der Baujahre 1960 bis 1977

Diese Gebäude sind aus energetischer Sicht von der Zeit vor den großen Ölkrisen geprägt und daher weitgehend ungedämmt.

Mit der Überwindung der Materialknappheit konnte sich eine Architektur entwickeln, die sich durch Gestaltungswillen und großzügige, jedoch monofunktionale Grundrisse und teilweise sehr ungünstige A/V-Verhältnisse auszeichnet.

Die Gebäudehüllbauteile sind minimal dimensioniert, fast ausschließlich in Massivbauweise errichtet und haben eklatante energetische Schwachstellen. Keller und Geschossdecken bestehen meist aus Stahlbeton mit Minimaldämmschichten. Die großformatigen Verbundfenster oder einfache Zweischeibenverglasungen bilden diesbezüglich nach heutigen Maßstäben keine Ausnahme.

Die Bausubstanz dieser Gebäude weist im Allgemeinen keine gravierenden statischen Mängel auf. Jedoch sind auch hier häufig Feuchtigkeitsprobleme aller Art anzutreffen. In Gebäuden mit später erneuerten Fenstern ohne flankierende Außenwanddämmung tritt verstärkt Schimmel im Bereich von Wärmebrücken auf.

Die Heizungsanlagen sind inkl. Wärmeverteilung im Regelfall sanierungsbedürftig.

### Gebäude der Baujahre 1978 bis 1995

Diese Gebäude stammen aus der Zeit der Wärmeschutzverordnungen. Somit weisen die Bauteile der thermischen Gebäudehülle oftmals entsprechend bescheidene Dämmqualitäten auf.

Verschiedene Bauweisen und Stahlbetondecken sind marktbeherrschend, wobei die Baustoffauswahl inzwischen stark angewachsen ist. Zu den Mauerwerksmaterialien mit verbesserten Dämmeigenschaften wie z. B. porosierte Ziegel kommen unter anderem Porenbeton und Wärmedämmverbundsysteme. Auf Flachdächern und teilweise auch an Steildächern kommen erstmals nennenswerte Dämmschichten zum Einsatz.

Am schnellsten entwickelt sich die Fensterqualität. Ende der 1970er Jahre wird der Markt noch von einfachen isolierverglasten Fenstern beherrscht. Mitte der 1990er Jahre sind bereits Fensterqualitäten mit zweifach oder dreifach Wärmeschutzverglasungen und halbierten U-Werten bezahlbar erhältlich.

Durch Kenntnis der Zusammenhänge zwischen Gebäudedämmung, Feuchte- und Gesundheitsschutz ziehen die Anforderungen an die Dämmqualitäten kontinuierlich an und bleiben doch meist hinter den technischen Möglichkeiten ihrer Zeit zurück.

Mit steigender Baustoffauswahl und Konstruktionsvarianten nehmen Bauschäden an komplexen Details zu. Allerdings bleibt zu vermerken, dass Schimmelbildung in der jüngeren Baualtersklasse und in Gebäuden mit nachträglichen Außenwanddämmungen trotz weitreichender Verbreitung dichter Fenstertypen stagniert oder wieder zurückgeht.

Die Schwachstellen an den thermischen Gebäudehüllen betreffen in erster Linie verbliebene Wärmebrücken und Luftundichtigkeiten. Weiterhin kann es vorkommen, dass die ausgeführten Dämmqualitäten nicht den Qualitäten von genehmigungsfähigen Wärmeschutznachweisen entsprechen.

Da der Regellebenszyklus von Heizwärmeerzeugern 15 bis 20 Jahre beträgt, sind sie inzwischen wieder erneuerungsbedürftig.

## 9.2 Zusammenfassung typischer Altbauschwachstellen mit Einfluss auf den Energiebedarf

- **Bodenplatten/ Kellerdecken**
  - Fehlende oder schadhafte Horizontalabdichtungen,
  - eindringende Feuchtigkeit in erdreichberührte Bauteile,
  - unzureichende Dämmfunktion,
  - statische Unterdimensionierung der Tragkonstruktion,
  - geringe lichte Kellerhöhen und geringe Konstruktionsaufbauhöhen behindern die nachträgliche Verbesserung der Dämmqualitäten.
- **Außenwände**
  - Putz- bzw. Verkleidungsschäden,
  - unzureichende Dämmfunktion,
  - Wärmebrücken durch zu dünne Fensterbrüstungen, exponierte Bauteile, fehlende thermische Trennung bzw. Überdämmung,
  - Undichtigkeiten (insbesondere bei Fachwerkgebäuden),
  - eindringende Feuchtigkeit in erdreichberührte Bauteile,
  - Kondensatschäden im Bereich von Durchdringungen.
- **Dach**
  - schadhafte Dachdeckung,
  - fehlende oder ungenügende Wärmedämmung,
  - baufällige Kaminköpfe/Kamineinfassungen,
  - schadhafte Dachaufbauten/Gauben,
  - undichte Bauteildurchdringungen,
  - schadhafte Dachentwässerung.

- **Fenster und Außentüren**
  - undichte Wandanschlüsse und verzogene Rahmen,
  - verfaulte Holzteile an Fensterflügeln und Blendrahmen,
  - schadhafte Fensterbeschläge und Schließteile,
  - schadhafte Rollläden und Klappläden, Fensterbankabdeckungen,
  - Verglasung mit unzureichendem Wärme- und Schallschutz.
- **Heizung und Warmwasserbereitung**
  - ineffiziente und überdimensionierte Heizkessel oder Einzelofenheizung mit schlechtem Wirkungsgrad und raumluftabhängigem Betrieb,
  - Montage von Wärmepumpen in Gebäuden mit schlechtem Wärmedämmstandard und ohne Flächenheizsystem, mit häufige Nachheizung über Elektroheizstab,
  - kostenintensive Brauchwassererwärmung, z. B. mittels Elektroboiler,
  - überdimensionierte gemauerte Kaminzüge mit Versottung,
  - fehlende oder veraltete Regeleinrichtungen,
  - fehlender hydraulischer Abgleich,
  - überdimensionierte Heiz-Rohrleitungen für Schwerkraftheizung,
  - schwach oder ungedämmte Heizungs- und Warmwasserleitungen.

Die Hauptansatzpunkte für eine Sanierung liegen in der energetischen Verbesserung der thermischen Außenhülle und der Anlagentechnik – in dieser Reihenfolge. Bei Fassaden sollte die Optimierung der Fenstergrößen einbezogen werden, sodass in Kombination mit einem guten Standard der Fensterwärmedämmung eine gute Tageslichtnutzung ermöglicht wird. Dabei sollten die Fensterflächen nach Norden minimiert werden und nach Süden sollte Sonnenschutz vorgesehen werden.

Der richtige Zeitpunkt der Sanierungsmaßnahmen ist von entscheidender wirtschaftlicher Bedeutung. Sie rentieren sich besonders, wenn sie mit ohnehin durchzuführenden Erneuerungsmaßnahmen gekoppelt werden. Zum Beispiel fallen die Gerüst- und Putzkosten im Zuge der Außenwanddämmung bei einer sowieso fälligen Fassadensanierung nicht zusätzlich ins Gewicht. Die Zusatzkosten für eine zukunftsweisende Heiztechnik im Erneuerungsbedarfsfall kann sich schon nach wenigen Heizperioden amortisieren. Bei Sanierungen und Modernisierungen sollten alle technischen Möglichkeiten über den Mindeststandard hinaus voll ausgeschöpft werden. Die energetischen Mehrkosten dieser Maßnahmen sind gemessen an den Sowiesokosten und der langen Lebensdauer verhältnismäßig gering. Spätere Nachbesserungen sind dagegen teuer. Wird eine Teilsanierung durchgeführt, sollte geprüft werden, ob nicht auch andere Bauteile in einem absehbaren Zeitraum instandgesetzt werden müssen. Beim Vorziehen der Maßnahmen können sich Kostenvorteile gegenüber einer zeitverzögerten Ausführung ergeben. Übergänge zwischen den Bauteilen (z. B. Außenwand/Dach) sind einfacher zu realisieren. Bei Sanierungen in mehreren Bauabschnitten sind diese so auszuführen, dass spätere Maßnahmen problemlos umgesetzt werden können. Die Erstellung eines Gesamtkonzeptes vor Beginn von Sanierungsmaßnahmen ist daher sinnvoll.

Im Übrigen gelten für Altbauten die für Neubauten genannten Maßnahmen sinngemäß.

## 9.3 Effektive Basismaßnahmen für den Gebäudebestand

| **Günstige Zeitpunkte zur Umsetzung von Energieeffizienzmaßnahmen** / **Energieeffizienzmaßnahme** | Außenwanddämmung von außen | Außenwanddämmung von innen | Dachdämmung | Dämmung der obersten Geschossdecke | Dämmung der Kellerdecke | Wärmeschutzverglasung | Bedarfsgerechte Lüftung/Lüftungsanlage | Heizungsmodernisierung | Montage Flächenheizsystem | Nah- o. Fernwärmeanschluss | Dämmung der Warmwasser- und Heizungsrohre | Hydraulischer Anlagenabgleich | Montage Solaranlage |
|---|---|---|---|---|---|---|---|---|---|---|---|---|---|
| Sofort, da effektiv und mit geringem Aufwand | | | | X | X | | X | | | | X | X | |
| Feuchteschäden/Schimmel | X | X | | | | | X | | | | | | |
| Fassadensanierung | X | | | | | X | | | | | | | |
| Fußbodenerneuerung EG | | X | | | X | | | X | X | | | | |
| Beton- oder Mauerwerks-sanierung | X | X | | | | X | | | | | | | |
| Dachausbau | | X | X | | | | | | | | | X | X |
| Dacherneuerung | | X | | | | | | | | | | | X |
| Fenstererneuerung | | | | | | X | X | | | | | | X |
| Wärmeerzeugererneuerung | | | | | | | | X | X | X | | X | |
| Schornsteinsanierung | | | | | | | | X | X | X | | | |
| Energieträgerwechsel | | | | | | | | X | X | X | | | X |
| Mieterwechsel/Renovierung | | X | | | | X | X | X | X | X | X | | |
| Heizflächenerneuerung | | X | | | | | | X | X | X | X | X | |

### Außenwanddämmung

Neben den oben genannten Verfahren zur Außenwanddämmung, auf die bereits im Kapitel „Konstruktion" eingegangen wurde, ist im Gebäudebestand die Kerndämmung eine Möglichkeit zur nachträglichen Dämmung von Häusern mit zweischaligem Mauerwerk und zwischenliegendem Luftspalt. Der Dämmstoff wird hierbei mit speziellen Maschinen in diesen Zwischenraum eingeblasen. Ein Vorteil ist, dass weder die Außen- noch die Innenansicht des Gebäudes verändert werden. Da der Luftspalt in seiner Breite begrenzt ist, bewirkt die Kerndämmung jedoch meist nur eine sehr beschränkte Verbesserung des Wärmedurchgangswiderstands der Wand.

### Innendämmung von Außenwänden und Dämmung von Fachwerk

Außenwände von Altbauten haben häufig einen U-Wert von über 1,5 W/m²K. Mit einer zusätzlichen 6 cm starken Innendämmung sind U-Werte von 0,5 W/m²K und besser erreichbar. Wenn auf Dampfsperren verzichtet werden soll, bietet sich der Einsatz kapillaraktiver Dämmmaterialien an. Diese sind diffusionsoffen, können in hohem Maß Feuchtigkeit aufnehmen und wieder abgeben. Voraussetzung für die Verarbeitung ist ein ebener Untergrund und eine vollflächige Verklebung. Die Oberflächenbehandlung muss zum Erhalt der Dampfdiffusion mit offenporigen Materialien/Farben erfolgen. Alternativ bietet sich Dämmputz im Spritzverfahren an. Dämmputze mit Aerogelzuschlägen weisen eine verbesserte Dämmwirkung auf.

### Dachdämmung

Bei der energetischen Sanierung sind zwei Fälle zu unterscheiden: Befinden sich beheizte Aufenthaltsräume im Dachraum, muss die Dachschräge und evtl. die Decke zum Spitzboden gedämmt werden. Wird der Dachraum nicht beheizt, kann die nachträgliche Dämmung der obersten Geschossdecke (Fußboden des Dachraumes) als kostengünstige Lösung gewählt werden.

### Kellerdämmung

Kellerdecken haben häufig Gewölbe- oder Kappendecken. Diese können mithilfe einer abgehängten Tragkonstruktion oder mit flexiblen Dämmplatten von unten gedämmt werden.

Alternativ kann die Dämmschicht auch von oben auf den Erdgeschossrohboden aufgebracht werden. Ist kein Keller vorhanden, ist dies die einzige Möglichkeit der nachträglichen Dämmung. Wenn im Zuge einer Renovierung der Fußbodenaufbau ohnehin erneuert wird, bietet sich diese Variante an. Bei Veränderung der Bodenaufbauhöhe müssen Folgearbeiten wie das Kürzen von Türen, das Anheben von Heizkörpern und veränderte Treppenantritte bedacht werden.

Werden Kellerräume beheizt, müssen die Außenwände, die Wände zu unbeheizten Kellerräumen und der Kellerboden gedämmt werden. Für die Kellerwände ist eine außenliegende Dämmung vorzuziehen. Wenn Kellerwände trockengelegt werden sollen, bietet sich eine Kombination der Maßnahmen an. Ist eine Außendämmung nicht möglich, muss von innen gedämmt werden. Die Kellerwände müssen dafür trocken sein und es darf keine aufsteigende Feuchtigkeit auftreten. Für gute Lüftungsmöglichkeiten ist zu sorgen.

### Fenster

Eine relativ einfache und wirkungsvolle Maßnahme ist die Erneuerung veralteter Fenster.

Wenn die Fenster nicht komplett ausgetauscht werden sollen und statisch geeignet sind, bietet sich die Montage von Aufsatzflügeln, bestehend aus einer Verglasung mit Rahmenprofilen, an. Die Rahmen werden mit Dichtungslippen versehen und von innen auf die vorhandenen Fensterflügelrahmen geschraubt. Alternativ ist durch Einbau von zusätzlichen Fensterflügeln in die Laibungen eine Erweiterung zu Kastenfenstern möglich. Neben der Verbesserung der Wärmedämmung bieten diese Konstruktionen auch einen verbesserten Schallschutz. Die neue Fensterebene wird mit moderner Wärmeschutzverglasung realisiert. Der entstehende Zwischenraum stellt einen Zusatzpuffer dar. Voraussetzungen für eine solche Lösung sind, dass die innere Fensteröffnung genügend Raum bietet, damit das bestehende Fenster durch die neue Fensterebene hindurch geöffnet werden kann. Zur Vermeidung von Kondensat im Laibungszwischenraum müssen die inneren Flügel gut abdichten.

Moderne Wärmeschutzverglasungen bewirken wesentlich höhere Oberflächentemperaturen als eine Einscheibenverglasung. Häufig liegen nach einer Fenstererneuerung die kältesten Oberflächentemperaturen nicht mehr im Bereich der Scheiben, sondern im Bereich thermischer Schwachstellen der Außenwände. In diesen Fällen werden Nachteile des alten Systems (wie Zugerscheinungen, hohe Heizkosten) beseitigt, ohne darauf zu reagieren, dass dadurch auch Vorteile wie die mehr oder weniger automatische Luftentfeuchtung aufgegeben werden. Die Nutzer müssen durch bewusste Fensterstoßquerlüftung den zur Entfeuchtung notwendigen Luftwechsel herstellen, sofern keine Lüftungsanlage installiert ist. Dies kann dazu führen, dass kurze Zeit nach der Sanierung massive Probleme mit Schimmel beklagt werden. Aus diesem Grund ist es wichtig, die Gesamtzusammenhänge zu erfassen und mit geeigneten Maßnahmen zu reagieren. Oft schafft die Maßnahmenkopplung von Außenwanddämmung und Fenstererneuerung durch Anhebung der Wandoberflächentemperatur Abhilfe. Zusätzlich könnte eine Anlage für eine kontrollierte mechanische Belüftung mit Wärmerückgewinnung installiert werden. Das Maßnahmenpaket schützt nicht nur vor Schimmelbefall, sondern erhöht auch die Behaglichkeit und führt zur Senkung des Heizenergiebedarfs.

### Heizungssanierung

Bei bestehenden Heizungsanlagen helfen elektronisch geregelte Zirkulationspumpen, Nachtabsenkung, Dämmung der Rohrleitungen, hydraulischer Abgleich sowie der Einbau von raumtemperaturgeregelten Thermostaten, den Heizenergieverbrauch zu senken. Für die vollständige Erneuerung von Heizanlagen wird auf das Kapitel „Erwärmung“ verwiesen.

### Mechanische Lüftung

Ob der Einbau einer Lüftungsanlage möglich ist, muss im Einzelfall geprüft werden. Oft bieten sich überzählige Kaminzüge oder alte Warenaufzüge als Installationsweg für Lüftungskanäle an. Hohe Raumhöhen eignen sich zum Querverziehen der Kanäle in abgehängten Decken. Wenn die Montage von Lüftungskanälen nicht gewünscht oder nicht möglich ist, können dezentrale Pendellüftungsgeräte in den Außenwänden montiert werden. Die Wärmerückgewinnungsgrade sind hier etwas geringer und die Eignung zum Einsatz für Schlafräume ist nur gegeben, wenn die Gebäudeumgebung ohnehin nicht sehr ruhig ist.

### Warmwasserbereitung

Für eine effektive Warmwasserbereitung sind bedarfsgerechte Speichermengen, gut gedämmte Speicher, möglichst niedrige Wassertemperaturen und kurze Leitungswege entscheidend. Thermische Solaranlagen können die Heizung unterstützen und einen hohen Anteil zur Warmwasserbereitung leisten.

**Nutzerverhalten**

Die umfassende Information und ein adäquates Verhalten der Nutzer senken den Energiebedarf weiter. Dazu gehört eine zumutbare Absenkung der Innenraumtemperaturen, Freihalten von Heizkörperflächen, bedarfsgerechte Lüftung sowie mäßige Nutzung von Warmwasser und Elektroenergie.

***Beispielexkurs***

**Projekte energiesprong-NL und ecoworks-D für ganzheitliche Sanierungen auf Plusenergiehausniveau**

Der Net-Zero-Energie-Standard wird über eine sorgfältige Bestandsanalyse und Vermeidung von Wärmebrücken erreicht. Die Gebäude-Altbausubstanz wird mit neuen vorgefertigten Fassaden umschlossen, welche individuell gestaltet werden können. Die Fassadenelemente verfügen über hohen Dämmschutz, Schallschutz und genügen allen Brandschutzanforderungen. Fenster und Hauseingänge sind bereits montiert. Auch die Kellerdecke und Kellertüren werden sorgfältig gedämmt. Vorgefertigte Dachelemente verfügen über eine hohe Dichtigkeit und Dämmung. Die Dachflächen sind mit PV-Modulen belegt. Wärmepumpen versorgen die Gebäude mit Heizenergie und Warmwasser. Wohnraumbelüftungsanlagen mit Wärmerückgewinnung schaffen angenehmes Raumklima mit hohem Wohnkomfort und Schimmelvermeidung. Das Konzept eignet sich zur kostengünstigen, schnellen und seriellen Sanierung von baugleichen Gebäudetypen.

## 9.4 Energetische Sanierung besonders erhaltenswerter Bausubstanz [5]

Baudenkmäler sind Gebäude, welche aufgrund der städtebaulichen oder künstlerischen Bedeutung als Kulturdenkmal eingestuft sind. Denkmalschutz ist in Deutschland Sache der Länderverwaltungen und kommunalen Behörden. Der Begriff der „sonstigen erhaltenswerten Bausubstanz" ist weitgehend unbestimmt und wird von den jeweiligen örtlichen Denkmalpflegebehörden spezifiziert. Von den rd. 20 Millionen Gebäuden im Bundesgebiet sind rd. 1 Mio. als Baukulturdenkmäler erfasst. Daneben existiert noch eine große Zahl an Objekten, die von den kommunalen Behörden ebenfalls als besonders erhaltenswerte Bausubstanz eingestuft werden und dadurch von verschiedenen Anforderungen der Gebäudeenergiegesetzgebung ausgenommen sind. Ähnlich weitreichend ist die Definition der Bundesförderung effiziente Gebäude für das Programm „Effizienzhaus Denkmal": Objekte in Gebieten mit einer Erhaltungs-, Gestaltungs- und Altstadtsatzung oder einer Satzung zum Erhalt des Stadtbildes, Objekte in einem Sanierungsgebiet zur Erhaltung baukulturell wertvoller Bausubstanz oder der besonderen städtebaulichen Lage. Hinzu kommen Ausnahmen bei gegebener spezifischer Materialität, Gestalt und Bauweise oder des architektonischen Erscheinungsbildes als Teil regionaler Bautradition sowie Objekte, deren Bauweise als ortsbildend oder als landschaftsprägend gilt.

In der Summe können mehr als 50 % des Gebäudebestands einer Kommune von Ausnahmen zum Wärmeschutz betroffen sein. Die Gesamtzahl ist weder kulturhistorisch noch energiewirtschaftlich eine zu vernachlässigende Größe.

Da es in jedem Bundesland obere und untere Denkmalpflegebehörden gibt, jedoch keine entsprechend verankerten Klimaschutzbehörden, werden die entsprechenden Ausnahmebedingungen aus der Gebäudeenergiegesetzgebung oft zuungunsten der Energieeffizienz ausgelegt: In aller Regel ist es jedoch durchaus möglich, den Wärmeschutz ohne unverhältnismäßig hohen Aufwand zu optimieren und ohne die Substanz oder das Erscheinungsbild zu beeinträchtigen; gegebenenfalls mittels Innendämmung.

Typische energetisch unsanierte Gebäude – insbesondere Denkmäler mit Wohnnutzung und ähnlichen Raumwärmebedingungen – haben in der Regel einen Heizwärmebedarf über 200 kWh/m²a. Demgegenüber brauchen energieoptimierte Passivhäuser, die seit inzwischen mehr als 20 Jahren dem technischen Standard entsprechen, nur noch 15 kWh/m²a, d. h. rd. 85 % unter dem Durchschnitt älterer, energetisch unsanierter Gebäude. Schon um die langfristigen Klimaschutzziele nicht noch stärker zu gefährden, kann die sogenannte „besonders erhaltenswerte Bausubstanz" nicht komplett von dahingehenden Anstrengungen ausgenommen werden. Eine gute Sanierung optimiert die Effizienz und die Komfortbedingungen, damit das Gebäude nachhaltig nutzbar wird. Nur ein wirtschaftlich nutzbares Gebäude wird langfristig erhalten. Dem wird häufig entgegengehalten, dass allein die Bewahrung der Baukulturgüter durch die darin enthaltene „graue Energie" (gemeint sind hier die in den Baustoffen eingelagerten Herstellungsprimärenergiegehalte) bedeutender wäre als eine mögliche Reduzierung der Wärmebedarfe durch Dämmmaßnahmen. Abgesehen von der Tatsache, dass es bislang keinem behördlichen Denkmalpfleger gelungen ist, gegenüber dem Verfasser die Bauteilprimärenergiegehalte von betroffenen Objekten zu quantifizieren, ist ja keineswegs Ziel einer energetischen Sanierung, diese Energiegehalte per Abriss zu vernichten, sondern den künftigen energieeffizienten Betrieb zu ermöglichen und dadurch auch die graue Energie zu erhalten.

Nachrichtlich: Eine Studie mit dem Titel „Energieaufwand für Gebäudekonzepte im gesamten Lebenszyklus" des Steinbeis-Transferzentrums und des Fraunhofer IBP im Auftrag des Umweltbundesamtes aus 2019 kommt zu dem Schluss, dass der Anteil der grauen Energien sanierter Gebäude je nach Gebäudetyp bei 3 bis 8 kg $CO_{2\text{-Äq/m}^2\text{.a}}$ beträgt. Dies entspricht 10 bis 25 % der Lebenszyklus-$CO_2$-Emissionen der Gebäudekonstruktion, abgeleitet aus einem Lebenszyklus von 50 Jahren. Bei längeren Lebenszyklen, wie sie bei Denkmalen vorherrschen, sinken diese Anteile entsprechend. Bei der Ökobilanzierung von Sanierungsvorhaben bleibt die erhaltbare Gebäudesubstanz mit ihren „grauen Energien" unberücksichtigt. Der Herstellungsaufwand wiederverwendeter Substanz wirkt sich günstig aus und wird mit null angesetzt; nur die Umweltbelastung der ausgetauschten und neu hinzukommenden Bauteile wird summiert. Der Energiebedarf in der Betriebsphase wird dadurch typischerweise zum größten Posten in der Ökobilanz.

Verschiedene Beispielberechnungen zeigen, dass die Menge an Betriebsenergieverbräuchen je nach energetischem Zustand, Nutzung und Lebenszyklus die Menge an Primärenergiegehalt der Baustoffherstellung von Denkmälern um das 10- bis 100-Fache übersteigt. Je effizienter der sanierte Gebäudezustand wird, desto geringer fallen die Umweltbelastungen im Lebenszyklus aus. Dies spricht für hochwertig Effizienzsanierungen des Gebäudebestands, insbesondere von Denkmälern.

Die Denkmalpflege hat sich also neben dem demografischen Wandel und strukturellen Problemen, wie z. B. Leerstand und gestiegenen Komfortansprüchen, auch Fragen des Ressourcen- und Klimaschutzes im gesamten Gebäudelebenszyklus zu stellen. Die Höhe der Energiekosten kann ausschlaggebend sein, ob ein Baukulturdenkmal eine nachhaltige Nutzung erfährt. Die Erhaltung der Gebäude wird durch die Nutzung oft erst ermöglicht. Der auf Baukulturdenkmale einwirkende Veränderungsdruck ist erheblich und unvermeidbar, wenn bauliche Mängel beseitigt oder zwingende bauordnungsrechtliche Vorgaben wie z. B. Brandschutzanforderungen erfüllt werden müssen. Die im Laufe der Zeit durchgeführten Veränderungen sind ebenfalls von denkmalpflegerischem Wert. Geschichte wird als baulicher Werdegang ablesbar. Eine Weiterentwicklung des Denkmalbestandes ist unumgänglich, um seine Zukunftsfähigkeit zu gewährleisten. Gerade bei beheizten Gebäuden spielen die aufzubringenden Betriebskosten eine bedeutende Rolle. Häuser mit geringer Energieeffizienz geraten gegenüber solchen mit guter Energieeffizienz in eine nachteilige Lage auf dem Immobilienmarkt. Kommunale Haushalte werden durch hohe Betriebskosten von Denkmälern überproportional belastet.

Im Bundesklimaschutzgesetz werden globale Anforderungen an die Reduzierung von THG im Sektor Gebäude gemacht – ohne besondere Ausnahmen für besonders erhaltenswerte Bausubstanz. Ebenfalls erwähnenswert ist Art. 20 a GG: Schutz der natürlichen Lebensgrundlagen als übergeordnet anzusehendes Staatsziel. Gemäß Gebäude-Energiegesetzgebung kann bei baulichen Änderungen von den allgemeinen Anforderungen abgewichen werden, soweit bei Baudenkmälern oder sonstiger besonders erhaltenswerter Bausubstanz durch die Erfüllung der energetischen Anforderungen die Substanz oder das Erscheinungsbild beeinträchtigt wird oder zu einem unverhältnismäßig hohen Aufwand führen würden. Ausnahmeregelungen für Baudenkmäler dürfen nicht dazu führen, solche Maßnahmen pauschal außer Betracht zu lassen. Vielmehr sind alle Möglichkeiten der Energieeinsparung zu prüfen, um sie mit den Erfordernissen des Denkmalschutzes angemessen auszuschöpfen. Auch aus § 105 EnEV und GEG ergeben sich nur Einschränkungen im Falle von Substanz- oder Erscheinungsbildbeeinträchtigungen. Diese sind jedoch mit heutigen Technologien (z. B. Innendämmung im Falle schützenswerter äußerer Gestalt) in den meisten Fällen lösbar und dienen im Regelfall dazu, die Substanz dauerhaft zu erhalten sowie im Sinne der Nebenkostenbezahlbarkeit zu verbessern. Der (passive) Bestandsschutz ist schließlich bei solchen gesetzlichen Regelungen betroffen, die ohne einen konkreten Anlass nachträglich Anforderungen an ein bestehendes Gebäude stellen. Insoweit gilt zunächst der Grundsatz, dass ästhetische Belange grundsätzlich mit dem Ziel einer energetischen Sanierung in Einklang gebracht werden sollten. Sofern eine Vereinbarkeit nicht möglich ist, liegt es nicht fern, dass energetischen Sanierungsmaßnahmen grundsätzlich der Vorzug einzuräumen ist. Während der Klimaschutz dem in Art. 20a GG genannten Staatsziel des Umweltschutzes dient, es sich also um ein Verfassungsgut handelt, hat der Denkmalschutz seine Grundlage lediglich auf einfachgesetzlicher Ebene.

Es bedarf einer Abwägung der berührten öffentlichen Belange und schutzwürdiger Eigentümerinteressen. Auf der Seite der öffentlichen Belange steht das öffentliche Interesse am

Erhalt des Kulturdenkmals. Auf der anderen Seite stehen staatliche Klimaschutzziele, der sparsame Umgang mit nachhaltigen Lebensgrundlagen wie z. B. Energieressourcen, die Versorgung der Bevölkerung mit zeitgemäßem Wohnraum und der wirtschaftliche Unterhalt der jeweiligen Immobilie. Diese Interessen sind unter Berücksichtigung aller Umstände des konkreten Einzelfalls zu gewichten, wozu z. B. die Wertigkeit des Kulturdenkmals mit seinen baulichen Besonderheiten, die gestalterische und bauphysikalische Verträglichkeit der beabsichtigten Maßnahmen gehören.

Bezüglich gebäudeintegrierter Solarenergienutzung muss seit der EEG-Novelle 2022 bei Abwägungen zwischen verschiedenen Rechtsgütern – wie beim Denkmalschutz – den erneuerbaren Energien der Vorzug gegeben werden. Auszug aus § 2 Besondere Bedeutung der erneuerbaren Energien: „Die Errichtung und der Betrieb von Anlagen sowie den dazugehörigen Nebenanlagen liegen im überragenden öffentlichen Interesse und dienen der öffentlichen Sicherheit. Bis die Stromerzeugung im Bundesgebiet nahezu treibhausgasneutral ist, sollen die erneuerbaren Energien als vorrangiger Belang in die jeweils durchzuführenden Schutzgüterabwägungen eingebracht werden." Allenfalls bei erheblichen Beeinträchtigungen in die Bausubstanz oder kubaturverändernde Maßnahmen an ortsprägenden Denkmalen die aus dem öffentlichem Raum einsehbar sind, können unter Umständen genehmigungskritisch sein; Selbst dann sollen die Behörden stets nach Möglichkeiten suchen, wie die Beeinträchtigung der spezifischen Eingriffe reduzierbar ist und eine genehmigungsfähige Alternative anbieten.

Ob eine Sanierungsmaßnahme genehmigungsfähig ist, muss im Rahmen einer Gesamtabwägung festgestellt werden. Die Bewertung der baulichen Maßnahmen erfolgt entsprechend der Schutzwürdigkeit des Bauwerks bzw. seiner Teile im Hinblick auf historischen Wert, auf gestalterische oder regionaltypische Merkmale und die strukturelle und visuelle Integrität des Baudenkmals. Dennoch kann eine die Gestalt verändernde Maßnahme im Rahmen der Verträglichkeitsprüfung mit Gesamtbetrachtung aller Umstände auf der Basis des Verhältnismäßigkeitsgrundsatzes, der bei jedem Verwaltungshandeln zu beachten ist, genehmigt werden. Veränderungen an einem Kulturdenkmal sind nicht per se ausgeschlossen; sie sollen jedoch denkmalverträglich erfolgen. Die Denkmalverträglichkeit umfasst nicht nur die Frage, ob die Maßnahme nach denkmalpflegerischen Grundsätzen erfolgt, also form-, werk- und materialgerecht ist. Denkmalverträglichkeit ist nach dem Grundsatz der Verhältnismäßigkeit auch zu bejahen, wenn das Vorhaben den Denkmalwert zwar beeinträchtigt, aber bei Berücksichtigung aller Umstände hinzunehmen ist.

Aus denkmalschutzrechtlicher Sicht sind zunächst alle Maßnahmen, die zu einer Veränderung der Substanz oder des Erscheinungsbildes führen, genehmigungspflichtig. Das bedeutet jedoch nicht, dass eine Maßnahme generell unzulässig ist und nicht ausgeführt werden darf. Der Genehmigungsvorbehalt soll nur sicherstellen, dass Veränderungen an einem Kulturdenkmal nicht allein der Beurteilung des Eigentümers überlassen bleiben, sondern auch denkmalpflegerische Belange berücksichtigt werden können. Die Möglichkeiten von Abweichungen der denkmalschutzrechtlichen Belange sind zu prüfen und nachvollziehbar abzuwägen. Auflagen bzw. Einschränkungen müssen zumutbar sein. Dabei sind auch wirtschaftliche und ökologische Belange, wie z. B. eine Minderung des $CO_2$-Ausstoßes, zu berücksichtigen. Eine unveränderte Erhaltung ist einem Eigentümer nicht zuzumuten, wenn er in wirtschaftlicher Hinsicht unverhältnismäßig belastet wird. Zum Thema Zumutbarkeit heißt es auszugsweise aus dem BVG-Urteil 1 BvL 7/91: *„Anders liegt es aber – wie im vorliegenden Fall –, wenn für ein geschütztes Bauwerk keinerlei sinnvolle Nutzungsmöglichkeit mehr besteht. Dazu kann es kommen, wenn die ursprüngliche Nutzung infolge geänderter Verhältnisse hinfällig wird und eine andere Verwendung, auf die der Eigentümer in zumutbarer Weise verwiesen werden könnte, sich nicht verwirklichen lässt. Wenn selbst ein dem Denkmalschutz aufgeschlossener Eigentümer von einem Baudenkmal keinen vernünftigen Gebrauch machen und es praktisch auch nicht veräußern kann, wird dessen Privatnützigkeit nahezu vollständig beseitigt. Nimmt man die gesetzliche Erhaltungspflicht inklusive hinzu, so wird aus dem Recht eine Last, die der Eigentümer allein im öffentlichen Interesse zu tragen hat, ohne dafür die Vorteile einer privaten Nutzung zu genießen. Die Rechtsposition des Betroffenen nähert sich damit einer Lage, in der sie den Namen „Eigentum" nicht mehr verdient. Die Versagung einer Beseitigungsgenehmigung ist dann nicht mehr zumutbar."* Eine Unzumutbarkeit von denkmalpflegerischen Auflagen ist also zu unterstellen, wenn für das Baudenkmal keine sinnvolle Nutzungsmöglichkeit mehr besteht oder die objektbezogenen wirtschaftlichen Handlungsmöglichkeiten des Eigentümers durch hohe denkmalrechtliche Auflagen stark eingeschränkt werden. Eigentümern ist trotz der ihnen auferlegten Beschränkungen eine flexible, profitable und zeitgemäße Nutzung zu ermöglichen. Die Frage der Gestaltung ist also nicht vorrangig eine Frage des Wärmeschutzes, sondern des sachverständigen Umgangs, der Gestaltung und der Materialwahl. Im Umgang mit historischer Bausubstanz sollten nach Möglichkeit fehlertolerante und reversible Dämmlösungen favorisiert werden.

Gründe, die der Erteilung der Erlaubnis einer Veränderung an einem Baukulturdenkmal entgegenstehen, dürfen nicht unspezifisch auf alle beliebigen Fälle angewendet werden, sondern müssen stets aus den Besonderheiten des zur Entscheidung stehenden konkreten Falles abgeleitet werden. Vorzunehmen ist eine im Rahmen einer von den spezifischen Qualitäten des jeweils zu schützenden Denkmals abhängige Einzelfallprüfung. Es muss sachverständig festgestellt werden, ob und inwieweit die Denkmalschutzzwecke durch die jeweilige Maßnahme und bezogen auf das konkret betroffene Denkmal gestört werden könnten. Eine Genehmigung darf erst dann verweigert werden, wenn die Gründe des Denkmalschutzes begründet gewichtiger einzuschätzen sind als die für die Veränderung stehenden Interessen.

Insgesamt zielt die Rechtslage auf einen Ausgleich zwischen den öffentlichen und privaten Belangen. Dieser verfassungsrechtlich gebotene Interessenausgleich erfordert eine Bewertung und Gewichtung sowohl der Auswirkungen des zu beurteilenden Vorhabens auf den denkmalwerten Bestand als auch der Zwecke, die mit der betreffenden Maßnahme verfolgt werden. Hierbei wird sich ein privates Interesse gegenüber den Belangen der Denkmalpflege umso eher durchsetzen können, je geringfügiger die mit dem Veränderungsvorhaben einhergehende Beeinträchtigung des Denkmalwertes ist, während eine Maßnahme, die den Denkmalwert wesentlich mindern oder gar aufheben würde, nur in Ausnahmefällen bei zwingenden Gründen genehmigt werden muss. Ein zwingender Grund ist die gebotene Einhaltung des gesetzlichen Mindestwärmeschutzes nach DIN 4108 zum Schutz körperlicher Unversehrtheit. Ausnahmen für besonders erhaltenswerte Bausubstanz kennt die Anerkannte Regel der Technik DIN 4108 nicht. Allenfalls gilt Bestandsschutz, solange das jeweilige betroffene Bauteil nicht verändert wird. Auch hier wäre eine Grenze zu ziehen, wenn es durch Unterschreitung des Mindestwärmeschutzes zu gesundheitlichen Beeinträchtigungen durch Schimmelbildung oder dergleichen kommen kann. [6] Ein Bestandsschutz unter Ausklammerung des gesetzlichen Mindestwärmeschutzes gilt also nur so lange, wie das jeweilige betroffene Bauteil nicht verändert bzw. saniert wird.

Baukulturdenkmäler sollen attraktive Nutzungen auch für zukünftige Generationen ermöglichen. Im energetisch unsanierten Zustand kann oft schon wegen hoher Energieverbräuche kaum eine nachhaltige Nutzung gewährleistet werden. Eine maßvolle energetische Modernisierung des Denkmalbestandes ist unumgänglich, um seine Zukunftsfähigkeit zu sichern. Dabei ist der bauliche Werdegang von ebenso großem denkmalpflegerischen Wert wie seine notwendige Weiterentwicklung. Sicher gibt es viele gestalterisch fragwürdige, aber auch genügend gelungene Beispiele – sowohl für gedämmte als auch für ungedämmte Gebäude. Für alle baulichen Problemstellungen sind inzwischen zielführende Sanierungslösungen verfügbar, die das architektonische Erscheinungsbild erhalten bzw. ein früheres wiederherstellen.

In der Gesetzgebung und der Genehmigungspraxis energetischer Sanierungen sollte die besonders erhaltenswerte Bausubstanz stärker differenziert werden: in Baukulturdenkmäler und sonstige erhaltenswerte Bausubstanz sowie in beheizte und unbeheizte Baukulturdenkmäler. Für Letztere könnten ohne Interessenkonflikt hohe Veränderungshürden bei der Außenhülle beibehalten werden. Für alle anderen Gebäude müssen Anpassungen im Zuge des gebotenen Gesundheits- und Klimaschutzes sowie zur Begrenzung des Heizwärmebedarfs möglich sein.

Historische Gebäude müssen sich zum Erhalt der Nutzbarkeit entwickeln und zeitgemäß an geänderte Bedingungen anpassen dürfen. Das haben sie schon immer gemacht! In vielen Fällen liegt gerade hierin das Wesen der Schutzwürdigkeit. Eine historische Betrachtung von Baudenkmälern kann nur ihrer Entstehung und ihrer Entwicklung, einschließlich sämtlicher Veränderungen gelten und zu diesen gehören auch alle diejenigen Veränderungen, die künftig erfolgen müssen. Tradition bedeutet eben nicht Bewahren der Asche, sondern Weitergeben des Feuers! Denkmalpflege und Optimierung der Energieeffizienz mit einhergehendem Gesundheits- und Klimaschutz sind keine unversöhnlichen Gegensätze.

### Vorgehensweise bei einer architekturhistorisch integrierten Effizienzsanierung

Aufgrund der individuellen Vielfalt der Gebäude gibt es keine Patentrezepte zur energetischen Optimierung des Baudenkmalbestands. Die zur Auswahl stehenden baulichen und anlagentechnischen Maßnahmen beeinflussen sich wechselseitig, sodass die Umsetzung einer einzelnen Maßnahme oft Anpassungen weiterer Teile des Gesamtsystems Gebäude erfordert.

Eine frühzeitige integrale Planung mit allen Beteiligten und Fachdisziplinen ist ebenso unerlässlich wie eine konstruktive Zusammenarbeit sowie der Nachweis besonderer Fachkenntnisse. Die Hinzuziehung erfahrener Fachleute in einer frühen Planungsphase ist empfehlenswert. Zunächst muss eine detaillierte bauliche Analyse erfolgen. Auf dieser Basis können Optimierungsvarianten untersucht werden. Eindimensionale denkmalpflegerische Auflagen können unter Umständen die Anpassung an zeitgemäße Betriebsanforderungen und Nutzungen verhindern. Für die denkmalpflegerische Analyse und Bewertung geplanter baulicher Maßnahmen sind zunächst deren Auswirkungen auf das Kulturdenkmal zu untersuchen. Hier können drei Bewertungskategorien definiert werden:

- Erscheinungsbild: Erlebbare Zustandsqualität mit einer formalen Lesbarkeit ästhetisch wirksamer Aussagen, die zugleich kulturhistorische Informationen und einen identitätsprägenden Eindruck vermitteln. Die Außenseite der Innenräume stellt gleichzeitig die Innenseite von Außenräumen dar! Vorhandene Veränderungen des Erscheinungsbilds durch Umbauten/Umnutzungen oder Erweiterungen spiegeln die baugeschichtlichen Einflüsse wider.
- Bauliche Substanz: Zum Substanzwert eines Baudenkmals gehören seine besondere Struktur, Typologie, Konstruktionen und Ausgestaltungen, die verwendeten Materialien und deren Verarbeitung. Gebäude sind Träger der geschichtlichen Spuren, vergleichbar mit Archivalien.
- Reversibilität: Eingriffe in die Substanz oder das Erscheinungsbild sollen reversibel vorgenommen werden, d. h., sie sollen sich wieder rückbauen lassen, ohne dass nachhaltige Beeinträchtigungen entstehen.

Durch einen interdisziplinären Planungsprozess lassen sich sowohl für die Energieeffizienz und die Wirtschaftlichkeit als auch für die gestalterischen Belange sehr gute Ergebnisse erzielen. Wenn ein Gebäude von denkmalpflegerischen Auflagen betroffen ist, muss eine architekturhistorisch differenzierte denkmalpflegerische Zielstellung entwickelt werden. Möglichst viele originale Bauteile sollen erhalten bleiben; andere Gebäudeteile der thermischen Hülle und der Anlagentechnik können zum Ausgleich mit einem höheren energietechnischen Standard ausgestattet werden.

*Tabelle 9-1: Planungs- und Sanierungsschritte*

**Ein Projekt gliedert sich in mehrere Phasen, die im Folgenden chronologisch beschrieben sind:**

| Was | Wie | Phase | Wer |
|---|---|---|---|
| Objekttypologische Erfassung | Archive, Befragungen, Bauakten, Ortstermin, Inaugenscheinnahme | Voruntersuchungen | Architekt, Bauhistoriker |
| Bauhistorische Bestandsaufnahme | Ortstermin, Inaugenscheinnahme, ggf. Bauteilöffnungen, Bestands- und Schadenskartierung, Beschreibung besonders schützenswerter Teile | Voruntersuchungen | Architekt, Bauhistoriker |
| Bestandsaufnahme der Energieverbrauchsdaten, sofern noch genutzt | Energieversorger Abrechnungsunterlagen | Vorplanung | Energieberater |
| Bestandsaufnahme der Haustechnik | Ortstermin, Inaugenscheinnahme | Vorplanung | Architekt, Energieberater |

| Was | Wie | Phase | Wer |
|---|---|---|---|
| Erarbeitung der denkmalpflegerischen Zielsetzung | Beschreibung der Schutzziele und Schutzmaßnahmen mit Prüfung der Veränderungserfordernis, Benennung der baulichen Substanz, Nutzungen, Energieeffizienz, Erscheinungsbild, Reversibilität | Entwurfsplanung, Fachplanung | Architekt oder Baubehörden |
| Maßnahmenkatalog mit Darstellung bauteilbezogener Sanierungsvarianten | Energiekonzepte mit gebäudespezifischen Varianten Denkmalverträglichkeits- und Wirtschaftlichkeitsuntersuchung | Entwurfsplanung, Fachplanung | Architekt, Energieberater |
| Erstellung von Sanierungskonzepten | Konzepte für eine architekturhistorisch differenzierte, energetische Sanierung: Substanz und Veränderungen formgerecht, werkgerecht und materialgerecht | Entwurfsplanung, Fachplanung | Architekt, Energieberater |
| Wirtschaftlichkeitsprüfung der Sanierungsvarianten und Vergleich mit dem Zielansatz | dynamische Wirtschaftlichkeitsberechnungen unter Einbeziehung von Nachhaltigkeits- und Lebenszyklusaspekten | Entwurfsplanung, Fachplanung | Architekt, Energieplaner |
| Abwägungsprozess | Maßnahmenabwägungsprozess zu den öffentlichen Belangen und Eigentümerinteressen (Baukultur, Klimaschutz, Mindestwärmeschutz, Gesundheitsschutz, Wirtschaftlichkeit und dgl.) mit Dokumentation/Begründungen | Genehmigungsplanung | Baubehörden |
| Genehmigungsplanung Auswahl der Vorzugsvariante, | öffentl.-rechtl. Nachweise, ggf. Fördermittel-Antragsstellung, ggf. Aufteilung in sinnvolle Bauabschnitte | Genehmigungsplanung | Architekt |
| Ausführungsplanung/ Detailplanung | besondere Berücksichtigung denkmalpflegerischer Belange | Ausführungsplanung, Detailplanung | Architekt, Fachplaner |
| Ausschreibung | Ausschreibung/Auswahl geeigneter Fachfirmen | AVA | Architekt, Fachplaner |
| Ausführung mit fachspezifischer Bauüberwachung | Bestandsanalysen während der Bauausführung, Dokumentation, Bauüberwachung, Revisionsunterlagen | Bauüberwachung | Architekt, Bauleitung, Energieplaner |
| Abnahmen zur Fertigstellung | Fachunternehmererklärungen, Prüfungen, Abnahmeprotokolle, ggf. Förderbestätigungen | Bauüberwachung, Dokumentation | Architekt, Fachbauleiter, Energieplaner |

Insgesamt kann bei einer architekturhistorisch differenzierten energetischen Sanierung auf denkmalpflegerische Belange Rücksicht genommen werden, ohne auf einen guten Effizienzstandard verzichten zu müssen. Denkmalpflege und nachhaltige Optimierung der Energieeffizienz mit einhergehendem Klimaschutz sind keine unversöhnlichen Gegensätze.

Die Sanierungskonzepte können mehrere Schwerpunkte enthalten: Erhaltung des architektonischen Konzeptes, Erhöhung von Behaglichkeit, Anpassungen an geänderte Nutzungsanforderungen und nachhaltige Nutzbarkeit, Verbesserung des Gebäudeenergiestandards, Einhaltung eines moderaten Kostenrahmens, Anwendung nachhaltiger Technologien, Verwendung ökologischer Baustoffe usw.

Einige naheliegende Probleme und Lösungsmöglichkeiten, die sich aus Sanierungsvorhaben von Baukulturgütern durch Anpassung an die heutigen Erfordernisse ergeben, werden im Nachstehenden bauteilbezogen skizziert:

## Außenwände

Außenwände bzw. Fassaden sind besonders häufig von denkmalpflegerischen Auflagen betroffen. Bei energetischen Sanierungen historischer Gebäudehüllen stellt die Außenwanddämmung eine zu überwindende Hürde dar. Große Wandstärken bieten zwar einen guten sommerlichen Wärmeschutz, die massiven Konstruktionen stellen aber keine hinreichende Wärmedämmwirkung her. Mit einer Optimierung der Wärmedämmeigenschaften der Außenwände steigen die Oberflächentemperaturen auf der Innenseite dieser Bauteile in der Heizperiode. Ziel ist, durch Minderung der Transmissionswärmeverluste die Oberflächentemperaturen soweit anzuheben, dass keine hohen Feuchtegehalte an den Wänden entstehen. Dieser Teil der Gesundheitsvorsorge mit Schimmelvermeidung stellt gleichzeitig eine wirkungsvolle Energiesparmaßnahme dar und trägt zur Verbesserung der Behaglichkeit bei. Teilweise kann mit Kompromissen bereits viel erreicht werden. Ein pauschales „Darf nicht" muss mit modernen Dämmtechnologien nicht sklavisch hingenommen werden. Außerdem unterliegen häufig nur die straßenzugewandten Fassaden einer denkmalpflegerischen Schutzwürdigkeit. Diese könnten mit geeigneten kapillaraktiven Dämmmaterialien von der Innenseite optimiert werden. Alle anderen Fassaden können klassisch von außen gedämmt werden.

### Außenwanddämmung von außen

Inzwischen gibt es viele Beispiele für historische Fassaden, die von außen, z. B. auch mittels Wärmedämmverbundsystemen, gedämmt wurden. Gesimse und Ornamente können ggf. vor der Ausführung der Dämmung demontiert und anschließend wieder auf einem tragfähig auszubildenden Untergrund befestigt werden, sodass das äußere Erscheinungsbild nicht verändert wird. Zerstörte Ornamente können nachgebildet und ergänzt werden. Häufig werden von den Denkmalbehörden Dämmputze als Lösung akzeptiert. Abgesehen von dem bescheidenen Preis-Leistungsverhältnis und der durch die Dämmqualität und Dämmstärkenbegrenzung eingeschränkten Dämmwirkung handelt es sich hier letztlich auch nur um eine Art Wärmedämmverbundsystem, bei dem der Unterschied zu vorgefertigten Dämmplatten in erster Linie aus einem höheren Bindemittelanteil besteht. Dagegen stimmt es positiv, dass seit kurzer Zeit Dämmputze verfügbar sind, welche durch Aerogelzuschläge eine sehr gute Dämmwirkung entfalten. Diese Putze sind sowohl außenseitig als auch von innen einsetzbar, allerdings noch verhältnismäßig teuer und aufwändiger zu verarbeiten.

### Außenwanddämmung von innen

Innendämmung von Außenwänden empfiehlt sich z. B. für unregelmäßig beheizte Gebäude, wie z. B. Versammlungsräume, die schnell aufheizbar sein sollen, sowie für reichhaltig geschmückte Fassaden, wenn die Ornamentik nur mit hohem Aufwand wiederhergestellt werden kann. Bei einer Dämmung von innen wird die Dämmwirkung durch bauphysikalisch begrenzte Dämmstärken eingeschränkt. Innendämmungen haben den Nachteil, dass einbindende Decken und Wände lineare Wärmebrücken bilden, Nutzfläche verloren geht und die betroffenen Bauteile nicht zur Wärmespeicherung beitragen, wobei die Speicherwirkung der Außenhüllbauteile auch oft überschätzt wird. Bezüglich des sommerlichen Wärmeschutzes sind die inneren Speichermassen der Innenwände und Decken ausschlaggebend. Bei Verwendung von kapillaraktiven und diffusionsoffenen Perlite- oder Calciumsilikat-Wärmedämmplatten als Innendämmung kann auf eine Dampfsperre verzichtet werden. Die Verarbeitung muss zwingend vollflächig ohne Luftschicht zur Trägerwand erfolgen. Die mineralische Struktur setzt der Wasserdampfdiffusion nur geringen Widerstand entgegen. Durch die hohe kapillare Saugfähigkeit kann diese Wärmedämmung anfallende Feuchtigkeit gut verteilen und vorübergehend speichern. Bei abnehmender Innenraumluftfeuchtigkeit, z. B. durch einen Lüftungsvorgang, wird die Feuchte rasch wieder abgegeben. Innendämmung kann, fachgerecht ausgeführt, dabei helfen, den Heizwärmeverbrauch zu senken und Schimmelpilzbefall in Innenräumen zu vermeiden. Dabei sollten fehlertolerante Konstruktionen bevorzugt werden.

### Thermische Abgrenzung nach oben und unten

Die Dämmung der obersten Geschossdecken unter Kaltdachräumen und die thermische Abgrenzung nach unten, wie Bodenplatten bzw. Kellerdecken, sollten zum Standard gehören, da sie ohnehin kaum Einfluss auf die Gestaltung haben und häufig sehr kostengünstig realisierbar sind. Für Kellerdecken gilt dies allerdings nur, wenn sie von unten gedämmt werden können. Die Demontage, Dämmung und Verlegung neuer Bodenbeläge bei energetischen Bauteilsanierungen von oben ist oft aufgrund schützenswerter Bodenbeläge nicht gewünscht. Im Falle ausgebauter und beheizter Dachräume gehören Dachkonstruktionen ebenfalls zur thermischen Hülle und müssen gedämmt werden. Zwischensparren- und Untersparrendämmungen sind in der Regel denkmalpflegerisch unkritisch. Aufsparrendämmungen verändern die Höhe und somit auch die Kubatur. Daher bestehen hier eher Bedenken.

### Fenster und Außentüren

Fenster und Außentüren gehören zu den klassischen energetischen Schwachstellen von Altbauten. Bei gutem Erhaltungszustand kann ein Ausbau oder Ertüchtigung zu Kastenfenstern erfolgen. Oft ist es möglich, das innere Fenster mit einem modernen Wärmeschutz- und Dichtigkeitsstandard auszuführen. Wenn die Bestandsfenster ausgetauscht werden müssen, können denkmalgerechte Fensterprofile hergestellt und mit hochwertiger Wärmeschutz- oder Vakuumverglasung ausgerüstet werden.

### Beheizung

Sofern es sich bei der Heizungsanlage nicht um ein technisches Denkmal handelt, ist die Art der Wärmeerzeugung zunächst unkritisch. Bei der Auswahl muss die zukünftige Veränderung des Raumklimas unter den Bedingungen moderner Nutzungsverhältnisse berücksichtigt werden. Hierfür steht inzwischen eine breite Palette an effizienten Lösungen bereit. Es mangelt häufig nur an Optimierungsdetails, wie z. B. an elektronischen Pumpen, einfacher raumweiser Regelbarkeit, an praktisch umsetzbaren Wochenend- und Ferienheizungsprogrammen und einem hydraulischen Abgleich der Heizungsanlagen.

### Solarenergienutzung

Die zweite größere Hürde stellt die Nutzung von Dachflächen für Solarenergie dar. Dabei spielt aus bauhistorischer Sicht keine Rolle, ob durch Photovoltaik Strom erzeugt werden soll oder thermisch Warmwasser. Auch hier kann mit Kompromissen viel erreicht werden. Oft sind geeignete Dachflächen kaum aus dem öffentlichen Raum einzusehen. Hier spricht bei entsprechender statischer Belastbarkeit nichts gegen eine Montage. Für alle anderen Fälle bieten die Hersteller ein umfangreiches Sortiment an Oberflächenfarben und Möglichkeiten der Integration, sodass optisch kaum wahrnehmbare Unterschiede zur restlichen Dachfläche verbleiben. Bei der Nutzung von Dachflächen auf Baudenkmälern ist auch zu berücksichtigen, dass oftmals nur wenige Bauteile im Laufe der Gebäudehistorie so vielen Veränderungen unterworfen waren wie die Dachhaut. So gesehen kann eine Dachsolaranlage auch als Fortsetzung des historisch gewachsenen Wandels aufgefasst werden. Wenn die Kommune nicht selbst als Betreiber von PV-Anlagen kommunaler Gebäude auftreten kann oder will, bietet sich die Verpachtung der Dachfläche an kommerzielle Erzeuger von Photovoltaikstrom oder eine Bürgergenossenschaft an.

### Raumluftqualität

Nicht nur bezüglich der Energieeffizienz ist die Art der Belüftung ein wichtiges Thema. Zur Gewährleistung einer kontinuierlichen Raumluftqualität bei gleichzeitiger Energieeffizienz und Schutz vor Feuchteschäden gibt es in unseren Breitengraden kaum Alternativen zu mechanischen Lüftungsanlagen. Wenn eine solche Anlage installiert wird, ist es nur noch ein kleiner Schritt zur Nutzung der in der Abluft enthaltenen Wärme mit Wärmerückgewinnungssystemen, um Lüftungswärmeverluste zu minimieren. Bezüglich der Außengestaltung verbleibt lediglich die Frage der Anordnung der Lüftungsdurchlässe. In einigen Fällen können die Lüftungskanäle durch nicht mehr benötigte Schornsteinzüge geführt werden. Im Innenbereich kommen ggf. horizontale Lüftungskanäle hinzu, für die es ebenfalls gestalterisch unkritische Lösungen gibt. Sofern eine Lüftungsanlage montiert ist, stellt auch die vollständige Dämmung der Außenwände von innen, auch mit anderen als den vorgenannten diffusionsoffenen Systemen, kein Problem dar. Entstehende Raumluftfeuchte kann kontinuierlich über die Lüftung abgeführt werden.

### Beheizung temporär genutzter Baukulturdenkmäler wie z. B. Kirchen

Niemandem ist damit gedient, wenn in Baukulturdenkmälern aufgrund überzogener Komfortanforderungen irreparable Substanzschäden entstehen.

Daher sollte zuerst geklärt werden, welche Raumklimaverhältnisse zur langfristigen Sicherung des Kulturgutes möglich sind. Schubweise Aufheizungen sollten vermieden werden. Dabei wird lokal eine große Wärmemenge in den Raum gebracht. Im Umfeld der Heizfläche steigt die Temperatur rapide an und entzieht möglicherweise viel zu schnell Feuchtigkeit aus der Konstruktion und den Einbauten. Wenn ein Raum von vielen oder beispielsweise von Regen genässten Besuchern besucht wird, verteilt sich deren Feuchtigkeit und kondensiert an der kalten Gebäudehülle. So kann es vorkommen, dass zeitgleich Trocknungs- und Feuchteschäden entstehen.

Das größte Einsparpotenzial ungedämmter Baukulturdenkmäler entsteht durch Minimierung der Ziel-Nutztemperatur auf das absolut notwendige Maß und Begrenzung des Temperaturfensters zwischen Nutz- und Absenktemperatur auf etwa 5 Kelvin. Weiteres Potenzial zur schonenden und energieeffizienzten Temperierung besteht in der Verwendung moderner Regelungen von Außentemperatur und Feuchtesteuerung.

In manchen Denkmälern ist die Raumluftfeuchte in der Heizperiode zu niedrig. Als Ursache sind zwei Fälle typisch: Der erste Fall tritt auf, wenn Warmluftheizungen mit geringem Umluftbetrieb betrieben werden. Winterliche einströmende Außenluft wird erwärmt, wobei die relative Feuchte zurückgeht. Die Lösung für diesen Fall besteht darin, den Umluftanteil zu erhöhen, was bei großen Luftvolumina meist keine negativen hygienischen Folgen hat. Der zweite Fall kann in Kirchen vorkommen, bei denen ein Orgelgebläse mit Außenluft betrieben wird. Über das Gebläse gelangt die kalte Luft in den Blasebalg und erwärmt sich. Die absinkende relative Feuchte entzieht der Umgebung die Feuchtigkeit. Der sich einstellende Effekt entspricht dem ersten Fall.

*„Wer Geschichte und Tradition überhöht, wer den Wandel zu unterdrücken sucht, wird scheitern"*

*Quelle: Bericht der NRW-Denkmalschutzkommission 2005*

## Literaturverzeichnis

*[1] Vgl. Kleemann, Heckler, Kolb, Hille: Die Entwicklung des Energiebedarfs; in Arbeitskreis Energieberatung Thüringen*

*[5] Vgl. Drusche: Mindestwärmeschutz vs. Denkmalschutz in Denkmal und Energie 2018, Springer Verlag, S. 147 ff.*

*[6] Vgl. Drusche: Wohnraumschimmel, Bundesanzeiger Verlag, 2. Auflage 2017*

# 10 Begrünung

Übersicht

## 10.1 Fassadenbegrünung

Dächer, Wände, Mauern und Stützen können meist ohne großen Aufwand begrünt werden. Die Pflanzen dienen dem Schutz der Fassade vor Bewitterung und verbessern den Schallschutz. Die Blätter binden Staub und bieten vielen Tierarten einen Lebensraum. Begrünungen bieten Windschutz und bauen einen Thermopuffer auf, durch den Temperaturspitzen dahinterliegender Konstruktionen abgebaut werden. Eine hinreichende Wärmedämmung wird durch eine Begrünung allerdings nicht obsolet.

Feuchte aus dem Wurzelbereich bodengebundener Fassadenbegrünungen wird einer sinnvollen Verwendung zugeführt und kann helfen, das Sockelmauerwerk trocken zu halten. An architektonisch weniger ansprechenden Gebäuden kann eine Wandbegrünung deutliche ästhetische Verbesserungen bewirken.

*Tabelle 10-1: Winterharte Fassadenranker für Mitteleuropa*

| Bezeichnung | Blattwerk, Standort, Wuchs und Besonderheiten | Rankhilfe | Höhe |
|---|---|---|---|
| Efeu – *Hedera helix* | immergrün, langsamer Wuchs, schattig und halbschattiger Standort, giftige Früchte | nicht erforderlich | - 25 m |
| Winterjasmin – *Jasminum nudiflorum* | immergrün, langsamer Wuchs, sonniger und halbschattiger Standort, winterblühend | erforderlich | - 3 m |
| Knöterich – *Polygonum aubertii* | laubabwerfend, schneller Wuchs, sonniger und halbschattiger Standort, gelegentlich Rückschnitt erforderlich | sinnvoll | - 15 m |

| Bezeichnung | Blattwerk, Standort, Wuchs und Besonderheiten | Rankhilfe | Höhe |
|---|---|---|---|
| Wilder Wein – *P. tricuspidata „Veitchii"* | laubabwerfend, schneller Wuchs, sonniger bis halbschattiger Standort, rot-orange Herbstfärbung | nicht erforderlich | - 15 m |
| Weintraube – *Vitis vinivera* | laubabwerfend, mittelschneller Wuchs, trockener und sonniger Standort, essbare Früchte, jährlicher Schnitt erforderlich | erforderlich | - 10 m |
| Blauregen – *Wisteria sinensis* | sommerblühend, laubabwerfend, mittelschneller Wuchs, langsames Anwachsen, sonnig und windgeschützt | erforderlich | - 10 m |
| Geißblatt – *Lonicera* | laubabwerfende und immergrüne Sorten, mittelschneller Wuchs, sonnig und halbschattig | erforderlich | - 10 m |
| Klettertrompete – *Campsis radicans* | sommerblühend, laubabwerfend, sonnig und windgeschützt | je nach Art nicht erforderlich | - 8 m |
| Waldrebe – *Clematis* | sommerblühend, laubabwerfend, sonnig bis halbschattig | nicht erforderlich | - 6 m |
| Spindelstrauch – *Euonymus fortunei* | immergrün, langsamer Wuchs | sinnvoll | – 4 m |

Nur technisch einwandfreie Fassaden sollten begrünt werden, da sonst die Triebe sogenannter Lichtflüchter in Risse und Fugen einwachsen und Schäden verursachen können. Frei, mit mind. 25 cm Abstand vor die Fassade gestellte Pflanzgerüste können Schadenrisiken verkleinern. Arbeiten an der Fassade und Begrünungspflege können so erleichtert vorgenommen werden.

*Bild 10-1: Fassadenbegrünung*

*Quelle: Bau-Sachverständigenbüro projektRAUM*

### Vertikale Gärten

Die Idee vertikaler Gärten ist nicht neu: Die Hängenden Gärten der Semiramis in Babylon am Euphrat waren eine aufwendige Gartenanlage mit üppiger Vegetation auf und an terrassierten Anlagen und eines der sieben Weltwunder der Antike.

Vertikale Gärten können auf verschiedene Art und Weise entstehen:

1. Durch das Begrünen einer Wand mit Pflanzen, die alleine oder mithilfe von Rankhilfen emporwachsen können, wie Kletterpflanzen oder Spalierobst. Die Pflanzen wurzeln dazu direkt im Boden oder in bodenstehenden Pflanzgefäßen.
2. Wände können auch mit bepflanzbaren Konstruktionen ausgestattet werden, die das direkte Bepflanzen nach dem Vorbild der Natur ermöglichen, in der man Pflanzen an Felsvorsprüngen oder Felstaschen vorfinden kann.
3. Eine weitere Möglichkeit der Gestaltung von vertikalen Gärten als Living Wall, ist die Befestigung von Pflanzgefäßen an vorgehängten oder gestellten Konstruktionen mit mind. 70 cm Wartungsabstand. Da man für ihre Bepflanzung am besten Kleinstauden mit langen oder ausufernden Trieben verwendet, entsteht nach einer Weile der Eindruck einer begrünten Wand.

In jedem Fall muss die Unterkonstruktion für die Aufnahme der Lasten geeignet sein.

Eine automatisch geregelte Bewässerungsanlage ist für Fassadenbegrünungen ohne Bodenbindung unverzichtbar.

Die Wahl des Substrats muss auf die Pflanzenauswahl und den Standort abgestimmt werden. Wasserspeichergranulate, die ein Vielfaches ihres Volumens an Wasser aufnehmen können, erleichtern die Regulierung des Feuchtehaushalts. Es empfiehlt sich, die Pflanzerde mit einem natürlichen Langzeitdünger, wie z. B. Hornspäne, zu vermischen. Mindestens einmal jährlich im Sommer sollte dem Gießwasser ein Flüssigdünger beigeben werden, sobald der Langzeitdünger seine Wirkung verliert.

## 10.2 Dachbegrünung

Im Sommer treten in sonnenbeschienenen Bauteilen hohe Temperaturen auf. Dunkle Dacheindeckungen heizen sich bis zu 85 °C auf, Temperaturschwankungen von 60 °C innerhalb weniger Stunden und von mehr als 100 °C Tag/Nacht-Differenz sind keine Seltenheit. Die mögliche Lebensdauer der betroffenen Bauteile wird dadurch extrem herabgesetzt. Das Kleinklima im Bereich derartiger Flächen ähnelt dem der Sahel-Zone und bedeutet Hitzestress für die Umgebung. Durch Begrünung von Dächern kann eine wesentliche Ursache für die sommerliche Überhitzung in Ballungsgebieten gemildert werden. Die Dächer bleiben durch die thermische Entlastung, den Schutz vor UV-Strahlung und durch den zusätzlichen Aufbau länger dicht. 50 bis 70 % des Regenwassers werden zurückgehalten, und die Kanalisation wird so entlastet. Langsam durch Verdunstung in die Umgebung abgegeben, wirkt die Feuchtigkeit klimaverbessernd. Im Mikroklima erfüllen die Pflanzen eine biologische Ausgleichsfunktion als Inselweide für Insekten und Lebensraum für Vögel. Wegen des fehlenden Bodenanschlusses und bei begrenzter Dachbelastbarkeit sind die Bepflanzungsmöglichkeiten auf Dächern tlw. eingeschränkt.

- **Der Standardaufbau für Dachbegrünungen setzt sich wie folgt zusammen:**
  - Substrat und Vegetationsschicht mindestens 4 cm stark,
  - Drainagematte,
  - Speichermatte,
  - Wurzelschutzbahn,
  - Dichtungsbahn,
  - Dachkonstruktion.

Bei mehr als 10° Dachneigung empfiehlt sich der Einbau einer Krallmatte oder eines Lattenrostes, die das Substrat am Abrutschen hindern. Außerdem muss zur Traufe ein Sodenbalken oder ein Blech das Gründach sichern. Ab einer Neigung von 20° sollten zusätzlich Kanthölzer oder engmaschige Netze als Schubsicherung verlegt werden. Dächer können so bis zu einer Neigung von 40° begrünt werden.

- Zwei Dachbegrünungsformen werden unterschieden:
  - Extensivbegrünung: pflegearme, trockenresistente Begrünung mit niedrigem Wuchs wie Sukkulenten, Gräser und Moose; die Dicke der Substratschicht beträgt 4 bis 8 cm.

    Extensiv begrünte Dachflächen lassen sich problemlos auch zur Aufstellung von Solarmodulen nutzen. Die Module sollten in diesem Fall allerdings mindestens 25 cm Abstand zur Substratoberkante aufweisen, um Verschattung durch Aufwuchs zu vermeiden. Die Flächen unter den Modulen können nur von Pflanzengesellschaften besiedelt werden, die sehr wenig Licht und Wasser benötigen.
  - Intensivbegrünung: Bepflanzung mit größerem Grünvolumen aus Rasen, Stauden, Kleingehölzen und punktuell auch Büschen; die Wachstumsschicht ist zwischen 10 und 30 cm stark; für größere Gehölze auch noch stärker; diese Begrünungsform erfordert eine systematische Pflege und eine höhere Unterkonstruktionstragfähigkeit.

Beide Begrünungsformen sind auf Dächern bis 40° Neigung möglich. Die Wirkung auf das Kleinklima ist entscheidend vom Volumen der Biomasse abhängig. Daher sollte die Intensivbegrünung bevorzugt werden, sofern die Statik und die Konstruktion des Daches dies zulassen. Weiterhin werden die Dämmwirkung und der sommerliche Wärmeschutz verbessert.

- Pflanzenauswahl für die extensive und intensive Dachbegrünung:
  - Arten, die sich selbst ansiedeln: Ackerlöwenmaul, Bauernsenf, Ferkelkraut, Frauenmantel, Hasenklee, Johanniskraut, Kleiner Klee, Rispengras, Sandkraut, Schafgarbe, Wegerich, Vogelmiere, Moose und Flechten,
  - Wasserspeichernde Sukkulenten: Scharfer Mauerpfeffer, Schneepolster, Rotblühende Fetthenne, Felsen- Fetthenne, Weihenstephaner Gold, Walzensedum, Hauswurz,
  - Großflächige Gräser: Gemeines Straußgras, Dachtrespe, Schafschwingel, Rotschwingel, Bärenfellgras, Perlgras, Wiesenrispe,
  - Weitere Arten: Schnittlauch, Steinkraut, Hundskamille, Sandkraut, Blaukissen, Fingersegge, Erdsegge, Margerite, Pfingstnelke, Sonnenröschen, Lavendel, Lein, Pol-

sterphlox, Fingerkraut, Brunelle, Salbei, Rotes Seifenkraut, Borstenhirse, Thymian, Königskerze.

Durch Flugbesamung stellt sich auf dicken Wachstumsschichten eine regionaltypische Pflanzengemeinschaft nach einigen Jahren auch von selbst ein.

# 11 Baustoffe, Dämmstoffe, Schadstoffe

Übersicht

## Einführung

Durch bauliche Aktivitäten ergibt sich eine ständige Veränderung der Umwelt. Das Bauwesen ist mit ca. 60 % am gesamten Ressourcenverbrauch auf der Erde beteiligt.

Die Herstellungsenergie ist für die Umweltbelastung von Baumaterialien neben gebundenen und freiwerdenden Schadstoffen ein wichtiger Faktor. Bei der Verarbeitung wird zwar auf jeder Stufe ein Teil der eingesetzten Energie im Produkt wieder gebunden, dabei werden jedoch auch Schadstoffe freigesetzt, die ungebunden Wasser, Boden und Luft belasten. Hinzu kommt der Energieaufwand für den Transport bis zum Einbau auf der Baustelle in Abhängigkeit von Masse, Volumen und Entfernung. Zu den negativen Einflüssen zählen neben den Produktionsprozessen auch die Schadstoffemissionen von Baustoffen. Einige Baustoffe sind als Allergieauslöser bekannt oder in Verdacht.

Bei der Baustoffauswahl und beim Bau entstehen Entscheidungsspielräume, die die Anwendung ökologischer Prinzipien ermöglichen.

**Anforderungen an Baustoffe sind:**

- schonender Einsatz von Ressourcen,
- energie- und schadstoffarme Produktherstellung,
- geringer Transportenergieeinsatz,
- umweltschonende Verarbeitungsmöglichkeiten,
- geringe Schadstoffabgabe im eingebauten Zustand,
- Dauerhaftigkeit,

- Wiederverwertbarkeit,
- Entsorgungsmöglichkeiten.

Bei der Auswahl von Konstruktionen und Baustoffen wird das Thema Recycling aufgrund zunehmenden Ressourcenmangels und als klimaschonende Maßnahme hohe Bedeutung erhalten. Die Wiedergewinnung von Baustoffen aus Restmaterial wird unter dem Begriff *Urban Mining* subsumiert. Hierunter fällt Upcycling: Wiederverwendung auf gleichem oder höherem Nutzungsniveau wie im Ausgangszustand (z. B. Restholzverwendung als Brettstapeldecke) und Downcycling: Verwendung zu einfacheren Nutzungszwecken (z. B. Betonschotter für den Straßenbau oder Gründungsschichten).

Die Wiederverwendung emmitierten $CO_2$ aus Anlagendirektabscheidung oder Atmosphärenentzug zur Herstellung von Power to Liquid-Brennstoffen (PtL) oder kohlenstoffhaltigen Materialien wie z. B. Carbonfaserrn o. Zement (Carbon Capture and Utilization CCU) ist ebenfalls der Circular Economie zuzuordnen. Kohlenstoff aus fossiler Primärenergie wird auf diese Weise substituiert. Die dazu erforderlichen Technologien stehen noch am Anfang, werden jedoch voraussichtlich hohe Bedeutung erlangen. Es gibt umfangreiche Anwendungsmöglichkeiten und bietet, bei Umwandlungsprozessverwendung von regenerativem Strom, eine sinnvolle Alternative zur Carbon Capture and Storage (CCS).Für die Bauwirtschaft sind Ansätze notwendig, damit eingesetzte Baumaterialien lange und möglichst ohne Qualitätsverlust in geschlossenen technischen oder biologischen Kreisläufen geführt werden können, statt als Abfall zu enden. Kreislaufwirtschaft, Circular Economy bzw. zirkuläres Bauen beschreiben das Prinzip, dass Rohstoffe, Produkte und Gebäude so zu planen und einzusetzen sind, dass sie nach Ablauf ihres ersten „Einsatzlebens" entweder in gleicher Qualität erhalten und wiedergenutzt werden können oder vollständig abbaubar in den Bioressourcenkreislauf zurückgeführt werden können. Die Kreislaufwirtschaft steht im Gegensatz zum linearen Wirtschaftsmodell der „Wegwerfwirtschaft", das auf Entnehmen – Herstellen – Konsumieren – Wegwerfen setzt. Um das zirkuläre Bauen erfolgreich umsetzen zu können, ist es notwendig, dass schadstofffreie, langlebige und vollständig nachnutzbare Baustoffe sowie Bauteile eingesetzt werden, die sich sortenrein trennen, ggf. sanieren lassen oder vollständig kompostierbar sind. Nachhaltiges und kreislauffähiges Bauen beginnt also mit einer nachhaltigen Materialauswahl und einer rückbaubaren Planung. Nachhaltige Gebäude müssen so geplant werden, dass sie als zukünftige Materialdepots genutzt werden können.

Im Abbruch- und Entsorgungsfall gelten öffentlich-rechtliche Vorschriften: Eigentümer sind uneingeschränkt für die sachgerechte Verwendung bzw. Entsorgung verantwortlich, Bauleiter für die Ausführung und ausführende Unternehmen für die jeweilig erbrachte Leistung – ggf. auch für den sachgerechten Umgang mit Gefahrstoffen. Eigentümer bzw. Bauherren sind zudem Abfallerzeuger und für die ordnungsgemäße Verwertung von Abbruchmaterial verantwortlich. Diese Pflichten können übertragen – jedoch nicht „juristisch abgewälzt werden". Planende und Bauleitende müssen Eigentümern bzw. Bauherren bei fehlender eigener Sachkenntnis ausdrücklich die Hinzuziehung von Sachverständigen zur vollständigen Schadstofferfassung und Ausarbeitung von Entsorgungskonzepten empfehlen.

### Sinnhaftigkeit hoher Dämmqualitäten

Durch wachsende Anforderungen an den Wärmeschutz steigt auch der Bedarf an Dämmstoffen. Die landläufige Ansicht, dass Dämmstoffe die Produktionsenergien nicht amortisieren können und auf Sondermülldeponien entsorgt werden müssten, wurde bereits weitestgehend widerlegt. Mineralische Dämmstoffe können auf Baustoffdeponien entsorgt werden. Neuere Mineralwollprodukte sind prinzipiell recycelbar. Die großen Hersteller haben bereits Rücknahmesysteme aufgebaut. Die Stoffe können zu Mineralfasermehl zerkleinert und zu wiederverwendbarem Granulat verarbeitet werden. Styroldämmstoffe werden derzeit bevorzugt thermisch verwertet, d. h. zusammen mit Hausmüll verbrannt. Es werden aber auch Verfahren zur stofflichen Verwertung zunehmend bei den Herstellern eingesetzt. Dämmung aus nachwachsenden Rohstoffen und Recyclingdämmstoffe haben derzeit nur etwa drei Prozent Marktanteil. Für Schütt- bzw. Einblasdämmstoffe wie z. B. Zellulose haben ebenfalls einige Hersteller Rücknahmesysteme zur Wiederverwendung eingerichtet.

Zur Ausführung hoher Dämmstandards und Dämmstärken wurde vom Energie Effizienz Institut 2022 einer Studie [1] veröffentlicht. Unter den als maßgeblich identifizierten Aspekten Dämmwirkung, Energiekosten, Treibhausgasemissionen im Lebenszyklus und Energieverfügbarkeit wurde das jeweilige Dämmstärkenoptimum für die Anwendungsfälle Fassadendämmung und Dämmung oberster Geschossdecken und den Materialien Mineralwolle, EPS, PUR und Zellulose ermittelt. Aus den Analysen resultieren drei Schlussfolgerungen:

1. Endverbraucher – wirtschaftlich betrachtet, lohnen sich bei den untersuchten Dämmmaterialien deutlich höhere Dämmstoffstärken als im GEG als Mindestanforderung festgelegt.
2. Beim Einsatz von nicht-erneuerbaren Energieträgern zur Beheizung amortisieren sich die betrachteten Dämmmaterialien ökologisch sehr schnell, auch jenseits der aktuell geforderten Dämmstoffstärken. Selbst beim Einsatz erneuerbarer Energieträger zur Gebäudebeheizung liegen die saldierten Dämmstoffstärken der betrachteten Dämmmaterialien > 12 cm. Dämmstoffe mit geringen Lebenszyklus-THG-Werten amortisieren sich ökologisch auch bei sehr hohen Dämmstoffstärken unabhängig vom eingesetzten Energieträger.
3. Efficiency First ist das Gebot der Stunde, um begrenzte Ressourcen und Ausbaugrenzen zu schonen. Jede Kilowattstunde Wärmeenergie, die durch verbesserte Effizienz eingespart wird, muss nicht erzeugt werden.

### Nachhaltige Leistung von Bauteilen

Gebäudebauteile isoliert nach ihrer Bauteilökologie zu betrachten, reicht unter Nachhaltigkeitsaspekten nicht aus. Die Leistung eines Bauteils muss weiterhin an seiner Nutzbarkeit, Effizienz und Lebensdauer im eingebauten Zustand gemessen werden.

Jedes Bauteil weist eine spezifische Lebensdauer auf. Je mehr langlebige Bauteile in einem Bauwerk verwendet werden, desto günstiger entwickelt sich das Verhältnis zwischen der Erstinvestition und dem Aufwand für die Instandhaltung des Bauwerks. Als Negativbeispiel dienen Sandwichkonstruktionen der 1960er und 1970er Jahre. In dieser Zeit setzte man besonders häufig Kunststoffmaterialien mit kurzer Lebensdauer zwischen Mauerwerksschalen oder in Geschossdecken ein. Als Folge weisen die Gebäude z. T. irreparable Schäden durch Tauwasserausfall in der Konstruktion auf. Viele Häuser sind abbruchreif, da Verbundkonstruktionen aus verschiedenen Baustoffen nur unter erschwerten Bedingungen wiederverwertbar sind. Ist eine Komponente irreparabel, zieht das höhere Folgeaufwendungen nach sich.

Bei der Abschätzung der Lebenserwartung von Bauteilen sind drei typische Merkmale zu beachten:

- die Abnutzung des Materials im Gebrauch,
- Positionierung des Produktes im technischen Fortschritt,
- subjektive Lebensdauer des Produktes oder Materials bezüglich Form, Gestaltung und Textur.

Ein Produkt kann ökonomisch als ausgewogen gelten, wenn diese Fristen gleich lang sind.

In der Planungsphase und bei der Ausführung kann durch Beachtung weniger Grundsätze erheblicher Einfluss auf den Ressourcenverbrauch genommen werden.

### *Checkliste für Ressourcenschonung durch umsichtige Planung*

- Baustoffe und Konstruktionen mit abfallarmer Herstellung und Verarbeitung wählen,
- unkomplizierte Bauformen bevorzugen,
- Materialminimierung durch optimierte Statik und Maßkoordination (Standardmaße),
- hohen Anteil an Recycling-Baustoffen wählen; dabei auf Bevorzugung von Produkt-Recycling (vollständiges Bauteil) vor Material-Recycling (einzelne Baustoffe) achten,
- Baustoffe mit unbedenklichen Inhaltsstoffen wählen,
- Ermöglichung einer langen Nutzungsdauer durch Erstellung anpassungsfähiger Gebäude (Grundrisse mit nutzungsneutralen Räumen, Modulbauweise u. a.),
- Begrenzung der Materialvielfalt,
- hohe Schadenssicherheit,
- konstruktive Trennung der Bauteile nach Lebensdauer; Eröffnung der Möglichkeit recyclingfähigen Rückbaus,
- Information und Koordination aller an Planung und Bau Beteiligten.

### *Checkliste für ressourcenschonende Bauausführung*

- Bauteile und Baustoffe vor Transport- und Montageschäden schützen,
- Materialvielfalt der Verpackungen einschränken,
- örtliche Entsorgungs- und Recyclingmöglichkeiten prüfen; Sammelplätze für Reststoffe einrichten und kennzeichnen,
- Kontaminierungsrisiken durch Ausschluss verunreinigender Stoffe und Schutz des Untergrunds vermeiden,
- Reststoffe nach Mengen und Arten identifizieren; Reststoffvermischungen verhindern,
- Organisationseinweisung für Wertstofftrennung durchführen,
- wiederverwendbare Montagesysteme nutzen,
- Rücknahmevereinbarungen für Verpackung und Reststoffe treffen.

In fertiggestellten und genutzten Gebäuden tritt eine weitere Phase der Schadstoffbelastung ein. Hier ist die Sicherstellung des hygienischen Luftwechsels von entscheidender Bedeutung für die Gesundheit der Nutzer.

*Bild 11-1: Sechsstufige Materialverwertungshierarchie*
*Quelle: Verfasser*

**Luftqualität**

Im Jahresmittel befinden sich die Menschen in unseren Breiten 80 bis 90 % der Zeit in Innenräumen. Die Verringerung des Luftwechsels bringt nicht nur Konzentrationserhöhungen chemischer Luftschadstoffe mit sich, sondern auch eine Anreicherung mit Keimen und Viren. Insbesondere in der Heizperiode werden Infektionen wie Grippe, Masern, Corona, Scharlach u. a. nahezu ausschließlich in Innenräumen übertragen. Neben der Entfernung von Schadstoffemissionen werden Komfortanforderungen an die Raumluft wie „frische" Luft und die Regulation der Luftfeuchte maßgeblich davon beeinflusst.

Wichtiges Kriterium für die Luftqualität ist die Luftwechselrate. Sie beschreibt, wie oft die Raumluft innerhalb einer Stunde mit der Außenluft ausgetauscht wird. Als Leitsubstanz (Indikator) für den Grad der Luftverunreinigung wird Kohlendioxyd ($CO_2$) angesehen. Werte zwischen 0,1 und 0,15 Vol. % $CO_2$ bzw. 1.500 ppm werden als „hygienischer Grenzwert" für Aufenthaltsräume angegeben [2].

Im Wohnbereich weisen insbesondere Schlafräume aufgrund der langen Verweildauer und vergleichsweise hoher Personenbelegung oft eine ungenügende Luftqualität auf. Durch Offenhalten der Zimmertür bzw. Fensterlüftung (außerhalb der Heizperiode) können erhebliche Verbesserungen erzielt werden. Die Innenraumluft ist in den letzten Jahrzehnten in das Kreuzfeuer der wohnhygienischen und energetischen Kritik gekommen. Für Hygieniker und Ärzte ist der Luftwechsel in Gebäuden zu gering, für Bauphysiker verlieren wir durchs Lüften zu viel Energie. Wer Wärmeenergie sparen will und gleichzeitig hygienische Raumluft fordert, benötigt eine nutzerunabhängig kontrollierte Wohnungslüftung. [2]

**Vorteile des kontrollierten Luftwechsels durch eine Lüftungsanlage:**

- Verbesserung der Raumluft durch kontrollierten und erhöhten Luftwechsel,
- Reduktion des Wasserdampfes und damit Minderung von Schimmel- und Bauteilproblemen,
- Linderung von Allergieproblemen,
- insbesondere bei Montage einer Anlage zur Lüftungswärmerückgewinnung: Senkung des Energiebedarfs.

## 11.1 Schimmelpilze

Schimmelbefall ist von besonderer wohnhygienischer Bedeutung, da viele Schimmelpilzsporen als Allergene wirken. Er tritt i. d. R. auf Wandinnenoberflächen von Außenwänden auf. Rund 10 bis 12 % der Allergiker reagieren auf Schimmelpilze. „Ausgelöst werden diese Allergien von den Sporen oder den eingeatmeten Pilzgiften. Bei den als Wohngifte wirkenden Schimmelpilzen handelt es sich um Aspergillus-Arten, wie *aspergillus niger* und *aspergillus fumigatus*. Die durch sie ausgelöste Aspergillose betrifft zumeist die Lunge (z. B. die allergische Bronchopneumopathie) sowie die Haut, Ohren und Nebenhöhlen." [2]. Insgesamt wird davon ausgegangen, dass grundsätzlich alle Schimmelpilze in der Lage sind, allergische Reaktionen bei dafür empfänglichen Personen auszuführen. Durch die geringe Größe der Sporen (2 bis 5 µm) gelangen diese sehr leicht in die Bronchien und können Asthma hervorrufen. Zu den häufigsten allergischen Krankheitsbildern zählen Bindehautentzündung der Augen, allergischer Schnupfen, Entzündung der Atemwege, anfallsweise Atemnot, Hautekzeme und Nesselfieber.

Um einen möglichen Schimmelpilzbefall in der Wohnung zu vermeiden, ist besonders der Parameter Feuchte von großer Bedeutung. Die Wachstumsvoraussetzungen für Schimmelpilze sind neben den praktisch überall vorhandenen Pilzen bzw. Pilzsporen, eine hohe Luftfeuchtigkeit > 70 %, eine geeignete Nahrungsgrundlage (organische Substrate), ein passender pH-Bereich sowie Oberflächentemperaturen von – 8 ... 60 °C.

Die Ursachen für Schimmelpilzwachstum in Gebäuden sind meist multikausal:

- Durchfeuchtung von Bauteilen und/oder Einrichtungsgegenständen durch Restneubaufeuchte, Überschwemmung, Rohrbrüche, bauliche Mängel oder Fehler in der Gebäudekonstruktion,
- unzureichende Wärmedämmung/Wärmebrücken,
- unzureichendes Lüftungsverhalten,
- falsche Beheizung.

### Wärmebrücken und Schimmel

Wärmebrücken sind örtlich begrenzte Stellen in den Umfassungsflächen eines Gebäudes, durch die nach außen ein größerer Wärmeabfluss als in den angrenzenden Bereichen stattfindet. Sie können durch die geometrischen Verhältnisse bedingt sein (z. B. im Bereich von Gebäudeecken) oder durch die Aneinanderreihung von Baustoffen unterschiedlicher Wärmeleitfähigkeit. Durch den erhöhten Wärmefluss im Bereich einer Wärmebrücke sinkt die innere Oberflächentemperatur des Außenbauteils. Kalte Oberflächen haben zur Folge, dass man kalte Zugluft zu spüren vermeint. De facto wird ihm wesentlich mehr Strahlungswärme entzogen als bei höheren Oberflächentemperaturen. Um dieser Unbehaglichkeit zumindest teilweise entgegenzuwirken, werden in aller Regel die Heiztemperaturen angehoben, um die Raumlufttemperatur zu erhöhen. Dadurch steigt der Heizenergieverbrauch und die Temperaturdifferenz zwischen Raumluft und mittlerer innerer Oberflächentemperatur erhöht sich. Die Folge ist Tauwasserbildung im Bereich der Außenwandinnenseite. An den entstehenden feuchten Stellen sammelt sich Staub und bildet evtl. in Verbindung mit Tapetenkleister und Anstrich einen guten Nährboden für die Sporen von teils gesundheitsschädlichen Schimmelpilzen. Der Tauwasserniederschlag im Bereich von Wärmebrücken kann bei längerer Durchfeuchtung zu Bauschäden führen. Dies wird noch durch die Tatsache verstärkt, dass die einmal durchfeuchtete Wand aufgrund der dadurch erhöhten Wärmeleitfähigkeit innen weiter abkühlt und so die Wärmebrückenwirkung erhöht wird.

Neben den erwähnten typischen Ursachen für eine mögliche erhöhte Feuchtigkeit im Gebäude und an den Bauteiloberflächen kann, wie erwähnt, auch ein Fensteraustausch ohne gleichzeitige wärmetechnische Außenwandsanierung ursächlich für das Entstehen von Schimmelpilzen sein. Durch die einseitige Sanierungsmaßnahme kommt es nicht mehr zu einem Tauwasseranfall im Bereich der Fensterscheiben, sondern an der Innenseite der nun aus Sicht der Wärmedämmung schlechteren Außenwand. Zudem kann durch die Reduktion des Luftwechsels aufgrund der höheren Dichtigkeit von Fensterfugen die Feuchtelast im Raum erhöht sein. Die Folge ist eine erhöhte Oberflächenfeuchtigkeit im Bereich von geometrischen Wärmebrücken und schlecht belüfteten Bauteilen.

**Vorbeugenden Maßnahmen zu Vermeidung von Schimmelpilzbefall:**

- gute Wärmedämmung aller Bauteile der thermischen Gebäudehülle,
- Schutz vor Eindringen von Niederschlägen,
- Abdichtung gegen aufsteigende Feuchte,
- Vermeidung von Baufeuchte und Austrocknung unvermeidbarer Baurestfeuchte,
- Realisierung des Mindestluftwechsels durch Stoßlüften bzw. Lüftungsanlage,
- Vermeidung von Dauerbelüftung wie z. B. Fensterkipp- o. Spaltlüftung in der Heizperiode,
- angemessene Innentemperaturen,
- Gewährleistung der Bauteilbelüftung an Außenwänden/Möbelaufstellung mit Mindestwandabstand 4 cm.

Bei einem Befall gibt es verschiedene Möglichkeiten der Schadensbehebung. Je nach Umfang, Art und Größe des vorhandenen Schadens muss eine geeignete Sanierungsvariante gefunden werden. Zuerst gilt es, die Schadensursache zu ergründen und zu beheben. Bei hohen Feuchtigkeitsbelastungen ist durch ausreichendes Lüften für einen schnellen Abtransport von Feuchtigkeit zu sorgen. Auf die Nutzung von Räumen mit starkem Schimmelpilzbefall sollte aus gesundheitlichen Gründen bis zur Befallsbeseitigung verzichtet werden.

### Schimmelpilzkriterium nach DIN 4108-2

Im Teil 2 der DIN 4108 wird ein Mindestwärmedurchlasswiderstand R von 1,20 m²K/W bei Wänden und Dächern vorgeschrieben. Durch das Einhalten der Mindestwerte des Wärmeschutzes sind bei Raumlufttemperaturen und relativen Luftfeuchten, wie sie sich in nicht klimatisierten Aufenthaltsräumen bei üblicher Nutzung einstellen, Schäden durch Tauwasser- bzw. Schimmelbildung im Allgemeinen vermeidbar. Dabei wird von einer relativen Feuchte von 80 % als Wachstumsvoraussetzung für Schimmelpilze ausgegangen.

Um das Risiko einer Schimmelbildung durch konstruktive Maßnahmen zu verhindern, müssen einige Anforderungen eingehalten werden. Der Temperaturfaktor muss an allen Teilen der thermischen Außenhülle (Ausnahme Fensterkonstruktionen) die Mindestanforderung $f_{Rsi} \geq 0{,}70$ erfüllen. Bei den Randbedingungen Innenlufttemperatur 20 °C, Außenlufttemperatur -5 °C und einer relativen Luftfeuchte von 50 % innen ist eine raumseitige Oberflächentemperatur von größer gleich 12,6 °C einzuhalten. Die Normrandbedingungen für Wärmeübergangswiderstände betragen innen für beheizte Räume 0,25 m²K/W, für unbeheizte Räume 0,17 m²K/W sowie außen 0,04 m²K/W.

Es wird ergänzend darauf hingewiesen, dass die Zulässigkeit einer Konstruktion nach DIN 4108 noch keine Garantie für eine schadensfreie Konstruktion ist. Bei hohen Luftfeuchtegehalten sind höhere Mindestwärmedurchlasswiderstände zur Kondensatvermeidung an Oberflächen erforderlich.

## 11.2 Toxische Bauschadstoffe

Der Mensch atmet am Tag etwa 11 bis 25 m³ bzw. ca. 14 bis 35 kg Luft ein und aus. Bei der Atmung wird Kohlendioxid gebildet. Der Begründer der experimentellen Hygiene, Max v. Pettenkofer, wies 1858 auf die Bedeutung der Luftqualität für die Gesundheit hin. Er wählte Kohlendioxid als Leitkomponente zur Beurteilung der Raumluftqualität. Als Richtwert nannte Pettenkofer 0,1 Vol.-%, das sind 1.000 ppm. Dieser Wert galt als sogenannte „Pettenkofer-Zahl" lange als Maßstab zur Bewertung der Innenraumluft. Nach DIN 1946, Teil 2 gilt ein Qualitätsgrenzwert von 0,15 Vol.-% $CO_2$ und ein Richtwert von 1.500 ppm.

Die Kohlendioxidkonzentration in Raumluft kann mit Standardabweichungen von 10 bis 15 % mittels Prüfröhrchen für Konzentrationen von 100 ... 3.000 ppm (1 ppm = 1 ml/m³) ermittelt werden. Für genauere Messungen kommen Infrarot-Sensoren oder chemische Prüfmethoden infrage.

Inhaltstoffe der Raumluft stammen in erster Linie

- aus der Umgebungsluft
- aus Baustoffen
- aus den Einrichtungsgegenständen
- aus Haushaltschemikalien
- von den Nutzern bzw. aus der Nutzung
- aus dem Gebäudebetrieb/Anlagen

Häufig vorkommende Luftschadstoffe in Innenräumen sind: Aceton, Buttersäure, Ethanol, Methanol, Acetaldehyd, Allylalkohol, Essigsäure, Amylalkohol, Diethylketon, Ethylacetat, Kohlenmonoxid, Phenol und Toluol. In einigen Regionen tritt auch Radon mit seinen gesundheitsschädlichen radioaktiven Verfallsprodukten aus unteren Erdschichten ans Tageslicht. Geschieht dies in Aufenthaltsräumen, hilft Verdünnung durch gesteigertes kontinuierliches Lüften.

Chemische Schadstoffe können für Befindlichkeitsstörungen wie Kopfschmerzen, Müdigkeit, Konzentrationsschwächen Überreizungen der Schleimhäute, Überempfindlichkeiten, aber auch für schwere Allergien und Krebs verantwortlich sein.

*Tabelle 11-1: Häufige Baugifte und ihre gesundheitsschädigenden Wirkungen*

| Stoff | Typische Quellen | Symptome/mögliche gesundheitliche Wirkungen |
|---|---|---|
| Asbest | Dachplatten, Fassadenelemente, Feuerschutzwände, Unterdecken, Bodenplatten, Fußbodenbeläge, Spachtelmassen, Abwasserrohre, Lüftungskanäle, Dichtungsmaterialien Nachtspeicheröfen Bj. bis 1972 | Asbestose, Lungen-, Rippenfell- oder Bauchfellkrebs |
| Benzol | Farben, Lacke, Lösemittel, Klebstoffe, Putzmittel, Abbeizmittel | Schleimhautreizungen, Schädigung des Knochenmarks, Blutbildveränderungen, Blutkrebs, Schäden an Leber, Nieren und Milz, erbgutschädigend |
| Bitumen | Anstriche, Bitumenpappe und -papier, Bitumenfaserplatten, Wellplatten, Asphalt-Estrich | Verdacht auf krebsverursachende Wirkung |
| 1,2-Dichlorethan | Lösemittel für Harze, Asphalt, Kautschuk, Abbeizmittel, PVC | Kopfschmerzen, Bewusstlosigkeit, Leber-, Nieren-, Magen-Darm-Beschwerden, Verdacht auf Krebsauslösung |
| Epoxidharze | Lacke und Gießharze, Klebstoffe, Beschichtungen, Imprägnierungen, Bindemittel zur Herstellung von Kunstharzbeton und Kunstharzmörtel | Allergien, Krebs |
| Ethyl-Benzol | Lösemittel, in styrolähnlichen Produkten | greift die Augen stark an |
| Formaldehyd | Desinfektionsmittel, Haushaltsreinigungsmittel, Spanplatten, Lacke, Klebstoffe, Klebefolien, Faserplatten, Farben, Lösemittel, Schaumstoffe, Tapeten, Medikamente, Filzstoffe, Textilien, Zigarettenrauch | Kopfschmerzen, Schlaflosigkeit, Gedächtnisschwund, erbgutschädigende Wirkung, Augenreizung, Übelkeit, Krebsverdacht, Nervosität, Depressionen, Aggressivität, Atemwegserkrankungen, Schleimhautreizung, Hautausschlag |

| Stoff | Typische Quellen | Symptome/mögliche gesundheitliche Wirkungen |
|---|---|---|
| Kohlenmonoxid, Stickoxide | Verbrennung in Öfen, Herden und Durchlauferhitzern | Sehstörungen, Schwindel, Konzentrationsstörungen, zentralnervöse Funktionsstörungen, Kopfschmerzen, Tod durch inneres Ersticken |
| Lindan | Imprägniermittel, Schädlingsbekämpfungsmittel, Holzschutzmittel | Erbrechen, Kopfschmerzen, Blutarmut, Atemlähmung, Schleimhautreizung, Schädigung des Nervensystems, Knochenmarkschwund |
| Ozon | Photokopierer, Laserdrucker, Luftionisationsgeräte, bei Schweißer-Arbeiten, in Hallenbädern bei zu starker Ozonisierung | Schleimhautreizungen, Beeinträchtigung der Atemfunktion, bei geringer Dosis Stärkung, bei hoher Dosis Schwächung des Immunsystems |
| PAK (Polyzykl. aromat. Kohlenwasserstoffe) | Feuchteabdichtung (Teer), Karbolineum, Parkettkleber | krebsfördernd bis -auslösend (Blasen-, Bronchial-, Lungen-, Magen- und Darmkrebs) |
| Polychlorierte Biphenyle (PCB) | Fugendichtmassen, Brandschutzanstriche, ältere Transformatoren u. Kondensatoren | Missbildung der Leibesfrucht (Durchbrechen der Placentaschranke), Krebsverdacht, Hirn- und Lebergifte, Immunsystemstörung |
| Pentachlorphenol | Holzschutzmittel, Anstrichmittel zur Pilzbekämpfung, Tapeten, Klebstoffe, Lacke, Farben, Textilien, Teppiche | Leberzirrhose, Knochenmarkschwund, Kopfschmerzen, Übelkeit, Erbrechen, Akne, Nierenschäden, Blutkrankheiten, Nervenschädigungen |
| Perchlorethylen PER | chemische Reinigung, Kleiderreinigung | Schädigung des Nervensystems, Schleimhautreizung, unspezifische Symptome wie Kopfschmerzen und Müdigkeit, Krebsverdacht |
| Phenol | Schaumstoff, Kunstharze, Farbstoffe, Leim-, Imprägnier- und Desinfektionsmittel, Teer, Teerpappe | hautätzend, Störungen des Kreislauf- und des Nervensystems, Nieren- und Leberschäden |
| Pyrethroide | Holzschutz, Schädlings-Bekämpfungsmittel, Wollschutz, Textilausrüstung | Beeinflussung der Nervenmembranen |
| Styrol | Polystyrol-Kunststoffe, Klebstoffe | Kopfschmerzen, Müdigkeit, Depressionen, Verhaltensstörungen. Sehstörungen |
| Teer | Teerpappe, Bautenschutzmittel, Estriche | krebserregend |

| Stoff | Typische Quellen | Symptome/mögliche gesundheitliche Wirkungen |
|---|---|---|
| Toluol | Lösungsmittel für Lacke, Farben, Harze, Öle, Polituren, Nitroverbindungen, Reinigungs- und Anstrichmittel | Schleimhautreizungen, Übelkeit, Erregungszustände, Kopfschmerzen, Benommenheit, Hautausschläge, Atemstörungen, Schädigung von Leber und Nieren, Störungen des Nervensystems |
| Trichlorethan | Reinigungsmittel, Lösemittel für Lacke, Abbeizmittel | Bindehautreizung, Schleimhautreizungen, Hautentfettung, Hautausschläge, Schädigung der Sehnerven, Atemlähmungen, Schlafsucht, Desorientiertheit, Rauschzustände, Leber- und Nierenschäden, Verdacht auf Krebserzeugung |
| Vinylchlorid | Fußbodenbeläge, PVC, Heim-Textilien, Rollläden, Installationsrohre | krebserregend |
| Xylol | Kleber, Farben, Lacke, Lösemittel, Reinigungsmittel | Kopfschmerzen, Brechreiz, Verhaltensstörungen, hohe Konzentrationen verursachen Störungen und Erkrankung von Herz, Leber, Nieren und Nervensystem |
| Partikel | Tabakrauch, Kochen, minderbelüftete Verbrennungsanlagen, Aerosolsprays, kondensierte Dämpfe, Hausstaub | je nach Zusammensetzung: Schleimhautreizungen, Atemwegsinfektionen, Emphysem, Herzkrankheiten, Lungenkrebs |
| Mikroorganismen (Bakterien, Viren, Pilze) | Klimaanlagen, Luftbefeuchter, Teppiche, Insektenteile, Hausstaub, Schimmel, Milben, Algen, Detergenzien, chemische Zusätze | allergische Reaktionen |
| Verbrennungsgase | minderbelüftete Verbrennungsanlagen, Garagen, Kamine, Herde, Tabakrauch | CO: Sauerstoffmangel in Folge CO-Hb, gestörte Seh- und Hirnfunktion, bei hohen Konzentrationen tödlich $NO_2$: erhöhte Atemwegs-Infektions-Rate, Lungenödem, Bronchialverengung |
| Flüchtige org. Verbindungen VOC | Teppichrücken, Linol, Korkböden, Hartschaum (Styrol), Alkydharzfarben, Holzwerkstoffe, Teerprodukte | Haut- und Schleimhautreizung, Atemwege, Geruchsbeeinträchtigung, Kopfschmerzen, Müdigkeit |
| Radon | Boden, Baumaterial, Brunnenwasser | Lungenkrebs |

*Quellen: Wohnen und Gesundheit 6/95, www gesundbauen.at, 03.09.02*

## 11.3 Sick Building Syndrom (SBS)

Schätzungen zufolge treten in etwa 30 % aller Büroneubauten durch ungenügende Raumluftqualität mit ihren Auswirkungen auf das gesundheitliche Wohlbefinden der Beschäftigten Probleme auf. [3]

**Typische Symptome für SBS sind:**

- Kopfschmerzen
- Müdigkeit
- Konzentrationsstörungen
- Nasen- und Nasennebenhöhlenreizungen
- Heiserkeit
- Bronchitis
- Asthma
- Trockenheit und Brennen der Haut
- Hautausschläge

Wenn die Befindlichkeitsbeschwerden beim Betreten des Gebäudes zunehmen bzw. nach Verlassen des Gebäudes rasch abnehmen, spricht man von Sick Buildung Syndrom. Die Symptome werden nach spätestens einem halben bis einem Jahr nach Einzug nach Bau o. Sanierung erkennbar. Der wirtschaftliche Schaden kann erheblich sein. Treten die Symptome zunächst bei einigen wenigen Personen auf, kommen Prozesse in Gang, die zu Klagen gegenüber dem Arbeitgeber oder Erbauer führen können. Mögliche Ursachen können Schadstoffe in der Innenraumluft sein. Dazu zählen Kohlenmonoxid, Formaldehyd und Emissionen aus flüchtigen organischen Verbindungen (VOC) aus Möbeln, Bodenbelägen, Holzwerkstoffen, Klebern, Lacken, Reinigungsmitteln u. a. Ein Teil der Fälle korreliert mit Schimmelpilz- Expositionen.

Voll klimatisierte Gebäude sind aus mehreren Gründen signifikant häufiger betroffen. Anlagenverschmutzungen, Zuluftbehandlung, Zuglufterscheinungen können zu Beschwerden führen. Auslösefaktoren bestehen durch ineffektive raumlufttechnische Anlagen bzw. deren mangelhafte Wartung, Umluftbetrieb, Behandlung der Zuluft mit Duftstoffen o. Ä., zu hohe, zu niedrige und nicht individuell regelbare Raumlufttemperaturen. Ein weiteres nicht zu unterschätzendes Problem sind nicht zu öffnende Fenster. Sie vermitteln das Gefühl der Beengtheit. Eine psychologisch wichtige Möglichkeit der Selbststeuerung des Klimas durch Frischluftzufuhr und direktem Außenkontakt ist dann nicht vorhanden.

Im Zuge von Gebäude-Nachhaltigkeitszertifizierungen werden i. d. R. zur Fertigstellung Raumluft-Qualitätsmessungen durchgeführt. Die Nichteinhaltung von definierten Grenzwerten wirkt als Zertifizierungs-Ausschlusskriterium. Die Deutsche Gesellschaft für nachhaltiges Bauen definiert als Zertifizierungsgrenzwert von Büronutzungen für Formaldehyd max. 120 µg/m³ und für TVOC max. 3.000 µg/m³. Volle Kriterienpunktzahl wird mit Werten von < 0,05 µg/m³ bei Formaldehyd und < 500 µg/m³ bei TVOC erreicht.

Um SBS vorzubeugen, müssen die Beschäftigten schon in einem frühen Planungsstadium involviert werden. Individuelle Wahlmöglichkeiten der Beeinflussung der Temperatur und des Luftaustauschs sowie eine schadstofffreie Baustoff- und Mobiliarauswahl sollten zum Standard gehören. Eine Einweisung der Mitarbeiter in das haustechnische Konzept des Gebäudes mit regelmäßiger Informationsauffrischung trägt zur Akzeptanz und zur Einsparung von Primärenergie bei. Bei einer gut funktionierenden Lüftungsanlage in Kombination mit einer regelmäßigen Nutzungseinweisung wird manuelle Fensteröffnung nur selten missbraucht. Außerhalb der Heizperiode spielt die Fensterlüftungsdauer keine energetische Rolle, sofern die Räume nicht unterhalb der Außentemperatur technisch gekühlt werden.

Verwandte umweltassoziierte Syndrome sind: Building-Related Illness (Gebäudekrankheiten) und Multiple Chemical Sensitivity (MCS, „Öko-Syndrom").

## 11.4 Allergien

Ein Viertel der Bevölkerung der industrialisierten Welt leidet an Allergien. Das war nicht immer so. 1958 lag der Allergiker-Anteil noch unter 5 % und 1986 bei ca. 10 %. In Deutschland sind inzwischen bereits mehr 40 % betroffen. Die Entwicklung der letzten Jahre zeigt, dass die Tendenz steigend ist. „Eine Allergie ist eine Reaktion des Immunsystems auf bestimmte körperfremde Stoffe (Allergene), die gegenüber Krankheitskeimen eigentlich keine Gefahr für die Gesundheit bedeuten. Für ca. 20.000 Substanzen sind allergieauslösende Wirkungen bekannt. Dabei können Symptome am Auge, in den Atemwegen, auf der Haut, im Magen-Darm-Trakt und andere Reaktionen auftreten. Stellt man fest, dass möglicherweise eine Allergie vorliegt, so sollte man einen Arzt konsultieren, der die entsprechende Allergiediagnostik durchführt." [7]

**Die häufigsten Allergien [4]**

- Kontaktallergien treten auf der Haut auf. Hierfür können z. B. Nickel und Kobalt, Duft- und Aromastoffe in Kosmetika, latexhaltige Produkte, Reinigungsmittel, Arzneimittel sowie Pflanzen verantwortlich sein.
- Nahrungsmittelallergien
- Insektengiftallergie
- Tierhaarallergie
- Allergie auf Hausstaubmilben
- Staublaus-, Bücherlausallergie
- Schimmelpilzallergie
- Pollenallergie

Die Pflanzenallergien werden durch Luftschadstoffe verursacht, die den pflanzlichen Trägern anhaften und deren Struktur verändern.

Allergien, die speziell im häuslichen Bereich ihren Ursprung haben, sind im Nachstehenden beschrieben:

### Hausstaubmilbe

Hausstaubmilben (*Dermatophagoides pteronyssinus*) sind etwa 0,3 mm groß. Von den über hundert Milbenarten sind die Hausstaubmilbe und die Mehlstaubmilbe am weitesten verbreitet. Ihre Lebenserwartung beträgt 3 bis 4 Monate. Ihr bevorzugtes Milieu erreicht bei 75 % Luftfeuchtigkeit ein Optimum. Sie treten vorwiegend im Schlafbereich, insbesondere in Matratzen, Wolldecken und Bettwäsche auf, wo ihnen das feuchtwarme Milieu (Transpiration, Körperwärme) behagt. Unterhalb von 60 % Luftfeuchte wird die Vermehrung reduziert. Diese Tatsache erklärt auch, warum sie in Höhenlagen über 1500 m nur selten nachzuweisen ist. Milbenallergiker sollten deshalb ihre Urlaubszeit bevorzugt im Hochgebirge verbringen. Die Hausstaubmilbe ernährt sich von organischen Resten, insbesondere von Schuppen, die pro Person mit ca. 1 Gramm pro Tag anfallen. So entstehen große Mengen Milbenkot, der als allergenhaltiger Staub aufgewirbelt und mit der Atemluft inhaliert wird.

Anzeichen für eine Milbenallergie können tränende Augen, Niesanfälle, Fließschnupfen, Husten und in fortgeschrittenem Stadium allergisches Asthma bronchiale sein.

Maßnahmen:

- Die Raumluftfeuchte sollte durch regelmäßige Lüftung gesenkt werden; evtl. kann dies durch die Montage einer Lüftungsanlage mit Feinfiltern geschehen. Luftbefeuchter sind kontraproduktiv und begünstigen nur die Milbenausbreitung. Besonders in der Nacht sollte kühle und trockene (unter 50 % relative Feuchte) Luft angestrebt werden.
- Glatte Kunststoffüberzüge (Encasings) für die Bettwäsche erschweren die Unterschlupfmöglichkeiten für Milben, stören jedoch die Schweißabgabe. Vorteilhafter sind atmungsaktive Materialien. Tägliches Trocknen durch Lüften des Bettzeuges, wöchentliches Waschen der Bettwäsche sind hilfreich. Die Matratze sollte mit einem feuchten Einmaltuch abgewischt und vor Neubezug abgetrocknet werden.
- Teppiche vermeiden, insbesondere hochflorige Textilbeläge.
- Stofftiere, Kissen etc. können durch phasenweise Tiefkühlung ihrer Milben entledigt werden.

### Staublaus, Bücherlaus (Psocoptera)

Die Psocoptera ist ca. 0,6 bis 1,2 mm groß und lebt in feuchtem Milieu. Sie ernährt sich vornehmlich von Schimmel, Lebensmitteln und Papiermaterial. Sie ist vor allem in Neubauten und feuchten Wohnungen zu finden und hebt sich besonders auf weißen Wänden als kleiner, rötlicher und bewegender Punkt ab.

Die wesentliche Gegenmaßnahme besteht wie bei der Schimmelpilzbekämpfung aus dem Senken der Raumluftfeuchte durch regelmäßige Lüftung. Luftbefeuchter sind kontraproduktiv und begünstigen die Ausbreitung der Psocoptera.

### Tierhaare/Federn

Nahezu alle Tierarten können Allergien hervorrufen. Hautschuppen, Speichelbestandteile und andere Stoffe haften den Haaren an und verbreiten sich über sie in der Wohnung. Das Einatmen der Allergene verursacht allergische Reaktionen der Haut, Augen und Nase oder wirkt auf die Atemwege.

Als Maßnahmen bieten sich an:

- Trennung vom Haustier (als eine naheliegende und zugleich schwierige Lösung),
- häufiges Kämmen der Tiere im Außenbereich durch Nichtallergiker,
- Kontakt mit Haustieren, auf die man allergisch reagiert, vermeiden,
- Nutzung von Staubsaugern mit Mikrofilter (Allergikerfilter).

## 11.5 Fogging

Der Begriff Fogging (Fog = engl. Nebel) ist definiert als relativ plötzlich an Wänden, Decken und Möbeln auftretende dunkle oder schwarze, zum Teil ölig-schmierige Beläge.

Die Ursachenforschung für das Phänomen, welches auch *magic dust* genannt wird, ist noch nicht vollständig abgeschlossen.

Als Ursachen gelten allgemein multikausal:

- offene Kamine, undichte Schornsteine, evtl. auch raumlufttechnische Anlagen, Feinstaub, insbesondere kohlenstoffhaltige Partikel,
- Verwendung von Kerzen, Räucherkerzen, Öllämpchen usw.,
- Wärmebrücken,
- ständige Luftströmungen,
- Raumausstattung mit polymerhaltigen Produkten,
- geringe Luftfeuchtigkeit,
- evtl. auch elektrostatische Aufladung,

immer in Verbindung mit einem hohen Anteil flüchtiger organischer Verbindungen (SVOC), Phthalate (Weichmacher).

Schwerflüchtige organische Verbindungen gasen über lange Zeiträume aus ihren Trägermaterialien aus. Dies führt dazu, dass z. B. nach sommerlichen Renovierungsarbeiten mit weichmacherhaltigen Farben erst im Winter, wenn geheizt und weniger gelüftet wird, die Schadstoffkonzentration deutlich ansteigt und im Zusammenwirken mit anderen Faktoren zum Fogging führt.

Fogging stellt ein hygienisches und optisches Problem dar, das nicht dauerhaft toleriert werden kann. Die Diagnose kann sehr aufwendig sein und erfolgt durch dafür ausgebildete Bauwerksdiagnostiker. Ohne Beseitigung der raumklimatischen Ursachen hat eine Sanierung kaum bleibenden Erfolg.

Für die Behandlung kleinflächiger Belastungen $< 0{,}5\ m^2$ wird Desinfektion, z. B. mit 80%igem Ethanol oder mit Essigsäure, empfohlen. Umfangreichere Sanierungsmaßnahmen mit biologischen Arbeitsstoffen erfordern die Berücksichtigung von entsprechenden Arbeitsschutzauflagen.

## 11.6 Baustoffe im Vergleich

Die nachstehenden Tabellen bieten einen Überblick über grundlegende Eigenschaften und materialspezifische Daten einer Vielzahl von Baustoffen. Die schnell fortschreitende technische Entwicklung auf diesem Gebiet bedingt, dass die Zusammenstellung keinen Anspruch auf Vollständigkeit erhebt. Weiterhin ist der Schwerpunkt auf die gängigsten Baustoffe gelegt.

Die DIN EN ISO 14025 und die DIN ISO 14040/44 erfassen die Umweltwirkung von Baustoffen in Verbindung mit der funktionalen Leistungsfähigkeit (sogenannte EPDs). Dadurch steht für die meisten Baustoffe eine allgemeingültige Umweltbilanz zur Verfügung. Diese ist jedoch nicht zur Baustoffauswahl unter monofunktionalen Aspekten geeignet. So ist z. B. die Herstellung einer Dreischeiben-Wärmeschutzverglasung gegenüber einer Einscheibenverglasung energie- und materialintensiv, jedoch ergibt sich i. d. R. ein deutlicher Umwelt-Leistungsvorsprung der Dreischeiben-WSV bei einer Lebenszyklusbetrachtung.

Weitere Materialeigenschaften und Produktumweltwirkungen können der Datenbank des Bundesministeriums für Umwelt, Naturschutz, Bau und Reaktorsicherheit (BMUB) unter www.oekobaudat.de oder unter epd-online.com vom Institut Bauen und Umwelt e. V. abgerufen werden.

*Tabelle 11-2: Energiegehalte mineralischer Baustoffe Teil 1*

| **Material je kg** | **Dichte** g/cm³ | **Energie äquival.** Mj | **Emissions-Partikel** g | **CO** g | **$CO_2$** kg | **$NO_x$** g | **fester Abfall** |
|---|---|---|---|---|---|---|---|
| Stahl | 7,9 | 25,1 | 9,7 | 0,95 | 1,86 | 1,77 | 450 cm³ |
| Stahl, 50 % recycelt | 7,9 | 18,1 | 15,97 | 1,79 | 1,81 | 3,32 | 792 g |
| Blech | 7,9 | 33,6 | 11,06 | 1,29 | 2,39 | 5,11 | 450 cm³ |
| Aluminium | 2,7 | 230,14 | 14,35 | 18,0 | 14,6 | 40,67 | 1.958 cm³ |
| Alu, 35 % recycelt | 2,7 | 116,7 | 24,73 | 11,68 | 10,2 | 18,9 | 653 g |
| Ziegel | 1,6 | 3,15 | 0,10 | 1,34 | 0,34 | 1,19 | 1.000 g |
| Beton | 2,3 | 0,72 | 0,43 | 0,38 | 0,15 | 0,5 | 1.000 g |
| Kantholz ohne Trocknung | 0,6 | 0,93 | 0,015 | 0,72 | o. A. | 0,45 | o. A. |
| Schnittholz | 0,6 | 3,82 | 0,098 | 0,48 | 0,31 | 1,62 | 3 g |
| Brettschichtholz (BSH) | 0,6 | 16,31 | 0,18 | 0,91 | 1,51 | 4,85 | 12 g |
| Glaswolle | 0,08 | 11,74 | 8,2 | 0,88 | 0,98 | 3,97 | 1.026 g |
| PU-Schaum | 0,03 | 105,05 | 2,19 | 11,05 | 7,2 | 19,47 | 1.219 g |
| Glas | 2,5 | 9,83 | 15,27 | 0,45 | 0,91 | 4,8 | 1.018 g |
| PVC | 1,5 | 51,10 | 0,63 | 1,06 | 2,07 | 3,44 | 170 g |
| Gummi | 1,4 | 30,02 | 0,20 | 0,78 | 0,86 | 3,0 | 1.025 g |

*Quelle: Hofstetter, Lachmann, Buval et al., 1990/91*

*Tabelle 11-3: Energiegehalte mineralischer Baustoffe Teil 2*

| **Steinart** | **Steinrohdichte** (t/m³) | **Primärenergiegehalt** (Mj/t) | (Mj/m³) | **Wärmeleitfähigkeit** W/mK | **Wärmespeicherung** bei d = 24 cm Wh/kgK | **Dampfdiffusion** µ [m] |
|---|---|---|---|---|---|---|
| Kalksandstein | 1,8 | 871 | 1.568 | 0,99 | 430 | 20 |
| Klinkerziegel | 2 | 3.116 | 6.232 | 0,96 | 480 | 5–10 |
| Hochlochziegel | 1,2 | 2.610 | 3.132 | 0,5 | 290 | 5–10 |
| Bimssteine | 0,7 | 1.044 | 731 | 0,35 | 140 | 5–10 |
| Leichtbeton | 0,7 | 2.440 | 1.708 | 0,35 | 140 | 5–10 |
| Gasbeton | 0,55 | 3.105 | 1.708 | 0,23 | 130 | 5–10 |

*Quelle: Institut für Bauforschung, Hannover, 1995*

*Tabelle 11-4: Plattendämmstoffe im Vergleich*

*Quelle: IpeG-Institut*

| Produktbezeichnung | Bild | Anwendungen nach DIN EN 13162 bis 13171 | Rohstoffe | Technische Daten | | | | | | | Spezifische Kennzahlen | |
|---|---|---|---|---|---|---|---|---|---|---|---|---|
| | | | | Wärmeleitfähigkeit Λ [W/(m·K)]* | Wärmespeicherkapazität J/(kg·K) | Wasserdiffusionswiderstand μ | Rohdichte kg/m³ | Baustoffklasse | Primärenergieinhalt kWh/m³ | Wasserabweisende Wirkung | Druckbelastbar | geeignet als WDVS |
| Vakuumdämmung | | DAD, DAA, DZ, DI, DEO, WAB, WAA, WH, WI, WTR | Siliciumtetrachlorid, Zellulosefasern, Polyethylenfolie, mehrlagige Hüllfolie (Aluminium, Kunststoff), ggf. Infrarottrübungsmittel | 0,007-0,008 | 800 | Diffusionsdicht | 150-210 | B2 | k.A. | Ja | Ja | Bedingt |
| Vakuum-Styropordämmung „Vacupad" | | DAA, DI, WI, DEO, | Siliciumtetrachlorid, Zellulosefasern, Polyethylenfolie, mehrlagige Hüllfolie (Aluminium, Kunststoff), ggf. Infrarottrübungsmittel, Styrodur/ MDF/ Polyester | 0,007 (Vakuumkern) | 1050 | Diffusionsdicht | k.A. | B1, B2 | k.A. | Ja | Ja | Ja |
| Aerogel „BluPor" „Spaceloft duro" | | k.A. | Siliciumoxid | 0,014 | k.A. | 5,5-18 | 150-170 | B1 | k.A. | Ja | Ja | k.A. |
| Aerogelplatte, Vliesbeschichtet „Sto-Aevero" | | k.A. | Amorphe Kieselsäure, Vlies | 0,016 | k.A. | 10 | 150 | B2 | k.A. | Ja | Ja | k.A. |
| Pyrogene Kieselsäure | | k.A. | Siliciumtetrachlorid, Zellulosefasern, ggf. Infrarottrübungsmittel, Zirkoniumoxid | 0,020-0,023 | 1050 | 6 | 150-350 | A1 | k.A. | Ja | k.A. | k.A. |
| Phenolharz Hartschaum „PF, Resolharzschaumplatten, Kooltherm" | | DAA, DI, DEO, WAB, WZ, WI | Phenol, Formaldehyd, Glasvlies | 0,021-0,025 | 1500-1800 | 10-50 | 35-40 | B1, B2 | k.A. | Nein | Ja | Möglich |

*Tabelle 11-4: Plattendämmstoffe im Vergleich (Fortsetzung)*

*Quelle: IpeG-Institut*

| Produktbezeichnung | Bild | Anwendungen nach DIN EN 13162 bis 13171 | Rohstoffe | Technische Daten | | | | | | | Spezifische Kennzahlen | |
|---|---|---|---|---|---|---|---|---|---|---|---|---|
| | | | | Wärmeleitfähigkeit Λ [W/(m·K)]* | Wärmespeicherkapazität J/(kg·K) | Wasserdiffusionswiderstand μ | Rohdichte kg/m³ | Baustoffklasse | Primärenergieinhalt kWh/m³ | Wasserabweisende Wirkung | Druckbelastbar | geeignet als WDVS |
| Polyurethan Hartschaum PUR, Alukaschiert | | DAD, DAA, DZ, DI, DEO, WAB, WAA, WZ, WH, WI, PW, PB | Polyole, Isocyanate, Pentan, Flammschutzmittel, Aluminium | 0,023 | 1200-1500 | diffusionsdicht | >30 | B2 | 830 | Ja | Ja | Nein |
| EPS-PUR-Verbundplatte | | | Polyole, Isocyanate, Pentan, Polystyrol | 0,024-0,025 | k.A. | diffusionsdicht | 30 | B2 | k.A. | ja | ja | ja |
| Polyurethan Hartschaum PUR, Vliesbeschichtet | | DAD, DAA, DZ, DI, DEO, WAB, WAA, WAP, WZ, WH, WI, PW, PB | Polyole, Isocyanate, Pentan, Flammschutzmittel, Vlies | 0,027-0,028 | 1200-1500 | 40-200 | >30 | B2 | 780 | Ja | Ja | Ja |
| Glaswolle-Platte | | k.A. | Altglas, Quarzsand, Soda, Borax, Bindemittel, Silan, ggf. aliphatisches Mineralöl, Silikonöl | 0,030 | k.A. | 1-2 | k.A. | A1 | k.A. | Ja | Ja | Nein |
| Polyurethan Hartschaum PUR, Vliesbeschichtet | | DAA, DZ, DI, WAB, WAA, WZ, WH, WI, PW, PB | Polyole, Isocyanate, Pentan, Flammschutzmittel, Papier | 0,030 | 1200-1500 | 40-200 | >30 | B2 | 780 | Ja | Ja | Nein |
| EPS-Graphit-Platte „Neopor“ | | DZ, DI, WAB, WH, WI, WTR | Styrol, Treibmittel, Flammschutzmittel, Graphit | 0,030-0,031 | 1500 | 20-100 | 15-18 | B1, B2 | 870 | Ja | Ja | Ja |
| PUR-Calcium-silikat-Verbundplatte | | DI, DEO, WI | Polyole, Polyisocyanat, Treibmittel Pentan, Kalkhydrat, Sand, silikatische Zuschläge, Zellstoff | 0,031-0,034 | k.A. | 32-36 | 90-115 | B2 | k.A. | Nein | mittel | Nein |

*Tabelle 11-4: Plattendämmstoffe im Vergleich (Fortsetzung)*

| Produktbezeichnung | Bild | Anwendungen nach DIN EN 13162 bis 13171 | Rohstoffe | Technische Daten | | | | | | | Spezifische Kennzahlen | |
|---|---|---|---|---|---|---|---|---|---|---|---|---|
| | | | | Wärmeleitfähigkeit Λ [W/(m·K)]* | Wärmespeicherkapazität J/(kg·K) | Wasserdiffusionswiderstand μ | Rohdichte kg/m³ | Baustoffklasse | Primärenergieinhalt kWh/m³ | Wasserabweisende Wirkung | Druckbelastbar | geeignet als WDVS |
| Polystyrol (expandierter Schaum) „EPS" | | DAD, DAA, DZ, DI, DEO, DES, WAB, WAP, WZ, WI, PW, PB | Styrol, Treibmittel, Flammschutzmittel, ggf. Graphit | 0,032 | 1500 | 20-100 | 15-18 | B1, B2 | 870 | Ja | Ja | Ja |
| Glaswolle-Platte | | DAD, DI, DES, WAB, WZ, WH, WI, WTR, WTH | Altglas, Quarzsand, Soda, Borax, Bindemittel, Silan, ggf. aliphatisches Mineralöl, Silikonöl | 0,032-0,033 | 840-850 | 1-2 | 13-100 | A1 | 100-800 | Ja | Ja | Nein |
| Mineralwolle platte „Ultimate" | | WAB, WZ, WI, DI | Nephelin, Kalk, Bauxit, harnstoffmodifiziertes Phenol-Formaldehydharz, Silan, ggf. aliphatisches Mineralöl, Silikonöl | 0,032 | 840 | 1 | 16-100 | A1 | 250 | Ja | Ja | Nein |
| Polystyrol (Extruderschaum) „XPS" | | DAD, DAA, DUK, DI, DEO, WAB, WAP, WZ, WI, PW, PB | Styrol, Treibmittel, Flammschutzmittel | 0,033 | 1400-1500 | 80-300 | 20-60 | B1, B2 | 870 | Ja | Ja | Ja |
| PUR-Calciumsilikat | | WI, DI | Polyole, Polyisocyanat, Pentan, Flammschutzmittel, Mineralvlies Calciumsilikat | 0,033 | k.A. | 27 | 35-45 | B2 | 800 | Nein | Mittel | Nein |
| Polystyrol (expandierter Schaum) „EPS" | | DAD, DAA, DZ, DI, DEO, DES, WAB, WAP, WZ, WI, PW, PB | Styrol, Treibmittel, Flammschutzmittel, ggf. Graphit | 0,033-0,035 | 1500 | 20-100 | 10-60 | B1, B2 | 870 | Ja | Ja | Ja |

*Quelle: IpeG-Institut*

*Tabelle 11-4: Plattendämmstoffe im Vergleich (Fortsetzung)*

*Quelle: IpeG-Institut*

| Produktbezeichnung | Bild | Anwendungen nach DIN EN 13162 bis 13171 | Rohstoffe | Technische Daten | | | | | | | Spezifische Kennzahlen | |
|---|---|---|---|---|---|---|---|---|---|---|---|---|
| | | | | Wärmeleitfähigkeit Λ [W/(m·K)]* | Wärmespeicherkapazität J/(kg·K) | Wasserdiffusionswiderstand μ | Rohdichte kg/m³ | Baustoffklasse | Primärenergieinhalt kWh/m³ | Wasserabweisende Wirkung | Druckbelastbar | geeignet als WDVS |
| Steinwolleplatte | | DAD, DAA, DZ, DI, DEO, DES, WAB, WAP, WZ, WH, WI, WTR, WTH | Dolomit, Basalt, Diabas, Anorthosit, Recyclingmaterialien, Phenol-Formaldehydharz, Silan, ggf. aliphatisches Mineralöl, Silikonöl | 0,033-0,036 | 840-1030 | 1 | 90-165 | A1 | 404 | Produkt-abh. | Ja | Ja |
| Glaswolle-Platten | | DI, DES, WAB, WZ, WI, WTH | Altglas, Quarzsand, Soda, Borax, Bindemittel, Silan, ggf. aliphatisches Mineralöl, Silikonöl | 0,035 | 840-850 | 1 | 13-100 | A1 | 100-800 | Ja | Ja | Nein |
| Mineralwolleplatte „Ultimate" | | WAB, WH, WZ | Nephelin, Kalk, Bauxit, harnstoffmodifiziertes Phenol-Formaldehydharz, Silan, ggf. aliphatisches Mineralöl, Silikonöl | 0,035 | 1000 | 1 | 16-100 | A1 | 250 | Ja | Ja | Nein |
| Polystyrol (Extruderschaum) „XPS" | | DAD, DAA, DUK, DI, DEO, WAB, WAP, WZ, WI, PW, PB | Styrol, Treibmittel, Flammschutzmittel | 0,035 | 1400-1500 | 80-300 | 20-60 | B1, B2 | 870 | Ja | Ja | Ja |
| Schafwolle | | | Schafschurwolle, Polypropylen oder Maisstärkefasern, Lanolin | 0,0354 (CH; Messwert EMPA) | 1720 | 1-5 | 22-28 | B2 | 20-80 (abh. von Bezugsort) | Ja | k.A. | Nein |

*Tabelle 11-4: Plattendämmstoffe im Vergleich (Fortsetzung)*

*Quelle: IpeG-Institut*

| Produktbezeichnung | Bild | Anwendungen nach DIN EN 13162 bis 13171 | Rohstoffe | Technische Daten | | | | | | | Spezifische Kennzahlen | |
|---|---|---|---|---|---|---|---|---|---|---|---|---|
| | | | | Wärmeleitfähigkeit Λ [W/(m·K)]* | Wärmespeicherkapazität J/(kg·K) | Wasserdiffusionswiderstand μ | Rohdichte kg/m³ | Baustoffklasse | Primärenergieinhalt kWh/m³ | Wasserabweisende Wirkung | Druckbelastbar | geeignet als WDVS |
| PLA/Polylactid-schaumplatte | | k.A. | Milchsäure aus Zucker und Mais, Treibmittel $CO_2$, Imprägniermittel | 0,036 | k.A. | k.A. | 20 | B2 | 344 | k.A. | k.A. | k.A. |
| Polyurethanzement „Hypucem" | | k.A. | Polyurethan (Polyole, Isocyanate, Treibmittel), Zement | 0,036-0,10 | 1089 | 33 | 200-700 | B2 | k.A. | Ja | Ja | Ja |
| Polystyrol (Extruderschaum) „XPS" | | DAD, DAA, DUK, DI, DEO, WAB, WAP, WZ, WI, PW, PB | Styrol, Treibmittel, Flammschutzmittel | 0,036-0,040 | 1400-1500 | 80-300 | 20-60 | B1, B2 | 870 | Ja | Ja | Ja |
| Polystyrol (expandierter Schaum) „EPS" | | DAD, DAA, DZ, DI, DEO, DES, WAB, WAP, WZ, WI, PW, PB | Styrol, Treibmittel, Flammschutzmittel, ggf. Graphit | 0,036-0,040 | 1500 | 20-100 | 10-60 | B1, B2 | 870 | Ja | Ja | Ja |
| Holzweichfaserplatten | | DAD, DAA, DZ, DI, DEO, DES, WAB, WAP,WH, WI, WTR | Nadelholzhackschnitzel, Paraffin, ggf. Latex, PUR-Harz, Wasserglas, Weißleim | 0,039-0,043 | 2100 | 3-5 | 110-200 | B2 | 372-781 | Ja | Ja | Ja |
| Flachs | | DZ, DI, WAB, WH, WI, WTR | Flachskurzfasern, Kartoffelstärke, Borat, | 0,040 | 1660 | 1 | 30-50 | B2 | k.A. | k.A. | Gering | Nein |
| Glaswolle-Platte | | DI, WAB, WZ, WH, WI, WTR | Altglas, Quarzsand, Soda, Borax, Bindemittel, Silan, ggf. aliphatisches Mineralöl, Silikonöl | 0,040 | 840-850 | 1 | 13-100 | A1 | 100-800 | Ja | Ja | Nein |

*Tabelle 11-4: Plattendämmstoffe im Vergleich (Fortsetzung)*

*Quelle: IpeG-Institut*

| Produktbezeichnung | Bild | Anwendungen nach DIN EN 13162 bis 13171 | Rohstoffe | Technische Daten | | | | | | | Spezifische Kennzahlen | |
|---|---|---|---|---|---|---|---|---|---|---|---|---|
| | | | | Wärmeleitfähigkeit Λ [W/(m·K)]* | Wärmespeicherkapazität J/(kg·K) | Wasserdiffusionswiderstand μ | Rohdichte kg/m³ | Baustoffklasse | Primärenergieinhalt kWh/m³ | Wasserabweisende Wirkung | Druckbelastbar | geeignet als WDVS |
| Mineralwolleplatte „Ultimate" | | WI, DI, WTR | Nephelin, Kalk, Bauxit, harnstoffmodifiziertes Phenol-Formaldehydharz, Silan, ggf. aliphatisches Mineralöl, Silikonöl | 0,040 | 1000 | 1 | 16-100 | A1 | 250 | Ja | Ja | Nein |
| Wellpappe | | k.A. | Recyclingmaterialien (Altpapier, Kartons, gebrauchte Wellpappe), Leim (Mais-, Weizen- oder Kartoffelstärke)/ Kunstharz | 0,040 | k.A. | Diffusionsoffen | 195 | B2 | k.A. | k.A. | k.A. | k.A. |
| Zelluloseplatten | | DAD, DZ, DI, WH, WI, WTR | Zellulose (Tageszeitungsaltpapier), Polyolefinfasern, Borsäure (Brandschutzmittel), anorg. Salze | 0,040 | 2000 | 2-3 | 70 | B2 | 70 | Nein | Gering | Nein |
| Hanfplatte | | k.A. | Hanfschäben, Hanffasern, Bikofasern, Flammschutzmittel (Soda oder Ammoniumsalz) | 0,040-0,042 | 1700 | 3,9 | 100 | B2 | k.A. | Nein | Ja | Ja |
| Schaumglasplatten „Foamglas" | | DAD, DAA, DI, DEO, WAB, WAA, WAP, WZ, WI, WTR, PW, PB | Altglas, Feldspat, Natriumkarbonat, Eisenoxid, Manganoxid, Kohlenschwarz, Natriumsulfat, Natriumnitrat | 0,040-0,042 | 1000 | Unendlich | 100-115 | A1 | 424-750 | Ja | Ja | Ja |
| Kork | | DAD, DAA, DZ, DI, DEO, WAB, WAP, WZ, WH, WI, WTR | Kork, ggf. Imprägnierungsmittel | 0,040-0,045 | 1800 | 10-30 | 95-160 | B2 | 360-440 | Ja | Hoch | Ja |

*Tabelle 11-4: Plattendämmstoffe im Vergleich (Fortsetzung)*

*Quelle: IpeG-Institut*

| Produktbezeichnung | Bild | Anwendungen nach DIN EN 13162 bis 13171 | Rohstoffe | Technische Daten | | | | | | | Spezifische Kennzahlen | |
|---|---|---|---|---|---|---|---|---|---|---|---|---|
| | | | | Wärmeleitfähigkeit Λ [W/(m·K)]* | Wärmespeicherkapazität J/(kg·K) | Wasserdiffusionswiderstand μ | Rohdichte kg/m³ | Baustoffklasse | Primärenergieinhalt kWh/m³ | Wasserabweisende Wirkung | Druckbelastbar | geeignet als WDVS |
| Kokosplatte | | k.A. | Kokosfasern, ggf. Imprägniermittel | 0,040-0,045 | 1700 | 1-2 | 90-160 | B2 | 95 | Ja | Gut | k.A. |
| Steinwolleplatten | | DAD, DAA, DZ, DI, DEO, DES, WAB, WAP, WZ, WH, WI, WTR, WTH | Dolomit, Basalt, Diabas, Anorthosit, Recyclingmaterialien, Phenol-Formaldehydharz, Silan, ggf. aliphatisches Mineralöl, Silikonöl | 0,040-0,045 | 840-1030 | 1 | 90-165 | A1 | 310-506 | Produkt-abh. | Ja | Ja |
| Polystyrol (expandierter Schaum) „EPS" | | DAD, DAA, DZ, DI, DEO, DES, WAB, WAP, WZ, WI, PW, PB | Styrol, Treibmittel, Flammschutzmittel, ggf. Graphit | 0,041-0,045 | 1500 | 20-100 | 10-60 | B1, B2 | 870 | Ja | Ja | Ja |
| Mineraldämmplatte „Porenbeton" | | DAD, DAA, DZ, DI, DEO, WAB, WAP, WZ, WH, WI | Kalk, Sand, Zement, Gips, mineralischer Zuschlag, Aluminium | 0,042 | 1300 | 2-7 | 90-130 | A1 | 210-393 | Nein | Ja | Ja |
| Blähperlitdämmplatte „Perlite-Dämmplatten" | | WI, DI | vulkanisches Rohperlitgestein, Bindemittel, Fasern | 0,045 | 1000 | 5-6 | 90-105 | A1 | 200-240 | Ja | Ja | Ja |
| Holzweichfaserplatten | | DAD, DAA, DZ, DI, DEO, WAB, WAP, WZ, WH, WI, WTR | Nadelholzhackschnitzel, Paraffin, ggf. Latex, PUR-Harz, Wasserglas, Weißleim | 0,045 | 2100 | 5 | 175-180 | B2 | 372-781 | Ja | Gut | Ja |

*Tabelle 11-4: Plattendämmstoffe im Vergleich (Fortsetzung)* *Quelle: IpeG-Institut*

| Produktbezeichnung | Bild | Anwendungen nach DIN EN 13162 bis 13171 | Rohstoffe | Technische Daten | | | | | | | Spezifische Kennzahlen | |
|---|---|---|---|---|---|---|---|---|---|---|---|---|
| | | | | Wärmeleitfähigkeit Λ [W/(m·K)]* | Wärmespeicherkapazität J/(kg·K) | Wasserdiffusionswiderstand μ | Rohdichte kg/m³ | Baustoffklasse | Primärenergieinhalt kWh/m³ | Wasserabweisende Wirkung | Druckbelastbar | geeignet als WDVS |
| Mineraldämmplatte „Porenbeton" | | DAD, DAA, DZ, DI, DEO, WAB, WAP, WZ, WH, WI | Kalk, Sand, Zement, Gips, mineralischer Zuschlag, Aluminium | 0,045 | 1300 | 3 | 110-115 | A1 | 210-393 | Nein | Ja | Ja |
| Schaumglasplatten „Foamglas" | | DAD, DAA, DI, DEO, WAB, WAA, WAP, WZ, WI, WTR, PW, PB | Altglas, Feldspat, Natriumkarbonat, Eisenoxid, Manganoxid, Kohlenschwarz, Natriumsulfat, Natriumnitrat | 0,046 | 1000 | Unendlich | 130 | A1 | 550 | Ja | Ja | Ja |
| Holzweichfaserplatten | | DAD, DAA, DZ, DI, DEO, WAB, WAP, WZ, WH, WI, WTR | Nadelholzhackschnitzel, Paraffin, ggf. Latex, PUR-Harz, Wasserglas, Weißleim | 0,047-0,050 | 2100 | 3-5 | 150- 270 | B2 | 372-781 | Ja | Gut | Ja |
| Mineraldämmplatte „Porenbeton" | | DAD, DAA, DZ, DI, DEO, WAB, WAP, WZ, WH, WI | Kalk, Sand, Zement, Gips, mineralischer Zuschlag, Aluminium | 0,047 | 1300 | 3 | 115 | A1 | 210-393 | Nein | Ja | Ja |
| Schilfrohr | | k.A. | Schilfrohr, Bindedraht | 0,048 | 1200 | 2-5 | 190 | B2 | k.A. | Ja | Ja | k.A. |
| Rohrkolben | | k.A. | Blätter der Rohrkolben | 0,048 | k.A. | Diffusionsoffen | 220 | B2 | k.A. | Nein | Mittel | k.A. |
| Mineraldämmplatte „Porenbeton" | | DAD, DAA, DZ, DI, DEO, WAB, WAP, WZ, WH, WI | Kalk, Sand, Zement, Gips, mineralischer Zuschlag, Aluminium | 0,050 | 1300 | 3-5 | 150 | A1 | 210-393 | Nein | Ja | Ja |
| Rohrkolben | | k.A. | Blätter der Rohrkolben | 0,052 | k.A. | Diffusionsoffen | 260 | B2 | k.A. | Nein | Mittel | k.A. |

*Tabelle 11-4: Plattendämmstoffe im Vergleich (Fortsetzung)*

| Produktbezeichnung | Bild | Anwendungen nach DIN EN 13162 bis 13171 | Rohstoffe | Technische Daten | | | | | | | Spezifische Kennzahlen | |
|---|---|---|---|---|---|---|---|---|---|---|---|---|
| | | | | Wärmeleitfähigkeit Λ [W/(m·K)]* | Wärmespeicherkapazität J/(kg·K) | Wasserdiffusionswiderstand μ | Rohdichte kg/m³ | Baustoffklasse | Primärenergieinhalt kWh/m³ | Wasserabweisende Wirkung | Druckbelastbar | geeignet als WDVS |
| Schaumglasplatten „Foamglas" | | DAD, DAA, DI, DEO, WAB, WAA, WAP, WZ, WI, WTR, PW, PB | Altglas, Feldspat, Natriumkarbonat, Eisenoxid, Manganoxid, Kohlenschwarz, Natriumsulfat, Natriumnitrat | 0,052 | 1000 | Unendlich | 165 | A1 | 424-750 | Ja | Ja | Ja |
| Blähperlitdämmplatte „Perlite-Dämmplatten" | | DEO, DES | vulkanisches Rohperlitgestein, Bindemittel, Fasern | 0,052 | 1000 | 5 | 150 | A1-B2 | 200-240 | Ja | Ja | Ja |
| Blähperlitdämmplatte „Perlite-Dämmplatten" | | DES | vulkanisches Rohperlitgestein, Bindemittel, Fasern | 0,055 | 1000 | 5-6 | 150 | A1 | 200-240 | Ja | Ja | Ja |
| Schilfrohr | | k.A. | Schilfrohr, Bindedraht | 0,055-0,059 | 1200 | 2-5 | 145-220 | B2 | k.A. | Ja | Produkt-abh. | Nein |
| Schilfrohrgranulatplatte | | k.A. | Schilfrohr, Holzleim | 0,055-0,056 | 1200 | 10,9 | 237,8 | B2 | k.A. | k.A. | Ja | Nein |
| Lehm/Holzfaserplatte zzt. nicht auf dem dt. Markt | | k.A. | Lehm, Holzfaser | 0,058 | 1800 | 5 | 350 | B2 | k.A. | Nein | Ja | Ja |
| Blähperlitdämmplatte „Perlite-Dämmplatten" | | DEO, DES | vulkanisches Rohperlitgestein, Bindemittel, Fasern | 0,060 | 1000 | 5 | 210 | B2 | 200-240 | Ja | Ja | Ja |
| Rohrkolben | | k.A. | Blätter der Rohrkolben | 0,060 | k.A. | Diffusionsoffen | 320 | B2 | k.A. | Nein | Ja | k.A. |

*Quelle: IpeG-Institut*

*Tabelle 11-4: Plattendämmstoffe im Vergleich (Fortsetzung)*

*Quelle: IpeG-Institut*

| Produktbezeichnung | Bild | Anwendungen nach DIN EN 13162 bis 13171 | Rohstoffe | Technische Daten | | | | | | | Spezifische Kennzahlen | |
|---|---|---|---|---|---|---|---|---|---|---|---|---|
| | | | | Wärmeleitfähigkeit Λ [W/(m·K)]* | Wärmespeicherkapazität J/(kg·K) | Wasserdiffusionswiderstand μ | Rohdichte kg/m³ | Baustoffklasse | Primärenergieinhalt kWh/m³ | Wasserabweisende Wirkung | Druckbelastbar | geeignet als WDVS |
| Calciumsilikatplatten „Kapillardämmplatte, Zementfaserplatte" | | DI, DEO, DES, WH, WI | Kalkhydrat, Sand, Kieselsäure-Flugasche, silikatische Zuschläge, Zellstoff | 0,060-0,073 | 850-1000 | 5-20 | 200-290 | A1 | 800-1200 | Nein | Mittel | Nein |
| zementgebundene EPS-Recyclinggranulatplatte | | k.A. | zementummanteltes EPS-Granulat | 0,061-0,070 | 1195 | 3-5 | 183-300 | A2 | 203 | Ja | Mittel | Ja |
| Schilfrohr | | k.A. | Schilfrohr, Bindedraht | 0,065 | 1200 | 2 | 145 | B2 | k.A. | Ja | Ja | Nein |
| Schaumglasplatte | | DAD, DAA, DI, DEO, WAB, WAA, WAP, WZ, WI, WTR, PW, PB | Altglas, Feldspat, Natriumkarbonat, Eisenoxid, Manganoxid, Kohlenschwarz, Natriumsulfat, Natriumnitrat | 0,067 | 850 | Unendlich | 130-150 | A1 | 424-750 | Ja | Ja | Ja |
| Mineraldämmplatte | | DAD, DI, DEO, WI | Calciumsulfat, Kalk | 0,069 | 1013 | 2,44 | 234-262 | A1 | k.A. | Nein | Ja | Nein |
| Holzweichfaserplatten | | | Nadelholzhackschnitzel, Paraffin, Bitumen, Hydrophobierungsmittel | 0,070 | 2100 | 5 | 135-230 | B2 | 372-781 | Ja | Gut | Ja |
| Keramikfaserplatten | | k.A. | Aluminium-Silikatfasern | 0,07 (bei 300°C) | 1130 | k.A. | 300-450 | A1 | k.A. | Ja | Ja | k.A. |
| Wärmedämmlehmplatte | | k.A. | Lehm, Kork, Kieselgur, Holzvlies | 0,080 | k.A. | 11 | 330 | B1 | k.A. | Nein | Ja | Nein |

*Tabelle 11-4: Plattendämmstoffe im Vergleich (Fortsetzung)*

| Produktbezeichnung | Bild | Anwendungen nach DIN EN 13162 bis 13171 | Rohstoffe | Technische Daten | | | | | | | Spezifische Kennzahlen | |
|---|---|---|---|---|---|---|---|---|---|---|---|---|
| | | | | Wärmeleitfähigkeit Λ [W/(m·K)]* | Wärmespeicherkapazität J/(kg·K) | Wasserdiffusionswiderstand μ | Rohdichte kg/m³ | Baustoffklasse | Primärenergieinhalt kWh/m³ | Wasserabweisende Wirkung | Druckbelastbar | geeignet als WDVS |
| Blähglasgranulatplatte | | k.A. | Blähglasgranulat (aus Altglas), Alkalilösung als Bindemittel, Alu- bzw. Glasbeschichtung | 0,080 | k.A. | 25 - unendlich (Alubeschichtet) | 376 | B1 | k.A. | Ja | k.A. | k.A. |
| Blähglasgranulatplatte „Reapor" | | k.A. | Blähglasgranulat (aus Altglas), Alu- bzw. Glasbeschichtung | 0,080 | k.A. | 25 | 270 | A1 | k.A. | Ja | Ja | k.A. |
| Calciumsilikatplatten „Kapillardämmplatte, Zementfaserplatte" | | DI, DEO, DES, WH, WI | Kalkhydrat, Sand, Kieselsäure-Flugasche, silikatische Zuschläge, Zellstoff | 0,080-0,090 | 850-1000 | 5-20 | >305 | A1 | 800-1200 | Nein | Mittel | Nein |
| Holzfaser-/Lehmplatte „Pavaclay" | | | Lehm, Holzfasern, Kalk, Stärke | 0,083 (Messwert) | 1500 | 5 | 600 | B1 | k.A. | Nein | k.A. | Nein |
| Blähglasgranulatplatte | | k.A. | Blähglasgranulat (aus Altglas), Alkalilösung als Bindemittel, Alu- bzw. Glasbeschichtung | 0,090-0,095 | k.A. | 25 - unendlich (Alubeschichtet) | 325-420 | A2-B1 | k.A. | Ja | k.A. | k.A. |
| Holzwolle-Leichtbauplatte | | DAD, DI, DEO, WAB, WAP, WH, WI, WTR | Fichtenholz, Bindemittel (Magnesit, Zement) | 0,090 | 2100 | 2-5 | 350-440 | B1 | 583-733 | Ja | Ja | Ja |
| Keramikfaserplatten „Fiberfrax" | | k.A. | Aluminium-Silikatfasern | 0,09 (bei 600°C) | 1000-1040 | k.A. | 200-390 | A1 | k.A. | Ja | Ja | k.A. |

*Quelle: IpeG-Institut*

*Tabelle 11-4: Plattendämmstoffe im Vergleich (Fortsetzung)*

*Quelle: IpeG-Institut*

| Produktbezeichnung | Bild | Anwendungen nach DIN EN 13162 bis 13171 | Rohstoffe | Technische Daten | | | | | | | Spezifische Kennzahlen | |
|---|---|---|---|---|---|---|---|---|---|---|---|---|
| | | | | Wärmeleitfähigkeit Λ [W/(m·K)]* | Wärmespeicherkapazität J/(kg·K) | Wasserdiffusionswiderstand μ | Rohdichte kg/m³ | Baustoffklasse | Primärenergieinhalt kWh/m³ | Wasserabweisende Wirkung | Druckbelastbar | geeignet als WDVS |
| Strohplatten | | k.A. | Stroh, Kaschierung (Glasgewebe, Vollpappe) | 0,0942-0,102 | 2400 | 35-40 | 340-379 | B2 | k.A. | k.A. | Produktabhängig | Möglich |
| Blähglimmerplatten „Vermikuliteplatten" | | k.A. | Blähglimmer (Mineral), Bitumen (Erdölraffinationsrückstand), rein anorganische Bindemittel | 0,140 (nach Definition kein Dämmstoff) | 900 | 3-4 | 350-400 | A1, A2 | 200 | Ja | Ja | k.A: |

1 geeignet für Gussasphaltestriche

2 Hitzebeständig (bis 1400)

Die Daten und Informationen dieses Überblicks wurden von den Verfassern nach bestem Wissen recherchiert und zusammengestellt. Für dennoch auftretende Fehler kann von Herausgeber und Verfasser keine Haftung übernommen werden.

* Berechnungswert

** es handelt sich um ca.-Preise, die dem Verbraucher das Preisniveau vermitteln sollen. Die Mehrwertsteuer ist nicht enthalten.

Stand: April 2015

*Tabelle 11-5: Einblasdämmstoffe im Vergleich*

| Produktbezeichnung | Bild | Anwendung nach DIN EN 13162 bis 13171 | Rohstoffe | Technische Daten | | | | | | | Spezifische Kennzahlen | | | | | | |
|---|---|---|---|---|---|---|---|---|---|---|---|---|---|---|---|---|---|
| | | | | Wärmeleitfähigkeit Λ W/(m·K)* | Wärmespeicherkapazität J/(kg·K) | Wasserdiffusionswiderstand μ | Rohdichte kg/m³ | Baustoffklasse | Primärenergieinhalt kWh/m³ | Wasserabweisende Wirkung | Benötigte Hohlschichtstärke | Setzungsverhalten | Anzahl Bohrlöcher/m² und Durchmesser | Fließfähigkeit | Schüttdichte kg/m³ | Körnung | Lieferform |
| Aerogel „Nanogel“ | | k.A. | Siliciumoxid | 0,021 | 700-1150 | 2-3 | 85-95 | B1 | k.A. | Ja | Ab 2 cm | Sehr gering | Abhängig von Fenstergeometrie | Hervorragend | 80-100 | 0,1-2mm | Einblasgranulat, 1200 ltr. Big-Bags |
| Biobasierter Polyurethan-Ortschaum | | | Polyole aus Sojaöl, Isocyanate ungeklärt | 0,026-0,038 (dt. Werte können abweichen) | k.A. | 3,2-4,9 | 8-27,3 | B2 | k.A. | Ja | k.A. | k.A. | k.A. | k.A. | k.A. | k.A. | 2 Komponenten |
| Polyurethan-Ortschaum „PUR-Schaum“ | | DAA, DZ, DI, DEO, WZ, WI | Isocyanate, Polyole, Treibmittel, Flammschutzmittel | 0,027 | k.A. | 110 | 40-60 | B2 | 1140-1330 | Ja | Ab 2 cm | Nein | 1 pro m² | Nein | ./. | ./. | 2 Komponenten |
| Polyurethan-Ortschaum „PUR-Schaum“ | | DAA, DZ, DI, DEO, WZ, WI | Isocyanate, Polyole, Treibmittel, Flammschutzmittel | 0,030 | k.A. | 110 | 40-50 | B2 | 1140-1330 | Ja | Ab 3 cm | Nein | 1 pro m² | Nein | ./. | ./. | 2 Komponenten |
| Biobasierter Polyurethan-Ortschaum | | | Polyole aus Rizinusöl, Isocyanate ungeklärt | 0,032-0,037 | k.A. | 2-17 | 13,6-34,4 | k.A. | k.A. | Ja | k.A. | k.A. | k.A. | k.A. | k.A. | k.A. | 2 Komponenten |

Quelle: IpeG-Institut

*Tabelle 11-5: Einblasdämmstoffe im Vergleich (Fortsetzung)* *Quelle: IpeG-Institut*

| | | | | Technische Daten | | | | | | | Spezifische Kennzahlen | | | | | | |
|---|---|---|---|---|---|---|---|---|---|---|---|---|---|---|---|---|---|
| **Produktbezeichnung** | **Bild** | **Anwendung nach DIN EN 13162 bis 13171** | **Rohstoffe** | **Wärmeleitfähigkeit Λ W/(m·K)*** | **Wärmespeicherkapazität J/(kg·K)** | **Wasserdiffusionswiderstand μ** | **Rohdichte kg/m³** | **Baustoffklasse** | **Primärenergieinhalt kWh/m³** | **Wasserabweisende Wirkung** | **Benötigte Hohlschichtstärke** | **Setzungsverhalten** | **Anzahl Bohrlöcher/m² und Durchmesser** | **Fließfähigkeit** | **Schüttdichte kg/m³** | **Körnung** | **Lieferform** |
| Expandiertes Polystyrol-Partikelschaum-Granulat „EPS" | | k.A. | Styrol (aus Erdöl), Treibmittel (Pentan), Flammschutzmittel HBCD, ggf Grahit | 0,033 – 0,035 | 1300 | 5 | 16-26 | B2 | k.A. | Ja | Ab 4 cm | Unterschiedlich, je nach Einblasverfahren | Abhängig von der Geometrie der Fenster und Türen, durchschnittlich 1 Loch pro 5 m² | Gut | 18-26 | 2-8 mm | Einblas-Granulat, Big-Bags (800l), 200l-Säcke |
| Silikatleichtschaumgranulat „SLS" | | k.A. | Kalk- Natron- Silikatglas, Altglas, Glasstaub | 0,035 | 1000 | 3 | 25-30 | A1 | 400-500 | Ja | Ab 2 cm | Gering | 10-15m²/Bohrloch, ca. 30mm Durchmesser | Hervorragend | 18-30 | 0,1-2mm | Einblasbares Granulat |
| Melaminharzschaum | | DZ, WZ | Formaldehyd, Melamin, Tenside, Katalysatoren | 0,035 | k.A. | 1-3 | 12-15 | B2 | k.A. | Ja | Ab 4 cm | Sehr gering | 2-3 Bohrlöcher/m²; 12-16mm | Nein | ./. | ./. | 2-Komponentenschaum, dann feste Masse |
| Mineralfaser/ Glaswolle „Supafil Cavity Wall" | | k.A. | Glas (>60% Altglas), Quarzsand, Soda, Kalkstein, Hydrophobierungsmittel | 0,035 | 840 | 1 | 30-40 | A1 | 210 | Ja | Ab 4 cm | Nein | 1 pro 1,5 m² | Nein | 30-40 | ./. | 13,2 kg Säcke |

*Tabelle 11-5: Einblasdämmstoffe im Vergleich (Fortsetzung)*

*Quelle: IpeG-Institut*

| Produktbezeichnung | Bild | Anwendung nach DIN EN 13162 bis 13171 | Rohstoffe | Technische Daten | | | | | | | Spezifische Kennzahlen | | | | | | |
|---|---|---|---|---|---|---|---|---|---|---|---|---|---|---|---|---|---|
| | | | | Wärmeleitfähigkeit Λ W/(m·K)* | Wärmespeicherkapazität J/(kg·K) | Wasserdiffusionswiderstand μ | Rohdichte kg/m³ | Baustoffklasse | Primärenergieinhalt kWh/m³ | Wasserabweisende Wirkung | Benötigte Hohlschichtstärke | Setzungsverhalten | Anzahl Bohrlöcher/m² und Durchmesser | Fließfähigkeit | Schüttdichte kg/m³ | Körnung | Lieferform |
| Mineralfaser/ Glaswolle „Supafil timber frame" | | k.A. | Glas (> 60% Altglas), Quarzsand, Soda, Kalkstein, Hydrophobierungsmittel | 0,035 | 840 | 1 | 35 | A1 | 210 | Nein | Ab 8 cm | Nein | 1 pro 1,5 m² | Nein | 35 | ./. | k.A. |
| Polyurethan Hartschaum Granulat „PUR" | | WZ | recyceltes PUR-granulat, Hydrophobierungsmittel | 0,036 | 1200-1500 | 30-200 | 40-50 | B2 | k.A. Recyclingprodukt! | Ja | Ab 6 cm | Mittel | Abhängig von Fenstergeometrie | Mittel | 40-50 | 2-9 mm | Einblasgranulat für Kerndämmung, 250l-Säcke |
| Steinwolle | | DZ, DI, WZ, WTR | Dolomit, Basalt, Diabas, Anorthosit, Recyclingmaterialien, Hydrophobierungsmittel | 0,038 | 840 | 1 | 45-50 | A1 | 270 | Ja | Ab 4 cm | Nein | 1 pro 1,5 m² | Gering | 45-50 | ./. | Einblasbares Granulat |
| Mineralfaser/ Glaswolle „Supafil loft" | | k.A. | Glas (> 60% Altglas), Quarzsand, Soda, Kalkstein, Hydrophobierungsmittel | 0,040 (GB, kann in Deutschland abweichen) | 840 | 1 | 22 | A1 | 210 | k.A. | ./. | Nein | 1 pro 1,5 m² | Nein | 20 | ./. | k.A. |

*Tabelle 11-5: Einblasdämmstoffe im Vergleich (Fortsetzung)* *Quelle: IpeG-Institut*

| Produktbezeichnung | Bild | Anwendung nach DIN EN 13162 bis 13171 | Rohstoffe | Technische Daten | | | | | | | Spezifische Kennzahlen | | | | | | |
|---|---|---|---|---|---|---|---|---|---|---|---|---|---|---|---|---|---|
| | | | | Wärmeleitfähigkeit Λ W/(m·K)* | Wärmespeicherkapazität J/(kg·K) | Wasserdiffusionswiderstand μ | Rohdichte kg/m³ | Baustoffklasse | Primärenergieinhalt kWh/m³ | Wasserabweisende Wirkung | Benötigte Hohlschichtstärke | Setzungsverhalten | Anzahl Bohrlöcher/m² und Durchmesser | Fließfähigkeit | Schüttdichte kg/m³ | Körnung | Lieferform |
| Zellulosedämmung aus recyceltem Zeitungspapier | | DAD, DZ, DI, WH, WI, WTR | Zellulose aus Tageszeitungs-Altpapier, Borate, Ammoniumphosphat oder Magnesiumsulfat | 0,040 | 2100 | 1-2 | 25-65 | B2 | 50-80 | Nein | Ab 6 cm | Keines bei fachgerechtem Einbau | 1 pro Gefach | Gering | 30-65 | ./. | Einblas- bzw. Schüttdämmstoff, Säcke mit 12,5 kg bis 14 kg |
| Blähperlit Kerndämmstoff „Perlite" | | WZ | Perlite (vulkanisches Gestein) + Hydrophobierung | 0,040 | 1000 | 3 | 45-55 | A1 | 160-260 | Ja | Ab 5 cm | Mittel | 10-15m²/Bohrloch, ca. 30mm Durchmesser | Sehr gut | 45-55 | 0-1,5 mm | Einblasbares Granulat 200 l Säcke |
| Melaminharzschaum | | DZ, WZ | Formaldehyd, Melamin, Tenside, Katalysatoren | 0,040 | k.A. | 1-3 | 12-15 | B2 | k.A. | Ja | Ab 4 cm | Sehr gering | 2-3 Bohrlöcher/m²; 12-16mm | Nein | ./. | ./. | 2-Komponentenschaum, dann feste Masse |
| XPS-Granulat | | WZ | Verschnitt und Produktionsreste (extrudierter Polystyrol) | 0,040 | 1300-1700 | 2-5 | 85-105 | B2 | k.A. | Ja | k.A. | Nein | k.A. | k.A. | k.A. | k.A. | 200l Säcke |
| Rohrkolben „Naporo-Zell" | | k.A. | Rohrkolbenblätter, Ammoniumphosphat | 0,040 | 1500 | 4 | 70-80 | B2 | ca. 50-80 | Ja | k.A. | k.A. | k.A. | Schlecht | 70-80 | ./. | Säcke |

*Tabelle 11-5: Einblasdämmstoffe im Vergleich (Fortsetzung)*

| Produktbezeichnung | Bild | Anwendung nach DIN EN 13162 bis 13171 | Rohstoffe | Technische Daten | | | | | | | Spezifische Kennzahlen | | | | | | |
|---|---|---|---|---|---|---|---|---|---|---|---|---|---|---|---|---|---|
| | | | | Wärmeleitfähigkeit Λ W/(m·K)* | Wärmespeicherkapazität J/(kg·K) | Wasserdiffusionswiderstand μ | Rohdichte kg/m³ | Baustoffklasse | Primärenergieinhalt kWh/m³ | Wasserabweisende Wirkung | Benötigte Hohlschichtstärke | Setzungsverhalten | Anzahl Bohrlöcher/m² und Durchmesser | Fließfähigkeit | Schüttdichte kg/m³ | Körnung | Lieferform |
| Steinwolle | | DZ, DI, WZ, WTR | Dolomit, Basalt, Diabas, Anorthosit, Recyclingmaterialien, Hydrophobierungsmittel | 0,040 | 840 | 1-2 | 35-110 | A1 | 270 | Produktabh. | Ab 4 cm | Nein | 1 pro 1,5 m² | Gering | 35-110 | ./. | Einblasbares Granulat |
| Zellulosedämmung Holzfasern | | DAD, DZ, DI, WH, WI, WTR | Holzfaser, Ammoniumphosphat, Borate | 0,040 | 2100 | 1-2 | 32-45 | B2 | 50 | Nein | 10 cm | Keines bei 40 kg/m³ | 1 pro Gefach | Gering | 32-45 | ./. | Einblasgranulat; 12,5 kg Säcke |
| Zellulosedämmung Grasfaser | | DZ, DI, DEO, WH, WI, WTR | Grasfaser, Borax | 0,042 | 2200 | 1-2 | 35-65 | B2 | k.A. Recyclingprodukt, Biowert-Prozess | Nein | Ab 6 cm | Keines bei fachgerechtem Einbau | 1 pro Gefach | Gering | 33-40 | ./. | Säcke mit loser Grasfaser |
| Blähperlit Kerndämmstoff „Perlite" | | WZ | Perlite (vulkanisches Gestein) + Hydrophobierung | 0,045 | 1000 | 3 | 45-65 | A1 | 160-260 | Ja | Ab 5 cm | Mittel | 10-15m²/Bohrloch, ca. 30mm Durchmesser | Sehr gut | 45-65 | 0-4 mm | Einblasbares Granulat 100 bzw. 150 l Säcke |
| Glaswolle | | | Glas, Quarzsand, Soda, Kalkstein, Hydrophobierung | 0,045 | 840 | 1 | 12 | A1 | 210 | Ja | Ab 8 cm | Nein | 1 pro 1,5 m² | Nein | 12 | ./. | Einblasbares Granulat |

Quelle: IpeG-Institut

*Tabelle 11-5: Einblasdämmstoffe im Vergleich (Fortsetzung)* *Quelle: IpeG-Institut*

| Produktbezeichnung | Bild | Anwendung nach DIN EN 13162 bis 13171 | Rohstoffe | Technische Daten | | | | | | | Spezifische Kennzahlen | | | | | | |
|---|---|---|---|---|---|---|---|---|---|---|---|---|---|---|---|---|---|
| | | | | Wärmeleitfähigkeit Λ W/(m·K)* | Wärmespeicherkapazität J/(kg·K) | Wasserdiffusionswiderstand μ | Rohdichte kg/m³ | Baustoffklasse | Primärenergieinhalt kWh/m³ | Wasserabweisende Wirkung | Benötigte Hohlschichtstärke | Setzungsverhalten | Anzahl Bohrlöcher/m² und Durchmesser | Fließfähigkeit | Schüttdichte kg/m³ | Körnung | Lieferform |
| Holzfaser/Lehm Dämmstoff „Jasmin" | | DZ, DI, WZ, WH | Fichtenhobelspäne, Tonmehl | 0,045 | 2150 | 1-2 | 90-110 | B2 | 72-88 | Nein | k.A. | k.A. | k.A. | Gering | 90-110 | ./. | Säcke (22kg) |
| Steinwolle | | DZ, DI, WZ, WTR | Dolomit, Basalt, Diabas, Anorthosit, Recyclingmaterialien, Hydrophobierungsmittel | 0,045 | 840 | 1-2 | 100-120 | A1 | 270 | Produktabh. | Ab 4 cm | Nein | 1 pro 1,5 m² | Gering | 100-120 | ./. | Einblasbares Granulat |
| Mineralwolle-Dämmschaum „Isotherm" (GB) | | k.A. | Mineralwolle, anorg. Bindemittel, Zusätze | 0,046 | k.A. | k.A. | 150 | A1 | k.A. | Ja | k.A. | k.A. | k.A. | ./. | ./. | ./. | z.B. 17,3kg Säcke |
| Hanf | | DZ, DI, WZ, WH | Hanfschäben, -fasern | 0,048 | 2200 | 1-2 | 50-60 | B2 | 50 | Nein | Ab 8 cm | Nein | Pro Gefach 1 | Nein | 50-60 | ./. | Säcke |
| Neptunballfasern „Neptutherm" | | k.A. | Neptunbälle | 0,045 | 2500 | 1-2 | 85-130 | B2 | 50 | Kaum hygroskopisch | k.A. | k.A. | k.A. | Nein | 65-75 | ./. | k.A. |

*Tabelle 11-5: Einblasdämmstoffe im Vergleich (Fortsetzung)* *Quelle: IpeG-Institut*

| Produktbezeichnung | Bild | Anwendung nach DIN EN 13162 bis 13171 | Rohstoffe | Technische Daten | | | | | | | Spezifische Kennzahlen | | | | | | |
|---|---|---|---|---|---|---|---|---|---|---|---|---|---|---|---|---|---|
| | | | | Wärmeleitfähigkeit Λ W/(m·K)* | Wärmespeicherkapazität J/(kg·K) | Wasserdiffusionswiderstand μ | Rohdichte kg/m³ | Baustoffklasse | Primärenergieinhalt kWh/m³ | Wasserabweisende Wirkung | Benötigte Hohlschichtstärke | Setzungsverhalten | Anzahl Bohrlöcher/m² und Durchmesser | Fließfähigkeit | Schüttdichte kg/m³ | Körnung | Lieferform |
| Zellulosedämmung Holzspäne „Hoiz" | | DZ, WZ, WH | Holzspäne, Molke, Soda | 0,049 | 2100 | 2 | 50-90 | B2 | 30 | Nein | ./. | Nein | ./. | ./. | 50-90 | ./. | Lieferung der fertig gedämmten Bauteile |
| Hanf | | DZ, DI, WZ, WH | Hanf, Soda oder Ammoniumphosphat | 0,050 | 2200 | 1-2 | 50 | B1 | 50 | Nein | Ab 8 cm | Nein | Pro Gefach 1 | Nein | 50 | ./. | Säcke |
| Keramikschaum[1] | | k.A. | Ammonium- oder Silicium-oxid | 0,060 | k.A. | k.A. | 300-1000 | A1 | k.A. | Ja | ./. | Nein | ./. | Nein | ./. | ./. | 2-Komponentenschaum |
| Vermikulit-Dämmschaum „Rokisol" (GB) | | k.A. | Vermi-kulit | k.A. | k.A. | k.A. | 350-400 | A1 | k.A. | k.A. | k.A. | k.A. | k.A. | ./. | ./. | ./. | Spray |



[1] Hitzebeständigkeit (bis 1600 °C); druckbelastbar

Die Daten und Informationen dieses Überblicks wurden von den Verfassern nach bestem Wissen recherchiert und zusammengestellt. Für dennoch auftretende Fehler kann von Herausgeber und Verfasser keine Haftung übernommen werden.

* Berechnungswert

** es handelt sich um ca.-Preise, die dem Verbraucher das Preisniveau vermitteln sollen. Die Mehrwertsteuer ist nicht enthalten.

Stand: April 2015

*Tabelle 11-6: Mattendämmstoffe im Vergleich*

*Quelle: IpeG-Institut*

| Produkt-bezeichnung | Bild | Anwen-dungsgebiete nach DIN EN 13162 bis 13171 | Rohstoffe | Technische Daten | | | | | | |
|---|---|---|---|---|---|---|---|---|---|---|
| | | | | Wärmeleit-fähigkeit Λ [W/(m·K)]* | Wärme-speicher-kapazität J/(kg·K) | Wasser-diffusions-widerstand μ | Rohdichte kg/m³ | Baustoff-klasse | Primärener-gieinhalt kWh/m³ | Wasser-abweisende Wirkung |
| Aerogelmatte „Spaceloft" | | k.A. | Kieselsäure | 0,014 | 1000 | 11 | 130-155 | A1-B1 | 2200 | Ja |
| Aerogelmatte „Cryogel" | | k.A. | Kieselsäure | 0,015 | k.A. | Dampfdicht | 130 | k.A. | k.A. | Ja |
| Aerogelmatte „Multitherm AERO" | | k.A. | Kieselsäure | 0,018 | k.A. | 5 | 210-230 | A2 | k.A. | Ja |
| Aerogelmatte mit Glaswolle „Pyro-gel" | | k.A. | Kieselsäure, Glaswolle | 0,021 | 1046 | k.A. | 110-180 | A1-A2 | k.A. | Ja |
| Melaminharz-schaum Recycling-matte | | k.A. | Melaminharzschaum-recyclingprodukt | 0,031 | k.A. | 1-2 | 35 | B2 | k.A. | Ja |
| Glaswolle | | DAD, DZ, DI, WI, WTR, WH | Borosilikatglas, Alt-glas, Sand, Kalkstein, Soda, Bindemittel | 0,032 | 840 | 1-2 | 13-100 | A1-A2 | 100-800 | Ja |

*Tabelle 11-6: Mattendämmstoffe im Vergleich (Fortsetzung)*

*Quelle: IpeG-Institut*

| Produkt-bezeichnung | Bild | Anwen-dungsgebiete nach DIN EN 13162 bis 13171 | Rohstoffe | Technische Daten | | | | | | |
|---|---|---|---|---|---|---|---|---|---|---|
| | | | | Wärmeleit-fähigkeit Λ [W/(m·K)]* | Wärme-speicher-kapazität J/(kg·K) | Wasser-diffusions-widerstand μ | Rohdichte kg/m³ | Baustoff-klasse | Primärener-gieinhalt kWh/m³ | Wasser-abweisende Wirkung |
| Luftpolsterfolien | | DI, DAD, DZ | Polyethylen, Polypropylen, Polyesterfaservlies, halogenfreier FH, IR- Reflexfolien | 0,033 (Messwert, kann vom Berechnungswertabweichen)-0,038 | k.A. | Fast dampfdicht | 14,3 | B2 | 345 | Ja |
| Glaswolle | | DAD, DZ, DI, WI, WTR, WH | Borosilikatglas, Altglas, Sand, Kalkstein, Soda, Bindemittel | 0,035 | 840 | 1-2 | 13-100 | A2 | 100-800 | Ja |
| Polyester „Dämmwatte“ | | DZ, DI, WI | mehrwertige Alkohole, kurzkettige Dicarbonsäuren | 0,035 | k.A. | k.A. | 20-40 | B1 | 600 | Ja |
| Steinwolle | | DAD, DZ, DI, WAB, WH, WI, WTR | Dolomit, Basalt, Diabas, Anorthosit, Formaldehydharze, Silan, ggf. Mineralöl, Silikonöl | 0,035 | 800-1000 | 1-2 | 10-200 | A1-A2 | 270 | Ja |
| Melaminharzschaum „duroplastisches Aminoplast, Basotect“ | | k.A. | Formaldehyd, Melamin, Treibmittel | 0,035 | k.A. | 1 | 8-11 | B1 | k.A. | Ja |
| Baumwollmatte aus Recyclingmaterialien (USA) | | k.A. | Recycelte Jeans und Baumwolle, Bindefasern, Borat, Ammoniumsulfat | ca. 0,037 | k.A. | Diffusionsoffen | 19,2 | (B); k.A. | k.A. (Recyclingprodukt) | k.A. |

*Tabelle 11-6: Mattendämmstoffe im Vergleich (Fortsetzung)*

*Quelle: IpeG-Institut*

| Produkt-bezeichnung | Bild | Anwendungsgebiete nach DIN EN 13162 bis 13171 | Rohstoffe | Technische Daten | | | | | | |
|---|---|---|---|---|---|---|---|---|---|---|
| | | | | Wärmeleit-fähigkeit Λ [W/(m·K)]* | Wärme-speicher-kapazität J/(kg·K) | Wasser-diffusions-widerstand μ | Rohdichte kg/m³ | Baustoff-klasse | Primärener-gieinhalt kWh/m³ | Wasser-abweisende Wirkung |
| Jutematte | | DZ, DI, WI, WTR, WH | Jutefasern, PET-Bikofasern, Soda | 0,038 | 2350 | 1-2 | 34-40 | B2 | k.A. | Nein |
| Steinwolle | | DAD, DZ, DI, WAB, WH, WI, WTR | Dolomit, Basalt, Diabas, Anorthosit, Formaldehydharze, Silan, ggf. Mineralöl, Silikonöl | 0,038-0,045 | 800-1000 | 1-2 | 10-200 | A1-A2 | 270 | Ja |
| Holzweichfaser-matte | | DAD, DZ, DI, WI, WTR, WH | Holzfaser, Polyolefinfaser oder Maisfaser, Ammoniumphosphat | 0,038-0,040 | 2100 | 1-5 | 40-55 | B2 | 255 | Nein |
| Flachsfasermatte | | DI, WI | Flachsfasern, Stützfasern, Borsalz oder Ammoniumphosphat oder Soda | 0,039-0,040 | 1550-1640 | 1-6 | 30-60 | B2 | 30 | Nein |
| Glaswolle | | DAD, DZ, DI, WI, WTR, WH | Borosilikatglas, Altglas, Sand, Kalkstein, Soda, Bindemittel | 0,040 | 840 | 1-2 | 13-100 | A2 | 100-800 | Ja |
| Hanffasermatte | | DZ, DI, WI, WTR, WH | Hanffasern, Biko- oder Maisfaser, Soda oder Ammoniumphosphat | 0,040 | 1600 | 1-2 | 30-42 | B2 | 48-67 | Nein |
| Polyester „Dämmwatte" | | DZ, DI, WI | Mehrwertige Alkohole, kurzkettige Dicarbonsäuren | 0,040 | k.A. | k.A. | 20-40 | B1 | 600 | Ja |

Tabelle 11-6: Mattendämmstoffe im Vergleich (Fortsetzung)

Quelle: IpeG-Institut

| Produktbezeichnung | Bild | Anwendungsgebiete nach DIN EN 13162 bis 13171 | Rohstoffe | Technische Daten | | | | | | |
|---|---|---|---|---|---|---|---|---|---|---|
| | | | | Wärmeleitfähigkeit Λ [W/(m·K)]* | Wärmespeicherkapazität J/(kg·K) | Wasserdiffusionswiderstand μ | Rohdichte kg/m³ | Baustoffklasse | Primärenergieinhalt kWh/m³ | Wasserabweisende Wirkung |
| Rohrkolben „Naporo Q-Flex" | | DAD, DZ, DI, WI, WTR, WH | Rohrkolben, Bindefaser auf Maisstärkebasis, Hanf | 0,040 | 1500 | 4 | 45 | B2 | Ca. 50-80 | Ja |
| Schafswolle | | DZ, DI, DEO, DES, WAB, WAA, WI, WTR, WH | Schafschurwolle, Sulcofuron-Natriumsalz oder Aflammit oder Lanaprotect, ggf. Alukaschierung, ggf. Polyester | 0,040 | 1800 | 2-15 | 25-115 | B2 | 20-80 (abh. von Bezugsort) | Ja |
| Hanffasermatte | | DZ, DI, WTR, WH | Hanffasern, Bikofasern, Soda | 0,042 | 1600-1700 | 1,9 | 24 | B2 | 40 | Nein |
| Kokosfasermatte | | k.A. | Kokosbastfasern, Borsalz oder Ammoniumphosphat | 0,045 | 1700 | 1 | 66-160 | B2 | k.A. | Ggf. durch Imprägnierung |
| Polyester „Dämmwatte" | | DZ, DI, WI | Mehrwertige Alkohole, kurzkettige Dicarbonsäuren | 0,045 | k.A. | k.A. | 20-40 | B1 | 600 | Ja |
| Polyethylenmatte | | k.A. | Extrudierter Polyethylenschaumstoff, ggf. Folienkaschierung | 0,045 | k.A. | Dampfdicht | 23-25 | B2 | k.A. | Ja |

*Tabelle 11-6: Mattendämmstoffe im Vergleich (Fortsetzung)* *Quelle: IpeG-Institut*

| Produkt-bezeichnung | Bild | Anwen-dungsgebiete nach DIN EN 13162 bis 13171 | Rohstoffe | Technische Daten | | | | | | |
|---|---|---|---|---|---|---|---|---|---|---|
| | | | | Wärmeleit-fähigkeit Λ [W/(m·K)]* | Wärme-speicher-kapazität J/(kg·K) | Wasser-diffusions-widerstand μ | Rohdichte kg/m³ | Baustoff-klasse | Primärener-gieinhalt kWh/m³ | Wasser-abweisende Wirkung |
| Hanffasermatte | | DAD, DZ, DI, WI, WTR, WH | Hanffasern, Polyolefin-fasern, Ammonium-phosphat | 0,047 | 1700 | 1-2 | 40 | B2 | 64 | Nein |
| Keramikfasermatte | | k.A. | Kalzium-Magnesium-Silikatfasern | 0,050-0,060 (bei 200°C); 0,08 (bei 300°C) | 1130-1250 | k.A. | 64-364 | A1 | k.A. | Ja |



1 Hochtemperaturisolierprodukt (Wärmeisolierung bis 1200 °C)

Die Daten und Informationen dieses Überblicks wurden von den Verfassern nach bestem Wissen recherchiert und zusammengestellt. Für dennoch auftretende Fehler kann von Herausgeber und Verfasser keine Haftung übernommen werden.

* Berechnungswert

** es handelt sich um ca.-Preise, die dem Verbraucher das Preisniveau vermitteln sollen. Die Mehrwertsteuer ist nicht enthalten.

Stand: April 2015

*Tabelle 11-7: Stopfdämmstoffe im Vergleich*

*Quelle: IpeG-Institut*

| Produktbezeichnung | Rohstoffe | Technische Daten | | | | | | | |
|---|---|---|---|---|---|---|---|---|---|
| | | Wärmeleitfähigkeit Λ [W/(m·K)]* | Wärmespeicherkapazität J/(kg·K) | Wasserdiffusionswiderstand μ | Rohdichte kg/m³ | Stopfdichte kg/m³ | Baustoffklasse | Primärenergieinhalt kWh/m³ | Wasserabweisende Wirkung |
| Mineralfaser/Steinwolle | Dolomit, Basalt, Diabas, Anorthosit, Recyclingmaterialien, Silan, ggf. aliphatisches Mineralöl, Silikonöl | 0,033-0,112 (Abh. von der Temperatur) | 840-1000 | 1-2 | 60-220 | 40-220 | A1 | 270 | Ja |
| Mineralfaser/Glaswolle | Borosilikatglas, Altglas, ggf. aliphatisches Mineralöl, Silikonöl | 0,035 | 1030 | 1 | 50-80 | 30 | A1 | 210 | Ja |
| Flachs | Flachskurzfasern | 0,040 | 1550-1640 | 1 | 50 | 50 | B3 | 30 | Nein |
| Schafswolle | Schafswolle, ggf. Baumwolle, Mottenschutzmittel (ggf. Flammschutzmittel) | 0,040-0,045 | 1700 | 2-15 | 15-25 | 15-25 | B2 | 20-80 | Nein |
| Kokosfaser | Kokosfasern, ggf. Brandschutzmittel (Borate oder Ammoniumsulfat) | 0,045 | 1700 | 1 | 25-50 | 25-50 | B2-B3 | 66-160 | Ggf. durch Imprägnierung |
| Hanf | Hanffasern, ggf. Ammoniumphosphat, Polyolefinfasern | 0,045-0,047 | 1700-2200 | 1-2 | 50 | 50 | B1-B2 | 50 | Nein |
| Neptunballfasern „Neptutherm" | Neptunbälle | 0,045 | 2500 | 1-2 | 85-130 | 85-130 | B2 | 37 | Kaum hygroskopisch |
| Mineralfaser/Keramikfaser | Kalzium-Magnesiumsilikat, organisches Gleitmittel | 0,050 (bei 200°C) | 1220 | k.A. | 120 | 120 | A1 | k.A. | Ja |
| Mineralfaser/Keramikfaser | Kalzium-Magnesiumsilikat, organisches Gleitmittel | 0,060 (bei 200°C) | 1050-1130 | k.A. | 120 | 120 | A1 | k.A. | Ja |



Die Daten und Informationen dieses Überblicks wurden von den Verfassern nach bestem Wissen recherchiert und zusammengestellt. Für dennoch auftretende Fehler kann von Herausgeber und Verfasser keine Haftung übernommen werden.

* Berechnungswert

** es handelt sich um ca.-Preise, die dem Verbraucher das Preisniveau vermitteln sollen

Stand: September 2013

*Tabelle 11-8: Schüttdämmstoffe im Vergleich* *Quelle: IpeG-Institut*

| Produktbezeichnung | Bild | Anwendung nach DIN EN 13162 bis 13171 | Rohstoffe | Technische Daten | | | | | | | Spezifische Kennzahlen | | | |
|---|---|---|---|---|---|---|---|---|---|---|---|---|---|---|
| | | | | Wärmeleitfähigkeit Λ [W/(m·K)]* | Wärmespeicherkapazität J/(kg·K) | Wasserdiffusionswiderstand μ | Rohdichte kg/m³ | Baustoffklasse | Primärenergieinhalt kWh/m³ | Wasserabweisende Wirkung | Schüttdichte kg/m³ | Körnung | Fließfähigkeit | Druckbelastbarkeit |
| Polyurethan Hartschaum Granulat „PUR" | | k.A. | recyceltes Polyurethan-Hartschaum Granulat, Hydrophobierungsmittel | 0,036 | 1200-1500 | 30 bis 200 | 40-50 | B2 | k.A. Recyclingprodukt | Ja | 40-50 | 2-9 mm | Mittel | Nein |
| Rohrkolben | | | Rohrkolbenblätter, Ammoniumphosphat | 0,040 | 1500 | 4 | 80 | B2 | k.A. | Ja | 80 | k.A. | Mittel | k.A. |
| Zellulosedämmung aus recyceltem Zeitungspapier | | DAD, DZ, DI, WH, WI, WTR | Altpapier, Borate, Magnesiumsalz oder Ammoniumphosphat | 0,040 | 1946 | 1-2 | 30-80 | B2 | 50 | Nein | 30-80 | ./. | Schlecht | Nein |
| Korkschüttung | | k.A. | expandierter Kork | 0,040-0,050 | 1700-2100 | 2-8 | 60-140 | B2 | 90-200 | Ja | 60-140 | 1-12 mm | Gut | Ja |
| Blähperlit, Schüttdämmstoff | | DZ, DEO, WZ, | Perlite (vulkanisches Gestein), Silikon | 0,042 | 1000 | 3 | 83-85 | A1 | 200-240 | Ja | 83-85 | 0-6 mm | Gut | Produkt-abh. |
| zementgebundenes EPS-Granulat | | DZ, DEO,DAD, DAA | Polystyrol, Zement | 0,044-0,056 | k.A. | k.A. | 55-120 | B2 | k.A. | k.A. | 78-130 | ./. | k.A. | Produkt-abh. |

*Tabelle 11-8: Schüttdämmstoffe im Vergleich (Fortsetzung)*

*Quelle: IpeG-Institut*

| Produkt-bezeichnung | Bild | Anwendung nach DIN EN 13162 bis 13171 | Rohstoffe | Technische Daten | | | | | | | Spezifische Kennzahlen | | | |
|---|---|---|---|---|---|---|---|---|---|---|---|---|---|---|
| | | | | Wärme-leitfähigkeit Λ [W/(m·K)]* | Wärme-speicher-kapazität J/(kg·K) | Wasser-diffusions-wider-stand μ | Roh-dichte kg/m³ | Bau-stoff-klasse | Primär-energie-inhalt kWh/m³ | Wasser-abwei-sende Wirkung | Schütt-dichte kg/m³ | Kör-nung | Fließ-fähig-keit | Druck-belast-barkeit |
| Grasfaser | | DZ, DI, DEO, WH, WI, WTR | Wiesengras, Borsalz | 0,045 | 2200 | 1-2 | 35-50 | B2 | k.A. Recyclingprodukt | Nein | 35-50 | k.A. | Mittel | Nein |
| Zellulosedämmung aus recyceltem Zeitungspapier | | DAD, DZ, DI, WH, WI, WTR | Altpapier, Borate, Magnesiumsalz oder Ammoniumphosphat | 0,045 | 2100 | 1-2 | 25-65 | B2 | 50-80 | Nein | 25-65 | ./. | Schlecht | Nein |
| Hanf-Schütt-wolle[1] | | k.A. | Hanfwolle | 0,045 | 2200 | 1-2 | 60-100 | B1 | 150 | Nein | 55-60 | ./. | ./. | Nein |
| Holzfaser/Lehm Dämmstoff „Jasmin" | | k.A. | Holzspäne, Tonmehl | 0,045 | 2150 | 3 | 90-110 | B2 | 72-88 | Nein | 100 | k.A. | Mittel | Gering |
| Neptunballfasern „Neptutherm" | | k.A. | Neptunbälle | 0,045 | 2500 | 1-2 | 65-75 | B2 | 37 | Kaum hygro-sko-pisch | 85-130 | k.A. | Nein | Gering |
| Wärmedämmlehm | | k.A. | expandierter Naturkork, Kieselgur, Lehm, Holzvlies | 0,046-0,085 | k.A. | 5-15 | 300 (trocken), 600 (nass) | B1 | k.A. | Nein | 300-600 | ./. | Schlecht | Gut |

*Tabelle 11-8: Schüttdämmstoffe im Vergleich (Fortsetzung)*

*Quelle: IpeG-Institut*

| Produktbezeichnung | Bild | Anwendung nach DIN EN 13162 bis 13171 | Rohstoffe | Technische Daten | | | | | | | Spezifische Kennzahlen | | | |
|---|---|---|---|---|---|---|---|---|---|---|---|---|---|---|
| | | | | Wärmeleitfähigkeit Λ [W/(m·K)]* | Wärmespeicherkapazität J/(kg·K) | Wasserdiffusionswiderstand μ | Rohdichte kg/m³ | Baustoffklasse | Primärenergieinhalt kWh/m³ | Wasserabweisende Wirkung | Schüttdichte kg/m³ | Körnung | Fließfähigkeit | Druckbelastbarkeit |
| Blähperlit, Schüttdämmstoff | | DAD, DAA, DZ, DI, DEO, DES, WZ, WH, WTH, WTR | Perlite (vulkanisches Gestein), ggf. Silikon | 0,050-0,060 | 1000 | 3 | 85-145 | A1-B1 | 200-240 | Je nach Produkt | 85-145 | 0-6 mm | Gut | Produktabh. |
| Flachsschäben | | k.A. | Flachsschäben | 0,050 | 1550-1640 | 1 | 100 | B2 | 30 | Nein | 100 | ./. | Schlecht | Gering |
| Hanf-Schüttdämmung „Mehabit" | | k.A. | Hanffasern, Bitumen | 0,060 | 2200 | 9 | 150 | B2 | 150 | Nein | 140 | ./. | Mittel | Ja |
| Hanf-Leichtlehm-Schüttung | | k.A. | Hanf, Tonerde, Lehm | 0,060-0,066 | 1600 | 2 | 200 | B2 | k.A. | Nein | 200 | ./. | Schlecht | Ja |
| Hanf-Blähglas Schüttung „Mehasport" | | k.A. | Hanfschäben, Bitumen, Blähglas | 0,064 | k.A. | 4 | 145 | B2 | k.A. | Nein | 145 | ./. | Mittel | Ja |
| Blähperlit, Schüttdämmstoff[2] | | DAD, DAA, DEO, WH | Perlite (vulkanisches Gestein), Bitumen | 0,065 | 1000 | 3 | 190 | B2 | 200-240 | Je nach Produkt | 190 | 0-6 mm | Gut | Hoch |
| Naturbims-Mit Perlite | | k.A. | Bims, Blähperlit | 0,065 | 1000 | 4 | 180 | A1 | 50-100 | Nein | 180 | 0-6 mm | Gut | Mittel |

*Tabelle 11-8: Schüttdämmstoffe im Vergleich (Fortsetzung)*

*Quelle: IpeG-Institut*

| Produkt-bezeichnung | Bild | Anwendung nach DIN EN 13162 bis 13171 | Rohstoffe | Technische Daten | | | | | | | Spezifische Kennzahlen | | | |
|---|---|---|---|---|---|---|---|---|---|---|---|---|---|---|
| | | | | Wärmeleitfähigkeit Λ [W/(m·K)]* | Wärmespeicherkapazität J/(kg·K) | Wasserdiffusionswiderstand μ | Rohdichte kg/m³ | Baustoffklasse | Primärenergieinhalt kWh/m³ | Wasserabweisende Wirkung | Schüttdichte kg/m³ | Körnung | Fließfähigkeit | Druckbelastbarkeit |
| Blähglimmerschüttung „Vermikulite" „Glimmerschiefer" | | DAD, DAA, DZ, DEO, DES, WH | expandiertes Glimmerschiefergranulat (Aluminium-Eisen-Magnesium-Silikat) | 0,070 | 800-1000 | 1-10 | 60-220 | A1 | 80-150 | Ja | 70-130 | 2-8 mm | Rieselfähig | Mittel |
| Hanf-Kalksplittgranulat „Mehaphon" | | k.A. | Hanf, Kalksplitt, Polypor | 0,070 | k.A. | k.A. | 400 | B2 | k.A. | Nein | 400 | ./. | Mittel | Ja |
| Zellulose-Pellet-Schüttung „Dämmpellets" | | k.A. | gemischtes Altpapier, Zusätze | 0,070 | 2000 | 1 | 500 | B2 | 50-80 | Nein | 430-500 | 3-8 mm | Mittel | Mittel |
| Blähglasgranulat | | DEO, PW, PB | Recyclingglas, Blähmittel | 0,070-0,090 | k.A. | <1 | 310-800 | A1 | 340 | Ja | 310-800 | 0,04-6 mm | Gut | Ja |
| mineralisiertes Holzgranulat | | k.A. | Holz, mineralische Zusätze | 0,075 | k.A. | k.A. | 370 | B1-B2 | k.A. | k.A. | 370 | 4-8 mm | Schlecht | Ja |
| zementgebundenes EPS-Granulat | | k.A. | Recyceltes Polystyrol, Zement | 0,075 | 1195 | 5 | 200-300 | A1-B1 | k.A. | Ja | 200-300 | ./. | Schlecht | Ja |
| Holzgranulatschüttung „Pellito" | | k.A. | Holz | 0,078-0,094 | k.A. | 2-5 | 480 | B1 | k.A. | Nein | 480 | 0-6 mm | Schlecht | Ja |
| Hanf-Blähton-Schüttung „Mehapor" | | k.A. | Blähton, Hanffasern, Bitumen | 0,080 | k.A. | 9 | 210 | B2 | k.A. | Nein | 180 | ./. | Mittel | Ja |

*Tabelle 11-8: Schüttdämmstoffe im Vergleich (Fortsetzung)*

Quelle: IpeG-Institut

| Produkt-bezeichnung | Bild | Anwendung nach DIN EN 13162 bis 13171 | Rohstoffe | Technische Daten | | | | | | | Spezifische Kennzahlen | | | |
|---|---|---|---|---|---|---|---|---|---|---|---|---|---|---|
| | | | | Wärme-leitfähigkeit Λ [W/(m·K)]* | Wärme-speicher-kapazität J/(kg·K) | Wasser-diffusions-widerstand μ | Rohdichte kg/m³ | Baustoff-klasse | Primärenergie-inhalt kWh/m³ | Wasser-abweisende Wirkung | Schütt-dichte kg/m³ | Körnung | Fließ-fähigkeit | Druck-belast-barkeit |
| Hanf-Leichtlehm-Schüttung | | k.A. | Hanf, Tonerde, Lehm | 0,080 | 1600 | 2 | 300 | B2 | k.A. | Nein | 300 | ./. | Schlecht | Ja |
| Naturbims | | k.A. | Bims | 0,08 | 1000 | 4 | 260-315 | A1 | 50-100 | Nein | 260-315 | 0,3-4 mm | Gut | Mittel |
| Blähglasschotter „Schaumglas-, Glasschaumschotter" | | DEO, PW, PB | Recyclingglas | 0,08-0,089 | 850 | 4,4 | 150-400 | A1 | 340 | Ja | 150-400 | 10-75 mm | Mittel | Ja |
| zementgebundenes EPS-Granulat | | k.A. | Recyceltes Polystyrol, Zement | 0,090-0,120 | 1195 | 5-7 | 250-400 | A1- B1 | k.A. | Ja | 250-350 | ./. | Schlecht | Ja |
| Blähton | | DZ, DEO, WZ, WH, PW, PB | granulierter Rohton, Schiefer | 0,1 | 1000 | 2-8 | 290-350 | A1 | 300-450 | Nein | 290-350 | 2-16 mm | Mittel | Ja |
| Hanf-Lehm-Schüttung | | k.A. | Hanf, fettes Lehmpulver | 0,1 | 1600 | 5 | 500-600 | B2 | k.A. | Nein | 500-600 | ./. | Schlecht | Ja |
| Blähperlit, Schüttdämmstoff[4] | | DEO | Perlite (vulkanisches Gestein), ggf. Silikon | 0,11 | 1000 | 3 | 600 | A1 | 200-240 | k.A. | 600 | k.A. | Gut | Hoch |

*Tabelle 11-8: Schüttdämmstoffe im Vergleich (Fortsetzung)* — *Quelle: IpeG-Institut*

| Produktbezeichnung | Bild | Anwendung nach DIN EN 13162 bis 13171 | Rohstoffe | Technische Daten | | | | | | | Spezifische Kennzahlen | | | |
|---|---|---|---|---|---|---|---|---|---|---|---|---|---|---|
| | | | | Wärmeleitfähigkeit Λ [W/(m·K)]* | Wärmespeicherkapazität J/(kg·K) | Wasserdiffusionswiderstand μ | Rohdichte kg/m³ | Baustoffklasse | Primärenergieinhalt kWh/m³ | Wasserabweisende Wirkung | Schüttdichte kg/m³ | Körnung | Fließfähigkeit | Druckbelastbarkeit |
| Blähglasschotter „Schaumglas-, Glasschaumschotter" | | DEO, PW, PB | Recyclingglas, Blähmittel | 0,110-0,120 | 850 | <1 | 125-190 | A1 | 415 | Ja | 125-190 | 10-75 mm | Mittel | Ja |
| Blähton | | DZ, DEO, WZ, WH, PW, PB | granulierter Rohton, Schiefer | 0,150-0,160 | 1000 | 2-8 | 350-600 | A1 | 300-450 | Nein | 350-600 | 2-16 mm | Mittel | Ja |
| Holzleichtlehm | | k.A. | Lehm, Holzhackschnitzel | 0,17 | k.A. | 5-10 | 600 | k.A. | k.A. | Nein | 600 | ./. | Schlecht | Ja |
| Blähperlit, Gipsummantelt „Siliperl" | | WH | Perlite (vulkanisches Gestein), Gips | 0,180 | 1000 | 3 | 600 | A1 | 200-240 | Je nach Produkt | 420 | 0-4 mm | Gut | Hoch |



1 höhere Luftschalldämpfung und Druckbelastbarkeit als Produkt mit geringerer Dichte
2 hochbelastbar & Trittschallverbesserung
3 hochbelastbar & witterungsbeständig
4 tragende Schüttung

Die Daten und Informationen dieses Überblicks wurden von den Verfassern nach bestem Wissen recherchiert und zusammengestellt.

Für dennoch auftretende Fehler kann von Herausgeber und Verfasser keine Haftung übernommen werden.

* Berechnungswert
** es handelt sich um ca.-Preise, die dem Verbraucher das Preisniveau vermitteln sollen. Die Mehrwertsteuer ist nicht enthalten.

Stand: April 2015

*Tabelle 11-9: Schüttdämmstoffe im Vergleich*

*Quelle: IpeG-Institut*

| Produktbezeichnung | Bild | Rohstoffe | Technische Daten | | | | | | |
|---|---|---|---|---|---|---|---|---|---|
| | | | Wärmeleitfähigkeit Λ [W/(m·K)]* | Wärmespeicherkapazität J/(kg·K) | Wasserdiffusionswiderstand μ | Rohdichte kg/m³ | Baustoffklasse | Primärenergieinhalt kWh/m³ | Wasserabweisende Wirkung |
| TWD Polycarbonatplatten mit Nanogel | | mit Aerogel gefüllte Polycarbonat-Platten | 0,022 | k.A. | k.A. | 187,5 | B1-B2 | k.A. | Ja |
| Aerogel-Spritzputz | | Wasser, Aerogelgranulat, mineralische Leichtzuschläge, Kalkhydrat, Weißzement, Hydrophobierungsmittel | 0,028-0,046 | k.A. | 4-5 | 220-447 | B1, B2 | k.A. | Ja |
| Sumpfkalkdämmputz | | Sumpfkalk, Aerogel | 0,031 | k.A. | < 5,8 | 170-700 | A1 | k.A. | k.A. |
| Zellulose-Sprühdämmung | | Altpapier, Borate, Ammoniumphosphat | 0,040 | 2100 | 1-2 | 40-65 | B2 | 50-80 | Nein |
| Zementgeb. Mineralwolle | | Mineralfasern, Zement | 0,041-0,043 | k.A. | k.A. | 150-300 | A1 | k.A. | k.A. |
| Zementgeb. Mineralwolle | | Mineralfasern, Zement | 0,045-0,046 | k.A. | k.A. | 150-200 | A1 | k.A. | k.A. |
| Blähperlit: Dämmstoffmasse für Schornsteine | | Blähperlite, Bindemittel, Zusätze | 0,047 | k.A. | k.A. | 95-100 | A1 | k.A. | k.A. |

*Tabelle 11-9: Schüttdämmstoffe im Vergleich (Fortsetzung)*

| Produktbezeichnung | Bild | Rohstoffe | Technische Daten | | | | | | |
|---|---|---|---|---|---|---|---|---|---|
| | | | Wärmeleitfähigkeit Λ [W/(m·K)]* | Wärmespeicherkapazität J/(kg·K) | Wasserdiffusionswiderstand μ | Rohdichte kg/m³ | Baustoffklasse | Primärenergieinhalt kWh/m³ | Wasserabweisende Wirkung |
| Baustrohballen | | Stroh | 0,050-0,080 | 2000 | 2-3 | 85-120 | B2 | 7,2 | Bedingt |
| Zellulosedämmputz | | Altpapier, Borate, Ammoniumphosphat, Leim | 0,052 | 2005 | 2-3 | 93 | B2 | k.A. | Nein |
| TWD Zellulosewaben | | kunstharzgetränkte Zellulose/Zellulosediacetat, Deckschicht (z.B. glasfaserverstärktes Polyester) | 0,057-0,1 | k.A. | k.A. | 13-100 | B2 | k.A. | k.A. |
| TWD Kunststoff | | lichtdurchlässiger Kunststoff, z.B. Polycarbonat, Polymethylmethacrylat | 0,06-0,21 | 1185 | k.A. | 16-120 | B1, B2 | k.A. | Ja |
| Dämmputz | | Zement, Weißzement, Calciumhydroxit, Zusätze (EPS oder Perlit) | 0,070-0,077 | k.A. | 6-15 | 190-300 | A1, B1 | k.A. | Produktabhängig |
| TWD Glas-Wabenstrukturen | | schwarze Absorberschicht, Glasvlies, Kapillarplatte, Glasputz | 0,09 | 1185 | k.A. | k.A. | A2-B2 | k.A. | k.A. |

*Quelle: IpeG-Institut*

*Tabelle 11-9: Schüttdämmstoffe im Vergleich (Fortsetzung)*

*Quelle: IpeG-Institut*

| Produktbezeichnung | Bild | Rohstoffe | Technische Daten | | | | | | |
|---|---|---|---|---|---|---|---|---|---|
| | | | Wärmeleitfähigkeit Λ [W/(m·K)]* | Wärmespeicherkapazität J/(kg·K) | Wasserdiffusionswiderstand μ | Rohdichte kg/m³ | Baustoffklasse | Primärenergieinhalt kWh/m³ | Wasserabweisende Wirkung |
| Dämmbeton | | Beton, Schaumglas aus Recyclingglas | 0,10- 0,27 | k.A. | 22,6 | 900 | A1 | k.A. | Möglich |



Die Daten und Informationen dieses Überblicks wurden von den Verfassern nach bestem Wissen recherchiert und zusammengestellt. Für dennoch auftretende Fehler kann von Herausgeber und Verfasser keine Haftung übernommen werden.

* Berechnungswert

** es handelt sich um ca.-Preise, die dem Verbraucher das Preisniveau vermitteln sollen

Stand: April 2016

Mit einem Marktanteil von etwa 5 % haben sich Dämmstoffe aus nachwachsenden Rohstoffen wie Holzfasern, Kork, Wolle, Hanf, Flachs oder aus recyceltem Zeitungspapier etabliert. Diese Materialien sind i. d. R. in der Lage, eingedrungene Feuchtigkeit besser nach außen zu transportieren als Mineralwolldämmstoffe, und entwickeln bei einem Brand keine gesundheitsschädigenden Gase. Weiterhin halten Materialien, die gut gegen Wärmeverlust im Winter schützen, nicht in gleicher Qualität sommerliche Hitze ab. Wie Versuche ergaben, haben viele Dämmstoffe aus Naturmaterialien eine gute Wärmespeicherkapazität und sind hier im Vorteil.

## 11.7 Bauteilliste für eine nachhaltige Baustoffverwendung (Entwurf)

**Gesunde und nachhaltige Baustoffe weisen folgende Merkmale auf:**

- in Produktion, Betrieb und Entsorgungsphase nicht zu Umweltschäden führend,
- frei von krebserregenden, erbgutverändernden oder fortpflanzungsgefährdenden Stoffen,
- weitgehend geruchsneutral,
- aus regional nachwachsenden Rohstoffen, alternativ Recyclingprodukte,
- ohne radioaktive Zerfallsprodukte.

Durch die Marktliberalisierung in Folge eines EuGH-Urteils haben die Bauregellisten des Instituts für Bautechnik nur noch für sicherheitsrelevante Bauteile privat-baurechtliche Bindungswirkung. Für Produkte, für die eine europäische Norm existiert, sind nationalrechtliche Zulassungskriterien weitgehend entfallen. CE-Kennzeichen berücksichtigen nur die Übereinstimmung des Produkts mit den vom Hersteller erklärten Eigenschaften. Für Planende, deren Ziel eine gute gesundheitliche Qualität ihrer Bauwerke ist, spielen dadurch belastbare Prüfzeichen für Bauprodukte eine zentrale Rolle. Dafür müssen die Produkte von einem akkreditierten Baustofflabor geprüft und zertifiziert werden.

*Tabelle 11-10: Orientierende Empfehlungen aufgrund von Materialeigenschaften*

| Rohbau | Material |
|---|---|
| Fundamente | Ziegel, Natursteine, Recyclingbeton |
| Kellerwände | Ziegel, Kalksandsteine, Natursteine |
| Außenwände | Lehm, Ziegel (auch porosiert), Kalksandsteine, einheimische Hölzer als Tragkonstruktion; Dämmung siehe Ausbau |
| Dämmstoffe | Kork, Schilfrohr, Kokosfasern, Holzwolle, Stroh, Zellulose, Blähton, Blähglasschotter, Seegrasballen, geblähte Silikate |
| Innenwände | Platten aus Holzwerkstoffen, Strohplatten, Lehmbaustoffe |
| Fenster | Holz (einheimisch), ungefärbtes Glas |
| Decken | Holzbalkendecken, Brettstapeldecken, Recyclingbeton |

| Treppen | innen: Hartholz; außen: einheimischer Naturstein |
|---|---|
| Dachdichtung (Flachdach) | Abdichtung auf Kautschukbasis oder Plastomerbitumen APP, Wurzelschutzbahnen aus Polyethylen PE |
| Dachhaut (Steildach) | Tondachpfannen, Holzschindeln, einheimisches Reet |

| **Ausbau** | |
|---|---|
| Außenputz | mineralischer Putz mit hydraulischem Kalk als Bindemittel |
| Außenwandbekleidungen | Holzschalung, keramische Platten, Ziegelverblendung |
| Innenputz | Lehmputz, mineralischer Putz mit Luftkalk als Bindemittel, Gipsputze |
| Estrich | keine Empfehlung, Ersatz durch Dämmlagen und Holzwerkstoffplatten |
| Bodenbeläge | innen: Dielen, Parkett, Linoleum, Kork, Teppich aus Naturfasern wie Sisal, Kokos, Wolle<br>außen: Natursteinplatten von Sedimentgesteinen, Holz, Naturtextilien, keramische Platten |
| Innenwand- und Deckenanstriche | Kalk-Silikat-Kasein-Leimanstriche, Dispersionen ohne organische Lösemittel mit Naturharzen, Naturwachse und -Öle |
| Tapeten | Papiertapeten aus Recyclingpapier mit Leim- oder Normaldruck, Raufaser, Textil-, Gras-, Holz-, Korktapeten ohne Kunststoffzusätze oder Oberflächenbeschichtungen |
| Kleber | Leime, Kleister, Dispersionen ohne organische Lösemittel |

| **Holzbauteile** | |
|---|---|
| Wandverkleidungen | Ahorn, Buche, Eiche, Erle, Fichte, Kiefer, Kirschbaum |
| Möbel | alle heimischen Hölzer aus nachhaltig bewirtschafteten Beständen |
| Sauna | Pappel |
| Fenster, Türen | Douglasie, Eiche, Esche, Lärche, Kiefer |
| Fußböden | Ahorn, Buche, Eiche, Esche, Lärche |
| Gartenmöbel, Pfosten, Zäune | Kiefer, Lärche, Eiche, Robinie |
| Holzschutz | Boraxverbindungen, Leinölfirnis, Wachs, lösungsmittelfreie Lasur, Holzessig (bisher nicht für alle Anwendungen zugelassen) |

## 11.8 Elektrosmog

Elektrische und magnetische Felder treten in der Umgebung elektrisch geladener Teilchen auf. Es gibt natürliche Felder wie das Magnetfeld der Erde, die Strahlung der Sonne oder die von Gewittern ausgehenden elektrischen Felder. Sie besitzen beim Menschen hinsichtlich der Gehirn- und Herzaktionsströme eine lebensentscheidende Bedeutung und übernehmen wichtige Funktionen, z. B. bei der Orientierung. Daher zählen diese Felder zu den natürlichen Lebensgrundlagen.

Künstlich erzeugte Felder fallen zum Teil als Nebenprodukte an, etwa an Stromleitungen, oder sind, wie zum Übertragen von Mobilfunksignalen oder Röntgenstrahlen, gewollt.

Jeder Körper wird durch elektrische und elektromagnetische Felder beeinflusst. Die Auswirkungen sind je nach Gesundheitszustand sehr unterschiedlich.

Besonders in dicht besiedelten Regionen liegt die elektromagnetische Strahlung etwa 20.000-fach höher als die natürliche Strahlung und kann unerwünschte und schädigende Wirkungen auf die Umwelt verursachen [6].

Neben den thermischen Wirkungen gibt es häufig im Bereich niedrigerer Feldstärken auch nichtthermische Wirkungen, die in das auch über elektrische Signale gesteuerte Bioregulationssystem des menschlichen Körpers eingreifen. Als bedeutsame Quellen kommen insbesondere in Betracht [6]:

- Transformatoranlagen, Hochspannungsleitungen, elektrifizierte Bahnlinien,
- alle Arten von Sendeanlagen, z. B. Radio, Fernsehen, Daten- und Mobilfunk,
- Radaranlagen zur Flugüberwachung und Wetterbeobachtung,
- Handys, DECT-Telefone oder Basisstationen von Schnurlostelefonen nach dem DECT-Standard (diese stellen wegen ihres geringen Abstandes zum Menschen quasi einen Mobilfunkturmsender in der Wohnung dar),
- elektrische Leitungen (wenn in ihnen Strom fließt, treten noch magnetische Wechselfelder hinzu),
- elektrisch betriebene Geräte.

Magnetische Wechselfelder lassen sich durch Materie, z. B. eine Hauswand, nicht abschwächen. Niederfrequente elektrische Wechselfelder schwächen sich dagegen durch Materie relativ schnell und bis hin zur Absorption ab.

Von niederfrequenten elektrischen Feldern spricht man in einem Frequenzbereich bis 100 Kilohertz (kHz). Quellen niederfrequenter elektrischer Wechselfelder sind zum Beispiel die Stromleitungen in Gebäuden (50 Hz) und die Stromversorgung der Bahn (16,67 Hz).

Im Nachfolgenden werden die Einwirkungen innerhalb von Gebäuden näher betrachtet.

### Ursachen

Elektrische Wechselfelder im niederfrequenten Bereich entstehen durch elektrische Spannungen. Das heißt, dass, auch wenn kein Strom fließt, unter Spannung stehende Stromleitungen im Haus elektrische Wechselfelder erzeugen. Gleiches gilt für die meisten Haushaltsgeräte – selbst, wenn sie ausgeschaltet sind. Kabel mit Erdungsleitung leiten die elektrischen Wechselfelder ab. Kühlschränke und Waschmaschinen mit 3-adrigen Anschlussleitungen zeigen daher keine elektrischen Wechselfelder.

Magnetische Wechselfelder im niederfrequenten Bereich sind nur dann vorhanden, wenn Strom fließt. Wird die Schreibtischlampe ausgeschaltet, verschwindet auch ihr magnetisches

Wechselfeld. Ein Fernsehgerät zum Beispiel muss also vom Netz getrennt werden, damit sein Magnetfeld verschwindet. Transformatoren in Geräten erzeugen allerdings auch bei gezogenem Stecker statische Magnetfelder.

Konventionelle Vorschaltgeräte für z. B. Niedervoltbeleuchtungen erzeugen ein relativ starkes magnetisches Wechselfeld. Dieses Feld kann im Umkreis bis ca. 40 cm so stark sein wie im Umfeld einer Hochspannungsleitung. Elektrische Fußbodenheizungen und Nachtspeicheröfen erzeugen ebenfalls magnetische Wechselfelder.

Von elektromagnetischen Wellen spricht man nur im hochfrequenten Bereich. Sie können sich über große Entfernungen ausbreiten und werden deshalb zum Übertragen von Informationen genutzt, entweder mit analogen Verfahren wie für die Rundfunk- und Fernsehübertragung oder mit digitalen, gepulsten Verfahren wie beim Mobilfunk. Die gepulste Strahlung besteht aus einer hochfrequenten Grundwelle und einem niederfrequenten Puls. Elektromagnetische Wellen können durch geerdete Metallbleche, -folien oder -netze abgeschirmt werden.

Auch schnurlose Telefone mit dem DECT-Standard (Enhanced Cordless Telecommunication) arbeiten wie Handys mit gepulster Hochfrequenz, die von der Basisstation auch abgestrahlt wird, wenn nicht telefoniert wird. Zur Vermeidung eines zu hohen Strahlungseintrags ist es ratsam, einen Mindestabstand von ca. 2 Metern zum Basisgerät einzuhalten. Wer ganz sichergehen will, sollte zum kabelgebundenen Telefon greifen.

Hinzu kommen Funkanwendungen, das sind neben dem schnurlosen Telefon Datenübertragungen über Stromleitungen (Power-Line-Communication – PLC), funkgesteuerte Alarmanlagen, Fernsehanschlüsse oder die über Funk laufenden Anwendungen mit Heimcomputern (Bluetooth).

Geräte wie Satellitenschüsseln oder Funkuhren empfangen nur Strahlung, senden aber nicht und verursachen deshalb auch keinen Elektrosmog.

Die biologische Wirkung elektromagnetischer Wellen ist zum einen abhängig von der lokalen Stärke des Feldes, wobei die Stärke mit wachsendem Abstand von der Quelle exponentiell abnimmt. Zum anderen hängt sie von der Einwirkungsdauer, der Frequenz, der Amplitude und von der Pulsung der elektromagnetischen Wellen ab.

In der Diskussion über mögliche Gesundheitsgefahren durch Elektrosmog sind bereits zahlreiche Studien veröffentlicht worden. Es gibt viele Hinweise, die ein Risiko nahelegen. Es gibt aber auch Studien, deren Ergebnisse keine Gefährdung anzeigen. „Außer Zweifel steht, dass starke hochfrequente elektromagnetische Felder, wie sie etwa für den Mobilfunk genutzt werden, messbare Auswirkungen auf den Organismus haben: Die Strahlen dringen in den Körper ein, werden dort in Wärme umgewandelt und können durch lokale Überhitzungen Gewebe schädigen oder gar zerstören. Besonders empfindlich auf diese thermischen, also wärmebedingten Wirkungen reagieren Gewebe, die aufgrund geringer Durchblutung Wärme schlecht abführen können, wie etwa Augen oder Hoden. Die Augenlinse zum Beispiel kann sich durch Eiweiße, die durch die Wärmeeinwirkung gerinnen, eintrüben (Grauer Star). Auch Stoffwechsel, Nervensystem und die embryonale Entwicklung können durch starke elektromagnetische Felder gestört werden."[8]

Das Risiko beim Mobilfunk geht in erster Linie vom Telefonieren mit dem Handy aus und nicht von den Sendemasten. Die einwirkende Strahlendosis ist beim Telefonieren sehr viel höher in der Umgebung der Masten. Allerdings bleibt offen, wie die zwar schwache, jedoch fortwährende elektromagnetische Strahlung von Mobilfunk- und anderen Sendern einzuschätzen ist.

Weniger eindeutig sind die Aussagen zu nichtthermischen gesundheitlichen Wirkungen elektromagnetischer Hochfrequenzfelder, die nach Meinung verschiedener Wissenschaftler auch bei Feldstärken unterhalb der gesetzlichen Grenzwerte auftreten können. Hier werden vor allem langfristige Schäden diskutiert. Es gibt zumindest entsprechende Hinweise aus Tierversuchen und Zellexperimenten.

Mögliche nichtthermische gesundheitliche Risiken durch hochfrequente Strahlung [7]:

- Schwächung des Immunsystems,
- Begünstigung von Krebs,
- Begünstigung genetischer Veränderungen,
- Veränderung der Hirnstromaktivität und des Schlafverhaltens,
- Beeinträchtigung kognitiver Fähigkeiten wie etwa Konzentrations- oder Gedächtnisleistung,
- Veränderung der Durchlässigkeit der Blut-Hirn-Schranke für bestimmte Stoffe, wodurch vermehrt Schadstoffe aus dem Blut in das Gehirn gelangen können (Auslöser könnten gepulste Strahlungen sein, wie sie in Mobilfunknetzen verwendet werden),

Mögliche nichtthermische gesundheitliche Risiken durch niederfrequente Strahlung:

- Erhöhung des Blutkrebsrisikos vor allem bei Kindern,
- beschleunigtes Tumorwachstum bei bestimmten Krebsarten,
- Erkrankungen, die mit einem Abbau von Nervenzellen einhergehen,
- Beeinträchtigung des Herz-Kreislauf-Systems und des zentralen Nervensystems,
- Beeinträchtigung kognitiver Fähigkeiten und des Schlafverhaltens,
- Beeinträchtigung des Melatoninhaushalts (Melatonin ist ein körpereigenes Hormon, dem unter anderem hemmende Wirkungen auf das Tumorwachstum und eine stimulierende Wirkung auf das Immunsystem zugeschrieben werden. Da Melatonin bei der Steuerung der Ausschüttung von Geschlechtshormonen eine Rolle spielt, kann es auf diesem Wege einen Einfluss auf die Entstehung bestimmter Krebserkrankungen geben).

Wissenschaftlich unbestrittene Nachweise sind bislang selten. Umso erstaunlicher ist, dass bei der Magnetfeldtherapie Magnetfelder gezielt eingesetzt werden, um bei bestimmten Erkrankungen Heilungsvorgänge des Körpers zu beschleunigen.

Neben allgemeinen Risikogruppen, die bei der Beurteilung von Wirkungen durch elektromagnetische Felder betrachtet werden müssen (z. B. Kinder), gibt es offensichtlich Personen, welche empfindlicher auf schwache elektromagnetische Felder reagieren als andere. Mit Elektrosensibilität wird eine hohe Empfindlichkeit gegenüber elektromagnetischen Feldern bezeichnet, die bei den betreffenden Personen zu Befindlichkeitsstörungen und bei unverminderter Einwirkungsdauer zu Krankheiten führen kann.

Mögliche Beschwerden bei Elektrosensibilität:

- Haut: Hitze, Rötungen, trockene Haut im Gesicht und an den Händen, Nagelbrüche, Stechen, Jucken,
- Lunge/Herz: Atembeschwerden, Herzklopfen,
- Magen: Übelkeit, Schmerzen,
- Gelenke: Schmerzen in den Schultern, Armen, Gelenken, Händen, Muskeln,
- Gesicht: Erkältungen, Nebenhöhlenbeschwerden, Kiefer- und Zahnschmerzen, Wunden/Blasen im Mund, trockene Schleimhäute, übermäßiger Durst,
- Kopf: Schwindel, Kopfschmerzen,
- Augen: Sehbeschwerden, trockene Augen, Brennen, Schmerzen, Lichtempfindlichkeit,
- körperliche Beeinträchtigungen: brennendes Stechen und Wärmegefühle im Körper, Anschwellungen, Blasen im Gesicht und auf den Händen, kalte Gliedmaßen,
- sonstige Symptome: Krämpfe, Stiche im Körper, Taubheitsgefühle in den Armen/Beinen, Harndrang,
- physische/psychische Symptome: unangenehme (anhaltend starke) Müdigkeit, Leistungsabfall, Konzentrationsschwäche, Verlust des Kurzzeitgedächtnisses, Schlafstörungen, Nervosität, Unruhe.

Darüber hinaus kann es durch Elektrosmog zur Beeinflussung elektronischer Implantate kommen, z. B. bei Herzschrittmachern, Insulinpumpen, Hörgeräten, Impulsgebern für Parkinsonerkrankte usw." [9]

## Bundesimmissionsschutzgesetz

In Deutschland sind Grenzwerte für elektromagnetische Felder in der Verordnung zum Bundesimmissionsschutzgesetz geregelt. Diese orientieren sich an den Vorgaben der Internationalen Strahlenschutzkommission für nichtionisierende Strahlung ICNIRP. Die Grenzwerte der BImSchV gelten allerdings nur für die öffentliche Stromversorgung, die Oberleitungen der Bahn und für Sendestationen, nicht aber für übliche Hausinstallationen, Haushaltsgeräte oder Handys.

Für die Handystrahlung existieren internationale Richtwerte der ICNIRP

*Tabelle 11-11: Vorsorgewerte und Vorsorgeabstände bei Aufenthaltsräumen in Gebäuden [6]*

| **Sendeanlage** | Typische Frequenz [MHz] | Typische Leistung [kW] | max. magn. Feldstärke 26. BImSchV [A/m] | max. elektr. Feldstärke 26. BImSchV [V/m] | max. elektr. Feldstärke Empfehlung BUND [V/m] | Sicherheitsabstand BImSchV [m] | Abstandsempfehlung BUND [m] |
|---|---|---|---|---|---|---|---|
| Mittelwellenrundfunk | 1 | 500 | 0,073 | < 27,5 | < 0,5 | > 200 | > 6.000 |
| Kurzwellenrundfunk | 10 | 500 | 0,073 | < 27,5 | < 0,5 | > 200 | > 6.000 |

*Tabelle 11-11: Vorsorgewerte und Vorsorgeabstände bei Aufenthaltsräumen in Gebäuden [6] (Fortsetzung)*

| **Sendeanlage** | Typische Frequenz [MHz] | Typische Leistung [kW] | max. magn. Feld-stärke 26. BImSchV [A/m] | max. elektr. Feld-stärke 26. BImSchV [V/m] | max. elektr. Feldstärke Empfeh-lung BUND [V/m] | Sicher-heitsab-stand BImSchV [m] | Abstands-emp-fehlung BUND [m] |
|---|---|---|---|---|---|---|---|
| UKW-Rundfunk | 100 | 100 | 0,073 | < 27,5 | < 0,5 | > 60 | > 1.800 |
| Fernsehen | 500 | 500 | 0,0073$\sqrt{f}$ | < 31 | < 0,5 | >150 | > 4.500 |
| D-Netz-Feststation | 900 | 0,02 | 0,0073$\sqrt{f}$ | < 41 | < 0,5 | > 3 | > 90 |
| E-Netz-Feststation | 1.800 | 0,01 | 0,0073$\sqrt{f}$ | < 60 | < 0,5 | > 2 | > 60 |
| UMTS-Feststation | 1.900 | 0,01 | 0,16 | < 60 | < 0,5 | > 0,01 | > 2 |
| DECT-Anlagen | 1.800 | 0,025 | 0,16 | < 60 | < 0,5 | > 0,01 | > 2 |
| Flugüberwa-chungsradar | > 2.000 | 20 | 0,16 | < 62 | < 0,5 | > 400 | >12.000 |

## Handlungsempfehlungen

Die oft verwirrenden Diskussionen über mögliche Gesundheitsgefahren durch Elektrosmog ausnutzend, gibt es auf dem Markt eine Vielzahl von Produkten, die Schutz versprechen. Aus Sicht der Verbraucherschützer sind darunter nur wenige Produkte, die wirksam zur Reduzierung von elektromagnetischen Feldern beitragen. Dazu gehören Netzfreischalter. Diese Geräte lassen sich in Sicherungskästen einbauen. Sobald kein Stromverbraucher in den angeschlossenen Stromkreisen aktiv ist, nimmt der Schalter automatisch die Spannung vom Stromkreis und baut so die elektrischen Wechselfelder ab. Dauerverbraucher wie Kühlschrank können funktionsgemäß nicht in diesen Stromkreisen eingebunden sein.

**Weitere Hinweise:**

- Eine Entlastung von elektrischen Wechselfeldern bieten Leitungen, Abzweigdosen und Schalter mit geerdeten Abschirmmänteln.
- Der Kauf von strahlungsarmen Geräten bietet eine einfache Möglichkeit, die Strahlungsdosis herabzusetzen.
- Weiterhin ist die Einhaltung eines möglichst großen Abstands von größeren Strahlenquellen hilfreich. Neben Elektrogeräten mit Heizwirkung wie Wasch- oder Spülmaschine, Elektroherd oder Nachtspeicherheizung und Heizlüfter können Basisstationen von schnurlosen Telefonen mit DECT-Technik und Uhrenradios mit Netzanschluss starke magnetische Wechselfelder erzeugen. Ihre Stärke fällt mit zunehmendem Abstand von der Quelle rasch ab. In der Regel reicht ein Abstand von 30 Zentimeter bis zu einem Meter aus, um zu unkritischen Werten zu kommen. Neuere Mikrowellengeräte sind in der Regel ausreichend abgeschirmt. Wenn es nicht möglich ist, genügend Abstand von den Geräten einzuhalten (zum Beispiel beim Rasierapparat oder Föhn), sollte die Nutzungsdauer auf das Nötigste beschränkt werden. Besonders starke magnetische

Wechselfelder entstehen an den Hauptleitungen der Stromversorgung eines Hauses, die meist senkrecht entlang der Sicherungskästen verlaufen. In Mehrfamilienhäusern strahlen diese oft auch, wenn in der eigenen Wohnung kein Strom fließt. Direkt an Steigleitungen angrenzende Zimmer sollten möglichst nicht für längere Aufenthalte genutzt werden.

- Wer ungenutzte Geräte im Haushalt ausschaltet, spart nicht nur Strom, sondern reduziert auch deutlich die Belastung durch Elektrosmog. „Aus" bedeutet hier, auch den Stand-by-Betrieb abzuschalten. Das geht bei einigen Geräten nur noch mit einer Trennung vom Netz. Bei Geräten mit Transformator ist dies ohnehin zweckvoll, weil erst dann die Magnetfelder verschwinden. Eine Mehrfachsteckerleiste mit Schalter oder Zeitschaltuhr kann dieses Problem auf einfache Weise lösen.
- Längere Telefonate sollten mit einem schnurgebundenen Telefon geführt werden. Bei drahtlosen Telefonen sind im Kopfbereich relativ hohe Feldstärken vorhanden und daher besser Freisprechfunktionen zu nutzen. Eine Basisstation für ein drahtloses Haustelefon sollte nicht in Bettnähe aufgestellt werden. Diese strahlen auch im aufgelegten Zustand.

## Literaturverzeichnis


*[1] Energie Effizienz Institut: Wirkung und Kosten von Wärmedämmung, 12/2022*

*[2] Umweltbundesamt: Hilfe! Schimmel im Haus, Berlin, 4/2007*

*[3] Vgl. Landesgesundheitsamt Baden-Württemberg: Sanierung bei Schimmelpilzbefall, Infobroschüre 4/2005*

*[4] Sedlbauer, Klaus: Vorhersage von Schimmelpilzbildung auf und in Bauteilen, Dissertation, Universität Stuttgart – Lehrstuhl für Bauphysik*

*[6] Vgl. BUND (Hrsg.): Wo stehen wir heute…, www.bund.net, 2001*

*[7] Vgl. Stiftung Warentest (Hrsg.): Berlin, 2002*

*[8] Stiftung Warentest (Hrsg.): Berlin, 2002*

*[9] Vgl. BUND (Hrsg.): Wo stehen wir heute…, www.bund.net, 2001*

# 12 Kosten und Wirtschaftlichkeit

Übersicht



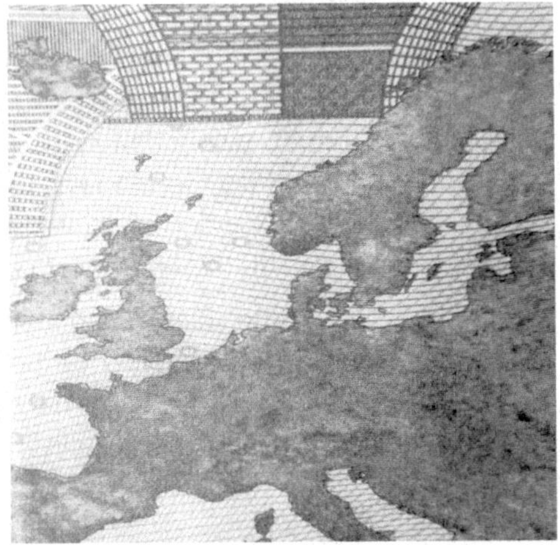

## Einführung

Planen, bauen oder sanieren und nutzen verursachen gemeinhin Kosten. Um klimaschonend zu bauen und zu sanieren, sind ebenfalls Investitionen nötig. Nicht klimaschonend zu bauen und zu sanieren, bedingt weit höhere betriebs- und volkswirtschaftlich-ökologischen Folgekosten. Suffizienz und Energieeffizienz bedeutet im Kern: sparen. Obwohl Energiesparen meist die kostenwirksamste „Energiequelle" ist, hängt ihm der Nimbus von Verzicht an. In der Praxis werden Energieeffizienzmaßnahmen nur umgesetzt, wenn es sich für Investoren „rechnet". Kosten-Nutzen-Untersuchungen werden häufig nur nach kurzfristigen betriebswirtschaftlichen und nicht nach volkswirtschaftlich-ökologischen Gesichtspunkten für Lebenszyklen angestellt. So werden z. B. Beschäftigungsimpulse durch Energieeffizienzmaßnahmen oder Klimaschutzbelange nicht berücksichtigt. Ein nachhaltiger Bewertungsansatz könnte darin bestehen, (externe) volkswirtschaftliche Kosten über ein Treibhausgasäquivalent (z. B. × € je Tonne $CO_2$) im Variantenvergleich zu verankern.

Bei Investitionskostenvergleichen werden nicht selten unterschiedliche Grundlagen herangezogen, welche letztlich aber nicht vergleichbar sind. Unterschiedliche methodische Ansätze zur Bewertung führen zwangsläufig zu unterschiedlichen Ergebnissen. Zwischen verschiedenen Gebäudeenergiestandards gibt es so oder so eine breite Kostenüberlappung. Bei diesbezüglichen Vergleichen muss zunächst berücksichtigt werden, dass unter Gebäuden mit ambitionierten Energie- und Klimaschutzstandards gleichzeitig hohe Ausstattungsstandards überrepräsentiert sind, wie z. B. Fensterflächen, die deutlich über das zur Belichtung erforderliche Maß hinausgehen, preisintensive Oberflächenbekleidungen oder teure Sanitärausstattung.

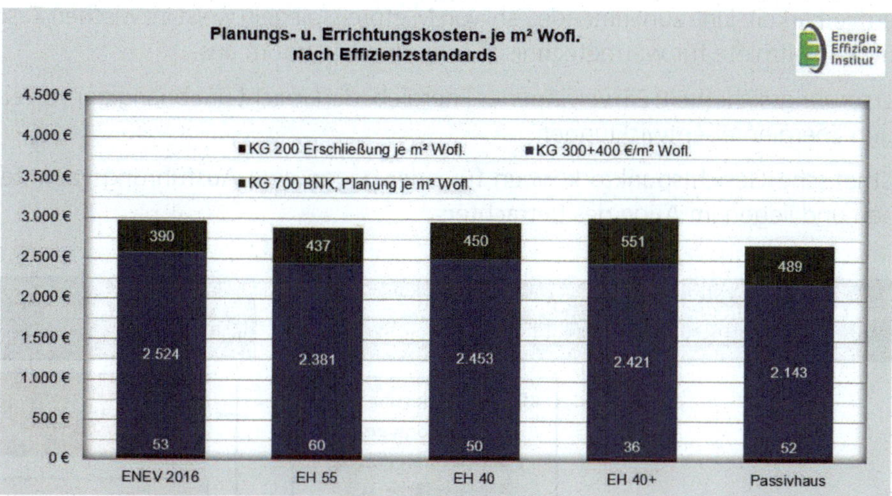


*Bild 12-1: Vergleich von Planungs- und Errichtungskosten verschiedener Wohnneubau-Effizienzstandards*
*Quelle: Energie Effizienz Institut 2021*

Wenn das Einsparpotenzial einer langfristig wirkenden Investition in Energieeffizienzmaßnahmen mit Investitionen auf dem freien Kapitalmarkt verglichen wird, erwirtschaften die Effizienzmaßnahmen auch in diesem eingeschränkten Betrachtungswinkel häufig einen deutlich höheren Ertrag bei gleichzeitig sehr geringem Risiko. Eine Reduzierung der Betrachtung auf rein ökonomische Kriterien ist trotzdem unvollständig. Die wenigsten Dinge unserer Lebenswirklichkeit sind wirtschaftlich. Kaum jemand verzichtet z. B. beim Neuwagenkauf auf eine Klimaanlage, obwohl diese nie wirtschaftlich ist. Seltsamerweise kommt jedoch eine ebenso moderne und komfortable Wohnraumlüftung mit Wärmeenergierückgewinnung nur für wenige in Betracht – obwohl diese durchaus in der Lage sein kann, die Investition zu amortisieren. Aufwendungen, die um ein Vielfaches höher sind, werden oft als selbstverständlich hingenommen. So kostet zum Beispiel ein Tiefgaragenstellplatz in einem Mehrfamilienhaus ca. 40.000 € – auf eine 100-m²-Wohnung übertragen also etwa 300 € pro Quadratmeter Wohnfläche. Dies ist mindestens das Vierfache der Kosten, die für einen sehr guten zusätzlichen Wärmeschutz investiert werden müssten. Weiterhin bestehen monetär nur schwer fassbare Aspekte, die für Investitionsentscheidungen aber oft von großer Bedeutung sind. Hierzu zählen z. B.:

- Komforterhöhungen: Ein guter Wärmeschutz steigert den winterlichen und den sommerlichen Komfort.
- Behaglichkeit: Ein verbesserter Wärmeschutz sorgt für behaglichere und gesündere Wohnverhältnisse.
- Schallschutz: Wärmeschutzmaßnahmen und die Reduzierung ungeregelten Fugenluftwechsels erhöhen den Schallschutz.
- Wertsteigerung: Z. B. schützt ein verbesserter Wärmeschutz die Bausubstanz und führt zu einer Wertsteigerung des Objekts.

- Vermietbarkeit: Eine zunehmende Zahl von Mietpreisspiegeln weist inzwischen Zuschläge auf die Kaltmiete für wärmetechnisch sanierten Mietraum aus.
- Versorgungssicherheit: Ein verringerter Energiebedarf macht unabhängiger von zukünftigen Energiepreisentwicklungen.
- Ästhetische Gesichtspunkte können für oder gegen eine Ausführungsvariante sprechen und liegen im Auge des Betrachters.

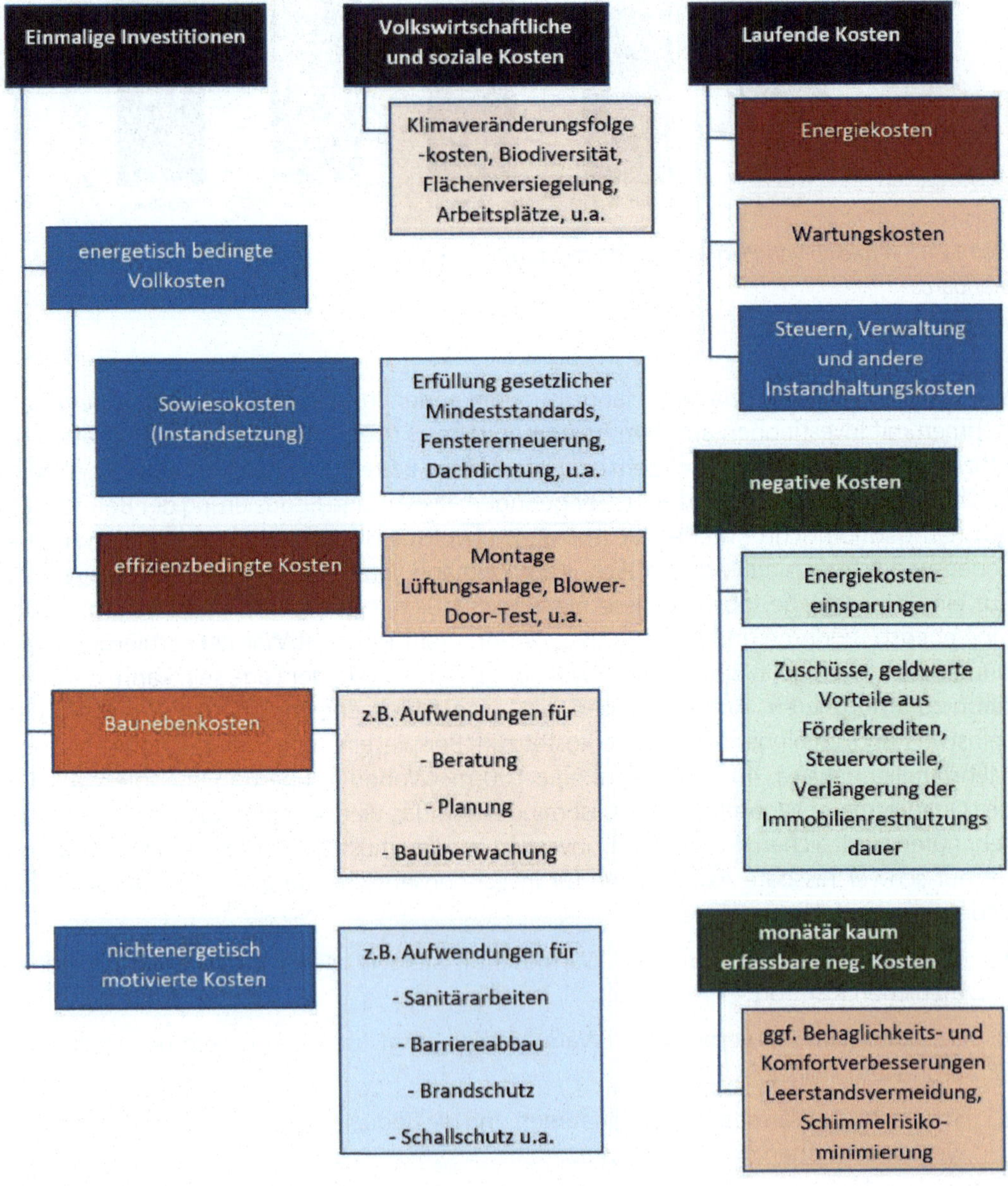


*Bild 12-2: Kosten und Aufwendungen, negative Kosten*

*Quelle: Verfasser*

Als Schlüssel zur maximierten Wirtschaftlichkeit sind drei Punkte entscheidend [2]:

- Zeitpunkt (Kopplungsprinzip):

  Effizienzsanierung durchführen, wenn ohnehin Instandhaltungs- oder Reparaturarbeiten anstehen; im Neubaufall entsprechend sofort hohe Energie-Effizienzstandards wählen.
- Know-how:

  Ein qualifizierter, erfahrener Sachverständiger sollte für Analysen, Planung und Bauüberwachung beigezogen werden.
- Konzeptionelle Herangehensweise mit Berechnungen:

  Welches Sanierungskonzept langfristig wirtschaftlich und ökologisch tragfähig ist, hängt vom Gebäude, von der Investorenperspektive, von der Infrastruktur, der Nutzung und weiteren Randbedingungen ab. Hier sollten mehrere Effizienz-Sanierungsvarianten vergleichend, unter Umständen auch interdisziplinär im Planungsteam ausgewertet werden. Ggf. sind Sowiesokosten, spezifische Fördermittel, Marketingmehrwerte und ggf. Kaltmietpreissteigerungspotenziale in die Wirtschaftlichkeitsbetrachtung mit verschiedenen Szenarien einzubeziehen.

Grundsätzlich gilt: Je schlechter die energetische Ausgangssituation ist, desto einfacher und wirtschaftlicher lässt sie sich verbessern.

Die Bauinvestitionskosten und die Nutzungskosten werden in Kostengruppen gegliedert:

**Baukosten DIN 276**
**nach Kostengruppen**

100 Grundstück
- Grundstückswert
- Grundstücksnebenkosten

200 Herrichten und Erschließen
- Baugrube
- Gründung
- sonstige

300 Bauwerk/Baukonstruktion
- Baugrube
- Gründung

400 Bauwerk/technische Anlagen
- Abwasser-, Wasser-, Gasanlagen
- Wärmeversorgungsanlagen

500 Außenanlagen
- Geländeflächen
- befestigte Flächen
- sonstige

600 Ausstattung und Kunstwerke

700 Baunebenkosten
- Bauherrenaufgaben
- Vorbereitung der Objektplanung

**Nutzungskosten DIN 18960**
**nach Kostengruppen**

100 Kapitalkosten
- Fremdmittel
- Eigenmittel
- Abschreibung
- sonstige Kapitalkosten

200 Objektmanagementkosten
- Personalkosten
- Sachkosten
- Fremdleistungen
- sonstige

300 Betriebskosten
- Versorgung
- Entsorgung
- Reinigung und Pflege von Gebäuden
- Reinigung und Pflege von Außenanlagen
- Bedienung, Inspektion und Wartung
- Sicherheitsund Überwachungsdienste
- Abgaben und Beiträge
- sonstige Betriebskosten

400 Instandsetzungskosten
- Instandsetzung der Baukonstruktion
- Instandsetzung der technischen Anlagen
- Instandsetzung der Außenanlagen
- Instandsetzung der Ausstattung

Die Investsumme aus den Baukostengruppen 300 und 400 der DIN 276 werden i. d. R. von Fachleuten als Bauwerkskosten genannt und auf Nutzfläche je m² oder Bruttorauminhalt je m³ bezogen. Die sonstigen Kostengruppen werden nur selten aufgeführt. Wenn lediglich Baukosten ohne weitere Hinweise angegeben werden, ist ungewiss, welche Leistungen gemeint sind. Ein nicht ganz untypischer Anstieg der Baukosten gegenüber der Planung ist in vielen Fällen auf kostspielige Änderungen während der Ausführungsplanung und Ausführungsphase sowie Zusatzwünsche gegenüber einer ursprünglichen Planung zurückzuführen. Grundsätzlich gilt: Vorausschauende Planung spart Gesamtkosten.

Für nachhaltig energieoptimierte Gebäude sind kaum neue Komponenten erforderlich. Die meisten Bauteile sind ohnehin vorhanden und müssen nur in ihrer Qualität oder Bauart gegenüber der üblichen Ausführung verbessert werden. Die dabei entstehenden Mehrkosten sind die Differenzkosten zu einem in üblicher Art ausgeführten Bauteil. Sie lassen sich durch konstruktive Integration häufig sehr geringhalten. Die Höhe der Mehrkosten für energieoptimierte Maßnahmen hängt stark von der Auswahl der Komponenten ab. Neben höheren Materialkosten für Dämmmaßnahmen, hochwertigen Fenstern usw. schlagen in der Regel noch Kosten für eine moderne Haustechnik zu Buche. Mit modernen Haustechnikkonzepten in energieoptimierten Gebäuden ab Passivhausstandard kann auf konventionelle Heizsysteme verzichtet werden. Die freiwerdende Geldmenge kann in eine energieoptimierte Haustechnik investiert werden, die auf diese Weise kostenneutral finanziert werden kann. Durch vergrößerte Nachfrage, gesetzliche Anforderungsverschärfungen und Energiekostensteigerungen werden die Lebenszykluskostenvorteile für energieoptimierte Gebäude weiter steigen.

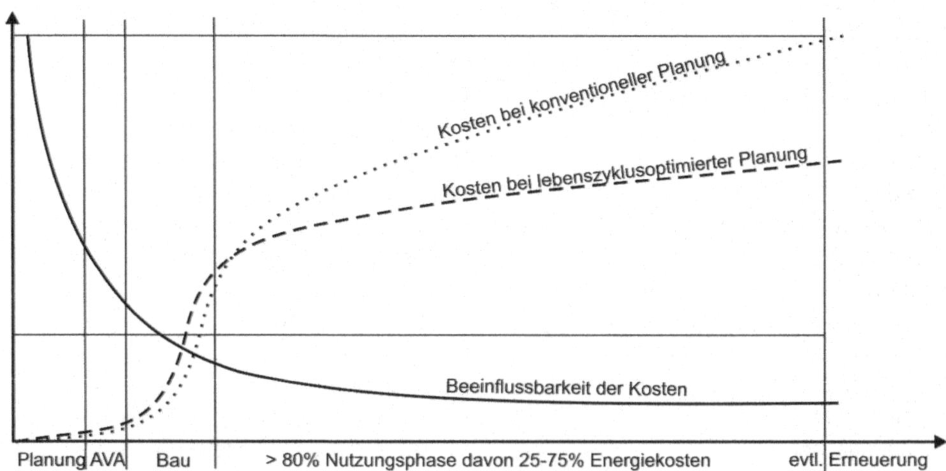


*Bild 12-3: Beeinflussbarkeit der Lebenszykluskosten in den verschiedenen Nutzungsphasen*
*Quelle: Verfasser*

Ein Gutachten des Instituts für technische Gebäudeausrüstung (iTG Dresden) belegt, dass der Anteil der Energieeffizienz an Baukostensteigerungen in den Jahren 2000 bis 2014 nur 6 von 36 % des Kostenanstiegs betrug. „Höhere energetische Standards können sogar günstiger erreicht werden, wenn man Heizungstechnik und Gebäudegestaltung intelligent kombiniert und Fördermittel in Anspruch nimmt." Hohe Anforderungen an Energieeffizienz, Klimaschutz und Investitionswirtschaftlichkeit schließen sich also nicht aus. Laut Bundesinstitut für Bau-, Stadt- und Raumforschung ist der entscheidende Baukostentreiber in vielen Regionen nicht das verschärfte Gebäudeenergierecht, sondern der Mangel an geeigneten Flächen und Nachverdichtungsmöglichkeiten. Die Baupraxis beweist anhand vieler Beispiele, dass auch hohe energetische Standards unkompliziert und mit marktüblichen Technologien problemlos wirtschaftlich erreichbar sind.

Die Wirtschaftlichkeitsbewertung von Energieeffizienzmaßnahmen ist nicht trivial! Der Bewertungsansatz hat erheblichen Einfluss auf die Ergebnisse. Die verschiedenen Verfahren beziehen zum Teil unterschiedliche Einflussfaktoren ein. Zukunftsgerichtete Größen und Betrachtungszeiträume können different gewählt sein. Im Gegensatz beispielsweise zur Immobilienverkehrswertermittlung gibt es für Wirtschaftlichkeitsberechnungen von Energieeffizienzmaßnahmen derzeit noch keine allgemein gültigen Bewertungsrichtlinien. Auf dem Gebiet der Gebäudeenergieeffizienz wird hingegen oft genug überhaupt nicht gerechnet. Man verlässt sich teilweise auf „Erfahrungswerte" aus unsicheren Quellen. Im besten Fall wird ein qualifizierter Energieplaner hinzugezogen, welcher in der Anwendung von Methoden dynamischer Wirtschaftlichkeitsberechnungen sachverständig ist. Selbst dann gibt es eine große Bandbreite fachgerecht auszuwählender Randbedingungen. Angesichts der einfließenden Unsicherheiten gibt es oft gleitende Entscheidungsspielräume von Ausführungsvarianten.

## 12.1 Energieeffizienz und Immobilienverkehrswert

Bei beheizbaren Gebäuden handelt es sich um langlebige Wirtschaftsgüter, bei denen die Betriebskosten als Teil der Lebenszykluskosten um ein Vielfaches über den Herstellungskosten liegen können. Die Marktteilnehmer orientieren sich zunehmend neben der Investitionshöhe an den prognostizieren Betriebskosten mit den Energiekosten. Es ist unumstritten, dass eine Verbesserung der Dämmeigenschaften und eine Optimierung der Gebäudetechnik zur Energieeffizienz von Gebäuden beitragen. Der Wert eines energetisch optimierten Gebäudes ist demzufolge eng mit seiner Zukunftsfähigkeit verknüpft. Dies führt zur Erstellung von Energiekostenanalysen und zur Beurteilung der ökonomischen Vorteilhaftigkeit von Ausführungsvarianten für Neubauten und Bestandssanierungen.

Im allgemeinen Marktgeschehen ist inzwischen deutlich feststellbar, dass die Qualität der Gebäudeenergieeffizienz die Gebäudewerte und somit auch die Immobilienwerte beeinflusst. Die Marktteilnehmer honorieren allgemein eine gute Energieeffizienz bzw. nehmen für schlechte Energieeffizienz Abschläge vor. Hohe Energiekosten stellen für die Nutzer ein finanzielles Problem dar. Die Steigerung der Energieeffizienz und Wärmeschutzqualitäten bieten dagegen eine höhere Behaglichkeit und größere Unabhängigkeit von Energiepreissteigerungen. Damit gewinnen derartige Qualitäten an Relevanz und sind bei der Wertbestimmung von Immobilien rechnerisch zu berücksichtigen.

Einige Anzeichen deuten darauf hin, dass der Einfluss der Energieeffizienz auf die Immobilienwerte dynamisch ansteigt:

Energetisch optimierte Immobilien werden zunehmend in der Vermarktung mit energetischen Kennwerten untersetzt. Die Nachfrage nach energetisch optimierten Gebäuden ist stetig angestiegen. Dies betrifft insbesondere selbst genutzte Wohnimmobilien und repräsentative Firmensitze. Energieoptimierte Neubauten und Sanierungen haben überproportionale Zuwachsraten. Das Angebot von Gebäuden mit Nachhaltigkeitszertifizierungen wächst. Demgegenüber stehen Abschläge bzw. Nachlässe für Immobilien mit schlechten Energieeffizienzeigenschaften. Gründe hierfür sind u. a. hohe Energiekosten, stärkeres Umweltbewusstsein, Aufklärung über den Zusammenhang von Wärmedämmung und Behaglichkeit.

Der langfristige Anstieg von Energiekostensteigerungen gilt durch die Verknappung der fossilen Energieträger als wahrscheinlich und wird voraussichtlich die Höhe der allgemeinen Inflation zu erheblichen Teilen mitbestimmen.

Die energiekostenbedingten Zu- und Abschläge vom Immobilienwert müssen im Zusammenhang mit weiteren Randbedingungen betrachtet werden. Zunächst muss bei den Marktteilnehmern unterschieden werden zwischen Investoren, die renditeorientiert handeln, und Selbstnutzern. Aus betriebswirtschaftlicher Sicht steht bei einer Betrachtung des Aufwandes effizienzauslösender Investitionen der Gewinn aus Energiekosteneinsparungen im Bauteillebenszyklus gegenüber. Selbstnutzende Eigentümer von Immobilien profitieren in direkter Weise von Effizienzinvestitionen, wohingegen für die Beurteilung der Wirtschaftlichkeit einer Effizienzmaßnahme aus Sicht eines Vermieters nur die konkrete Steigerung der Reinerträge direkt monetarisierbar ist. Verminderter Leerstand, Steuervorteile, Prestigegewinn und die allgemeine Substanzwerterhöhung energieoptimierter Objekte gelten dagegen als weiche Kriterien mit kaum berechenbaren und stark lageabhängigen Bewertungsindikatoren.

Einige Effizienztechnologien sind am Markt nicht entsprechend ihrem Nutzen und ihren Kosten akzeptiert, wie dies z. B. bei Zu- und Abluftanlagen mit Wärmerückgewinnung häufig der Fall ist. Nicht zuletzt kann das Maß des Instandsetzungsstaus eine Rolle spielen. Bei einer Immobilie, welcher ohnehin ein Abbruch oder eine Kernsanierung bevorsteht, wird ein durchschnittlicher Marktteilnehmer keinen weiteren Abschlag für eine schlechte Energieeffizienz vornehmen.

Die Verpflichtungen zur Erstellung von Energieausweisen, die Verschärfung gesetzlicher Anforderungen im Neubaubereich und verschiedene Nachrüstpflichten für den Gebäudebestand wirken zunehmend auf den Marktwert von Immobilien ein. Da sich der Energieverbrauch leicht messen lässt und auch die Berechnung von Energiebedarfswerten zu den allgemeinen Standards der Bauplanung bzw. der Baubeschreibung gehört, stehen inzwischen Zahlen zur Verfügung, deren Transparenz und Nachweisbarkeit gegenüber anderen Immobilienwertkennzahlen wie z. B. Instandhaltungsstau, Wert von Außenanlagen u. v. m. in nichts nachsteht.

Der Endenergiebedarf ($Q_E$) dient als Maßstab für allgemeine wirtschaftliche Betrachtungen der Gebäudeenergieeffizienz und findet besondere Beachtung, da er die Menge an Heiz-, Brauchwassererwärmungs- und Hilfsenergie darstellt, die in Form von Brennstoff eingekauft bzw. aus inneren Wärmequellen oder Umweltwärme bereitgestellt werden muss. Bei der Auswertung des Zusammenhangs zwischen Energiekennzahl und spezifischen Transmissionswärmeverlusten und auch zwischen Energiekennzahl und Lebenszykluskosten sind die Kausalzusammenhänge naheliegend und grafisch gut erkennbar.

In der Energiekennzahl von Wohngebäuden ist neben dem Energiebedarf für Raumwärmebereitstellung auch der Energiebedarf der Warmwasserbereitung enthalten. Die Energiekennzahl hängt zusätzlich von der Anlageneffizienz ab. Weiterhin wird die Energiekennzahl je m² normierte GEG-Energiebezugsfläche berechnet und nicht auf m² BGF bezogen. Dadurch eignet sich die Energiekennzahl nur bedingt zur differenzierten energetischen Bewertung der Gebäudehülle.

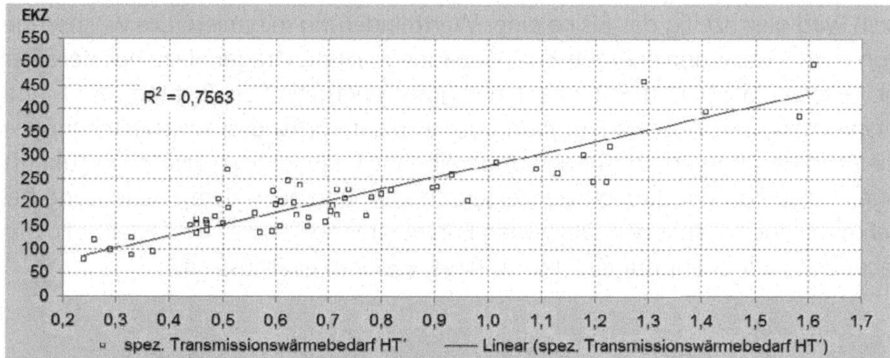


*Bild 12-4: Regressionsanalyse mit Zusammenhang von spezifischem Transmissionswärmekoeffizient $H_{T'}$ und Energiekennzahl kWh/m²$A_N$*
*Quelle: Verfasser*

Der Heizenergiebedarf besteht im Wesentlichen aus den absoluten Hüll-Bauteil-Transmissionswärmeverlusten. Diese stehen im engen Zusammenhang mit dem Transmissionswärmekoeffizienten $H_{T'}$. Wenig überraschend hat sich gezeigt, dass die Gebäudehüllen mit gutem Wärmeschutzstandard etwas kostenintensiver in der Herstellung, als es Gebäudehüllen mit schlechten Wärmedämmeigenschaften sind. Bei sinkenden Investitionskosten in die Gebäudehülle steigen die statistisch ermittelten Heizkosten je m² Gebäudehüllfläche. Die Investition in eine energieeffiziente Gebäudehülle als Ganzes zahlt sich also bei einer Gesamtkostenbetrachtung der Investition und der Energiekosten über den Lebenszyklus aus.

Ein allgemeiner Break-even-Point existiert bei den untersuchten Feldversuchsobjekten bezogen auf die Kosteneffizienz von Investitionen in den Wärmeschutz der Gebäudehülle nicht. Es hat sich gezeigt, dass sich jeder Euro Energieeffizienzinvestition in die opake Gebäudehülle in einer deutlich höheren Energiekostenersparnis über den Lebenszyklus auszahlt. Ein Break-even-Point wird jenseits des Passivhausstandards im Bereich der sogenannten Plusenergiehäuser oder in Projekten, die der Untersuchung neuartiger Werkstoffe dienen, vermutet.

Für die Immobilienwertermittlung ist von hoher Bedeutung, die wertstellenden Aspekte der Gebäudeenergieeffizienz im Gutachten plausibel darzustellen. Der Einfluss der Gebäudeenergieeffizienz auf den Verkehrswert ist belegbar und muss somit zwingend in Verkehrswertverfahren berücksichtigt werden. Die Energieeffizienz und Energiekosten eines Gebäudes gehören also zu den zentralen Bewertungskriterien – besonders bei selbstgenutzten Wohnimmobilien. Bereits vor dem Krieg in der Ukraine mit den damit zusammenhängenden Energiepreissteigerungen wurde in einer Studie von Immoscout24 im Auftrag des Bundesverbandes energieeffiziente Gebäudehülle e. V. festgestellt, dass Immobilien mit hoher Energieeffizienz um durchschnittlich 23 % höhere Marktpreise erzielen. Grundlage der Studie ist die Auswertung von 155.000 verkaufsinserierten Wohnobjekten in Deutschland.

Wer heute eine zukunftsfähige Immobilie plant oder baut, macht sich bereits Gedanken, wie aus dem Objekt ein besonders energieeffizientes Gebäude oder gar ein Energielieferant werden kann. Der Trend zu Nachhaltigkeit hat die Immobilienbranche erfasst. Aus Sicht eines privaten Investors gelingt das im Allgemeinen, wenn die Immobilie auch bei widrigen Entwicklungen wie steigenden Energiepreisen oder Klimawandel ihre Grundfunktionen bezahlbar erfüllt. Dadurch wird gleichzeitig das Risiko einer Wertminderung minimiert. Die wachsende Transparenz und Differenzierung energetischer Gebäudequalitäten tragen dazu bei. Bei einer neuen Immobilie setzen die Marktteilnehmer einen guten energetischen Zustand voraus und reagieren entsprechend mit Abschlägen, wenn dieser nicht vorhanden ist. Der technische Fortschritt, die Anforderungsverschärfungen und treibende Energiepreise werden in Zukunft das allgemeine Niveau von Gebäudeeffizienzeigenschaften und auch deren Bedeutung bei Immobilienverkäufen weiter anheben. Bei hohen Energiepreisen ist eine Mindestenergieeffizienz von Gebäuden nicht mehr nur ein Nice-to-have, sondern ein Must-have.

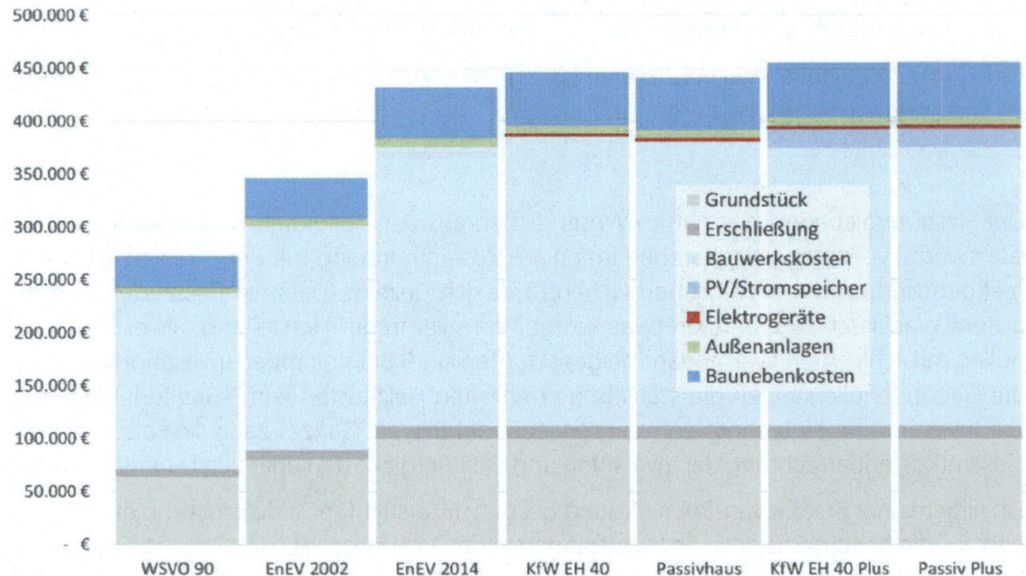


*Bild 12-5: Wohngebäude Investitionskosten nach Energiestandard im Vergleich*
*Quelle: Ecofys/ Schulze-Darup, 2014*

## 12.2 Orientierungspreise energierelevanter Bauteile

Die nachstehend genannten Preise sind als grobe Orientierung zu verstehen. Baukosten hängen stark von regionalen Gegebenheiten, Angebot und Nachfrage ab. Detaillierte Kostenangaben können daher nur mit planerischen Vorgaben und Angebotseinholung gemacht werden.

Die Angaben basieren auf der Grundlage üblicher Marktpreise der genannten Quellen inkl. 19 % MwSt. sowie auf Ergänzungen nach Angaben von Herstellern, Fachplanern und Verarbeitern. Eine Gewährleistung für die Richtigkeit der Angaben kann aus den erwähnten Gründen nicht übernommen werden. Bauteile und Anlagen mit kleinen Stückzahlen bzw. geringer Verbreitung konnten aufgrund der schweren Erfassbarkeit allgemeingültiger Orientierungspreise nicht berücksichtigt werden. Alle Preise verstehen sich, soweit nicht anders angegeben, inkl. Montage. Fördergelder sind nicht berücksichtigt.

Datenquellen ohne Anspruch auf Vollständigkeit:

- bürointerne Nachkalkulation und Dokumentation
- Baukosten für Instandsetzung, Sanierung, Modernisierung und Umnutzung; Krings, Dahlhaus, Meisel, Schmitz, Wingen Verlag
- Standardleistungsbuch StLB
- dynamische Baudaten, www.dbd.de, Baupreislexikon / Fa. f:data
- Kostenplaner des Baukosteninformationszentrums der Architektenkammern BKI
- sirAdos Baupreissammlung
- Heinze Baupreissammlung
- Kostendatenbank der Energieberater-Software EVEBI

*Tabelle 12-1: Konstruktion*

| Art/Effizienzmaßnahme | Kosten |
|---|---|
| **Holz-Leichtbau-Außenwand** mit 30 cm Zellulosedämmung zwischen Stegständern inkl. bituminierter Holzweichfaserplatte, Dampfbremse, Holz-Außenschalung, Lattung und Innenbeplankung<br>exklusive Installationsebene und Malerarbeiten | 250–400 €/m² |
| **Hinterlüftete Vorsatzschale** auf Außenwänden, mit 20 cm Dämmung, Holzweichfaserplatte, Dampfbremse und Außenschalung aus Holz, Leichtmetall oder Faserzementplatten inkl. Gerüst;<br>exklusive Sockelabschluss, Laibungs- und Kantenausbildung | 175–300 €/m² |
| **Wärmedämmverbundsystem WDVS** mit Polystyrolplatten, zur Montage auf vorh. Massivwänden, Dämmstärke 18–24 cm WLG 035, inkl. Gerüst- und Putzarbeiten<br>exklusive Untergrundvorbehandlung, Laibungs- und Kantenausbildung, Anstricharbeiten | 100–150 €/m² |
| **Kerndämmung** mit Perliten, Zellulose oder Mineralwolle als Verfüllung einer vorhandenen Luftschicht d = 4–8 cm | 50–90 €/m² |
| **Innendämmung Perlitedämmplatten**, 6–8 cm inkl. Putz | 60–90 €/m² |
| **Innendämmung** Leichtlehm, 6–8 cm, inkl. Schalung | 80–100 €/m² |
| **Abschlagen Altputz bzw. lotrechter Grundputz** für Sanierungen inkl. Entsorgung | 25–40 €/m² |

| Art/Effizienzmaßnahme | Kosten |
|---|---|
| **Dämmung oberste Geschossdecke** mit Mineralwolle oder Zellulose-Einblasdämmstoff inkl. Kreuzlattung und begehbarer Dielenbelag | 40–80 €/m² |
| **Zwischensparrendämmung** in vorhandenem Dachstuhl mit **Zellulose- o.** Mineralfaserdämmstoff Dicke ca. 20 cm inkl. Unterspannbahn, Lattung und Gipskartonbeplankung; zuzgl. Demontagearbeiten sofern erforderlich, Sparrenaufdopplung | 45–70 €/m² |
| **Aufsparrendämmung** auf vorhandenem Dachstuhl, Dicke ca. 20 cm inkl. Unterspannbahn; zuzüglich Demontage/Montage der Ziegel und Lattung | 90–120 €/m² |
| **Kellerdeckendämmung** von unten mit Mineralfaser-Lamellenplatten d = 10 cm | 40–75 €/m² |
| Dämmung einer Bodenplatte bzw. Kellerdecke von oben mit **Vakuumdämmpaneelen** d = 3 cm inkl. beidseitiger Schutzebene/Polystyrollagen à 1 cm und oberseitiger Spanplatte; exklusive Abbrucharbeiten und Bodenbelag | 150–200 €/m² |
| **Flachdach-Wärmedämmung** Dämmplatten aus EPS d = im Mittel 24 cm auf vorhandene Altdichtung aufbringen, neue Abdichtung herstellen; exklusive Randabdichtungen und Abdichtungen von Durchdringungen | 75–125 €/m² |
| **Aufpreis für Herstellung als Gründach** mit extensiver Begrünung, Wurzelschichtfolie, Drainmatte, Substrat und Einsaat, exklusive statische Ertüchtigungen und Pflege | 60–120 €/m² |

*Tabelle 12-2: Fenster und Außentüren*

| Art/Effizienzmaßnahme | Kosten |
|---|---|
| **Fenster mit Wärmeschutzverglasung** ohne Sprossen, Ug-Wert < 1,2 W/m²K inkl. schichtverleimte Nadelholzrahmen, Drehbeschlag, Standardolive | 1 m² ca. 650 €/St.<br>2 m² ca. 950 €/St. |
| **Aufpreis für 3-fach Wärmeschutzverglasung** mit verbessertem $U_g$-Wert < 0,65 W/m²K | 25–45 €/m² |
| **Aufpreis für Hocheffizienzfensterrahmen,** Mehrpreis für verbesserten $U_f$-Wert < 0,8 W/m²K | 50–100 € je Rahmenmeter |
| **Austausch der Verglasung** in gut erhaltenen und statisch tragfähigen Fensterrahmen; neue Wärmeschutzverglasung $U_g$ 1,2 W/m²K | 300–450 €/m² |
| **Vorfenster** Öffnungsflügel aus Holz, Größe 1–2 m², mit Verglasung $U_g$ 1,1 W/m²K in vorhandene Fensteröffnung zur Herstellung eines Kastenfensters einbauen inkl. Anstrich, ohne Laibungsbekleidung und Fensterbankerneuerung | 550–600 €/m² |
| **Gummilippendichtung** in vorhandene Holz-Fensterrahmen einbauen inkl. Einfräsen einer Nut; zuzgl. Montage und Malerarbeiten | ca. 40 €/lfm |

*Tabelle 12-3: Heiztechnik*

| Art/Effizienzmaßnahme | Kosten |
|---|---|
| **Gas-Brennwerttherme** mit einer Nennwärmeleistung von **5–25 kW** Inkl. Anschlusszubehör, exklusive Brauchwasserspeicher | 6.500–8.000 € |
| **Gas-Brennwerttherme** mit einer Nennwärmeleistung von **50–100 kW** Inkl. Anschlusszubehör und Montage, exklusive Brauchwasserspeicher | 20.000–45.000 € |
| **Kleinst-Gas-BHKW** bis 20 kW thermische Leistung | 25.000–45.000 € |
| **Gas-BHKW** 20–75 kW thermische Leistung | 45.000–75.000 € |
| **Holz-Pelletprimärkessel** mit einer Nennwärmeleistung von **4–10 kW** zur Wohnungsaufstellung, manuelle Beladung, ohne Wassertasche | 4.000–7.000 € |
| **Holz-Pelletkessel** mit einer Nennwärmeleistung von **5–25 kW für Zentralheizung mit Wassertasche,** automatische Beschickung | 8.000–15.000 € |
| **Holz-Pelletlager** mit ca. 5 Tonnen Kapazität inkl. Fördertechnik bis 10 m Förderstrecke | 2.500–5.000 € |
| **Schornsteinverrohrung** geeignet für Brennwerttechnik oder Pellettechnik inkl. Montage in Altschornstein bzw. Schacht | 150–250 €/m |
| **Elektro-Brauchwasserwärmepumpen** mit einer Nennleistung 1,5–3,5 kW inkl. 200–300 L Speicher, Anschlusszubehör | 3.000–4.500 € |
| **Elektro-Wärmepumpen** mit einer Nennleistung bis **15 kW** inkl. Anschlusszubehör; exklusive Speicher und Wärmetauscher Primärseite | 8.000–12.000 € |
| **Elektrowärmepumpen** mit einer Nennleistung **15–50 kW** inkl. Anschlusszubehör; exklusive Speicher und Wärmetauscher Primärseite | 12.000–40.000 € |
| **Bohrung für Sole-Wasser-Wärmepumpe** je nach geologischen Verhältnissen, verpresst und gefüllt bis zum Verteiler; ca. 30–40 Watt Entzugsleistung je Meter | 50–70 € je m |
| **Elektronisch geregelter Elektrodurchlauferhitzer** zur bedarfsgesteuerten Nacherwärmung solar vorerwärmten Brauchwassers bis 27 kW | 450–550 € |
| **Wasser-Luft-Heizregister** für Zulufterwärmung in Lüftungsanlagen | 500–650 € |
| **Leitungsnetz und Heizkörper** für Warmwasser-Zentralheizung inkl. Standard-Plattenheizkörper und Heizkörperthermostate | 45–70 €/m² beh. Fläche |
| **Fußboden-, Wand- oder Deckenheizung** inkl. Leitungsnetz und Raumreglern, Verlegeplatten, exklusive Demontagearbeiten, neuer Bodenaufbau bzw. Putz u. dgl. | 50–75 €/m² beh. Fläche |

*Tabelle 12-4: Solartechnik*

| Art/Effizienzmaßnahme | Kosten |
|---|---|
| **Thermische Solaranlage zur Brauchwassererwärmung** mit 10 m² Kollektorfläche inkl. Warmwasserspeicher 500 l mit Wärmetauscher-Ausdehnungsgefäß, Anschlussgruppe mit Solarkreislaufpumpe und Steuerung, exklusive Montage und Speicher | 7.500–9.000 € |
| **Zusatzkosten für** die Installation einer **heizungsunterstützenden Solaranlage** bestehend aus Kollektorzusatzfläche 10 m², Wärmetauscher und Dreiwegeventil | 4.000–6.000 € |
| **Montage thermische Solaranlage** in Abhängigkeit von den örtlichen Gegebenheiten | ≥ 2.000 € |
| **Photovoltaikmodule** auf Dächern anschlussfertig inkl. Solarzellenpaneele und Unterkonstruktion inkl. Montagekosten 3–10 kWp, exklusive Gerüstkosten, Erneuerung der Dacheindeckung u. dgl. | ca. 850–1.200 € je kWp |
| **Photovoltaikanlage Zubehör**<br>Wechselrichter, Überspannungsschutz, Zähleinrichtung, Kabel | ca. 1.200–2.500 €/ kWp |

*Tabelle 12-5: Lüftungstechnik*

| Art/Effizienzmaßnahme | Kosten |
|---|---|
| **Abluftanlage** zur Absaugung verbrauchter Luft, inkl. $CO_2$ oder Feuchtesensorik, Ventilatoren, regelbare Außenluftdurchlässe, je m³ belüftetes Volumen | 10–20 €/ m³ |
| **Dezentrale Lüftungsanlage** mit Wärmerückgewinnung, inkl. Ventilatoren, Lüftungswärmetauscher und Steuerung je m³ belüftetes Volumen | 50–75 €/ m³ |
| **Zentrale Lüftungsanlage** mit Wärmerückgewinnung, inkl. Zu- und Abluftkanäle, Ventilatoren, Lüftungswärmetauscher und Steuerung exklusive Zuschläge bei Altbaueinpassungen je m³ belüftetes Volumen | 50–75 €/ m³ |
| **Luftbrunnen** mit Sammelrohr und Zubehör für 50 m² Übergangsfläche zum Erdreich (Selbstbauvariante)<br>Bodenaushub je nach Bodenklasse, hier: ohne Fels | ca. 4.000 €<br>40–65 €/m³ |
| **Zuluft-Erdreichwärmetauscher** mit 75 m wirksamer Länge bestehend aus 200er Rohren<br>Rohrgrabenaushub > 1 m Tiefe, je nach Bodenklasse, hier: ohne Fels | 3.000–4.000 €<br>30–50 €/m³ |

*Tabelle 12-6: Sonstiges*

| Art/Effizienzmaßnahme | Kosten |
|---|---|
| **Blowerdoor** Luftdichtigkeitsprüfung, einfache Messung bis 1.000 $m^3$ inkl. Grob-Leckageortung | 500–1.000 € |
| **Gebäudethermografie** 4–8 Fassadenbilder und zugehörige Detail-Innenaufnahmen inkl. Auswertung | 500–800 € |
| **Regenwassernutzungsanlage** mit 5 $m^3$ Zisterne, Steuerung, Pumpe mit Schwimmerschalter, Filter und Ventile ohne Rohrleitungen<br>Erdaushub inkl. Deponierung für ca. 5 $m^3$ Zisternenvolumen | 4.000–5.000 €<br>100–200 €/$m^3$ |
| **Grauwassernutzungsanlage** mit 2 $m^3$ Zisterne für Kelleraufstellung, Steuerung, Pumpe mit Schwimmerschalter, Fettabscheider, Filter und Ventile ohne Rohrleitungen | 3.000–5.000 € |
| **Trocken-Trenn-Komposttoilette mit zugehörigen Sammelbehältern** | 100–2.000 € |
| **Pflanzenkläranlage;** Investitionskosten inkl. Material, Tiefbauarbeiten, Bepflanzung. Für den Anschluss von bis zu 10 Nutzern ohne Fäkaleinleitung; bei<br>10 Nutzern inkl. Fäkalreinigung<br>20 Nutzern ohne Fäkaleinleitung<br>20 Nutzern inkl. Fäkalreinigung | 7.500–10.000 €<br>11.000–17.500 €<br>17.500–20.000 €<br>20.000–35.000 € |

## 12.3 Kapitalwerte, Amortisation und äquivalenter Energiepreis [1]

Die Darstellung der Wirtschaftlichkeit von Energieeffizienzmaßnahmen ist von der angewendeten Berechnungsmethode und den Randbedingungen abhängig. Im Gesetz zur Einsparung von Energie in Gebäuden (Energieeinspargesetz EnEG) wurde bereits 1976 festgelegt, dass die notwendigen Investitionen im Regelfall je nach Energiepreis und Bedingungen des Kapitalmarktes innerhalb ihrer Nutzungsdauer wieder erwirtschaftet werden sollen. Wenn die Amortisationsdauer kürzer als die Nutzungszeit ist, ist die gesetzliche Wirtschaftlichkeit gegeben. In der Rechtsprechung wurde für Gebäudebelange allerdings oft eine Amortisationsfrist von nur zehn Jahren als angemessen betrachtet. Im EnEG ist ebenfalls keine Bewertungsmethode festgelegt. Die Amortisation stellt nur eine Facette der Wirtschaftlichkeit dar, da sie keine Aussage über langfristig-absolute Erträge bietet. Anderen Wirtschaftlichkeitskennzahlen wie Kapitalwert und Investitionsrendite bzw. interner Zinsfuß sollte größere Aufmerksamkeit zuteilwerden.

Zunächst sind für die Wirtschaftlichkeit von Effizienzmaßnahmen bei Sanierungsvorhaben teilweise andere Randbedingungen zu berücksichtigen als bei Neubauvorhaben. Der energetisch-gesetzliche Mindestzustand kann im Neubaufall als Sowiesokostenbasis betrachtet werden. Die zu untersuchende Fragestellung lautet, welche wirtschaftliche Vorteilhaftigkeit ergibt sich ggf. durch eine Optimierung der Mindeststandards. Bei Erhöhungen von Dämmstärken fallen dann in der Regel lediglich Materialmehrkosten für Zusatzzentimeter an; Lohn- und Nebenkostenanteile sind bereits in der (gesetzlich) erforderlichen Dämmstärke enthalten. Die Kosten für optimierte Anlagentechnik fällt bei dieser Betrachtung ebenfalls nur mit den Differenzkosten zur technisch und gesetzlich möglichen Einfachstanlage an. Alternativ kann bei der Planung eines Neubaus die Wirtschaftlichkeit verschiedener verbesserter Effizienzstandards und Ausführungsvarianten miteinander verglichen werden. So kann die Entscheidung an die Kosten über den Lebenszyklus der Investition geknüpft werden – und nicht alleine die Investitionskosten. Bei Sanierungsprojekten sind immer dann die Vollkosten der mittelbaren und unmittelbaren Effizienzkosten anzusetzen, wenn keine gesetzlichen oder sonstig begründeten Mindestqualitäten in Rede stehen. Oft müssen im Rahmen von anstehenden Instandsetzungsmaßnahmen, Brandschutzauflagenerfüllung o. dgl. ohnehin umfangreiche Eingriffe in die Bausubstanz vorgenommen werden. In diesen Fällen sind nur die effizienzbedingten Mehrkosten zu berücksichtigen, um die Effizienz-Wirtschaftlichkeitsfragestellung zu beantworten.

Die Europäische Union hat im März 2012 eine Verordnung erlassen (244/2012), welche methodische Grundlagen einer „Kostenoptimalitätsmethode" enthält. Die Methodik fußt auf der Lebenszykluskostenberechnung (LCC) und bezieht neben den Investitionskosten und den Betriebskosten (incl. Energiekosten) ggf. auch die Kosten für Rückbau und Entsorgung unter Berücksichtigung von Restwerten ein. Anzusetzende Randbedingungen wie Betrachtungszeiträume, Energiepreissteigerungsraten und Diskontzins werden weitgehend vorgegeben. Durch Einbeziehung externer Kosten im Zusammenhang mit Treibhausgasemissionen kann auf eine makroökonomische Perspektive erweitert werden. Diese Global-Cost-Methode trifft keine direkt verwertbaren Wirtschaftlichkeitsaussagen für die Investorenperspektive von Rediteobjekten [2]. Durch Einbeziehung von Einnahmen aus Mieten oder Renditen in die Berechnung kann die Lebenszykluskostenberechnung zur whole life costing (WLC) erweitert werden und liefert Wirtschaftlichkeitsdaten zur Beurteilung vermieteter Objekte.

Die Bewertung von Bundesbauprojekten erfolgt auf der Basis von Verwaltungsvorschriften der Bundeshaushaltsordnung BHO der „Arbeitsanleitung Einführung in Wirtschaftlichkeitsuntersuchungen" des Bundesfinanzministeriums und der Leitfaden des BM-Verkehr, Bau und Stadtentwicklung zu Wirtschaftlichkeitsberechnungen bei der Vorbereitung von Hochbaumaßnahmen des Bundes vom 2.05.2012. Bundesländer und einige Kommunen haben tlw. ähnliche Richtlinien für Wirtschaftlichkeitsbewertungen ihrer Immobilienprojekte erlassen. VV Nr. 1 zu § 7 BHO enthält folgende Regelung: „Nach dem Grundsatz der Wirtschaftlichkeit ist bei allen Maßnahmen des Bundes einschließlich solcher organisatorischer oder verfahrensgemäßer Art die günstigste Relation zwischen dem verfolgten Zweck und den einzusetzenden Mitteln anzustreben. Die günstigste Zweck-Mittel-Relation besteht darin, dass entweder: Ein bestimmtes Ergebnis mit möglichst geringem Einsatz von Mitteln oder mit einem bestimmten Einsatz von Mitteln das bestmögliche Ergebnis erzielt wird." Das haushaltsrechtliche Wirtschaftlichkeitsgebot ist grundsätzlich in bestehende Rechtsrahmen eingebettet. Die haushaltsrechtlichen Wirtschaftlichkeitsprinzipien haben keinen Vorrang gegenüber anderen Verfassungsprinzipien. Das Wirtschaftlichkeitsgebot erhält daher insbesondere in den Bereichen Bedeutung, in denen Ermessensspielräume bestehen. Die Wirtschaftlichkeitsuntersuchungen für Bundesbauvorhaben sind jeweils von der Organisationseinheit durchzuführen, die mit der Maßnahme befasst ist. Dabei sind alle

Arbeitsschritte einschließlich der Annahmen, Datenherkunft und Ergebnisse nachvollziehbar zu dokumentieren. Nur bei Maßnahmen von geringer finanzieller Bedeutung kann vom Dokumentationsumfang abgewichen werden. Bei erheblichen gesamtwirtschaftlichen Auswirkungen gilt im Regelfall die Anwendung der Kapitalwertmethode als zweckmäßig. Für die Berechnung sind alle voraussichtlichen Ein- und Auszahlungen im gesamten Betrachtungszeitraum zu ermitteln. Annahmen wie z. B. die Baupreisentwicklung nach Indizes des Statistischen Bundesamtes sind explizit auszuweisen. Ergänzend kann für nicht direkt monetarisierbare Bewertungsaspekte eine Nutzwertanalyse durchgeführt werden, die alle positiven und negativen Maßnahmenauswirkungen gegenüberstellt. Die Nutzwertanalyse kann Vorgaben und Merkmale des „Leitfadens Nachhaltiges Bauen" integrieren. Hierzu gehören:

- Gebäudebezogene Lebenszykluskosten
- Treibhausgaspotenzial
- nicht erneuerbarer Primärenergiebedarf
- Transmissionswärmeverluste der Gebäudehülle
- Instandhaltungskosten, Reinigungskosten
- Qualitäten des winterlichen thermischen Komforts
- Beleuchtungsanlagenqualität
- Luftdichtequalitäten, Lüftungskonzept
- Wärmebrückeneigenschaften
- Prozessqualitäten
- Soziokulturelle und funktionelle Qualität

Die Beurteilung der Wirtschaftlichkeit von Gebäudeeffizienzmaßnahmen hängt stark von der Berechnungsmethode, den Randbedingungen und der jeweiligen Investorenperspektive ab. Grundsätzlich zu unterscheiden wären Immobilienselbstnutzer, die direkt von Energieeffizienz über niedrige Energiekosten profitieren, und Investoren und Vermieter, die nur mittelbar von überdurchschnittlichen Effizienzstandards profitieren, wenn die Heizkosten den MieterInnen als Durchlaufposten berechnet werden. [2]

**Wirtschaftlichkeitsperspektiven verschiedener Investorengruppen:**

| Investorenperspektive | Bevorzugte Wirtschaftlichkeitsbewertungsmethode |
|---|---|
| Öffentliche Hand als EigentümerIn | Kapitalwertmethode |
| Öffentliche Hand als MieterIn: | Äquivalenter Energiepreis |
| Selbst nutzende ImmobilieneigentümerIn | Äquivalenter Energiepreis oder Kapitalwertmethode |
| Wohneigentümergemeinschaften und Genossenschaften | Äquivalenter Energiepreis oder Kapitalwertmethode (moderiert) |

| **Investorenperspektive** | **Bevorzugte Wirtschaftlichkeitsbewertungsmethode** |
|---|---|
| Aktiengesellschaften und große GmbHs | Vollständiger Finanzplan (VoFi) oder interner Zinsfuß |
| Private (nichtprofessionelle) Vermieter von Wohnimmobilien | Kapitalwertmethode |
| Professionelle VermieterInnen von Wohnimmobilien | Vollständiger Finanzplan (VoFi) |
| VerpächterInnnen von Nichtwohnimmobilien | Vollständiger Finanzplan (VoFi) oder interner Zinsfuß |
| Immobilienfonds, AnlegerInnen | Interner Zinsfuß |

Die Betrachtung und Optimierung einzelner Teile des Gesamtsystems Gebäude garantiert nicht die Optimierung des Gesamtsystems. Wirtschaftlichkeitsbetrachtungen sind nur zielführend, wenn die komplexen Gebäudesysteme miteinander verglichen werden. Die zur Auswahl stehenden baulichen und anlagentechnischen Maßnahmen beeinflussen sich wechselseitig, sodass die Umsetzung einer einzelnen Maßnahme oft iterative Anpassungen weiterer Teile des Gesamtsystems Gebäude erfordert.

Bei energetischen Optimierungsmaßnahmen handelt es sich häufig um langlebige Investitionsgüter mit einer durchschnittlichen Lebensdauer > 15 Jahre. Die Lebenszykluskosten liegen in der Regel um ein Vielfaches über den Herstellungskosten. Hier sind statische Berechnungsmethoden nicht geeignet. Aber auch für dynamische Wirtschaftlichkeitsberechnungen müssen die Randbedingungen fachgerecht modelliert sein. Kennzahlen wie Energiepreissteigerungen, Zinssätze, Wartungskosten sind Prognosen und daher schwierig zu bestimmen. Typischerweise betrachtet man die zurückliegende Entwicklung der Randbedingungen über einen definierten Betrachtungszeitraum und geht davon aus, dass diese Dynamik durchschnittlich auch fortschreibbar ist. Durch die zunehmende Verknappung fossiler Energiereserven kann derzeit nicht davon ausgegangen werden, dass in Zukunft die (fossilen) Brennstoffe auf lange Sicht kostengünstiger werden. Es ist eher vom Gegenteil auszugehen. Somit werden sich Einsparungen durch Energieeffizienzmaßnahmen bei längeren Betrachtungszeiträumen potenzieren.

Für Sanierungsfälle stehen oft Mittel aus Instandhaltungsrücklagen zur Verfügung. Die differenzierte Betrachtung der Investitionsvollkosten in Sowiesokosten und energiebedingte Mehrkosten ist vergleichbar mit der in der Wohnungswirtschaft gebotenen Aufteilung zwischen Modernisierungskosten und Instandsetzungskosten. Bei Berücksichtigung von Sowiesokosten (z. B. Dämmkosten zur Erreichung des Mindestwärmeschutzes) gegebenenfalls zuzgl. Fördermittel ergeben sich bei vielen Projekten sehr kurze Amortisationszeiträume und hohe Kapitalwerte.

Für bauenergetische Betrachtungen sind folgende Parameter zu berücksichtigen:

- Investitionskosten der Effizienzmaßnahmen differenziert in Sowiesokosten, unmittelbare und mittelbare Effizienzkosten

- Prognose der Endenergieeinsparung durch effizienzerhöhende Maßnahmen
- prognostizierte Lebensdauer der Investition/Bauteile
- derzeitige Energiekosten der in der Betrachtung herangezogenen Energieträger
- prognostizierte Energiepreissteigerung in %, ggf. $CO_2$-Steuerzuschläge
- Diskont- bzw. Kapitalzinssatz
- ggf. Sowiesokostenabzüge
- ggf. Abzug von Restwerten bzw. Wertsteigerungen
- ggf. Abzug von spezifischen Fördermitteln
- ggf. Wartungskostendifferenzen der Betrachtungsvarianten, ggf. Restwerte (wenn Lebensdauer der Effizienzinvestition länger als Betrachtungszeitraum)
- ggf. Abschreibungsdifferenzen der Betrachtungsvarianten
- ggf. weitere Randbedingungen

Mit der DIN 18960, Nutzungskosten im Hochbau, ist eine Grundlage vorhanden, um über den gesamten Lebenszyklus einer baulichen Anlage die zu unterschiedlichen Zeitpunkten anfallenden Kosten abzubilden. Die Norm erlaubt die Erfassung der Lebenszykluskosten (Life-Cycle-Costs) eines Gebäudes. Sie lassen sich mithilfe geeigneter Berechnungsverfahren als Gesamtkosten, z. B. als Kapitalwert, oder als jährliche Durchschnittskosten, z. B. als Annuität, ermitteln. Die Annuitätsberechnung basiert auf der Kapitalwertberechnung. Sie eignet sich sowohl für die Kennwertbildung als auch für den Vergleich von Planungsvarianten und unterschiedlichen Betriebsstrategien.

Auf die Nutzung wirken zu jeder Zeit ganz unterschiedliche Einflüsse. Diese Systemeigenschaften stehen als interne Kosteneinflüsse zum Nutzungsbeginn weitgehend fest. Zu den Systemeigenschaften gehören die Nutzungsart, die Konstruktion, das Baujahr und das Alter des Bauwerks. Das Nutzerverhalten lässt sich durch Hinweise, Ge- und Verbote sowie Nutzungsentgelte nur bedingt beeinflussen. Auf die Nutzung wirken weiterhin gesellschaftliche Einflüsse, technische Regelwerke, Preisentwicklungen und Umgebungsklima. Die externen Kosteneinflüsse auf die Nutzungskosten bilden die wirtschaftliche Gebäudesystemumgebung.

Die Nutzungskosten der DIN 18960 sind:

- **KG 100 Kapitalkosten**

  Die Kosten der Finanzierung werden vom Kapitalmarkt bestimmt und entstehen aus den Kosten für Fremdmittel (Kredite, Bürgschaften, Erbpacht) sowie der entgangenen Eigenmittelverzinsungen. Zur Finanzierung gehören alle Leistungen, Steuern und Abgaben für die Vorbereitung, Planung und Ausführung über die gesamte Nutzungsdauer inkl. Wertverlustanteile. Dabei zählen neben der Erstellung ggf. auch Erweiterungen, Umbauten, Modernisierungen und schließlich Abbruch mit Entsorgung.

- **KG 200 Objektmanagementkosten**

  Kosten für technische, kaufmännische und infrastrukturelle Leistungen sowie Sachkosten im Sinne von Arbeitsmitteln.

- **KG 300 Betriebskosten**

  Die Betriebskosten bestehen aus Ver- und Entsorgung, Reinigung und Pflege, Inspektion und Wartung, Sicherheits- und Überwachungsdienste sowie Bedienungskosten. Auftretende Schwankungen und Änderungen ergeben sich z. B. aus Witterungseinflüssen und Preisentwicklungen sowie aus dem Nutzerverhalten.

- **KG 400 Instandsetzung**

  Zu Instandsetzung gehören Maßnahmen zur Rückführung in den funktionsfähigen Zustand, mit Ausnahme von Verbesserungen. Eine Verbesserung liegt vor, wenn ein Bauteil über den funktionsfähigen Zustand hinaus den aktuellen Anforderungen entsprechend verändert wird. Maßnahmen der Instandsetzung fallen oft erst nach langen Bauteil-Nutzungszeiträumen an. Dennoch sollen die für die gesamte Betrachtungsdauer durchschnittlichen jährlichen Kosten der Instandsetzung in die Lebenszykluskostenplanung einbezogen werden.

Zur Beurteilung der Lebenszykluskosten ist prinzipiell die Summe aller relevanten Kostengruppen und Nutzungskostenstufen herauszuziehen.

### Kapitalwertmethode, Annuitätenmethode

Der Kapitalwert komplexer Effizienzmaßnahmen bezeichnet die Summe der dynamisch berechneten Energiekosteneinsparungen im Betrachtungszeitraum (üblicherweise Lebensdauer der Bauteilinvestition) ggf. zuzüglich der Sowiesokosten, Steuerersparnisse und Fördermittel und abzüglich Investition.

Um den Kapitalwert zu bestimmen, wird jede Zahlung und jede Einnahme innerhalb des Betrachtungszeitraums mit dem Kapitalzinssatz zurückgezinst auf den Bezugszeitpunkt. Es wird der Investitionserfolg als Vermögenszuwachs bzw. Vermögensabnahme, bezogen auf den Zeitpunkt $t = 0$, angegeben. Je höher der Bar- bzw. Kapitalwert, desto rentabler ist die Betrachtungsvariante.

Das Annuitätsverfahren gestattet es, einmalige oder periodische Zahlungen mithilfe des Annuitätsfaktors A über einen Betrachtungszeitraum zusammenzufassen und in gleichbleibende Jahresraten aus Zins und Tilgung (Annuitäten) über die erwartete Nutzungsdauer zu verteilen. Die Annuitätenmethode stellt somit eine finanzmathematische Variante der Kapitalwertmethode dar.

Aus ökonomischer Sicht bezeichnet die Annuität den Betrag, den man am Ende jeder Periode zusätzlich konsumieren kann, ohne dabei das ursprüngliche Vermögen zu dezimieren. Ein einzelnes Investitionsobjekt gilt demnach dann als vorteilhaft, wenn die Annuität größer als null ist. Stehen mehrere Alternativen zur Wahl, so ist diejenige mit dem höchsten Kapitalwert die wirtschaftlichste Variante. Die Annuitätenmethode ist das übliche Verfahren für Berechnungen im Rahmen der VDI 2067 (Wirtschaftlichkeit gebäudetechnischer Anlagen), aber auch für sonstige Gebäude-Energiebelange gut geeignet.

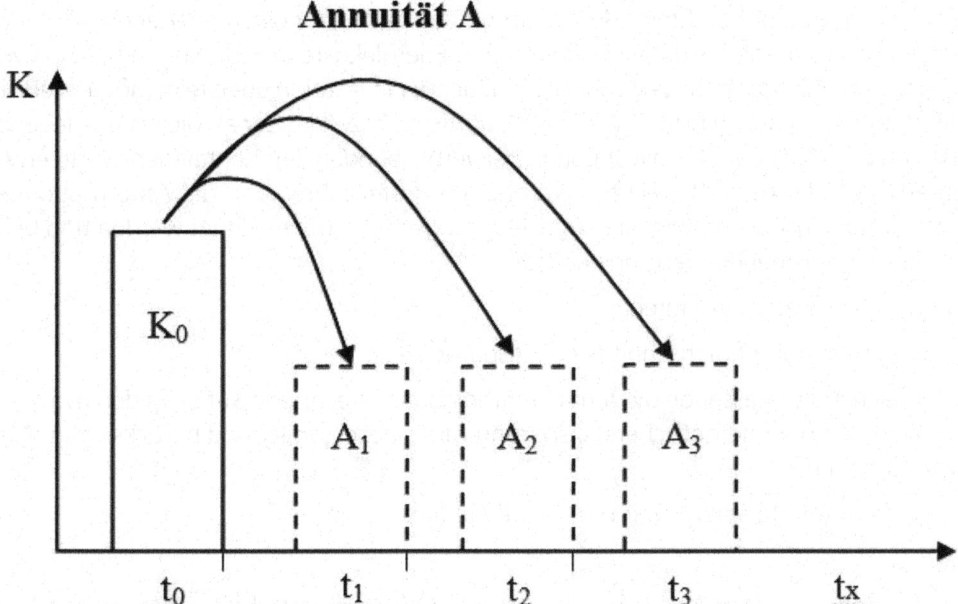


*Bild 12-6: Zahlungsflüsse*
*Quelle: Verfasser*

Annuität A = Kapitalwert $K_0$ × 1 / Rentenbarwertfaktor = Kapitalwert $K_0$ × Annuitätsfaktor a

Annuität $A = K_o \times p / (1 - (1 + p)^{-n})$

mit:

$K_o$ = Investition zum Zeitpunkt t = 0
p = Dezimalzinssatz
n = Betrachtungszeitraum bzw. Nutzungsdauer

Den Investitionskosten sowie gegebenenfalls Zusatzkosten für Planung, Wartung, Hilfsenergie usw. stehen ggf. vermiedene Energiekosten gegenüber. Eine Effizienzmaßnahme ist wirtschaftlich, wenn die eingesparten Energiekosten höher als die Annuitäten im gleichen Betrachtungszeitraum sind.

Die Annuitätenmethode bietet die Möglichkeit, jährliche Belastungen zu vergleichen. Wie bereits beschrieben, haben Immobilieneigentümer zunächst die Wahl zwischen der Investition in Effizienzmaßnahmen oder einen entsprechend höheren Bezug von Energie. Im Falle der Effizienzinvestition setzt sich die Belastung aus der Annuität für die Effizienzmaßnahmen und den Energiekosten zusammen. Diese Summe kann gut mit den dynamisch berechneten Energiekosten für den Ausgangsfall „Hände in den Schoß legen" verglichen werden. Es zeigt sich, dass die Methode für einen durchschnittlich verständigen Entscheider eine geeignete Bewertungsgrundlage bietet.

## Amortisation

Die Amortisationszeit beschreibt den Zeitpunkt, ab dem die Kosten (hier energiebedingte Mehrkosten) durch die bis dahin eingetretenen Energiekosteneinsparungen gedeckt werden. Wenn die Amortisationszeit die Lebensdauer der Investition übersteigt, amortisiert sich die Maßnahme demnach nicht. Wenn die Amortisationszeit kürzer als die Lebensdauer der Investition ausfällt, kann die Investition in der verbleibenden Zeit Kapitalmehrwerte erwirtschaften. Für sehr kurze Betrachtungszeiträume < drei Jahre kann die Amortisationszeit statisch (unter Auslassung von Zins- und Teuerungseffekten) berechnet werden und bietet nur einen sehr groben Bewertungsmaßstab.

Statische Amortisation in Jahren:

$t_{a\ stat}$ [a] = Investition / durchschnittliche Einsparung p. a.

Eine hinreichend umfassende dynamische Amortisationsrechnung auf Basis der Investition, der Kosten und der energetischen Einsparung ist anspruchsvoller und berücksichtigt Preisentwicklungen und Zinsen:

$t_{n\ dynamisch}$ [a] = (ln [ ta stat. × q (i/q – 1) + 1]) / ln (i/q)

mit

$t_{a\ stat}$ [a] = statische Amortisationszeit (Investition / durchschnittliche Einsparung p. a.)

Kapitalzins i = 1 + Pv / 100

Pv Preissteigerung der Energie in %

q = 1 + p / 100

p = Zinssatz in %

## Äquivalenter Energiepreis bzw. Kilowattstunden-Gestehungskosten

Gebäude-Energiekosten gehören grundsätzlich zu den laufenden Nutzungskosten. Für Wirtschaftlichkeitsbewertungen von Effizienzmaßnahmen können die Energiekosteneinsparungen auf der Ertragsseite berücksichtigt werden. Zur vergleichenden Berechnung kann die Bewertungsmethode „Äquivalenter Energiepreis bzw. Kilowattstunden-Gestehungskosten" genutzt werden. Hier wird verglichen, ob es in einem Betrachtungszeitraum, der die typische Lebensdauer der Investition umfasst, kostengünstiger ist, eine Kilowattstunde durch den Einsatz von Endenergieträgern zu erzeugen oder sie durch Effizienzmaßnahmen am Gebäude einzusparen. Eine Maßnahme ist wirtschaftlich, wenn der Preis der vermiedenen Kilowattstunde unter Berücksichtigung eventueller Zusatzkosten wie Wartung, Instandsetzung, Hilfsenergie und dgl. kleiner ist als die durchschnittlichen Energiebezugskosten während der Investitionsnutzungszeit. Verschiedene Effizienzmaßnahmen können miteinander und zu unterschiedlichen Energieträger-Bezugskosten verglichen werden. Die Berechnung basiert auf der dynamischen Annuitätenmethode.

$K_{ein} = (a_n \times (I\text{-}R) + Z) / Kk_n$

mit

$a_n$ = Annuitätsfaktor für den Bauteillebenszyklus n $a_n = p / (1-(1+p)^{-n})$

I = Effizienzinvestition
p = hier Prognose-Energiepreissteigerungsrate
Z = Zusatzinvestitionen wie z. B. zusätzliche Wartungskosten
R = Restwert für die Komponente(n) nach Ablauf der Betrachtungsdauer
$Kk_n$ = durchschnittliche Energiebezugskosten während der Investitionsnutzungszeit

Zur Berechnung von Gestehungskosten wurde ein Excel-basiertes Tool entwickelt, das vom Bundesinstitut für Bau-, Stadt- und Raumforschung (BBSR) zum kostenlosen Download angeboten wird: www.bbsr-energieeinsparung.de

**Interner Zinsfuß**

Der interne Zinsfuß wird mit dynamischen Randbedingungen aus den Ein- und Auszahlungsströmen im Zeitverlauf des Betrachtungshorizonts ermittelt. Der interne Zinsfuß einer Investition liegt dort, wo der Kapitalwert gleich null ist bzw. null wird. Ein Invest gilt als wirtschaftlich, wenn er über der Inflationsrate bzw. einer Zielverzinsung liegt.

Die Methode basiert auf der Kapitalwertmethode und setzt voraus, dass die Zahlungsüberschüsse aller Perioden positiv sind und vorzeitig zurückfließende Erträge wieder angelegt werden.

Eine Investition mit einem höheren internen Zinsfuß kann einen niedrigeren Kapitalwert aufweisen als eine alternative Möglichkeit mit einem niedrigeren internen Zinsfuß.

Interner Zinsfuß $Ir = i_1 - K_1 \times ((i_2 - i_1) / (K1 - K_2))$

mit:

$i_1$: der geschätzte Zinssatz mit positivem Kapitalwert

$i_2$: geschätzter Zinssatz mit negativem Kapitalwert (Achtung: i2 ist stets größer als i1)

$K_1$: der positive Kapitalwert des Schätzwertes i1

$K_2$: der negative Kapitalwert des Schätzwertes i2

**Vollständiger Finanzplan VoFi**

Vollständige Finanzpläne zählen ebenfalls zu den dynamischen Verfahren und bilden alle mit einer Investition verbundenen Kosten und Zahlungen ab. Als Ergebniskenndaten werden daraus Vermögensendwerte und VoFi-Rendite berechnet. Die Ein- und Auszahlungen werden unter Berücksichtigung volatiler Daten wie z. B. Steuersätze periodenweise erfasst. Durch Vergleich mit Vermögensendwerten und Renditen von Investitionsalternativen lässt sich die Rentabilität ermitteln.

Die VoFis der Immobilienwirtschaft konzentrieren sich auf betriebswirtschaftliche Bewertungen, auf die Berücksichtigung von volkswirtschaftlich relevanten Randbedingungen wird in der Regel verzichtet.

**Beispiel für eine Bewertungsaufstellung zur Erstellung eines vollständigen Finanzplans für die Investition in eine mechanische Lüftung aus Vermietersicht:**

| | | | |
|---|---|---|---|
| Modernisierungsumlage | m | 8 % | |
| Kaltmietsteigerungspotenzial bis zur gesetzlichen Kappungsgrenze bzw. Marktdurchsetzbarkeit | $K_{pot}$ | 9 % | |
| Leerstandsverringerung durch Schimmelrisikovermeidung u. Komfortverbesserung | $K_L$ | 1 % | |
| Summe prozentualer Umlagen | m, $K_{pot}$, $K_L$ | **21 %** | |
| Sowiesokostenanteil: hier Abluftanlage zur Realisierung des Feuchteschutzes | $A_{0,IN}$ | 20 | €/m² |
| energetisch motivierte Zusatzkosten: hier Wärmerückgewinnung, Zuluftkanäle | $A_{0,Dä}$ | 30 | €/m² |
| Spezifische Fördermittel m²-Umlage | $E_{0,Fö}$ | 20 | €/m² |
| Investition komplett ohne Förderung | $A_{0,kompl,oFö}$ | 50 | €/m² |
| Investition abzüglich Förderung | $A_{0,kompl,mFö}$ | 30 | €/m² |
| Energetisch motivierte Investition abzüglich Förderung | $A_{0,ener,mFö}$ | **10** | **€/m²** |
| Laufzeit der Investition/Maßnahmenlebenszyklus | t | **20** | **a** |
| Verzinsung der Überschüsse der Investition, hier = 0, da Betriebskostenumlage | $i_{Inv}$ | **0,00 %** | **p.a.** |
| Verzinsung, Finanzanlage (Unterlassung) | $i_{FA}$ | **1,00 %** | **p.a.** |
| Eigenkapital, z. B. aus Instandhaltungsrücklage, soweit verwendbar | $A_{0,Eigen}$ | 25,00 | €/m² |
| Fremdkapital | $A_{0,Fremd}$ | 25,00 | €/m² |
| Wartungskostendifferenz + Instandhaltungsrücklage in Prozent der Investition | $i_{Wartung}$ | 3,50 % | p.a. |
| Darlehnszinsen Fremdkapital | $i_{Fremd}$ | 2,00 % | p.a. |
| Summe Wartungskostendifferenz + Darlehnszinsen Fremdkapital | m | 11 % | **p.a.** |
| Laufzeit Kredit | $K_{pot}$ | 9 % | a |
| Annuitätsfaktor bezogen auf 20a | $K_L$ | 1 % | |

Bewertungsrandbedingungen des Beispiels: Mehrfamilienhaus mit lichten Raumhöhen von ca. 2,5 m, semizentrale Lüftungsanlagen, Nachfrage nach Wohnungen mit guter Ausstattung und Komfort in vergleichbarer Lage. Hier ohne Berücksichtigung volkswirtschaftlicher Kosten, $CO_2$-Steuer und Steuerabschreibungen.

In Ergebnis kann auf dieser Basis eine periodisch gegliederte Einnahmen-Ausgabenbilanz als vollständiger Finanzplan entstehen.

## Sowiesokosten

Die Berücksichtigung von Sowiesokosten kann, je nach Umfang, einen erheblichen Einfluss auf die Wirtschaftlichkeit haben. Wenn Gebäudeeffizienzmaßnahmen ausgeführt werden, weil ohnehin Erneuerungsarbeiten im Bereich der betroffenen Bauteile ausgeführt werden müssen, ist dies meist besonders kosteneffizient. Die Gebäudeenergiegesetzgebung berücksichtigt diesen Umstand in den bedingten Anforderungen der Nachrüstpflichten. Zur Berechnung von Kapitalwerten und Renditen von Effizienzmaßnahmen müssen also von den Investitionskosten zur energetischen Ertüchtigung des Gebäudes die Sowiesokosten (auch Ohnehinkosten genannt) abgezogen werden. Bei vielen Projekten ergeben sich erst durch diese Abzüge gute Wirtschaftlichkeitskennwerte.

Bei Neubauvorhaben wäre z. B. zu diskutieren, ob die Mindestausstattung zur Erreichung eines gesetzlich erforderlichen Energiestandards nicht vollständig den Sowiesokosten zuzuordnen ist. Für das Bauteil Fenster könnte dies z. B. bedeuten, dass für einen besseren Wärmeschutzstandard nur noch die Differenzkosten in die Berechnung der Effizienzwirtschaftlichkeit einbezogen werden. Bei Wärmedämmmaßnahmen an Bestandsbauteilen würden im Falle der Realisierung einer gesetzlichen Nachrüstverpflichtung nur noch die Materialmehrkosten zur Erreichung optimierter U-Werte zum Tragen kommen, da die Lohn- und Nebenkosten bereits im ersten Dämmstoffzentimeter enthalten sind. Auch in der Anlagentechnik können oft Sowiesokosten zur Ausführung einer Referenzanlage zum Abzug gebracht werden.

Mathematisch sind die Sowiesokosten einfach von den Investitionskosten abzuziehen. Im weiteren Berechnungsverlauf sollten diese Abzugskosten gesondert mitgeführt werden, um in der Summendarstellung eine maximale Ergebnistransparenz zu erhalten.

Nachrichtlich: Die Nichtberücksichtigung vorhandener Sowiesokosten kann nach der unmaßgeblichen Ansicht des Verfassers bereits ein fahrlässiges Vorgehen einer Wirtschaftlichkeitsberechnung bei Gebäudeenergieeffizienzmaßnahmen darstellen.

**Restwerte und Wertsteigerungen**

Zur Kostenwahrheit gehört die Berücksichtigung von Restwerten zum Ende des jeweiligen Betrachtungszeitraums.

Eine Wärmedämmung mit einem Lebenszyklus von 50 Jahren hat zum Ablauf eines Betrachtungszeitraums von 20 Jahren näherungsweise noch 3/5 ihrer wirksamen Lebensdauer und erwirtschaftet in dieser Zeit noch eine Energiekosteneinsparung, die dem spezifischen Restwert der Effizienzmaßnahme entspricht.

Wenn Bewertungszeiträume für Betrachtungen kürzer gewählt werden als Maßnahmenlebenszyklen, können die Restwerte finanzmathematisch von der Eingangsinvestition abgezogen werden.

Auch sanierungsbedingt höhere Mieterträge können als Restwerte aufgefasst werden, indem sie sich als Verkaufserlössteigerung niederschlagen würden.

**Anreizmodell für Grundstücksverkäufe**

Bei guter Vorplanung und unter Nutzung der Fördermöglichkeiten können energieoptimierte Gebäude günstig erstellt werden und erwirtschaften durch den geringen Energiebedarf gegenüber herkömmlichen Bauweisen einen deutlichen Betriebskostenvorteil.

Wenn ein Grundstückseigentümer, z. B. eine Kommune, zunächst alle Grundstücke etwa 30 €/m² verteuern würde, und Bauherrn, die bereit sind, ein „Klimaneutralhaus" zu errichten, beim Grundstückskauf einen Nachlass von 30 €/m² gewährt, wird für diese Bauleute voraussichtlich der Zielstandard innerhalb einer Heizperiode gegenüber dem gesetzlichen Mindeststandard kostenneutral erreichbar.

Weiteres Kostenreduktionspotenzial durch Inanspruchnahme von Förderprogrammen besteht, ist in der vorstehenden Betrachtung noch nicht berücksichtigt.

## 12.4 Investor-Nutzer-Dilemma

In der renditeorientierten Immobilienwirtschaft findet man häufig das sogenannte *Investor-Nutzer-Dilemma* vor. Aufgrund der üblichen Kaltmietenabrechnung fließen die Einsparerlöse von Investitionen der Vermieter in eine energieeffiziente Bauweise oder energetischen Sanierung nicht unmittelbar zurück. In den Diskussionen um eine für alle tragbare Verteilung der Kosten der energetischen Modernisierung von Wohngebäuden spielt das Vermieter-Mieter-Dilemma eine zentrale Rolle. Damit die Klimaziele der Bundesregierung bis 2050 erreicht werden, muss auch der Mietwohngebäudesektor einen wesentlichen Beitrag zur $CO_2$-Vermeidung leisten.

Das Nutzer-Investor-Dilemma stellt ein massives Hindernis bei der Umsetzung der Energiewende im Wohnungsmarkt dar. Große Teile des Immobilienmarktes fallen so aus den Bemühungen um Erhöhung der Energieeffizienz des Gebäudebestandes heraus. In besonderer Weise trifft dies auch für die von Wohngeld betroffenen Gebäude zu, da das Wohngeld unabhängig von der Effizienz des Gebäudes festgelegt wird. Solange Kriterien der Energieeffizienz nicht Eingang in die Mietpreisgestaltung nehmen, werden zumindest in gesuchten Wohnlagen und sozialen Brennpunktquartieren mit hohem Anteil an Transferleistungsbeziehern nennenswerte Impulse für eine Effizienzsanierung ausbleiben. Die soziale Schere klafft immer mehr auseinander, sodass die Haushalte, die über ein Einkommen im untersten Quantil verfügen, kaum in der Lage sind, die Energiepreissteigerungen ineffizienter Mietwohnungen zu tragen, noch können sie ohne weitere Beihilfen eine modernisierungsbedingt höhere Miete finanzieren. 2014 waren rund 300.000 Haushalte gegenüber ihren Energielieferanten teilweise zahlungsunfähig. Dringend nötig sind also Mechanismen, die diese Effekte kompensieren können. Es gibt also auch aus wohnungspolitischer Sicht keine Alternative zu energetisch effizientem Wohnraum.

Vermietende dürfen die Kosten für Baumaßnahmen, die helfen, den Energieverbrauch zu senken, anteilig auf die Mieter umlegen. Sie dürfen den Zuschlag laut Gesetz nur so lange von Mietern verlangen, bis die Miete zur Anpassung an die allgemeine Preissteigerung erhöht wird. Dabei darf die erhöhte Miete die ortsübliche Vergleichsmiete nicht übersteigen. Dieser Zeitraum reicht jedoch oft nicht aus, damit sich die Investition allein durch die Umlage amortisiert. Vor allem in den gefragten Lagen der Metropolen sind die Mieten am Wohnungsmarkt bereits so hoch, dass ein Aufschlag für die energetische Wohnungs-Modernisierung innerhalb des gesetzlich vorgegebenen Rahmens nicht möglich ist. An weniger beliebten Standorten mit hohen Leerständen ist dagegen ein regelgerechter Aufschlag auf die Miete am Markt oftmals nicht durchsetzbar. Mietervereine kritisieren, dass die Einsparungen beim Energieverbrauch die höhere Belastung der Mieter überwiegend nicht ausgleichen würden.

Im Mietwohnungsbau lassen sich jährlich 8 % der Modernisierungskosten auf die Miete umlegen, wenn sie den Gebrauchswert der Mietsache nachhaltig erhöhen, die allgemeinen Wohnverhältnisse auf Dauer verbessern oder nachhaltig Einsparungen von Energie oder Wasser bewirken – unabhängig davon, ob die Modernisierung zu einer Nebenkosteneinsparung für die Mieter führt oder nicht. Die Umsetzung von Maßnahmen zur Minderung des $CO_2$- Ausstoßes an Gebäuden erfüllen in der Regel die Tatbestände zur Duldungspflicht durch die Mieter. Es handelt sich hierbei um Maßnahmen zur Einsparung von Energie (§ 554 BGB) oder Verbesserungen an der Mietsache (§ 559 BGB), aufgrund derer eine Mieterhöhung bei Modernisierung gerechtfertigt ist. Der Umfang der Erfüllung ergibt sich aus dem Informationsbedürfnis der Mieter und der Zumutbarkeit für den Vermieter. Eine detaillierte Wärmebedarfsberechnung muss nach aktueller Rechtsprechung nicht erstellt werden. Jedoch sind im Vorfeld Maßnahmenumfang, Ausführungszeitraum und voraussichtliche Mieterhöhung darzulegen. Im Einzelfall muss geprüft werden, wie hoch der Modernisierungskostenanteil an den Instandhaltungskosten ist. Dabei spielt auch die zu erwartende Bauteillebensdauer eine Rolle bei der Ermittlung des Modernisierungsfaktors. Ist die typische Lebensdauer einer Bauteilkomponente überschritten und wurden in der Zwischenzeit keine nachhaltigen Instandhaltungsarbeiten vorgenommen, hätte das betroffene Bauteil auch ohne energetische Modernisierung erneuert werden müssen und wäre somit den Instandhaltungskosten zuzurechnen.

Aus Sicht des Investors Sicht ergibt sich für energetische Sanierungen in Mietwohnraum zunächst eine Budgetsumme aus:

- Modernisierungsumlage,
- steuerlichen Abschreibungsmöglichkeiten,
- $CO_2$-Energiesteuerersparnis,
- Instandhaltungsrückstellungen,
- ggf. spezifischen Fördermitteln.

Durch die Anhebung allgemeiner Standards bietet sich außerdem die Erhöhung der Miete bis zur Kappungsgrenze an, sofern die Mieterhöhungspraxis der zurückliegenden Jahre und die regionale Nachfrage dies zulässt. Die Summe kann unter Berücksichtigung von Sowieso-Instandhaltungskosten auch für Investitionen in nachhaltig-hochwertige Effizienzsanierungen ausreichen. In der Finanzierungsplanung müssen diese und weitere monetären Aspekte berücksichtigt und dynamische Prognoserandbedingungen sachverständig eingestellt werden. Bei realistisch-vollständigen Kostenannahmen kann eine energetisch hochwertige Bestandssanierung auch für Vermieter wirtschaftlich sein. Der Anteil der Kosten für Instandsetzung darf allerdings nicht in die Effizienzmaßnahmen-Kostenumlage einbezogen werden.

### *Beispielexkurs energieeffizienter Wohnungsbau der Wohnungswirtschaft*

Effizienzmaßnahmen stehen allgemein im Verdacht, die Wohnkosten in die Höhe zu treiben. Dabei hat sich gezeigt, dass die weit größeren Preistreiber, zumindest in Regionen mit guter Wohnungsnachfrage, die kaum begrenzten Möglichkeiten von Mietanpassungen bei Wiedervermietungsverträgen sind.

Es gibt einige Beispiele, die zeigen, dass renditeorientierter Wohnungsbau und Bewirtschaftung nicht im Widerspruch zur Energieeffizienz stehen, z. B. baut die ABG FRANKFURT Wohnungsbau- und Beteili-gungsgesellschaft mbH seit vielen Jahren nur noch im Passivhausstandard. Auch die Sanierungen werden umfangreich mittels Passivhauskomponenten durchgeführt. Die Gesellschaft ist im schwierigen Frankfurter Umfeld wirtschaftlich erfolgreich.

Für das kommunale Berliner Wohnungsbauunternehmen HOWEGE gehören Nachhaltigkeit und Klimaschutz zu den erklärten Schwerpunktunternehmenszielen. Im Rahmen des Nachhaltigkeits-managements und des Reportings erfolgt ein regelmäßiges Controlling des Zielerreichungsstatus und der Umsetzung der Maßnahmen. Die HOWEGE lässt in Adlershof fünf Plus-Energie-Mehrfamilienhäuser bauen. Die warmen Betriebskosten betragen hier weniger als die Hälfte des Berliner Durchschnittswerts. Weitere Power-Häuser sollen folgen (siehe Beispielkapitel).

In einer Studie des Institutes Wohnen und Umwelt wurde empirisch nachgewiesen, dass energetisch hochwertige Sanierungen (bei statischem Energiepreisstand 2009) durch einen mittleren Aufschlag von 0,49 €/m² Wohnfläche wirtschaftlich werden, bei höheren Energiepreisen gegenüber sonstigen Preissteigerungsraten tritt die Wirtschaftlichkeit noch niedrigschwelliger ein.

Bei Vollkostenbetrachtungen unter Einbeziehung wichtiger Randbedingungen verbessert sich die Wirtschaftlichkeit von Energieeffizienzmaßnahmen auch im renditeorientierten Wohnungsmarkt oft enorm:

- Sowiesokostenabzüge für die Realisierung gesetzlicher Nachrüstpflichten, Instandhaltungsmaßnahmen und zur Verbesserung von Ausstattungsniveaus,
- geringere Bewirtschaftungskosten und höhere Sicherheit gegenüber Energiepreissteigerungen,
- Imagegewinn/Marketingvorteile,
- Einbeziehung spezifischer Fördermittel für Effizienzmaßnahmen,
- Leerstandsminimierung durch preisstabile Warmmieten,
- höhere Mietzahlungsbereitschaft durch verbesserten Komfort/Behaglichkeit,
- überdurchschnittliches Mietertragspotenzial,
- insgesamt stabilerer Cash-Flow.

## Exkurs

**Mietrechtsnovellvorschläge ohne Anspruch auf Vollständigkeit und Vorbehalt der juristischen Prüfung:**

- Die sachverständige Prüfung möglicher Effizienzmaßnahmen soll im Falle der Vorbereitung von Instandsetzungsarbeiten und Modernisierungen in Effizienzsanierungsfahrplänen verpflichtend nachgewiesen werden.

- Eindeutige Unterscheidung zwischen Instandhaltung, energetischer und sonstiger Modernisierungskosten. Förderungen nur für hochwertige Wärmeschutzstandards. Kostenumlage auf die Miete nur für effizienzbedingte Modernisierungskosten. Kostenumlage für nonenergetische Modernisierungsmaßnahmen nur bei Mieterwechsel.
- Steuerliche Abschreibungen und Modernisierungsumlagen sollten an realisierte Heizenergieeinsparungen geknüpft und mit einer Obergrenze je Quadratmeter Wohnfläche gedeckelt werden.
- Für Sanierungsfälle sollte eine zeitlich befristete Warmmietdeckelung erfolgen. Eine sanierungsbedingte Erhöhung der Kaltmiete bis zur Höhe der ursprünglichen Warmmiete sollte gestattet sein, auch wenn dadurch sonstige prozentuale Mieterhöhungsgrenzen überschritten werden.
- Mietern sollte die Montage von Effizienztechnologien auf eigene Kosten im fremden Eigentum gestattet werden (z. B. Lüftungsanlagen mit Wärmerückgewinnung, Balkonbrüstungs-PV-Anlagen u. dgl.).
- Vergleichbare energetische und Klimaschutzqualitäten sollten grundsätzliche Kriterien in allen öffentlichen Mietpreisspiegeln sein.
- Mietminderungsmöglichkeiten im Gebäudebestand sollten enger mit den Bedingungen der Gebäudeenergiegesetzgebung und den Anerkannten Regeln der Technik wie z. B. dem Mindestwärmeschutz gemäß DIN 4108 und gebrauchstypischen Standards verzahnt werden.
- Heizkostenabrechnungen müssen auch für Laien verständlich aufbereitet sein und monatlich zu übermittelnde grafische Vergleichs-Verbrauchsdarstellungen ähnlich den Stromkostenrechnungen beinhalten.
- Für Fälle nachgewiesener Hocheffizienz sollten Warmmietverträge mit der Möglichkeit von Gutschriften für besonders sparsame Mieter zugelassen sein. Die Schwellenwerte sollten regelmäßig auf der Basis der Verbräuche nachgewiesen werden.
- Energie-Contracting-Vorhaben sollten an Mindestkriterien für Wärmedämmqualität der Gebäudehüllen geknüpft werden.
- Agora Energiewende hat zusammen mit der Universität Kassel einen ganzheitlichen Änderungsansatz vorgeschlagen: Die Umstellung des deutschen Mietmarkts von Kalt- auf Warmmieten nach dem Vorbild Schweden. Die Emissionen der Haushalte sind dort seit Einführung 2000 um 95 Prozent gesunken. Der Vorschlag beinhaltet ein sogenanntes Temperaturfeedback. Vermieter und Mieter vereinbaren dabei eine Raumtemperatur, die der Vermieter während der Wintermonate garantiert. Über eine kalibrierte Messung der Raumtemperatur bei normalem Heizverhalten wird ein Referenzverbrauch ermittelt. Übersteigt in einer Heizperiode diesen Verbrauch, zahlt er nach. Wird beim Heizen gespart, erfolgt eine Rückzahlung. Wenn ein Gebäude energetisch saniert wird, erfolgt eine Neukalibrierung des Referenzverbrauchs, da weniger Energie notwendig ist, um dieselbe Temperatur zu erreichen. Der Preis für die vereinbarte Raumtemperatur bleibt hingegen gleich. Somit profitieren Vermieter von eingesparten Heizkosten und werden vor verschwen-

derischem Heizverhalten z. B. durch Dauerkipplüftung während der Heizperioden geschützt. Durch die Referenzverbrauchsvereinbarung ist Energiesparen auch im Interesse der Mieter und Vermieter.

Die Mietentscheidung ist zunehmend an den Gesamtkosten orientiert. Die Höhe der Heizkosten fließt also über die Betriebskosten in die Vermietbarkeit bzw. den Leerstand ein. In einigen Mietpreisspiegeln werden bereits Abhängigkeiten vom energetischen Standard dargestellt. Obwohl auch unter diesen eingeschränkten Bedingungen viele Effizienzmaßnahmen im renditeorientierten Vermietungsmarkt wirtschaftlich umsetzbar sind, müssen oft weitere Anreize von außen geschaffen werden.

Die Einführung von Gebäudeenergieausweisen erhöht die Kalkulierbarkeit der Betriebskosten und ermöglicht den Eigentümern, die energetische Qualität ihrer Gebäude am Markt zu bewerben. Effizienzinvestitionen in die Gebäudehülle und die Anlagentechnik werden dadurch besser sichtbar. Allerdings ist in der Regel nicht der schwerpunktmäßig dargestellte Primärenergiebedarf die budgetorientierte Energiegröße für die Nutzer, sondern der Endenergiebedarf ($Q_E$). Dieser ist dazu geeignet, in betriebswirtschaftliche Betrachtungen einbezogen zu werden. Er stellt die Energiemenge dar, die sozusagen eingekauft bzw. anderweitig beschafft werden muss.

## 12.5 Förderung

Für Maßnahmen des ökologischen und energieeffizienten Bauens existieren vielfältige Förderprogramme, die gegebenenfalls als Budgetquelle erschlossen werden können.

Die Programme werden vom Bund, den Bundesländern, Investitionsbanken bzw. Aufbaubanken der Bundesländer und vielen Kommunen initiiert. Zusätzlich gibt es Förderprogramme einiger Verbände, Vereine und Energieversorger.

Gefördert wird unter anderem:

- Energieforschung
- Umweltberatung
- Energieberatung
- kommunale Klimaschutz- und Energiekonzepte
- Bauüberwachung im Zuge von Effizienzinvestitionen
- erneuerbare Energien
- Wärmedämmung
- effiziente Heizungsanlagen
- effiziente Haushaltsgeräte
- Kraft-Wärme-Kopplungsanlagen
- Wärmepumpen
- solarthermische Anlagen

- Photovoltaikanlagen
- Biogasanlagen
- Biomasseanlagen
- geothermische Anlagen
- Wärmenetze
- Wasserkraftanlagen
- Anlagen zur Wärmerückgewinnung
- Regenwassernutzung, Dachbegrünung
- Neubau mit überdurchschnittlichen Effizienzstandards
- Sanierung mit überdurchschnittlichen Effizienzstandards
- Errichtung von Passivhäusern
- Pilot- und Demonstrationsvorhaben

Um steuerpolitischen Fehlentwicklungen entgegenzuwirken, müssen die Förderprogramme regelmäßig evaluiert und technischen und wirtschaftlichen Entwicklungen angepasst werden. Der Förderbedarf im Gebäudebereich kann in drei Fälle unterschieden werden:

- Bei Auslösetatbeständen für bedingte Anforderungen, z. B. Bauteilsanierung, genügt es, den gegenüber den gesetzlichen Mindeststandards hinausgehenden Mehraufwand zum Erhalt nachhaltiger Best-Practice-Lösungen für unmittelbare und mittelbare Effizienzmaßnahmen bis zur Investitionskostenneutralität zu fördern.
- Im Falle freiwilliger Effizienzinvestitionen bzw. Investitionen in erneuerbare Energien wäre eine prozentuale Anreizförderung auszuschütten. Die förderfähigen Qualitäten der Basisförderung sollten sich an den Standards für Neubau orientieren und eine höhere Premiumförderung an Nachhaltigkeits-Best-Practice orientieren.
- Als paralleler Baustein fungiert die Förderung für qualifizierte Beratung und individuelle Sanierungsfahrpläne mit dem Schwerpunkt Energiebedarfsminimierung. Diese sollte differenziert für die verschiedenen Zielgruppen ausgestaltet und mit nennenswerten Förderanreizen ausgestattet werden.

Die Darstellung aller Förderprogramme für Umwelt und Energieeffizienzmaßnahmen würde den Rahmen dieser Veröffentlichung sprengen. Daher sind hier lediglich die diesbezüglichen Finanzierer des Bundes genannt:

BAFA: Bundesamt für Wirtschaft und Ausfuhrkontrolle
Frankfurter Straße 29–35, 65760 Eschborn
Internet: www.bafa.de

KfW: Kreditanstalt für Wiederaufbau, Förderbank
Palmengartenstraße 5–9, 60325 Frankfurt am Main
Internet: www.kfw.de

Das Fachinformationszentrum Karlsruhe bietet eine umfassende Zusammenstellung von Förderprogrammen aus dem Energiebereich mit den jeweiligen Förderrichtlinien, Verfahren und Ansprechpartnern unter der Bezeichnung Fiskus,

Mechenstraße 57, 53129 Bonn
Tel.: 0228 92379-0, Fax: 0228 92379-29
e-mail: bine@fiz-karlsruhe.de

Regelmäßig aktualisierte Datenbanken für Förderprogramme sind im Internet auf den nachstehenden Pages einzusehen:

www.foerderdatenbank.de

www.foerderdata.de

www.solarfoerderung.de

**Literaturverzeichnis**

*[1] Drusche, V.: Handbuch Energieberatung, Bundesanzeiger Verlag*

*[2] Drusche, V.: Lüftungskonzepte – Wirtschaftlichkeit und Kosten von Lüftungsanlagen, WEKA, Loseblattsammlung, Stand Okt. 2018*

# 13 Beispiele

**Übersicht**

## 13.1 Regionalplanung/Städtebau

### 13.1.1 zero:e park Kronsberg/Hannover

Der Kronsberg liegt südöstlich von Hannover in unmittelbarer Nähe des ehemaligen EXPO-2000-Geländes. Die Planung konzentrierte sich auf eine Reduzierung des Energieverbrauchs und des Verkehrsaufkommens.

Bis zur Expo wurden 3.000 Wohneinheiten (2.800 im Geschosswohnungsbau und 200 in Reihenhäusern) errichtet. 70 % der Wohnungen waren bereits vor Bezugsfertigstellung vermietet.

*Bild 13-1: Hannover Kronsberg, Teilansicht*
*Quelle: Stadt Hannover, Abt. Umwelt und Stadtgrün*

Der neue Stadtteil zeichnet sich insbesondere durch folgende Aspekte aus [1]:

- **Städtebau/Verkehr**
  - Hohe Dichte im Sinne des flächen- und ressourcensparenden Bauens.
  - Rasterförmige Grundstruktur mit alleeartigen Straßen, Parks, Plätzen und grünen Innenhöfen.
  - Verkehrskonzept mit kurzen Wegen: Die maximale Fußwegentfernung zwischen den Wohnungen und der nächsten Stadtbahnhaltestelle beträgt 500 m.
  - Fußgänger- und fahrradfreundliches Straßennetz: Alle Straßen und Wege im Stadtteil sind mit dem Fuß- und Radwegnetz des angrenzenden Landschaftsraumes verknüpft. Ergänzend wurde ein verzweigtes Netz innerer Wegeverbindungen durch die Innenhöfe angelegt.
  - Es wurde ein Car-Sharing-System eingerichtet.
  - Alle Wohnungen haben private Hausgärten, Balkone oder Dachterrassen.
  - Die im Laufe der Bautätigkeit anfallenden 700.000 Kubikmeter Bodenaushub wurden im und um den Stadtteil verbaut. Anderenfalls wären über 100.000 LKW-Deponiefahrten erforderlich gewesen.
- **Energiekonzept**
  - Reduzierung der $CO_2$-Emissionen um 60 % gegenüber einem herkömmlichen Wohngebiet, ohne Verzicht auf Wohnkomfort und Behaglichkeit.
  - In den Grundstückskaufverträgen wurde u. a. eine effiziente Bauweise (Heizwärmebedarfswert maximal 55 kWh/m²a) und eine umweltverträgliche Baustoffwahl festgesetzt.
  - Für das Baugebiet wurde eine Nahwärmesatzung verabschiedet, die festlegt, dass alle Gebäude mit Nahwärme aus gasbetriebenen Blockheizkraftwerken (BHKW) versorgt werden. Ausnahmen vom Anschlusszwang waren möglich, wenn im Ergebnis die $CO_2$-Bilanz gleich bleibt. Eines der beiden BHKW, welches ca. 700 Wohneinheiten, eine Kindertagesstätte und eine Grundschule mit Energie für Heizung und Warmwasser versorgt, wurde im Keller eines Wohngebäudes integriert. Durch besondere Gerätelagerung und Schallisolierung des Kellerraums sind die Betriebsgeräusche für die Nutzer nicht wahrnehmbar.
  - Überschusswärme aus den Kollektoranlagen auf dem Dach eines Wohngebäudes mit 100 WE heizt einen 2.750 m³ großen Saisonwärmespeicher auf. Der Speicher ist in einer 30 bis 70 cm dicken Blähglas-Wärmedämmung verkleidet und liefert im Jahresmittel 40 % des Heiz- und Warmwasserbedarfs.
  - Das Regenwasserkonzept (Mulden-Rigolen-System) bewirkt eine gedrosselte Abgabe des Niederschlagswassers.
  - In der Nähe der Siedlung wurden zwei Windkraftanlagen mit 1,5 MW und 1,8 MW Leistung errichtet. Der erzeugte Strom deckt mehr als den gesamten Primärenergiebedarf der Siedlung.

Das Beispiel zeigt Möglichkeiten auf, energieoptimierte Siedlungen allein auf der Basis regenerativer Energiequellen zu versorgen. Die Forderung aller ökologisch motivierten Vorgaben führte im Vergleich zum gesetzlichen Mindeststandard zu durchschnittlichen Mehrkosten von ca. 6 % der Bauinvestitionen, die durch geringe Energiekosten und eine hochwertigere Bauweise mit geringem Instandhaltungsaufwand kompensiert wurden.

## 13.1.2 Passivhaussiedlung Ulm – Im Sonnenfeld

Die Siedlung „Im Sonnenfeld" befindet sich in fußläufiger Entfernung zur Ulmer Wissenschaftsstadt mit Uni, FH und einer Reihe von Hightech-Industriebetrieben. Dadurch wird für eine Reihe der Bewohner des neuen Baugebietes die funktionale Verflechtung von Wohnen und Arbeiten möglich. Dienstleistungsbetriebe im nahen Quartierszentrum, Arztpraxen, eine Grundschule und Einzelhandel runden die gute Infrastruktur vor Ort ab und mindern so den Anteil des motorisierten Individualverkehrs. Die Anbindung an die 2,5 km entfernte Ulmer Innenstadt ist über zwei Bushaltestellen und ein Radwegnetz gewährleistet.

Im Norden der Siedlung wurde verdichteter Wohnungsbau in Form von Stadtvillen und Reihenhäusern realisiert. Nach Süden lockert die Bebauung mit Doppelhäusern und Einfamilienhäusern zunehmend auf. Ein Kindergarten ergänzt das Bebauungsgebiet auf der Westseite.

*Bild 13-2: Ulm – Im Sonnenfeld 2*

*Quelle: Casa Nova GmbH*

Eine Änderung des Bebauungsplans ermöglichte Ausnahmen zur Optimierung der Gebäudestellungen und zur Sicherstellung gegenseitiger Verschattungsfreiheit.

Die Stadt Ulm knüpfte als Grundstückseigentümerin auf zivilrechtlicher Basis Vorgaben in Bezug auf die Umsetzung und Einhaltung des Passivhausstandards an dem Grundstücksverkauf. Die Einhaltung dieser Vorgaben wurde durch eine Vertragserfüllungsbürgschaft in Höhe von 10.000,– DM abgesichert.

Im Zuge sogenannter Meilenstein-Prüfungen wurden wichtige Planungs- bzw. Ausführungsschritte durch ein Ingenieurbüro geprüft und bei Positivbescheid durch die Baurechtsbehörde der Stadt Ulm freigegeben. Bei Erfüllung aller energetischen und bautechnischen Vorgaben erfolgte die Zertifizierung durch das Passivhaus Institut in Darmstadt und Auszahlung der Erfüllungsbürgschaft.

- **Verbindliche Vorgaben für die Realisierung:**
  - Jahresheizwärmebedarf max. 15 kWh je m² Wohnfläche pro Jahr;
  - max. Gesamtenergiebedarf von Heizung und Leistungsbedarf aller elektrischen Geräte max. 40 kWh/m²a;
  - die Gebäudebeheizung ausschließlich mit Strom ist nicht gestattet;
  - Montage von min. 4 m² Solarkollektoren je Gebäude.

Zahlreiche Gebäude wurden inzwischen fertiggestellt. Exemplarisch hier einige Kennwerte einer Reihenhauszeile mit integrierten Einliegerwohnungen:

Energiebezugsfläche nach PHPP: 942 m²

- **Konstruktion, U-Werte der thermischen Gebäudehülle**
  - Außenwände: 0,13 W/m²K,
  - Kellerdecke/Bodenplatte: 0,24 W/m²K,
  - Dach: 0,14 W/m²K,
  - Fenster: $U_w$-Wert: 0,82 W/m²K,
- **Haustechnik**
  - Heizung und Warmwasserbereitung: Erdwärmepumpe, Thermosolaranlage, 2.000 L Pufferspeicher, Gasbrennwert-Spitzenlastkessel, Wärmeverteilung über Betonkernaktivierung auch für sommerliche Kühlung verwendbar,
  - Lüftung: Zu- und Abluftanlagen mit Kreuz-Gegenstromwärmetauscher,
- **Sonstiges**
  - Luftdichtheit: $n_{50}$ = 0,49/h,
  - Bauwerkskosten Kostengruppen 300 + 400: 2.288 €/m² Energiebezugsfläche nach PHPP,
  - Planung: Casa Nova GmbH.

### 13.1.3 Bahnstadt Heidelberg

Ein neuer Stadtteil mit 100 % erneuerbarer Wärmeenergieversorgung entsteht auf 116 Hektar des ehemaligen Güterbahnhofs für ca. 5.000 Bewohner und 7.000 Beschäftigte.

Anfänglichen Hemmnissen bei der Wohngebäudeplanung wurde mit einem Förderprogramm entgegengewirkt. Investoren können bis zu 50 €/m² und maximal 5.000 € je Wohnung Unterstützung für Effizienzmehraufwendungen erhalten.

*Bild 13-3: Bahnstadt Heidelberg*
*Quelle: Stadt Heidelberg*

- **Städtebau**
  - hohe Dichte im Sinne des flächen- und ressourcensparenden Bauens,
  - gute Durchmischung mit Wohnen, Gewerbe, kommunale Infrastruktur,
  - Verkehrskonzept mit kurzen Wegen; Fußgänger- und fahrradfreundliches Straßennetz.
- **Energiekonzept**
  - In den Grundstückskaufverträgen wurden die Passivhausbauweise und der Anschluss an die Fernwärmeversorgung verpflichtend festgesetzt.
  - In unmittelbarer Nachbarschaft zum neuen Stadtteil wurde ein KWK-Holzhackschnitzel-BHKW mit 3 $MW_{el}$ und 10,5 $MW_{th}$ errichtet. Als Hackgut wird ausschließlich Straßenbegleitgrün aus der Region verwendet. Weiterhin speisen als Bestandsanlagen noch vier Biomethan-BHKWs und zwei Erdgas-BHKWs in das Fernwärmenetz ein.
  - Die Fernwärmeversorgung in der neuen Bahnstadt ist in Mininetze mit eigenen Übergabestationen aufgeteilt, um bessere Gleichzeitigkeitsfaktoren mit niedrigeren Anschlusswerten gegenüber summierten Einzelanschlüssen je Gebäude auszunutzen.
  - Einige Gebäude haben Photovoltaikanlagen.
  - Alle Gebäude haben smarte Stromzähler.

Ein Monitoring ergab, dass bereits im ersten Betriebsjahr eine Heizenergieeinsparung von 80 % gegenüber einem Durchschnittswert von 112 $kWh/m^2a$ erzielt wurde. Durch weitere

Analysen und dezidierte Nachjustierungen wird der Passivhausstandard bei der überwiegenden Gebäudeanzahl eingehalten werden können.

### 13.1.4 Weitere Urbanplanungsbeispiele mit Kurzbeschreibung

- Im **Kreis Ostwestfalen-Lippe** mit 16 Städten und rd. 365.000 Einwohnern wird seit einigen Jahren beim Neubau öffentlicher Gebäude stets im Passivhausstandard gebaut. Altbausanierungen der Kommunen und ihrer Eigenbetriebe erfolgen umfangreich mit Passivhauskomponenten. Ziel der Entscheidung war, öffentliche Bauten robust, langlebig, wartungsarm und nachhaltig bezahlbar zu erstellen. Alle neuen Passivhäuser haben Lüftungsanlagen mit Wärmerückgewinnung. Insbesondere in den Schulen hat dies zu einer effizienten, gesunden und konzentrationsfördernden Luftqualität geführt.
- Im **Freiburger Stadtteil Vauban** entstand auf einer militärischen Konversionsfläche ein neues Stadtquartier. Der energetische Standard entspricht mindestens dem Niedrigenergiehausstandard. 300 Wohneinheiten wurden in Gebäuden mit optimierten Standards Passivhaus, Zeroenergie oder Plusenergiehaus gebaut. Seit 2002 erfolgt die Wärmeversorgung über ein Nahwärme-Heizkraftwerk mit einem Holzhackschnitzelbefeuerten Kessel.
- Im **Bioenergiedorf Mitwitz/Gemeinde Frankenwald** wird ein 8.000 m langes Nahwärmenetz mit zwei Heizkesseln mit Holzhackschnitzeln aus der Region regenerativ beheizt. Als Vorbild diente das Bioenergiedorf Jühnde in Südniedersachsen.
- **Wildpoldsried im Allgäu** erarbeitete 1999 ein ökologisches Energieprofil mit ambitionierten Zielsetzungen. Inzwischen werden alle kommunalen Gebäude, die Kirche, eine Seniorenwohnanlage und zahlreiche Privathäuser über ein Nahwärmenetz von einem Biomasseheizwerk beliefert. Weiterhin wurden fünf Biogasanlagen und einige Windkraftanlagen errichtet. Somit versorgt sich der Ort bereits weitgehend selbst mit Energie. Bei der Stromerzeugung besteht sogar ein hoher Überschuss. Die Gebäudebesitzer erhalten Energieberatungen mit 100 % Beratungsförderung. Die Bürger konnten sich an den Energiegesellschaften beteiligen. Dadurch verbleibt ein hoher Anteil der Wertschöpfung im Ort.
- Die **fränkische Stadt Haßfurt** setzt ebenfalls auf einen regenerativen Energiemix aus Biogas-KWK, Windkraft und Solarenergienutzung. Die Stadtwerke betreiben eine Power-to-Gas-PtG-Anlage, in der aus Windstrom mittels Elektrolyseur 220 cbm Wasserstoff pro Stunde mit einem Wirkungsgrad von ca. 70 % erzeugt werden. Mit Beteiligung der Bürger an Investitionen und Renditen ist der Ort mit rd. 15.000 Einwohnern inzwischen zu fast 100 % mit erneuerbaren Energien versorgt.
- Die Ruhrgebietsstadt **Bottrop** setzt erfolgreich auf ein Klimaschutzförderkonzept in Kombination mit aufsuchender, qualifizierter Energieberatung. Die Zuschüsse steigen mit der Kohlendioxideinsparung. Auf diese Weise wurde der Treibhausgasausstoß innerhalb 5 Jahre um 38 % gesenkt. Weiterhin investiert die Stadt in Photovoltaikanlagen und fördert den Radverkehr durch neue Radrouten, fahrradfreundliche Kreuzungsgestaltung und Werkzeugstationen mit Pedelec-Lademöglichkeit.

- Im netzneutralen **Plusenergiequartier Geretsried** (Bayern) erfolgt die Energieerzeugung über eine Kombination aus Wärmepumpe mit Erdkollektoren, Photovoltaikanlagen, Blockheizkraftwerk, Energiespeicher für Wärme, Kälte und Strom sowie einem Niedertemperatur-Verteilnetz. Hinzu kommen hybride Trinkwarmwasserbereiter in den Wohnungen. Mit Hilfe der Wärme-, Kälte- und Stromspeicher werden Erzeugung und Verbrauch zeitlich entkoppelt.
- Auf der **dänischen Insel Samsø** wird mehr Energie erzeugt als gebraucht wird. Die Stromproduktion ist zu 100 % erneuerbar aus On- und Offshore-Wind- und -PV-Anlagen. Überschussstrom wird ins Festlandnetz eingespeist. Wärme wird in dezentralen Anlagen und in einer zentralen Solarthermieanlage mit 2.500 m² Kollektorfläche erzeugt. Nur wenige Gebäude werden noch mit fossilen Energien beheizt. Die meisten Gebäude sind an das Fernwärmenetz angeschlossen. Wärmespitzenlasten werden aus Holzhackschnitzel- und Strohheizkraftwerken mit Inselrohstoffen gedeckt. Die Energiepreise sind stabil niedrig. Nach Jahren des Bevölkerungsrückgangs verzeichnet die Insel mit ihren 23 Dörfern inzwischen kontinuierlichen Zuzug.
- Die **kanarische Insel El Hierro** wurde lange Zeit mittels Dieselkraftwerken mit Strom und Meerwasserentsalzung versorgt. Seit 2014 ist die Insel nahezu stromautark. Heute wird auf eine Kombination aus Windenergie und Wasserkraft über ein Pumpwasserspeicherkraftwerk gesetzt. Als Speicherbecken wird ein inaktiver Vulkankrater genutzt.

## 13.2 Öffentliche Nutzungen, Büros und Zweckbauten

### 13.2.1 Sanierung und Erweiterung eines Gemeindezentrums in Hannover [2]

*Bild 13-4: Gemeindezentrum in Hannover*
*Quelle: kirsch architekten bda*

Um- und Neubau eines Gemeindehauses: Der Altbau wurde durch die Verwendung von passivhaustauglichen Komponenten einer energetischen Sanierung unterzogen. Der Anbau eines Veranstaltungssaals erfolgte im Passivhausstandard. Energiebezugsfläche: 707 m²

- **Konstruktion**
  - Außenwände: Massivbauweise

    Altbau: Gipsputz, Hochlochziegel, WDVS 240 mm WLG 035; U-Wert: 0,133 W/m²K

    Neubau: Gipskarton, OSB-Platten, Mineralwolle 140 mm WLG 035, OSB-Platte, DWD-Platte 16 mm, Plattenverkleidung; U-Wert: 0,13 W/m²K
  - Kellerdecke/Bodenplatte:

    Altbau: Decke über Kriechkeller mit Zementestrich, Betonbodenplatte, Wärmedämmung 150 mm WLG 040, U-Wert: 0,278 W/m²K

    Neubau: Stabparkett, Estrich, Polystyrol 100 mm WLG 035, Betonbodenplatte 200 mm, Perimeterdämmung 100 mm WLG 035; U-Wert: 0,160 W/m²K
  - Dach:

    Altbau: Sperrholzplatte, Luftraum zwischen vorhandenen Trägern, Sperrholzplatte, Gefälledämmung im Mittel 300 mm WLG 035, Dachhaut mit gedämmter Attika

    Neubau: Akustikdecke, Holz-Fachwerkträger, OSB-Platte, Dämmung 300 mm WLG 035, wärmegedämmte Attika; U-Wert: 0,11 W/m²K

    Fenster: 5-Kammer-Kunststoffrahmen, Verglasung $U_g$-Wert: 0,5 W/m²K, $U_w$-Wert: 0,79 W/m²K
- **Haustechnik**
  - Heizung und Warmwasserbereitung: Die Beheizung erfolgt über drei mit Fernwärme versorgte Heizkörper und Zuluftheizregister
  - Lüftung: Aufgrund der unterschiedlichen Betriebszeiten der jeweiligen Gebäudebereiche wurden drei unabhängige RLT-Anlagen mit Kreuz-Gegenstromwärmeüberträger eingebaut.
- **Sonstiges**
  - Luftdichtheit: $n_{50}$ = 0,59/h
  - Bauwerkskosten Kostengruppen 300 + 400: 1170 €/m² Wohn-/Nutzfläche
  - Planer: kirsch architekten bda

## 13.2.2 Schulneubau mit Sporthalle und Hausmeisterwohnung in Aufkirchen [2]

*Bild 13-5: Schule in Passivhausstandard/Aufkirchen*
*Quelle: Architekturbüro Vallentin/Dorfen*

Neubau mit drei Funktionen im Passivhausstandard

Energiebezugsfläche: 3275 m²

- **Konstruktion**
  - Außenwände: Gipsfaserplatte 12,5 mm, OSB-Platte 22 mm, Holzkonstruktion mit Dämmung 220 bis 280 mm, Unterdeckplatte 16 mm, Lattung 60 mm, Holzschalung 24 mm, U-Wert = 0,176 W/m²K
  - Bodenplatte: Parkett 13 mm, Estrich 60 mm, TSD 20 mm, Dämmung 110 mm, Feuchtesperre,

    Stahlbetonbodenplatte: 300 mm, Perimeterdämmung: 120 mm, U-Wert = 0,146W/m²K
  - Dach: Gründach 100 mm, Abdichtung, OSB-Platte 25 mm, Holzstegträger mit Dämmung 406 mm, feuchteadaptive Dampfbremse, OSB-Platte 25 mm, Lattung 60 mm, Schalung auf Trägerplatte 52 mm, U-Wert = 0,102 W/m²K
  - Fenster: Rahmenfenster: $U_w$-Wert: 0,73 W/m²K; Pfosten-Riegelfassade $U_w$-Wert: 0,75 W/m²K
- **Haustechnik**
  - Heizung und Warmwasserbereitung: BHKW und Gasbrennwertkessel
  - Lüftung: Lüftungsanlage mit Rotationswärmetauscher
- **Sonstiges**
  - Luftdichtheit: $n_{50}$ = 0,09/h
  - Heizwärmebedarf: 12 kWh/m²a
  - Primärenergiebedarf: 105 kWh/m²a
  - Verwendung regenerativer Baustoffe, insbesondere Dämmmaterial
  - Gründach

- Bauwerkskosten Kostengruppen 300 + 400: 1.587 €/m² Wohn-/Nutzfläche
- Planer: Architekturbüro Vallentin/ Dorfen

### 13.2.3 Schulerweiterung in Eschborn [2]

*Bild 13-6: Heinrich-von-Kleist-Schule in Eschborn*
*Quelle: Heimel + Wirth Architekten*

Erweiterung einer Ganztagsschule mit Mensa und Bibliothek im Passivhausstandard

Energiebezugsfläche: 1.338 m²

- **Konstruktion**
  - Außenwände: EG: Stahlbeton, Mineralfaser 250 mm WLG 035, Betonfertigteil
    OG Stahlbeton, Mineralfaser 320 mm WLG 040, Putz, U-Wert: 0,126 W/m²K
  - Bodenplatte: Betonwerkstein, Estrich, Betonbodenplatte, EPS 240 mm WLG 040, Magerbeton
    Streifenfundament: Foamglas 160 mm WLG 045; U-Wert: 0,144 W/m²K
  - Dach: Spannbetondecke, PS-Gefälledämmung 350 mm, extensive Dachbegrünung; U-Wert: 0,095 W/m²K
  - Fenster: Holz-Alu-Verbundwerkstofffenster mit 3-Fachverglasung $U_g$-Wert: 0,6 W/m²K; EG: Holz-Alu-Pfosten-Riegelfassade $U_w$-Wert: 0,81 W/m²K
- **Haustechnik**
  - Heizung: Die Wärmeversorgung erfolgt über das Bestandsgebäude.
  - Warmwasserbereitung: Für die Küche und das Behinderten-WC wird Warmwasser mit einem Elektro-Durchlauferhitzer erzeugt.
  - Lüftung: Das Gebäude verfügt über eine Lüftungsanlage mit einem Wärmerückgewinnungsgrad von über 80 % und einer Kapazität von 10.000 m² je Stunde.

- **Sonstiges**
  - Luftdichtheit: $n_{50}$ = 0,24/h
  - Heizwärmebedarf: 14 kWh/m²a
  - Primärenergiebedarf: 118 kWh/m²a
  - extensive Dachbegrünung zur Regenwasserrückhaltung, FCKW-freie Wärmedämmung (geschäumt mit $CO_2$)
  - Umnutzbarkeit von Mensa und Bibliothek zum Veranstaltungsraum durch mobile Trennwand
  - Bauwerkskosten Kostengruppen 300 + 400: 2.053 €/m² Nutzfläche
  - Planer: Heimel + Wirth Architekten

### 13.2.4 Energetische Kernsanierung Max-Steenbeck-Gymnasium und Turnhalle, Cottbus

*Bild 13-7: Max-Steenbeck-Gymnasium Cottbus*
*Quelle: PPS-Architekten Cottbus*

Die Umbaumaßnahmen der 1974 in Fertigteil-Bauweise errichteten 2-flügeligen Schule in Plattenbauweise und Turnhalle umfassen neben der Sanierung nach modernen Schulkonzepten das energetische Ziel eines „3-Liter-Gebäudes". Bei der Sanierung wurde das Gebäude bis auf den Stand des Rohbaus zurückgebaut. Alle Fachplanungen wurden in einem partizipatorischen und integrativen Planungsprozess mit Bauherren, Nutzern und Fachgewerken durchgeführt. Dies hat die Akzeptanz des Projektes bei allen Beteiligten gefördert.

Nutzfläche: 6.135 m²

- **Konstruktion**
  - Außenwände: WDVS 260 mm auf 2-schaligen Stahlbetonplatten mit zwischenliegender Alt-Mineralwolle, U-Wert: 0,15 W/m²K
  - Bodenplatte: Die vorhandene Betonbodenplatte mit Minimaldämmung wurde durch eine 120 mm Randdämmschürze energetisch ertüchtigt; U-Wert: 0,40 W/m²K
  - Dach: PCM-Platten, Stahlbetonkassettendecke, PS-Dämmung 300 mm, Bitumendachbahn; U-Wert: 0,10 W/m²K
  - Fenster: 3-fach Wärmeschutzverglasung in Kunststoffrahmen; Uw-Wert: 0,80 W/m²K

- **Haustechnik**
  - Heizung: Fernwärme aus Kraft-Wärme-Kopplung der Stadtwerke. Ein Schulflügel erhält den konventionellen Vorlauf mit Medientemperaturen von 70 °C, der andere nutzt den Fernwärmerücklauf, um einen Teil der Wärmeverluste bei der Rückführung der Fernwärme noch zu Heizzwecken zu nutzen. Im zweiten Schulflügel sind dezentrale Heizungspumpen installiert, die über Einzelraumregelung nach Raumbelegungsplan über die Gebäudeleittechnik gesteuert werden. Im Bereich der Turnhalle dienen die Bodenplatte und das darunter liegende Erdreich als Speicher für sommerliche Überschusswärme und Niedertemperaturwärme des Solarkollektors. Dazu wurde ein Rohrsystem in bereits bestehende Kanäle unter der Bodenplatte eingebracht. Im Winter dient das System dazu, Transmissionswärmeverluste des Sportbodens der Turnhalle zu verringern.
  - Warmwasserbereitung: thermischen Solaranlage für die Warmwasserbereitung der Turnhalle
  - Lüftung mit Lüftungswärmerückgewinnung: Luftvolumenstrom von ca. 20 m³/h pro Person erfolgt dabei zeitgesteuert, über Präsenzmelder und $CO_2$-Steuerung. Sole-Erdwärmetauscher mit 20 Bohrungen à 70 Meter zur passiven Vorheizung der Zuluft im Winter und eine Kühlung im Sommer
  - Beleuchtung: Manuelle Einschaltung der Kunstlichtversorgung, automatische Ausschaltung zum Ende jeder Unterrichtsstunde. Die Steuerung der Außenjalousien für den sommerlichen Wärmeschutz und Blendschutz erfolgt in Abstimmung mit den Belegungsplänen über die Gebäudeleittechnik.
- **Sonstiges**
  - Endenergie Heizwärme und Strom (ohne Beleuchtung): 26 kWh/m²a (aus Monitoring 2015)
  - Primärenergiebedarf gesamt: 45,2 kWh/m²a
  - Die Dächer der Schule sind für den Einsatz einer Photovoltaik-Anlage vorbereitet, die durch einen externen Betreiber montiert werden kann.
  - Bauwerkskosten Kostengruppen 300 + 400: 930 €/m² NGF
  - Planer: PPS-Architekten Cottbus, Architekturwerkstatt Cottbus, Planungsgesellschaft mbH, planungsgruppe abv gmbh
  - Bauphysik: GWJ – Ingenieurgesellschaft für Bauphysik GbR, Cottbus
  - Haustechnik: Büro Integral, Cottbus

## 13.2.5 Neubau Kindertagesstätte Uhldingen-Mühlhofen [2]

*Bild 13-8: Kindertagesstätte in Passivhausstandard/Uhldingen-Mühlhofen*
*Quelle: Architekturbüro Martin Wamsler*

Neubau des Kindergartens Max & Moritz in Passivhausqualität

Energiebezugsfläche: 360 m²

- **Konstruktion**
  - Außenwände: Streichputz, Fermacell 10 mm, OSB 15 mm, Dämmständer 360 mm mit Zellulosedämmung, DWD-Platte 16 mm, Stamisol-Folie, Lattung, Trespaplatten U-Wert: 0,11 W/m²K

    Bodenplatte: 150 mm Betonbodenplatte, Bitumenabklebung, 240 mm Dämmung (PS), 60 mm Zementestrich, 3 mm Linoleum; U-Wert: 0,14 W/m²K
  - Dach: Streichputz, Fermacell 12,5 mm, Dampfbremse, TJI-Träger 406 mm mit Zellulosedämmung, Aufdopplung für Flachdachgefälle i. M. 96 mm, Holzschalung 22 mm, Flachdachabdichtung, externe Begrünung; U-Wert: 0,10 W/m²K
  - Fenster: $U_g$-Wert: 0,6 W/m²K, $U_w$-Wert: 0,72 W/m²K
- **Haustechnik**
  - Heizung: Nahwärme aus bestehender Heizzentrale, Wärmeerzeugung mit Gas-Brennwertkessel
  - Warmwasserbereitung: dezentral in elektr. Durchlauferhitzern
  - Lüftung: Zu- und Abluftanlage mit WRG
- **Sonstiges**
  - Luftdichtheit: $n_{50}$ = 0,29/h
  - Heizwärmebedarf: 15 kWh/m²a
  - Primärenergiebedarf: 110 kWh/m²a
  - Leichtbaukonstruktion ohne chem. Holzbehandlung, Zellulosedämmung, extensiv begrüntes Flachdach
  - Bauwerkskosten Kostengruppen 300 + 400: 2.005 €/m² Nutzfläche
  - Planer: Martin Wamsler Architekten

## 13.2.6 Betriebsgebäude in Zwingenberg [4]

*Bild 13-9: Betriebsgebäude in Niedrigenergiebauweise*
*Quelle: Fa. SurTec, Zwingenberg*

Das Fabrikgebäude der SurTec GmbH in Zwingenberg/Hessen gilt als die erste Passivhaus-Fabrik Europas.

Energiebezugsfläche: 4.112,5 m²

- **Konstruktive Maßnahmen**
  - Außenwände: Beton, Mineralfaserdämmung 20 cm, U-Wert: 0,19 W/m²K
  - Kellerdecke/Bodenplatte: Atrium und Büro: EPS 16 cm, Betonbodenplatte; U-Wert: 0,20 W/m²K, Lager und Produktion: Schaumglas 6 cm, WU-Beton 60 cm, U-Wert: 0,56 W/m²K
  - Dach: Beton, Stufengefälledämmung mit PS-Platten 26 bis 32 cm, Gründachaufbau mit PS-Dämmung 14 cm; U-Wert: 0,13 W/m²K
  - Fenster: Alu-Pfosten-Riegel-Fassade mit thermisch getrennter, gedämmter Deckleiste $U_w$-Wert: 0,85 W/m²K, Rahmenfenster mit PU-Kern, $U_w$-Wert: 0,9 W/m²K
- **Haustechnische Maßnahmen**
  - Heizung und Warmwasserbereitung: Verwendung der Produktionsabwärme über Wärmetauscher. Winterliche Zuluft-Vorerwärmung mittels Erdreichwärmetauscher. Die Restwärmeversorgung und Warmwasserbereitung erfolgt mit einer Gas-Brennwerttherme.
  - Lüftung: Das große Atrium wirkt als thermischer Pufferraum, sommerliche Kühlung der Zuluft über Erdreichwärmetauscher.
- **Sonstiges**
  - Luftdichtheit: $n_{50}$ = 0,4/h
  - Heizwärmebedarf: 14 kWh/m²a
  - Primärenergiebedarf: 155 kWh/m²a Wohn-/Nutzfläche für Heizung, Warmwasser und Hilfsstrom

- Bauwerkskosten Kostengruppen 300 + 400: 1.020 €/m² Nutzfläche
- Dachbegrünung, Regenwassernutzung, Teich, Außenwandbegrünung
- Planer: Dipl.-Ing. Martin Zimmer, Atelier für Architektur

## 13.2.7 Neubau Bürogebäude in Köln

*Bild 13-10: Passivhaus-Bürogebäude in Köln*
*Quelle: Manos Meisen*

Das Passivhaus-Bürogebäude dient der Econcern GmbH als Deutschlandzentrale.

Der Energieverbrauch liegt 90 % unter dem Verbrauch vergleichbarer konventioneller Neubauten.

Energiebezugsfläche: 3.362 m², 150 Arbeitsplätze

- **Konstruktion**
  - Außenwände: Massiver Wandaufbau mit WDVS; U-Wert: 0,13 W/m²K
  - Bodenplatte: Betonbodenplatte mit Pfahlgründung, teilunterkellert, U-Wert: 0,16 W/m²K
  - Dach: Massives Flachdach mit Gefälledämmung, U-Wert: 0,09 W/m²K
  - Fenster: Pfosten-Riegel Konstruktion $U_w$-Wert: 0,85 W/m²K, 3-Scheiben-Wärmeschutzverglasung $U_g$-Wert: 0,6 W/m²K
- **Haustechnik**
  - Heizung und Warmwasserbereitung: Wärmebereitstellung erfolgt über Grundwasserwärmepumpe
  - Warmwasserbereitung: Solarkollektoren und Solarspeicher
  - Lüftung: Zentrale Lüftung mit Wärmerückgewinnung
- **Sonstiges**
  - Luftdichtheit: $n_{50}$ = 0,6/h
  - Heizwärmebedarf: 10 kWh/m²a
  - Primärenergiebedarf: 116 kWh/m²a Wohn-/Nutzfläche für Heizung, Warmwasser und Hilfsstrom

- Das im Gebäude vorhandene Atrium bietet eine optimale Tageslichtnutzung und erfüllt gleichzeitig eine zentrale Abluftfunktion. Auf dem begrünten und begehbaren Flachdach sind neben einer Photovoltaikanlage auch kleine Windturbinen zur Stromerzeugung installiert.
- Planer: Benthem Crouwel

### 13.2.8 Passiv-Pflegeheim S13 in Innsbruck

*Bild 13-11: Pflegeheim S13 Innsbruck*
*Quelle: Herz & Lang GmbH*

Das Heim hat 118 Pflegebetten. Aufgrund der guten Passivhauserfahrungen der Neuen Heimat Tirol, deren Tochter die Stadtbau Innsbruck GmbH ist, wurde bei diesem Projekt der Passivhausstandard mit Zertifizierung als Zielmarke festgelegt.

Energiebezugsfläche: 7.406 m²

- **Konstruktive Maßnahmen**
  - Außenwände: Spachtelung, Stahlbeton, Mineralwolle 3 cm, Gipsfaserplatte, Mineralwolle WLG 038 zwischen Holzriegeln 26 cm, Gipsfaserplatte, Hinterlüftung, Trägerplatte, Sichtfläche; U-Wert: 0,136 W/m²K
  - Kellerdecke/Bodenplatte: Parkett, Estrich, Trittschalldämmung 3 cm, Dämmschüttung 7 cm WLG 050, Stahlbeton, Tektalan 20 cm WLG 043; U-Wert: 0,135 W/m²k
  - Dach: Spachtelung, Stahlbeton, Dampfsperre, Gefälledämmung 5 cm WLG 031, PUR-Dämmung 18 cm WLG024, Bitumenbahn, Holzrost; U-Wert: 0,104 W/m²K
  - Fenster: verschiedene Bauarten, $U_W$: 0,73–1,14 W/m²K, $U_g$: 0,54–0,6 W/m²K
- **Haustechnische Maßnahmen**
  - Heizung, Kühlung und Warmwasserbereitung: Biomassebetriebenes Nahwärmenetz, Fußbodenheizsystem; zusätzlich erfolgt eine Wärmerückgewinnung aus dem Abwasser. Öffentliche Bereiche können passiv über die Fußbodenflächen gekühlt werden (Grundwassernutzung).
  - Lüftung: 4 Lüftungsanlagen mit Wärmerückgewinnung > 76 %, Möglichkeit der Zuluftkühlung passiv durch Grundwasser. Die Abwärme aus der Abluft des Trocken- und Bügelraums wird zur Vorheizung genutzt.

- **Sonstiges**
  - Der Passivhausgrenzwert für den Primärenergiebedarf von 120 kWh/m²a wird überschritten. Dies ist durch die energieintensive Ausstattung (Wäscherei, Trockner, Bügelstationen, 7 Stationsküchen, Café mit Speiseangebot) bedingt.
  - Luftdichtheit: $n_{50}$ = 0,4 1/h
  - Heizwärmebedarf: 14.6 kWh/m²a berechnet nach PHPP
  - Gebäudeheizlast: 19 W/m²
  - Primärenergiebedarf: 174 kWh/m²a für Heizung, Warmwasser, Hilfs- und Haushaltsstrom berechnet nach PHPP
  - Planung: Artec Architekten
  - Haustechnik: A3 jp-haustechnik ges. m. b. H. & co kg
  - Bauphysik: Herz & Lang GmbH

## 13.2.9 Sanierung des Baukulturdenkmals Brauereigasthof Autenried

*Bild 13-12: Brauereigasthof Autenried vor der Sanierung, nach der Sanierung, Brüstungsdetail*
*Quelle: Freier Architekt Martin Endhardt*

Das ehemalige „Niedere Schloss" aus dem 15. Jhd. wurde mit Passivhauskomponenten restauriert und um einen Neubau erweitert, ohne die Gestalt des historischen Gebäudes infrage zu stellen. Für die Sanierung der denkmalgeschützten Gebäudesubstanz mussten alle dämmtechnischen Maßnahmen mit dem zuständigen Denkmalamt abgestimmt werden.

- **Konstruktive Maßnahmen**
  - Außenwände: Die reich gegliederten Fassaden des Altbaus wurden durch den Austausch des Mauerwerkes im EG mit einer Außendämmung bis zu 16 cm mineralischen WDVS WLG 035 versehen. Dabei wurden die historischen Gesimse über den Türen abgenommen, restauriert und dämmtechnisch entkoppelt auf druckfester

XPS-Dämmung wieder an der Fassade angebracht. Die Ostgiebelseite wurde im EG auf rückspringend gemauerte Außenwände mit 16 cm WDVS gedämmt. Im OG wurden die Giebel mit einer Innendämmung aus 16 cm Mineralschaumplatten WLG 040 versehen.

- Kellerdecke/Bodenplatte: 50 cm Auskofferung, neue Bodenplatte mit XPS-Dämmung auf neuer, durchgängig wärmebrückenfreier Gründung
- Dachschrägen: 40 cm mit mineralischem Dämmstoff WLG 035 mit unterseitiger OSB-Verkleidung
- oberste Geschossdecke: Dämmung mit bis zu 40 cm mineralischem Dämmstoff WLG 035
- Fenster: Die historischen Fenster der Giebelfassade wurden restauriert und durch Montage von neuen Zusatzfensterflügeln auf der Innenseite zu Kastenfenstern umgebaut. Die sonstigen Fenster sind dreifach verglaste Eichenfenster-IV-78-Rahmen mit $U_f$: ca. 1,1 W/m²k und $U_g$: 0,6 W/m²k.

- **Haustechnische Maßnahmen**
  - Heizung und Warmwasserbereitung: Abwärmenutzung aus den Brauereiprozessen zuzüglich zwei KWK-Blockheizkraftwerke zur Deckung des Bedarfs von Schwimmbad und Wellnessbereich
  - Lüftung: geschossweise semizentrale Be- und Entlüftung der Gästezimmer
- **Sonstiges**
  - Der historische Baukörper wird durch einen Hotelneubau ergänzt. Dieser wurde ebenfalls mit Passivhauskomponenten errichtet und mit 20 cm Außenwand-WDVS, 30 cm Dachdämmung und dreifach verglasten Fenstern ausgerüstet.
  - Planer: Freier Architekt Martin Endhardt

## 13.2.10 Lowtech Bürogebäude in Lustenau

*Bild 13-13: Lowtech Bürogebäude in Lustenau*

*Quelle: Baumschlager und Eberle*

Der 6-geschossige Mauerwerksbau setzt auf die raumklimaausgleichende Wirkung hoher Speichermassen aus Stahlbetondecken und 2 × 36 cm starken Ziegelwänden. Die innere Schale hat eine hohe Druckfestigkeit und Speicherwirksamkeit, die äußere mit geringer Rohdichte einen verbesserten Wärmeschutz. Auf Heiz- und Kühltechnik wurde vollständig verzichtet. Zur Lüftung wurden motorisch betätigte Lüftungsflügel in die Fensterkonstruktionen integriert, die über Sensorik $CO_2$- und temperaturgesteuert öffnen. Im Winter sorgt die innere Abwärme für hinreichenden Energieeintrag, die Lüftungsflügel gehen auf, wenn der $CO_2$-Anteil im Raum über 1.200 ppm steigt. Bei sommerlicher Hitze öffnen sich die Flügel nächtens zur Kühlung.

Energiebezugsfläche: 2.421 m²

- **Konstruktive Maßnahmen**
  - Außenwände: Kalkputz, Kalkzementgrundputz, 39 cm Porothermziegel, Mörtelfuge, 38 cm Porenziegel, Kalkzementgrundputz, Kalkputz; U-Wert: 0,13 W/m²K
  - Kellerdecke/Bodenplatte: Anhydritestrich, Akustikmatte, Holzschalung, 22 cm Holzträger, Bitumenbahn, WU-Stahlbeton, 20 cm XPS Dämmung; U-Wert: 0,19 W/m²K
  - Dach: Bitumendichtung, 12 cm PU-Dämmung, Bitumendichtung, 24 cm Stahlbeton, Kalkputz; U-Wert: 0,09 W/m²K
  - Fenster: Holzrahmen mit Dreifachverglasung $U_g$: 0,63 W/m²K
- **Haustechnische Maßnahmen**
  - Heizung: nur interne Wärmequellen
  - Warmwasserbereitung: Elt. Untertischboiler
  - Kühlung: passive Nachtlüftung über sensorgesteuerte Lüftungsklappen
  - Lüftung: motorische Lüftungsklappen, Ansteuerung über $CO_2$ und Temperatursensorik
- **Sonstiges**
  - Luftdichtheit: $n_{50}$ = 0,51 1/h
  - Primärenergiebedarf für Heizung, Warmwasser und Hilfsstrom: 38 kWh/m²a
  - Durch lichte Raumhöhen von 3,36 m besteht ein überdurchschnittliches Luftvolumen je Nutzer zur Verfügung. Dadurch kann die mechanische Lüftung im Winter minimiert werden, ohne dass die Luftqualität unter den hygienischen $CO_2$-Mindestwert fällt.
  - Die Grundrisse sind so gestaltet, dass die Nutzungseinheiten auch alternativ als Wohnungen vermietet werden können.
  - Planung: Baumschlager Eberle Architekten

## 13.2.11 Energieoptimiertes Hallenbad in Lünen, Sanierung und Anbau

*Bild 13-14: Energieoptimiertes Hallenbad in Lünen*
*Quelle: Bädergesellschaft Lünen mbH*

Das öffentliche Hallenbad wurde als Innovationsprojekt mit Passivhaustechnologien realisiert. Dadurch wurden erhebliche Einsparungen an Energie, Wasser, Abwasser gegenüber herkömmlichen Hallenbädern ermöglicht. Die Einsparungen können nachhaltig dazu beitragen, eine zukunftsgerechte Versorgung der Bürger mit einem Schwimmbad abzusichern.

Energiebezugsfläche: 3.912 m², Wasserfläche: 828 m²

- **Konstruktion**
  - Außenwände Bestandssanierung: Putz, Mauerwerk/Stahlbeton, EPS-WDVS (WLG 035, 300 mm); U-Wert: 0,11 W/m²K
  - Außenwände neu: Putz, Mauerwerk, EPS-WDVS (WLG 035, 300 mm); U-Wert: 0,11 W/m²K
  - Bodenplatte: WU-Beton, PE-Folie, XPS-Dämmung (WLG 041, 320 mm), Sauberkeitsschicht; U-Wert: 0,12 W/m²K
  - Dach: Brettschichtholzbinder, Holzkastenfertigelemente mit Holzakustikabsorber, bituminöse Dichtbahn, Dampfsperre: EPS-Hartschaum (WLG 035, 300 mm), Kunststoffdachdichtungsbahn; U-Wert: 0,11 W/m²K
  - Fenster: Lärchenholz-Pfosten-Riegelfassade; $U_w$-Wert: 0,7–0,8 W/m²K
- **Gebäudetechnik**
  - Warmwasserbereitung und Beheizung: Luftheizung mittels Biogas-BHKW mit Brennwerttechnik, Lastspitzen über Fernwärme mit Primärenergiefaktor von 0,17, Becken-

wasser-Abwärmenutzung mit Niedertemperaturwärmetauscher, wassersparende Armaturen mit Sensortechnik und reduziertem Durchfluss
- Lüftung: 6 Zu- und Abluftanlagen mit Wärmerückgewinnung; Summe 60.000 m³/h, Bedarfssensorik, Einsatz hocheffizienter Ventilatoren; Abluftwärmepumpe für Warmwasserbeckenlüftung
- Endenergiebedarf aus Monitoring: 414 kWh/m²a (ca. 50 % unter EnEV 2014 Mindeststandard)
- Primärenergiebedarf aus Monitoring: 370 kWh/m²a (ca. 50 % unter EnEV 2014 Mindeststandard)

- **Sonstiges**
  - Photovoltaikanlagen mit 110 kWp
  - Berechnung und Optimierung der transparenten Flächen zur Optimierung solarer Gewinne und Reduzierung des Energiebedarfs für künstliche Beleuchtung mit Tageslichtsimulation; effiziente Leuchtmittel mit Präsenzmeldern
  - Reduzierung der Wasserumwälzmengen außerhalb der Öffnungszeiten
  - dynamische Amortisation der Effizienzmehrkosten: ca. 10 Jahre, Lebenszykluskosteneinsparungen: ca. 11 Mio. €
  - Planer: nps tchoban voss – Hamburg, Passivhaus-Institut – Darmstadt, ENERATIO Ingenieurbüro für rationellen Energieeinsatz GbR – Hamburg

### 13.2.12 Weitere Beispiele für Gebäude mit öffentlicher Nutzung, Büros und Zweckbauten

Die nachstehenden Beispiele sind in unterschiedlicher Weise ebenfalls als wegweisend in puncto energieeffizientes und nachhaltiges Bauen anzusehen:

- Aktivbürohauskomplex ArcheNEO in Kitzbühel-Oberndorf
- Sanierung Berufskolleg Detmold zur Plusenergieschule
- Passivhausklinik Frankfurt-Höchst
- Energieeffizienz-, Technologie- und Anwendungszentrum ETA auf dem Campus der TU Darmstadt
- Konrad-Zuse-Berufsschule, Berlin
- Campus Handwerk, Trier
- Alnatura Arbeitswelt, Campus Darmstadt

## 13.3 Wohnungsbau, Wohn- und Geschäftshäuser

Die ABG Frankfurt Wohnungsbau- und Beteiligungsgesellschaft mbH errichtet seit vielen Jahren neue Gebäude nur noch im Passivhausstandard. Sanierungen werden mittels Passivhauskomponenten durchgeführt. Nach Angaben von Werner Eicke-Henning, Energie-institut Hessen, wurde der Heizenergieverbrauch in den inzwischen rd. 2.600 Gebäuden binnen 25 Jahren um mehr als 50 % reduziert – trotz Zunahme der beheizten Flächen.

### 13.3.1 Neubau Geschosswohnungen in Bockenheim/Frankfurt a. M. [2]

*Bild 13-15: Geschosswohnungsbau Frankfurt a. M./Bockenheim*
*Quelle: FAAG Technik GmbH, Frankfurt*

Der Quartiersneubau „Sophienhof" im Stadtteil Bockenheim/Frankfurt a. M. ist mit seinen 149 Wohneinheiten und einer Nutzfläche von 15.170 m² das zum Fertigstellungsjahr 2007 größte zertifizierte Passivhausprojekt in Deutschland. Die 15 Mehrfamilienhäuser mit je 5 bis 6 Geschossen sind zu 5 Blocks gruppiert.

Schottensystem aus Stahlbeton (Stb.) mit vorgehängten Holzfassadenelementen und Wärmedämmverbundsystem; Dachgeschoss als Staffelgeschoss aus vorgefertigten Dach- und Fassaden-Holzelementen; Balkone als vorgefertigte, vorgestellte Stb.-Konstruktion

Energiebezugsfläche: 14.733 m²

- **Konstruktive Maßnahmen**
  - Außenwände:

    Nichttragende Holzbauwände: Gipsfaser, Folie, OSB, 24 cm KVH-Ständer mit Mineralwolle, OSB, 10 cm EPS, Außenputz, U-Wert: 0,10 W/m²K

    Tragende Giebelwände: Stahlbetonwand mit Wärmedämmverbundsystem aus EPS und Außenputz, U-Wert: 0,08 W/m²K

    Kellerwände: Stb.-Wand, 20 cm Wärmedämmverbundsystem aus Mineralwolle und Putz, U-Wert: 0,19 W/m²K, gegen Erdreich als Perimeterdämmung U-Wert: 0,21 W/m²K
  - Kellerdecke: Stb.-Decke mit unterseitiger Mineralwolldämmung, U-Wert: 0,10–0,12 W/m²K

- Dach:
  - Holzbauelemente über Staffelgeschossen: abgehängte Decke mit Gipsfaserplatte und mineral. Dämmung, Folie, OSB, 40 cm BSH-Träger mit mineral. Dämmung, OSB, Abdichtung, Gründach, U-Wert: 0,09 W/m²K
  - Flachdach über Vollgeschoss: Stb.-Decke, Gefälledämmung 34–60 cm, Abdichtung, Dachbegrünung, U-Wert: 0,08 W/m²K
  - Flachdach Terrassenbereich: Stb.-Decke, Gefälledämmung 24–30 cm, Abdichtung, Terrassenbelag, U-Wert: 0,11 W/m²K
- Fenster: 3-fach-Wärmeschutzverglasung $U_g$-Wert: max. 0,58 W/m²K in gedämmten Rahmen aus Kunststoff und Holz, $U_{w}$-Wert: max. 0,90 W/m²K

- **Haustechnische Maßnahmen**
  - Heizung und Warmwasserbereitung: drei Heizzentralen mit Gasbrennwertkesseln und Pufferspeicher, eine Wärmeübergabestation mit Wärmemengenzähler je Wohnung, direkte Versorgung über Zuluftheizregister und Badheizkörper. Das Warmwasser wird mit einem Wärmetauscher erwärmt und über Einzelleitungen verteilt.
  - Lüftung: je Haus eine Lüftungszentrale mit Gegenstrom-Wärmeübertrager und Gleichstromventilatoren, Vertikalverteilung Zu- und Abluft über F90-Schächte, je Wohnung Abzweige mit Volumenstromreglern und Nachheizregistern, Verteilungsleitungen innerhalb der Wohnungen über abgehängte Decken
- **Sonstiges**
  - Luftdichtheit: $n_{50}$ = 0,3/h
  - Heizwärmebedarf: 15 kWh/m²a
  - Primärenergiebedarf: 117–120 kWh/m²a Wohn-/Nutzfläche für Heizung, Warmwasser, Hilfs- und Haushaltsstrom
  - verdichtete Bebauung (GFZ: 1,895; GRZ: 0,38)
  - Planer: FAAG Technik GmbH, Architekten und Ingenieure, Frankfurt a. M., Werner Füßler, Torsten Handke

## 13.3.2 Neubau Seniorenresidenz in 30559 Hannover [2]

*Bild 13-16: Neubau einer Seniorenresidenz in Passivhausbauweise*
Quelle: Art-Plan Architekten

Neubau eines Pflegeheims mit Bürotrakt in Passivhausbauweise. Die Pflegeeinrichtung wurde für 40 Personen konzipiert, mit 28 Einzelzimmern, 6 Doppelzimmern sowie Gruppenräumen, Wohnbereichen und erforderlichen Nebenräumen.

Energiebezugsfläche: 2.070 m²

- **Konstruktive Maßnahmen**
  - Außenwände: 24 cm Kalksandstein, 26 cm Wärmedämmung WLG 035, U-Wert: 0,127 W/m²K
  - Bodenplatte: Estrich, 6 cm Trittschalldämmung, 25 cm Stahlbeton, 20 cm Wärmedämmung WLG 035, U-Wert: 0,132 W/m²K
  - Dach: Stahlbetondecke, 30 cm Wärmedämmung WLG 035, U-Wert: 0,098 W/m²K
  - Fenster: schallgedämmte Kunststofffenster mit 3-fach-Wärmeschutzverglasung, $U_w$-Wert: 0,84 W/m²K
- Haustechnische Maßnahmen
  - Heizung und Warmwasserbereitung: Gas-Brennwertheizkessel mit thermischer Solaranlage
  - Lüftung: zentrale Lüftungsanlage mit Rotationswärmetauscher
- **Sonstiges**
  - Heizwärmebedarf: 11,7 kWh/m²a
  - Primärenergiebedarf: 88 kWh/m²a Nutzfläche für Heizung, Warmwasser, Hilfs- und Haushaltsstrom
  - Bauwerkskosten Kostengruppen 300 + 400: 1.084 €/m² Wohn-/Nutzfläche
  - Einsatz von Vakuumdämmung
  - Planer: ART-plan, Architektur- und Ingenieurbüro

## 13.3.3 Neubau Reihenhaus in Freiburg [2]

*Bild 13-17: Reihenhäuser in Freiburg*
*Quelle: Werkgruppe Freiburg*

Das Reihenhausprojekt „Gute Aussichten" besteht aus acht Reihenhäusern im Passivhausstandard mit einer Energiebezugsfläche von 1.671 m²

- **Konstruktive Maßnahmen**
  - Außenwände in Holztafelbauweise: Zementfaserplatten farbig, hinterlüftet, DWD-Platte, PN-Träger + Mineralwolldämmung, Fermacell/OSB-Platte, Luftdichtigkeitsschicht, Installationsebene, Massivbauplatten, U-Wert: 0,14 W/m²K
  - Kellerdecke: Betondecke, Dämmung, Trittschalldämmung, Estrich, Parkett, U-Wert: 0,19 W/m²K
  - Dach: Alublechdach, Mineralwolle, OSB-Platte, TJI-Träger + Mineralwolldämmung, OSB-Platte, Luftdichtigkeitsebene, gedämmte Installationsebene, Gipskarton, U-Wert: 0,1 W/m²K
  - Fenster: Holz-Aluminium-Verbund-Fenster mit 3-Scheiben-Wärmeschutzverglasung, $U_g$-Wert: 0,8 W/m²K; $U_w$-Wert: 0,79 W/m²K
- **Haustechnische Maßnahmen**
  - Heizung und Warmwasserbereitung: zentrale Holzpelletheizung und Solarkollektoranlage
  - Lüftung: Lüftung mit Wärmerückgewinnung
- **Sonstiges**
  - Luftdichtheit: $n_{50}$ = 0,45/h
  - Heizwärmebedarf: 10,6 kWh/m²a

- Bauwerkskosten Kostengruppen 300 + 400: 1028 €/m² Wohn-/Nutzfläche
- Verwendung ökologisch unbedenklicher Materialien
- Planer: Werkgruppe Freiburg

### 13.3.4 Einfamilienhaus in Weimar

*Bild 13-18: Einfamilienhaus in Weimar*
*Quelle: ENVISYS GmbH & Co. KG/Weimar*

Einfamilienhaus im Passivhausstandard

Energiebezugsfläche: 150 m²

- **Konstruktive Maßnahmen**
  - Außenwände in Holztafelbauweise: Schalungs-Fachwerkträger, OSB-Platten, Zellulosedämmung, U-Wert: 0,118 W/m²K
  - Dach: Aufbau wie Außenwand, U-Wert: 0,098 W/m²K
  - Bodenplatte: Aufbau wie Außenwand, auf Streifenfundamente aufgelegt, U-Wert: 0,16 W/m²K
  - Fenster: Passivhausfenster, $U_w$-Wert: 0,8 W/(m²K)
- **Haustechnische Maßnahmen**
  - Heizung: ein Strom-Ölradiator je Geschoss
  - Warmwasserbereitung: Flachkollektor-Solaranlage mit Schichten-Speicher 500 L
  - Lüftung: Be- und Entlüftungsanlage mit Erdwärmetauscher und Lüftungswärmerückgewinnung

- **Sonstiges**
  - Luftdichtheit: $n_{50}$ = 0,6/h
  - Heizwärmebedarf: 14,7 kWh/m²a
  - Bauwerkskosten Kostengruppen 300 + 400: 1.529 €/m² Wohn-/Nutzfläche
  - Es wurden nahezu ausschließlich ökologisch unbedenkliche, nachwachsende Rohstoffe oder recycelte Materialien verwendet.
  - Planer: Andreas Naumann

### 13.3.5 Sonnenhäuser in Freiberg

*Bild 13-19: Sonnenhäuser Freiberg/Sachsen*
*Quelle: Sonnenhausinstitut e. V.*

Im Zentrum der Gebäudetechnik stehen große Solarwärmespeicher, die geeignet sind, sommerliche Überschüsse zur Nutzung in der Heizperiode einzulagern. Die Freiberger Sonnenhäuser verzichten auf herkömmliche Wärmeerzeuger, wie z. B. auch auf Wärmepumpen.

Energiebezugsfläche je EFH 161 m²

- **Konstruktive Maßnahmen**
  - beidseits verputzte HLZ 420 mm mit Perlite-Füllung, U-Wert: 0,18 W/m²K
  - sonstige Bauteile der Gebäudehülle auf dem Niveau EnEV 2014 – 30 %
- **Haustechnische Maßnahmen**
  - Heizung: Grundlastabdeckung (> 70 %) mittels Solarthermieanlage mit 45 m² Solarthermiekollektoren, 9,1 m³ Solarwärmespeicher, winterliche Spitzenlastabdeckung mit Pelletkessel bzw. Stückholzkessel, Verteilung über thermische Fußbodenheizung

- Warmwasserbereitung: Frischwasserstation
- 8-kWp-Photovoltaikanlage zur bilanziellen Strombedarfsdeckung > 100 %, Solarstromakku, e-Zapfsäule zur Aufladung eines e-Mobilspeichers
- Elektroinstallationsbussystem zur Vernetzung, Visualisierung und Steuerung der wesentlichen haustechnischen Komponenten
- Lüftung: Manuell über Fenster

• **Sonstiges**
- Primärenergiebedarf: 8 kWh/m²a
- Kosten je EFH: schlüsselfertig rd. 450.000 Euro (inkl. Bodenplatte, ohne Keller, ohne Grundstück)
- Die Häuser sind an öffentliche Versorgungsnetze angeschlossen, um ihre Elektro- und Wärmespeicher regionalen Energieversorgern zur Lagerung von Energieüberschüssen zur Verfügung zu stellen.
- Planung: Projektgruppe „energieautarkes Haus" der HELMA Eigenheimbau AG

### 13.3.6 Powerhouse Berlin-Adlershof

*Bild 13-20: Powerhouse Adlershof*

*Quelle: Adlershof Projekt GmbH*

Im Berliner Adlershofquartier ließ die Wohnungsbaugesellschaft HOWOGE fünf Gebäude mit 2- bis 4-Zimmer-Wohnungen mit 44 bis 105 m² mit Balkonen oder Terrassen im Energieeffizienzhaus-Plus-Standard bauen.

Sowohl End- als auch Primärenergiebedarf fallen in der Jahresbilanz geringer aus als die durch Photovoltaik und Solarthermie erzielten Erträge. Es wird ein Stromüberschuss von 1.438 kWh/a und ein Wärmeüberschuss von 1.188 kWh/a prognostiziert.

Energiebezugsfläche 8.500 m² verteilt auf 5 Gebäude

- **Konstruktive Maßnahmen**
  - Die Gebäudehüllen weisen Dämmstandards auf dem Niveau von KfW-Effizienzhäusern 55 auf. Die Dämmstärken betragen i. M. 20 cm
  - Fenster $U_w$-Wert: 0,9 W/m²K
- **Haustechnische Maßnahmen**
  - Heizung: Fernwärme und Solarthermieanlage zur bilanziellen Wärmebedarfsdeckung > 100 %
  - Warmwasserbereitung: mittels dezentraler Frischwasserstationen aus Solarthermie und Fernwärme
  - Photovoltaikanlage zur bilanziellen Strombedarfsdeckung > 100 %
  - Lüftung: Lüftungsanlagen mit Wärmerückgewinnung, Wärmerückgewinnungsgrad von über 80 %
- **Sonstiges**
  - Die Speicherung solarer Überschusswärme in den Sommermonaten erfolgt durch Einspeisung ins Fernwärmenetz der BTB, Blockheizkraftwerks-Träger- und Betreibergesellschaft mbH Berlin. Hierdurch entfällt die Speicherung in den Gebäuden. In den Wintermonaten kann die eingespeiste Wärmemenge vom Eigentümer kostenfrei zur Gebäudeheizung und Warmwasserbereitung bezogen werden.
  - Der PV-Strom wird als Haustechnikstrom verwendet und kann als Mieterstrom bezogen werden.
  - Tankstelle für E-Mobile
  - Mehrkostenkalkulation gegenüber EnEV-Mindeststandard: ca. 300 € je m² BGF
  - Als Betriebskosten fallen lediglich ca. 50 ct/m² an. Das entspricht weniger als der Hälfte des Durchschnittswerts in Berlin.
  - Planung: Deimel Oelschläger Architekten
  - Haustechnik: PINpPlanende Ingenieure GmbH

## 13.3.7 Sanierung Mehrfamilienhaus in Dallgow-Döberitz [2]

*Bild 13-21: Mehrfamilienhaus in Dallgow-Döberitz*
*Quelle: THP Architekten*

Durch eine hocheffiziente Sanierung wurde ein Mehrfamilienhaus in Dallgow-Döberitz/ Brandenburg zu einem zukunftsfähigen Gebäude mit nachhaltiger Vermietbarkeit.

Energiebezugsfläche: 357 m²

- **Konstruktive Maßnahmen**
  - Außenwände: Ziegelhohlwand mit Perlite-Schüttung und Wärmedämmverbundsystem; U-Wert: 0,15 W/m²K
  - Kellerdecke: Kappendecke mit Zellulosedämmung und feuchtevariabler Dampfsperre, U-Wert: 0,15 W/m²K
  - Dach: aufgedoppelter Dachstuhl mit Zellulosedämmung 33 cm, Dampfsperre, U-Wert: 0,13 W/m²K
  - Fenster: Kunststoffrahmen mit 3-fach-Wärmeschutzverglasung $U_g$-Wert: 0,5 W/m²K
- **Haustechnische Maßnahmen**
  - Heizung und Warmwasserbereitung: Holzpelletkessel mit Schichten-Speicher sowie Solarthermie für Warmwasser-Bereitung und Heizungsunterstützung
  - Lüftung: Zu- und Abluft mit Wärmerückgewinnung, Warmwasser-Zuluftheizregister
- **Sonstiges**
  - Luftdichtheit: $n_{50}$ = 1,0/h
  - Heizwärmebedarf: 23 kWh/m²a
  - Primärenergiebedarf: 61 kWh/m²a
  - Sanierungskosten Kostengruppen 300 + 400: 500 €/m² Wohn-/Nutzfläche
  - Planer: THP Architekten Berlin

### 13.3.8 Sanierung Mehrfamilienhaus mit Büro in Weimar

*Bild 13-22: Mehrfamilienhaus in Weimar*
*Quelle: Bau-Sachverständigenbüro projektRAUM*

Die kleinteilige Gebäudestruktur des Mehrfamilienhauses von 1920 wurde erhalten. Neue Bauteile sind sensibel in die gestalterische Einheit des zentrumsnahen Gartenstadtquartiers eingefügt. Die innere Organisation ermöglicht Mehrgenerationen-Wohnen, Büronutzung und flexible Anpassungen an unterschiedliche Lebensumstände.

Energiebezugsfläche: 285 m²

- **Konstruktive Maßnahmen**
  - Außenwände: Wärmedämmverbundsystem auf vorhandene Ziegelwände mit PS WLG 035, U-Wert: 0,14 W/m²K
  - Kellerdecke: PS WLG 035 i. M. 12 cm auf Stahlbetondecke, U-Wert: 0,36 W/m²K
  - Dach: Sparrenverstärkung mit seitlichen Bohlen, 20 cm Zellulose-Zwischensparren-Einblasdämmung, feuchteadaptive Dampfsperre, U-Wert: 0,17 W/m²K
  - Fenster: Lärchenrahmen mit 3-fach-Wärmeschutzverglasung $U_W$-Wert: 1,0 W/m²K
- **Haustechnische Maßnahmen**
  - Heizung und Warmwasserbereitung: Holzpelletkessel mit Wohnraumausstellung und Anschluss an das zentrale Heizungssystem, Solarthermie für Warmwasser-Bereitung und Heizungsunterstützung, dezentrale elektronische Durchlauferhitzer zur Deckung des restlichen Warmwasserbedarfs
  - Lüftung: dezentrale Lüftungsgeräte mit Wärmerückgewinnung
  - Die Beheizung und Warmwasserbereitung erfolgt vollständig mittels regenerativer Energiequellen.

- **Sonstiges**
  - Primärenergiebedarf: 45 kWh/m²a
  - Heizwärmebedarf: 54 kWh/m²a
  - Sanierungskosten Kostengruppen 300 + 400 (2007): 850 €/m² Wohn-/Nutzfläche
  - Unter Berücksichtigung von Sowiesokosten und Fördermitteln ergibt sich die Amortisation der Effizienz-Zusatzmaßnahmen innerhalb einer Heizperiode zzgl. dauerhaft niedriger Energiekosten.
  - überdurchschnittliche Kaltmiete bei gleichzeitig durchschnittlicher Warmmiete und verbesserter Behaglichkeit
  - Planer: projektRAUM Architektur- und Bau-Sachverständigenbüro/Weimar

### 13.3.9 Wohnungsbausanierung Köln-Bilderstöckchen

*Bild 13-23: Städtische Reihenbebauung Köln-Bilderstöckchen*

*Quelle: Ministerium für Städtebau und Wohnen, Kultur und Sport*

Bei der Sanierungsplanung für die Wohnanlage Bilderstöckchen wurden die Mieter zu einem frühen Zeitpunkt einbezogen. Durch Anpassung der Grundrisse an veränderte Lebensbedingungen und Nachverdichtung durch Aufstockung entstanden 75 Wohnungen mit einem Mix aus Zweizimmer- bis Vierzimmerwohnungen.

- **Konstruktive Maßnahmen**
  - Außenwanddämmung mit 16 cm Polystyrol-WDVS
  - Dach: 20 cm Zwischensparren- und 5 cm Untersparrendämmung aus Mineralwolle
  - Unterseitige Kellerdeckendämmung mit 5 cm Polyurethanplatten
  - Montage neuer Fenster mit $U_W$: 1,3 W/m²K

- **Haustechnische Maßnahmen**
  - Thermische Solaranlage mit 192 $m^2$ Kollektorfläche, Brauchwasserdeckung: ca. 60 %
  - Gas-Brennwertkessel zur Bereitstellung der Heizwärmebedarf-Grundlast
  - Pellet-Kesselheizung mit automatischer Beschickung aus einem 30 $m^3$ großen Pelletlagerraum zur Deckung der Brauchwassererwärmung von ca. 40 % und ca. 20 % des Heizwärmebedarfs
  - Zentrale mechanische Abluftanlage mit Absaugung aus den Küchen und Sanitärräumen. Die Frischluft strömt über Zuluftelemente in die Wohn- und Schlafräume nach.
- **Sonstiges**

  Durch die Sanierung konnten die $CO_2$-Emissionen relativ zur Wohnfläche um 94 % gesenkt werden. Realisierung einer die Sanierungskosten deckenden Miete. Neben dem erheblichen Komfortgewinn entsteht für die Mieter eine finanzielle Entlastung durch geringere Heizkosten gegenüber dem vorherigen unsanierten Zustand.

### 13.3.10 Serielle Sanierung zum net-zero-building, MFH Hameln, Im Kuckuck

*Bild 13-24: Serielle Sanierung MFH Hameln*
*Quelle: ecoworks Berlin*

Das zweigeschossige Mehrfamilienhaus in Hameln ist die erste serielle Sanierung in Deutschland. Das Gebäude erreicht net-zero-Qualität, d.h., es ist in seiner Jahresbilanz sowohl $CO_2$-neutral als auch ein Plusenergie-Gebäude. Die drei zweigeschossigen Wohngebäude mit insgesamt zwölf Wohnungen wurden im Jahr 1936 errichtet und verfügen über 612 Quadratmeter Wohnfläche. Als Vorbereitung wurde ein 3D-Scan zur Erstellung eines verformungsgetreuen CAD-Modells angefertigt. Die neuen geschosshohen, selbsttragenden Fassadenmodule mit integrierten Fenstern wurden direkt vom Lkw vor die Bestandsfassade montiert und erst danach die alten Fenster entfernt. Als Besonderheit des Energiesprong-Konzepts sind in den Fassadenelementen dezentrale Lüftungsanlagen mit Wärmerückgewinnung und Elektroinstallation vormontiert. Die Sanierung wird bilanziell innerhalb drei Jahren die graue Energie aus den verbauten Materialien eingespart haben. Die energetische Auswertung der ersten zwölf Betriebsmonate zeigt, dass der Standard des Plusenergie-Hauses erreicht wurde. Nach Fertigstellung des gesamten Innenausbaus bezogen die ersten Mieter im Frühjahr 2021 ihre Wohnungen. Die Warmmiete in Höhe von 8,30 €/m² bewegt sich auf dem Niveau der benachbarten, unsanierten Gebäude + Mehrwerte: Die Behaglichkeit und der Wohnkomfort ist deutlich höher.

Energiebezugsfläche: 795 m²

- **Konstruktive Maßnahmen**
  - Außenwände: 38 cm Bestandsmauerwerk, vorgefertigte Wandelemente aus 13 mm Gipskarton, 240 mm Holzständer mit MiWo gefüllt, 60 mm Holzfaserplatte, Lattung, Holzverschalung, U-Wert 0,113. Da die neue Fassade plan sein sollte, gleichen die neuen Fassadenmodule den Großteil in der Vorfertigungsstärke mittels Mineralwolle-Matten auf den Elementrückseiten aus.
  - Kellerdecke: Stb.-Decke mit unterseitiger Steinwolldämmung 160 mm, U-Wert: 0,174 W/m²K
  - Dach: Sandwichpaneele 160 mm Kingspan auf entkernten Bestandsdachstuhl, U-Wert: 0,135 W/m²K
  - Fenster: 3-fach-Wärmeschutzverglasung Ug-Wert: 0,50 W/m²K in gedämmten Rahmen aus Kunststoff, Uw-Wert i. M. 0,88 W/m²K
- **Haustechnische Maßnahmen**
  - Heizung: Zentrale Luft-Wasser Wärmepumpe, Pufferspeicher, Wärmemengenzähler je Wohnung, Niedertemperaturheizkörper an den Außenwänden
  - Warmwasserbereitung: Der zentrale TWW-Speicher wird von der Wärmepumpe versorgt, Wasserleitungen und Zirkulationsleitungen, Wärmemengenzähler je Wohnung.
  - Lüftung: Dezentrale, raumweise Be- und Entlüftungsanlagen mit WRG unter den Fenstern der Fassadenmodule, die mechanische Lüftung erwirkt den hygienisch erforderlichen Mindestluftwechsel und kann individuell über öffenbare Fenster ergänzt werden.
  - Dach-PV-Anlage mit einer Leistung von 67,32 kWp. Blindmodule an den Rändern sorgen für eine einheitliche Dachoptik. Die Photovoltaikanlage produziert über das Jahr betrachtet mehr Strom, als die Bewohnerinnen und Bewohner verbrauchen.
- **Sonstiges**
  - net-zero building und KfW 55 EE
  - Luftdichtheit: $n_{50}$ = 1,0/h
  - Heizwärme Endenergiebedarf: 22,6 kWh/m²a bei 22 °C Raumtemperatur
  - TWW-Endenergiebedarf: 12,4 kWh/m²a

- Endenergiebedarf Strom: 43.270 kWh/a für Heizung, Warmwasser, Hilfs- und Haushaltsstrom
- PV-Stromerzeugung: 48.040 kWh/a
- Überschuss Endenergie: 4760 kWh/a
- $CO_2$-Bilanz: minus 953 kg $CO_2$/a
- Planer: ecoworks GmbH Berlin, www.ecoworks.tech

### 13.3.11 FlexE h2ome – EFH mit Wasserstoffspeicher

*Bild 13-25: FlexE h2ome Schöneiche bei Berlin*
*Quelle: Albert-Haus GmbH & Co. KG*

Einfamilienhaustyp, welcher den Energiebedarf für Strom und Wärme zu jedem Zeitpunkt des Jahres ausschließlich durch am Gebäude genutzte Erneuerbare Energien deckt und Überschüsse ins öffentliche Stromnetz einspeist. Die Einspeiseleistung aus Mittag-Peaks wird durch den intelligent gesteuerten Einsatz von Energiespeichern nicht abgeregelt.

Energiebezugsfläche: EG, DG 141 m²

- **Konstruktive Maßnahmen**
  - Außenwände: Leichtbau-Holzkonstruktion mit 60 mm Holzfaser- und 300 mm Zellulosedämmung, U-Wert 0,13 W/m²K
  - Kellerdecke: Stb.-Decke mit PUR-Dämmung WLG 025, 140 mm, U-Wert: 0,16 W/m²K
  - Dach: Sparrendach mit 300 mm Mineralwolle, U-Wert: 0,14 W/m²K
  - Fenster: 3-fach-Wärmeschutzverglasung, Uw-Wert i. M. 0,83 W/m²K
- **Haustechnische Maßnahmen**
  - Heizung und Warmwasserbereitung: L/W-Wärmepumpe und Brennstoffzelle, hydraulische Fußbodenheizung, Wasserstoff-Flaschenbündel-Saisonalspeicher (außen)
  - Lüftung: Zentrale Lüftungsanlage mit Wärmerückgewinnung
  - Dach-PV-Anlage mit einer Leistung von 25 kWp, Kurzzeit-PV-Akku 25 kWh

- **Sonstiges**
  - Primärenergiebedarf: 0 kWh/m²a
  - Kostenvorschau KG 300+400 (Preisstand 12/2022 ohne Forschungs- u. Fördermittelberücksichtigung) inkl. Keller: 940.000,– €
  - Bauplanung: Albert-Haus GmbH & Co. KG
  - Forschung: www.flexehome.de

### 13.3.12 Weitere Beispiele mit Wohnungsbauten, Wohn- und Geschäftshäusern

Die nachstehenden Beispiele sind in unterschiedlicher Weise ebenfalls als wegweisend in puncto energieeffizientes und nachhaltiges Bauen anzusehen:

- Boarding- und Geschäftshaus Hansapark Nürnberg mit DGNB-Gold-Zertifizierung
- Energieautarkes Mehrfamilienhaus Bismarckstraße, Wilhelmshavener Spar- und Baugesellschaft
- Energieautarkes Mehrfamilienhaus mit Wasserstoffspeicher in Brütten-Schweiz
- Passivhaus-Denkmal Pfeifergasse 9 in Nürnberg
- Plusenergie-Denkmal MFH Kloster Plankstetten
- Effizienzhaus-Denkmal, Prellerstraße 9 in Weimar
- Warmmietneutrale Effizienzsanierung von drei Wohnhochhäusern der Wohnbau Gießen GmbH in der Eichgärtenallee
- Zweifamilien-Plusenergiehaus in Weitnau
- Eisbärhaus am Rand der Kirchheimer Altstadt

**Weitere Beispiele für energieoptimierte Gebäude** sind im Internet veröffentlicht unter:

www.passivhausprojekte.de/

www.gebaeudeforum.de/schaufenster

https://passipedia.de/beispiele

www.dgnb-system.de/de/projekte

# 13.4 Energieversorgung

## 13.4.1 Kommunaler Contracting-Pool Rommerskirchen [3]

*Bild 13-26: Rathaus Rommerskirchen*
*Quelle: EnergieAgentur.NRW*

Die Energiekosten der Kommune waren ab dem Jahr 2000 kontinuierlich angestiegen.

Die Heizungsanlagen der Liegenschaften stammten überwiegend aus den 90er Jahren. Die Regeleinrichtungen waren veraltet. Die Elektroanlagen entsprachen ebenfalls nicht dem aktuellen Stand der Technik. Eine Modernisierung der technischen Einrichtungen wäre nur mit erheblichen Investitionen in den verschiedenen Gewerken möglich gewesen. Nach Beratungen durch die EnergieAgentur.NRW wurde die Durchführung eines Einspar-Contractings empfohlen. Ein Ingenieurbüro erstellte im Auftrag des Rates der Gemeinde eine Bestandsanalyse von 20 Objekten mit baulichem Zustand, Anlagentechnik, Beleuchtung, Nutzung und Verbrauchsdaten. Anhand der Analyse entwickelte das Ingenieurbüro einen Katalog von wirtschaftlichen Effizienzmaßnahmen für die Objekte. Auf dieser Basis wurde für die Gemeinde der Aufwand einer Lösung in Eigenregie kalkuliert und diente letztlich der Gemeinde als Entscheidungshilfe für die Durchführung eines Einspar-Contractings. Das Ingenieurbüro wurde mit der Vorbereitung der Contracting-Ausschreibung beauftragt. In der Angebotsphase diente die Bestandsanalyse als Kalkulationsgrundlage für die Contractoren. Den Bietern wurde darüber hinaus angeboten, den Bestand vor Ort zu überprüfen.

**Vertragsgrundlagen:**

| | Baseline | Garantieerklärung |
|---|---|---|
| Gasverbrauch: | 3.930 MWh/a | 2.990 MWh/a |
| Stromverbrauch: | 632.650 kWh/a | 472.650 kWh/a |
| $CO_2$-Emission: | 1.200 t/a | 905 t/a |

Die Kosten der vorbereitenden Ingenieurdienstleistungen wurden vom Contracting-Unternehmen verrechnet, sodass für den Immobilieneigentümer keinerlei Mehrkosten entstanden sind.

In den insgesamt 20 Liegenschaften sind im Zuge der Vertragserfüllung folgende gezielte technische Pflichtmaßnahmen umgesetzt worden:

- Modernisierung und Optimierung der Mess-, Steuer- und Regeltechnik
- Einbindung in übergeordnete Gebäudeleittechnik
- Erneuerung und Optimierung der Heizungspumpen
- Optimierung bestehender lüftungstechnischer Anlagen
- Erneuerung bzw. Teilsanierung von Wärmeerzeugungsanlagen
- Einführung eines kontinuierlichen Energiemanagements

Die Vertragslaufzeit beträgt zehn Jahre. In dieser Zeit trägt der Contractor das Versorgungsrisiko und die Wartungskosten. Die tatsächlich erreichten Einsparungen überstiegen bereits im ersten Betriebsjahr die Garantieerklärung um weitere 2 %. An der Mehreinsparung ist die Kommune mit 70 % beteiligt. Nach Vertragsende gehen die erneuerten Anlagen in das Eigentum der Kommune über. Ab diesem Zeitpunkt profitiert die Kommune als Auftraggeber zu 100 % von den Effizienzinvestitionen.

Immobilieneigentümer haben oftmals nicht die personellen und finanziellen Mittel, investive Sanierungs- und Einsparmaßnahmen umzusetzen oder auch ein konsequentes Energiemanagement einzuführen. Das Einspar-Contracting stellt daher ein ideales Instrument dar, diese Probleme kosteneffizient zu lösen.

### 13.4.2 Einsparcontracting + Studierendenwerk Mannheim

*Bild 13-27: Studentensiedlung Ludwig Frank Haus 42, Studierendenwerk Mannheim*
*Quelle: E1 Energiemanagement GmbH*

Die Energie- und Wasserkosten des Gebäudepools mit 8 Objekten der Studentensiedlung Ludwig Frank lagen im Jahr 2015 bei 453.288 € (Kostenbaseline). Die Gebäudetechnik war in allen acht Liegenschaften erneuerungsbedürftig.

Im Rahmen eines Energieeinsparcontractings wurden in allen Gebäuden zum Erhalt des vereinbarten Zielstandards Effizienzhaus 100, technische Maßnahmen zur Reduzierung des Energie- und Wasserverbrauchs umgesetzt:

- Erneuerung der Fernwärme-Übergabe-Stationen (Systemtrennung und Pufferspeicher zur Reduzierung der Leistungsspitzen)
- Umstellung der Trinkwarmwasserversorgung auf Frischwasserstationen
- Reduzierung des Wasserverbrauchs durch zentrale Druckreduzierung und Einbau wassersparender Duschköpfe, Perlatoren und WC-Spülungen
- Erneuerung der Thermostatventile und Durchführung des hydraulischen Abgleichs
- Erneuerung der Beleuchtung: LED-Technik
- Umsetzung eines Zählerkonzeptes für Strom, Wärme und Wasser
- Erneuerung der MSR-Technik und Optimierung der Regelstrategie
- Aufschaltung aller Systeme auf eine übergeordnete Gebäudeleittechnik- und Energiemanagement-Plattform

In einem Gebäude erfolgte zusätzlich die energetische Sanierung der thermischen Gebäudehülle und der Belüftung zum Erhalt des Effizienzhausstandards 70 bestehend aus:

- Anbringen einer Außenwand-Dämmung mit 20 cm WLG 034
- Austausch der Fenster ($U_w$ <= 0,95 W/m²K) sowie Anbringung von Sonnenschutz
- Kellerdeckendämmung (8 bis 10 cm WLG 035)
- Ertüchtigung/Aufdopplung der Dachdämmung bzw. Dämmung der obersten Geschossdecke (8 bis 10 cm WLG 035)
- Installation von Lüftungsgeräten mit Wärmerückgewinnung zur nutzerunabhängigen Be- und Entlüftung

Die Investitionskosten einschließlich Planung, Projektmanagement und Bauleitung betrugen 2.417.135 €, davon entfielen 29,1 % auf die energetische Sanierung. KfW-Effizienzhausförderanteil: ca. 1.1 Mio. €

Die Maßnahmen wurden vom Contractingunternehmen innerhalb von sieben Monaten bei laufendem Betrieb/ Nutzung umgesetzt. Der Contractor sichert bei einer Laufzeit des Projektes von acht Jahren eine jährliche Einsparung von 145.000 Euro zu. Während der Vertragsdauer werden die Anlagen gewartet und überwacht Im Gegenzug erhält der Contractor Vergütungen, die aus den eingesparten Energiekosten generiert sind. Die Einsparungen refinanzieren die Kosten für Investition sowie Instandhaltung.

Energiekosten des Gebäudepools nach der Sanierung: 308.239 €/a. Prognostizierte $CO_2$-Reduzierung: 158 t/a.Das Einsparziel wurde bereits im ersten Jahr erreicht bzw. übertroffen.

### 13.4.3 Hybride Strom- und Wärmeversorgung W+G Haus Oldenburg [5]

*Bild 13-28: Wohn- und Geschäftshaus Trommelweg, Oldenburg*

*Quelle: E3/DC, Osnabrück*

Das Wohn- und Geschäftshaus im Oldenburger Trommelweg aus dem Jahr 1968 wurde zum Effizienzhaus „KfW 40 Plus" entwickelt. Die Effizienzmaßnahmen an der Gebäudehülle inkludieren die wichtigsten wärmebedarfsreduzierenden Maßnahmen wie Fenstertausch und Dachdämmung.

Der Optimierungsschwerpunkt lag auf dem Energieversorgungssystem mit einer hohen Stromautarkie. Das Eigenversorgungskonzept basiert auf einer 80-kWp-Photovoltaikanlage mit Dach- und Südfassadenmodulen und Mikro-KWK-Anlagen, die neben der Stromerzeugung für Wärmeenergie sorgen. Die Stromspeicher mit 60 kWh Kapazität können sowohl den Wechselstrom aus den Mikro-KWK-Geräten als auch den Gleichstrom aus der PV-Anlage aufnehmen. Die maximale Entladeleistung beträgt 12 kW.

Für den Strom gilt die Nutzungsrangfolge: Direktverbrauch, Speicherung, Einspeisung. Der Netzbezug ging beim Strom auf ein Minimum zurück. Stromüberschüsse werden eingespeist und tragen durch die gesetzlich geregelte Einspeisevergütung zur Wirtschaftlichkeit bei. Weil der Stromnetzanschluss nur in geringem Maß belastet wird, bleibt die 100 kW Anschlussleistung für E-Mobilität mit bis zu mit 22 kW AC-Leistung frei.

Eine Besonderheit stellt die Messtechnik mit Abgrenzungszählern und bidirektionalem Zähler dar. Das messtechnische Modell integriert die Versorgung mit Strom sowohl für die Wohneinheiten als auch für die gewerblichen Nutzungen mit elf Wohnungszählern, fünf Gewerbezählern, einem Zähler für Allgemeinstrom, einem für die Haustechnik, einem für die KWK-Kaskade und einem für die PV-Anlage. Ein Zweirichtungs-Abgrenzungszähler ermöglicht es, KWK-Strom und PV-Strom exakt voneinander zu trennen, obwohl beide Erzeugungsarten direkt in die Speichersysteme einspeisen.

Für bewölkte Tage und die Heizperiode realisieren vier Mikro-KWK-Anlagen mit Gas-Stirlingmotoren die Strom- und Wärmeversorgung. Sie liefern jeweils 5,5 kW thermische und 1,1 kW elektrische Leistung und sind zu einer Kaskade zusammengeschlossen. Zur Wärme-Spitzenlastabdeckung kann ein 18-kW-Gaskessel zugeschaltet werden.

### 13.4.4 Esslingen-Weststadt

In Esslingen entstehen im Quartier neue Weststadt über 500 Wohnungen, Büro- und Gewerbeflächen sowie ein Neubau der Hochschule Esslingen. In dem Reallabor wird ein innovatives Energieversorgungskonzept mit Energiesektorenkopplung auf Quartiersebene verwirklicht.

Das Herzstück der unterirdischen Energiezentrale im Quartierszentrum bildet ein Elektrolyseur, der überschüssigen Strom aus erneuerbarer Erzeugung in H2 umwandelt. Der Wasserstoff wird dabei mehrheitlich in das bestehende Erdgasnetz eingespeist. Durch Rückverstromung in Brennstoffzellen oder H2-BHKWe kann Regelenergie bereitgestellt und zur Integration fluktuierender erneuerbarer Energien im Stromnetz beigetragen werden. Zusätzliche Optionen zur Nutzung des H2 liegen in den Bereichen Mobilität und Industrie oder der bedarfsgerechten Rückverstromung im Stadtquartier.

Zur Effizienzsteigerung wird die Abwärmenutzung aus dem Elektrolyseprozess über ein Nahwärmenetz erprobt. Die Kälteerzeugung findet mittels einer Adsorptionskälteanlage im Bereich des gewerblich genutzten Blocks statt.

Neben der Möglichkeit der Speicherung von Wasserstoff im Erdgasnetz dienen Stromspeicher der zeitlichen Entkopplung von Energieerzeugung und -nutzung.

**Weitere Beispiele für Wärmeenergienetze** sind im Beispielexkurs, im Kapitel Heizungstechnologien aufgeführt.

**Literaturverzeichnis**

*[1] Stadt Hannover, Abt. Umwelt und Stadtgrün*

*[2] www.passivhausprojekte.de; 2009*

*[3] EnergieAgentur NRW*

*[4] Vgl. Zimmer, M.: SurTec-Chemiefabrik als Passivhaus, Energieeffizientes Bauen, 1/2003*

*[5] Vgl. Ossenbrink, R: Stromautarkie im Mehrparteienhaus, SW&W, 12/2017*

# 14 Ausblick

Übersicht

## 14.1 Multifunktionsfassaden

Je besser Gebäude mit ihren Baustoffen, Konstruktionen und Hüllbauteilen (passiv) auf das Umgebungsklima abgestimmt sind, desto geringer ist der Bedarf, aktiv mit gebäudetechnischen Maßnahmen nachzusteuern. Fassaden können zusätzliche Funktionen übernehmen, sodass Synergieeffekte genutzt werden können. Beispielsweise können PV-Strommodule über den Fenstern gleichzeitig zur Stromproduktion und als Verschattungselemente dienen.

Von Multifunktionsfassaden bzw. Außenwandkonstruktionen können mit passiven und aktiven Systemen wesentliche Funktionen der Haustechnik wie Lüftung, Kühlung und Heizung übernommen werden. Insbesondere an Bürogebäuden werden zunehmend multifunktionale Fassadensysteme eingesetzt.

Im Hochhausbau bieten Doppelfassadensysteme mit integrierter Lüftungstechnik zur Vermeidung hoher Luftdruck- und Sogkräfte und von Pfeifgeräuschen einige Vorteile. Die äußere Schicht übernimmt die Wetterschutzfunktion. Die innere Ebene kann mit Öffnungsflügeln ausgestattet werden. Doppelfassaden bieten ein hohes Maß an Lärmschutz von außen, wobei die innere Schallübertragung zwischen den Geschossen bei geöffneten Fenstern durch Reflexion auf der Innenseite der Außenhülle auch verstärkt auftreten kann. Der Zwischenraum kann als solar vorgewärmte Pufferzone zu Lüftungszwecken dienen. Einige Hochhausfassaden nutzen den Kamineffekt zum Ansaugen von Frischluft und als Schutz vor sommerlicher Überhitzung. Bei ausschließlicher Fensterlüftung ergibt sich im Sommer das Problem, dass aufgeheizte Luft aus dem Fassadenzwischenraum in die Räume dringen kann. Wie bei anderen Fassaden können auch Doppelfassaden mit intelligenten Lüftungs- und Heizungssystemen und Systemen zur aktiven Solarenergie (PV, Solarthermie) ausgestattet werden. Ein beweglicher Sonnenschutz und die vertikale

Tragkonstruktion können wettergeschützt und wärmebrückenarm im Zwischenraum montiert werden.

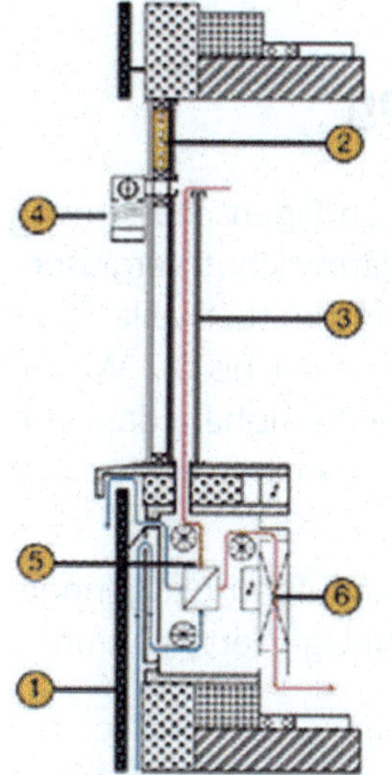


1 Photovoltaik (PV) / Luftkollektor (LK)
2 Tageslichtlenkungssystem
3 Sichtfenster/Abluftverbundfenster
4 Sonnenschutzanlage
5 Lüftungsgerät mit WRG
6 Heiz-/Kühlkörper

*Bild 14-1: Multifunktionsfassade des Solarzentrums Frankfurt/Oder*
*Quelle: www.solarserver.de*

Die dargestellte Kombifassade des Solarzentrums Frankfurt/Oder wurde mit einem außenliegenden Sonnenschutz ausgestattet. Über den Fenstern sind starre Lenkelemente für das Tageslicht montiert, die das auftreffende Licht an die Decke in die Tiefe des Raums reflektieren. Kunstlicht wird, gesteuert über eine Präsenzschaltung, nur bei Bedarf zugeschaltet.

Im Brüstungsbereich der Fassade sind thermische Luftkollektoren und Photovoltaikmodule integriert. Hinter dem Luftkollektor sind Kombiheiz-, Kühl-, Lüftungsgeräte mit Wärmetauschern montiert. Die Geräte sind über einen Verbindungskanal mit dem luftdurchströmten Zwischenraum zwischen Wärmeschutzverglasung und Zusatzscheibe verbunden. Im Winter wird die Zuluft im Luftkollektor vorgewärmt und dem Wärmetauscher zugeführt. Dort erfolgt eine weitere Temperaturerhöhung durch Aufnahme der Wärmeenergie der verbrauchten Raumluft. Anschließend gelangt die Frischluft über einen Konvektionsheizkörper, der nur bei Bedarf aktiviert wird, in den Innenraum. Die verbrauchte Raumluft wird durch den Scheibenzwischenraum nach außen abgeführt. Die netzgekoppelten Photovoltaikpaneele liefern im Jahresmittel den Energiebedarf für die Ventilatoren.

An sonnigen Tagen ist der Wärmeertrag der Kollektoren und des Wärmetauschers für die Beheizung des Raumes ausreichend. Die Grundlast der Restwärmeversorgung übernimmt eine Wärmepumpe. An sehr warmen Tagen im Sommer kann der Heizkreislauf zum Kühlkreislauf umgenutzt werden. Dann dient ein Erdsondenfeld als Kältequelle und gleichfalls als Speicher für solare Überschüsse und Abwärme [1].

Der Fassadenaufbau bietet hohen energetischen Nutzen bei gleichzeitig geringem Flächenbedarf.

Durch eine Kombination von Fassadenelementen mit Mehrfachfunktion und Festverglasungsflächen oder anderen Fassadensystemen können die jeweiligen Vorteile vereinigt und gegebenenfalls Kosten reduziert werden.

## 14.2 Vakuumdämmung und Vakuumverglasung

In den letzten Jahren wurden die wärmedämmenden und optischen Eigenschaften von Verglasungen erheblich verbessert. Mit Argon gefüllte Dreifach-Wärmeschutzverglasungen mit Wärmedurchgangskoeffizienten von 0,6 bis 0,7 W/m²K sind mittlerweile Standard. Mit teurer Kryptonfüllung ließen sich die U-Werte nochmals um 0,1 bis 0,2 W/m²K verbessern. Eine Vier-Scheiben-Verglasung würde das Gewicht so weit erhöhen, dass normale Beschläge überfordert sein können. Die Verwendung dünnerer Scheiben hätte einen Verlust an Stabilität zur Folge.

Im Unterschied dazu steht die Vakuumverglasung mit Zweischeibenaufbau bei geringerem Gewicht und schlanker Systemstärke von weniger als 10 mm mit Ug-Werten bis unter 0,5 W/m²K.

*Bild 14-2: Vakuumverglasung*

*Quelle: Interpane AG*

Hierzu wird die Luft im Scheibenzwischenraum mit einem atmosphärischen Unterdruck von etwa zehn Tonnen pro Quadratmeter evakuiert, was Leitungs- und Konvektionsverluste reduziert. Ein gasdichter Randverbund garantiert, dass der Unterdruck über die typische

Verglasungsbetriebsdauer erhalten bleibt. Der Abstand zwischen den Scheiben kann auf > 0,3 mm verringert werden. Der Einsatz von Edelgasen ist nicht mehr erforderlich. Jedoch ist der atmosphärische Druck auf zehn Tonnen pro Quadratmeter sehr hoch und erfordert den Einsatz von Stützkörpern im Scheibenzwischenraum. Zylindrische, nur aus nächster Nähe sichtbare Abstandshalter mit einem Durchmesser von 0,5 mm bieten hierfür guten Überlastungsschutz. Das Rastermaß beträgt etwa 40 mm.

Auf dem deutschen Markt ist mit Pilkington Spacia™ bereits eine Vakuumverglasung verfügbar, die sich aufgrund des schlanken Querschnitts und des geringen Gewichts in Alt-Fensterflügelrahmen montieren lässt. Auch Fenster von Baudenkmälern können auf diese Weise energetisch ertüchtigt werden.

In Zukunft werden Vakuumscheiben auch als Sonnenschutzverglasung erhältlich sein. Weiterhin bietet die Solarthermie als hoch wärmedämmende Abdeckscheibe ein Einsatzgebiet.

## 14.3 Schaltbare Wärmedämmung (SWD)

„Evakuierbare Materialien mit vergleichsweise grober Porenstruktur verändern schon bei kleinen Druckschwankungen ihre Wärmeleitfähigkeit.

Dies lässt sich nutzen, um Fassadenelemente herzustellen, die je nach Bedarf von einem wärmeleitenden (U-Wert: ca. 10 W/m²K) in einen hochdämmenden (U-Wert: ca. 0,3 W/m²K) Zustand geschaltet werden können.

Die Module bestehen aus einem luftdicht abgeschlossenen verpressten Glasfaserkern, umhüllt von gasdichtem Edelstahlblech. Im Zentrum des Paneels befindet sich eine elektrisch aufheizbare Kapsel mit Metallhydridgitter. Es genügen 5 Watt elektrische Leistung, um die Kapsel auf ca. 300 °C aufzuheizen, sodass zuvor gebundener Wasserstoff freigesetzt wird. Dieser diffundiert innerhalb von 15 bis 30 Minuten durch den gesamten Glasfaserkern, erhöht den Druck von weniger als 0,01 mbar auf etwa 50 mbar und infolgedessen die Wärmeleitfähigkeit. Kühlt sich die Kapsel bei abgeschalteter Heizung wieder auf Umgebungstemperatur ab, wird der Wasserstoff resorbiert. Dieser Prozess, bei dem der R-Wert der SWD-Testpaneele um das 40-Fache variiert werden kann, ist mindestens einige tausendmal wiederholbar. Die thermisch bedingte Ausdehnung am Rand kann bis zu 1 cm betragen, was bei der Wahl der Rahmenkonstruktion zu berücksichtigen ist.

Beim selektiv beschichteten Bauelement mit eisenarmer Glasscheibe als Abdeckung konnten Nettowärmegewinne von bis zu 140 kWh pro Quadratmeter SWD-Fläche und pro Heizperiode gemessen werden." [2]

An kalten, aber sonnigen Tagen können die Paneele durchgängig als Solarkollektoren geschaltet werden. Das Mauerwerk wird erwärmt und gibt die Wärme zeitverzögert ins Gebäudeinnere ab. An kalten Tagen ohne hinreichende Solarstrahlung oder im Sommer schaltet es sich dagegen in den Dämmzustand.

## 14.4 Aerogeldämmung

Aerogele weisen eine starke Verästelung von Partikelketten mit vielen Zwischenräumen in Form von offenen Poren auf. Aufgrund ihrer hohen Porosität und geringen Dichte sind Aerogele ideal als Dämmstoff einsetzbar. Bei der Herstellung von Aerogel wird eine Flüssigkeit, meist Kieselsäure, geliert und das Gel anschließend technisch getrocknet. Silicat-Aerogele aus Siliziumdioxid haben eine hohe optische Transparenz und erscheinen vor dunklem Hintergrund milchig-blau wie „gefrorener Rauch". Dunkle Aerogele sind geeignet, elektromagnetische Strahlung (Licht, Infrarot, Mikrowellen) effizient zu absorbieren. Die Wärmeleitfähigkeit ist mit 0,017 bis 0,021 W/mK sehr gering. Der Schmelzpunkt liegt bei etwa 1.200 °C. Dadurch ist das Material in die Baustoffklasse A1 (nicht brennbar) eingestuft.

Das Material lässt sich Faserdämmstoffen, Dämmputzen und Plattendämmstoffen beimischen. Auch die Verwendung als Füllmaterial für Kammermauersteine wird zunehmend Verbreitung finden.

## 14.5 Bio-WDVS

Im Fraunhofer LBF-Projekt OrganoPor wurden nachhaltige Fassadendämmstoffe aus Rest- und Abfallstoffen wie Kork- oder Maiskolbenschrot, wasserabweisende Harze auf Basis von Lignin und mineralischen Zuschlagstoffen entwickelt, die gegenüber gängigen Plattendämmstoffen vergleichbare technische Eigenschaften und ein flammhemmendes Brandverhalten aufweisen. Bei einer Bauteildichte des biobasierten Hybridmaterials von 120 kg/$m^3$ wird eine Wärmeleitfähigkeit von < 0,040 W/mK erreicht. Das porige, diffusionsoffene Material ist gut in WDVS zu verarbeiten. Durch die günstige Verfügbarkeit der Ausgangsmaterialien wird vorläufig ein konkurrenzfähiger Marktpreis unterstellt.

## 14.6 Algen als Rohstofflieferant für Treibstoffe und Carbonfasern

Algen werden als Bio-Rohstoff der Zukunft gehandelt und sind nicht nur als Nahrungsmittel nutzbar. Algen können $CO_2$-neutral kultiviert werden; sie binden bei ihrem Wachstum $CO_2$ sogar in Form von Glucose und Algenöl. Durch biotechnologische Prozesse können daraus verschiedene Ausgangsstoffe für industrielle Prozesse gewonnen werden. Durch ölbindende Hefen lässt sich z. B. Glycerin herstellen. Daraus können Carbonfasern gewonnen werden. Auch die Extrahierung von Schmier- und Treibstoffen ist möglich. Neben den stoffspezifischen Fähigkeiten wird am Algentechnikum der TU München derzeit die optimale Eignung einiger der mehr als 150.000 Algenarten unter verschiedenen klimatischen Bedingungen erforscht.

## 14.7 Pilzmyzel als Baustoff

Baustoffe aus nachwachsenden und natürlich abbaubaren Rohstoffen können dazu beitragen, Ressourcenlücken zu schließen. Pilze sind durch ihr schnelles und nahezu uneingeschränktes Wachstum für verschiedene Anwendungen prädestiniert.

Zur Aufbereitung als Baumaterial wird ein Komposit aus den Pilzhyphen und einem Substrat (z. B. Holzspäne, Reststoffe aus Landwirtschaft oder Lebensmittelindustrie) gebildet, das dem Myzel als Nahrung dient und welches es im Zuge seines Wachstums durchsetzt. Das Myzel fungiert dabei als Bindemittel. Der Wachstumsprozess, bei dem Kohlenstoff aufgenommen wird, findet in definierbaren Formen statt, sodass die Herstellung beliebiger Geometrien möglich ist. Um das Wachstum zu stoppen, muss der Pilz durch Trocknung nachhaltig abgetötet werden, bevor sich Fruchtkörper zur Reproduktion bilden. Da das Myzel einem Stoffwechselzyklus folgt, können diese vollorganischen Baustoffe nach ihrer ursprünglichen Verwendung $CO_2$-neutral kompostiert werden.

Die Nachteile von Pilzmyzelbaustoffen liegen in der geringen Festigkeit, der hohen Toleranz bei der Herstellung und der geringen Beständigkeit gegen Insektenbefall und Feuchtigkeit. Die geringe Festigkeit des Materials hat Anwendungen im Bauwesen bisher auf den Einsatz als Dämmmaterial eingeschränkt. Die Eigenschaften können jedoch durch die Zusammensetzung der Myzel-Substrat-Komposite gezielt beeinflusst werden. Mögliche Anwendungsgebiete sind dann neben dem Einsatz als Wärmedämmhalbzeuge plattenförmige Werkstoffe zur Anwendung im Innenausbau, in Sandwichelementen, Mauersteine zur Anwendung im Innenbereich sowie als Verpackungsmaterial.

*Bild 14-3: Mauerstein aus Pilzmyzel*
*Quelle: RWTH Aaachen*

## 14.8 Lichtlenkung

Großzügige Ausleuchtung mit natürlichem Licht ist ein wichtiges Qualitätsmerkmal von Wohn- und Arbeitsräumen. Das psychische und physische Wohlbefinden hängt entscheidend vom Zugang zu Tageslicht ab. Häufig ist die Lichtversorgung in Fensternähe sehr gut, fällt aber mit zunehmender Raumtiefe stark ab. Mit Lichtlenktechnologien kann die Sonne auch fensterferne Gebäudewinkel erreichen. Räume, die nicht unbedingt eine direkte Blickbeziehung zum Außenraum benötigen, können einer höherwertigen Nutzung zugeführt werden.

Es gibt verschiedene Möglichkeiten, um auf die Optimierung von Tageslichteigenschaften Einfluss zu nehmen. Im Folgenden werden einige dargestellt. Die Auswahl konzentriert sich auf Techniken der Lichtlenkung. Technologien zur Lichtstreuung bzw. Umwandlung in Diffuslicht werden hier nicht betrachtet.

Zu den Lichtlenktechnologien gehören auch hochreflektierende Außenjalousien, die im Kapitel Sonnenschutz beschrieben wurden und inzwischen zum Standard geworden sind.

### Laser-Cut-Panels/Lichtlenkglas

Laser-Cut-Panels bestehen aus Acrylglasplatten, die mit senkrechten Lasereinschnitten versehen sind und dadurch die umlenkenden Reflexionseigenschaften gewährleisten. Die beschichteten Acrylplatten werden in den Zwischenraum von Isolierverglasungen eingefügt und bewirken einen gerichteten Lichteinfall.

Beim Lichtlenkglas ermöglichen speziell geformte Acrylglasstreifen das „Einfangen" von Sonnenlicht aus allen Himmelsrichtungen. Wie auch die Laser-Cut-Panels werden die Streifen in eine Isolierverglasung eingebettet. Um Blendungserscheinungen zu vermeiden und den Sichtkontakt zur Umwelt zu erhalten, sollte es nur im Oberlichtbereich zur Anwendung kommen.

### Lichtlenkraster

Feststehende verspiegelte Lichtlenkraster bestehen aus hochpoliertem Kunststoff und werden i. d. R. im Scheibenzwischenraum montiert. Bei optimierter Form wirken sie als solargeometrische Lichtlenkung und selektiver Sonnen- und Blendschutz. Sie setzen allerdings den Ausblick ins Freie herab und erhöhen die Beleuchtungsstärke in der Raumtiefe nur bei wenigen Sonnenstandspositionen.

### Holografisch-optische Elemente (HOE)

Diese Technologie nutzt die lichtlenkenden Eigenschaften von laserbearbeiteten holografischen Folien, die in der Lage sind, das Licht in den gewünschten vordefinierten Maßen umzulenken oder spektral zu zerlegen. Neben der Lichtlenkung sind auch die Totalreflexionen als Sonnenschutz möglich. HOE ermöglichen auf diese Weise einen großen gestalterischen Spielraum. Die Folie wird zum Schutz vor klimatischen und mechanischen Einflüssen zwischen zwei Glasscheiben angeordnet.

Systeme zur blendungsfreien Tageslichtversorgung ermöglichen insbesondere bei anspruchsvollen Nutzungen Einsparungen für künstliche Beleuchtung von 30 bis 70 %.

### Hohllichtleiter/Light Pipes/Lichtdecken

Der Glasfaserlichttransport beschränkt sich derzeit überwiegend auf Sondereinsatzgebiete wie z. B. Werbung. „Zentral über Sammellinsen eingekoppelt werden die Lichtstrahlen über Light Pipes zu den entsprechenden Orten, lange dunkle Flure oder Kellerräume, gegebenenfalls Sonderräume mit bestimmten Anforderungen an Brandschutz o. Ä., geleitet. Neben Glasfaserstäben bzw. Acrylstäben, die das Licht durch Totalreflexion leiten, gibt es Rohrleitungen aus Metallen mit hochpolierten Innenflächen oder verkleidenden Prismenfolien, deren Reflexionsgrad etwa bei 99 % liegt. Licht kann mit dieser Methode über weite Strecken befördert werden. Ein weiterer Vorteil besteht in der Möglichkeit, in tageslichtarmen

Zeiten Kunstlicht über die gleiche Leitung einzuführen. Die Effizienz des Systems korreliert unmittelbar mit der Anzahl der Reflexionen im Lichtrohr. Daher ist es sinnvoll, das direkte Sonnenlicht in einem möglichst flachen Winkel einzuleiten." [4]

Als Alternative zum Dachflächenfenster haben Hohllichtleiter einige Vorteile: Für den Durchmesser von herkömmlichen Light Pipes (ca. 40 cm) reicht der Abstand auch schmaler Sparrenzwischenräume aus. Der zu belichtende Raum muss nicht direkt unter dem Dach liegen. Tageslicht lässt sich in Hohllichtleitern auch um die Ecke lenken und über viele Meter führen. Als Zusatz für trübe Tage kann eine künstliche Beleuchtung integriert werden.

Im Unterschied zu Lichtröhren bestehen Lichtleitdecken aus Deckenhohlräumen, die allseitig mit einer hochreflektierenden Folie ausgekleidet sind. Über eine mit Prismenfolie versehene Lichteintrittsöffnung in der Außenwand wird natürliches Licht eingeflutet und über den Hohlraum bis weit in die Raumtiefe transportiert. Verstellbare Lichtöffnungen gewährleisten den gezielten Lichtaustritt. Die Lichtausbeute ist abhängig von der Anzahl der Reflexionen im Hohlraum und vom Lichteinfallswinkel beim Eintritt in das Lichtband.

### Heliostat

Als Basis der Technologie dient ein Primärspiegel, welcher sensorgesteuert automatisch der Sonne nachgeführt wird. Der Energiebedarf der Drehmotoren beträgt wenig mehr als die Standby-Schaltung eines Elektrogeräts.

*Bild 14-4: Heliostatenspiegel mit automatischer Nachführung*

*Quelle: Lichtlabor Bartenbach*

Das eingefangene Sonnenlicht wird auf einen Umlenkspiegel reflektiert. Dieser leitet es an den sogenannten Konzentrator weiter, der aus zwei verstellbaren mikrostrukturierten Fresnellinsen besteht. Sie bündeln das eintreffende Sonnenlicht und leiten es durch einen Hohllichtleiter. An dessen Ende trifft das Licht erneut auf einen Umlenkspiegel, der es schließlich in eine sogenannte Sonnenleuchte leitet. „Eine parallel zur Decke verlaufende transparente Kunststoffröhre verteilt 25 % des einfallenden Sonnenlichts gleichmäßig im Raum (Diffuslicht). Unten hat die Röhre einen rechteckigen Ausschnitt, über den die restlichen 75 % des Lichts austreten (Direktlicht). Integrierte Metalllamellen halten den zentralen Bereich unterhalb der Leuchte blendfrei." [6] Ein weiteres optionales Modul wirkt als Downlight. Es kann an beliebiger Stelle in der Leuchte platziert werden.

Das Licht, das über einen Primärspiegel in der Größe von 2,5 $m^2$ in den Raum gelangt, entspricht der Helligkeit von ungefähr vierzig Glühlampen mit jeweils hundert Watt Leistung. Die Pilotanlage der Fa. Lichtlabor Bartenbach erreicht an einem sonnigen Tag eine mittlere Ausleuchtung der Kellerräume mit 880 Lux. Mit Kunstlicht wird im Normalfall hingegen eine Beleuchtungsstärke von ungefähr 500 Lux erreicht [5].

Lichtlenksysteme wie Light Pipes, Leuchtdecken und Heliostaten haben nur bei Direktbesonnung gute Wirkungsgrade und dienen daher als Beleuchtungsergänzung.

## 14.9 Energiespeicherung

Die ganzjährige Wärmeversorgung von Gebäuden mit Sonnenenergie steht in unserer klimatischen Region bisher vor einem Problem: Im Sommer ist solare Strahlung reichlich vorhanden, der Heizwärmebedarf ist jedoch im Winter am größten, also dann, wenn die solare Strahlung am geringsten ist. Saisonale Wärmespeicher sind zentrale Bausteine für den Nutzungsgrad solar unterstützter Heizanlagen, Nah- und Fernwärmenetze.

Zur Überwindung der sogenannten Dunkelflaute – also Zeiten ohne solare Einstrahlung und Windkraft – werden Speicher mit geringen Verlusten für Zeiträume > 5 Stunden benötigt. Sogenannte Hybridnetze stellen eine mögliche Unterstützung zur Überwindung der Speicherlücke durch stark schwankende Lasten während eines geringen regenerativen Primärenergieangebots dar. Unterschiedliche Endenergieerzeuger mit flinken (Umkehr)Transformationsfähigkeiten (Strom/Wärme/ Kälte/Druckluft/ PtX/...) können per smart Grids zu differenzierungsfähigen Gesamtsystemen zusammengeschaltet werden. Dadurch werden die Netze stabilisiert. Bei den Transformationsprozessen sind mitunter hohe Wandlungsverluste zu berücksichtigen. Der Investaufwand kann den Einsatz für schnelle Reaktionszeiten bei hohen Energiepreisen auf dem Spotmarkt rechtfertigen.

### Thermochemische Speicher

Gegenüber üblichen Heißwasserspeichern und Eisspeichern können thermochemische Systeme mit einer bis zu fünfmal höheren volumenbezogenen Wärmemenge beladen werden und sind darüber hinaus in der Lage, bei entsprechend konfigurierter Anlagentechnik auch Kälteenergie bereitzustellen. Der entscheidende Vorteil thermochemischer Speicher besteht in der verlustarmen Wärmespeicherung auch über einen großen Zeitraum mit hoher Energiedichte. Geeignete Prozesse sind u. a. die Adsorption eines Arbeitsmittels an einem Feststoff. Der Speicher wird z. B. geladen, indem durch Wärmezufuhr dem Speichermedium Wasser entzogen wird. Bei der Umkehrung des Vorgangs, der Anlagerung von Wassermolekülen an das Sorptionsmaterial, wird wieder Wärme frei. Daher bezeichnet man den Speichertypus als Phase Changing Material (PCM). Die Be- und Entladung kann im Prinzip beliebig oft wiederholt werden.

Thermochemische Speicher können sehr gut zur Lasthomogenisierung in Nah- und Fernwärmenetz genutzt werden und ermöglichen so die Reduzierung der erforderlichen Spitzenlastbereitstellung. Vom verwendeten Speichersorptionsmaterial hängen sowohl die Speicherdichte, die erforderliche Betriebstemperatur, die erreichbare Nutztemperatur als auch dynamische Eigenschaften ab. Silikatgele wie auch Zeolithe besitzen eine große innere Oberfläche und sind in der Lage, große Mengen Wasser absorptiv zu binden. Silikatgele sind stark poröse glasähnliche Substanzen, die häufig als Siliziumoxid-Granulat in kleinen Tüten den Verpackungen feuchteempfindlicher Geräte beigefügt ist. Zeolithe nennt man eine Gruppe von wasserhaltigen Metall-Alumosilikaten. Es sind ca. vierzig natürliche und über hundert synthetische Zeolithe bekannt. Sie können durch Ionenaustausch oder durch die Dotierung mit hygroskopischen Salzen modifiziert und somit in ihrer Energiespeicherfähigkeit verbessert werden. Zeolithe benötigen für die Desorption höhere Arbeitstemperaturen (über 100 °C) als Silikatgele, können aber im Entladeprozess höhere Temperaturen liefern und sind auch in Heizsystemen mit höheren Vorlauftemperaturen anwendbar.

Durch die Variation des Herstellungsverfahrens lässt sich die Struktur dem jeweiligen Verwendungszweck anpassen. Wärmespeicher auf Silikatgelbasis sind insbesondere für die Beladung durch Solarkollektoren geeignet, da Silikatgel adsorbiertes Wasser schon bei niedrigen Temperaturen abgibt.

Novatec Solar und BASF haben in Südspanien eine solarthermische Demonstrationsanlage mit anorganischem Flüssigsalz als Wärmeträger in Betrieb genommen. Die Nutzung anorganischer Salze als Wärmeträgermedium ermöglicht eine Erhöhung der Betriebstemperaturen auf über 500 °C und damit eine signifikante Steigerung der Stromausbeute gegenüber der Nutzung von Thermoölen als Trägermedium. Solar gewonnene Wärme kann in Zeiten geringen Strombedarfs in großen Flüssigsalztanks zwischengespeichert werden. Damit können Anlagenverluste minimiert und Schwankungen der direkten solaren Produktion ausgeglichen werden. Die Netzstabilität wird erhöht.

Die thermische Beladung gedämmter Container mit Natriumacetatfüllung (NaAc) z. B. durch industrielle Abwärme ist bereits möglich. Die Container können nach Beladung per LKW nahezu verlustfrei zu einem Wärmeabnehmer transportiert, angeschlossen und entladen werden. Der Vorgang der Latentwärmespeicherung kann fast beliebig oft mit demselben Füllmaterial wiederholt werden. Mit Zeolith-Saisonalwärmespeichern für Wohngebäude wird noch experimentiert. Sommerliche Wärmeüberschüsse aus Kollektoren trocknen den Zeolith und laden es dadurch mit Wärme auf. Ein vier Kubikmeter fassender Zeolithspeicher kann ausreichen, um eine gut gedämmte kleine Wohneinheit ganzjährig mit solarer Wärme zu versorgen.

### Erdreichspeicher

Als Alternativen zu thermochemischen Lösungen für saisonale Speicherung kann das oberflächennahe Schichten in Tiefen von 20 bis 150 Metern dienen. Die Qualität der Speicherung hängt in hohem Maß von den geologischen Verhältnissen und einer geringen Grundwasserdurchströmung ab, da diese Speicher allenfalls nach oben gedämmt werden können. Gut geeignet sind wassergesättigte Tone bzw. Tongesteine aufgrund ihrer überdurchschnittlichen Wärmekapazität bei gleichzeitig geringer Durchlässigkeit.

Die Ein- bzw. Ausspeicherung der Wärme erfolgt über Wärmeübertragerrohre, ähnlich der Technologie für Sole-Wärmepumpen. Die Hohlräume zwischen Wärmeübertragerrohr und Bohrlochwand werden mit einem geeigneten Material, z. B. einer Bentonit-Zement-Mischung verfüllt, um einen guten Wärmetransport zwischen Sondenmedium und Erdboden zu erreichen und verschiedene geologische Horizonte zu trennen. Der Abstand zwischen den Bohrlöchern sollte mindestens 1,50 m betragen.

Erdsonden-Wärmespeicher sind nur für größere Speichervolumina ab etwa 50.000 m³ geeignet. Die Speicherkapazität beträgt 15–30 kWh/m³. Vorteile des Erdsonden-Wärmespeichers liegen im relativ geringen Bauaufwand und in der einfachen Erweiterbarkeit des Speichers. Nachteile sind die vergleichsweise geringe Wärmekapazität des Mediums Erdreich und die relativ verlustreiche „Abwanderung" von Wärme.

## Aquiferspeicher

Natürlich vorkommende Grundwasserschichten (Aquifere) können für die saisonale Einlagerung von Wärme oder Kälte genutzt werden. Oberflächennahe Aquifere sind jedoch häufig der Trinkwassernutzung vorbehalten. Daher liegen geeignete Wasservorkommen meist in Tiefen über 100 Meter. Aquifer-Wärmespeicher stellen hohe Ansprüche hinsichtlich der hydrogeologischen Voraussetzungen und sind daher nicht allerorten realisierbar. Die Energie wird über Brunnenbohrungen in den Speicher eingebracht bzw. durch Umkehrung der Durchströmungsrichtung wieder entnommen. Aufgrund der Wärmeverluste ist ein Aquifer-Wärmespeicher auf hohem Temperaturniveau nur bei sehr großen Speichervolumina (minimal 100.000 m³) sinnvoll. Die Speicherkapazität beträgt 30 bis 40 kWh/m³.

Für Aquifere ergeben sich niedrige volumenbezogenen Baukosten im Vergleich zu allen anderen Speichertypen und sie bieten gute Voraussetzungen für die saisonale Speicherung von Wärmeenergie.

Im Rahmen eines von der Bundesregierung geförderten Forschungs- und Messprogramms werden Betrieb, Energiebilanz und Umweltverhalten von zwei unterhalb des Reichstagsgebäudes genutzten Aquiferspeichern untersucht.

## Druckluftspeicher

Erneuerbare Energien wie Windkraft und Solarenergie sind volatile Energiewandler und daher nur bedingt zur Grundlastversorgung geeignet. Wenn es gelingt, anfallende Spitzenlasten dezentral für sogenannte Dunkelflauten zu speichern, wird eine breitere Nutzung ermöglicht. Druckluftspeicher, z. B. in Salzkavernen, können über kooperierende Druckwechselzylinder geladen werden. Die bei der Komprimierung entstehende Wärme kann bis 60 % der eingesetzten Energie ausmachen und sollte zur notwendigen Drucklufterwärmung vor Expansionsphasen wiederverwendet werden. Die Abgabe der Druckkraft kann über Hydraulikmotoren erfolgen, die Generatoren antreiben. Gegebenenfalls kann eine stärkere und dadurch platzsparende Komprimierung mittels Öldruckspeicher erreicht werden.

### Flüssigluftspeicher

Bereits 1899 wurde ein Auto mit Flüssigluftspeicherantrieb patentiert. Diese Art der Energiespeicherung könnte eine Renaissance erleben. Mit günstigem Überschussstrom aus Nebenzeiten wird Luft aus der Atmosphäre auf -195 Grad Celsius abgekühlt. Dabei wird die Luft flüssig und reduziert das Volumen auf etwa ein Tausendstel gegenüber dem gasförmigen Zustand. Dieses verflüssigte Gas kann in gedämmten Behältern gespeichert werden, bis seine potenzielle Energie benötigt wird. Dann wird die verflüssigte Luft unter Nutzung der Umgebungstemperatur oder Abwärme zu Gas verdampft. Die dabei entstehende Expansion baut Druck auf und treibt eine Turbine an. Flüssigluftspeicher sind gut für Zyklen zwischen 12 und 48 Stunden geeignet – daher auch für die Überbrückung von so genannten Dunkelflauten. Die Systemeffizienz lässt sich durch den Einsatz eines Kältespeichers, zum Beispiel ein großes Kiesvolumen, dass die durch den Verdampfungsprozess erzeugte Kälte auffängt und wiederverwenden kann, erheblich steigern. Bei Verwendung von Kies als Expansionskältespeicher bietet die Technologie einen entscheidenden Kostenvorteil für große Energiemengen, ohne zyklische Degradation und mit sehr guten Umwelteigenschaften.

### Schwungrad

Masseschwungräder sind als kinetische Energiespeicher nutzbar. Sie ermöglichen den Ausgleich von leistungsstarken Lastschwankungen im Millisekundenbereich und tragen so zur Netzstabilität und Verringerung von Anschlussleistungen bei. Zur Minimierung von Verlusten sind optimierte, wartungsfreie Leichtlauflager eine wichtige Voraussetzung.

### Speicherung potenzieller Energie in Lagespeichern

Das Speichersystem ist dem von Pumpspeicherkraftwerken prinzipiell ähnlich: Zu Zeiten, in denen viel Strom erzeugt, aber wenig nachgefragt wird, wird Wasser in hoch gelegene Staubecken gepumpt. Dabei wird elektrische in potenzielle Energie umgewandelt. Wenn Stromlastspitzen auftreten, wird das Wasser über ein Rohrsystem und Turbinen abgelassen und der Strom ins Netz eingespeist – wie eine riesige Batterie auf Wasserbasis, die man mithilfe von Überschussstrom auflädt.

Massiv-Lagespeicher nutzen das hohe Eigengewicht z. B. von Felsgestein mit hoher Dichte zur Speicherung potenzieller Energie. Dazu werden große Massezylinder aus dem Gestein gesägt, die sich hydraulisch heben und senken lassen. Mit einem Pumpendruck von 20 bis 50 bar können die Zylinder angehoben werden. Bis zu 80 Prozent der zugeführten Energie ist beim Ablassvorgang nutzbar. Damit ein solcher Hubkolben angehoben werden kann, ist ein geschlossenes und abgedichtetes hydraulisches System mit Pumpen bzw. Turbinen erforderlich. Bei Maximalauslastung können lt. Eduard Heindl von der Hochschule Furtwangen etwa 13 Gigawattstunden gespeichert werden. Das entspricht der Kapazität eines großen Pumpspeicherkraftwerks. Mit größeren Gesteinsspeichern sind theoretisch mehr als 1.600 Gigawattstunden speicherbar, etwa so viel, wie in Deutschland täglich durchschnittlich an Strom produziert wird. Bei einer guten regionalen Verteilung der Gesteinsgroßspeicher wäre der Bau einiger Hochspannungsfernleitungen überflüssig. Da im Gegensatz zu Pumpspeicherkraftwerken keine großen Staubecken geschaffen und geflutet werden müssen, sind die Natureingriffe vergleichsweise gering.

Ein wesentliches Merkmal der Speichertechnologie ist die schnelle Reaktionszeit. Aus dem CAES-Druckluftkraftwerk Huntorf bei Elsfleth z. B. steht nach ca. 3 Minuten 50 % und nach ca. zehn Minuten 100 % der Leistung zur Verfügung. Derartige Anlagen können nach einem großflächigen Blackout zum Wiederaufbau des Netzbetriebes beitragen.

Alternativ zur hydraulischen Anhebung wäre die Massehebung mittels einer großen Zahl Öldruckzylindern möglich. Mit dieser Technologie kann die erforderliche Differenzhebungshöhe deutlich reduziert werden. Öl lässt sich sehr viel stärker komprimieren. Unter günstigen Umständen kommt die Nutzung dynamischer Felsspalten oder dergleichen in Betracht. In Zeiten hoher Stromnachfrage bei Spitzenlast wird das komprimierte Öl zu Druckluft transformiert, welche aus Bedarfs-Zwischenbehältern bzw. Kavernen geleitet in einer Turbine Strom produziert.

## 14.10 Wasserstofftechnologie

Regenerative Energiequellen wie Wind, Wasserkraft, Geothermie und Sonnenenergie gewinnen angesichts der begrenzten Ressourcen immer mehr an Bedeutung. Nicht alle regenerativen Energieformen sind uneingeschränkt speicher- und transportierbar. Das Energieangebot ist zum Teil starken tages- bzw. jahreszeitlichen Schwankungen unterworfen und teilweise an verbraucherferne Standorte gebunden. Beispielsweise werden einige Windkraftanlagen an besonders wind- und sonnenreichen Tagen abgeschaltet, weil Netze überlastet sind. So kommt die Energie also oft gar nicht bei den Verbrauchern an.

Für die großtechnische Einbindung in ein zukünftiges Versorgungssystem bietet Wasserstofftechnologie viele Möglichkeiten und zeichnet sich durch folgende Vorteile aus:

- Die hinreichend sichere Handhabung der Wasserstofftechnologie ist Stand der Technik.
- Wasserstoff kann weitgehend verlustfrei gespeichert werden.
- Wasserstoff kann zur Strom-, Wärme- und Krafterzeugung eingesetzt werden.
- Bei der Verbrennung von Wasserstoff werden fast keine Schadstoffe freigesetzt.
- Aufgrund einiger dem Erdgas ähnlicher Eigenschaften ist ein kontinuierlicher Übergang durch Beimischung und spätere Substitution innerhalb der vorhandenen Infrastruktur möglich.

Zurzeit nimmt die Wasserstoffwirtschaft in der Energieversorgung nur einen Nischenplatz ein. Sie könnte jedoch in Zukunft die Grundlage einer nichtfossilen globalen Energiewirtschaft bilden. Sowohl zentrale Energiekonzepte mit interkontinentalen Wasserstofftransporten als auch dezentrale Versorgungssysteme mit einer Vielzahl von Kleinerzeugungsanlagen können dazu beitragen.

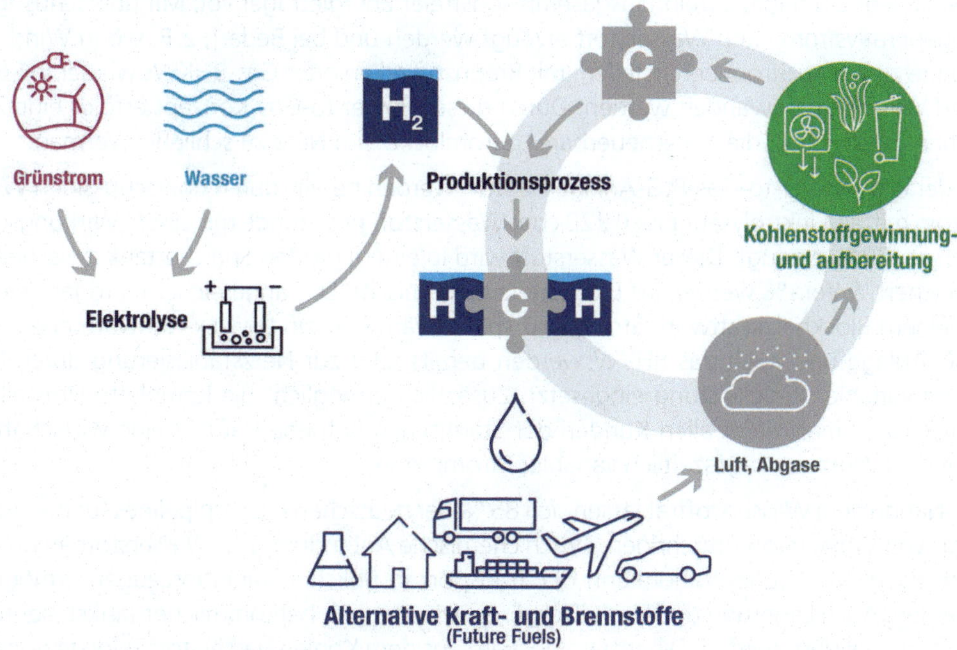


*Bild 14-5: Herstellungspfad grüner Wasserstoff*

*Quelle: en2x*

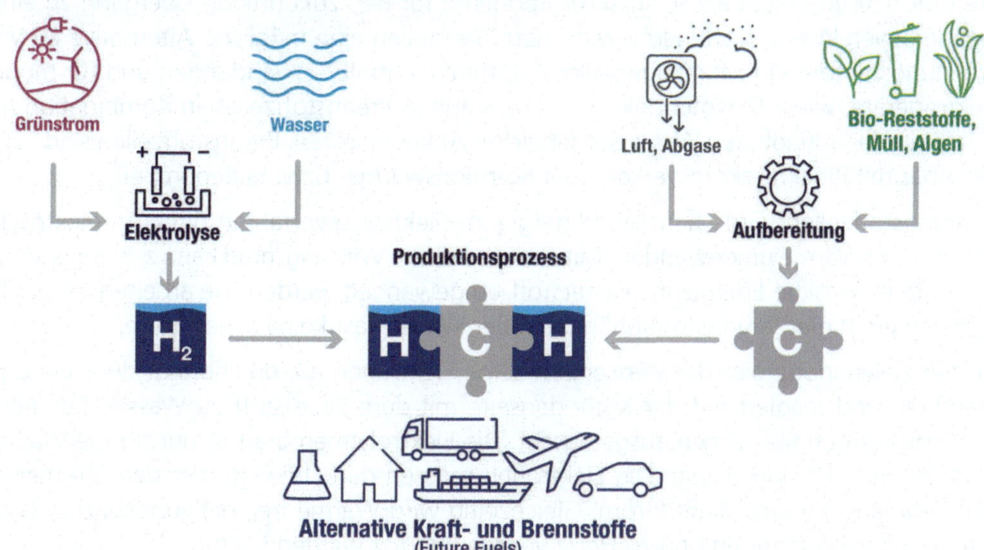


*Bild 14-6: Alternative Fuels $CO_2$ Kreislauf*

*Quelle: en2x*

„Grüner Wasserstoff" kann im Elektrolyseverfahren unter Einsatz regenerativer Energiequellen mittels Brennstoffzellen, ohne Umweg über einen Erdgas-Reformer erzeugt werden. Damit liegt ein nahezu treibhausgasemissionsfreier Energieträger vor. Mit überschüssigem Regenerativstrom kann Wasserstoff erzeugt werden und bei Bedarf, z. B. wenn Wind und Sonne zu wenig Strom bereitstellen, mit Brennzoffzellen oder Gas-BHKWs wieder in Strom und Wärme umgewandelt werden. Durch dieses Power-to-Gas-Konzept erfolgt eine Zwischenspeicherung, die die erneuerbare „Stromlücke" im Netz zu schließen vermag.

In der Pilot-Power-to-Gas-PtG-Anlage Haßfurt werden bereits durch überschüssigen Windstrom mittels Elektrolyseur bis zu 220 cbm Wasserstoff pro Stunde mit einem Wirkungsgrad von ca. 70 % erzeugt. Dieser Wasserstoff wird in einem großen Speichertank zwischengespeichert. 5 Vol.-% werden ins Erdgasnetz beigemischt. Das angereicherte Erdgas erzeugt in einem Blockheizkraftwerk Strom und speist Wärme in ein Low-Ex-Nahwärmenetz. Die PtG-Anlage und auch das BHKW werden bereits jetzt zur Netzstabilisierung durch Nutzung variabler Regelleistung eingesetzt. Zusätzlich ermöglicht die komplette Umstellung auf Strom-Smartmeter allen Kunden der Städtischen Betriebe Haßfurt eine wirtschaftlich optimale Nutzung tageszeitlich variabler Strompreise.

Lt. Nationalem Wasserstoffrat lassen sich 85 % der deutschen Erdgaspipelines für den Transport von Wasserstoff ertüchtigen. Durch chemische Anbindung von Wasserstoff an die Trägerflüssigkeit Dibenzyltoluol kann der Transport in üblichen Tankfahrzeugen ermöglicht werden. Auch Lagerung und Umfüllvorgänge könnten mit herkömmlicher Tankstellentechnologie realisiert werden. Dibenzyltoluol wird aus dem Kohlenwasserstoff Tulol gewonnen, welches als Nebenprodukt der Herstellung von Ethen und Propen entsteht und als Benzinbestandteil verbrannt wird. Der Wasserstoffträger Dibenzyltoluol kann mehrere hundertmal wiederverwendet werden. Im Vergleich zu den etablierten Keramikzellspeichern ist das Verfahren stabil und voraussichtlich kostengünstiger.

Brennstoffzellen gelten als Schlüsselkomponente für den zukünftigen Übergang zu einer regenerativen Wasserstoffenergiewirtschaft. Sie stellen eine mögliche Alternative zu Verbrennungsmotoren in Fahrzeugen aller Art, für dezentrale Anwendungen und für mobile Elektrogeräte, wie z. B. Notebooks, dar. Hier können Brennstoffzellen in Kombination mit einem wieder aufladbaren Wasserstoffspeicher Akkus ersetzen. Brennstoffzellen sind kombinierbar mit Blockheizkraftwerken oder Sorptionswärme- bzw. Kältepumpen.

In Brennstoffzellen wird chemische Energie im Elektrolyseverfahren direkt in elektrische Energie und Wärme umgewandelt. Mit ebenso hohem Wirkungsgrad kann z. B. regenerativ erzeugte elektrische Energie in Wasserstoff umgewandelt werden. Sie arbeiten geräuscharm und emittieren brennstoffabhängig außer Wasser fast keine Schadstoffe.

An der Zellenanode gibt der Wasserstoff seine Elektronen ab, durchdringt die Elektrolytmembran und reagiert auf der Kathodenseite mit dem Sauerstoff zu Wasser. Bei dieser Reaktion werden Elektronen ausgetauscht. Die Elektrolytmembran ist nur für die Wasserstoffprotonen $H^+$ durchlässig. Die Elektronen müssen den Umweg über den Stromkreislauf nehmen. Dadurch fließt Strom. Gleichzeitig wird Wärme frei, die vorteilhaft z. B. zur Brauchwassererwärmung und zu Heizzwecken genutzt werden kann.

Mit einer Kombination aus optimierten Wärmeschutzstandards einer großen Photovoltaikanlage, Brennstoffzelle, Pufferakku, Wärmepumpe und einem saisonalspeichertauglichen

Wasserstofftank kann ganzjährig eine regenerative und autarke Energieversorgung für Gebäude realisiert werden, aktuell allerdings noch zu deutlich erhöhten Jahresgesamtkosten.

Derzeit sind fünf Zellenelektrolyte mit jeweils unterschiedlichen Arbeitstemperaturen marktgängig:

- oxidkeramische SOFC-BZ 800 bis 1000 °C
- Schmelzkarbonat MCFC-BZ 600 bis 650 °C
- phosphorsaure PAFC-BZ 160 bis 220 °C
- Direkt-Methanol DMFC-BZ 60 bis 120 °C
- alkalische AFC-BZ 60 bis 90 °C
- Polymer-Elektrolyt-Membran PEM-BZ 60 bis 90 °C

Mit Niedertemperaturbrennstoffzellen kann die Abwärme direkt zur Gebäudebeheizung und Warmwasserbereitung genutzt werden. „Die Zellenstapel (Stacks) werden modulweise zu beliebig großen Leistungseinheiten zusammengeschaltet und eignen sich gut zur dezentralen Kraft-Wärme-Kopplung. Die Anlagen erzeugen im Vergleich zu konventionellen Blockheizkraftwerken mehr Strom als Wärme. Die Höhe der Stromgutschrift beeinflusst die Wirtschaftlichkeit daher stärker als bei Motor-BHKW's. Für den stationären Einsatz müssen die Herstellungskosten jedoch noch deutlich gesenkt werden, um gegenüber den technisch bereits ausgereiften BHKW-Anlagen konkurrenzfähig zu werden." [7] Derzeit wird verstärkt an metallischen Brennstoffzellen geforscht. Diese sind im Vergleich zu Keramikzellen kostengünstig herstellbar.

## 14.11 Innovative Solarenergienutzung

Sonnenenergie kann zur Strom- und Wärmeerzeugung verwendet werden. Die Technologien zur Nutzung entwickeln sich kontinuierlich weiter. Solarenergie bildet bereits heute eine wesentliche Stütze der Energiewende und hat weiterhin große Potenziale – sowohl bei der Solarflächenausweitung als auch in der Verbesserung der Wirkungsgrade.

### Konzentrator-Photovoltaik (CPV)

Mit dieser Technologie wird Sonnenlicht mittels Spiegel oder Linsen auf Solarzellen fokussiert, deren Wirkungsgrad durch die stärkere Sonneneinstrahlung stark ansteigt. Preisgünstige optische Systeme verstärken das Sonnenlicht bis zu 1.000-fach. Dadurch kann bei der Herstellung der teureren Solarzellen viel Material eingespart werden. Zentrales Bauteil bleibt der PV-Halbleiter, in dem durch Lichtzufuhr Ladungsträger freigesetzt werden; dadurch wird Solarstrom produziert. Mehrere Solarzellen werden zu Modulen zusammengeschaltet, aus denen wiederum photovoltaische Großanlagen aufgebaut werden können. Im Unterschied zu klassischen Solarstromanlagen ist grundsätzlich eine aufwendige Nachführung (Tracking) erforderlich, da die CPV nur direktes Sonnenlicht in Strom umwandeln können. CPV-Systeme haben das Potenzial, die Stromgestehungskosten für große Kraftwerkseinheiten an sonnenreichen Standorten erheblich zu senken.

## Konstruktive und elektronische Optimierungen der photovoltaischen Energiegewinnung

- Mehrere Hersteller setzen sogenannte Glas-Glas-Module mit Anti-Reflexionsbeschichtung ein. Diese verbessern den Wirkungsgrad und die Langlebigkeit gegenüber Glas-Folien-Modulen.
- Bifacial-Solarzellen sind in der Lage, Sonnenlicht auf beiden Zellenseiten in Strom umzuwandeln. Bei der unverschatteten beidseitigen Nutzung erfolgt unabhängig von der Aufstellausrichtung ein mindestens gleich hoher Energieertrag wie eine optimal nach Süden ausgerichtete Anlage mit Standardmodulen. Dieser Solarmodultyp ist prädestiniert für freie Senkrechtaufstellungen. Bei der Montage als Lärmschutzwand wird zusätzlich ökologisch verträglicher Schallschutz geboten. Durch die Sowieso-kosten im Zusammenhang mit dem Schallschutz können gute wirtschaftliche Ergebnisse erreicht werden.
- LG Electronics setzt auf die Erhöhung der Absorberfläche und Verbesserung des Temperaturkoeffizienten durch Verlegung der Kontakte auf den Zellenrückseiten.
- Panasonic verwendet monokristalline Waver mit ultradünner amorpher Beschichtung zur Verbesserung des Wirkungsgrads und des Temperaturkoeffizienten.
- Die Alternative Energie GmbH verschaltet die PV-Zellen mit einlaminierten Bypassdioden. Dadurch wird nicht der ganze Zellenstrang negativ beeinflusst, wenn einzelne Zellen verschattet werden.
- Am Helmholtz-Zentrum Berlin wird an CIGS-Tandem-Solarzellen mit zwei unterschiedlichen Arten photoaktiver Schichten geforscht. Mit einer Schicht aus dem Werkstoff Perowskit und einer Schicht aus einem Mix von Kupfer, Gallium, Indium und Selen wurde ein Wirkungsgrad von 24,16 % erreicht. Auf der Oberseite wird ein 0,5 Mikrometer dicker Layer aus Perowskit aufgebracht. Der Perowskit-Layer sammelt sichtbares Licht. Für den Infrarot-Bereich ist die CIGS-Schicht der Tandem-Zelle zuständig. Um den Kontakt zwischen den beiden Layern zu optimieren, wurde eine Schicht aus Rubidium-Atomen implementiert.
- Das Fraunhofer ISE hat zusammen mit der Fa. EVG eine monolithische Mehrfachsolarzelle entwickelt, die das sichtbare Licht zunächst in einer Lage aus Gallium-Indium-Phosphid absorbiert, das Infrarotlicht in Galliumarsenid und langwelliges Licht in Silizium. Auf diese Weise wird ein deutlich erweitertes Solarstrahlungsspektrum genutzt und ein Wirkungsgrad von 34,1 % erreicht.
- Am National Renewable Energy Laboratory in Colorado/USA wurde unter konzentriertem Licht ein Gesamt-Wirkungsgrad von 47,1 % erreicht. Technologische Basis bildet eine III-V-Solarzelle mit 6 verschiedenen photoaktiven Schichten. Jedes der für diese Schichten verwendeten Materialien besteht aus einem Mix bestehender III-V-Solar-Materialien. Die Auswahl der Schichten ist im Sinne einer optimalen Energie-Ausbeute aus den verschiedenen Teilen des Licht-Spektrums konfiguriert. Die Solarzelle ist material-extensiv dünner als ein menschliches Haar.

## PVT-Hybridmodule

Kombisolarmodule ermöglichen eine optimierte energetische Ausnutzung von Absorberflächen. Durch Integration von Wärmetauschern unter den PV-Modulen kann neben Strom gleichzeitig Wärmeenergie zur Warmwasserbereitung und zur Heizungsunterstützung erzeugt werden. Ein weiterer positiver Nebeneffekt ist, dass die photovoltaische Stromproduktion durch den Abtransport der Wärmelast mit einem überdurchschnittlichen Wirkungsgrad erfolgt. Jedes Grad Kühlung bringt einige Zehntelprozent mehr Leistung. Der In-Dach-Montage von Solarmodulen stehen somit keine PV-Wirkungsgradverluste entgegen. Im Winter können die Paneele mittels Auftaufunktion schneefrei gehalten werden. Die thermische Kollektorwirkung kann hingegen nicht mit herkömmlichen Solarkollektoren ohne PV-Technik Schritt halten, da der Großteil der Fläche über den thermischen Absorbern opak ist und somit gegenüber reinen thermischen Solarkollektoren eine deutlich geringere Aufheizung möglich ist. Durch die Größe der Hybridkollektorfläche kann das wieder ausgeglichen werden. Der flächenbezogene Gesamtwirkungsgrad liegt erheblich über der Summe der Einzelwirkung gesonderter PV und thermischer Systeme.

Alternativ zur direkten thermischen Wasseraufbereitung können die Module auch über ein Luftkanalsystem hinterströmt werden. Der so vorerwärmten Luft kann mit Luft/Wasser-Wärmepumpen Energie entzogen werden. Der sonst bescheidene Wirkungsgrad dieser Wärmepumpenart ist dadurch merklich zu steigern.

Ein weiterer Vorteil ist die homogene Gestaltung der Paneel-Oberfläche gegenüber der Parallelinstallation von PV-Modulen und Kollektoren.

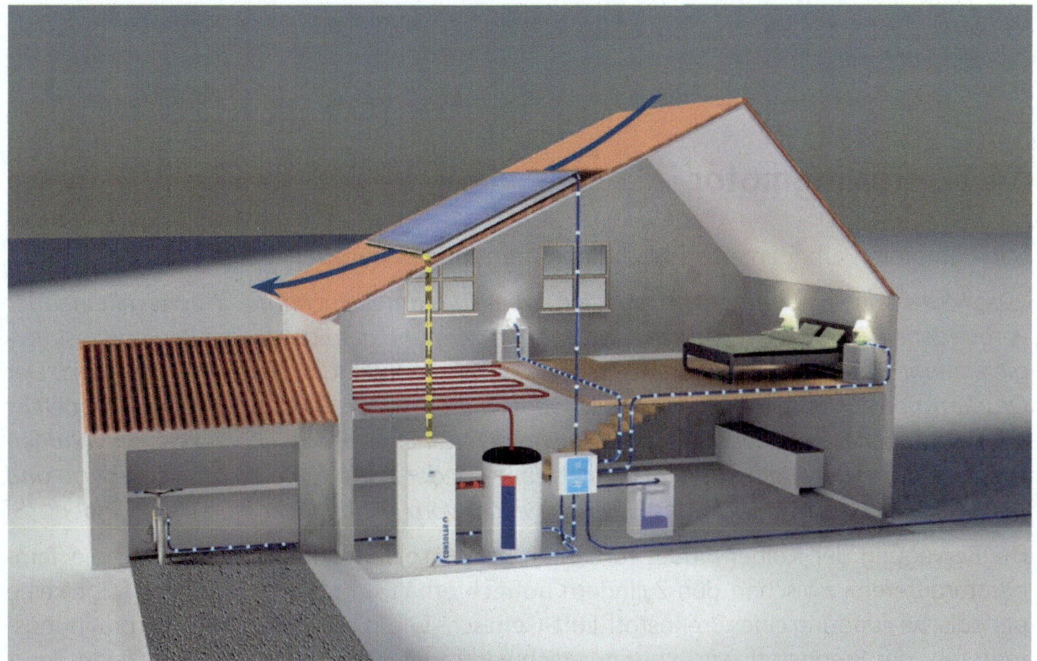

*Bild 14-7: Anlagenschema mit PVT-Module, Eisspeicher, Wärmepumpe; Tagbetrieb*

*Quelle: Consolar SOLINK*

### Künstlich-organische Photosynthese OVP

Dem Traum, es den Pflanzen gleichzutun und aus Sonnenlicht Energie zu gewinnen, sind weltweit mehrere Forschungsteams auf der Spur. Mithilfe eines speziellen Katalysators haben beispielsweise Forscher des Massachusetts Institute of Technology Wasser durch Sonnenlicht in Wasserstoff und Sauerstoff aufgespalten – und damit quasi Sonnenlicht in einen Treibstoff umgewandelt. Wie schnell die Methode den Massenmarkt erreichen kann, ist derzeit noch unklar. Bereits marktreif ist die Umwandlung in Strom durch organische Halbleiter im Donator-Akzeptor-System. Der Wirkungsgrad liegt momentan bei etwa 12 %. Die Herstellung ist kostengünstig. Die Folienmodule sind in der Regel sehr dünn, flexibel und lassen sich leicht auf verschiedenen Untergründen montieren/kleben. An einer verbesserten Langzeitstabilität wird gearbeitet.

*Bild 14-8: organische PV*
*Quelle: Heliathek*

## 14.12 Stirlingmotor

Stirlingmotoren arbeiten effizient und abgasarm und sind vielseitig einsetzbar.

*„Das Motorprinzip beruht darauf, dass ein Arbeitsgas unter Hochdruck in zwei miteinander verbundenen Zylindern hin- und her geschoben wird und damit nutzbare Bewegungsenergie erzeugt. Das geschieht, indem einer der Zylinder erhitzt, der andere gekühlt wird. Der Druckanstieg auf der erwärmten Seite bewegt einen Arbeitskolben. An diesen gekoppelt ist ein Verdrängerkolben, der das erhitzte Gas in den Kühlzylinder drückt, wo er sein Volumen wieder reduziert. Damit wird der Arbeitskolben wieder in die Gegenrichtung bewegt, und der Verdrängerkolben drückt das Gas nun wieder vom Kühlzylinder zum Heizzylinder." [8]*

Die Bewegung der Kolben findet fortlaufend statt, solange eine Energiezufuhr die Temperaturdifferenz zwischen den Zylindern aufrechterhält. In Stirlingmotoren erfolgt keine periodische Zündung eines Brennstoff-Luft-Gemischs wie in konventionellen Verbrennungsmotoren, der Brennstoff wird kontinuierlich verbrannt. Daher sind die Emissionen deutlich geringer. Da die erforderliche Energie ausschließlich von außen in Form von Wärme zugeführt wird, ist jede Wärmequelle nutzbar. Man kann feste Brennstoffe wie Holzpellets, gasförmige Brennstoffe wie Biogas, flüssige Brennstoffe wie Rapsöl oder fokussierte Solarstrahlung verwenden. Der Wirkungsgrad von mehr als 80 % steigt mit der Temperaturdifferenz an. Schon wenige Kelvin reichen aus, um den Motor zum Laufen zu bringen. Oberhalb 100 Kelvin ist die Leistung gut verwertbar.

Als Einsatzgebiet kommen in erster Linie Blockheizkraftwerke in Betracht.

## 14.13 Tiefengeothermie

Geothermie („Erdwärme") beruht auf dem Zerfall natürlicher radioaktiver Stoffe in der Erdkruste. Pro 1.000 m Tiefe steigt die Erdtemperatur um ca. 30 °C an. Da die radioaktiven Elemente nicht gleichmäßig verteilt sind, existieren unterschiedlich warme Zonen in verschiedenen oberflächennahen Schichten. Die entstehende Wärme kann mit diversen Verfahren nutzbar gemacht werden.

Innerhalb der erneuerbaren Energiequellen hat die Geothermie den Vorteil, unabhängig von Tages- und Jahreszeiten zur Verfügung zu stehen. Derzeit sind in Ländern mit aktivem Vulkanismus bereits geothermische Kraftwerke mit einer installierten Gesamtleistung von mehr als 8.000 Megawatt in Betrieb.

Das geothermische Potenzial in ist enorm. Mit der heutigen Technologie ließe sich allein in Deutschland der 600-fache Jahresstrombedarf erschließen [11].

Die Nutzung der Erdwärme kann mittels drei Verfahren erfolgen:

- oberflächennahe Erdsonden für erdgekoppelte Wärmepumpen mit Bohrungen von 10 bis 100 m Tiefe
- hydrothermale Anlagen durch Nutzung natürlicher Warmwasservorkommen in 1.500 bis 3.000 m Tiefe durch geothermische Heizzentralen
- Hot-Dry-Rock-Verfahren (HDR): Für HDR werden im tiefen, kristallinen Gestein in 3.000 bis 6.000 m Tiefe natürliche Spalten durch Verpressen von Wasser mit hohem Druck so erweitert, dass sie mit Wasser als Wärmeträger in einem geschlossenen Kreislaufbetrieb zwischen mindestens zwei Tiefbohrungen als Wärmetauscher genutzt werden können. Die Bohrkosten für eine HDR-Bohrung nähern sich den Kosten tiefer Erdgas- oder Erdölbohrungen an. Mit dem HDR-Verfahren kann die Erdwärme auch in Ländern ohne aktiven Vulkanismus zur Wärmeenergiegewinnung genutzt werden.

Weiterhin können vielerorts geothermische Wärmequellen durch oberflächennahe Erdsonden genutzt werden. Sie eignen sich ideal zur Temperierung von Gebäuden, für die eine Tiefengründung vorgenommen werden muss. Hierbei können die wärmetauschenden Rohrleitungen kostengünstig direkt in die Gründungspfähle integriert werden. Eine Wärmepumpe hebt die Temperatur in der Heizperiode auf ein nutzbares Niveau an und temperiert, ähnlich dem Funktionsprinzip einer Fußbodenheizung, massive Gebäudeteile. Im Sommer kann die Wasserzirkulation durch Umkehrung des Wärmepumpenprozesses oder unter Umgehung der Wärmepumpe zur Kühlung eingesetzt werden.

## Literaturverzeichnis

*[1] Vgl. Fachinformationszentrum Karlsruhe (Hrsg.): Energiesparendes modulares Fassadensystem*
*[2] Fachinformationszentrum Karlsruhe (Hrsg.): Vakuumdämmung*
*[4] www.arch.uni-wuppertal.de 03/2003*
*[5] Vgl. Linsler, D.: Auf gelenkten Bahnen, Deutsche Bauzeitung, Stuttgart, 2002, S. 97–100*
*[6] Linsler, D.: Auf gelenkten Bahnen, Deutsche Bauzeitung, Stuttgart, 2002, S. 97–100*
*[7] Fachinformationszentrum Karlsruhe (Hrsg.): Kraft-Wärme-Kopplung mit Brennstoffzellen*
*[8] Janzing, B.: Des Pfarrers Technik ist endlich da, Frankfurter Rundschau, 05/2002*
*[11] Fachinformationszentrum Karlsruhe (Hrsg.): Stromerzeugung in Neustadt-Glewe, 2003*

# 15 Anhang

**Übersicht**

## 15.1 Nützliche Adressen

| | | |
|---|---|---|
| Bundesministerium für Umwelt, Naturschutz und nukleare Sicherheit | Stresemannstraße 128 – 130<br>10117 Berlin | www.bmu.de<br>E-Mail: service@bmu.bund.de<br>Tel.: +49 30 18 305-0 |
| Umweltbundesamt der Bundesrepublik Deutschland | Wörlitzer Platz 1<br>06844 Dessau-Roßlau | www.umweltbundesamt.de<br>Tel.: +49 340 2103-2416 · |
| Fachinformationszentrum Karlsruhe | Hermann-von-Helmholtz-Platz 1,<br>76344 Eggenstein-Leopoldshafen | www.fiz-karlsruhe.de<br>E-Mail: bine@fiz-karlsruhe.de<br>Tel.: +49 7247 808 555 |
| Institut Wohnen und Umwelt IWU | Rheinstraße 65,<br>64295 Darmstadt? | www.iwu.de<br>E-Mail: info@iwu.de<br>Tel.: +49 06151 2904-0 |
| Passivhaus Institut PHI und Arbeitskreis kostengünstiger Passivhäuser AKPH | Rheinstraße 44/46<br>64283 Darmstadt | www.passiv.de<br>E-Mail: mail@passiv.de<br>Tel.: +49 6151 82 699-0 |
| Wissenschaftlich-Technische Arbeitsgemeinschaft für Bauwerkserhaltung und Denkmalpflege e. V. WTA | Ingolstädter Str. 102<br>85276 Pfaffenhofen | www.wta.de<br>E-Mail: wta@wta.de<br>Tel.: +49 89 57 86 97 27 |

| | | |
|---|---|---|
| Wuppertal Institut für Klima, Umwelt, Energie gGmbH | Döppersberg 19<br>42103 Wuppertal | www.wupperinst.org<br>E-Mail: info@wupperinst.org<br>Tel.: +49 202 2492-0 |
| GRE – Gesellschaft für Rationelle Energieverwendung e. V. | Gottschalkstr. 28a<br>D – 34127 Kassel | www.gre-online.de<br>E-Mail: gre@gre-online.de<br>Tel.: +49 1575 514 6022 |
| Deutsche Energie Agentur | Chausseestr. 128a<br>10115 Berlin | www.deutsche-energie-agentur.de<br>E-Mail: info@deutsche-energie-agentur.de<br>Tel.: +49 30 72 61 65 6 -0 |

## 15.2 Weblinks

| | |
|---|---|
| Dr.-Ing. Arch. Volker Drusche (Verfasser) | v.drusche@biag-sv.de<br>www.biag-sv.de, www.ee-i.de |
| Portal zur Gebäudeenergiegesetzgebung | www.enev-online.de |
| Fachagentur Nachwachsende Rohstoffe | www.nachwachsende-rohstoffe.de |
| Contracting Verband für Wärmelieferung e. V. | www.energiecontracting.de |
| Fachverband Luftdichtheit im Bauwesen e. V. | www. flib.de |
| Bundesverband für Wohnungslüftung e. V. | www.wohnungslueftung-ev.de |
| Anbieterverzeichnis für Luftdichtigkeitsmessungen | www.blowerdoor.de |
| Bewertungssystem Nachhaltiges Bauen (BNB) | www.bnb-nachhaltigesbauen.de |
| Agora Thinktank zur Energiewende | www.agora-energiewende.de |
| Solarportal | www.solarserver.de |
| Energieausweisinfos, Gebäudeeffizienzinfos | www.zukunft-haus.de |
| GEG-Auslegungsfragen | www.dibt.de |
| Listen effizienter Technik | www.ecotopten.de |
| Energieberater-Software | www.envisys.de |
| Deutsches Energieberater Netzwerk DEN | www.deutsches-energieberaternetzwerk.de |
| Gebäudeenergieberater im Handwerk GIH | www.gih.de |
| Bund der Energieverbraucher | www.energienetz.de |
| Bürgerwerke genossenschaftliche Umweltenergie | https://buergerwerke.de |
| Fraunhofer-Institut für Solare Energiesysteme ISE | www.ise.fraunhofer.de |
| Branchenportal Regenerative Energiewirtschaft | www.iwr.de |
| Gesellschaft für Energieplanung und Systemanalyse m. b. H. ages | https://ages-gmbh.ageslogger.de/ |

| AG Energiebilanzen | https://ag-energiebilanzen.de/ |
|---|---|
| Allgemeiner Online-Dienst für die Baubranche | www.baunetz.de |
| Kommunaler Klimaschutz mit System | www.european-energy-award.de |
| Infos zum hydraulischen Abgleich von Heizungsanlagen | www.hydraulischer-abgleich.de |

# Stichwortverzeichnis

## L



## M



## N



## O



## P



## R



## S

## T



## U



## V



## W



## Z